ISBN 978-1-332-47719-7
PIBN 10329408

This book is a reproduction of an important historical work. Forgotten Books uses
state-of-the-art technology to digitally reconstruct the work, preserving the original format
whilst repairing imperfections present in the aged copy. In rare cases, an imperfection in
the original, such as a blemish or missing page, may be replicated in our edition. We do,
however, repair the vast majority of imperfections successfully; any imperfections that
remain are intentionally left to preserve the state of such historical works.

1 MONTH OF
FREE
READING

at

www.ForgottenBooks.com

By purchasing this book you are
eligible for one month membership to
ForgottenBooks.com, giving you
unlimited access to our entire
collection of over 1,000,000 titles via
our web site and mobile apps.

To claim your free month visit:

www.forgottenbooks.com/free329408

English
Français
Deutsche
Italiano
Español
Português

www.forgottenbooks.com

Mythology Photography **Fiction**
Fishing Christianity **Art** Cooking
Essays Buddhism Freemasonry
Medicine **Biology** Music **Ancient
Egypt** Evolution Carpentry Physics
Dance Geology **Mathematics** Fitness
Shakespeare **Folklore** Yoga Marketing
Confidence Immortality Biographies
Poetry **Psychology** Witchcraft
Electronics Chemistry History **Law**
Accounting **Philosophy** Anthropology
Alchemy Drama Quantum Mechanics
Atheism Sexual Health **Ancient History**
Entrepreneurship Languages Sport
Paleontology Needlework Islam
Metaphysics Investment Archaeology
Parenting Statistics Criminology
Motivational

ARCHIV

FÜR

ANATOMIE UND PHYSIOLOGIE.

FORTSETZUNG DES VON REIL, REIL U. AUTENRIETH, J. F. MECKEL, JOH. MÜLLER, REICHERT U. DU BOIS-REYMOND HERAUSGEGEBENEN ARCHIVES.

HERAUSGEGEBEN

VON

DR. WILHELM WALDEYER,

PROFESSOR DER ANATOMIE AN DER UNIVERSITÄT BERLIN,

UND

DR. TH. W. ENGELMANN,

PROFESSOR DER PHYSIOLOGIE AN DER UNIVERSITÄT BERLIN.

JAHRGANG 1905.

PHYSIOLOGISCHE ABTHEILUNG.

LEIPZIG,

VERLAG VON VEIT & COMP.

1905.

ARCHIV

FÜR

PHYSIOLOGIE.

PHYSIOLOGISCHE ABTHEILUNG DES
ARCHIVES FÜR ANATOMIE UND PHYSIOLOGIE.

UNTER MITWIRKUNG MEHRERER GELEHRTEN

HERAUSGEGEBEN

VON

Dr. TH. W. ENGELMANN,
PROFESSOR DER PHYSIOLOGIE AN DER UNIVERSITÄT BERLIN.

JAHRGANG 1905.

MIT ABBILDUNGEN IM TEXT UND SECHS TAFELN.

LEIPZIG,
VERLAG VON VEIT & COMP.
1905.

Druck von Metzger & Wittig in Leipzig.

Inhalt.

ARCHIV

FÜR

ANATOMIE UND PHYSIOLOGIE.

FORTSETZUNG DES VON REIL, REIL u. AUTENRIETH, J. F. MECKEL, JOH. MÜLLER, REICHERT u. DU BOIS-REYMOND HERAUSGEGEBENEN ARCHIVES.

HERAUSGEGEBEN

VON

DR. WILHELM WALDEYER,

PROFESSOR DER ANATOMIE AN DER UNIVERSITÄT BERLIN,

UND

DR. TH. W. ENGELMANN,

PROFESSOR DER PHYSIOLOGIE AN DER UNIVERSITÄT BERLIN.

JAHRGANG 1905.

=== PHYSIOLOGISCHE ABTHEILUNG. ===

ERSTES UND ZWEITES HEFT.

MIT SECHS ABBILDUNGEN IM TEXT UND VIER TAFELN.

LEIPZIG,

VERLAG VON VEIT & COMP.

1905

Zu beziehen durch alle Buchhandlungen des In- und Auslandes.

(Ausgegeben am 28. März 1905.)

Inhalt.

Die Herren Mitarbeiter erhalten *vierzig* Separat - Abzüge ihrer Beiträge gratis und 30 ℳ Honorar für den Druckbogen.

Beiträge für die **anatomische Abtheilung** sind an

Professor Dr. **Wilhelm Waldeyer** in Berlin N.W., Luisenstr. 56,

Beiträge für die **physiologische Abtheilung** an

Professor Dr. **Th. W. Engelmann** in Berlin N.W., Dorotheenstr. 35

portofrei einzusenden. — **Zeichnungen** zu Tafeln oder zu Holzschnitten sind
auf **vom Manuscript getrennten** Blättern beizulegen. Bestehen die Zeichnungen zu Tafeln aus einzelnen Abschnitten, so ist, **unter Berücksichtigung**
der Formatverhältnisse des Archives, eine **Zusammenstellung**, die dem
Lithographen als Vorlage dienen kann, beizufügen.

Litterarischer Anzeiger.

Beilage zu

Archiv für Anatomie u. Physiologie
Zeitschrift für Hygiene und Infectionskrankheiten
Skandinavisches Archiv für Physiologie.

1905.   *Verlag von Veit & Comp. in Leipzig.*   **Nr. 1.**

2

3

——— *Soeben erschien:* ———

ARCHIV

FÜR

PHYSIOLOGIE.

HERAUSGEGEBEN

VON

Dr. TH. W. ENGELMANN,

PROFESSOR DER PHYSIOLOGIE AN DER UNIVERSITÄT.BERLIN.

JAHRGANG 1904·

== SUPPLEMENT-BAND. ==

MIT EINHUNDERTVIERZEHN ABBILDUNGEN IM TEXT UND ZEHN TAFELN.

Lex. 8. geh. Preis 22 *M.*

(Der Supplement-Band gelangte gleichzeitig als Supplement zu Jahrgang 1904 des Archives für Anatomie und Physiologie zur Ausgabe.)

Inhalt: Karl Braeunig, Ueber musculöse Verbindungen zwischen Vorkammer und Kammer bei verschiedenen Wirbelthierherzen. (Hierzu Taf. L). — W. Berg, R. du Bois-Reymond und L. Zuntz, Ueber die Arbeitsleistung beim Radfahren. — S. Kostin, Zur Frage nach Entstehen des normalen Athemrhythmus. (Hierzu Taf. II—IV.) — Richard Hans Kahn, Ueber die Erwärmung des Carotidenblutes. — M. Schaternikoff, Zur Frage über die Abhängigkeit des O_2-Verbrauches von dem O_2-Gehalte in der einzuathmenden Luft. — Max Wien, Bemerkungen zu der Abhandlung der Herren Zwaardemaker und Quix, „Ueber die Empfindlichkeit des menschlichen Ohres für Töne verschiedener Höhe". — Julius Grünwald, Plethysmographische Untersuchungen über die Athmung der Vögel. — Gustav Zimmermann, Der physiologische Werth der Labyrinthfenster. — Otfried Müller, Ueber eine neue Methode zur Aufzeichnung der Volumschwankungen bei plethysmographischen Untersuchungen am Menschen. — Kurt Brandenburg, Ueber die Eigenschaft des Digitalin, beim Froschherzen die selbständige Erzeugung von Bewegungsreizen an der Grenze von Vorhöfen und Kammer anzuregen. (Hierzu Taf. V u. VI.) — Wilhelm Trendelenburg, Ueber das Vorkommen von Sehpurpur im Fledermausauge nebst Bemerkungen über den Zusammenhang zwischen Sehpurpur und Netzhautstäbchen. — H. Zwaardemaker und C. D. Ouwehand, Die Geschwindigkeit des Athemstromes und das Athemvolum des Menschen. — Lohmann, Zur Automatie der Brückenfasern des Herzens. Zweite Mittheilung. — Arthur Schulz, Das spectrale Verhalten des Hämatoporphyrins. (Hierzu Taf. VII.) — Ernst Jendrássik, Weitere Beiträge zur Lehre vom Gehen. — E. M. Kurdinowski, Physiologische und pharmakologische Versuche an der isolirten Gebärmutter. (Hierzu Taf. VIII und IX.) — G. Hüfner und W. Küster, Einige Versuche, das Verhältnis der Gewichte zu bestimmen, in welchem sich das „Hämochromogen" mit Kohlenoxyd verbindet. — G. Hüfner und B. Reinbold, Absorptiometrische Bestimmungen der Menge des Stickoxyds, die von der Gewichtseinheit Methämoglobin gebunden wird. — August Lucae, Studie über die Natur und die Wahrnehmung der Geräusche. — Gustav Zimmermann, Nachträgliche Betrachtungen über den physiologischen Werth der Labyrinthfenster. — A. Durig und N. Zuntz, Beiträge zur Physiologie des Menschen im Hochgebirge. — Otto Marburg, Die physiologische Function der Kleinhirnseitenstrangbahn (Tractus spinocerebellaris dorsalis) nach Experimenten am Hunde. (Hierzu Taf. X.)

Verhandlungen der physiologischen Gesellschaft zu Berlin 1903—1904.

F. Krause, Ueber Hirnrindenreizung beim Menschen mit Projectionen. — Georg Fr. Nicolai, Ueber angebliche Actionsströme in anorganischen Substanzen. — G. Zimmermann, Der physiologische Werth der Labyrinthfenster. — A. Lucae, Zur Physiologie des Gehörorgans. — Leo Langstein, Die Kohlehydratgruppen der Eiweisskörper. — Piper und Abelsdorff, Consensuelle Lichtreaction der Pupille. — Beyer, Modell des Corti'schen Organs.

Druck von Metzger & Wittig in Leipzig.

Ueber einen experimentellen Nachweis von Blutsverwandtschaft.

II. Theil.

Ueber die Verwerthung der Reaction auf Blutsverwandtschaft. [1]

Von

Dr. Hans Friedenthal
in Berlin.

Blutsverwandt nennen wir Organismen, welche von einem gemeinsamen Vorfahren abstammen. Diese gemeinsame Abstammung ist das einzige Band, welches blutsverwandten Organismen gemeinsam zu sein braucht, und wir kennen kein einziges untrügliches Zeugniss, um die Blutsverwandtschaft von Organismen zu erkennen, deren Abstammung von einem gemeinsamen Vorfahren wir nicht direct beobachtet haben. Für gewöhnlich beurtheilt der Naturforscher nach dem Grade der äusseren Aehnlichkeit den Grad der Blutsverwandtschaft von Organismen, ausgehend von der Erfahrung, dass in den meisten Fällen durch die Gesetze der Vererbung dafür gesorgt ist, dass blutsverwandte Organismen wenigstens in homologen Stadien des Lebens einander ähnlicher sind, als allen übrigen Organismen. Nur wo wir wirklich homologe Stadien vergleichen, kann uns die morphologische Aehnlichkeit über das Vorhandensein einer Blutsverwandtschaft aufklären, nicht homologe Lebensstadien der Organismen haben in vielen Fällen nicht die geringste Aehnlichkeit [2], welche auf Blutsverwandtschaft deuten könnte. Ehe es bekannt war, dass die Ammocoeteslarven sich zu Neunaugen entwickeln, stellten die Zoologen diese beiden Entwickelungsstadien desselben Thieres

---

[1] Vortrag, gehalten auf der Naturforscherversammlung in Breslau, Septbr. 1904.

[2] die uns heute bereits bekannt wäre. Erst der weitere Fortschritt der Entwickelungslehre wird uns eine fundamentale Aehnlichkeit in den morphologisch so different erscheinenden Lebens- und Entwickelungsstadien desselben Organismus nachweisen können.

Archiv f. A. u. Ph. 1905. Physiol. Abthlg.

in verschiedene Gattungen, und ein gleicher Irrthum würde uns heute noch bei allen Thierformen mit Generationswechsel und mit Metamorphose begegnen, bei denen die Abstammung der verschiedenen Generationen von einander oder die Umformung der verschiedenen Lebensstufen sich unserer directen Beobachtung entzöge. Welche morphologische Aehnlichkeit sollte bestehen zwischen einem eben befruchteten Säugethierei und dem erwachsenen Säugethiere, und doch kann wohl kein Zweifel darüber bestehen, dass der sich entwickelnde Embryo und seine Eltern in jedem Lebensstadium blutsverwandt sind in einem Grade, der nur noch von dem Grade der Blutsverwandtschaft, wie sie zwischen mehreren Geschwistern besteht, übertroffen wird.[1]

Bei Ascariden wurde die Thatsache beobachtet, dass die Zahl und Anordnung der Chromosomen bei allen Zelltheilungen stets die gleiche und für die betreffende Species charakteristisch ist. Nehmen wir an, dies gelte für alle Organismen mit mitotischer Kerntheilung, so hätten wir in dieser Constanz der Chromosomenzahl das einzige uns bisher bekannt gewordene Zeichen für die Zugehörigkeit der verschiedensten ontogenetischen Stadien eines Organismus zu einer bestimmten Species zu erblicken. In jeder anderen bekannten morphologischen Hinsicht wie auch in chemischer Zusammensetzung, Wassergehalt, Stoffwechsel und welche Function immer wir in's Auge fassen mögen, unterscheiden sich die verschiedenen Stadien eines sich entwickelnden höheren Organismus mehr von einander als Individuen verschiedener Genera, Familien und Ordnungen.

Erst der biologische Nachweis von Blutsverwandtschaft (mit Hülfe der Fällungsreaction im Serum vorbehandelter Thiere) erlaubt uns die Zusammengehörigkeit der verschiedenen Entwickelungsstadien eines Thieres zu ein und derselben Species im Reagensglas mit Sicherheit nachzuweisen und so das wirklich Blutsverwandte als zusammengehörig zu erkennen.

Bordet hatte gefunden, dass Meerschweinchen, denen Blut einer fremden Thierart eingespritzt wird, ein Serum liefern, welches ein erhebliches Vermögen besitzt, die Blutscheiben der Thierart aufzulösen, deren Blut zur Einspritzung verwendet worden war.[2] Bei Einspritzung von körperfremdem

---

[1] Organismen, welche von demselben Elternpaar abstammen, sind unter einander doppelt so nahe verwandt, als mit jedem der Eltern, mit denen sie nur die Gemeinsamkeit der Hälfte der für ihre Gestaltung maassgebenden Vererbungssubstanzen verbindet.

[2] Bordet verwendete zu seinen ersten Versuchen Kaninchenblut, welches er Meerschweinchen einspritzte. Er behauptete, dass vor solcher Einspritzung Kaninchenblutkörperchen durch Meerschweinchenserum nicht gelöst würden. Diese Behauptung ist unrichtig, worauf Verf. in früheren Arbeiten bereits hingewiesen hat. Die rothen Blutkörperchen des Kaninchens werden bei 30° von jedem frischen Meerschweinchenserum gelöst. Es erscheint Verf. von principieller Bedeutung, dass durch diese Einspritzungen

Serum lieferten die Meerschweinchen ein Blutserum, welches einen Niederschlag ergab bei Vermischung mit dem Serum der Thierart, welche das zu
den Einspritzungen benutzte Serum geliefert hatte. Fast gleichzeitige Untersuchungen von Uhlenhuth und Wassermann ergaben, dass das Bordet'-
sche Verfahren gestattet, die Herkunft des Serums in alten eingetrockneten
Blutflecken zu bestimmen, indem die Lösung eines Blutfleckens Niederschläge nur in dem Serum solcher Thiere hervorruft, welche mit gleich-
artigem Blut oder Serum vorbehandelt waren.

Uhlenhuth zeigte, dass die vom Verf. früher bereits auf Grund der
Hämolysinreaction im Reagensglas nachgewiesene Blutsverwandtschaft nah
verwandter Thierarten wie Pferd und Esel, Fuchs und Hund, Mensch und
Affe sich auch mit Hülfe der Bordet'schen Reaction nachweisen lässt,
indem z. B. Kaninchen, denen Menschenblut oder Menschenserum eingespritzt
war, ein Serum lieferten, welches nicht nur mit Menschenserum, sondern
auch mit Affenserum Niederschläge ergab. Wassermann fand, dass zur
Vorbehandlung der Kaninchen Blut oder Blutserum nicht unbedingt erforderlich war, sondern dass auch Speichel und Sputum Verwendung finden
können. Er schloss aus seinen Versuchen, dass der identische Ausfall der
Bordet'schen Reaction einen identischen Bau der Eiweisskörper nah verwandter Arten beweise. Die ausgedehnteste Anwendung zum Nachweis von
Blutsverwandtschaft fand die Bordet'sche Reaction in den Händen von
Nutall, welcher in seinem zusammenfassenden Buche „Blood Immunity and
Blood Relationship"[1] über nicht weniger als 16 000 vergleichende Versuche
mit dieser Reaction berichtet. Nutall begnügte sich nicht mit einer Con-
statirung des Eintrittes der Reaction, sondern maass das Volumen der
entstehenden Niederschläge in graduirten Capillaren und schloss aus der
Massigkeit des Niederschlages auf den Grad der Verwandtschaft verschiedener
Thierspecies. In Uebereinstimmung mit den Ergebnissen des Verf. über
Menschenbluttransfusion bei Menschenaffen und niederen Affen fand Nutall
fast völlige Uebereinstimmung des Serums von Mensch und Menschenaffe,
bedeutend geringere Uebereinstimmung zwischen Mensch und niederen Ost-
Affen. Neu und wichtig war der Befund von Nutall, dass amerikanische
Affen nur recht geringe, Lemuren gar keine Verwandtschaft mit dem
Menschen erkennen lassen. Uhlenhuth berichtete allerdings auf der
Anthropologenversammlung zu Greifswald 1904 über positiven Ausfall der

---

eine Fähigkeit nicht hervorgerufen, sondern nur vermehrt wurde, welche vorher bereits
bestanden hatte, wenn auch in geringerem Grade. In vielen Fällen mag es für uns
ja unmöglich sein, die ersten schwachen Anfänge solcher Fähigkeiten nachzuweisen,
im obigen Fall gelingt es sehr leicht.

[1] Cambridge 1904. Bezüglich der von Nutall und seinen Mitarbeitern erhaltenen
Resultate sei auf die Originallectüre dieses interessanten Werkes verwiesen.

Reaction mit Blut von Halbaffenarten.[1] Nutall fand, dass der Ausfall der Reaction um so weniger specifisch ausfällt, je länger die Vorbehandlung der Thiere andauert, so dass er Sera erhalten konnte, welche mit jedem beliebigen Säugethierblut Niederschläge ergaben. Der Grad der Vorbehandlung ist also maassgebend für die Beurtheilung der Resultate. Die Nutall'-sche Methode der Volumenmessung der entstehenden Niederschläge kann mit angetrocknetem Blute in vielen Fällen nicht ganz exact angestellt werden, indem wir die Serummenge in den in Kochsalzlösung gelösten Blutflecken nicht kennen. Verf. verfuhr bei Prüfung der Frage nach dem Verwandtschaftsgrade zwischen anthropomorphen und cynomorphen Affen einerseits und dem Menschen andererseits in der Weise, dass er den ersten Beginn des Eintretens der Reaction beobachtete. Injicirte Verf. Kaninchen Blut einer cynomorphen Affenart, so erhielt er beim ersten Auftreten der Reaction nur mit dem Blute cynomorpher Affen positive Reaction, während Menschenblut und Blut der Menschenaffen negative Resultate ergaben. Da bei weiterer Verstärkung der Vorbehandlung gleichzeitig Menschenblut und Blut der anthropomorphen Affen positive Reaction erkennen liessen, so war durch diese Versuche bewiesen, dass Mensch und Menschenaffe gleichartige und nur entferntere Beziehungen zu den cynomorphen Affen besitzen und dementsprechend in einer gemeinsamen Unterordnung zu vereinigen sind.[2] Der positive Ausfall der Bordet'schen Reaction beweist nur dann nähere Verwandtschaftsbeziehungen, wenn wir durch negativen Ausfall der Reaction mit dem Blute anderer Thierarten über den Grad der Wirksamkeit der benutzten Sera unterrichtet sind. Benutzt man stets nur schwach wirksame Sera, welche eben anfangen die Reaction zu geben, so findet man den vom Verf. beim Studium der Hämolysinwirkung gefundenen Satz „Gleiche Thierfamilie, identisches Blut" auch durch den Ausfall der Fällungsreaction bestätigt.

Um die Blutsverwandtschaft zwischen Embryonen und erwachsenen Individuen derselben Species mit Hülfe der Fällungsreaction zu beweisen, wurden wirksame Sera vermischt mit Kochsalzextracten von Leibessubstanz von Embryonen in verschiedensten Entwickelungsstadien. Zuerst wurden Mäuseembryonen, der leichten Materialbeschaffung wegen, der Untersuchung unterworfen. Mit peinlichster Genauigkeit ist bei der Empfindlichkeit der Verwandtschaftsreaction darauf zu achten, dass auch nicht Spuren von mütterlichem Blut oder Gewebssaft als Verunreinigung sich einschleichen.

---

[1] In dieser Richtung angestellte Versuche des Verf. hatten bisher keinen sicheren Anhalt für eine nähere Verwandtschaft zwischen Mensch und Lemurenarten ergeben.

[2] Hans Friedenthal, Beiträge zur Frage der systematischen Stellung des Menschen im zoologischen System. *Berliner Akademische Berichte.* 1902.

Bei älteren Embryonen gelingt es leicht, durch Exstirpation der fötalen Leber, deren Substanz auf Löschpapier angetrocknet wird, sich einwandfreies Material zu verschaffen, bei den jüngsten Entwickelungsstadien, welche untersucht wurden, Fruchtblasen der Maus von $1\,^1/_2{}^{mm}$ Durchmesser, wurde nach sorgfältiger Spülung der Fruchtblase mit glühender Nadel die Fruchtblase angestochen und der Inhalt ebenfalls auf Löschpapier aufgefangen und getrocknet. Beim Menschen gelang es mir nicht, Material zu sammeln, welches Embryonen entstammte, die jünger als zwei Monate gewesen wären. Embryonen vom zweiten Monat an aufwärts lieferten aber einwandfreies Material für die Untersuchungen. Von Hundeembryonen kamen nur solche, die ein Alter von etwa 4 Wochen besassen, zur Verwendung.

Alle diese Versuchsreihen ergaben das gleiche Resultat. Es gelingt mit Hülfe der Fällungsreaction die Blutsverwandtschaft der verschiedenen Stadien der Ontogenese nachzuweisen und damit morphologisch und chemisch so differente Bildungen, wie sie Embryonen verschiedener Entwickelungsstadien darstellen, als zusammengehörig zu erkennen. Quantitative Versuche liessen sich mit dem gesammelten Embryonenmaterial nicht anstellen, weil die auf Löschpapier angetrocknete Menge von Leibessubstanz nicht dosirt werden konnte. [1]

Nutall[2] war es bei seinen Versuchen nicht gelungen, bei Vorbehandlung von Kaninchen mit Nagerblut Verwandtschaftsreaction zu erzielen. Dieses negative Resultat beruht wahrscheinlich auf einer zu kurze Zeit fortgesetzten Vorbehandlung der von Nutall benutzten Thiere, da es bei genügender Zahl von Injectionen gelingt, gegen Nagerblut stark wirksames Kaninchenserum zu erzielen. Mäuse werden durch Kopfabschneiden in eine Schale, die 1procentige Kochsalzlösung enthält, entblutet und das defibrinirte verdünnte Mäuseblut nach Filtration durch Papierfilter Kaninchen subcutan injicirt. Bei jeder der Einspritzungen, die in kurzen Zwischenräumen wiederholt wurden, erhielt ein Kaninchen das gesammte Blut einer Maus. Um die Sicherheit der Resultate zu erhöhen, wurden mehrere Kaninchen gleichzeitig derselben Vorbehandlung unterworfen. Keines der mit Nagerblut vorbehandelten Kaninchen liessen den Eintritt der Verwandtschaftsreaction vermissen. Freilich bedarf es einer ganzen Reihe von Einspritzungen, bis das Kaninchenserum Wirksamkeit erkennen lässt. Eines der Kaninchen lieferte z. B. nach der zehnten, ein anderes Kaninchen nach der elften Einspritzung stark wirksames Serum, dessen Wirksamkeit bei

---

[1] Die Reaction fiel anscheinend schwächer aus, wenn fötale Leibessubstanz verwendet wurde, als wenn Blutserum erwachsener Individuen zur Verwendung kam.
[2] A. a. O.

weiteren Einspritzungen nur noch wenig gesteigert werden konnte[1], bei anderen Thieren waren noch häufigere Einspritzungen erforderlich. Von Zeit zu Zeit wurde den Thieren durch einen Aderlass Blut entzogen, dessen Serum auf Wirksamkeit geprüft wurde, um auf diese Weise mit Sicherheit den Beginn der Wirksamkeit feststellen zu können.

Versuch. Kaninchen, schwarz, ♂, 1950 grm schwer, erhält Blut einer Maus in 1 procent. Kochsalzlösung subcutan, am 3. XII. 1903, am 5. XII. 1903, am 7. XII. 1903, am 9. XII. 1903, am 11. XII. 1903, am 14. XII. 1903. Am 14. XII. werden dem Thiere 25 ccm Blut aus Carotis dextra entnommen. Das klare Serum giebt nach 24 Stunden keine Reaction mit Mäuseblut-kochsalzextract. Das Kaninchen erhält weitere Einspritzungen am 16. XII., am 18. XII., am 21. XII., am 23. XII. Am 23. XII. Blutentnahme aus Carotis sinistra 25 ccm.

Das nach 24 Stunden abgesetzte klare Serum giebt deutlichen Nieder-schlag bei Zusatz von 0·1 ccm Serum zu 5 ccm Blutkochsalzextract folgender Mäusearten:

Probe   I. 0·1 ccm Serum und 5 ccm Blutkochsalzextract von japanischer Tanzmaus. Blut auf Löschpapier angetrocknet, mit 1 procent. Kochsalzlösung extrahirt und alsdann bis zur völligen Klarheit filtrirt.

Probe   II. 0·1 ccm Serum und 5 ccm Blutkochsalzextract von gravider weisser Maus. Deutlicher, aber etwas weniger voluminöser Niederschlag. Das zur Vorbehandlung benutzte Blut entstammte weissen Mäusen, trotzdem gab das Blut der japanischen Tanzmaus stärkeren Niederschlag.

Probe   III. 0·1 ccm Serum und 5 ccm Blutkochsalzextract von 24 Stunden alter Maus. Deutlicher Niederschlag.

Probe   IV. 0·1 ccm Serum und 5 ccm Blutkochsalzextract von Mäusefötus etwa 5 Tage vor der Geburt. Deutlicher Niederschlag.

Probe   V. 0·1 ccm Serum und 5 ccm Blutkochsalzextract von Mäusefötus. Fruchtblaseninhalt von 1·5 mm Durchmesser. Deut-licher Niederschlag.

Probe   VI. 0.1 ccm Serum und 4 ccm Blutkochsalzlösung von Hundeblut. Sehr schwacher Niederschlag nach 24 Stunden. Bei Vermischung keine Trübung. Controlprobe.

Probe VII. 0.1 ccm Serum und 5 ccm 1 procentige Kochsalzlösung. Zweite Controlprobe. Bleibt klar.

Die Versuche mit dem Serum der anderen mit Mäuseblut behandelten Kaninchen wurden in gleicher Weise angestellt und ergaben analoge Re-sultate. Durch Probe VI Vermischung des Kaninchenserums mit Hunde-blutextract wurde bewiesen, dass das Serum noch specifisch reagirt, da es

---

[1] Ein Uebelstand bei dem obigen Verfahren ist das Auftreten von Eiterungen an den Injectionsstellen. Trotzdem überlebten die Kaninchen über 6 Monate die eingreifende Behandlung und nahmen später an Gewicht sogar zu.

mit nicht verwandten Säugerarten kaum merklichen Niederschlag nach 24 Stunden ergiebt. Immerhin wäre es unrichtig, zu sagen, das Serum mit Mäuseblut vorbehandelten Kaninchen giebt allein mit Blut von Mäusearten einen Niederschlag. Verf. erhielt einen schwachen Niederschlag mit Blut vom Hund, Pferd, Bär und vielen anderen Blutarten nicht verwandter Säugethiere, allerdings erst nach 24 Stunden, während bei Vermischung mit wirksamen Blutarten fast augenblickliche Trübung eintritt.

Das Serum der mit Mäuseblut vorbehandelten Kaninchen konnte auch zur Bestimmung des Verwandtschaftsgrades verschiedener Nagetiere verwendet werden.

Ein Kaninchen, welchem das Blut von neun weissen Mäusen subcutan injicirt worden war, lieferte ein Serum, welches dicke Niederschläge lieferte mit Blutlösung von Mäusearten, schwache Niederschläge mit Blut von Nagern, welche anderen Nagerfamilien angehörten und äusserst schwache, erst nach 24 Stunden deutliche Niederschläge mit dem Blut von Säugethieren aus anderen Ordnungen. Bei diesen Versuchen konnte wiederholt beobachtet werden, dass bei Innehaltung durchaus gleichartiger Versuchsbedingungen schnellste Trübung und voluminösester Niederschlag nicht eintrat mit dem Blut der Thierart, dessen Blut zur Vorbehandlung der Kaninchen gedient hatte, sondern mit dem Blut nah verwandter Thierarten; ein Resultat, welches mit Versuchen, die zuerst Grünbaum veröffentlicht hatte, in bester Uebereinstimmung steht.

Versuch.

Probe I. $0 \cdot 1^{ccm}$ Kaninchenserum versetzt mit 5 ^{ccm} Blutextract von japanischer Tanzmaus gab dicken Niederschlag.

Probe II. $0 \cdot 1^{ccm}$ Kaninchenserum versetzt mit 5 ^{ccm} Blutextract von weisser Maus gab erheblich schwächeren Niederschlag.

Probe III. $0 \cdot 1^{ccm}$ Kaninchenserum versetzt mit 5 ^{ccm} Blutextract von eben geborener Maus gab reichlichen Niederschlag.

Probe IV. $0 \cdot 1^{ccm}$ Kaninchenserum versetzt mit 5 ^{ccm} Blutextract von Mäusefötus gab deutlichen Niederschlag.

Probe V. $0 \cdot 1^{ccm}$ Kaninchenserum versetzt mit 5 ^{ccm} Extract von Mäusefruchtblase von 2 ^{mm} Durchmesser gab schwachen Niederschlag.

Probe VI. $0 \cdot 1^{ccm}$ Kaninchenserum versetzt mit 5 ^{ccm} Blutextract von Eichhörnchen gab schwachen Niederschlag.

Probe VII. $0 \cdot 1^{ccm}$ Kaninchenserum versetzt mit 5 ^{ccm} Blutextract von Murmelthier gab schwachen Niederschlag.

Probe VIII. $0 \cdot 1^{ccm}$ Kaninchenserum versetzt mit 5 ^{ccm} Blutextract von afrikanischem Stachelschwein gab schwachen Niederschlag.

Probe IX. $0 \cdot 1^{ccm}$ Kaninchenserum versetzt mit 5^{ccm} Blutextract von Aguti gab schwachen Niederschlag.

Probe   X. 0·1 ccm Kaninchenserum versetzt mit 5 ccm Blutextract von
             Plumplori gab sehr schwachen Niederschlag erst nach
             24 Stunden.

Probe XI, XII, XIII, XIV, XV. 0·1 ccm Kaninchenserum versetzt mit je 5 ccm
             Blutkochsalzextract von Macropus rufus, Tapir, Stein-
             kautz, Togoponny und Beutelratte gab minimalen
             Niederschlag erst nach Verlauf von 24 Stunden.

Probe XVI, Controlprobe. 0·1 ccm Serum mit 5 ccm 1procent. Kochsalzlösung
             versetzt blieb klar.

Wurde das Kaninchenserum soweit mit 1 procentiger Kochsalzlösung
verdünnt, dass mit Blut der Maus nur noch geringe Niederschlagsbildung
zu erzielen war, so trat Trübung nur noch mit Blut von Mäusen und
Rattenarten ein. So gelang es den vom Verf. aus Hämolysinversuchen ab-
geleiteten Satz „Gleiche Familie, identisches Blut" auch mit Hülfe der
Fällungsreaction zu bestätigen. Bei Anwendung eben wirksamer Sera vorbehandelter Thiere oder bei Verdünnung des Serums bis zur Grenze der
Wirksamkeit mit dem zur Vorbehandlung benutzten Blut tritt die Fällungsreaction in der Regel nur noch ein mit Blutarten von Thieren, die der
gleichen Thierfamilie angehören.

Das oben angegebene Gesetz, dass Embryonen verschiedensten Alters,
durch gleichen Ausfall der Fällungsreaction ihre Blutsverwandtschaft zu
erkennen geben, konnte auch an Proben bestätigt werden, die mit Leibessubstanz von Menschenföten verschiedensten Alters angestellt waren.
Kaninchen, welche mit etwa 575 ccm durch Thonkerzen filtrirten menschlichen Harnes vorbehandelt waren, lieferten ein Serum, welches noch bei
starker Verdünnung mit Menschenblutextract Niederschläge ergab.

Versuch.

Probe   I. 0·1 ccm Kaninchenserum versetzt mit 5 ccm Blutkochsalzextract
             von Mensch gab augenblickliche Trübung, nach 30 Mi-
             nuten Niederschlag.

Probe   II. 0·1 ccm Kaninchenserum versetzt mit 5 ccm Blutextract vom Neu-
             geborenen gab starken Niederschlag.

Probe III. 0·1 ccm Kaninchenserum versetzt mit 5 ccm Leibessubstanzextract
             von menschlichem Fötus, 6 Monate alt, gab Nieder-
             schlag schwächer wie Probe I und II.

Probe   IV. 0·1 ccm Kaninchenserum versetzt mit 5 ccm Leibessubstanzextract
             von menschlichem Embryo, 3 Monate alt, gab Nieder-
             schlag wie Probe III.

Probe   V. 0·1 ccm Kaninchenserum versetzt mit 5 ccm Leibessubstanzextract
             von menschlichem Embryo, 2 Monate alt, gab Nieder-
             schlag wie Probe III.

Probe VI. 0·1 ᶜᶜᵐ Kaninchenserum versetzt·mit 5 ᶜᶜᵐ Leibessubstanzextract von anderem menschlichem Embryo gab Niederschlag wie Probe III.

Probe VII. 0·1 ᶜᶜᵐ Kaninchenserum versetzt mit 5 ᶜᶜᵐ 1 procent. Kochsalzlösung, Controlprobe bleibt klar.

Das Ergebniss dieser mehrfach wiederholten Versuche stimmt völlig mit den an Mäuseföten erzielten überein. Eine Versuchsreihe mit Hundeföten, von deren ausführlicher Wiedergabe hier abgesehen werden soll, führte zu dem gleichen Ergebniss. Es war durchaus nicht vorauszusehen, dass durch die Fällungsreaction die Blutsverwandtschaft der verschiedenen Entwickelungsstadien desselben Thieres sich würde nachweisen lassen, nachdem Arbeiten von Sachs[1] auf fundamentale Differenzen in dem Verhalten der Blutbeschaffenheit zwischen Embryo und erwachsenem Thier hingewiesen hatten. Versuche von Uhlenhuth, Wassermann und Nutall über den Eintritt der Fällungsreaction bei mit Eiereiweiss vorbehandelten Thieren hatten ergeben, dass nach Injection mit Eiereiweiss Kaninchenserum Fällung auch mit Hühnerserum erkennen lässt. Diese Versuche kommen für die Frage nach dem Nachweis von Blutsverwandtschaft zwischen erwachsenem Thier und Embryo deshalb nicht in Betracht, weil das Hühnereiweiss kein Bestandtheil des Hühnerembryo ist, sondern ein Secret der Eiweissdrüsen des erwachsenen Huhnes, welches, wie alle bisher untersuchten Secrete des erwachsenen Thieres zur Vorbehandlung der Kaninchen geeignet ist.

Die oben mitgetheilten Versuche über Blutsverwandtschaft zwischen Embryo und erwachsenem Thier sollen eine Ergänzung finden in Versuchen, bei denen die Leibessubstanz der Embryonen bei Vorbehandlung der Kaninchen Verwendung findet. Es wäre denkbar, dass die Fällungsreaction in diesem Falle schon beim ersten Eintritt der Reaction weniger specifisch ausfällt als bei Verwendung von Leibessubstanz der erwachsenen Thiere.

Weitere Grenzen als Beschränkung der Reaction im ersten Beginn der Wirksamkeit auf Angehörige derselben Thierfamilie zeigen sich gerade am interessantesten Object der Untersuchung auf Blutsverwandtschaft nämlich bei der Feststellung des Verwandtschaftsgrades zwischen Mensch und anderen Primatenarten. Wie besondere in dieser Richtung angestellte Versuche des Verf. bewiesen, giebt Serum mit Menschenharn vorbehandelter Kaninchen bereits im ersten Beginn der Wirksamkeit gleichzeitige und gleichstarke Reaction bei Vermischung mit Extracten von Menschenblut und mit solchen von Menschenaffen. Branco[2] hatte mit Recht darauf aufmerksam gemacht,

---

[1] Ueber Differenzen der Blutbeschaffenheit in verschiedenen Lebensaltern. *Centralblatt für Bacteriologie.* Bd. XXXIV (I). S. 686.

[2] *Der fossile Mensch.* Jena 1902.

dass das Ergebniss der Transfusionsversuche des Verf., welche auf völlige Identität des Blutes von Mensch und Menschenaffe hingewiesen hatten, doch in einem gewissen Widerspruch stehe mit den sehr erheblichen morphologischen Differenzen dieser beiden Primatenarten. Wer sollte Branco nicht beistimmen, dass Mensch und Menschenaffe sich doch in ganz anderer Weise morphologisch different erweisen als Maus und Ratte, als Pferd und Esel, als Hund und Fuchs. Bei Untersuchung des Verwandtschaftsgrades zwischen Apteryx (Kiwi) und Strauss stiess Verf. wiederum auf eine Thiergruppe, deren Vertreter bei sehr erheblicher morphologischer verschiedenheit durch gleichen Ausfall der Fällungsreaction beim ersten Beginn der Wirksamkeit zu einer zoologisch systematischen Einheit verknüpft werden. Die Mehrzahl der Zoologen neigte zu der am wirksamsten von Fürbringer[1] verfochtenen Ansicht, dass die Aehnlichkeit der verschiedenen Laufvögel keine fundamentale sei, sondern dass Angehörige verschiedener gut fliegender Vogelarten durch gleichartige Lebensweise und Anpassung an die Laufbewegung sich eine äusserliche Aehnlichkeit secundär erworben hätten.. Der Ausfall der Reaction auf Blutsverwandtschaft spricht nicht für die Richtigkeit dieser Ansicht. Strauss, Casuar und Kiwi gaben deutlich Fällungsreaction im Serum von Kaninchen, die mit Straussenblut vorbehandelt waren, zu einer Zeit, wo das Serum entfernter stehender Vogelarten noch keine erhebliche Fällung verursachte. Die Giftigkeit des Vogelblutes für Säugethiere machte die Vorbehandlung der Kaninchen zu einer etwas schwierigen Aufgabe. Oft genügt die intravenöse Injection von 1 bis 2 ccm Vogelblut, um ein Kaninchen zu tödten. Diese Eigenschaft der erheblichen Giftigkeit theilt das Vogelblut mit dem Reptilienblut, so dass die Verwandtschaft der Sauropsiden auch in dieser Eigenschaft ihres Blutes zu Tage tritt. Bei subcutaner Injection von Straussenblut entstanden enorme, langsam heilende Eiterbeulen, welche das Arbeiten mit den vorbehandelten Kaninchen erschwerten. Trotz dieser Schwierigkeiten gelang es, zwei Kaninchen nach wiederholter Injection von Straussenblut zur Anstellung der Versuche zu verwenden.

Versuch. Ein Kaninchen von 2400 grm Gewicht erhielt am 16. XII. 1903 eine Injection von Straussenblutextract, welches durch Auflösen von trocken aufbewahrtem Straussenblut in 1 procentiger Kochsalzlösung bereitet war. Die auf ein Mal injicirte Blutmenge wurde auf etwa 2 ccm Straussenblut geschätzt. Es folgten gleichartige Injectionen am 18. XII. 1903, am 21. XII. 1903, am 8. I. 1904 und am 13. I. 1904. An diesem Tage entnommenes Blut gab ein wirksames Serum, während frühere Blutproben sich noch unwirksam gezeigt hatten.

---

[1] Fürbringer, *Systematik der Vögel.*

Das nach 24 Stunden gewonnene klare Serum gab folgende Resultate:

Probe   I.   0·1 ᶜᶜᵐ Serum, versetzt mit 5 ᶜᶜᵐ Straussenblutkochsalzextract, gab augenblicklich Trübung und starken Niederschlag.

Probe   II.   0·1 ᶜᶜᵐ Serum, versetzt mit 5 ᶜᶜᵐ Casuarblutkochsalzextract gab nach einiger Zeit Trübung und schwächeren Niederschlag.

Probe   III.   0·1 ᶜᶜᵐ Serum, versetzt mit 5 ᶜᶜᵐ Kiwiblut gab augenblickliche Trübung und stärkeren Niederschlag wie Probe I.

Die Versuche wurden mit dem Serum des zweiten vorbehandelten Kaninchens mit gleichem Erfolge wiederholt.

Das Serum mit Straussenblut vorbehandelter Kaninchen ergab also starke Fällung bei Vermischung mit Blut von Strauss und Kiwi, schwächere mit Blut von Casuar. Die weiteren Proben zeigten deutlich Verwandtschaft zwischen Straussen- und Schwimmvogelarten.

Probe   IV.   0·1 ᶜᶜᵐ Serum mit 5 ᶜᶜᵐ Blut eines Bastardes von Sporengans und Moschusente gab schwachen Niederschlag.

Probe   V.   Vermischung des Serums der obigen Form mit Blut von Pelikan gab schwachen Niederschlag.

Probe   VI.   Vermischung des Serums der obigen Form mit Blut von Ibis gab schwachen Niederschlag.

Probe   VII.   Vermischung des Serums der obigen Form mit Blut von Trauerente gab schwachen Niederschlag.

Probe   VIII.   Vermischung des Serums der obigen Form mit Blut von Knäckente gab schwachen Niederschlag.

Probe   IX.   Vermischung des Serums der obigen Form mit Blut von Fregattvogel gab kaum merklichen Niederschlag.

Probe   X.   Vermischung des Serums der obigen Form mit Blut von Haubentaucher gab kaum merklichen Niederschlag.

Probe   XI.   Vermischung des Serums der obigen Form mit Blut von Trappe gab kaum merklichen Niederschlag.

Probe   XII.   Vermischung des Serums der obigen Form mit Blut der Taube gab kaum merklichen Niederschlag.

Probe   XIII.   Vermischung des Serums der obigen Form mit Blut von Mergusmerganser gab kaum merklichen Niederschlag.

Probe   XIV.   Vermischung des Serums der obigen Form mit Blut von Amsel gab kaum merklichen Niederschlag.

Probe   XV.   Vermischung des Serums der obigen Form mit Blut von Zeisig gab kaum merklichen Niederschlag.

Probe   XVI.   Vermischung des Serums der obigen Form mit Blut von Papagei gab kaum merklichen Niederschlag.

Probe   XVII.   Vermischung des Serums der obigen Form mit Blut von Bussard gab kaum merklichen Niederschlag.

Probe   XVIII.   Vermischung des Serums der obigen Form mit Blut von Wespenweih gab kaum merklichen Niederschlag.

Probe   XIX.   Vermischung des Serums der obigen Form mit Blut von Schleiereule gab kaum merklichen Niederschlag.

Probe   XX.   Vermischung des Serums der obigen Form mit Blut von Riesenschildkröte gab kaum merklichen Niederschlag.

Probe   XXI. Vermischung des Serums der obigen Form mit Blut von
              Drosselhäher gab kaum merklichen Niederschlag.
Probe   XXII. Controlprobe, 0·1 ^{ccm} Serum versetzt mit 5 ^{ccm} 1procentiger
              Kochsalzlösung bleibt klar.

Da die Ausdrücke starker, schwacher und kaum merklicher Niederschlag immerhin ein subjectives Moment in sich tragen, wird es vortheilhafter sein, in späteren Versuchen statt dessen den Grad der Verdünnung
des Kaninchenserum anzugeben, bei welchem eben noch Niederschlagsbildung sich erkennen lässt. Die Volumenmessung der Niederschläge würde
bei diesem Verfahren umgangen werden können.

Entsprechend der grossen Gleichförmigkeit im Leibesbau der Vögel
scheint die Verwandtschaftsreaction in dieser Ordnung des Wirbelthierstammes weitere Grenzen zu umspannen als bei den differenzirter gebauten
Säugethieren, doch fehlt es vorläufig noch an genügendem Untersuchungsmaterial, wie denn auch Untersuchungen an wirbellosen Thieren bisher nur
in geringer Zahl von Nutall, systematische Versuche an Pflanzen überhaupt
noch nicht ausgeführt zu sein scheinen.

In ihrer bisherigen Form gestattet die Verwandtschaftsreaction nicht
die Beziehungen einander nahe stehender Thierarten klar zu legen. Menschenblut ist bisher durch keine Reaction von dem Blute der morphologisch immerhin differenten Menschenaffen zu unterscheiden. Die Blutkörperchen der einen
Art zeigen keine Veränderung im Serum der andern. Behandelt man Kaninchen mit Einspritzung von Menschenharn, so lässt das Serum der Thiere
im ersten Beginn der Wirksamkeit keinen Unterschied im Eintreten der
Reaktion mit Serum von Mensch oder Menschenaffe erkennen. Die Arbeiten
von Ehrlich und seinen Schülern haben uns eine sich beständig vermehrende Zahl von Methoden kennen gelehrt, um scheinbar einheitliche
Reactionen feiner differenziren zu können, und es liegt nahe, diese Methoden
auch zur differenzirteren Anwendung der Reaction auf Blutsverwandtschaft
zu verwenden, die in ihrer heutigen Form im besten Falle Säugethierblutarten
unterscheiden lässt, die Thieren aus verschiedenen Familien derselben Ordnung
entstammen. Wie wichtig wäre es aber, nicht nur Menschenblut vom Blut
der Menschenaffen unterscheiden zu können, sondern womöglich das Blut der
verschiedenen Menschenrassen von einander mit Hülfe der Verwandtschaftsreaction sondern zu können. Erst mit Auffindung einer solchen Methode
wäre die Grundlage für eine natürlich begründete Aufstellung von Menschenrassen gegeben. Eine solche Differenzirung der Fällungsreaction wäre natürlich nur in dem Falle möglich, dass die bei der Reaction betheiligten
Substanzgruppen bei Angehörigen verschiedener Genera derselben Thierfamilie eine verschiedene, für jedes Genus oder gar für jede Species charakteristische Molecularstructur besässen. Bisher ist es aber dem Verf. nicht

gelungen, innerhalb der Primaten solche Verschiedenheiten nachzuweisen und damit Blut des Menschen und der Menschenaffen in der gleichen Weise zu unterscheiden, wie es schon gelungen war, Blut von Schafarten von dem von Rinderarten zu sondern.

Um eine solche Sonderung von Menschen- und Affenblut zu versuchen, verfuhr Verf. in folgender Weise.

Das Serum eines Kaninchens, welches mit 637 ᶜᶜᵐ durch Thonkerzen filtrierten Menschenharnes vorbehandelt war, wurde mit Menschenblutkochsalzextract versetzt. Auf 1 ᶜᶜᵐ Kaninchenserum kam etwa 0·3 ᶜᶜᵐ Menschenblutlösung. Es entstand augenblicklich nach Vermengung der beiden Sera starke Trübung und es setzte sich innerhalb 24 Stunden ein massiger Niederschlag zu Boden. Das Kaninchenserum wurde sorgfältig durch Filtration von jeder Spur dieses Niederschlages befreit und erneut mit dem Serum von Mensch und Menschenaffenarten versetzt. Bestand nun eine Differenz in der Molecularstructur der fällenden Substanz bei Mensch- und Menschenaffe, so musste das klare Filtrat zum zweiten Mal mit dem Blute des Menschen versetzt klar bleiben, dagegen mit Blut von Menschenaffenarten versetzt eine Fällung ergeben. Der Ausfall dieser Versuche wies aber nicht auf eine solche Differenz hin. Versetzt mit dem Blut des Menschen, des Schimpansen, des Orang Utang und des Gorilla gab das klare Serum keine merkliche Fällung innerhalb 24 Stunden. Eine Andeutung von Fällungsreaction war allerdings nach dieser Zeit in allen Reagensgläsern zu erblicken, doch zeigte sich keine Differenz in der Stärke des minimalen Niederschlages zwischen Menschenblut und dem Blut der Menschenaffenarten. Es musste schon die Gleichartigkeit der Stärke der Fällungsreaction bei Verwendung von Blut des Menschen und der Menschenaffen Zweifel daran erwecken, ob es gelingen würde, Blut des Menschen und Blut des Menschenaffen zu differenziren. Behandelt man nämlich Kaninchen mit Injectionen von Menschenharn, so kann man keinen Unterschied in der Fällung von Menschen- oder Menschenaffenserum durch das Kaninchenserum erblicken, ja in einzelnen Fällen giebt Blut des Menschenaffen stärkere Fällung im Serum mit Menschenharn vorbehandelter Kaninchen als Menschenblut.

War auch dieser erste Versuch der Differenzirung zwischen Blut des Menschen und des Menschenaffen fehlgeschlagen, so besass der Versuch, Blut des Menschen und der niederen Affen zu differenziren, mehr Aussicht auf Erfolg, da hier deutliche quantitative Differenzen vorhanden sind, indem das fällende Serum bei stärkerer Verdünnung nur mit Menschenblutserum, nicht aber mit dem Blut der niederen Affenarten reagiert. Allerdings muss Serum von Kaninchen, die lange Zeit mit Menschenharn vorbehandelt waren, auf das Zehntausendfache verdünnt werden, bis die Reaction mit dem Blut-serum niederer Affenarten ausbleibt.

Drei in diesem Sinne vom Verf. angestellte Versuche führten aber selbst bei dieser anscheinend leichteren Aufgabe nicht zum Ziele. Aller-dings kann aus diesem negativen Resultat nicht gefolgert werden, dass es überhaupt unmöglich sein wird, Blut von Mensch und anderen Primaten-arten qualitativ und nicht bloss quantitativ zu unterscheiden.[1]

Versuch I. Das Serum eines Kaninchens, welches lange Zeit mit Menschenharn vorbehandelt war, gab Fällungsreaction mit Blutlösung von Mensch, Menschenaffe, cynomorphen Affenarten, platyrhinen Affen, Krallen-affen und Lemuren. (Uhlenhuth hatte zuerst auf die Reaction mit Menschen-blut vorbehandelter Kaninchen mit Lemurenblut aufmerksam gemacht. Nutall und der Verf. hatten bei früheren Versuchen keine Reaction entdecken können.) Zu obigem Serum wurde auf Löschpapier angetrocknetes Blut von Orang Utang hinzugefügt, nachdem das Serum mit 1 procentiger Kochsalzlösung auf das dreifache Volumen aufgefüllt war. Bei Zusatz des Orang Utang-blutes entstand eine Fällung. Der Niederschlag konnte schon nach 1 Stunde abfiltrirt werden. Zu dem klaren Filtrat wurde wiederum Orangblut hinzu-gesetzt und nach Verlauf von 2 Stunden wiederum klar filtrirt. Zu je 1 ccm klaren Filtrates werden 2 ccm von Blutkochsalzlösung folgender Primatenarten hinzugefügt: von Schimpanse, Mensch, Macacus Rhesus, Roter Brüllaffe und Weisswangenlemur.

Probe   I.   1 ccm verdünntes Serum mit 2 ccm Blutextract von Schimpanse gab schwachen Niederschlag.

Probe   II.   1 ccm verdünntes Serum mit 2 ccm Blutextract von Homo sapiens gab schwachen Niederschlag.

Probe III.   1 ccm verdünntes Serum mit 2 ccm Blutextract von Macacus Rhesus gab schwachen Niederschlag.

Probe IV.   1 ccm verdünntes Serum mit 2 ccm Blutextract von Weisswangen-lemur gab schwachen Niederschlag.

Probe   V.   1 ccm verdünntes Serum mit 2 ccm Blutextract von rothem Brüll-affe gab schwachen Niederschlag.

Probe VI.   1 ccm verdünntes Serum mit 2 ccm 1 procentiger Kochsalzlösung bleibt klar. Controlprobe.

Da in allen Gläsern gleichmässig ein schwacher Niederschlag zu er-kennen war, auch in dem Glase mit Schimpansenblut liess der Versuch nicht erkennen, dass eine Differenzirung der Fällung gebenden Substanzen auf obigem Wege möglich ist.

Versuch II. Bei dem zweiten Versuch wurde statt durch Orang Utang-blut versucht durch Versetzen mit dem Blute eines cynomorphen Affen, Cyno-cephalus Hamadryas, eine quantitative Ausfällung der für Fällung des Blutes cynomorpher Affenarten charakteristischen Substanzen zu erzielen bei Er-

---

[1] Die Versuche werden mit abgeänderter Methodik noch fortgesetzt.

haltung der gegen Blut anderer Primatenarten wirksamen Substanzen. Auch dieser Versuch führte zu keinem positiven Resultate. Nach zweimaligem Versetzen des oben geschilderten Serums mit Blut von Cynocephalus Hamadryas und Abfiltriren der Niederschläge wurde das klare Filtrat geprüft durch Versetzen mit Blut von Mensch, Orang Utang, Macacus Rhesus, Brüllaffe und Weisswangenlemur.

In allen Proben entstand gleichmässig nach 24 Stunden ein schwacher Niederschlag. Quantitativ lässt sich die Reaction zwischen Menschenblut und Blut cynomorpher Affenarten daher differenziren, qualitativ ist dies bisher nicht gelungen.

In einem dritten Versuch sollte ebenso vergeblich eine Trennung zwischen Menschenblut und dem Blut platyrhiner Affenarten versucht werden. Hier ist der Unterschied der Volumina der Niederschläge oder der Grad der eben wirksamen Serumverdünnungen noch erheblicher als im Versuch II und doch war auch hier keine qualitative Differenz nachweisbar.

Das durch Vorbehandlung eines Kaninchens mit Menschenharn gewonnene, im Verhältniss 1 : 3 mit 1 procentiger Kochsalzlösung verdünnte Serum wurde zwei Mal hintereinander mit Blut vom Totenköpfchen Pithesciurus sciureus versetzt und von den Niederschlägen abfiltrirt. Das klare Filtrat wurde versetzt mit Blut von Mensch, Orang, Lemur, Macacus und rother Brüllaffe. In allen Gläsern entstanden sehr schwache Niederschläge nach 24 Stunden, welche keine charakteristischen Unterschiede erkennen liessen. Auf Grund dieser Versuche ist eine qualitative Differenz in den fällenden Substanzen nicht ein Mal zwischen Mensch und amerikanischem Affen nachweisbar gewesen. Wäre eine solche vorhanden, so hätte im Versuch III das Kaninchenserum noch starke Fällung mit Menschenblut ergeben müssen, nachdem ihm durch Versetzen mit dem Blut des Pithesciurus die für das Blut amerikanischer Affen charakteristischen Substanzen entzogen waren. Von Leonor Michaelis sind Versuche beschrieben worden[1], nach denen es diesem Forscher geglückt ist, Pseudoglobulin fällende und Euglobulin fällende Substanzen im Serum nach dem oben geschilderten Verfahren zu differenziren. Verf. vermuthet, dass es sich in diesen Versuchen weder um Pseudoglobulin fällende noch um Euglobulin fällende Substanzen handelt, sondern um Reactionen mit Fermenten von noch unbekannter chemischer Zusammensetzung, welche den Globulinniederschlägen im Serum in verschiedener Qualität und Quantität anhaften. Es ist fraglich, ob man mit ganz reinen Eiweisspräparaten überhaupt eine Fällungsreaction erhalten würde. In den Michaelis'schen Versuchen wird

---

[1] Weitere Untersuchungen über Eiweisspräcipitine. *Deutsche Medicinische Wochenschrift*. 1904. Nr. 34. S. 1240.

die Reaction mit Pseudoglobulin als stark, mit Euglobulin als schwach geschildert. Es ist eine den Globulinen anhaftende Fermentverunreinigung
um so weniger ausgeschlossen als wir wissen, dass Fermente hauptsächlich
in dem Globulinniederschlag mitgerissen werden.

Wir schliessen bisher auf die Existenz einer wohlcharakterisierten
chemischen Verbindung, wenn wir eine Vielheit von Wirkungen und
Reactionen in stets reproducirbarer Weise mit einer Substanzmenge verknüpft finden, wobei keine der Reactionen geändert werden kann, ohne dass
alle anderen Reactionen ebenfalls eine Aenderung erleiden. Erst die Summe
der von einer Substanz ausgelösten Wirkungen belehrt uns über die Art
des Stoffes, von welchen die Wirkungen ausgehen, und erst nach Auffindung
einer solchen Summe stets reproducirbarer und unveränderlich mit einander
verknüpften Reactionen, dürfen wir nach Ansicht des Verf. von dem Nachweis einer neuen Substanz reden.

Wie die Entdeckung des neuen Elementes Radium beweist, kann die
sachgemässe Verfolgung einer einzigen Eigenschaft bei steter Berücksichtigung der quantitativen Verhältnisse sehr wohl bei der Auffindung
eines neuen Stoffes behülflich sein, aber wir müssen heute noch alle von
der Immunitätslehre postulirten Substanzen für ebenso hypothetisch ansehen, wie die Physiker Polonium oder Actinium, eben wegen Fehlens
einer Summe zusammengehöriger Eigenschaften.

Erst nach Auffindung einer gesicherten chemischen Basis wird die
Lehre von den Fermenten und die Immunitätslehre eine sichere Grundlage
erlangt haben.

Gegen die Auffassung des Verf. von der Zugehörigkeit der fällung-
gebenden Substanzen zu den Fermenten schienen Versuche von J. Meyer[1]
zu sprechen, welcher positive Resultate erhalten hatte mit Mumienmaterial,
welchem ein Alter von 4000 Jahren zugeschrieben wird. Sollten Ferment-
substanzen sich so lange Zeit unverändert wirksam gehalten haben? Die
früher viel geglaubte Erzählung, dass 4000 Jahre alter Mumienweizen
noch keimungsfähig sei, ist längst als in's Gebiet der Fabel gehörig nachgewiesen worden. Eine Nachprüfung der oben erwähnten Versuche durch
den Verf. führten denselben nicht zur Ueberzeugung, dass die Fällungsreaction im Stande sei, Mumienmaterial als vom Menschen herstammend
anzuzeigen. Teile einer von Herrn Dr. du Bois-Reymond gütigst zur Verfügung gestellten Mumie, welche höchstens 500 Jahre alt sein konnte,
wahrscheinlich aber noch viel jünger war, gab keine Andeutung der Reaction
mit stark wirksamen Kaninchenserum. Der Aufbau der Muskeln und Sehnen

---

[1] Ueber die biologische Untersuchung von Mumienmaterial vermittelst der Prä-
cipitinreaction. *Münchner Medicinische Wochenschrift.* Bd. LI. S. 663.

aus Faserbündeln war bei diesem Material bedeutend besser zu erkennen als bei ägyptischem Mumienmaterial. Mit noch stärker wirksamen Kaninchenserum erhielt auch Verf. mit dem Material einer ägyptischen Mumie schwache Trübungen, doch war das Serum so wirksam, dass es auch mit nicht menschlichem Material gleiche Reaction ergab. Verf. hält die Fällungsreaction trotz der positiven Versuche nicht für geeignet Mumienmaterial seiner Herkunft nach zu bestimmen, deshalb können die Versuche von J. Meyer auch keinen Gegengrund gegen die Auffassung der Fällung gebenden Substanzen als Fermente abgeben.

Wenn überhaupt ein der Vorzeit entstammendes Material durch die Verwandtschaftsreaction seiner Herkunft nach bestimmbar war, so musste das in dem sibirischen Eise eingefrorene Mammuth, welches im Jahre 1902 am Ufer der Beresowka aufgefunden wurde, die besten Resultate ergeben. Das Thier, welches durch einen Sturz in eine Spalte eines diluvialen Gletschers sein Leben verloren hatte, war unmittelbar nach seinem Tode vom Eise umschlossen, den zerstörenden Einflüssen der Fäulniss und der Trocknung entzogen worden, wie die gut erhaltenen Futterreste zwischen den Zähnen und im Magen des Thieres bewiesen.[1] Das Fleisch von blutrother Farbe bei seiner Auffindung war noch so frisch erhalten, dass es von den Hunden mit Begierde gefressen wurde. Der Geruch, den es verbreitete, verriet, dass die Eiweisskörper noch der Fäulniss fähig sein mussten. Von Pepsin in halbprocentiger Salzsäure sowie von Trypsin wurde das Fleisch leicht verdaut, so dass die Raubthiere das Mammuthfleisch nicht nur gefressen, sondern auch verdaut haben. Die Conservirung des Fleisches in Petersburg war glücklicher Weise ohne alle Anwendung von Antisepticis nur durch Bestreuen mit Alaun und Kochsalz vorgenommen worden, nachdem das Fleisch in gefrorenem Zustand die Entfernung von über 6000 km von seinem Fundort bis nach Petersburg zurückgelegt hatte.[2] Durch die gütige Ueberlassung von Mammuthfleisch und Mammuthblut ermöglichte Excellenz Salensky, dem Verf. auch an dieser Stelle seinen aufrichtigen Dank ausdrückt, die Anstellung der im Folgenden beschriebenen Versuche. Es erschien nicht ausgeschlossen, dass in frischem Zustand eingefrorene Gewebe selbst fermentartige Substanzen unermessliche Zeiträume hindurch conserviren könnten. Leider waren bereits viele Monate verstrichen, seit die Mammuthreste, die von dem Tode des Thieres bis zu seiner Auffindung nicht aufgethaut waren, in Petersburg dem Einfluss der Kälte entzogen waren. Mit überraschender Schnelligkeit vollzog sich ein Zerfallsprocess, der in dem Verlust der Blut-

---

[1] Ueber den Erhaltungszustand des Thieres siehe den Bericht des kühnen Leiters der Mammuthexpedition Otto Herz.

[2] Ausführliche Angaben über die Erhaltung des Mammuth machte Salensky auf dem Zoologencongress in Bern 1904.

farbe. sich besonders deutlich documentirte, als wollte das Material den
Tribut, den es der Zeit schuldig war, nach seinem Aufthauen mit doppelter
Geschwindigkeit abtragen. Besonders die Blutreste schienen sehr stark ver-
ändert. . Ganze Klumpen von Blutresten hatten sich zwischen dem Magen
des Thieres und dem Zwerchfell gefunden vermischt mit Sand, der zum
Schutze der offen daliegenden Mammuthreste aufgeschüttet worden war.
Von diesem Blut gelangten einige Proben zur Untersuchung.

Verf. behandelte zwei Kaninchen mit subcutanen Einspritzungen von
Blut des indischen Elephanten. Das Blut entstammte einem alten männlichen Exemplare und war etwa ein Jahr lang in trockenem Zustand vom
Verf. aufbewahrt worden. Nach 6 Injectionen von je 2 ccm Elephantenblut
(ungefähr geschätzt) gab das Serum der vorbehaudelten Kaninchen deutliche Fällung bei Vermischung mit dem Blute des indischen Elephanten.
In zwei Fällen erhielt nun Verf. auch Trübungen bei Vermischung des
Kaninchenserums mit einem Kochsalzextract des Mammuthblutes, während
in der Mehrzahl der zahlreichen Versuche kein positives Resultat erzielt
werden konnte. Da nun das Blut des Mammuths besonders starke chemische
Veränderungen durchgemacht hatte und die Substanz jedes beliebigen
Organes zur Vorbehandlung der Thiere geeignet scheint, beschloss Verf.
die Versuche mit Vorbehandlung der Kaninchen mit Mammuthmuskel zu
wiederholen. Drei Kaninchen erhielten die Substanz von etwa je 5 g
Mammuthmuskel, der durch Pankreasfistelsecret in Lösung gebracht wurde.
Die Lösung erfolgte in Wasser, welches durch Soda alkalisch gemacht
worden war und einen Wasserstoffionengehalt von etwa 1×10^{-11} (bestimmt
mit der Indicatorenmethode des Verf.) besass. Die Injection dieser Ver-
dauungsgemische unter die Haut hatte ausgedehnte Vereiterungen zur
Folge. Nach 6 Injectionen von der Verdauungslösung von Mammuthfleisch
gab das Blutserum von zweien der drei vorbehandelten Kaninchen positive
Fällungsreactionen mit Elephantenblut, während mit dem Blutserum des
dritten Kaninchens nur negative Resultate bis zum Tode des Thieres nach
8 Injectionen erzielt wurden.

In Uebereinstimmung mit Versuchen des Verf. über Vorbehandlung
der Kaninchen mit durch Thonzellen filtriertem Harn konnte mit dem zur
Vorbehandlung benutzten Mammuthfleischsaft selber keine Reaction mit dem
Kaninchenserum ausgelöst werden. Trotzdem gelang es auf diesem Wege
den Nachweis der Blutsverwandtschaft zwischen Mammuth und indischem
Elephant zu erbringen. Das Serum von zweien der mit Mammuthfleisch
vorbehandelten Kaninchen gab mit dem Blut des indischen Elephanten
eine sofortige Trübung und in kurzer Zeit einen Niederschlag, während mit
dem Blut von Säugethieren aus andern Ordnungen des Säugethierstammes
geringere Niederschläge erst nach längerer Zeit sich bildeten.

Versuch I. 0·3 ccm Kaninchenserum versetzt mit 5 ccm Blutkochsalz-extract vom indischen Elephanten gab deutlichen Niederschlag; nur schwache Niederschläge wurden erzielt mit Blutextract von Tapir, Dreizehenfaulthier, Seehund, Macacus, Nahurschâf, Luchs, Maus und Känguruh.

Versuch II. 0·1 ccm Kaninchenserum versetzt mit 3 ccm Blutkochsalz-extract vom indischen Elephanten gab deutlichen Niederschlag, schwache Niederschläge nach langer Zeit mit Blut von Tapir, Didelphys, Stachel-schwein, Meerkatze, Canis borealis, Hirsch, Seehund, Mensch.

Es wurden also geprüft Vertreter aus den Ordnungen der Probosciden, Carnivoren, Primaten, Rodentien, Perissodactylen, Artiodactylen, Mar-supialier, Edentaten und Pinnipediern. Von Vertretern aus allen diesen Ordnungen gab das Serum vom indischen Elephanten die stärkste Reaction mit dem Serum von Kaninchen, die mit Mammuthfleisch vorbehandelt waren. Diese relativ stärkste Reaction war erheblich schwächer als die Reaction mit Elephantenblut vorbehandelter Kaninchensera mit Elephanten-serum. Bei der nahen Verwandtschaft zwischen Mammuth und Elephant, die bedeutend enger ist als zwischen Mensch und Menschenaffe, können wir nicht zweifeln, dass nur das Alter der Mammuthreste den Eintritt der Verwandtschaftsreaction in einigen Fällen verhinderte und in andern Fällen die Reaction abgeschwächt hatte. Es erscheint dem Verf. nach dem wechseln-den Ausfall der Versuche mit so ausnahmsweise erhaltenem Material, wie es das Mammuthfleisch darstellt, sehr unwahrscheinlich, dass die Ver-wandtschaftsreaction ein Hülfsmittel darstellt bei der Untersuchung von paläontologischem, anderweitig nicht bestimmbarem Material. Bei Unkennt-niss der Herkunft des Materiales der Mumien sowohl wie des Mammuth-fleisches wäre in allen Versuchen des Verf. ein Erkennen der Säugethier-ordnung, der das Material entstammte, ganz ausgeschlossen gewesen. Keines-falls erscheinen die Versuche dem Verf. als ein Gegenbeweis gegen seine Auffassung über die Rolle der Fermente beim Zustandekommen der Ver-wandtschaftsreaction. Wohl nimmt man an, dass hunderttausend Jahre verflossen sind seit dem Tode der Thiere der Diluvialzeit, aber wir wissen nicht wie lange Zeit fermentartige chemische Verbindungen ihre Structur erhalten können, wenn sie durch Einschluss in Eis von jeder von aussen kommenden Zersetzung bewahrt bleiben. Es erscheint dem Verf. auch durchaus noch nicht sicher, dass das Mammuth in Sibirien nur zur Diluvialzeit gelebt habe. Selbst wenn das Eis und die Schichten, in welchen das Mammuth eingeschlossen gefunden wurde, sicher der Diluvial-zeit zuzurechnen wären, brauchte das Thier, welches in eine Felsspalte hinabgestürzt ist, nicht derselben Erdperiode anzugehören. Die Unter-suchungen der Petersburger Akademie werden wohl besonders unter Be-rücksichtigung der zwischen den Zähnen des Mammuths gefundenen

Pflanzenreste bald Klarheit bringen in die Beantwortung der Frage, in wie viel Jahrtausende vor unsere Zeitrechnung die letzten recht unsicheren Ausläufer der Verwandtschaftsreaction hinabreichen.[1]

Die Untersuchung der Vorbehandlung von Kaninchen mit Mammuthfleisch, das durch Trypsin in Lösung gebracht war, bot besonders deshalb ein erhebliches Interesse, weil die Verdauungslösung so gut wie gar keine Eiweissreaction mehr erkennen liess. Mammuthfleisch, welches durch Kochen mit starker Kalilauge in Lösung gebracht worden war, gab ebenfalls nur sehr unsichere Eiweissreactionen. Die Biuretprobe fiel gänzlich negativ aus, auch wenn verdünnteste Kupferlösung in steigenden Mengen zugesetzt wurde. Die Kochprobe mit Essigsäure nach Kochsalzzusatz fiel negativ aus, ebenso die Hellersche Eiweissprobe mit Salpetersäure. Esbach's Reagens gab keine deutliche Fällung. Dagegen fiel die Xanthoproteïnreaction positiv aus (es trat nach Ammoniakzusatz Orangefärbung auf) und auch die Probe mit Ferrocyankalium und Essigsäure gab schwache Fällung. Der Gehalt der Verdauungslösungen an Eiweiss konnte nach diesen Versuchen nur ein ganz verschwindend geringer sein. Noch geringer war der hypothetische Eiweissgehalt in Versuchen des Verf., bei welchen durch Thonzellen filtrierter Harn zur Vorbehandlung sich als sehr geeignet erwies. Wassermann hatte gegenüber der Auffassung der Verwandtschaftsreaction als Blutreaction geltend gemacht, dass auch Speichel und Sputum den Eintritt der Reaction veranlassen. Versuche von v. Dungern und anderen Forschern hatten ergeben, dass Milch, Sperma und Eisubstanz zur Vorbehandlung geeignet sind. Im Verein mit Dr. Marburg stellte Verf. fest, dass auch intravenöse Injectionen von Liquor cerebrospinalis fällende Sera liefert, auch fand Verf. Galle und beliebige Organextracte zur Vorbehandlung geeignet. Es bedarf allerdings verschiedener Mengen der verschiedenen Secrete und Organextracte, um wirksame Sera zu erhalten. Schattenfroh hatte gefunden, dass Injection von Harn bei Kaninchen starke Vermehrung der Hämolysine hervorruft, Landsteiner und Eisler erhielten durch Harninjectionen bei Kaninchen ein Serum, welches mit dem zur Vorbehandlung dienenden Harn eine Fällung lieferte. Sie beobachteten

---

[1] Der ausserordentliche Erhaltungszustand der Mammuthreste giebt uns einen Hinweis darauf, wie wir die zahlreichen, dem Aussterben unrettbar verfallenden Thierarten der Jetztzeit für die Nachwelt aufbewahren müssten: Während das in den Museen aufbewahrte Material in wenigen Jahrhunderten zum grössten Theile der völligen Vernichtung anheimgefallen sein wird, könnten im Eise eingeschlossene Thierleichen in den Polargegenden vor Aufthauen geschützt, noch nach vielen Jahrtausenden dem Forscher ganz frisch erhaltenes Material in die Hände liefern, welches für sehr lange Zeiträume mit Hülfe der Verwandtschaftsreaction sogar die Verwandtschaftsbeziehungen der ausgestorbenen Thierarten zu untersuchen gestatten würde.

bei einem Versuch auch eine äusserst schwache Reaction mit dem Serum
der Thierart, welche den Harn geliefert hatte. Bei allen Versuchen, auch
mit der gewöhnlich als praktisch eiweissfrei angesehenen Galle und mit
dem unfiltrierten Harn war es nicht ausgeschlossen, dass mit abgestossenen
Epithelien der Gallen- oder Harnwege und mit ausgewanderten Leukocyten
Zellen der einen Thierart der andern einverleibt worden waren. Um jede
Möglichkeit einer Zellinjection auszuschliessen, filtrierte Verf. Menschenharn
durch Papierfilter und darauf durch Thonkerzen und erzielte mit diesem
sicher zellfreien Harne stark wirksame Sera. In diesen Versuchen war es
ausgeschlossen, dass die Injection von Zellen einer Thierart nothwendig ist,
um die fällende Wirksamkeit des Serums der gespritzten Thiere hervorzurufen, bezüglich zu steigern. Die von Wassermann und Michaelis
verfochtene Ansicht, dass die Eiweisskörper (Globuline und Albumine) der
Thierarten maassgebend sind, für den Ausfall der Fällungsreaction, fand
in den Versuchen des Verf. mit Galle sowohl wie mit dem durch Thonkerzen filtrierten Harn keine Stütze. Der zur Vorbehandlung benutzte Urin
war eiweissfrei im üblichen Sinne sowohl bei directer Prüfung wie bei Ein-
engung auf ein kleineres Volumen. Vergleicht man nun die zur Erzeugung
gleicher Wirksamkeit nöthigen Mengen von Harn und Blutserum, so findet
man, dass nach ganz beiläufiger Schätzung etwa 400 ccm Harn 40 ccm Blutserum entsprechen. Da der Harn nach dem negativen Ausfall der Eiweissreactionen nicht mehr als 0,001 Procent Eiweiss enthalten haben konnte
gegen 7 Procent des Blutserums, so werden die Globuline und Albumine
des Blutserums nicht für die Hervorrufung der Verwandtschaftsreaction
verantwortlich gemacht werden können. Die bisherigen Versuche bedürfen
noch einer Ergänzung durch quantitativ genau bestimmte Vorbehandlung
der Kaninchen mit den verschiedensten Secreten und Körperflüssigkeiten.
Es ist mehr als wahrscheinlich, dass das quantitative Studium der Wirksamkeit zur Auffindung der chemischen Natur der wirksamen Substanzen
führen wird. Harn und Galle enthalten gemeinsam neben kaum nachweisbaren Mengen von Eiweiss merkliche Mengen von Nucleoproteïden, also
Zerfallsproducte der Kerne von Zellen. Wir besitzen nun eine ganze Reihe
von Hinweisen darauf, dass die Fermente zu den Kernstoffen allerdings noch
näher aufzuklärende Beziehungen besitzen. Seit langem ist bekannt, dass der
Harn aller Säugethiere Pepsin in wechselnden Mengen enthält, es lag daher für
den Verf. nahe, zu versuchen, ob die Einspritzung von Pepsin stark fällende
Wirksamkeit im Kaninchenserum hervorrufen würde. Der Versuch führte nicht
zu dem erwarteten Resultate, denn zahlreiche Injectionen von einer Lösung
von gut wirksamen Grübler'schem Pepsin (0,1 g Pepsin in 2 ccm 1 procent.
Kochsalzlösung) in die Ohrvene eines Kaninchens führten wohl zur Bildung
eines Antipepsins, welches Eiweiss vor der Wirkung von Pepsin zu schützen

im Stande war, aber nicht zu einem Serum, welches starke Niederschläge
bei Vermischuug mit fremdem Serum ergeben hätte. Um so überraschen-
der war die Beobachtung, dass ein stark wirksames Pepsinpräparat selber
mit jedem beliebigen Serum Niederschläge ergab. Ein stark wirksames
Pepsinpräparat wurde durch Abkühlen einer concentrierten Lösung von
Grübler'schem Pepsin erhalten nach der von N. Sieber angegebenen
Methode. Eine weitere Prüfung von Fermentpräparaten ergab fällende
Wirkung von Seiten zweier Labfermentpräparate, sehr schwach fällende
Wirkung von Extracten von .Diastase, Trypsin,· Papayotin und Invertin.
Die Fermentextracte wurden in der Weise hergestellt, dass 1 procentige
Kochsalzlösung mit einem Ueberschuss des Fermentpräparates in einer
Reibschale verrieben wurde. Nach 4 Stunden wurde die mit einem
Tymolkrystall versetzte Mischung filtrirt und 0·1 ^{ccm} Kaninchenserum
zu je 2 ^{ccm} des klaren Filtrates hinzugefügt. In den Gläsern mit Lab-
ferment entstand alsbald eine dichte Trübung, während in den Gläsern mit
Diastase, Trypsin, Papayotin und Invertin erst nach längerer Zeit nur
schwache Niederschläge· entstanden. Die Versuche sollen mit wirksameren
Fermentpräparaten fortgesetzt werden.

Pekelharing zeigte zuerst, dass seine eminent wirksamen Pepsin-
präparate stets auch labende Wirkungen äussern und von den übrigen
Verdauungsfermenten Trypsin und Papayotin ist ebenfalls· bekannt, dass
sie Labwirkung zu äussern im Stande sind. Der Befund, dass Pepsin und
Lab Fällungen im Serum erzeugen, steht im besten Einklang mit der vom
Verf. in früheren Arbeiten geäusserten Ansicht, dass wir die Hämolysinwirkung aufzufassen hätten als bedingt durch ein lecithinspaltendes Ferment,
die Fällungsreaction als·bedingt durch die labartige Wirkung eines pepsin-
artigen Fermentes.

Es mag an dieser Stelle Erwähnung finden, dass J. Pawlow auf
Grund seiner Versuche eine völlige Identität von Lab- und Pepsinferment
annimmt.[1]

Da die chemische Classe, zu welcher die Fermente zu rechnen sind,
bisher sich nicht hat klarlegen lassen, so ist mit der Zurückführung der
zur Vorbehandlung von Kaninchen geeigneten Substanzen auf Fermente
zwar keine chemische Charakterisirung gegeben, aber es weist der relativ
hohe Gehalt des Harnes sowohl wie der Galle an Nucleoproteïden bei fast
vollständigem Fehlen von Eiweisskörpern wiederum auf die Kernstoffe oder
deren Spaltungsproducte als Träger enzymatischer Wirkungen hin. Die
Verknüpfung aller ontogenetischen Stadien durch die Gemeinsamkeit der

---

[1] Die hierauf bezüglichen Untersuchungen sind noch nicht in deutscher Sprache
veröffentlicht worden.

Verwandtschaftsreaction, wie sie in den oben geschilderten Versuchen zu Tage getreten ist, weist ebenfalls auf die Rolle der Kernstoffe, der chemischen Träger der Vererbung, beim Zustandekommen der Reaction hin.

Einen dritten Hinweis auf die Rolle von Kernstoffen bei dem Zustandekommen der Verwandtschaftsreaction lieferten Befunde von Dr. Friedemann über die Erzeugung von Fällungen im Thierserum durch Histonpräparate. Neisser und Friedemann[1] hatten in einer ergebnissreichen Arbeit über Agglutination von Bakterien und über Fällungen colloidaler Substanzen auf die Wirksamkeit von Substanzspuren aufmerksam gemacht, welche sich jedem chemischen Nachweis entziehen müssen. Gelatine zeigt sich nach den Versuchen dieser Forscher noch in Concentrationen von 1×10^{-6} bei der Fällung von Metallen durch Schwefelwasserstoff wirksam. Friedemann fand, dass Bakterien nicht nur durch Agglutinine, sondern auch durch Histone agglutinirt werden. Histonpräparate erzeugen also Fällungen im Serum ähnlich wie Präcipitine und agglutiniren Bakterien ähnlich wie Agglutinine. Es wird noch weiterer Untersuchungen bedürfen, um zu entscheiden, ob den Histonen selber, diesen Spaltungsproducten der Kernstoffe, oder beigemengten unbekannten Substanzen obige Wirkungen zugeschrieben werden müssen. Für die Abstammung der Fermente von Kernstoffen spricht auch die chemische und histologische Untersuchung der Bakterien dieser verbreitetsten Träger sichtbarer fermentartiger Wirksamkeit. Mit den besten histologischen Methoden lassen sich eben noch Spuren von färberisch neutralem Protoplasma an diesen Organismen nachweisen. Während man früher die Bakterien für kernlos hielt, wissen wir, besonders durch die eingehenden Untersuchungen von Bütschli, dass die Bakterien fast nur aus Kern bestehen, mit einer geringen Umhüllung von Protoplasma. Mit diesem morphologischen Befunde steht im Einklang, dass chemisch die Bakterien aus Substanzen bestehen, welche nicht zu den eigentlichen Eiweisskörpern gehören, die, wenn überhaupt, nur in minimalen Mengen in den Bakterien nachgewiesen werden konnten. Fermentpräparate aus Bakterien geben daher oft keine der üblichen Eiweissreactionen.

Die Kernsubstanzen stehen zu den Plasmabestandtheilen in einem elektrischen Gegensatz, auf den Verf. einen grossen Theil der Wirksamkeit der Kernsubstanzen im Zellleben zurückführen möchte. Während Protoplasmaeiweiss als elektrisch neutrale Substanz weder ausgesprochen anodischen noch kathodischen Charakter zeigt und sich in schwach saurer Lösung wie eine Säure, in schwach basischer Lösung wie eine Base verhält, bestehen die Nucleoproteïde aus zwei chemischen Hälften von ausgesprochenem elektrischen Charakter, aus den stark anodischen Nucleïnsäuren und den

---

[1] *Deutsche Medicinische Wochenschrift.*

stark kathodischen Histonen. Jeder dieser beiden Bestandtheile vermag durch Verbindung mit dem neutralen Protoplasmaeiweiss dem Ganzen seinen elektrischen Charakter aufzudrücken, so dass Eiweiss mit Nucleïnsäure verbunden anodisch, mit Histonen verbunden kathodisch sich verhält. Diese Verbindungen der Kernstoffe mit Eiweiss, der Nucleïnsäuren sowohl wie der Histone, geschehen nicht nach chemischen Aequivalenten, sondern kleine Mengen von Kernstoffen vermögen immer neue Eiweissmengen zu binden und elektrisch umzustimmen. Erinnern wir uns daran, wie kleine Mengen elektrisch differenter Colloide bei Fällungsreactionen sich wirksam erweisen, so erscheint die Rolle des Zellkernes im Leben der Zelle verständlicher. Chemisch unfassbar kleine Mengen von Kernsubstanz werden in Folge dieses elektrischen Gegensatzes genügen, um bestimmend und regulirend in den Haushalt des Protoplasmas einzugreifen und den gesammten Stoffwechsel des Protoplasmas einer Thierart specifisch zu gestalten. Der Chemismus des Zelllebens zeigt in seinen Grundzügen im ganzen Thierreich eine grosse Gleichförmigkeit. Erst die Mannigfaltigkeit der den Kernstoffen entstammenden Fermente sorgt für die unerschöpflich scheinenden Variationen des Stoffwechsels, die in der fast unabsehbar grossen Zahl der Arten der verschiedenen Organismen ihre beständig wechselnden Vertreter finden.

Wenn wir die verschiedenen Thierformen nicht nach ihrem Aeussern classificiren, sondern nach den von ihnen vertretenen Typen des Stoff- und Kraftwechsels, so haben wir in der bei jeder Thierart specifisch gestalteten Fermentmischung eines der vornehmsten artspecifischen Merkmale zu erblicken. Es erscheint bei dieser Auffassung nicht mehr wunderbar, dass eine Fermentreaction die Blutsverwandtschaft der morphologisch ganz unähnlichen Entwickelungsstadien einer Thierart uns erkennen lehrt.

Ueber die absolute Empfindlichkeit des Auges für Licht.

Von

G. Grijns und A. K. Noyons.

(Aus dem physiologischen Laboratorium zu Utrecht.)

(Hierzu Taf. I u. II.)

Auf Veranlassung des Herrn Professor Zwaardemaker haben wir im vergangenen Semester eine Reihe von Bestimmungen angestellt über die kleinsten Lichtmengen, welche noch eine Empfindung auszulösen vermögen.

Wir hatten Anfangs geplant, nach zwei ganz verschiedenen Verfahren Bestimmungen zu erhalten, welche einander controliren sollten, da wir meinten, dass an der Grenze des Sichtbaren die Gesammtmenge der eingeführten Energie für das Zustandekommen eines Reizes maassgebend sein würde. Wir fanden aber, dass die Zeit, während welcher die Energie zugeleitet wird, von grösster Bedeutung ist. Unsere beiden Versuchsreihen sind dadurch statt controlirenden einander gegenseitig anfüllende geworden.

Es handelte sich in unserem Falle darum, kleine Lichtmengen während sehr kurzer Zeit auf das Auge einwirken zu lassen, und sowohl die Menge eingeführter Energie, als die Zeit genau messen zu können.

§ 1.

Bei unserem ersteren Verfahren diente uns ein kleiner rechtwinkliger Spiegel (Taf. I, Fig. 1) a, der mittels einer Stange h mit dem Schwungrade b fest verbunden war.[1] Vor dem Spiegel konnte man kleine Schirmchen mit

---

[1] Unsere Vorrichtung war nur improvisirt; sonst wäre es natürlich vorzuziehen gewesen, den Spiegel direct auf dem Schwungrade fest zu machen und diesem die geeignete Grösse zu geben. Wir behalfen uns mit schon im Laboratorium vorräthigen Mitteln.

Spalt stellen, um die Breite zu reguliren. Das Schwungrad wurde von einem Dynamo *c* getrieben, dessen Gang sich einerseits durch den Widerstand *k*, andererseits durch eine federnde Bürste *d*, welche mittels des um eine kleine Winde *e* gelegten Fadens mit mehr oder weniger Reibung gegen die Axe gedrückt werden konnte, ganz allmählich abstufen liess.

In den beiden verticalen! Ständen schliesst der rotirende Spiegelarm einen Contact, was durch ein Pfeil'sches Signal *n* auf dem Kymographion verzeichnet wird.

Die Lichtquelle *f* steht in einem Nebenzimmer, und durch einige Schirme mit kleinen Oeffnungen *g* wird nur ein Lichtbündel in das völlig dunkele Zimmer gelassen, der genau breit genug ist, um das Spiegelchen, wenn es in der Stellung ist, wo es das Licht in das Auge des Beobachters zurückwirft, ganz zu beleuchten.

Der Beobachter sitzt etwas seitlich von dem Lichtbündel, das Haupt von einer Stützvorrichtung *i* gehalten. Vor ihm befindet sich der Knopf *o* einer elektrischen Klingel *p*, in deren Leitung ein Pfeil'sches Signal *r* aufgenommen, das jedes Klingeln registrirt.

Ein Chronoskop *t* schreibt mittels Lufttransports *s* die Zeit. Die ganze Aufstellung ist so gemacht worden, dass der Beobachter die auf die Contactstellen *m*, *l* überspringenden Funken nicht sieht.

Während eines Versuches befinden sich Beobachter und Assistent im Dunkeln. Der Assistent, welcher die Hebel und Kurbel, mit denen er den Motor und das Kymographion in Bewegung versetzt und regulirt, unmittelbar in seinem Bereiche hat, so dass er im Dunkeln nicht fehlgreifen kann, lässt, nachdem Beide ungefähr $\frac{1}{2}$ Stunde gewartet haben, damit das Auge sich richtig adaptiren kann, die Maschine gehen, und der Beobachter drückt jedes Mal, wenn er einen Lichtschimmer beobachtet, auf den Knopf. Der Assistent hört am Klingeln, ob das Licht gesehen wurde oder nicht, und macht je nachdem die Geschwindigkeit grösser oder kleiner.

Wir benutzten das Kagenaar'sche Kymographion mit sinkendem Cylinder und erhielten so eine stattliche Reihe von Beobachtungen auf jedem Bogen.

Wir zählen nach jeder Versuchsreihe alle die halben Rotationszeiten ab, die mit den Beleuchtungen des Auges übereinstimmen, und verzeichnen daneben, ob das Licht gesehen wurde oder nicht. Nachher werden die Zahlen der beobachteten und nicht beobachteten Beleuchtungen nach den Rotationszeiten eingereiht, und man kann leicht herauslesen, bei welcher Beleuchtungsdauer das Licht in 50 Procent der Fälle beobachtet ist.

Wir haben nämlich bei allen Versuchen nicht den überhaupt kleinsten Werth, den wir beobachtet haben, aber die Lichtmenge, die bei einer bestimmten Beleuchtungsdauer ebenso oft wohl als nicht bemerkt wurde, als Grenze angenommen. Dies geschah deshalb, weil bei letzterer Methode die Genauigkeit mit der Zahl der Beobachtungen nach bekanntem Gesetze steigt, während dieser Vortheil der ersteren abgeht.

Wir müssen nun aus den gemessenen Umlaufszeiten die dem Auge zugeführte Energie und die Zeit berechnen.

Da der Spiegel sich um eine ausserhalb gelegene Axe dreht, schreitet der zurückgeworfene Strahl nicht mit der doppelten Winkelgeschwindigkeit des Spiegels fort; sondern wir werden dieselbe erst ableiten müssen.

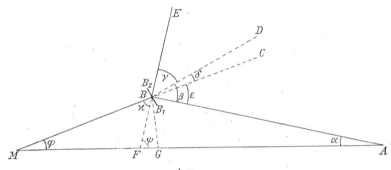

Fig. 1.

Sei in obenstehender Figur eine Ebene durch die Flamme senkrecht auf der Drehungsaxe des Spiegels dargestellt; M der Durchschnitt dieser Axe, A die Stelle der Lampe, $B_1 B_2$ der Spiegeldurchschnitt. AB stellt einen einfallenden, BE einen zurückgeworfenen Strahl dar, BD eine Senkrechte auf $B_1 B_2$.

Nach dem Gesetze der Reflexion ist $\gamma = \beta$. Weiter ist, wie leicht aus der Figur erhellt:

$$\beta = \varepsilon + \delta,$$
$$\varepsilon = \varphi + \alpha,$$
also: $\beta = \varphi + \alpha + \delta,$
$$\varkappa = \gamma + \delta = \beta + \delta = \varphi + \alpha + 2\,\delta,$$
$$\psi = \varphi + \varkappa = 2\,\varphi + \alpha + 2\,\delta.$$

Differenzirt man nach φ, so bekommt man:

$$\frac{d\,\psi}{d\,\varphi} = 2 + \frac{d\,\alpha}{d\,\varphi}, \text{ da } \delta \text{ constant.}$$

Nun ist α noch aufzufinden.

$$\text{tg}\,\alpha = \frac{BG}{AG},$$
$$BG = MB\sin\varphi,$$
$$MG = MB\cos\varphi,$$
$$AG = AM - MB\cos\varphi.$$

·Nennen wir jetzt den Strahl MB r und die Distanz. von der Lampe bis zur Axe (AM) b, so wird:

$$AG = b - r\cos\varphi, \qquad BG = r\sin\varphi,$$

1) $$\text{tg}\,\alpha = \frac{r\sin\varphi}{b - r\cos\varphi}.$$

Jetzt wird

$$\frac{d\psi}{d\varphi} = 2 + \frac{d}{d\varphi}\,\text{arc}\|\text{tg}\left(\frac{r\sin\varphi}{b - r\cos\varphi}\right)$$

oder

2) $$\frac{d\psi}{d\varphi} = 2 + \frac{\dfrac{(b - r\cos\varphi)\,r\cos\varphi - 2\sin\varphi\cdot r\sin\varphi}{(b - r\cos\varphi)^2}}{1 + \left(\dfrac{r\sin\varphi}{b - r\cos\varphi}\right)^2} = \frac{2b^2 - 3br\cos\varphi + r^2}{b^2 - 2br\cos\varphi + r^2}.$$

Für $r = 0$ wird $\frac{d\psi}{d\varphi} = 2$, erhalten wir also das bekannte Gesetz vom rotirenden Spiegel.

Ist, wie es bei unseren Versuchen der Fall war, die Aufstellung so, dass das Auge des Beobachters und die Flamme in derselben horizontalen Ebene liegen als die Rotationsaxe, dann wird $\varphi = 0$, $\cos\varphi = 1$, also nach Division der Zähler und Nenner durch $b -$

3) $$\frac{d\psi}{d\varphi} = \frac{2b - r}{b - r}.$$

Wir müssen aber berechnen, welche ·Menge Licht in das Auge kommt, und wie lange.

Für die Berechnung der Lichtmenge können wir die Annahme machen, alles Licht käme aus einem Punkte, da bei der grossen Distanz der Flamme (6 bis 24^{m}) der Spiegel von jedem Punkte der Flamme aus unter demselben Winkel gesehen wird, und für die kleine Strecke, die bei jeder Beleuchtung durchlaufen wird, AB als stetig betrachtet werden darf.

Nun ändert ein Flachspiegel die Divergenz eines Lichtbündels nicht, die Divergenz des reflectirten Bündels ist also gleich dem Winkel λ, unter welchem man von der Flamme aus den Spiegel sieht. Dieser ist in unserem Falle, wo der Spiegel sehr schmal und der Flammenabstand gross ist, bestimmt durch die Projection p des Spiegels auf das Perpendikel von AB und AB nach der Formel $\text{tg}\,\lambda = \frac{p}{AB}$.

Nun ist der Winkel, welchen der Spiegel mit dem Perpendikel von AB macht, demjenigen gleich, den AB mit der Senkrechten auf dem Spiegel macht; das ist $\beta = \varphi + \delta + \alpha$.

Ist die Spiegelbreite $= l$, so haben wir:

$$p = l\cos\beta = l\cos(\varphi + \delta + \alpha) = l\{\cos(\varphi + \delta)\cos\alpha - \sin(\varphi + \delta)\sin\alpha\}$$

Nun folgt aus (1)

$$\sin\alpha = \frac{r\sin\varphi}{\sqrt{r^2 + b^2 - 2br\cos\varphi}}, \quad \cos\alpha = \frac{b - r\cos\varphi}{\sqrt{r^2 + b^2 - 2br\cos\varphi}}, \text{ also}$$

$$p = l\frac{(b - r\cos\varphi)\cos(\varphi + \delta) - r\sin\varphi\sin(\varphi + d)}{\sqrt{r^2 + b^2 - 2br\cos\varphi}} = l\frac{b\cos(\varphi + d) - r\cos d}{\sqrt{r^2 + b^2 - 2br\cos\varphi}}$$

$$AB = \sqrt{AG^2 + BG^2} = \sqrt{b^2 - 2br\cos\varphi + r^2\cos^2\varphi + r^2\sin^2\varphi}, \text{ also}$$

$$\operatorname{tg}\lambda = \frac{l\{b\cos(\varphi + \delta) - r\cos\delta\}}{b^2 + r^2 - 2br\cos\varphi}.$$

Steht der Spiegel senkrecht auf dem Strahle, so ist $\delta = 0$; und ist auch $\varphi = 0$ wie oben, so geht diese Formel über in

4) $$\operatorname{tg}\lambda = \frac{l}{b - r}.$$

Wir können aber bei sehr kleinen Winkeln, um die es sich hier handelt, die Tangenten dem Winkel gleichstellen.

Der reflectirte Strahl muss also einen Winkel $\Delta\psi$ zurücklegen $= \operatorname{tg}\delta = \frac{l}{b - r}$; der Spiegel muss dazu um einen Winkel $\Delta\varphi$ gedreht werden, so dass

5) $$\Delta\varphi = \frac{b - r}{2b - 2} \times \frac{l}{b - r} = \frac{l}{2b - r}.$$

Befindet sich der Beobachter in einer Entfernung a vom Spiegel, so ist die Distanz von ihm zum Flammenbildchen $= a + b - r(\cos\varphi)$. Ist nun die Emission der benutzten Lichtquelle auf 1^{m} e Erg pro Quadratcentimeter in der Secunde und ist die Oeffnung der Pupille (oder der künstlichen Pupille) $= 0$, so ist die pro Secunde in das Auge gelangende Energiemenge $\frac{E \times 0}{(a + b - r)^2}$; die Zeit, während der Winkel $\Delta\varphi$ durchlaufen wird, ist, wenn die halbe Rotationszeit des Spiegels t ist:

$$\left(\frac{l}{2b - 2} : \pi\right)t_1.$$

Es ist somit die ganze ins Auge gelangende Energiemenge (e)

6) $$e = \frac{E \times 0 \times l + t_1}{\pi(a + b - r)^2(2b - r)}.$$

Zur Berechnung, wie lange das Auge jedes Mal beleuchtet wird, dürfen wir die Höhe der Flamme nicht ausser Betracht lassen, da diese die wirkliche Divergenz bestimmt.

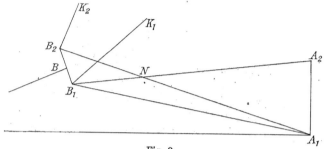

Fig. 2.

Sei $A_1 A_2$ die Flamme, $B_1 B_2$ der Spiegel, so ist die Divergenz des reflectirten Bündels $B_1 K_1 B_2 K_2$ augenscheinlich: $B_1 N B_2$,

$$\angle B_1 N B_2 = \angle A_2 B_1 A_1 + \angle B_1 A_1 B_2.$$

Letzterer ist offenbar die schon berechnete λ (4).

$A_2 B_1 A_1$ ist der Winkel, unter welchem man vom Spiegel aus die Flamme sieht.

Dieser darf wieder wegen den geringen Dimensionen des Spiegels an allen Punkten derselben gleich angenommen werden.

Nehmen wir denselben von B aus, dann ist wieder $\operatorname{tg} \lambda_1 = \dfrac{p_1}{A B_1}$, worin p_1 die Projection des $A_1 A_2$ auf das Perpendikel auf $B A_1$ ist.

Der Winkel von $A_1 A_2$ und eine Linie senkrecht auf $B A$ ist als $A G$, wie es in unseren Versuchen stets der Fall war, horizontal dem Winkel α (Fig. 1) gleich.

Wir erhalten deshalb:

$$\operatorname{tg} \lambda_1 = \frac{p_1}{B A} = \frac{h \cos \alpha}{B A},$$

oder wenn wir die Werthe von Seite 28 substituiren:

$$\operatorname{tg} \lambda_1 = h \frac{b - r \cos \varphi}{b^2 + r^2 - 2 b r \cos \varphi}.$$

Nachdem für kleine Winkel die Tangenten den Winkeln proportional zu stellen sind, wird

$$\operatorname{tg} B_1 N B_2 = \operatorname{tg} A_1 B A_2 + \operatorname{tg} B_1 A_1 B_2 = \frac{h (b - r \cos \varphi) + l (b \cos \varphi - r)}{b^2 + r^2 - 2 b r \cos \varphi}.$$

Dieser Werth geht für $\varphi = 0$ über in:

$$\operatorname{tg} B_1 N B_2 = \frac{h + l}{b - r}.$$

Wir haben jetzt die wirkliche Divergenz des reflectirten Bündels berechnet; wenn aber dieses Bündel einen Winkel durchlaufen hat, der dieser gleich kommt, ist die Beleuchtung noch nicht beendet; daher muss noch soviel weiter gedreht werden, dass auch noch der Durchmesser der (künstlichen) Pupille passirt wird.

Die Pupille wird von dem Flammenbilde aus unter einem Winkel gesehen, dessen Tangente durch $\dfrac{m}{a+b-r}$ dargestellt wird, wenn m der verticale Pupillendurchmesser ist.

Da auch dieser Winkel sehr klein ist, können wir für alle Tangenten die Winkel nehmen, und erhalten dann für den ganzen zu durchlaufenden Winkel:

$$\Delta\,\psi = \frac{h+l}{b-r} + \frac{m}{a+b-r}$$

$$\Delta\,\varphi = \left\{\frac{h+l}{b-r} + \frac{m}{a+b-r}\right\} + \frac{b-r}{2\,b-r}$$

und wenn wir die halbe Rotationszeit wieder t_1 nennen, wird die Beleuchtungszeit t.

7) $$t = \frac{t_1}{\pi}\left(\frac{h+l}{b-r} + \frac{m}{a+b-r}\right)\frac{b-r}{2\,b-r}\cdot$$

§ 2.

Für das zweite Verfahren benutzten wir ein Pendel, wie in Fig. 2 (Taf. II) abgebildet ist. Das Gerüst, welches das Pendel trägt, ist mit einem Schirme versehen, worin sich ein kleines Loch g befindet. Es trägt einen Gradbogen zur Ablesung des Pendelausschlages, auf welchem zwei Kupferstücke coulissenartig verschoben und durch Schrauben befestigt werden können. Das eine dieser Kupferstücke ist mit einem Häckchen q versehen, welches das Pendel hält und mit einer gewünschten Amplitude losgehen lässt, wenn man einen Faden zieht. Das andere Stück hat eine Feder, welche das Pendel zurückhält, nachdem es die Mitte passirt hat. Im Pendel i, das einen Pappschirm trägt, ist eine kleine Oeffnung h angebracht, welche $0\cdot80^{\,mm}$ Durchmesser hat, $0\cdot212^{\,m}$ unterhalb der Pendelachse liegt und mit g correspondirt.

Bei den Versuchen befindet sich der Beobachter im Dunkelzimmer (Taf. II, Fig. 3); auf dem Tische vor ihm steht eine Spaltvorrichtung k mit doppeltbeweglichen, von einer Mikrometerschraube regulirbaren Rändern. Hinter dieser ist das Pendel aufgestellt und dann ein Polariskop c, dessen Tubus lichtdicht durch die Zimmerwand geführt ist, so dass seine Scala f und die Kurbel e zur Bewegung des Nicols ausserhalb in den Bereich des Assistenten kommen.

Die Lampe steht in einem anderen Zimmer und es werden einige Schirme mit Löchern aufgestellt, um vorzubeugen, dass fremdes Licht in den Polarimeter gelangt.

Um das Auge hinter dem Spalte an richtiger Stelle zu halten, diente ein Lackabguss unseres Gebisses, wie ihn Donders anwendete zu seinen Messungen der Netzhautmeridiane.

Diese letztere Vorrichtung hat den grossen Vortheil, dass man jeden Augenblick die richtige Stellung unmittelbar annehmen kann, dadurch, dass man den Abguss wieder in den Mund nimmt, und man deshalb nicht gezwungen ist, während des ganzen Versuches in derselben Haltung zu verharren, was zu anstrengend wäre.

Nachdem der Beobachter sich überzeugt hat, dass alles richtig aufgestellt ist, hängt er das Pendel in das Häkchen und bleibt ungefähr eine halbe Stunde im Dunkeln sitzen, um sein Auge ruhig adaptiren zu lassen. Dann ertheilt der Assistent dem Polarimeter eine willkürliche Stellung der Nicols, und der Beobachter zieht den Faden und achtet darauf, ob er bei dem Vorübergehen des Pendels das Licht sieht. Dann bringt er mit verschlossenen Augen das Pendel wieder in die Anfangslage zurück und wiederholt die Beobachtung. Dies wiederholt er etwa zehn Mal und zählt dabei, wie oft er das Licht sieht, wie oft nicht. Dann giebt er dem Assistenten zu verstehen, ob er es in mehr oder weniger als der Hälfte der Fälle gesehen hat. Der Assistent verzeichnet die Angabe neben der Stellung der Nicols und giebt letzteren darauf einen anderen Stand, dabei sich möglichst knapp an die Grenzlage haltend, wo 50 Procent der Beleuchtungen des Auges wahrgenommen werden, 50 Procent nicht.

Gewöhnlich machten wir in einer Sitzung 25 solcher Bestimmungen, welchen also etwa 250 Einzelbeobachtungen entsprechen, und aus einer solchen Reihe wurde der Mittelwerth abgeleitet für die Beleuchtungszeit, welche aus der gewählten Amplitude zu berechnen ist.

In einer folgenden Versuchsreihe wurde die Amplitude oder die Spaltbreite anders gewählt und wir erhielten so für jeden von uns eine Serie Minima, welche gewissen Beleuchtungszeiten entsprach.

Die directen Versuchsergebnisse sind aber: Nicolwinkel, Spaltbreite und Amplitude, und wir müssen aus diesen erst die Zeiten und Lichtmengen berechnen.

Dazu müssen wir in erster Linie die Bewegung des Pendels genau kennen. Nun wissen wir, dass das physikalische Pendel genau dieselben Bewegungen macht wie das isochrone mathematische, ausgenommen das Decrement.

Wir wollen deshalb die Länge des isochronen mathematischen Pendels finden und bestimmen dazu die Schwingungszeit des Pendels für eine gewisse Amplitude; denn da die Amplituden, die wir benutzen, sehr grosse sind, dürfen diese nicht vernachlässigt werden.

Da das Decrement Ursache ist, dass beim Schwingen des Pendels die Amplitude allmählich abnimmt, und mit ihr die Schwingungsdauer, so kann man nicht durch Dividiren die Zeit aus einer Anzahl Schwingungen erhalten, aber man muss, um nicht in zu verwickelte Rechnungen geführt zu werden, eine einzige halbe oder viertel Schwingung messen.

Wir stellten hierzu zwei verstellbare Contacte (Fig. 2) in der Weise auf, dass ein Strom geöffnet wurde, sobald die Pendelbewegung anfing; und in dem Moment, wo das Pendel seinen tiefsten Punkt durchlief, wurde ein Contact desselben Kreises geschlossen. In den Kreis wurde ein Pfeil'sches Signal aufgenommen, das auf ein Kymographion die Contactvorgänge aufzeichnete.

Der Knopf r wird eingeschaltet, damit der Strom während der Pausen des Versuches nicht durchzugehen braucht.

Als Mittel einiger Bestimmungen erhielten wir für eine halbe Amplitude von 40° T 0·922, für 55° T 0·944.

Aus jedem dieser Werthe kann man die Länge des mathematischen Pendels berechnen nach der Formel:

$$T = \pi \left[1 + \left(\frac{1}{2} \right)^2 \frac{b}{2} + \left(\frac{1 \cdot 3}{2 \cdot 4} \right)^2 \left(\frac{b}{2} \right)^2 + \left(\frac{1 \cdot 3 \cdot 5}{2 \cdot 4 \cdot 6} \right)^2 \left(\frac{b}{2} \right)^3 + \text{u. s. w.} \right] \sqrt{\frac{g}{l}},$$

worin $b = 1 - \cos \alpha$, $\alpha = $ die halbe Amplitude.

Wir erhalten dann

$$l_{40} = 0 \cdot 1995, \qquad l_{55} = 0 \cdot 1982,$$

im Durchschnitt

$$l = 0 \cdot 199.$$

Die Geschwindigkeit des pendelnden Punktes an einer gewissen Stelle seiner Bahn, die um einen Winkel ϑ vom niedrigsten Punkte entfernt ist, findet man für die halbe Amplitude $= \alpha$ aus der Formel:

$$v^2 = 2 g l (\cos \vartheta - \cos \alpha).$$

Da bei unserer Versuchsanordnung das Licht sichtbar wird, wenn das Pendel durch die Gleichgewichtslage geht, so ist $\vartheta = 0$, $\cos \vartheta = 1$.

Bezeichnen wir die verticale Entfernung der Oeffnung im Pendel von der Drehungsaxe durch l_1, so finden wir für die Geschwindigkeit, womit die Oeffnung den Spalt passirt:

$$v_1{}^2 = 2 g \frac{l_1{}^2}{l} (1 \cos \alpha).$$

Wir können dieselbe also für jede Anfangsamplitude berechnen.

Wir schreiten jetzt zur Ableitung der Lichtmenge, welche jedes Mal im Auge zugelassen wird. Zu diesem Zwecke dürfen wir wieder aus denselben Gründen wie beim Spiegelversuch annehmen, dass alles Licht von demselben Punkte der Flamme ausgeht. .

Sei in Fig. 3 A dieser Punkt, BC der Querschnitt des Spaltes, EF die Bahn des Pendels. Jeder Punkt der Oeffnung im Pendel wird so lange Licht in das Auge durchlassen, als er sich zwischen E und F befindet. Nun darf man, wenn die Oeffnung und der Spalt enge sind, die Bewegung des Pendels auf dieser kurzen Strecke als gleichförmig betrachten. Die Menge des im Auge zutretenden Lichtes ist somit proportional dem Producte der Intensität in EF, dem Areal der Oeffnung und der Zeit, in welcher ein Punkt der Oeffnung die Strecke EF zurücklegt.

Fig. 3.

Bezeichnen wir jetzt die Strecke AE mit a, EB mit b, die Spaltbreite BC mit s, das Areal der Oeffnung mit O und die auf 1 m Entfernung von der Lichtquelle pro Secunde durch 1 qcm gehende Lichtenergiemenge mit e, dann ist die Intensität in EF:

$$\frac{e}{a^2}.$$

Wir haben weiter:

$$EF : BC = AE : AB,$$

also:

$$EF = \frac{as}{a+b}.$$

Jeder Punkt der Oeffnung durchläuft diese Strecke mit der Geschwindigkeit v_1, also in der Zeit:

$$t' = \frac{as}{(a+b)v_1}.$$

Die durchgelassene Lichtmenge wäre also $\frac{O \cdot e \cdot s}{a \cdot v_1 (a+b)}$. Wir müssen aber noch die Wirkung des Polarimeters beobachten. Dieser hält den einen polarisirten Strahl zurück; dadurch wird die Lichtmenge halbirt.

Auf den brechenden Ebenen der Nicols wird eine Menge p Procente Licht reflectirt, die man entweder nach der Formel $\left(\frac{n-1}{n+1}\right)^2$ berechnen oder empirisch bestimmen kann. Sie war in unserem Apparat 25 Procent.

Endlich wird die Menge Licht, welche durchgelassen wird, bestimmt von dem Winkel der beiden Nicols nach der Formel $J_1 = J\cos^2\gamma$, wenn γ den Winkel vorstellt.

Die wirklich in's Auge gelangende Energie ist also:

$$8) \qquad e_1 = \frac{F \cdot O \cdot s \cos^2\gamma}{2\,a\,(a+b)\,v_1} + \frac{100 - p}{100}.$$

Zur Berechnung der Beleuchtungsdauer müssen wir wieder die Dimension der Flamme heranziehen; aber dies Mal deren Breite, da die Bewegung der Oeffnung hier eine horizontale ist.

Sei in der Fig. 4 AA_1 der grösste Querschnitt der Flamme $= l$, BC der Spalt $= s$. EF die Bahn der Oeffnung, DE (oder FG) deren Querschnitt $= d$, und bezeichnen wir die übrigen Grössen wie vorher. Ziehen wir $BH \,\|\, CA$, so haben wir:

$$JF = BC = s$$
$$JE : AH = BE : BA$$
$$JE = \frac{b\,(l - s)}{a + b}.$$

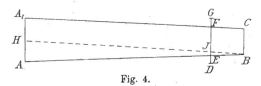

Fig. 4.

Das Licht fängt an durchzutreten, sobald die vordere Kante der Oeffnung vor den Spalt kommt, und wird erst wieder abgeschlossen, wenn die ganze Oeffnung an dem Spalt vorüber ist. Die Oeffnung muss also von der Stellung DE in die Stellung FG übergehen; also die Bahn

$$DF = EG = DE + EJ + JF$$

zurücklegen. Nach der eingeführten Notirung also:

$$DF = d + s + \frac{b\,(l - s)}{a + b} = \frac{a\,(d + s) + b\,(d + l)}{(a + b)}.$$

Die Beleuchtungszeit wird also:

$$9) \qquad A = \frac{a\,(d + s) + b\,(d + l)}{(a + b)\,v_1}.$$

§ 3.

Als Lichtquelle benutzten wir eine Hefnerlampe, welche in der Physikalischen Reichsanstalt geaicht worden war. Wir überzeugten uns, dass diese, wenn man sie nur in einem geräumigen Zimmer aufstellt, sehr gleichmässig brennt.

Die Energiemenge, welche von dieser Lampe ausgestrahlt wird, ist neuerdings von Ångström[1] für die verschiedenen Wellenlängen bestimmt worden, und wir können aus seinen Messungen die Energie des sichtbaren Spectrums der Hefnerlampe berechnen. Wir finden dann für die sichtbaren Strahlen in 1 m Entfernung eine Emission von $20 \cdot 6 \times 10^{-5}$ Grammcalorien oder 0,0915 Erg pro Quadratcentimeter in der Secunde.

Wir haben also in unsere Versuche für e 0.0915 Erg einzuführen.

Nur für die zwei Bestimmungen bei $2 \cdot 7$ und bei 10×10^{-5} Secunden war das Licht der Lampe nicht stark genug und mussten wir das eine Mal eine elektrische Glühlampe, das andere Mal eine Bogenlampe verwenden. Die betreffenden Energiewerthe sind deshalb auch nur schätzungsweise eingetragen, indem wir die angebliche Lichtstärke in Kerzen zu Energie umgerechnet haben. Der Zweck dieser beiden Zahlen ist auch nur zu zeigen, wie ausserordentlich grosse Lichtmengen nothwendig werden, wenn man bei kürzester Beleuchtung noch eine Empfindung anregen will.

Wir geben ein Beispiel für jede Art der Berechnung im Anhang bei.

In den Tabellen I und II sind die Beobachtungen mit Spiegel und Pendel eingetragen, so wie sie nach den oben ausgearbeiteten Principien berechnet sind.

Bei den Beobachtungen mit dem drehenden Spiegel haben wir leider versäumt, eine künstliche Pupille zu benutzen. Wir waren nämlich Anfangs der Meinung, die Pupille würde im dunklen Zimmer immer ad maximum erweitert sein; dies trifft aber nicht zu, weil der Einfluss der Convergenz auf den Pupillendurchmesser nicht aufgehoben ist, vielmehr wird gerade im Dunkeln, wo man keine Anhaltspunkte für dieselbe hat, die Convergenz eine stetig wechselnde sein.

Nun kommt für die Berechnung der Lichtmenge, welche in das Auge tritt, der Querschnitt der Pupille in Betracht, und wenn die Pupille eine Verengerung von 8 bis 6 mm erfährt, wird ihr Querschnitt von 50 auf 28 qmm sinken. Die Pupillenschwankungen wirken also sehr störend.

Wir waren leider nicht in der Lage, die Bestimmungen mit einer künstlichen Pupille zu wiederholen, und geben die erhaltenen Zählen, obwohl sie eigentlich nur Annäherungswerthe sind, deshalb, weil auch diese schon deutlich zeigen, wie ausserordentlich schnell die nothwendigen Lichtmengen steigen, wenn die Beleuchtungszeit sehr kurz wird.

Für einander naheliegende Zeitwerthe wird aber die störende Wirkung der Pupillenschwankung so gross, dass die Ergebnisse unregelmässig werden.

---

[1] K. Angström, *The physical. Review.* 1903. Vol. XVIII. p. 302.

Bei den Beobachtungen mit dem Pendel war der Einfluss der Pupillen-
änderungen völlig ausgeschlossen, da in horizontaler Richtung der unmittelbar vor dem Auge stehende Spalt als künstliche Pupille diente, während
das Lichtbündel einen so kleinen Durchschnitt hatte, dass es auch in
verticaler Richtung niemals die Pupille überragen konnte.

Aus diesem Grunde sind die Beobachtungen, welche wir mittels des
Pendels gemacht haben, viel genauer als die anderen.

Von den letzteren Ergebnissen haben wir auch eine graphische Darstellung angefertigt, welche zeigt, dass sich die für jeden von uns gefundenen Werthe zwanglos in eine Curve einreihen lassen, welche ein
Optimum zwischen 2 und 3 Tausendstel Secunde zeigt.

Die Werthe des Spiegelversuches sind nicht in diese Darstellung eingetragen, und zwar deshalb, weil wir doch nur die Mittelwerthe aus mehreren
hätten benutzen können, wegen der oben besprochenen Ungenauigkeit, zunächst weil ihre Grösse der Aufnahme im selbigen Diagramm entgegensteht.

Die beiden Curven zeigen sehr grosse Aehnlichkeit; nur die grössere
Lichtempfindlichkeit des Herrn Noyons ist Ursache, dass seine Curve
nicht so scharf umbiegt wie die andere.

Es wäre erwünscht, die Optima für die verschiedenen Spectralfarben
zu bestimmen, da es nicht unwahrscheinlich ist, dass diese je nach der
gewählten Farbe andere sein werden, und sich in diesem Falle vielleicht
etwas über die Fundamentalerregungen schliessen liesse.

Auch über die Frage, ob die Geschwindigkeit, mit welcher die Lichtintensität bei der Beleuchtung sich ändert, die Lage der Optima beeinflusst, welcher man durch Benutzung der Oeffnungen verschiedener Form
beikommen könnte, wäre Weiteres zu wissen interessant, aber es mangelte
uns leider an Zeit.

Wir haben vergebens versucht, die Ergebnisse unserer Untersuchung
mit dem Fechner'schen Gesetz in Einklang zu bringen. Nicht nur, dass
die einzelnen Beobachtungen nicht damit stimmen, aber nach dem Fechner'schen Gesetz wäre ein Optimum nicht zu erwarten.

Wir werden also annehmen müssen, dass dieses Gesetz an der Grenze
des Sichtbaren keine Geltung hat, wenn es nicht durch Aufnahme einer
Function der Zeit vervollständigt werden kann.

§ 4.

Die in unseren Tabellen angegebenen Werthe sind die Lichtmengen,
welche bei jeder Beleuchtung die Hornhaut treffen. Diese sind offenbar
viel grösser als diejenigen, welche thatsächlich auf die Netzhaut wirken.

Erstens muss natürlich hiervon substrahirt werden das Licht, welches von den verschiedenen brechenden Flächen des Auges reflectirt und von den Medien absorbirt wird, und also nicht an die Netzhaut gelangt; aber von dem daselbst wirklich ankommenden kann augenscheinlich nur dasjenige in Nervenerregung umgewandelt werden, das in der Netzhaut absorbirt wird.

Nun liegen Messungen über die Absorption des Sehpurpurs vor von König[1], während wir die Energie für jeden Theil des Spectrums der Hefnerlampe aus den Messungen von Ångström kehnen. Wir konnten also die im Sehpurpur umgewandelte Energiemenge berechnen, wie es neuerdings von Zwaardemaker[2] in einer Mittheilung an die Königliche Akademie der Wissenschaften zu Amsterdam geschah.

Eine solche Rechnung scheint um so mehr berechtigt, als die von Trendelenburg[3] vor Kurzem betonte genaue Uebereinstimmung der Dämmerungswerthe des Spectrums mit den Bleichungswerthen der Spectralfarben für Sehpurpur sowie mit den Absorptionswerthen, in der Voraussetzung, dass die Zersetzung des Sehpurpurs wenigstens beim Dämmerungsehen der Anfangsvorgang des Nervenprocesses ist, eine starke Stütze verleiht.

Wir hatten dann unsere Zahlen auf ein Hundertstel zu reducieren. Jedoch da wir mit der Umrechnung der Lichtmengen in Energiemengen die Absicht hatten, einen Vergleich zwischen den von anderen Autoren für andere Nerven gefundenen Werthen zu machen, wollen wir Billigkeits halber diese Reduction unterlassen.

Wir geben also die Energiemengen an, welche die Hornhaut treffen (wofern sie im Auge nicht von der Iris aufgefangen werden), da auch für das Ohr die ganze auf das Trommelfell einwirkende Schallenergie angegeben wird, ohne die Menge abzuziehen, die sich im Labyrinth oder sonstwo verliert, ohne die Hörzellen zu erreichen, sowie auch für den Muskelnerven nicht die Energie in Abrechnung gestellt wird, welche in das Bindegewebe gelangend für die Nervenfaser verloren geht.

Tabelle III giebt eine Zusammenstellung der bei analogen Messungen von einigen Autoren gefundenen Energiewerthen. Man sieht daraus, wie ausserordentlich grob die künstliche Reizung sich der natürlichen gegenüber erweist, indem sie eine Unmenge Energie verwenden muss, um dasselbe Resultat, eine minimale Erregung auszulösen, zu erzielen.

---

[1] A. König, *Sitzungsberichte der Berliner Akademie.* 1894. S. 585.

[2] H. Zwaardemaker, *Verslagen der Afd. Natuurk. der Kon. Akad. v. Wetensch.* 1904/5. Dl. XIII. S. 85—88.

[3] Trendelenburg, Ueber die Bleichung des Sehpurpurs mit spectralem Licht u. s. w. *Centralblatt für Physiologie.* 24. Februar 1904. Heft 24.

Tabelle I.
Beobachtungen am drehenden Spiegel.

Beleuchtungsdauer in 10^{-5} Sec.	Verwendete Energiemenge in 10^{-10} Erg	Beobachter
2·8	110000	Grijns
10	880	,,
37	40	,,
42	62	,,
46	37	,,
51	66	,,
61	86	,,
91	65	,,
53	75	Niewenhuys
67	95	Schäfer
59	84	Noyons

Tabelle II.
Beobachtungen am Pendelapparat.

Beleuchtungsdauer in 10^{-4} Sec.	Verwendete Energiemenge in 10^{-11} Erg	Beobachter
11	38	Noyons
14	16	,,
16	11	,,
17	8	,,
19	10	,,
23	4·7	,,
36	4·4	,,
45	7·5	,,
70	10	,,
14	113	Grijns
15	51	,,
17	27	,,
19	21	,,
20	14	,,
24	15	,,
36	17	,,
45	38	,,

Tabelle III.

Kleinste Energiemenge, welche noch imStande ist, eine Reaction hervorzurufen.

1. Am Nerven-Muskelpräparat,
   a) Auffallen des Quecksilbertropfens
      nach Messungen von Schäfer[1] . . . . . .   98·0   10 Erg
      ,,   ,,   im physiol. Institut zu Utrecht[2]   24·7   10
   b) Condensatorenentladung
      nach Messungen von Cluret[3] . . . . . .   7·2 10^{-3} Erg
      ,,   ,,   im physiol. Institut zu Utrecht[2]   0·29 10^{-3}
2. Am Ohre. Schall zwischen c^1 und c^5
   nach Messungen von Rayleigh[4] . . . . .   0·23—1·1 10^{-8} Erg
   ,,   ,,   ,, Wead[5] . . . . .   0·28—3·9 10^{-8}
   ,,   ,,   ,, Wien[6] . . . . .   0·95 10^{-8}
   ,,   ,,   ,, Wien (1903)[7] . . . . 0·003—0·00000005 10^{-8}
   ,,   ,,   ,, Zwaardemaker und
                Quix[8] . . . . .   0·7—30·9 10^{-8}

[1] E. A. Schäfer, *Proc. of the Physiol. Society.* Jan. 26. 1901.
[2] Zwaardemaker, a. a. O.
[3] Cluzet, *Journal de Physiol. et de Pathologie générale.* 1904. p. 210.
[4] Lord Rayleigh, *Proc. Roy. Soc.* 1877. Vol. XXVI. p. 248.
[5] C. K. Wead, *Americ. Journ. of Science.* 3. Serie. Vol. XXVI. p. 186 ff.
[6] M. Wien, *Inaug.-Dissert.* Citirt nach 8.
[7] M. Wien, *Pflüger's Archiv.* 1903. Bd. XCVII. S. 33.
[8] H. Zwaardemaker u. F. H. Quix, *Dies Archiv.* 1904. Physiol. Abthlg. S. 39.

3. Am Auge. Licht
nach Messungen von Zwaardemaker[1] (nicht völlige

	Dunkeladaption)	100·0	10^{-10} Erg
„ „ „	Grijns (völlige Dunkeladaptation)	1·1	10^{-10}
„ „ „	Noyons „ „	0·4	10^{-10}

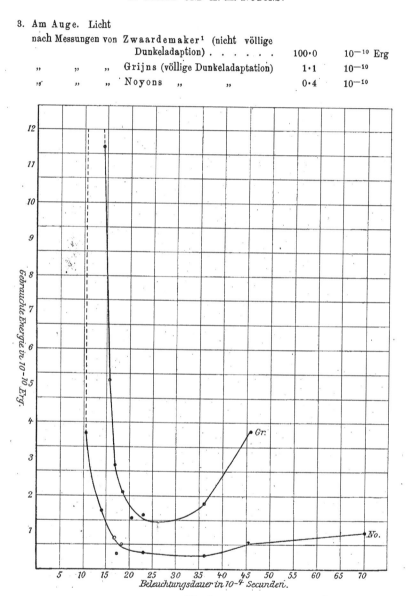

Fig. 5.

---

[1] A. a. O.

Protokolle.

Beobachtungen mit dem drehenden Spiegel.

Der Beobachter ist in allen Versuchen $3 \cdot 10^{m}$ vom Spiegel entfernt.
Die Rotationszeiten sind in $^{1}/_{100}$ Secunden verzeichnet.

1. 30. Januar 1904. Beobachter Gr.
Hefnerlampe auf $9 \cdot 20^{m}$. Spaltbreite $2 \cdot 0^{mm}$.

Halbe Rotationsdauer	Wieviel Mal	
	wahrgenommen	nicht wahrgenommen
76	7	1
74	3	1
72	3	6
70	0	5

2. Beobachter Sch. Sonst wie oben.

Dauer	Wahrgenommen	Nicht wahrgenommen
64	0	5
68	1	8
72	3	4
76	2	1
80	3	4
84	4	1
88	4	0

3. 3. Februar 1904. Beobachter Gr. Sonst wie oben.

Dauer	Wahrgenommen	Nicht wahrgenommen
60	0	10
62	1	9
64	7	17
66	3	5
68	6	13
70	7	6
72	12	6
74	3	3
76	8	3

4. Beobachter Ni. Sonst wie oben.

Dauer	Wahrgenommen	Nicht wahrgenommen
48	1	3
50	1	2
52	4	11
54	2	5
56	1	3
58	1	5
60	5	7
62	2	2

Dauer	Wahrgenommen	Nicht wahrgenommen
64		3
66		1
68		2
70	5	2
72	3	0

5. 11. Februar 1904. Beobachter Gr.
Hefnerlampe auf $9 \cdot 60^{m}$. Spaltbreite $2 \cdot 0^{mm}$.

Dauer	Wahrgenommen	Nicht wahrgenommen
58	0	10
60	8	18
62	8	10
64	13	0

6. Beobachter Gr.
Elektrisches Glühlicht von 16 Kerzen auf $9 \cdot 60^{m}$. Spaltbreite $2 \cdot 0^{mm}$.

Dauer	Wahrgenommen	Nicht wahrgenommen
52	0	3
54	2	7
56	2	10
58	2	8
60	6	5
32	4	0

7. Alles wie oben.

Dauer	Wahrgenommen	Nicht wahrgenommen
50	0	5
52	2	4
54	1	4
56	3	6
58	5	9
60	2	1
62	1	0
64	4	1

8. 13. Februar 1904. Beobachter Gr.
Bogenlicht auf $9 \cdot 60^{m}$. Spaltbreite $1 \cdot 1^{mm}$.

Dauer	Wahrgenommen	Nicht wahrgenommen
15	0	17
16	3	24
17	5	8
18	6	6
19	13	7
20	14	4
21	7	3
22	5	4

Dauer	Wahrgenommen	Nicht wahrgenommen
23	9	0
24	12	1

9. 17. Februar 1904. Beobachter Gr.
Hefnerlampe auf $18 \cdot 60^{m}$. Spaltbreite $4 \cdot 0^{mm}$.

Dauer	Wahrgenommen	Nicht wahrgenommen
94	0	8
96	2	5
98	4	6
100	1	4
102	1	3
104	4	1
106	4	0

10. Beobachter Gr. Hefnerlampe auf $12 \cdot 60^{m}$. Spaltbreite $4 \cdot 0^{mm}$.

Dauer	Wahrgenommen	Nicht wahrgenommen
60	0	8
62	1	3
64	9	8
68	1	2
70	11	4
72	3	0

11. 19. Februar 1904. Beobachter Gr.
Hefnerlampe auf $24 \cdot 60^{m}$. Spaltbreite $10 \cdot 0^{mm}$.

Dauer	Wahrgenommen	Nicht wahrgenommen
84	0	7
88	3	4
92	1	2
96	3	4
100	2	1
104	3	1
108	6	0
112	3	1
116	5	1

Beobachtungen mit dem Pendel.

Die Zahlen in der zweiten bis vierten Spalte bedeuten die Winkelablesung der beiden Nicols.

Steht eine Zahl in der zweiten mit mehr bezeichneten Spalte, so will das sagen, dass das Licht bei der bezeichneten Stellung in mehr als 50 Procent der Fälle gesehen wurde.

In der dritten Spalte stehend, wurde das Licht in genau 50 Procent der Fälle, in der vierten in weniger Fällen beobachtet.

Vor und nach jeder Versuchsreihe wurde die Nicolstellung bestimmt, wobei totale Extinction stattfand.

23. April 1904. Beobachter Gr.
Hefnerlampe in 3·40 m Entfernung.
Distanz: Pendelspalt 10·5 cm.
Spaltbreite = 1·80 mm. α = 55°.

Nr.	Mehr	50 Proc.	Weniger	Bemerkungen
1	35			
2	34			.
3	33			
4			32	
5			34	
6	36			
7	35			
8	34			
9			33	
10		33½		
11	32½			
12	31			
13			30	
14	35			
15	34			
16	32			
17	31			
18			30	
19	31			
20			30	
21		30½		
22		31		
23	32			
24			29	
25		31		
26			30	

Extinction = 26°.

23. April 1904. Beobachter No.
Hefnerlampe in 3·40 m Entfernung.
Distanz: Pendelspalt 10·5 cm.
Spaltbreite = 0·45 mm. α = 55°.

Nr.	Mehr	50 Proc.	Weniger	Bemerkungen
1	43¾			
2			43	
3	43¾			
4	43			
5		42		
6	41			
7			40	
8	40½			
9			41	
10		41½		
11	42			
12		41		
13			40	
14			41	
15			41½	}zweifelhaft
16			41¾	
17	42			
18	41½			
19	41			
20		40		
21			39½	
22		40		
23	40½			
24		39¼		
25		39		

Extinction = 25¾°.

23. April 1904. Beobachter Gr.
Hefnerlampe in 3·40 m Entfernung.
Distanz: 10·5 cm.
Spaltbreite = 0·90 mm.
Halbe Amplitude α = 55°.

Nr.	Mehr	50 Proc.	Weniger	Bemerkungen
1	40			4 u. n. m.
2	36			
3			32	
4			34	
5	36			
6	35			

23. April 1904. Beobachter No.
Hefnerlampe in 3·40 m Entfernung.
Distanz: 10·5 cm.
Spaltbreite = 0·90 mm.
Halbe Amplitude α = 55°.

Nr.	Mehr	50 Proc.	Weniger	Bemerkungen
1	31¼			5 u. n. m.
2			30¼	
3	30½			
4			30	
5			30½	
6	31½			

Nr.	Mehr	50 Proc.	Weniger	Bemerkungen	Nr.	Mehr	50 Proc.	Weniger	Bemerkungen
7	34				7			$30^3/_4$	
8			32		8			31	
9		33			9			$31^1/_4$	
10	34				10			$33^1/_2$	$7^1/_2$ u. u. m.
11			31		11		34		
12		$33^1/_2$			12	$34^1/_2$			
13			$32^1/_2$		13			33	
14			$32^1/_2$		14	34			
15		33			15	$33^1/_2$			
16	34				16			33	
17			32		17			$33^1/_2$	
18			$33^1/_2$		18	34			
19	33				19			$32^3/_4$	
20		$33^1/_2$			20	$33^3/_4$			
21			$32^1/_2$		21			$33^3/_4$	
22			$33^1/_2$		22	34			
23	34				23	$34^1/_2$			
24			33		24	$33^1/_2$	$33^1/_2$		
25			$33^1/_2$		25	$33^1/_4$			
			Extinction	= 26°.			Extinction	= $25^3/_4$°.	

23. April 1904.   Beobachter Gr.
Hefnerlampe in 3·40 m Entfernung.
Distanz: Pendelspalt 10·5 cm.
Spaltbreite = 0·90 mm. $\alpha = 40^0$.

23. April 1904.   Beobachter No.
Hefnerlampe in 3·40 m Entfernung.
Distanz: Pendelspalt 10·5 cm.
Spaltbreite = 0·90 mm. $\alpha = 40^0$.

Nr.	Mehr	50 Proc.	Weniger	Bemerkungen	Nr.	Mehr	50 Proc.	Weniger	Bemerkungen
1	36				1			29	
2		$34^1/_2$			2			30	
3			33		3		$31^1/_2$		
4	35				4	32			
5	34				5			31	
6			33		6	$31^1/_2$			
7	$34^1/_2$				7			31	
8		33			8			$31^1/_2$	Zweifelt an
9	$34^1/_2$				9			32	der Richtig-
10			33		10			$32^1/_2$	keit der Be-
11		$33^1/_2$			11			$33^1/_2$	obachtung
12	$34^1/_2$				12	36			
13		33			13	35			
14	34				14	34			
15	$33^1/_2$				15	33			
16			$32^1/_2$		16	32			

Nr.	Mehr	50 Proc.	Weniger	Bemerkungen
17	33¾			
18			33¼	
19	34			
20			33½	
21		34¾		
22	33			
23			33	
24		33½		
25	34			
		Extinction = 26°.		

Nr.	Mehr	50 Proc.	Weniger	Bemerkungen
17		31		
18			30	
19	31½			
20	31			
21			30	
22	31			
23	30½			
24		30		
25	30½			
		Extinction = 25¾°.		

23. April 1904. Beobachter Gr.
Hefnerlampe in 3·40 m Entfernung.
Distanz: Pendelspalt 10·5 cm.
Spaltbreite = 1·0 mm. α = 50°.

23. April 1904. Beobachter No.
Hefnerlampe in 3·40 m Entfernung.
Distanz: Pendelspalt 10·5 cm.
Spaltbreite = 0·90 mm. α = 50°.

Nr.	Mehr	50 Proc.	Weniger	Bemerkungen
1			35	
2			37	
3	39			
4			38	
5		38⅔		
6			38	
7	39⅓			
8		38½		
9	39½			
10			38	
11	39			
12	38⅔			
13		38		
14	38⅔			
15	38			
16			37⅓	
17	38⅓			
18		37½		
19	38			
20	37⅓			
21			36	
22		37½		
23	38⅓			
24	37			
25	37			
		Extinction = 25·5°.		

Nr.	Mehr	50 Proc.	Weniger	Bemerkungen
1			31	
2			32½	
3	33¼			
4			32½	
5			33	
6	33½			
7	32			
8	31½			
9			31	
10		31½		
11	32			
12	31¼			
13		31		
14			31½	
15	32			
16			31	
17			31½	
18			32	
19	33			
20	32½			
21	32			
22			31	
23	31			
24			30½	
25	31¼			
		Extinction = 26°.		

29. April 1904. Beobachter Gr.
Hefnerlampe in $3 \cdot 40$ m Entfernung.
Distanz: Pendelspalt $10 \cdot 5$ cm.
Spaltbreite $= 0 \cdot 90$ mm.
$\alpha = 45^0$.

Nr.	Mehr	50 Proc.	Weniger	Bemerkungen
1	38			
2	36			
3			35	
4	$35^2/_3$			
5		$35^1/_3$		
6	$36^1/_2$			
7			$35^1/_2$	
8			$35^1/_2$	
9	$36^1/_2$			
10	36			
11			$35^1/_2$	
12			$35^2/_3$	
13			36	
14	$36^1/_2$			
15			36	
16			$36^1/_3$	
17	37			
18	36			
19	36			
20		$35^1/_3$		
21	$35^1/_3$			
22	35			
23		$34^2/_3$		
24		34		
25			33	
26			34	
27	35			
28		$34^1/_2$		
29			33	
30			$33^1/_2$	
31			34	
32			$34^2/_3$	

Extinction $= 25^3/_4{}^0$.

29. April 1904. Beobachter No.
Hefnerlampe in $3 \cdot 40$ m Entfernung.
Distanz: Pendelspalt $10 \cdot 5$ cm.
Spaltbreite $= 0.90$ mm.
$\alpha = 45^0$.

Nr.	Mehr	50 Proc.	Weniger	Bemerkungen
1	34			
2	33			
3	32			
4	31			
5			30	
6			$30^1/_2$	
7		31		
8	$31^1/_2$			
9			$30^1/_4$	
10	31			
11			$30^1/_2$	
12		31		
13	$31^1/_2$			
14		$30^1/_2$		
15	31			
16		30		
17			29	
18	31			
19	30			
20		29		
21			$29^1/_2$	
22	$30^1/_2$			
23			30	
24		$30^1/_2$		
25	30			

Extinction $= 25^1/_2{}^0$.

9. Mai 1904. Beobachter Gr.
Hefnerlampe in 28·23 m Entfernung.
Distanz: Pendelspalt 10·5 cm.
Spaltbreite = 0·90 mm. α = 30°.

Nr.	Mehr	50 Proc.	We-niger	Bemerkungen
1			60	
2	65			
3		62		
4	63			
5		61		
6	62			
7	60½			
8	60½			
9	59			
10			57	
11			58	
12		59		
13		60		
14	61			
15		59		
16			58	
17		60		
18	60			
19	59½			
20	59½			
21			57	
22			58	
23	59			
24	59			
25	59			

Extinction = 26°.

9. Mai 1904. Beobachter No.
Hefnerlampe in 28·23 m Entfernung.
Distanz: Pendelspalt 10·5 cm.
Spaltbreite = 0·90 mm. α = 30°.

Nr.	Mehr	50 Proc.	We-niger	Bemerkungen
1	52½			
2	51½			
3	50			
4	48½			
5	45			
6	45			
7			42	
8	43¼			
9			43	
10	43½			
11		44		
12	45			
13	43			
14			42	
15			42½	
16	43½			
17	44			
18			42	
19	43½			
20			42½	
21		43½		
22	44			
23	43			
24		42		
25			41	

Extinction = 25°.

12. Mai 1904. Beobachter Gr.
Hefnerlampe in 20·2 m Entfernung.
Distanz: Pendelspalt 10·0 cm.
Spaltbreite = 1·80 mm. α = 30°.

Nr.	Mehr	50 Proc.	We-niger	Bemerkungen
1	55			
2			45	
3		50		
4	52			
5	49			
6			47	
7			48	

12. Mai 1904. Beobachter No.
Hefnerlampe in 20·2 m Entfernung.
Distanz: Pendelspalt 10·0 cm.
Spaltbreite = 1·80 mm. $\alpha_3^? = 30°$.

Nr.	Mehr	50 Proc.	We-niger	Bemerkungen
1	46			
2	45			
3	43			
4	41			
5			38	
6			38½	
7			39½	

Nr.	Mehr	50 Proc.	Weniger	Bemerkungen
8			49½	
9		50		
10	51			
11	49½			
12			49	
13			50	
14			50	
15	51			
16			50	
17			50½	
18		50½		
19		51		
20		52		
21	52			
22			49½	
23			50⅓	
24			50½	
25	51			

Extinction = 25¾°.

Nr.	Mehr	50 Proc.	Weniger	Bemerkungen
8	41			
9			40	
10	41			
11	40			
12	39			
13	38			
14			37	
15		38		
16	39			
17			38	
18	40			
19	39			
20		38		
21	37			
22			36	
23	37			
24			36	
25	37			

Extinction = 25½°.

13. Mai 1904. Beobachter Gr.
Hefnerlampe in 20.3 ^{m} Entfernung.
Distanz: Pendelspalt 10·0 ^{cm}.
Spaltbreite = 2·7 ^{mm}. $\alpha = 30^0$.

13. Mai 1904. Beobachter No.
Hefnerlampe in 20·3 ^{m} Entfernung.
Distanz: Pendelspalt 10·0 ^{cm}.
Spaltbreite = 2·7 ^{mm}. $\alpha = 30^0$.

Nr.	Mehr	50 Proc.	Weniger	Bemerkungen
1	65			
2			55	
3	62			
4	59			
5			56	
6		58		
7	5		59	
8	59			
9	58½			
10	57½			
11	56			
12			54	
13		56		
14	57			
15		56⅓		
16			55	
17	56½			
18	55½			
19	55			

Nr.	Mehr	50 Proc.	Weniger	Bemerkungen
1	41			
2	40			
3			39	
4		40½		
5	41			
6			40	
7		40¾		
8	41			
9	40¼			
10	40			
11		39		
12	40¾			
13	40¼			
14		39½		
15	38¾			
16	38			
17		37		
18			36	
19	37			

Nr.	Mehr	50 Proc.	We-niger	Bemerkungen
20	54			.
21			54	
22			55	
23			55½	
24		56		
25		56½		
				Extinction 25¾°.

Nr.	Mehr	50 Proc.	We-niger	Bemerkungen
20			36	
21		37		
22	37¾			
23			37	
24	38			
25		37½		
				Extinction = 25¼°.

20. Mai 1904. Beobachter Gr.
Hefnerlampe in 32·15 m Entfernung.
Distanz: Pendelspalt 0·125 m.
Spaltbreite = 0·00090 m.
α = 55°.

20. Mai 1904. Beobachter No.
Hefnerlampe in 20·30 m Entfernung.
Distanz: Pendelspalt = 0·125 m.
Spaltbreite = 0·0045 m.
α = 30°.

Nr.	Mehr	50 Proc.	We-niger	Bemerkungen
1	52			
2	50½			
3	50½			
4	49½			
5	47			
6	46			
7		44		
8			42	
9		44		
10	45			
11	45			
12			43	
13			44	
14		45		
15			46	
16	46			
				Extinction = 25½°.

Nr.	Mehr	50 Proc.	We-niger	Bemerkungen
1			43	
2			44	
3	46			
4	45			
5			44	
6			45	Klagt über
7	46			störendes
8		45		Eigenlicht
9	44½			der Netzhaut.
10			44	
11	45			
12	44½			
13			44	
14	45			
15		44		
16		44		
17	43			
18	42			
19	41			
20			40	
21	41			
22	40½			
23	39½			
24	38			
25			37	
26		38		
				Extinction = 26°.

Anhang.

Beispiel der Berechnung einer Spiegelbeobachtung.

17. Februar. Lampe in $18 \cdot 10^{\,m}$ Entfernung. Spaltbreite $4 \cdot 0^{\,mm}$. Beobachter $3 \cdot 10^{\,m}$ vom Spiegel. Halbe Rotationszeit $1 \cdot 03$ Secunde.

Wir haben also: $h = 0 \cdot 040$, $b = 101 \cdot 60$, $a = 3 \cdot 10$, $l = 0 \cdot 0040$, $r = 0 \cdot 60$, $O = 0 \cdot 50$, $m = 0 \cdot 008$.

$$\log e = 0 \cdot 961 - 2$$
$$\log O = 0 \cdot 699 - 1 \qquad\qquad \log \pi = 0 \cdot 497$$
$$\log l = 0 \cdot 602 - 3 \qquad\qquad 2 \log (a + b - r) = 2 \cdot 648$$
$$\underline{\log t_1 = 0 \cdot 013} \qquad\qquad \underline{\log (2\,b - r) = 1 \cdot 563}$$
$$\qquad 0 \cdot 275 - 4 \quad \text{add.} \qquad\qquad 4 \cdot 708 \quad \text{add.}$$
$$\underline{\quad 4 \cdot 708 \quad} \; \text{subtr.}$$
$$\log e = 0 \cdot 567 - 9$$
$$e = 37 \times 10^{-10}$$

$$\log (h + l) = 0 \cdot 643 - 2 \qquad\qquad \log m = 0 \cdot 903 - 3$$
$$\underline{\log (b - r) = 1 \cdot 255} \qquad\qquad \underline{\log (a + b - r) = 1 \cdot 324}$$
$$\qquad 0 \cdot 388 - 3 \quad \text{subtr.} \qquad — \qquad 0 \cdot 579 - 4 = \quad \text{subtr.}$$
$$\qquad\qquad\qquad\qquad\qquad\qquad = 0 \cdot 809 \, A \; \text{nach}$$

Gauss giebt $B = \underline{0 \cdot 063} \quad \text{add.}$

$$\log\!\left(\frac{h+l}{b-r} + \frac{m}{a+b-r}\right) = 0 \cdot 451 - 3 \qquad\qquad \log \pi = 0 \cdot 497$$
$$\log t_1 = 0 \cdot 013 \qquad\qquad \underline{\log (2\,b - r) = 1 \cdot 563}$$
$$\underline{\log (b - r) = 1 \cdot 255} \qquad\qquad 2 \cdot 060 \quad \text{add.}$$
$$\qquad 0 \cdot 719 - 2 \quad \text{add.}$$
$$\underline{\quad 2 \cdot 060 \quad} \; \text{subtr.}$$
$$\log t = 0 \cdot 659 - 4$$
$$t = 46 \times 10^{-5}$$

Beispiel der Berechnung einer Pendelbeobachtung.

23. April. Lampe auf $3 \cdot 40^{\,m}$. Pendelspalt $0 \cdot 105^{\,m}$. Spalt $1 \cdot 80^{\,mm}$. $\alpha = 55^0$. Extinction 26^0. Mittlere Limitstellung 31^0. Also: $a = 3 \cdot 40^{\,m}$, $b = 0 \cdot 105^{\,m}$, $s = 0 \cdot 0018^{\,m}$, $O = 0 \cdot 005^{\,qm}$, $d = 0 \cdot 0008^{\,m}$, $l = 0 \cdot 0090^{\,m}$, $\gamma = 85^0$.

(Wir berechnen die Geschwindigkeit beim Durchgang durch die Gleichgewichtslage aus $v_{55}^2 = 2\,q\,\dfrac{l_1^2}{l}\,(1 - \cos 55)$ und finden: $\log v_{55} = 0 \cdot 138$.)

$$\log e = 0\cdot961 - 2$$
$$\log O = 0\cdot699 - 3$$
$$\log s = 0\cdot255 - 3$$
$$2\log\cos\gamma = 0\cdot880 - 3$$
$$\log\frac{100 - p}{100} = 0\cdot875 - 1$$
$$\overline{}\ \text{add.}$$
$$0\cdot670 - 9$$
$$1\cdot515$$
$$\overline{}\ \text{subtr.}$$
$$\log e = 0\cdot155 - 10$$
$$e = 14 \times 10^{-11}$$

$$\log 2 = 0\cdot301$$
$$\log a = 0\cdot531$$
$$\log(a + b) = 0\cdot545$$
$$\log v = 0\cdot138$$
$$\overline{}\ \text{add.}$$
$$1\cdot515$$

$$\log a = 0\cdot531$$
$$\log(d + s) = 0\cdot415 - 3$$
$$\overline{}\ \text{add.}$$
$$0\cdot946 - 3$$
Gauss:
$$0\cdot934\ A\overset{\leftarrow}{\underset{\rightarrow}{}}B = 0\cdot048$$
$$\overline{}\ \text{add.}$$
$$0\cdot994 - 3$$
$$0\cdot863$$
$$\overline{}\ \text{subtr.}$$
$$\log t = 0\cdot311 - 3$$
$$t = 20 \times 10^{-4}$$

$$\log b = 0\cdot021 - 1$$
$$\log(d + l) = 0\cdot991 - 3$$
$$\overline{}\ \text{add.}$$
$$-\qquad 0\cdot012 - 3 = 0\cdot934$$
$$\log(a + b) = 0\cdot545$$
$$\log v_{55} = 0\cdot138$$
$$\overline{}\ \text{add.}$$
$$0\cdot683$$

Das corticale Sehfeld und seine Beziehungen zu den Augenmuskeln.

Von

Prof. Dr. **W. v. Bechterew**
in St. Petersburg.

Die physiologische Litteratur der Sehsphäre ist in meiner vor 15 Jahren erschienenen Arbeit „Ueber das Sehfeld der Hemisphärenoberfläche"[1] ziemlich ausführlich behandelt worden und ich brauche sie hier um so weniger nochmals aufzuführen, als die betreffenden Discussionen allen, die sich für Rindenlocalisationen interessiren, im Gedächtniss sein dürften.

Nur die allerneueste Litteratur der Frage ist kurz zu recapituliren.

In letzterer Zeit ist vor Allem durch Hitzig's umfangreiche und eingehende Arbeit[2] die Aufmerksamkeit der Physiologen erneut auf die Frage der optischen Rindenlocalisation gelenkt worden.

Hitzig bestätigt, dass beim Hunde nach Verletzung der Gegend des Gyrus sigmoideus Sehstörungen auftreten, bestreitet aber mit Entschiedenheit Munk's Ansicht, wonach Sehstörungen, die bei Beschädigungen der vorderen Hemisphärentheile (Gegend des Gyrus sigmoideus) auftreten, durch zufällige Verletzung der occipitalen Opticusrinde bedingt sein sollen.

Er fand auch, dass nach dem Verschwinden der durch Beschädigung des occipitalen Sehfeldes gesetzten Sehstörungen Verletzungen des Gyrus sigmoideus neue solche Störungen, die mit der Zeit ebenfalls zurückgehen können, hervorzurufen im Stande sind.

Ohne in der Gegend des Gyrus sigmoideus ein zweites Sehcentrum anzunehmen, glaubt Hitzig, dass zwischen dieser Windung und der Sehsphäre derartige directe oder indirecte Beziehungen bestehen, denen zu folge ein im Gyrus-sigmoideusgebiet operativ gesetzter Reiz auf die Seh-

---

[1] W. v. Bechterew, *Archiw psichiatrii* (russisch). 1890.
[2] E. Hitzig, *Physiologische und klinische Untersuchungen über das Gehirn.* Berlin 1904. *Archiv für Psychiatrie.* 1903.

sphäre im Sinne einer temporären Sehstörung Einfluss übt. Nach vorheriger
Abtragung des Gyrus sigmoideus hat, wie er fand, Beschädigung des Sehcentrums im Gebiete A' von Munk keinerlei Sehstörungen im Gefolge,
während primäre Beschädigung der Gegend A' dauernde hemiopische
Störungen hervorruft.

Hitzig kommt nun daraufhin zu folgenden Sätzen: 1. Die Region A_1
kann kein eigentliches Sehcentrum im Sinne von Munk darstellen, denn
sonst müsste unter allen Umständen eine stärkere und länger anhaltende
Sehstörung auftreten; thatsächlich aber ist sie nur bei primärer Verletzung
dieser Gegend zu beobachten, während oberflächliche secundäre Verletzungen
gar nicht oder nahezu gar nicht von Sehstörungen begleitet werden; 2. die
Region A_1 muss im Gegentheil ähnliche Beziehungen zum eigentlichen Sehcentrum haben, wie der Gyrus sigmoideus, da die Thätigkeit dieses Centrums im Falle einer Affection von A_1 vorübergehend geschwächt oder
ganz gelähmt wird.

Warum der Sehact bei primären Operationen in jener Gegend hochgradige Störungen erleidet und warum vorherige Ausschaltung des Gyrus
sigmoideus eine Art Immunität gegenüber der secundären Verletzung des
Munk'schen A_1 bedingt, ist schwer zu sagen. Hitzig entscheidet sich in
dieser Frage nicht, glaubt aber, dass in dem Mechanismus höchstwahrscheinlich subcorticale Centra mitspielen. Beim Hunde, nimmt er an, geht
das, was wir Sehen nennen, nicht in der Rinde, sondern zum grössten Theil
in subcorticalen Sehcentren vor sich, die bei Zerstörung des Gyrus sigmoideus und der Occipitalrinde zeitweilig in ihrer Funktion beeinträchtigt
werden. Haben sie jedoch ihre Thätigkeit wieder aufgenommen, dann
emancipiren sie sich bis zu einem bestimmten Grade von der Rinde, so
dass Beschädigungen ihrer Theile das Sehen nicht mehr beeinflussen.

A_1 ist nach H. Munk bekanntlich Ort des deutlichen Sehens, wo die
optischen Erinnerungsbilder bei fortwährendem Zustrom der Bewusstseins-
perception vom Centrum aus in immer grösser werdenden Kreisen zur Ablagerung gelangen, weshalb Entfernung von A_1 zu Rindenblindheit im Gebiete des deutlichen Sehens führt.

Hitzig bestreitet diese Vorstellung von einer localen Ablagerung der
Erinnerungsbilder. Tritt beim Hunde eine Sehstörung auf, so erscheint
nach seiner Meinung die hemiopische Affection in der ungeheuren Mehrzahl
der Fälle unabhängig von der Läsionsstelle.

In Ausnahmefällen fand Hitzig übrigens auch Quadrantenanopsie.
Auf das Verhalten der von H. Munk als Seelenblindheit beschriebenen
Erscheinung zu A_1 geht er nicht näher ein, bemerkt aber mit Recht, A_1
könne nicht Ort des deutlichen Sehens sein, wenn seine Zerstorung ohne
Schädigung der Sehfunction verlaufen kann.

In einer anderen Untersuchung[1] behandelt Hitzig die Frage nach der Bedeutung jener Rindengebiete, die auf das Sehen von Einfluss sind, speciell mit Rücksicht auf den Gyrus sigmoideus und Munk's A_1 im Occipitallappen.

Gäbe es in der Rinde mehrere Gebiete für das Sehen, dann müsste ihre successive Zerstörung, wie schon erwähnt, die Sehstörung, die nach dem ursprünglichen Eingriff auftrat, verstärken. Bei seinen Versuchen fand aber Hitzig, wie wir sahen, dass nach dem Verschwinden oder Nachlassen der durch die A_1-Läsion gesetzten Störungen eine Beschädigung des Gyrus sigmoideus, die sonst Sehstörungen bedingt hätte, in keiner Weise die durch den anfänglichen Eingriff hervorgerufene Störung verstärkt. Macht man den Versuch umgekehrt, zerstört man also zuerst die Gegend des Gyrus sigmoideus und nach einiger Zeit A_1, dann zeigt sich, dass entweder gar keine Störung auftritt oder in Ausnahmefällen höchstens eine kurzdauernde, zeitweilige Amblyopie.[2]

Offenbar ist diese Immunität aller Eingriffe nach dem Auftreten der Sehstörungen so zu verstehen, dass das wahre Centrum in keinem der beiden Gebiete liegt; die durch die eine und die andere Operation bedingten Sehstörungen sind nach Hitzig auf functionelle Hemmung im eigentlichen Sehcentrum zu beziehen. Hinsichtlich der Frage, ob es in diesem Falle um Hemmung in einem corticalen oder in einem subcorticalen Centrum handelt, beruft Hitzig sich auf das Verhalten des Sehreflexes bezw. des reflectorischen Lidschlusses bei Annäherung der Hand in beiden Fällen des Eingriffes.

Es zeigt sich nämlich, dass im Falle einer Beschädigung des Gyrus sigmoideus dieser Reflex auf längere Zeit verschwindet und selbst nach dem Zurückgehen der Sehstörung einige Zeit noch ausbleibt, während bei A_1-Läsionen dieser Reflex in der ersten Zeit gewöhnlich gar nicht leidet, späterhin aber mehr oder weniger andauernd unterdrückt erscheint und dann auch nach Aufhören der Sehaffection nicht selten als abgeschwächt zu erkennen ist.

Offenbar steht das Vorhandensein oder Fehlen des Sehreflexes in keiner directen Abhängigkeit von der Sehstörung.

Die erwähnten Versuche thun aber auch dar, dass im Falle einer Läsion des Gyrus sigmoideus nicht allein das eigentliche Sehen leidet, sondern auch die mit dem Sehact zusammenhängenden Bewegungsfunctionen, während bei Beschädigungen der sensorischen Rinde diese motorischen

---

[1] E. Hitzig, *Berliner klinische Wochenschrift.* 1900. Nr. 48.

[2] Abgesehen von den Beziehungen des G. sigmoideus zu A_1 beobachtete Hitzig ein analoges Verhältniss zwischen den Sehsphären beider Seiten. Er konnte nicht selten die Beobachtung machen, dass eine entsprechende Hemianopsie bei Zerstörung beispielsweise des rechten Occipitalgebietes nicht eintrat, wenn vorher durch Läsion des linken Occipitallappens vorübergehende Hemianopsie erzeugt worden war.

Functionen wenigstens primär nicht alterirt werden. Da Läsion des Gyrus sigmoideus andauernde Depression des Sehreflexes herbeiführt, die Sehstörung selbst dabei aber meist nur eine vorübergehende ist, so handelt es sich hier, wie Hitzig bemerkt, nicht um eine Hemmung in dem corticalen Sehcentrum. Der Umstand hinwiederum, dass Beschädigung des corticalen Sehcentrums zu Verlust des Sehreflexes führt ohne irgend welche andere Störungen der Motilität der Gehirnrinde, führt zu der Annahme, dass das Wesen der Sache auch in diesem Falle nicht in Hemmungserscheinungen der corticalen Bewegungscentra zu suchen ist. Nach Allem kommt Hitzig zu dem Schluss, dass es sich in beiden Fällen um functionelle Hemmung nicht der corticalen, sondern der subcorticalen Centra handelt, und diese Functionshemmung subcorticaler Centra erkläre ebensosehr die Störung des Sehreflexes, wie die des Sehens.

So kommt es, dass der Sehreflex im Falle einer Läsion von A_1 nicht sofort aussetzt, da anfänglich die Depression auf das subcorticale Sehcentrum sich erstreckt und später erst auf das subcorticale Reflexcentrum übergeht. Falls die Rinde des Gyrus sigmoideus beschädigt wurde ist die Depression stärker in dem subcorticalen Bewegungscentrum, als in dem subcorticalen Sehcentrum.

Zur Erklärung der Erscheinungen, wie sie im Anschluss an Läsionen des Sehfeldes auftreten, recurrirt Hitzig auf den Einfluss von Hemmung. Er stellt nicht in Abrede, dass Beziehungen des Feldes A_1 zum Sehen vorhanden sind, bemerkt jedoch, man wisse nicht recht, was das für Beziehungen wären. Es sei möglich, dass Läsionen dieser Stelle zu Depression des subcorticalen Sehfeldes führen, es sei aber schwer, hier eine sichere Grenze zu ziehen zwischen directer corticaler und indirecter subcorticaler Störung.

Diese Erklärung erledigt aber nicht alle Fragen, die sich an die corticalen Sehstörungen knüpfen. Führt Ausschaltung der Rinde A_1 zu Depression des subcorticalen Sehcentrums, durch den der Reflex für den Lidschluss hindurchgeht, so ist unverständlich, warum der Reflex in diesem Falle nicht sofort aussetzt, denn dieses Aussetzen müsste ja in dem Moment auftreten, wenn das sensible oder motorische Gebiet des Reflexes deprimirt ist. Andererseits stellen sich der Erklärung der Funktionshemmung des subcorticalen Sehcentrums bei Zerstörung der motorischen Zone der Hirnrinde Schwierigkeiten anatomischer Art entgegen, da wir Verbindungen zwischen motorischer Zone und dem subcorticalen Centrum im lateralen Kniehöcker nicht kennen.

Weiterhin lässt die Dauer der bei A_1-Entfernung beobachteten Sehstörung ihre ausschliessliche Zurückführung auf Depression des subcorticalen Sehcentrums nicht annehmbar erscheinen. Hitzig stützt sich hier hauptsächlich auf die von ihm beobachtete Thatsache, dass nach Rehabilitirung des Sehens im Falle der A_1-Ausschaltung Entfernung des Gyrus sigmoideus keine weitere Sehstörung hervorruft und dass andererseits, wenn das Sehen nach Gyrus sigmoideus-Entfernung sich hergestellt hat, Ausschaltung von A_1 keine charakteristischen Erscheinungen von Seiten der Sehsphäre, sondern höchstens geringfügige Anzeichen von partieller Amblyopie zur Folge hat.

Aber auch diese Thatsachen sind nicht durch Depression erklärbar, denn es bleibt unverständlich, warum, wenn die durch Depression des entsprechenden Centrums bedingte Sehstörung sich in Folge des Verschwindens dieser Depression ausgeglichen hat, keine neue Störung auftreten sollte, wenn auf das subcorticale Centrum neue Hemmungen von einer anderen Rindenstelle her einwirkten?

Unerklärt bleibt auch, weshalb gerade jene zwei Rindenfelder hemmend auf die subcorticalen Sehcentra zurückwirken und andere Rindenstellen in dieser Beziehung keinen Einfluss haben? Jedenfalls bringen diese Versuche Hitzig's, so lehrreich sie an sich erscheinen mögen, die Frage der corticalen Sehcentra nicht zu endgültiger Entscheidung. Wohl aber beleuchten sie das Verhalten des Sehcentrums auf der Aussenfläche des Occipitallappens von einer ganz anderen Seite und führen zu dem Schluss, dass weder der Gyrus sigmoideus, noch Munk's A_1 in Wirklichkeit als eigentliche Sehcentra zu betrachten sind, dass vielmehr ihre Beziehungen zum Sehen noch der Untersuchung bedürfen.

Nach Hitzig[1] werden Sehstörungen nach occipitalen Läsionen immer mit der Zeit ausgeglichen, eine andauernde partielle Rindenblindheit im Sinne von Munk kommt überhaupt nicht zur Beobachtung. Auch eine Projection der Netzhaut im Occipitallappen nach Munk konnte er nicht bestätigt finden. Beachtenswerth ist nur, dass zeitweilige Quadrantenhemianopsie nach unten ausschliesslich bei Affectionen der vorderen Hälfte der Sehsphäre beobachtet ist, Verletzungen der hinteren Abschnitte der Sehsphäre waren öfters von Scotomen im oberen Sehsphärensegment begleitet. Ebenso fand Hitzig bei Zerstörung von A_1, wobei nach Munk ausser Seelenblindheit andauernde Rindenblindheit am Orte des deutlichen Sehens im entgegengesetzten Auge auftritt, grössten Theils nur vorübergehende gekreuzte Hemianopsien, öfters aber auch gar keine ausgesprochenen Sehstörungen. Die sogenannte Seelenblindheit nach Munk hat nichts zu thun mit der Seelenblindheit der Kliniker, ist vielmehr auf einfache Amblyopie des Versuchshundes zurückzuführen. Kurz, irgend eine gesetzmässige

---

[1] E. Hitzig, *Physiologische und klinische Untersuchungen über das Gehirn.* Berlin 1904.

Beziehung zwischen Lichtempfindlichkeit bestimmter Punkte der Netzhaut und bestimmten Theilen der Sehrinde ist beim Hunde nicht vorhanden. Offenbar bestehen hier grosse individuelle Schwankungen.

Zu beachten ist, dass Hitzig[1] bei Hunden mit zerstörtem hinteren Theile der Hemisphärenrinde eine amblyopische Sehstörung des contralateralen Auges constatiren konnte. Er exstirpirte jedem Occipitallappen in zwei einzelnen, zeitlich weit auseinanderliegenden Sitzungen. Nach dem ersten Eingriff konnte er feststellen, dass die eingetretene Sehstörung früher oder später zurückging, und zwar ging die Rehabilitirung immer von innen-unten vor sich und es blieb zuletzt nur ein amblyopischer Fleck oben und aussen zurück. Nach der zweiten Operation stellte sich mit zwei Ausnahmen in dem früher afficirten Auge eine neue Sehstörung ein, die jene des neu afficirten Auges an Stärke übertraf. Die Störung nahm noch in den nächsten Tagen zu, bildete aber kein umschriebenes Scotom, wie es Munk glaubte. Mit der Zeit ging auch diese Störung, wie alle anderen, zurück.

Auf Grund von fünf genau analysirten Beobachtungen äussert sich Hitzig[2] sodann gegen das Vorhandensein einer Projection entsprechender Netzhautabschnitte auf dem lateralen Drittel der Sehsphäre.

Hitzig lehnt auch die Erklärungen ab, die in dieser Hinsicht von Monakow gemacht wurden.

v. Monakow[3] entwickelte bekanntlich eine besondere Theorie über die gegenseitigen Beziehungen zwischen Sehrinde und Netzhaut. Seine Versuche haben dargethan, dass nach Wegnahme der Rinde Degeneration der Opticusbahnen und gewisser Zellen der subcorticalen Centra, vor Allem im Corpus geniculatum laterale, auftritt. Andererseits gehen bei Entfernung des Auges in Degeneration über nicht nur die Opticusbahnen, sondern auch die gelatinöse Substanz des lateralen Kniehöckers mit den darin sich ausbreitenden Endverästelungen der subcorticalen Opticusbahnen.

Frei von der Degeneration verbleibt also in beiden Fällen jenes schon von R. y Cajal entdeckte System intermediärer Zellen, das mit seinen Endverästelungen beide Opticussysteme, das basale und das subcorticale, mit einander verbindet.

---

[1] E. Hitzig, Demonstration zur Physiologie des corticalen Sehens. *Neurolog. Centralblatt.* 1902. Nr. 10.

[2] E. Hitzig, Alte und neue Untersuchungen über das Gehirn. *Archiv für Psychiatrie.* Bd. XXXVII. 2. S. 467.

[3] v. Monakow, Ueber den gegenwärtigen Stand der Frage nach der Localisation im Grosshirn. *Ergebnisse der Physiologie.* Derselbe, Experimentelle und pathologisch-anatomische Untersuchungen über die optischen Centren und Bahnen nebst klinischen Beiträgen zur corticalen Hemianopsie und Alexie. *Archiv für Psychiatrie.* Bd. XXV. 1.

Diesen Zellen, Schaltzellen genannt, schreibt Monakow nun die Aufgabe zu, die ankommenden Reize aufzunehmen und nach verschiedenen Richtungen auszubreiten, wozu sie durch ihre Lage in der Substantia gelatinosa befähigt erscheinen. Es entsteht so eine Art relativer Abhängigkeit des Sehfeldes der Gehirnrinde von bestimmten Netzhautabschnitten, so zwar, dass umschriebene Affectionen der Sehsphäre nicht nothwendig zu Sehstörungen führen und dies gerade deshalb nicht, weil das System der Schaltzellen Reize von allen Theilen der Netzhäute der Rinde zuführen können.

Nach Monakow's Theorie ist die acute Amblyopie, wie sie nach A_1-Entfernung vorkommt, so zu erklären, dass nicht nur die in A_1 vorhandenen Opticusbahnen und die entsprechenden Zellen des lateralen Kniehöckers afficirt werden, sondern dass bis auf weiteres zeitweilig ausser Thätigkeit gesetzt werden jene Zellen des lateralen Kniehöckers, die nicht in directer Beziehung zu A_1 stehen. Diesen Vorgang der Leitungsumgestaltung nennt Monakow Diaschisis.

Hitzig ist mit dieser Erklärung nicht zufrieden, da in seinen Versuchen nur in einer Minderzahl der Fälle eine gewisse Beziehung zwischen den einzelnen Theilen der Netzhäute und der Occipitalrinde bestand. In der Mehrzahl der Fälle waren selbst bei ausgedehnten Rindenaffectionen keine merklichen Sehstörungen nachweisbar. Hitzig kommt daher zu dem Schluss, dass in jenen Beziehungen starke individuelle Unterschiede hervortreten. Auf diese Unterschiede und ihre anatomischen Grundlagen hat auch Bernheimer hingewiesen, der im Uebrigen die Monakow'sche Erklärung gelten lässt.

Hitzig lehnt die Annahme einer Diaschisis ab und bemerkt[1], dass wenn beim Hunde mit zerstörter motorischer Rinde und bis zu einem gewissen Grade auch bei Affen ein Verschwinden der motorischen Störungen zu constatiren ist, dies darin eine Erklärung finde, dass zugleich mit den Hemmungserscheinungen in Folge von Shok die bleibenden motorischen Erregungen in ungewöhnlicher und unrichtiger Form abgegeben werden, später aber, wenn die Shokwirkung vorbei ist, kommt es zu einer Anpassung an die neuen Verhältnisse und es stellt sich eine Leitung im Verlauf der vorhandenen Bahnen her. Einen ähnlichen Vorgang nimmt Hitzig auch an mit Beziehung auf die sensorischen Leitungen bei Beschädigungen der optischen Rinde (A' von Munk). Seiner Ansicht nach könnte Monakow's Diaschisentheorie höchstens noch zur Erklärung positiv ausfallender Versuche dienen, nicht aber sei sie auf Versuche mit negativem Befunde anwendbar.

Nach Ansicht von Hitzig ist eine Projection der Netzhaut auf der

---

[1] E. Hitzig, *Jackson und die motorischen Rindencentren*. Berlin 1900.

convexen Sehsphärenoberfläche jedenfalls im Sinne von Munk nicht vorhanden.[1] Bilder nach Art der Seelenblindheit treten nach Wegnahme jener
Gegend nie hervor, sondern es besteht nur Sehschwäche; partielle Rindenblindheit wird ebenfalls nie constatirt, zum mindesten nicht im Falle partieller Defecte des Sehfeldes.

Hitzig fand auch, dass selbst ausgedehnte und tief greifende Affectionen des Occipitallappens öfters negative Resultate ergeben oder der Erfolg
erscheint minimal, wenn eine Beschädigung der Hemisphäre vorherging.
Diese Thatsachen führten ihn auf den Gedanken, dass die Mehrzahl, wenn
nicht alle Erscheinungen, auf eine Affection des subcorticalen Mechanismus
zurückzuführen sind und dass schon der erste Eingriff die subcorticalen
Centra entsprechend in Mitleidenschaft zieht.

Ein erneutes Auftreten längst vergangener Sehstörungen nach Verletzungen der zweiten Hemisphäre wurde u. A. von Luciani und Tamburini
beobachtet und von anderen Forschern, auch von Hitzig, bestätigt gefunden.
Doch erklärt sich Hitzig dies nicht durch Fortfall eines vicariirenden
Rindengebietes, denn wäre das richtig, dann müsste es in jedem Falle zutreffen, während Hitzig in einer grossen Versuchsreihe die Erscheinung
nur 8 Mal vorfand. Er nimmt daher zwei Möglichkeiten an: entweder erzeugt der zweite Eingriff einen neuen Herd in der früher operirten Hemisphäre, oder der Einfluss der subcorticalen Ganglien wird durch den zweiten
Eingriff auf die Ganglien der anderen Seite übertragen.

Nach seinen umfangreichen Untersuchungen kommt Hitzig zu
folgendem Schlusssatz: „Für mich besteht der Anfang alles Sehens in der
Erzeugung des fertigen optischen Bildes in der Netzhaut, das weitere Sehen
in der Combination dieses Bildes mit motorischen und vielleicht noch mit
anderen Innervationsgefühlen zu Vorstellungen niederer Ordnung in den
infracorticalen Centren, und die höchste, an die Existenz eines Cortex gebundene Entwickelung des Sehens in der Apperception dieser Vorstellungen
niederer Ordnung und ihrer Association mit Vorstellungen und Gefühlen
(Gefühlsvorstellungen) anderer Herkunft".

Ich habe hier die Meinung Hitzig's mit Absicht etwas ausführlicher
wiedergegeben, da seine Untersuchungen nicht nur wegen des Material-
umfanges, sondern auch im Hinblick auf den Verfasser selbst die grösste
Bedeutung unter allen ähnlichen Forschungen der neueren Zeit bean-
spruchen dürfen.

Zu erwähnen ist hier auch die aus Hitzig's Laboratorium hervor-
gegangene Arbeit von Kolberlah[2], der auf Grund seiner Versuche zu

[1] E. Hitzig, *Archiv für Psychiatrie*. Bd. XXXVII. 3. S. 1092.

[2] Kolberlah, Ueber die Augenregion und die vordere Grenze der Sehsphäre
Munk's. *Archiv für Psychiatrie*. Bd. XXXVII.

dem Schluss kommt, dass die von Munk angegebene vordere Grenze der
Sehsphäre eine künstliche ist, da Sehstörungen auch nach Rindenabtragung
proximal von dieser Grenze, im sogenannten Augengebiet und zwar ohne
jegliche Mitbeschädigung des Gyrus sigmoideus auftreten und sie andererseits bei Läsionen vor und hinter der Munk'schen Grenze fehlen können,
zumal nach secundären Eingriffen an der zweiten Hemisphäre. Ueberhaupt
giebt es selbst hinsichtlich der Dauer der eintretenden Sehstörungen keine
wesentliche Abgrenzung zwischen Augen- und Sehsphäre. Auch sind in
Beziehung auf den Charakter der Sehstörungen bei Beschädigung des Augen-
gebietes und des Sehfeldes keine wesentlichen Unterschiede zu erkennen,
denn in beiden Fällen handelt es sich um bilaterale homonyme Hemianopsien.

Der Vf. erblickt hierin einen weiteren Beweis für das Irrthümliche der
Munk'schen Lehre von der Netzhautprojection auf die Gehirnrinde. Seine
Versuche führten ihn zu dem Satz, dass es überhaupt unmöglich ist, durch
Rindenabträgungsversuche die Sehsphäre vorn abzugrenzen.

Aus allem Angeführten, das übrigens die spätere Discussion des
Gegenstandes weitaus nicht erschöpft, ersehe ich, dass nicht nur in Hinsicht
einer genaueren Localisirung der Sehsphäre, sondern auch bezüglich des
Verhaltens der Sehfunction der Gehirnrinde wir noch in den Anfängen der
Darstellung und jedenfalls in einer Periode aller möglichen Widersprüche
uns befinden. Denn abgesehen von den mehr oder weniger allgemein gehaltenen Angaben über Beziehungen distaler Hemisphärengebiete zum Sehen
haben wir kaum etwas, was hier als sicher begründet gelten könnte. Deshalb erscheinen neue Untersuchungen auf dem fraglichen Gebiet äusserst
erwünscht.

Meine eigenen Studien über die Sehsphäre gehen noch auf den Anfang der achtziger Jahre zurück und sind seitdem mit Unterbrechungen
durch etwa 20 Jahre fortgeführt worden. Ueber diese meine Untersuchungen
sind hin und wieder kürzere Berichte erschienen[1] und unter Anderem habe
ich schon 1890 in einer Abhandlung „Ueber das Sehfeld der Hirnhemisphären"[2] auf die Bedeutung der Innenoberfläche des Occipitallappens
für die Sehfunctionen hingewiesen, doch glaubte ich aus mehreren Gründen,
besonders aber wegen der Verwickelung der Frage über Munk's Sehsphäre

[1] W. Bechterew, Ueber den Einfluss der Rindenentfernung bei Thieren auf
Sehen und Hören. Sitzungsberichte der Psychiatrischen Gesellschaft in St. Petersburg
1883; Derselbe, Ueber die Folgeerscheinung der Durchschneidung der Opticusbahnen
im Gehirn. Westn. klin. i ssud. psich. (russisch). 1883. Neurolog. Centralblatt. 1884.
Nr. 1; Derselbe, Ueber das Sehfeld auf der Hemisphärenoberfläche. Archiw psichiatrii
(russisch). 1890; Derselbe, Ueber das corticale Sehcentrum. Obosrenie psichiatrii
(russisch). 1901. Nr. 8 und Monatsschrift für Psychiatrie. 1901.
[2] W. v. Bechterew, Archiw psichiatrii (russisch). 1890.

von einer ausführlichen Publication noch absehen zu sollen. Erst seitdem ich mich von dem Vorhandensein eines wirklichen Sehcentrums in der Thierhirnrinde nicht in dem Munk'schen Gebiete, sondern auf der Innenfläche des Hinterlappens in voller Uebereinstimmung mit den klinischen Ermittelungen von Seguin, Henschen und Anderen[1] überzeugt hatte, gewann die Sache in meinen Augen mehr an Klarheit.

In der folgenden Darstellung werde ich bemüht sein, auf dem Boden eigener Untersuchungen einige strittige Fragen der Sehfunction der Gehirnrinde nach Möglichkeit zu beleuchten und zwar zunächst soweit, als die mir jetzt besonders wesentlich und von einschneidender Bedeutung erscheinen. Bemerken muss ich dabei, dass die vorliegende Arbeit von mir zum Drucke vorbereitet wurde auf Grund von einem Material, das bei Versuchen gewonnen ist, die zu verschiedener Zeit noch vor Veröffentlichung der Untersuchungen Hitzig's ausgeführt worden waren.. Aber seit Erscheinen des ersten Heftes des Archiv für Psychiatrie mit dem Anfang von Hitzig's letzter umfangreicher Arbeit „über das Sehcentrum" musste ich den Druck meiner. Arbeit hintanhalten, bis Hitzig's Untersuchungen in ihrem vollen Umfange der Oeffentlichkeit vorlagen.

Diese Untersuchungen konnten meinerseits freilich noch keiner experimentellen Prüfung unterworfen werden für die vorliegende Arbeit, sie waren mir nur Gegenstand einer Beurtheilung auf Grund der früher von mir gewonnenen Befunde. Bei der hervorragenden Bedeutung und dem besonderen Interesse, den die neueren Untersuchungen Hitzig's über das corticale Sehcentrum darbieten, veranlasste ich indessen Herrn Dr. Agandschanjanz, Controlversuche in der von Hitzig angedeuteten Richtung in meinem Laboratorium anzustellen. Eine vorläufige Mittheilung über die Untersuchungsergebnisse von Agandschanjanz konnte bereits am 26. Februar 1904 in den Wissenschaftlichen Versammlungen der Psychiatrischen und Nervenklinik zu St. Petersburg verlesen werden, und im gleichen Jahre erschien eine Abhandlung darüber in russischer Sprache.[2]

Bei Veröffentlichung vorliegender Arbeit muss ich auch erwähnen, dass die thatsächlichen Grundlagen jener Untersuchungen, die ich in ihrem vollen Umfang schon 1890 publicirt habe[3], auch während meinen späteren Studien bestätigt werden konnten. Es versteht sich aber von selbst, dass die theoretischen Anschauungen, die dort dargelegt werden, nicht in allen Beziehungen noch jetzt sich aufrecht erhalten lassen.

---

[1] Vgl. W. Bechterew; *Obosrenie psychiatrii* (russisch). 1901. *Monatsschr. f. Psychiatrie.* 1901.

[2] Dr. Agandschanjanz, *Ueber das Rindencentrum des Sehens.* 1904.

[3] W. Bechterew, Ueber das Sehfeld der Hemisphärenoberfläche. *Archiw psichiatrii* (russisch). 1890.

Zu der Darstellung des Gegenstandes selbst übergehend, ist zunächst als eine Frage von hervorragender Wichtigkeit in der hier zu behandelnden Angelegenheit die zu betonen, ob in der Hemisphärenrinde zu localisiren sind Sehempfindungen oder nur Sehvorstellungen? Die Frage wird, wie bekannt, von den verschiedenen Forschern, die sich damit beschäftigt haben, in sehr verschiedenem Sinne gelöst und erscheint jedenfalls bis hierzu in manchen Beziehungen noch als strittig.

Da diese Frage nicht in ganz gleichem Sinne für die verschiedenen Thiergruppen zu entscheiden ist, so sollen hier die betreffenden Erscheinungen bei den Amphibien, den Vögeln und Säugethieren gesondert betrachtet werden.

Nehmen wir zum Versuch einen Frosch und entfernen ihm beide Hirnhemisphären, dann zeigt sich, dass ein so behandelter Frosch sich in Beziehung auf das Sehen nur wenig von einem gesunden Frosche unterscheidet. Bei seinen Sprüngen geht er sicher um Hindernisse herum, er sieht sie also zweifellos; empfängt demnach Sehempfindungen. Und doch unterscheidet sich das operirte Thier wesentlich von dem gesunden. Es umgeht Hindernisse, nur wenn es zur Bewegung angeregt wird, aber es kann sich selbst keine Nahrung besorgen, scheut auch nicht die Nähe der zum Greifen ausholenden Menschenhand; es ist also klar, dass, wenn der operirte Frosch Gesichtsempfindungen empfängt, er sie nicht in der richtigen Weise verarbeitet, überhaupt äussere Eindrücke nicht wie gehörig beurtheilt und daraus keine entsprechenden Vorstellungen von der Umgebung entwickelt. Man kann daraus schliessen, dass optische Eindrücke beim Frosch bereits im Mittelhirn zur Perception kommen, während die weitere Verarbeitung der Impulse in der Grosshirnrinde vor sich geht.

Wurden einer Taube beide Hemisphären weggenommen, so könnte mancher sie für ganz blind halten. Wir wissen aber, und schon die älteren Autoren konnten es constatiren, dass Vögel nach Ausschaltung der Hemisphären den Kopf noch zur Lichtquelle drehen können. Ich konnte mich bei meinen Versuchen überzeugen, dass so operirte Tauben im Fluge noch einige Spuren ihrer Sehfähigkeit bekunden. Wird eine enthirnte[1] Taube aufgeworfen, so lässt sie sich beim Fluge immer allmählich schräg nieder und bleibt schliesslich auf den Beinen stehen. Wenn wir jetzt eine Taube mit durchschnittenen Sehnerven, also ein unzweifelhaft blindes Thier nehmen und aufwerfen, so fällt sie, freigelassen, sofort wie ein Stein abwärts und stösst mit der Brust gegen den Erdboden. Die erste Taube hat also offenbar noch Seheindrücke, die zweite erscheint

---

[1] „Enthirnt" bedeutet hier und im Folgenden immer so viel wie Verlust der Grosshirnhemisphären.

ganz blind. Manche Forscher sagen, dass ein aufgeworfener enthirnter
Vogel im Fluge manchmal noch grössere Hindernisse vermeidet, sich z. B.
an die Zimmerwand nicht stösst, ja in manchen Fällen sich mehr oder
weniger geschickt auf den Rand eines Tisches niederlässt. Durch blossen
Zufall sind diese Erscheinungen, wie man vielleicht glauben könnte, nicht
zu erklären. Endgültig zerstreut wird jeder Skepticismus in dieser Hinsicht
durch meine vergleichenden Beobachtungen an enthirnten und durch Opticus-
durchschneidung geblendeten Tauben. Diese Vergleichung zeigt, dass enthirnte Tauben zum Mindesten noch quantitative Lichtperception haben, die
ihnen das Fliegen ermöglicht, während Tauben mit durchtrennten Sehnerven, da sie die Orientirung durch das Auge verloren haben, keine Spur
von Flugvermögen verrathen. Da die Tauben der ersten Art, obwohl sie
beim Fluge sich bis zu einem gewissen Grade durch das Auge orientiren
können, ihre Nahrung nicht erkennen, vor der Hand nicht zurückschrecken
und selbst eine Katze ruhig herankommen lassen, so ist klar, dass bei Vorhandensein elementarer Sehempfindungen eine qualitative Lichtperception
und Unterscheidung der Dinge der Umgebung, die sich ja auf Sehvorstellungen gründet, beim Vogel nur im Falle der Erhaltung der Hemisphärenrinde möglich ist.

Zu bemerken ist hierbei, dass enthirnte Vögel deutlich erweiterte Pupillen aufweisen bei voll erhaltener Pupillenreaction. Die Pupillenerweiterung
erklärt sich, wie mir scheint, durch Verlust des normalen Accommodations-
vermögens, wie es durch entsprechende optische Vorstellungen bedingt wird.

Was endlich Säugethiere betrifft, so habe ich mich bei Entfernung
der Hemisphären an Ratten, Meerschweinchen, Kaninchen und Hunden in
keinem Falle überzeugen können, dass diese Thiere ohne ihre Hemisphären
gleich nach dem Eingriff irgend eine Spur von Sehvermögen offenbart hätten.

Zu beachten bleibt indessen, dass alle diese Beobachtungen Sinn und
Bedeutung haben nur in Beziehung auf Thiere mit frischen und kurz vorher
vollzogenen Hemisphärenexstirpationen; überlebt das Thier den Eingriff um
Wochen oder gar Monate, dann können die Erscheinungen einen ganz
andern Charakter darbieten.

Um hier Klarheit zu schaffen, untersuchte ich mehrfach Tauben und
Hühner mit vor vielen Wochen oder Monaten erlittener Hemisphären-
abstragung, und es zeigte sich dabei vielfach, dass solche Vögel ein viel
besseres Sehvermögen haben, als andere, die erst vor Kurzem ihrer Hemisphären beraubt worden waren. Vögel, die ihre Hirnhemisphären vor
mehreren Wochen oder Monaten verloren hatten, konnten, wenn man sie
aufwarf, beim Fliegen manchmal grössere, stark schattenwerfende Hindernisse vermeiden.

Offenbar haben solche Vögel wenigstens eine Art quantitativer Lichtperception und höchstwahrscheinlich auch räumlich localisirte Empfindungen, die ihnen theilweise zur Orientirung bei den Bewegungen dienen.

Nicht zu erkennen dagegen ist an solchen Vögeln eine etwa vorhandene qualitative Lichtunterscheidung oder das Vermögen der Entwickelung räumlicher Sehvorstellungen, wie es wohl als inhärente Function der Grosshirnrinde sich darstellt.

Bei enthirnten Säugethieren wurden die Erscheinungen so, wie sie mehrere Monate nach dem Eingriff zur Beobachtung kommen, zuerst von Goltz beschrieben. Sein berühmter Hund, der die Enthirnung $18^1/_2$ Monate überlebte, war nach Goltz' Beschreibung nicht ganz blind, denn bei plötzlicher greller Beleuchtung schloss er die Augen und wandte manchmal sogar den Kopf ab. Ein optisches Orientirungsvermögen hatte das Thier aber nicht, wie Goltz selbst betonte. Es erkannte nämlich weder Nahrung, noch Menschen, noch bekannte Hunde und stiess sich beim Gehen an alle möglichen Hindernisse. Munk fasst die optische Reaction in diesem Falle als eine rein reflectorische auf, doch vermochte er nicht nachzuweisen, dass die reflectorische Reaction hier völlig der bewussten Grundlage, d. h. der Empfindung, entbehrte. Wenn ein Thier mit erhaltenen Hemisphären den Kopf dreht, so wird niemand das für einen gewöhnlichen, von jeder Empfindung freien Reflex betrachten wollen.

Wie man aus Vorstehendem ersieht, besteht hinsichtlich der Lichtperception ein gewisser Unterschied zwischen einem Thier, das eben erst seine Hemisphären verlor und einem anderen, bei dem nach dem Eingriff eine längere Zeit verstrichen ist. Das Sehvermögen ist im zweiten Fall entschieden besser, als im ersten. Es handelt sich also um eine gewisse Restitution, um eine Uebung des Sehvermögens bei den operirten Thieren. Die Thatsache ist augenscheinlich so zu verstehen, dass bei der Lichtperception die Impulse normaliter ohne Aufenthalt in den subcorticalen Centren nahezu direct zur Rinde gelangen; bei den operirten Thieren werden sie Anfangs auch nicht subcortical zurückgehalten, gehen also ihren gewöhnlichen Weg, und erst im Laufe der Zeit, wenn die subcorticalen Bahnen degeneriren, entwickelt sich nach und nach eine functionelle Anpassung der Subcorticalcentra mit dem Erfolge, dass die ankommenden Reize immer mehr subcortical stecken bleiben und hier eine wachsende Reaction hervorrufen, die mit der Zeit eine Besserung des Sehvermögens bei dem so operirten Thiere bedingt. Nicht zu leugnen ist hier auch der Einfluss der Depression der Subcorticalganglien in der ersten Zeit nach dem Eingriff, doch wird dieser Einfluss mit der Zeit schwächer und verliert sich schliesslich ganz.

Aber auch bei Thieren, die den Hemisphärenverlust längere Zeit überlebten, kann, wie wir sahen, im Grunde nur von einer elementaren optischen

Reaction die Rede sein, die auf eine mehr oder weniger räumlich localisirte
quantitative Lichtperception sich zurückführen lässt. Eine qualitativ diffe-
renzirende Lichtperception mit den daraus sich entwickelnden optischen
Vorstellungen kann also im Subcortex nicht auftreten, entsteht vielmehr
erst in den Rindencentren.

Was die Beziehungen jeder Hemisphäre zu dem binocularen Sehen
betrifft, so beherrscht bei den niederen Wirbelthieren und Vögeln jede
Hemisphäre das Sehen mit dem entgegengesetzten Auge. Diese Thatsache,
die mit dem Bestehen eines totalen Opticus durch Kreuzung bei allen
diesen Thierarten in Uebereinstimmung steht, ist dadurch erweislich, dass
im Falle einseitiger Hemisphärenexstirpation bei diesen Thieren volle Erblindung des entgegengesetzten Auges eintritt, während das Sehen mit
dem gleichseitigen Auge keine merkliche Einbusse erleidet. Zugleich erscheint, wie Versuche an Vögeln mir gezeigt haben, die Pupille des contralateralen Auges deutlich erweitert im Verhältniss zur anderen Seite; sie
reagirt wohl auf Licht, entbehrt also jeglicher accommodativer Contraction selbst
in dem Falle, wo die Pupille des gleichseitigen Auges unter dem Einfluss
von Accommodation, wie z. B. bei Annäherung der Hand, sich zusammenzog.

Mittels einseitiger Hemisphärenabtragung bei Vögeln suchte Munk
seiner Zeit nachzuweisen, dass ein kleiner Theil des inneren Abschnittes
des Gesichtsfeldes im entgegengesetzten Auge bei diesen Thieren noch
sein Sehvermögen behalten soll; meine Versuche an Tauben zeigten mir,
dass einseitige Hemisphärenabtragung niemals eine deutliche optische Reaction zurücklässt; man muss also annehmen, dass bei Vögeln und allen
niederen Wirbelthieren das Sehen mit jedem Auge durch Vermittelung der
anderseitigen Hemisphäre vor sich geht. Bei den Säugern, und zumal in
ihren höheren Stufen, betheiligen sich an dem Sehen mit jedem Auge beide
Gehirnhemisphären gleichzeitig.

Hinsichtlich mancher niederer Säugethiere (Kaninchen) fehlen allerdings
entsprechende Beobachtungen, da diese Thiere zu Untersuchungen des Sehvermögens sich wenig oder gar nicht eignen, immerhin ist aber partielle
Durchkreuzung der Opticusbahnen, mit allerdings beträchtlichem Ueberwiegen der gekreuzten Elemente, für das Kaninchen auf pathologisch-ana-
tomischem Wege (Degenerationsmethode, Gudden) erwiesen, und es liegt
daher kein Grund vor zu bezweifeln, dass bei diesen Thieren die Sehfunction jedes Auges in Abhängigkeit steht nicht nur von der entgegengesetzten, sondern zum Theil auch von der gleichseitigen Hemisphäre.

Mit Beziehung auf den Hund ist diese Thatsache durch den physiologischen Versuch zuerst durch Luciani und Tamburini nachgewiesen und
späterhin von Munk bestätigt worden und kann heute als unbestreitbar
feststehend gelten. Entfernt man beim Hunde den ganzen hinteren Theil

der Hemisphäre, dann erkennt man leicht, dass das Thier nicht ganz blind auf dem entgegengesetzten Auge ist, da das innere Drittel des Gesichtsfeldes dieses Auges (nach Munk $1/_4$) noch optische Eindrücke aufnimmt. Blind erscheint gleichzeitig im homolateralen Auge das äussere Drittel des Gesichtsfeldes, während die beiden inneren Drittel des Gesichtsfeldes unversehrt geblieben sind. Es ist klar, dass der Ort des deutlichen Sehens beim Hunde von der entgegengesetzten Hemisphäre beherrscht wird und nur das Sehen mit den seitlichen Netzhautabschnitten erfordert die Betheiligung beider Gehirnhälften.

Uebrigens lassen Versuche an Hunden erkennen, dass die Grenzlinie zwischen hellem und dunklem Theil des Gesichtsfeldes nicht immer ganz regelmässig und in der gleichen Weise verläuft, da in einzelnen Fällen Abweichungen vorkommen können.

Bemerkt sei hier auch, dass bei in der angegebenen Weise operirten Hunden die Pupille des entgegengesetzten Auges in der Mehrheit der Fälle etwas weiter erscheint als die Pupille des gleichseitigen Auges und dabei keinerlei accommodative Contractionen zeigt, trotz voller Erhaltung der Lichtreaction.

Endlich zeigen entsprechende Versuche an Affen, dass hier nach Abtragung der Occipitalrinde eine ganz ähnliche Hemianopsie oder Hemiamblyopie auftritt, wie in der menschlichen Pathologie, wobei die Pupillen fast gleich erscheinen und nur in geringem Grade die Pupille des entgegengesetzten Auges erweitert ist. Wie beim Menschen, so ist auch bei den Affen der blinde äussere Theil des Gesichtsfeldes im entgegengesetzten Auge etwas grösser, als das unversehrte Innenfeld, und ebenso erscheint im gleichseitigen Auge das blinde Innenfeld entsprechend kleiner, als der unversehrte äussere Theil des Gesichtsfeldes. Die Trennungslinie zwischen dunklem und hellem Gesichtsfeld erscheint dabei mehr oder weniger vertical, verläuft annähernd meridional zum Fixationspunkt. Der Fixationspunkt stellt sich bei Mensch und Affen nicht als gänzlich blind dar, da das zur Macula lutea ziehende Faserbündel in der allgemeinen Opticusdecussation einer partiellen Kreuzung unterliegt.

Bei den Primaten, sowie bei dem Menschen wird also nicht nur das Sehen mit den seitlichen Netzhautfeldern von beiden Hemisphären beherrscht, sondern auch die Gegend des gelben Fleckes, so jedoch, dass in jeder Hirnhälfte homonyme Seiten beider Netzhäute, also die Aussenseite der homolateralen und die Innenseite der contralateralen Netzhaut vertreten sind, während alle Bestandtheile des gelben Fleckes in der einen und in der anderen Hemisphäre zugleich dargestellt sind. Dementsprechend behalten die Pupillen beider Augen bei den Primaten (Affen und Mensch) im Falle von Beschädigungen des Hinterhauptlappens das Vermögen, unter dem Einfluss von Accommodationsanstrengungen, z. B. beim Fixiren eines nahen Gegenstandes, sich zusammenzuziehen. Uebrigens werden beim Menschen und anderen Primaten individuelle Abweichungen hinsichtlich der Maculainnervation beobachtet.

Zu der Frage der Localisation des Rindensehfeldes übergehend, ist zu betonen, dass diese Felder bei niederen sowohl, wie bei höheren Thierclassen den hinteren Hemisphärengebieten entsprechen. Nimmt man bei der Taube den ganzen hinteren Theil einer Hemisphäre einschliesslich der Medianfläche fort, dann zeigt das Thier, bei Mangel irgend wesentlicher Störungen der nicht optischen Functionen, Amaurose des entgegengesetzten Auges mit geringer Pupillenerweiterung daselbst und Unvermögen, bei Annäherung eines Gegenstandes diese Pupille wegen Wegfall der Accommodationsanstrengung, zu contrahiren. Wird eine so behandelte Taube sich selbst überlassen, dann dreht sie, da das zur Verletzung contralaterale Auge blind ist, den Kopf so, dass das sehende Auge der dem Eingriff entsprechenden Seite zur Orientirung benutzt werden kann. Es ist dabei unschwer zu erkennen, dass das Thier mit dem afficirten Auge weder Hindernisse im Raume, noch drohende Gesten, noch auch das Nahen der feindlichen Katze wahrnimmt. Die Erblindung des contralateralen Auges erscheint, wie eine specielle Untersuchung bestätigt, gleichmässig durchgehend und dem Anscheine nach auf sämmtliche Theile der Netzhaut sich erstreckend. Wenigstens konnte ich bei Tauben mit zerstörtem hinteren Hemisphärengebiet niemals eine partielle Erhaltung des Gesichtsfeldes nachweisen.

Die beschriebenen Erscheinungen bleiben lange Zeit hindurch ohne wesentliche Veränderungen bestehen. Nur wenn die Exstirpation der distalen Hemisphärenabtheilung keine vollständige war und zumal wenn die Mediangebiete zurückblieben, bessert sich mit der Zeit das Sehvermögen des contralateralen Auges in einem Grade, der von dem Umfang der Beschädigung abhängt. Werden die hinteren Theile beider Hemisphären des Taubenhirnes mit Einschluss der medialen Fläche fortgenommen, so erscheint das Thier blind auf beiden Augen und zeigt deutliche Pupillenerweiterung mit erhaltener Reaction, ganz wie im Falle beiderseitigen totalen Hemisphärenverlustes, mit dem Unterschied, dass im ersten Falle ausser doppelseitiger Amaurose und einer gewissen Pupillenerweiterung keinerlei sonstige Störungen zu bemerken sind, während bei der total hemisphärenlosen Taube zu der Blindheit noch Mangel anderer Perceptionen, des Gehörs u. s. w. hinzutritt und gleichzeitig Ausfallserscheinungen im Gebiet des Intellectes und des Willens vorhanden sind.

Die Blindheit der Tauben nach Fortnahme der hinteren Hemisphärentheile bleibt mehr oder weniger stationär während einer beträchtlichen Zeitdauer. Wenigstens zeigten in den ersten Wochen die von mir operirten Thiere keine merkliche Verbesserung des Sehvermögens. Doch gilt das alles von jenen Fällen, wo die distalen Hemisphärentheile vollständig entfernt wurden. Behielt die Taube auch nur einen kleinen Theil des distalen Hemisphärengebietes, besonders nach der Innenfläche hin, dann bessert sich ihr Sehvermögen mit der Zeit bis zu einem gewissen Grade und die Besserung macht erkennbare Fortschritte, allein zu einer vollen Restitution der Sehkraft kommt es während langer Zeit nicht, vielmehr ist noch nach Monaten eine hochgradige Schwächung des Sehens vorhanden.

In allen vorhin genannten Fällen ist die Blindheit nur bei den Tauben eine wirkliche, nicht etwa bloss eine psychische. Man kommt zu dem Schluss, dass in der distalen Hemisphärenrinde der Vögel complicirte optische Perceptionen sich abspielen, die höchstwahrscheinlich zu qualitativ differenzirbaren Empfindungen führen. In einzelnen Versuchen bei umschriebener Zerstörung der hinteren-oberen Hemisphärenrinde erhält sich bei der Taube übrigens die Sehperception und fehlt nur das Vermögen die Producte dieser Perceptionen entsprechend zu beurtheilen, es besteht also etwas wie Seelenblindheit. Eine solche Taube sieht alles, geht Hindernissen aus dem Wege, weicht der entgegengestreckten Hand aus, sie hat aber kein ausreichendes Urtheil über ihre Umgebung und erkennt wohlbekannte Gegenstände nicht. Sie scheut nicht vor einer greifenden Hand zurück, fürchtet sich nicht vor der Katze u. s. w. Die Taube hat hinten in der Hemisphäre offenbar zwei Gebiete, ein wirkliches Sehcentrum für die optischen Perceptionen und ein anderes hinten-oben zur Entwickelung und Festhaltung jener auf Grund entsprechender optischer Perceptionen vorhandenen Erscheinungen, die in der menschlichen Psychologie Sehvorstellungen heissen.

Auf alle Einzelheiten des Gegenstandes, auf den bei Beschreibung der Versuche an Säugethieren noch einmal zurückgegriffen wird, kann hier nicht ausführlicher eingegangen werden, doch ist auf Grund der angeführten Versuche unzweifelhaft, dass bei der Taube und wohl auch bei allen anderen Vögeln das Sehfeld im hintern Hemisphärengebiet sich vorfindet und dass in jeder Hemisphäre Centra vorhanden sind, die der Sehperception mit dem contralateralen Auge und der Ausarbeitung entsprechender Sehvorstellungen dienen. Aus den angegebenen Versuchen wird aber auch klar, dass das Sehcentrumgebiet der Vögel zugleich ein Accommodationscentrum beherbergt, da im Falle des Verlustes der Sehsphäre und eintretender Erblindung das Accommodationsvermögen des entgegengesetzten Auges bei der Taube aufhört.

Ich wende mich nun zu den Säugethierversuchen und möchte vor allen Dingen die Localisationsverhältnisse des Centrums der Lichtperception in

der Hemisphärenrinde erörtern. Entsprechend den späteren klinischen Ermittelungen (von Henschen u. A.), die für den Menschen die Region der
Fissura calcarina als Sehcentrumgebiet bezeichnen, ist wohl anzunehmen, dass
das wirkliche Sehcentrum der Säuger sich auf der Innenfläche des Hinterhauptlappens finden muss. Wie erwähnt, habe ich schon 1890 auf die Bedeutung der inneren Occipitalrinde für das Sehen hingewiesen.[1] Und in der That
konnte ich in meinen Versuchen, nach Zerstörung allein der Innenfläche
des Occipitallappens vom Hunde, bei dem Versuchsthier constant andauernde
Hemianopsie beider Augen auf den dem Eingriff abgewendeten Seiten beobachten.[2] Die Stelle des deutlichen Sehens erschien dabei im contralateralen Auge, wenigstens während der ersten Zeit, vollständig verdunkelt,
behielt dagegen im homolateralen Auge ihr Sehvermögen. Der blinde Theil
der Netzhaut hatte im contralateralen Auge eine grössere Ausdehnung als
im homolateralen. Im ganzen entsprach der Umfang des blinden und
sehenden Theiles der Netzhäute in diesem Fall ganz dem Befunde nach
einseitiger Durchschneidung des Tractus opticus, mit dem Unterschied
jedoch, dass bei Rindenzerstörung keine hemiopische Pupillenreaction auftrat.
Die Pupille des anderseitigen Auges erschien zugleich gewöhnlich merklich
weiter als die des gleichseitigen Auges, besonders in dem Falle, wenn das
Thier nahe Gegenstände fixirte, was offenbar mit Accommodationsmangel
des anderseitigen Auges zusammenhing. Zu beachten ist, dass die genannten
Störungen in meinen Versuchen noch nach vielen Monaten nicht zurück-
gingen und auch sonst überaus hartnäckig erschienen.

Zweiseitige Zerstörung der inneren Abschnitte der hinteren Hemisphärentheile führte in der Regel zu totaler Erblindung des Versuchsthieres von
ungemein stabilem Charakter.

Berücksichtigt man einerseits den stabilen Charakter der Sehstörungen,
anderseits den totalen Verlust des Sehvermögens und nimmt man die topographische Correspondenz des erwähnten Rindengebietes mit der Lage des
menschlichen Sehcentrums hinzu, so wird anzuerkennen sein, dass das Seh-
perceptionscentrum beim Hunde hier und nicht etwa auf der äusseren-
hinteren Hemisphärenoberfläche, wie dies Ferrier, Munk und Andere
glaubten, zu suchen ist.

Die in unserem Laboratorium ausgeführten Untersuchungen von
Dr. Agandschanjanz haben nicht nur die Richtigkeit dieses von mir vertretenen Satzes bestätigt, sondern unter anderem auch zu dem Schluss geführt, dass wie bei dem Menschen, so auch beim Thier das an der inneren

---

[1] W. Bechterew, Ueber das Sehfeld auf der Hemisphärenoberfläche. *Archiw
psichiatrii* (russisch). 1890.

[2] W. Bechterew, Ueber das corticale Sehcentrum. *Obosrenie psychiatrii* (russisch).
1901. Nr. 8. *Monatsschrift für Psychiatrie.* 1901.

Occipitalfläche belegene sensorische Sehcentrum unterschieden werden kann in einen vordern Abschnitt für das centrale Sehen und in einen hinteren für das periphere Sehen.

An Affen erhält man bei elektrischer Reizung proximal vom oberen Drittel der Calcarina im Gebiete der medialen Hemisphärenfläche, wie Untersuchungen in meinem Laboratorium (Dr. Belitzki) gezeigt haben, Veränderungen der Pupillenweite und Accommodationsspannung sowohl im entgegengesetzten, wie im gleichseitigen Auge. Umschneidung der Rinde hatte in diesem Fall auf den Effect keinen Einfluss. Unterminirung dagegen hob ihn auf. Wir haben hier offenbar ein besonderes Accommodationscentrum, der mit dem Sehact innig zusammenhängt.

Anderseits zeigten Untersuchungen von Grünbaum und Sherrington[1], dass bei den Anthropoiden associirte Augenbewegungen nicht nur von der Aussenfläche des Occipitallappens, sondern auch von seiner Innenfläche her zu erzielen sind, von einer Gegend also, wo nach meinen Befunden bei den Thieren das wahre Sehcentrum liegt.

Wenn wir nun ein sensorisches Sehcentrum an der inneren Occipitalfläche haben, was ist dann jene Stelle, die wir an der dorsolateralen Fläche finden und die dem Sehcentrum der Autoren entspricht? Um hier in's Klare zu kommen, sind zunächst die Erscheinungen, wie sie bei Thieren nach Entfernung jener Region auftreten, vorzuführen.

Hat man bei einem Hunde die Oberfläche des hinteren Hemisphärengebietes an Ort und Stelle der zweiten Windung und der angrenzenden Theile der ersten und dritten Windung abgetragen an einer der beiden Hemisphären, sagen wir der linken, dann bekommen wir folgende Erscheinungen:

Mit geöffneten Augen geht das Thier im ganzen ziemlich frei umher, ohne sich an Hindernissen zu stossen. Es unterscheidet alle Gegenstände der Umgebung, erkennt seinen Herrn, ergreift schnell vorgelegte Nahrung. War das Thier dressirt, dann streckt es die Pfote entgegen, begreift Drohungen u. s. w. Verbindet man ihm aber das linke Auge, so geht es nicht so gern umher und entschliesst sich dazu meist nur auf besondere Veranlassung. Nicht selten zeigt das Thier übrigens nach Verschluss des Auges von vornherein eigenthümliche Kopfbewegungen, als hindere ihn etwas die umgebenden Gegenstände zu erkennen. Seinen Herrn erkennt es jetzt nicht, schnappt nicht nach vorgeworfenem Fleisch, scheut nicht vor der Peitsche, wenn ihm damit gedroht wird.

---

[1] Grünbaum and Sherrington, Observations on the physiology etc. *Royal Society.* 1901. *Neurolog. Centralblatt.* 1902.

Beim Gehen stösst das Thier an allerhand Hindernisse, besonders an solche, die rechts von ihm liegen. Links liegende Gegenstände sieht es noch und umgeht sie, wenn auch nicht immer.

Stellt man ihm z. B. beim Gehen von links her einen Fuss vor, so bleibt der Hund meist entweder sofort stehen oder er geht um den Fuss herum und wandert dann weiter und ebenso vermeidet er alle anderen Hindernisse, die von derselben Seite sich ihm entgegenstellen. Das Thier hat offenbar eine starke Gesichtsfeldeinengung im entgegengesetzten Auge in Beziehung zu der beschädigten Hemisphäre rechterseits.

Man kann sich davon noch auf andere Weise überzeugen: droht man dem Thier mit der Hand oder macht man eine schnelle Handbewegung direct vor oder rechts vom Auge der dem Eingriffe entgegengesetzten Seite, während zugleich das andere Auge verdeckt oder verbunden ist, dann zeigt das Thier weder Lidschluss, noch macht es irgend eine andere Bewegung, aus der zu schliessen wäre, dass es die ausgeführten Drohungen wahrnahm.

Macht man aber dieselben Bewegungen und Gesten links vom Auge, so kneift das Thier fast immer die Lider zusammen.

Noch besser fällt die Sehprüfung aus, wenn bei geschlossenem homolateralen Auge, ohne dass das Thier es merkt, Weissbrot- oder Zuckerstücke in verschiedenen Richtungen vertheilt werden. Das Thier nimmt dann nur Stücke, die es sieht, andere, die zur rechten Seite des Gesichtsfeldes gehören, bleiben unbemerkt, wenn sie auch noch so nahe lagen.

Geht man so bei der Prüfung recht sorgfältig vor, dann wird man finden, dass das Thier in dem dem Eingriff entgegengesetzten Auge Erscheinungen halbseitiger Blindheit aufweist, wobei der grössere äussere Theil des Gesichtsfeldes mit Einschluss des Fixirpunktes verdunkelt erscheint, während der kleinere innere Theil seine Sehfähigkeit behält. Dieses innere Gesichtsfeldareal benutzt nun offenbar das Thier bei seinen Bewegungen, um Hindernisse, die einwärts vom Auge liegen, zu umgehen.

Schliesst man dem Thier nun anstatt des entgegengesetzten rechten das gleichseitige, also linke Auge, so bewegt es sich ziemlich sicher und vermeidet verhältnissmässig prompt Hindernisse, wenn sie links vom Auge oder direct vor ihm lagen, stösst aber recht oft an Gegenstände und Hindernisse, die sich rechts vom Auge ihm entgegenstellen. Bei aufmerksamer Prüfung unter Zuhülfenahme drohender Gesten und vorgeworfener Brotstücke erkennt man, dass auch an diesem Auge halbseitige Blindheit besteht, und zwar erscheint hier blind der kleinere innere Theil des Gesichtsfeldes, sehend der grössere äussere Theil.

Die so behandelten Thiere zeigen also eine Sehstörung mit den Merkmalen homonymer Hemianopsie; während aber im gleichseitigen Auge nur der Innentheil des Gesichtsfeldes unter Erhaltung des centralen Sehens ausfällt, haben wir an dem anderseitigen Auge nicht allein laterale Hemianopsie, sondern auch Störung des centralen Sehens, die durch hochgradige Beschränkung desselben ausgezeichnet ist. Diese Einschränkung besteht darin, dass das Thier mit dem entgegengesetzten Auge zwar sieht, denn es weicht manchmal Hindernissen aus, aber auffallend gleichzeitig gegenüber den Gesichtseindrücken sich verhält. Offenbar unterscheidet und erkennt das Thier seine Umgebung nicht, es zeigt also gerade jene Erscheinungen, die unter den Begriff der psychischen oder Seelenblindheit fallen. Diese Störungen behaupten sich verschieden lange Zeit, je nach dem Umfang der Gehirnläsion. Bei geringen Verletzungen handelt es sich gewöhnlich bloss um einige Tage, bei ausgedehnteren können die Störungen noch nach Wochen nachgewiesen werden. In der Regel jedoch verlieren sie sich mit der Zeit mehr oder weniger vollständig.

Wenn, wie das manchmal geschieht, die halbseitige Blindheit sich verloren hat, dann wird das Bild nur von jener Sehschwäche des contralateralen Auges beherrscht. In anderen Fällen restituirt sich zuerst das centrale Sehen in dem contralateralen Auge, während die Hemianopsie noch längere Zeit anhält.

In solchen Fällen kann das Versuchsthier einige Zeit nach dem Eingriff mit dem contralateralen Auge bereits Gegenstände fixiren und hat wenigstens ein grobes Orientirungsvermögen, es erkennt seinen Herrn, fürchtet sich vor der Peitsche u. s. w. Noch später vermag das Thier mit dem contralateralen Auge die Gegenstände seiner Umgebung bereits gut fixiren und die einzige Störung, die zurückblieb, besteht darin, dass die dem Eingriff entgegengesetzten seitlichen Theile des Gesichtsfeldes in beiden Augen verdunkelt sind. Solcher Gestalt behauptet sich die Hemiopsie dann bei den operirten Thieren gewöhnlich als mehr oder weniger anhaltendes Symptom, das wenigstens in meinen Fällen noch nach Verlauf eines Jahres gerechnet vom Moment des Eingriffes sich nachweisen liess.

Wurden beide Occipitoparietallappen in obenerwähnten Stellen oberflächlich verletzt, dann zeigt das Thier bilaterale Seelenblindheit, die übrigens mit der Zeit allmählich nachlässt. Eine complete Blindheit scheint sich in diesen Fällen niemals zu entwickeln, selbstverständlich aber hängt die Dauer der Sehstörung von dem Umfang der erzeugten Hirnverletzung ab.

Im Uebrigen beobachtet man bei den in der angegebenen Weise behandelten Thieren im Falle einseitiger Operation nur eine geringe Ungleichmässigkeit der Pupillen, eine grössere Weite der rechten Pupille besonders beim Menschen, doch ist die Reaction der Pupille voll erhalten. Die grössere Pupillenweite des contralateralen Auges steht hier offenbar im Zusammenhang mit Accommodationsfehlern des rechten Auges in Folge von Verdunkelung des Fixationspunktes, wobei es natürlich dazu kommt, dass die contralaterale Pupille, wenn das Thier nahe Gegenstände fixirt, erweitert erscheint, wenn auch in keinem sehr hohen Grade.

Was die topographischen Verhältnisse der einzelnen Sehfeldabschnitte im Occipitallappen betrifft, so ist zu bemerken, dass bei Zerstörung der distalen Hemisphärenfläche im Gebiet der zweiten und eines Theiles der ersten Primärwindung die Folge ist Verdunkelung des Fixationspunktes des contralateralen Auges mit psychischer Blindheit und meist gleichzeitig mit Entwicklung homonymer Hemianopsie auf beiden Augen.

Beschränktere Läsionen, zumal der distaleren Theile des angegebenen Gebietes, gleichgültig ob aussen, innen, vorne oder hinten, bedingen gleichfalls homonyme Hemianopsie auf dem entgegengesetzten Auge, aber ohne ausgesprochene Verdunkelung des Fixationspunktes dieses Auges, die wenn vorhanden eine unvollständige und vorübergehende ist.

In keinem Falle vermochte ich bei Zerstörungen rechts und links von der genannten Gegend Sehstörungen nur allein am homolateralen Auge nachzuweisen, wie dies Munk angiebt. Ueberall ohne Ausnahme bestand die Sehstörung nicht an einem Auge, sondern an beiden und hatte stets die Merkmale der Hemianopsie. Auch konnte ich mich nicht von der Möglichkeit überzeugen, circumscripte Sehstörungen des contralateralen Auges, wie etwa ein Punctum coecum nach Munk hervorzurufen.

Aber in einigen meiner Fälle, wo es sich um gekreuzte psychische Blindheit mit homonymer Hemianopsie handelte, liess letztere mit der Zeit nach und es blieb nur allein gekreuzte Amplyopie mit den Charaktern der psychischen Blindheit zurück.

Als psychische Blindheit wird bekanntlich ein Zustand bezeichnet, wenn das Erkennen und Verständniss der Objecte optischer Perception fehlt oder gestört ist.

Das Sehen mit allen seinen Einzelheiten erscheint in solchen Fällen möglich, aber das Vermögen das optische Bild mit früher vorhanden gewesenen analogen Bildern zu identificiren, ist verloren gegangen. Und da Identificirung nur möglich ist auf Grund von Vergleichung, so ergiebt sich, dass hier entweder das Centrum der Sehvorstellungen beschädigt oder der Zusammenhang zwischen ihm und dem Centrum der Sehperception gestört sein muss.

Da nun das Erkennen von Gegenständen der Aussenwelt in directer Beziehung steht zu der Sehperception, so müssen die Erscheinungen der psychischen Blindheit in ihrem Verhalten zu den Netzhäuten sich offenbar ebenso vertheilen, wie die Erscheinungen der durch Perceptionsausfall bedingten wirklichen Blindheit. Daher kann auch die psychische Blindheit sich nicht allein als gekreuzte Amblyopie, sondern auch als homonyme Hemiamblyopie darstellen.

Es ist aber nicht ganz leicht, die Erscheinungen, die man als psychische Blindheit beschreibt, von gewöhnlicher Amblyopie zu unterscheiden. Munk z. B. versteht unter Seelenblindheit einen Zustand, wobei das Thier die umgebenden Gegenstände zwar sieht, aber daran keine jener optischen Vorstellungen knüpft, die früher durch diese Gegenstände in seinem Bewusstsein erweckt wurden. Das Thier sieht, aber erkennt und versteht nicht die Gegenstände, die es sieht. Jedoch wurden alle Erscheinungen, die Munk an seinen Versuchsthieren beobachtete, von anderen Forschern, so von Goltz, nicht durch Verlust der optischen Erinnerungsbilder, sondern durch wirkliche Sehschwäche erklärt.

Ursprünglich deutete Goltz die Sehschwäche bei Thieren mit beschädigtem hinteren Hemisphärengebiet durch Farbenblindheit.

Wenn es nun auch nicht zu bezweifeln ist, dass farbiges Sehen überhaupt nur unter Betheiligung der Rinde vor sich geht, kann ich mich dieser Erklärung für den vorliegenden Fall nicht anschliessen, da den operirten Thieren in gleicher Weise für farbige und für nichtfarbige Gegenstände das Unterscheidungsvermögen fehlt. Die in meinem Laboratorium (Dr. Agadschanjanz) angestellten Untersuchungen mit farbigen geruchlosen Geschmacksstoffen (Marmelade, Karamellen), nach denen Affen und einige Hundearten so lecker sind, haben überhaupt gezeigt, dass bei Rindenläsionen Erscheinungen von Farbenblindheit allein ohne gleichzeitige allgemeine Affection der Lichtperception sich nicht nachweisen lassen. Jener Versuch mit der farbigen Verkleidung, auf den sich Goltz beruft, erklärt sich für mich einfach durch Sehschwäche, sei sie nun seelischer oder anderer Art. Nicht acceptiren kann ich ebenso Loeb's Erklärung für die unter den Begriff der Munk'schen Seelenblindheit fallenden Erscheinungen, wenn er annimmt, dass Thiere mit noch theilweise erhaltenem Gesichtsfeld dieses in Folge von Schwachsinn nicht so ausnützen können, wie in der Norm.

Denn Thiere mit beschränkten Läsionen des Occipitallappens bekunden keineswegs Erscheinungen von Stumpfsinn in einem Grade, der eine Ausnützung des gesunden Gesichtsfeldes behindern könnte.

Die Existenz von wahrer psychischer Blindheit bei den operirten Thieren wird u. A. aus dem Umstand abgeleitet, dass die fraglichen Sehstörungen bei einiger Uebung allmählich zur Ausgleichung kommen können. Munk sieht in diesem Umstand einen Beweis dafür, dass das Thier durch Uebung sich einen neuen Vorrath von Erinnerungsbildern verschaffen kann und schliesslich sein Auge so weit erziehen kann, dass die anfänglichen Sehstörungen mit der Zeit fast gänzlich verschwinden. Allein auch dieser Beweis hatte keine unbedingte Gültigkeit.

Bei Vorhandensein gewöhnlicher Sehschwäche ist nämlich eine Aufbesserung möglich einerseits kraft der vicariirenden Thätigkeit unversehrter

Theile des Gesichtsfeldes beider Hemisphären, andererseits in Folge des Umstandes, dass das Thier durch Uebung allmählich lernt, mit Hülfe der anderen Sinnesorgane seine unzureichenden Gesichtseindrücke besser auszunützen, als in der ersten Zeit nach dem Eingriff. Hält man operirte Thiere mit psychischer Blindheit in verdunkeltem Raum, wie wir das in unserem Laboratorium thaten (Agadschanjanz), so zeigt sich, dass unter diesen Verhältnissen, die eine Uebung des Sehvermögens ausschliessen, das Sehen dennoch mit der Zeit allmählich zur Restitution kommt.

Zu erwähnen ist auch eine Beobachtung von Probst, der nach Entfernung des corticalen Sehcentrums bei bestehender Hemianopsie bemerkte, dass die Thiere nach dem Eingriff scheu wurden, sich zu verkriechen suchten und sich nur im Dunkeln wohlfühlten. Dies alles deutete offenbar auf mangelhafte Orientirung in der Umgebung.

Beachtung verdient aber noch Folgendes. Wurde beiderseits der laterale Theil des Occipitallappens entfernt, so bekamen die Thiere keine vollständige und dauernde Blindheit, vielmehr treten schon sehr bald nach dem Eingriff Zeichen auf, die nicht der completten oder wahren Blindheit, sondern sogenannter psychischer Blindheit entsprechen. Hierin unterscheiden sich solche Thiere von jenen, denen beiderseits die innere Occipitalrinde fortgenommen wurde und bei denen es sich nicht nur um psychische Blindheit, sondern um wirkliche complette Erblindung handelt.

Alles das spricht wohl dafür, dass wir auf der äusseren Oberfläche des Hinterhauptlappens ein Centrum haben, in dem Producte optischer Perception, die im sensorischen Sehcentrum an der medianen Occipitalrinde entstanden, zur Ablagerung und weiteren Verarbeitung kommen. Diese weitere Verarbeitung besteht in der Association des Erinnerungsbildes qualitativer Sehperception mit Muskel- und anderen Empfindungen, und hieraus ergiebt sich die Möglichkeit der Erzeugung voller optischer Vorstellungen, sowie das Orientirungsvermögen in der Umgebung. Wir haben also an der Lateraloberfläche des Hinterhauptlappens offenbar ein psychosensorisches bezw. psychisches Sehcentrum als unmittelbare Ergänzung zu dem sensiblen Sehcentrum an der Medianfläche des Occipitallappens.

Ist das mediale sensible Sehcentrum vernichtet, so restituirt sich das Sehen nicht, trotz des psychosensorischen dorsolateralen Centrums, das beiläufig bemerkt sich nicht auf das Gebiet des Munk'schen Centrums A_1 beschränkt, sondern eine grössere Ausdehnung hat. Bei Zerstörung des psychosensorischen Sehcentrums dagegen rehabilitirt sich das Sehen mit der Zeit, wohl in Folge von Ablagerung optischer Bilder in den Nachbargebieten des zerstörten Centrums oder selbst in dem entsprechenden Centrum der anderen Hemisphäre.

Entsprechend dem medialen occipitalen sensiblen Centrum setzt sich, wie es scheint, auch das laterale occipitale Sehcentrum zusammen aus einem proximalen Gebiet für das centrale Sehen des entgegengesetzten Auges, und übrigem Abschnitt für das periphere Sehen der homonymen Seiten beider Netzhäute, eine Voraussetzung, die indessen noch des näheren Nachweises bedarf. Es spricht dafür der Umstand, dass ich bei ausgedehnten Beschäftigungen der Regio parieto-occipitalis Erscheinungen von bilateraler Hemianopsie mit Amblyopie des contralateralen Auges und vorwiegender Verdunkelung der Gegend des deutlichen Sehens nachzuweisen vermochte. Traf die Verletzung die proximaleren Theile der gleichen Region, so erscheinen die Symptome der Hemianopsie nicht selten relativ schwach ausgeprägt und verloren sich häufig alsbald ganz, wobei längere Zeit Amblyopie bezw. psychische Blindheit des contralateralen Auges mit vorwiegender Verdunkelung der Gegend des deutlichen Sehens zurückblieb. Ganz analoge Erscheinungen beobachtete unlängst Dr. Agandschanjanz bei Gelegenheit seiner in meinem Laboratorium angestellten Untersuchungen.

Mit Beziehung auf Affen sind die Untersuchungen über das Verhalten des Sehcentrums auf der lateralen Hemisphärenoberfläche der Occipitallappen noch besonders lückenhaft. Man darf aber auf Grund der Studien Ferrier's und Anderer vermuthen, dass auch bei den Affen das psychosensorische Sehcentrum zwei Abschnitte unterscheiden lässt: für das centrale Sehen im Gyrus angularis und für homonyme Gebiete des peripheren Sehens im übrigen Theil der lateralen Occipitalrinde.

Jedenfalls aber führt die bisherige Darstellung zu dem Satz, dass in der Nachbarschaft des medialen occipitalen sensiblen Perceptionscentrums auf der lateralen Occipitaloberfläche ein besonderes Gebiet vorhanden ist, in der optische Bilder secundär abgelagert, hier als optische Erinnerungsbilder festgehalten werden und hier auch mit anderen Sinnesbildern in Verbindung treten. Dieses psychosensorische Gebiet muss eine beträchtliche Ausdehnung haben, da es mit der fortschreitenden Entwicklung des Organismus immer grössere Vorräthe optischer Bilder aufspeichert. Da der volle Sehact nicht nur Sehen, sondern auch Unterscheidung des Gesehenen voraussetzt, d. h. Erkennen der empfangenen optischen Bilder, sei es neuer Gesichtseindrücke, sei es schon früher im Bewusstsein vorhandener Bilder, was durch Vergleichung des jeweilig erlebten Bildes mit den schon im Bewusstsein vorhandenen ermöglicht wird, so ist klar, dass das psychosensorische Sehfeld während des Sehactes sich ebenso beständig im Zustande der Thätigkeit befinden muss, wie das sensible Gebiet optischer Perception.

Es sind also beide Gebiete von Bedeutung für den vollen Sehact, während aber Zerstörung des sensiblen Perceptionsgebietes dauernden Verlust des Sehvermögens bedingt, führt Ausschaltung des psychosensorischen Sehfeldes, da es das Erkennen der gesehenen Bilder unterdrückt, nur zu einer vorübergebenden Vernichtung des Sehens, denn mit der Zeit wird (wahrscheinlich durch Ablagerung der aufgenommenen Bilder in nachbar-lichen Rindengebieten oder in der anderen Hemisphäre) die Entstehung neuer Vorräthe von optischen Bildern und eine nachfolgende Rehabilitirung des Sehens ermöglicht.

Ob nun die optischen Bilder in diesen psychosensorischen Gebieten nach Farbe und räumlichen Beziehungen in verschiedenen Theilen der Rinde sich anordnen (man hat geglaubt, hierdurch die Erscheinungen der Farbenblindheit und die Störungen der Raumorientirung erklären zu können), bezüglich dieser Frage haben specielle Untersuchungen (Dr. Agandschan-janz), die in meinem Laboratorium an Affen und Hunden bei Prüfung des Gesichtsfeldes der operirten Thiere mit farbigen Geschmackstoffen (farbige Marmelade, Caramellen u. s. w.) angestellt wurden, zu vollständig negativen Ergebnissen geführt, da in keinem Fall bei den Versuchsthieren wahre Farbenblindheit ohne gleichzeitige allgemeine Erblindung hat nachgewiesen werden können.

Da der volle Sehact seinen Abschluss findet in der Bildung optischer Vorstellungen, die zur Raumorientirung führen, so müssen offenbar in dem psychosensorischen Centrum der Sehvorstellungen Impulse entstehen, die die Muskeln der Augäpfel als Organe der Raumorientirung in Bewegung versetzen. Und in der That, eine ganze Reihe von Forschern verlegen die Centra der Augenmuskelbewegung in die laterale Hinterlappengegend.

Schon Hitzig bemerkte im hinteren Scheitelgebiet des Hundes ein besonderes Centrum für die Bewegungen der Augen nach der entgegen-gesetzten Richtung. Ferrier fand bei einer Reihe von Thieren in der Parieto-Occipitalgegend der Rinde ebenfalls besondere Centra für die Augen-bewegungen nach der entgegengesetzten Seite. Er erkannte diese Bewegungen als reflectorische Erscheinungen, die er durch subjective Zustände als Folge von Reizung der Sinnescentra bedingt glaubte.

Im Falle elektrischer Reizung des Gyrus angularis der Affen be-obachtete Ferrier Augen- und Kopfbewegungen nach der entgegen-gesetzten Seite bald mit Erweiterung, bald mit Verengung der Pupillen. Analoge Erscheinungen erzielte er auch bei anderen Thieren, z. B. bei Hunden, von entsprechenden Rindengebieten aus. Luciani, Tamburini und Andere erhielten die gleichen Bewegungen vom Occipitallappen. Es finden sich auch Angaben über Bewegungen von mehr allgemeinem Charakter, die bei Reizung der distalen Rindengegend auftreten.[1]

---

[1] Zelericki, *Dissertation.* St. Petersburg 1890.

Spätere Forschungen eruirten das Bestehen naher Beziehungen zwischen Netzhautprojection auf der Occipitallappenoberfläche und den entsprechenden Augenbewegungen, wie sie bei Reizung des Hinterhauptlappens hervortreten.

Beachtung verdienen hier vor Allem die Untersuchungen Schäfer's, der auf Grund von Reizungsversuchen des Hinterhauptlappens der Affen Munk's Lehre von der Netzhautprojection auf der Gehirnoberfläche bestätigen konnte. Sofern man aus den Augenbewegungen Schlüsse ziehen kann auf die Localisationsverhältnisse optischer Eindrücke auf der Netzhaut, kommt Schäfer zu Folge seinen Versuchen zu dem Satz, das Sehfeld der einen Hemisphäre stehe in Verbindung mit entsprechenden Theilen beider Netzhäute, die oberen Theile der Netzhaut entsprechen den vorderen Theilen des Sehfeldes, die unteren Abschnitte der Netzhäute den hinteren des Sehfeldes.

Obregia[1] machte in Munk's Laboratorium analoge Versuche am Hinterhauptlappen des Hundes. In seinem Bericht über diese Versuche bemerkt Munk u. A., seine Lehre von dem Zusammenhang jedes Sehfeldes mit beiden Hälften der Netzhäute beim Menschen und Affen, sowie beim Hunde ungefähr eines seitlichen Viertels mit der entsprechenden Netzhaut und dreier Viertel mit der entgegengesetzten Netzhaut, sei gegenwärtig fast allgemein anerkannt. Aber nicht Alle theilen seine Anschauungen von der Projection der Netzhäute im Sehfelde, und deshalb legt er ein besonderes Gewicht auf Reizungsversuche des Sehfeldes, die seine Projectionslehre bestätigen.

Obregia geht von der Voraussetzung aus, Reizung bestimmter Netzhautgebiete erreiche das Bewusstsein wie eine Lichterscheinung, die aussen und in diagonal entgegengesetzter Richtung liegt. Diese subjective Empfindung äussert sich in einer Augenbewegung in der Richtung zu der virtuellen Lichtquelle. Die Erfolge der Sehsphärenreizung ergaben ihm eine Coincidenz der gereizten Gebiete mit den entsprechenden Netzhautfeldern nach Munk, denn die faradische Rindenreizung führte jedesmal zu associirten Augenbewegungen in einer den entsprechenden Netzhautfeldern diagonal entgegengesetzten Richtung.

Es werden also durch Reizung des proximalen Theiles der Sehsphäre, der den oberen Abschnitten der Netzhäute nach Munk entspricht, Augenbewegungen nach unten, durch Reizung der distalen Theile der Sehsphäre Bewegungen nach oben hervorgerufen. Reizung der Mitte von A_1, die dem Orte des deutlichen Sehens entspricht, bedingt schwache Convergenz (wie beim Fixiren), als wäre in der Retina die Stelle des deutlichen Sehens in

---

[1] Munk, Sehsphäre und Augenbewegungen. *Sitzungsbericht der kgl. preuss. Akademie der Wissenschaften.* 16. Jan. 1890. *Dies Archiv.* 1890. Physiol. Abthlg. S. 260—280.

Erregung versetzt worden. Reizung der lateralen Zone der Sehsphäre deutet auf den lateralsten Theil der entsprechenden Nezhaut; Reizung der Mitte der ersten Windung — auf die Innenseite der entgegengesetzten Netzhaut.

Nach Munk haben die erwähnten Bewegungen nichts zu thun mit willkürlicher Motilität, sondern stehen nur in Beziehung zu jenen Gesichtseindrücken, die den Blick richten, um undeutlich Gesehenes zu fixiren. Die Sehsphäre muss daher ausser Fasern für das Sehen Stabkranzfasern enthalten, die die Sehsphäre mit dem Subcortex verbinden. Durchtrennung dieser Fasern hebt nach Munk die Wirkung elektrischer Sehsphärenreizung auf.

Die thatsächliche Seite dieser Untersuchungen wurde später theilweise bestätigt durch die Arbeit von Zelericki. Er fand, dass A_1-Reizung die Pupillenweite verändert, zunächst Verengerung, dann Erweiterung erzeugt; zugleich traten Bewegungen der Augäpfel auf, und zwar bedingte Reizung im vorderen Theil, Augenbewegungen nach oben, Reizung des hinteren Theiles solche nach unten, Reizung der Mitte seitliche Bewegungen nach der entgegengesetzten Richtung. Diese Bewegungen bestehen noch fort nach circulärer Umschneidung jener Rindenstelle und ebenso nach Einschnitten entlang ihrer hinteren, vorderen und unteren Umgrenzung. Wohl also werden jene Bewegungseffecte gestört durch einen Schnitt an der Grenze des Gyrus I. Als neu kommt in dieser Arbeit hinzu der Befund, dass gleichzeitige Reizung symmetrischer Punkte bei den Hemisphären im A_1-Gebiet einen derartigen Antagonismus der Augapfelbewegungen zur Folge hat, wobei die Augenaxen parallele Lage einnehmen und die Bulbi geringe nystagmusartige Bewegungen ausführen. Es ergab sich ausserdem, dass auch nach Fortnahme der Rinde Reizung der subcorticalen Markmasse ebenfalls jene Augenbewegungen und sogar noch prompter hervorruft, woraus geschlossen wird, dass die fraglichen Bewegungen nicht bedingt sind durch subjective Gesichtseindrücke, sondern durch Reizung hier vorhandener motorischer Leitungen. Auch liess sich erkennen, dass Vierhügelzerstörung zu Abschwächung, ja zu völligem Schwunde der Augapfelbewegungen, wie sie bei Reizung der Hirnrinde auftraten, führte.

Berger[1] wiederholte Munk und Obregia's faradische Reizungsversuche der sog. Sehsphäre und kam im Ganzen zu den gleichen Ergebnissen. Auch hinsichtlich der Deutung der Erscheinung hält dieser Beobachter sich an die Anschauungen Munk's, glaubt also an eine Entwicklung subjectiver Lichtempfindungen unter dem Einfluss elektrischer Reizung. Er

---

[1] H. Berger, Experimentelle Untersuchungen über die von der Sehsphäre ausgelösten Augenbewegungen. *Monatsschrift für Psychiatrie.* 1901. Bd. IX.

stützt sich dabei auf besondere ad hoc angestellte Versuche, wobei einer jungen Katze die Lider vernäht wurden. Nach 10 Monaten öffnete man die Lider und bei Reizung der Sehsphäre ergab sich, dass nun keine charakteristischen Bewegungen auftraten.

Die Rindenprojection der Netzhaut stellt Berger anders dar, als Munk. Er sucht nachzuweisen, dass beim Hunde jede Hemisphäre einem halben Sehfelde entspricht, wobei die betreffende Netzhauthälfte so auf die Hemisphäre projicirt werde, dass dem Innenrande der Sehsphäre die dem gelben Fleck zugekehrten Teile der Netzhaut entsprechen, während die Peripherie der Netzhaut mit dem Seitenrande der Sehsphäre übereinstimmt.

Ich selbst fand bei Gelegenheit von Untersuchungen, die 1886/87 zur Veröffentlichung kamen, [1] bei Hunden am Orte der zweiten Primärwindung ungefähr in der Mitte zwischen Distalrand des G. sigmoidous und Occipitalpol der Hemisphäre ebenfalls ein Centrum, dessen Reizung Augapfelbewegungen nach der entgegengesetzten Seite, sowie Pupillenverengung und leichten Lidschluss bedingte.

Circuläre Umschneidung dieses Centrums, sowie vorhergehende Ausschaltung der motorischen Zone hoben den Effect der Reizung des Centrums nicht auf, während Unterminirung desselben sofort jegliche motorische Wirkung beseitigte, ohne dass jedoch irgend welche Lähmungserscheinungen der betreffenden Muskeln auftraten.

Weitere ausführliche Untersuchungen über das Verhalten des occipitalen Augencentrums wurden dann auf meine Veranlassung in unserem Laboratorium durch Dr. Gerwer ausgeführt. [2] Wie sich dabei ergab, hat die Gehirnoberfläche des Hundes mindestens drei Gebiete, die auf die Augenmuskeln wirken, 1. ein occipitales, 2. ein temporales und 3. ein frontales Feld. Auf die beiden letzteren soll hier nicht eingegangen werden, sondern nur die Thatsachen, soweit sie das occipitale Feld betreffen Berücksichtigung finden.

Dieses occipitale Feld hat etwa 2 cm Durchmesser und liegt als kreisförmige Fläche im Gebiet der zweiten, dritten und zum Theil noch der vierten Primärwindung, wobei seine Mitte einem Punkt entspricht, der auf der dritten Windung in der Mitte des Abstandes zwischen Occipitalpol und Sulcus cruciatus sich findet, wie es von mir angedeutet war.

---

[1] W. v. Bechterew, Ueber die physiologische Bedeutung der motorischen Zone der Grosshirnrinde. *Archiw psychiatrii* (russisch). 1886 u. 1887.

[2] Dr. Gerwer, Ueber die Gehirncentra der Augenbewegungen. *Inaug. Dissert.* St. Petersburg 1899.

Bei elektrischer Reizung dieses Feldes bekommt man gewöhnlich seitliche Augenbewegungen in der der gereizten Hemisphäre entgegengesetzten Richtung. Doch ist dabei zu bemerken, dass Reizung der proximalen Abschnitte jenes Feldes in manchen Fällen Augenbewegungen nach unten auslöst, während Reizung der distalen Theile in einzelnen Fällen Aufwärtsbewegungen der Augen hervorruft. In gewissen Fällen hatte Reizung einer und der nämlichen Stelle Bewegungen des Bulbi bald nach unten, bald nach oben zur Folge. Wie bei meinen Versuchen, so hob auch hier Umschneidung des fraglichen Feldes die Bewegungen nicht auf, doch bedurfte es nach Unterminirung beträchtlicher Reizstärken, um den gleichen Effect zu erzielen.

Das subcorticale weisse Marklager ergab die nämliche Wirkung, aber ihre Erregbarkeit stand hinter jener der Rinde zurück. Im Ganzen erschien die Erregbarkeit des occipitalen Feldes schwächer, als die Erregbarkeit des frontalen Feldes für die Augenbewegungen. Wurden mit gleich starken Strömen gleichzeitig das occipitale Feld der einen Hemisphäre und das frontale der anderen gereizt, dann traten immer Augenbewegungen auf, die dem frontalen Felde entsprachen.

Auch hier, wie in meinen Versuchen, ergab Ausschaltung des occipitalen Feldes keine merklichen Lähmungen der Augenbewegungen im Gegensatz zu dem Verhalten des frontalen Feldes. Quere Einschnitte entlang dem Sulcus cruciatus, also vor dem in Rede stehenden Felde, hatte keinen Einfluss auf den Reizungseffect, und ebenso wenig wirkte Entfernung des frontalen Augenfeldes auf den Erfolg der Irritation des parieto-occipitalen Feldes zurück, woraus folgt, dass es selbständige Zuleitungen hat und nicht etwa die Augenmuskeln unter Vermittelung des frontalen Feldes beeinflusst. Im Gegentheil, Durchschneidung der vorderen Vierhügel hebt vollständig die Augenbewegungen vom occipitalen Felde auf, während dabei die Augenbewegungen bei Reizung des frontalen Feldes bestehen bleiben.

Es ergiebt sich hieraus, dass das occipitale oculomotorische Feld durch die vorderen Vierhügel hindurch seinen Einfluss auf die Augenmuskeln übt.

Wie schon früher erwähnt wurde, bedingte Reizung des occipitalen Feldes in seinem mittleren Theil stets seitliche Bulbusbewegungen nach der entgegengesetzten Richtung; in einzelnen, aber weitaus nicht in allen Fällen ergab Reizung im vorderen Theil Augenbewegungen nach unten, Reizung des hinteren Abschnittes solche nach oben.

Das Vorwiegen der seitlichen Augenbewegungen in vielen Versuchen weist offenbar darauf hin, dass die subcorticalen Abducenscentra erregbarer sind als die Centra anderer Augenmuskelnerven. Wurde der Musc. rectus medialis auf der Seite der Reizung durchschnitten und ebenso der Rectus lateralis auf der der gereizten Hemisphäre gegenüberliegenden Seite, dann ergab Reizung verschiedener Theile des occipitalen Augenfeldes beim Hunde nur Augenbewegungen nach oben und nach unten, und zwar hatte Reizung des vorderen Theiles des Feldes meist Abwärtsbewegungen, Reizung des distalen Theiles gewöhnlich Aufwärtsbewegungen des Bulbi zur Folge.

Es erklären nun, wie wir vorhin sahen, Munk, Obregia und Schäfer die Augenbewegungen, wie sie bei Reizung des occipitalen Augenfeldes auftreten, durch den Zusammenhang der hier sich ausbreitenden Sehsphäre mit verschiedenen Netzhautabschnitten. . Munk z. B. glaubt, dass im Zusammenhang steht: der oberste Theil der Sehsphäre mit dem oberen Netzhautfelde, der unterste mit dem unteren, der mittlere mit dem mittleren-inneren Netzhautfelde.

Das Munk-Schäfer'sche Schema leidet aber an einer gewissen Ungenauigkeit. Dies ist aus den Versuchen von Gerwer zu schliessen, aus denen hervorgeht, dass Reizung der vorderen Abschnitte des in Rede stehenden Rindenfeldes bei Weitem nicht immer Bulbusbewegungen nach unten, Reizung der hinteren Abschnitte nicht constant Aufwärtsbewegungen hervorrief; nicht selten gab Reizung des vorderen Abschnittes seitliche Bewegungen nach der entgegengesetzten Richtung bei vollem Fehlen von Auf- und Abwärtsbewegungen, und in anderen Fällen folgten auf Reizung einer und derselben Stelle Bulbusbewegungen bald nach unten, bald nach oben.

Man muss annehmen, dass die proximaleren Theile des fraglichen Feldes nicht nur mit den oberen Netzhautabschnitten, sondern zum Theil auch mit anderen Netzhautgebieten in Verbindung stehen, und ebenso die unteren Theile jenes Rindenfeldes nicht nur mit den unteren Netzhautabschnitten, sondern theilweise auch mit anderen zusammenhängen. Das Vorwiegen der seitlichen Augenbewegungen erklärt sich wahrscheinlich so, dass die den mittleren Netzhautgebieten angehörenden Fasern Beziehungen haben nicht nur zu dem mittleren Theil des fraglichen Rindenfeldes, sondern auch zu seinen proximalen und distalen Theilen. Zu denken ist ausserdem an eine grössere Erregbarkeit der subcorticalen Centren für die seitlichen Augenbewegungen im Vergleich zu den Centren anderer Augenbewegungen.

Zum Mindesten wird so verständlich, warum z. B. in vielen Fällen Reizung einer beliebigen Stelle des fraglichen Feldes seitliche Augenbewegungen auslöst, während nach Durchschneidung der Muskeln für diese Bewegungen von den vorderen Theilen desselben Feldes Abwärtbewegungen, von den hinteren Aufwärtsbewegungen erzielt werden.

Meine eigenen Untersuchungen am Affengehirn führen zu der Feststellung, dass Augenbewegungscentra nicht nur im Occipitalgebiet, sondern auch im Parietalgebiet vorhanden sind, von jenen, die im Gebiet des Schläfenlappens und in der motorischen Zone liegen, ganz abgesehen.

Ebenso haben meine Reizungsversuche am Affengehirn dargethan, dass
sowohl Bulbusbewegungen, als auch Veränderungen der Pupillenweite nicht
nur von der Hinterhauptgegend, sondern auch vom distalen Parietalgebiet
und vom eigentlichen Gyrus angularis aus zu erhalten sind.

Was den Occipitallappen betrifft, so gab Reizung seines vorderen Theiles
in einer Hemisphäre gewöhnlich Bulbusbewegungen nach der entgegengesetzten Seite und nach unten, Reizung der mittleren Theile ergab nur
Abweichung beider Bulbi nach der entgegengesetzten Seite, endlich Reizung
der distalen-lateralen Abschnitte des Occipitallappens Augenbewegungen
nach oben und nach der entgegengesetzten Seite.

Bewegungen nur nach oben oder nur nach unten kommen bei einseitiger Reizung des Occipitallappens nur in seltenen Fällen zur Beobachtung. Es ist aber nicht schwer sich vorzustellen, dass an den Stellen,
deren Reizung in einer Hemisphäre Augenbewegungen nach oben und nach
der entgegengesetzten Seite bezw. nach unten und nach der entgegengesetzten Seite lieferte, bei doppelseitiger Reizung Bewegungen beider Bulbi
nach oben und unten zu erzielen sind.

Ferner wurden in meinen Versuchen sowohl von den seitlichen Abschnitten der äusseren Occipitalfläche, als auch von ihren inneren Abschnitten stets nur Abweichungen beider Augen nach der entgegengesetzten
Richtung erhalten.

Hinsichtlich der Reizung des Gyrus angularis des Parietalgebietes sei
bemerkt, dass hier von verschiedenen Punkten durchweg die gleichen Bewegungen (nach oben und nach der entgegengesetzten Seite, direct nach
der entgegengesetzten Seite, nach unten und nach der entgegengesetzten
Seite) erzielt wurden. Indessen war die Anordnung dieser Bewegungen
eine etwas andere, denn entgegengesetzt-seitliche und Abwärtsbewegungen
ergaben sich von den lateraleren Theilen des Gyrus angularis, entgegengesetzt-seitliche und Aufwärtsbewegungen von den medialeren Theilen dieser
Windung, endlich direct entgegengesetzt-seitliche Abweichungen vorwiegend
von den mittleren Abschnitten des Gyrus angularis. Die Wirkung ist
allerdings keine ganz constante.

Im Falle stärkerer Reizung kamen zu den Bulbusablenkungen auch
gleichsinnige Kopfbewegungen hinzu, und die Auf- und Abwärtsbewegungen der Bulbi waren stets von entsprechenden Excursionen der Lider
begleitet.

In Betracht kommt hier noch das von mir entdeckte Augendivergenz-
centrum im distalen Theil der Hirnrinde, das bei den Affen im mittleren-
vorderen Abschnitt des Gyrus angularis seine Lage hat, also nach vorn vom
Distalende der Fissura Sylvii nach ihrem Zusammenstoss mit der ersten
Schläfenfurche. Reizung einer scharf umgrenzten Stelle ergiebt hier deutliche

Divergenz der Sehaxen wie beim Sehen in die Ferne, bei leichter Erhebung der Lider und Pupillenerweiterung.

Auf der gleichen Windung, aber in ihrem unteren oder lateralen Theil, vor und etwas nach unten von der Vereinigungsstelle der Fissura Sylvii mit der oberen Schläfenfurche könnte ich auch ein besonderes Convergenzcentrum nachweisen. Seine Reizung ergiebt sofort auffallende Convergenz der beiden Bulbi mit deutlicher Pupillenverengung.

Doch lässt sich ein Convergenzcentrum ausserdem nachweisen im Occipitalgebiet distal von dem Zusammenfluss der Fissura Sylvii mit der ersten Schläfenfurche. Auch hier erhält man durch Stromreizung Convergenz der Bulbi mit starker Pupillenverengung.

Bemerkt sei schliesslich, dass die bisher erwähnten Augenbewegungen auf die primaren bezw. subcorticalen oculomotorischen Centra sämmtlich nicht direct, sondern durch Vermittelung des vorderen Vierhügels übertragen werden, da im Falle von Zerstörung dieses Ganglions von den distalen Rindengebieten aus keine Augenbewegungen sich erzielen lassen.

Berücksichtigt man die anatomischen Verhältnisse, so muss die Fortleitung motorischer Reize vom occipitalen Centrum offenbar unter Vermittelung centrifugaler Bahnen der Gratiolet'schen Sehstrahlung vor sich gehen; die Leitung vom parietalen Centrum aus kann durch jenen Zug absteigender Bahnen übernommen werden, der nach den Untersuchungen von Pilz die Parietallappen mit dem Corpus quadrigeminum in Verbindung setzt.

Was die Bedeutung der betrachteten Bewegungsvorgänge betrifft, so sind alle darin einig, dass es sich hier nicht um willkürlich-motorische Centra handeln kann, was schon daraus hervorgeht, dass Entfernung dieser Centra keine Lähmung der betreffenden Bewegungen zur Folge hat. Die Mehrzahl der Forscher neigt, wie wir sahen, zu der Ansicht, dass diese Augenbewegungen in directer Beziehung stehen zu subjectiven bezw. optischen Erscheinungen, durch die sie auch bedingt werden sollen. Man nimmt an, dass bei dem Versuchsthier im Falle der Reizung jener Gebiete optische Empfindungen in bestimmten Theilen des Gesichtsfeldes auftreten und dass dem entsprechend die Augen des Thieres sich nach der Seite des jeweiligen Bildes, seitwärts, nach oben oder nach unten ablenken. Allein schon jene gewisse Constanz des Effectes, auf die vorhin hingewiesen wurde, spricht gegen eine derartige Erklärung. Die Thatsache andererseits, dass die nämlichen Bewegungen auch nach Fortnahme der Rinde durch Reizung des Marklagers sich erhalten lassen, spricht entschieden gegen eine Auffassung der Augenbewegungen als subjective Zustände etwa im Sinne von optischen Empfindungen oder Vorstellungen.

Die Frage nach der Bedeutung der parietalen Augenbewegungscentra will ich hier nicht speciell erörtern, möchte aber jenen Augenbewegungen, wie sie bei Reizung des Sehfeldes der distalen Hemisphärenrinde auftreten, einen reflectorischen Charakter zuerkennen. Doch liegt die Ursache dieser Bewegungen nicht in subjectiven Empfindungen und Vorstellungen, sondern darin, dass von früher Jugend an mit bestimmten optischen Empfindungen und Vorstellungen bestimmte Formen von Augenbewegungen associirt werden, für die dann besondere Reflexcentra entstanden im Bereiche jener Sehsphäre, wo die optischen Vorstellungen ihren Ursprung haben.

Wir haben es hier also zu thun mit wirklichen motorischen Centren, aber nicht mit willkürlichen, sondern mit reflectorischen bezw. unfreiwilligen Centren, deren Wirksamkeit in unmittelbarem Zusammenhang steht mit optischen Empfindungen und Vorstellungen.

Sind daher diese Centra ausgeschaltet, dann kommt es bei den Versuchsthieren nicht zu willkürlich-motorischer Paralyse jener Bewegungen, sondern es fällt zusammen mit dem Sehen der ganze complicrte Apparat jener Bewegungsvorgänge hinweg, die mit der Sehfunction in engem Zusammenhang stehen.

Ausser Bulbusbewegungen können von der Sehsphäre aus Veränderungen der Pupillenweite (Ausdehnung und Verengung der Pupillaröffnung), die zum Theil mit den Divergenz- und Convergenzbewegungen im Zusammenhang stehen, erzielt werden. Ueber Pupillenerweiterung in Folge von Reizung des Occipitallappens sind schon früher Befunde mitgetheilt worden, und auch ich habe diese Wirkung bei meinen Untersuchungen constant im Anschluss an Reizung des Sehcentrums im distalen Hemisphärengebiet nachweisen können. Spätere Untersuchungen an Affen, die schon früher erwähnt wurden, zeigten mir, dass Pupillenerweiterung eine gewöhnliche Begleiterscheinung der Augendivergenz bei Reizung des entsprechenden Centrums im Gyrus angularis darstellt. Doch kann, wie schon diese meine Versuche erkennen liessen, Pupillenerweiterung bei den Affen auch von einer Gegend erzielt werden, die jenseits der Fissura Sylvii im Occipitallappenbereich liegt, wobei sie von Bulbusbewegungen nach der entgegengesetzten Richtung und nach abwärts begleitet wurde. Beachtung verdient, dass diese Wirkung selbst nach Durchschneidung des Halssympathicus nicht aufgehoben ist. Zufolge der späteren Ermittelungen Parsons'[1] kommt die Erscheinung der Pupillenerweiterung zur Beobachtung nicht nur im Falle der Durchschneidung des Halssympathicus, sondern auch des Trigeminus, sowie bei Durchtrennung des Corpus callosum, während Oculomotorius-

---

[1] Y. Parsons, On dilatation of the pupil from stimulation of the cortex cerebri. *Journal of physiology.* Vol. XXVI.

durchschneidung sie vollständig aufhebt, woraus Parsons mit Recht schliesst, dass die fragliche Wirkung sich als Hemmungserscheinung in Beziehung zum Oculomotoriuskern darstellt, ein Satz, den schon vor ihm N. A. Misslawski nachwies. [1]

Was Pupillenverengung betrifft, so erwähne ich schon in meiner 1886/87 erschienenen Schrift „Physiologie der motorischen Zone der Grosshirnrinde", dass bei Hunden Reizung der II. Primärwindung in der Mitte des Abstandes zwischen Distalrand des Gyrus sigmoideus und Occipitalpol, also im Gebiete der Sehsphäre neben seitlichen Bulbusbewegungen merkliche Pupillenverengung, begleitet von leichtem Lidschluss, zur Folge hat.

Zwar hat Angelucci mit Rücksicht auf seine Versuche das Vorhandensein eines besonderen Pupillenverengungscentrums in der Gehirnrinde leugnen zu müssen geglaubt, aber spätere Untersuchungen, die in meinem Laboratorium vorgenommen wurden, lassen die Annahme pupillenverengender Centra wohl begründet erscheinen. In letzterer Zeit ist die Frage der pupillenverengenden Centra beim Hunde in meinem Laboratorium durch Pilz bearbeitet worden, der schon vorher das Verhalten der pupillenverengenden Centra der distalen Hemisphärenrinde an Kaninchen untersucht hatte.

Ich selbst hatte Gelegenheit, bei Affen das Verhalten der pupillenverengenden Centra im Bereiche der Sehsphäre ausführlich zu eruiren. Es ergab sich dabei, dass sowohl von einzelnen Punkten des Occipitalgebietes, als auch von dem Gyrus angularis aus neben Bulbusbewegungen Pupillenverengung sich erzielen lässt.

In dem Occipitallappen fand sich das Gebiet, das Pupillenverengung gab, in der Nähe und etwas nach unten von der Gegend des Dilatationscentrums; die Pupillenverengung war hier constant von hochgradiger Augenconvergenz begleitet. Auch im Falle der Reizung des zweiten Convergenzcentrums im vorderen-unteren Abschnitt des Gyrus angularis ging Convergenz mit Pupillenverengung nebenher. Doch beobachtete ich bei Reizung des vorderen-oberen Abschnittes des Gyrus angularis Pupillenverengung zusammen mit Bulbusbewegungen nach der entgegengesetzten Richtung und nach oben, wobei freilich ein gewisser Grad von Convergenz nicht ausgeschlossen war.

Der Pupilleneffect ist nun, ob occipitalen, ob parietalen Ursprungs, immer doppelseitig, nie einseitig zu beobachten. Es ist sehr wahrscheinlich, dass sowohl im Falle der Pupillenerweiterung, die von Divergenz wie beim Sehen in die Ferne begleitet ist, als auch im Falle der Pupillenverengung mit der sie begleitenden Divergenz der Augenaxen, wie beim

---

[1] N. A. Misslawski, *Newrolog. wjestnik.* 1903.

Sehen nach unten, entsprechende Accommodationsbewegungen der Augen stattfinden.

Diese Annahme gründet sich darauf, dass in der gleichen Gegend auch Accommodationscentren der Gehirnrinde sich vorfinden. Nachdem ich erkannt hatte, dass bei den Affen ein Centrum am Vorderrande des Occipitallappens constant ungemein hochgradige Pupillenverengung giebt, äusserte ich schon 1899[1] die Vermuthung, dass das gleiche Centrum auch die Accommodation anspannt, oder dass das Centrum der Accommodation in nächster Nachbarschaft der erwähnten Gegend sich findet. Ich liess daraufhin Herrn Dr. Belitzki in unserem Laboratorium das Verhalten der corticalen Accommodationscentra einer besonderen Untersuchung unterziehen.

Diese Arbeit[2] hat nun dargethan, dass durch elektrische Reizung im distalen Drittel des Parietallappens und im proximalen Theil des Occipitalgebietes bei Hunden und Affen Accommodationsspannung sowohl im contralateralen, wie im homolateralen Auge sich herbeiführen lässt. Umschneidung des betreffenden Feldes der Rinde hatte auf den Effect keinen Einfluss.

Selbst Durchschneidung der Hemisphäre proximal von dem occipitoparietalen Accommodationsgebiet änderte an der Wirkung nichts, woraus folgt, dass dieses Gebiet ganz selbständig und unabhängig von dem vorderen oder frontalen Accommodationsfelde ist, das, wie Untersuchungen in meinem Laboratorium gezeigt haben (Dr. Belitzki), in der motorischen Zone der Gehirnrinde seine Lage hat.

Was den Einfluss der beiden Hemisphären auf die Accommodation betrifft, so ist die Annahme begründet, dass die Wirkung jedes Centrums für sich dem contralateralen Auge gegenüber stärker ist, als zu dem homolateralen, da zur Erzeugung von Accommodationsspannung von der gleichseitigen Hemisphäre ein stärkerer Strom erforderlich ist, als von der entgegengesetzten Hirnhälfte.

In einigen Fällen wurde bei Reizung des erwähnten Feldes, zumal in seinem distalen Abschnitt, Entspannung der Accommodation beobachtet, doch war es schwer, die Ursache davon anzugeben.

Ganz constante Beziehungen zwischen Accommodation und Pupillenspiel sind nicht zu beobachten, und es scheint daraus zu folgen, dass selbstständige Centra für Accommodation und Pupille vorhanden sind. Untersuchungen an Affen haben ferner gezeigt, dass hier an der Medianfläche des Occipitallappens vor der oberen Calcarinalippe ein 1 cm grosses Feld

---

[1] W. v. Bechterew, *Obosrenie psychiatrii* (russisch). 1899. Nr. 7.
[2] Dr. Belitzki, Die corticalen Centra der Accommodation. *Ebenda.* 1902.

sich findet, dessen Reizung constant Accommodation erzeugt. Umschneidung dieses Centrums hat auf den Effect keine Wirkung, wohl hebt Unterminirung ihn auf.

Dieses mediale occipitale Feld der Affen entspricht anscheinend der
Lage des hier vorhandenen Sehcentrums und findet sich möglicher Weise
in nächster Nähe des Macula lutea-Centrums, das sowohl bei Thieren (nach
Untersuchungen in unserem Laboratorium), als auch bei dem Menschen
(Henschen)[1] dem vorderen Abschnitt der Fissura calcarina entspricht.
Bei Affen trat Accommodation ein auch im Falle der Reizung des Gyrus
angularis, eine Gegend, von der aus auch Pupillenveränderungen sich
herbeiführen lassen.

Von der Sehsphäre aus können durch elektrische Reizung auch allgemeine Bewegungserscheinungen und selbst epileptische Anfälle hervorgerufen
werden. Letztere verschwinden übrigens vollständig, wenn das Gebiet des
Gyrus sigmoideus oder die sog. motorische Zone der Gehirnrinde ganz entfernt wurde, woraus folgt, dass diese Anfälle durch Reizübertragung auf
jenes Gebiet zu Stande kommen. Unzweifelhaft ebenso, d. h. durch Uebertragung des Reizes von der Sehsphäre auf die motorische Zone, entstehen
auch unter normalen Verhältnissen viele Bewegungsvorgänge. Selbst eine
anscheinend so rein reflectorische Bewegung wie der Lidschluss bei Annäherung eines Gegenstandes, einer Hand u. dgl. erfolgt nicht ohne Betheiligung jenes Zusammenhanges zwischen Sehsphäre und motorischer
Zone, denn Ausschaltung dieser letzteren führt zu Schwund des Reflexes
ebenso sicher, wie Entfernung der Sehsphäre selbst. Und doch lassen sich
noch nach Abtragung der ganzen motorischen Zone durch Reizung der
distalen Hemisphärenabschnitte allgemeine convulsivische Bewegungen von
tetanischem Charakter hervorrufen, die nur in dem Falle aufhören, wenn
die Rinde in beträchtlicher Ausdehnung unterminirt wird. Wir haben es hier
also offenbar mit selbstständigen motorischen Impulsen von reflectorischem
Charakter zu thun, die höchstwahrscheinlich durch das Fasersystem der
occipito-pontilen Bahn dem Subcortex zugeführt werden.

Es entspricht dem auch die Beobachtung Hitzig's,[2] wonach manchmal durch Beschädigungen der Sehsphäre motorische Ausfallserscheinungen
(Defecte der Willensenergie) erzielt werden können.

Hierher gehört vielleicht auch eine Beobachtung Nothnagel's, der
bei Kaninchen nach Hineinstechen einer Nadel in den occipitalen Theil
der Hemisphären Laufbewegungen nach vorn feststellte. Manche bezweifeln

---

[1] Henschen, Sur les centres optiques cérébraux. *Rev. gén. d'opht.* Paris 1894.
T. XIII. Sur le centre cortical de la vision. *Congr. intern. med.* 1900.

[2] E. Hitzig, Alte und neue Untersuchungen über das Gehirn. *Archiv f. Psych.*
1901. Bd. XXXIV.

·die Reinheit dieser Beobachtung mit dem Hinblick auf die Möglichkeit einer Mitbeschädigung tieferer ·Hirnregionen.

Wie dem aber auch sei, zu bezweifeln ist nicht, dass optische, wie acustische Eindrücke unmittelbar auf subcorticale Bewegungscentra Einfluss üben können. Für eine directe Beeinflussung der Motilität durch die Sehsphäre liegen in der That directe Beweise vor. Wird einem Hunde das motorische Feld beiderseitig vollständig weggenommen, dann erholt sich das Thier, wie ich mehrfach zu beobachten Gelegenheit hatte, nach einiger Zeit so vollständig, dass es frei sich bewegen kann; es zeigt sich dabei, dass der Hund in seinen Bewegungen bis zu einem gewissen Grade sich durch optische ·Impulse leiten lässt, Hindernissen ausweicht u. s. w., was offenbar für directe Reizübertragung von der Sehsphäre auf das Gebiet der subcarticalen Bewegungscentren spricht.

. Wir haben also im Gebiet des Centrums der optischen Vorstellungen Centra für die Augenbewegungen, Centra für die Pupillenbewegungen und für die Accommodation, die reflectorisch unter dem Einfluss optischer Bilder wirksam werden und als wirkliche Werkzeuge der Raumorientirung dienen. Der Sehact mit den aus ihm resultirenden optischen Vorstellungen setzt sich natürlich nicht nur aus Erzeugnissen optischer Perception zusammen, sondern umfasst in sich auch bestimmte Muskelempfindungen, die von den Augenbewegungen und der Thätigkeit der Augenmuskeln überhaupt herrühren und die jeweilige Richtung und Entfernung eines optischen Bildes bestimmen helfen. Das Centrum der optischen Vorstellungen beherbergt deshalb auch Centra für die Bulbusbewegungen, die reflectorisch jedes Mal erregt werden, sobald ein aus der Umgebung sich heraushebender Gegenstand in uns eine optische Perception hervorruft. Dann geht von dem eigentlichen Sehcentrum an der Medianfläche des Occipitallappens ein Impuls zu dem Centrum der .optischen Vorstellungen, wo sofort entsprechende motorische Reize ausgelöst werden, die den Augenmuskeln im Interesse einer geeigneten Anpassung des Auges zufliessen. So kommt es schliesslich zur Bildung einer sog. optischen Vorstellung, als Product jenes psychischen Vorganges, den wir Sehen nennen.

. Nun aber ist die optische Vorstellung oft nicht ausreichend, wenn zum Sehact nicht willkürliche Reize hinzutreten. Um eine klare Vorstellung von einem Gegenstand zu bekommen, genügt es oft nicht den Gegenstand zu sehen, man muss ihn auch besehen, und das geschieht durch willkürliche Richtung und Verlagerung der Augenaxen und gleichfalls willkürliche Accommodationsthätigkeit. Es müssen also zu dem Centrum optischer Vorstellung in directer Beziehung stehen Centra für die Willkürbewegungen der äusseren Augenmuskeln, sowie Centra für willkürliche Accommodation, denn nur mit ihrer Mithülfe wird der für die Erzeugung optischer Vorstellungen so bedeutungsvolle Vorgang des Sehens ermöglicht.

Centra für die Willkürbewegungen der Augen finden sich bei den Affen und beim Menschen bekanntlich in dem distalen Abschnitt der Stirnwindungen, beim Hunde im Gebiet des Gyrus sigmoideus. Untersuchungen in unserem Laboratorium haben gezeigt, dass im Gyrus sigmoideus des Hundes auch pupillenbewegende und accommodative Centra vorhanden sind. Denkt man an die Bedeutung der Bulbusbewegungen für die Einstellung auf deutliches Sehen und besonders an die Bedeutung der Accommodation für das Deutlichsehen, so wird man die Rolle des Gyrus sigmoides für den Sehact leicht ermessen.

Eine Sehstörung im Anschluss an Beschädigungen der motorischen Rindenfelder kann Erklärung finden in Ausfall motorischer Reize und mangelhafte Bildung entsprechender optischer Vorstellungen, die eine Association motorischer und optischer Empfindungen zur Voraussetzung haben.

So kommt es, dass bei einem Hunde, dem man den Gyrus sigmoideus fortnahm, Erscheinungen zur Beobachtung gelangen, die jenen analog sind, die für Zerstörung der lateralen Occipitalrinde charakteristisch sind.

Gestützt auf Versuche konnte ich feststellen,[1] dass Abtragung des Gyrus sigmoideus in beiden Hemisphären zu Erscheinungen allgemeiner Schwächung des Sehvermögens führt, und zwar auf beiden Seiten. Die Versuchsthiere zeigten in diesem Fall eine ausgesprochene Sehstörung der Art, dass sie sich mit dem Auge nicht gut orientiren und die Entfernungen von Gegenständen nicht richtig beurtheilen konnten. Eins von den operirten Thieren z. B., das Hindernissen gut auszuweichen verstand, ging über ein Balcongitter und stürzte, da es dies nicht bemerkte, von 2 Faden Höhe herab.

Hitzig beobachtete bei einseitiger Zerstörung der motorischen Zone sogar Hemianopsie von jener Art, wie sie im Falle der Zerstörung von Munk's A_1 im Occipitallappen auftritt. Würde diese Beobachtung bestätigt, dann wäre sie so zu erklären, dass jedes Sehcentrum in der Occipitalrinde verbunden ist mit den Centren der Augenbewegungen und der Accommodation in der entsprechenden Hemisphäre. Eine Anpassung des Auges für Bilder, die auf homonyme Seiten beider Netzhäute fallen, wird dadurch unmöglich gemacht, und es kommt deshalb im Falle der Abtragung eines Gyrus sigmoideus allein zu Erscheinungen homonymer Hemianopsie, im Falle der Fortnahme beider Gyri sigmoidei treten, wie nicht anders zu erwarten, Störungen mit den Merkmalen bilateraler Am-

---

[1] W. v. Bechterew, Physiologie der motorischen Zone der Grosshirnrinde. *Archiw psichiatrii* (russisch). 1886—1887.

blyopie auf. Indessen führen die Untersuchungen von Dr. Agandschanjanz zu dem Schlusse, dass Entfernung der motorischen Zone der Gehirnrinde diffuse Sehstörungen im contralateralen Auge erzeugt, was auf eine Alteration des Muskelgefühls der Augenmuskeln und auf Störungen der willkürlichen Accommodation zurückzuführen ist.

Leicht zu erklären sind von meinem Standpunkt aus auch jene Beziehungen zwischen occipitaler Sehsphäre und Gyrus sigmoideus, auf die die Untersuchungen von Hitzig hindeuten. Wie wir sahen, fand Hitzig, dass nach dem Verschwinden oder Zurückgehen von Sehstörungen, die durch Ausschaltung des occipitalen A_1-Gebietes bedingt waren, Fortnahme des Gyrus sigmoideus keine Steigerung der durch den ersten Eingriff gesetzten Störung nach sich zieht.

Wenn nun jene Sehstörung bei Ausschaltung des Gyrus sigmoideus bedingt ist durch Störung motorischer Impulse, als deren ursprüngliche Quelle optische Eindrücke im Occipitalgebiete erscheinen, so ist verständlich, dass Wegnahme des Gyrus sigmoideus nach voraufgehender A_1-Zerstörung keine neue Steigerung der Sehstörung zur Folge hat. Eine Steigerung tritt auch in dem Falle nicht auf, wenn die Störungen schon verschwunden sind oder nachgelassen haben, denn es ist unter solchen Umständen ein Zurückgehen der Sehstörung nicht anders möglich, als unter Zuhülfenahme der hinzugehörigen Gebiete der anderen Hemisphäre oder unter Vermittelung der zurückgebliebenen seitlichen Theile des occipitalen Sehfeldes, die mit den Centren des Gyrus sigmoideus nicht zusammenhängen und deshalb bei der Rehabilitirung des Sehens reflectorischer Augenbewegungen und accommodativer Vorgänge, die ihre Impulse aus eben jenen erhaltenen Theilen des occipitalen Sehfeldes herleiten, sich bedienen. Umgekehrt hat voraufgehende Entfernung des Gyrus sigmoideus mit consecutiver Restitution der Sehstörung nach Hitzig's Experimenten zur Folge, dass A_1-Zerstörung entweder gar keine Sehstörung hervorruft oder nur kurzdauernde temporäre Amblyopie nach sich zieht. Erhielte diese Beobachtung Bestätigung, dann wäre anzunehmen, dass Ausschaltung jenes willkürlich-motorischen Systems, das am Sehen Antheil nimmt, für den Sehact von so einschneidender Bedeutung ist, dass gleichzeitig mit der Beseitigung der Centra dieser Bewegungen auch das damit zusammenhängende Sehfeld A_1 unthätig wird und functionell Ersatz findet durch andere Rindengebiete, zunächst wohl durch nachbarliche Rindenfelder der gleichen Hemisphäre, die neue Beziehungen zu den Augen- und Accommodationscentren eingehen.

Diese eigenthümlichen Wechselbeziehungen zwischen den dem Sehact dienenden Rindenfeldern werden uns also auch verständlich ohne Zuhülfenahme der Depressionshypothese subcorticaler Seh- und Bewegungscentra, wie sie von Hitzig vertreten wird.

Ebenso findet der optisch-reflectorische Lidschluss im Falle von Beschädigungen des Gyrus sigmoideus und der Sehsphäre A_1 von dem erwähnten Standpunkt aus eine ungezwungene Erklärung. Dieser optische Reflex ist offenbar corticalen, nicht subcorticalen Ursprungs und entsteht wohl durch unmittelbare Reizübertragung vom corticalen optischen Perceptionscentrum, das meinen Versuchen zufolge an der medialen Fläche der Occipitalrinde sich findet, auf das motorische Lidcentrum im Gebiete des Gyrus sigmoideus. Das Centrum optischer Vorstellungen auf der lateralen Rindenoberfläche ist offenbar von hemmenden Einfluss auf diesen Reflex. Wenigstens tritt dieser Reflex bekanntlich mit besonderer Stärke bei unerwarteter Sehperception auf, wenn es noch zu keiner optischen Vorstellung gekommen ist, während die optische Vorstellung eines ankommenden Seheindruckes gewöhnlich jeden reflectorischen Lidschluss unterdrückt. Es ist daher natürlich, dass Entfernung des Gyrus sigmoideus zu andauerndem Schwund des Sehreflexes führt, der selbst einige Zeit nach Rehabilitirung des Sehvermögens noch ausbleibt, während im Falle der A_1-Entfernung ursprünglich gar keine Veränderung des Sehreflexes eintritt, der, wie schon erwähnt, unmittelbar vom Rindencentrum der Sehperception der Rinde des Gyrus sigmoideus zugeführt wird; erst mit der Zeit, sei es durch deprimirenden Einfluss der Gehirnwunde während des Heilungsprocesses, sei es in Folge eintretender Degeneration von Associationsbahnen, stellt sich auf kürzere oder längere Zeit ein Depressionszustand des Sehreflexes ein.

Beim Hunde ist dieser Reflex auch in der Norm nicht durch Constanz ausgezeichnet. Baensel will dies so erklären, dass sein Auftreten vom Gehirn aus gehemmt werden kann, eine Meinung, die mit den vorstehenden Darlegungen gut übereinstimmt.

Zur Histologie
der ruhenden und thätigen Fundusdrüsen des Magens.

Von

A. Noll   und   **A. Sokoloff**[1]
in Jena   in St. Petersburg.

(Aus dem physiologischen Institut zu Jena.)

(Hierzu Taf. III.)

In den letzten Jahren sind durch die Arbeiten von Pawlow[2] und seinen Schülern über die Verdauungsdrüsen des Hundes eine Reihe von Thatsachen bekannt geworden, welche geeignet sind, der experimentell-histologischen Erforschung dieser Organe neue Fragen zu stellen.

Pawlow konnte durch seine bekannten Versuche zeigen, mit welcher ausserordentlichen Feinheit die Drüsen sich im einzelnen Falle den Bedingungen anpassen, unter welchen sie ihre Secrete liefern sollen, und ferner konnte er als wesentliches, früher kaum gewürdigtes Moment für die Anregung der Drüsenthätigkeit bei einer Reihe von Drüsen das „psychische" Moment hinstellen.

Am eingehendsten wohl sind in dieser Hinsicht die Secretionsverhältnisse der Magendrüsen beleuchtet worden. Wir wissen aus den Arbeiten Pawlow's einmal, wie genau sich die Thätigkeit der Magendrüsen nach der Menge und Beschaffenheit der eingeführten Nahrung richtet, und andererseits, eine wie grosse Rolle bei der Absonderung des Magensaftes die psychische Erregung desselben, das Verlangen nach Speise, spielt.

---

[1] Im Wesentlichen ist der operative Theil der Arbeit von Sokoloff, der histologische Theil von Noll ausgeführt worden.

[2] Pawlow, *Die Arbeit der Verdauungsdrüsen.* Wiesbaden 1898. — Derselbe, *Das Experiment als zeitgemässe und einheitliche Methode medicinischer Forschung.* Wiesbaden 1900.

Das Ziel der histologischen Untersuchung der Magendrüsen müsste es nun sein, mit dem Mikroskop festzustellen, welche Veränderungen dieselben unter allen den verschiedenen Bedingungen erleiden, welche etwa die Menge und Zusammensetzung ihres Secretes zu variiren vermögen.

Eine soweit in's Einzelne gehende Fragestellung würde indessen, wie man aus den bisherigen Beobachtungen, welche seit Rudolf Heidenhain über den Zustand der ruhenden und thätigen Drüsen gesammelt worden sind, folgern kann, deshalb zur Zeit noch wenig Erfolg versprechen, weil die feinen Unterschiede, welche man zu erwarten hätte, mit Hülfe der heutigen histologischen Methodik sich kaum würden erkennen lassen.

Viel näher liegt es zunächst, von dem durch Pawlow so sehr in den Vordergrund gerückten psychischen Moment auszugehen, da ja mit diesem bisher gar nicht gerechnet worden ist, und zu fragen, wie sich die Drüsenzellen morphologisch verhalten, wenn sie nicht reflectorisch vom Magen aus, sondern direct vom Centralorgan aus durch die secretorischen Nerven erregt werden.

Diese Frage kann mit Hülfe des einen der beiden von Pawlow[1] angegebenen Operationsverfahren entschieden werden, durch welche man in den Stand gesetzt ist, Magensaft zu gewinnen, ohne die Magenschleimhaut mit den Ingesta in Berührung zu bringen, nämlich der Combination der Magenfistel mit der Oesophagotomie. Bekommen so operirte Thiere zu fressen, so fällt die geschluckte Speise zur oberen Oesophagusöffnung heraus, die Magenschleimhaut aber secernirt trotzdem reichlichen Saft, welcher aus der Magenfistel aufgefangen werden kann. Aehnlich also wie bei Speichelversuchen, bei welchen der Grad der Drüsenthätigkeit nach der Menge des aus der Canüle gewonnenen Speichels bemessen werden kann, liesse sich hier die Thätigkeit der Magendrüsen nach der Menge des Magensaftes bestimmen. Da man ferner dem lebenden Thier zu beliebigen Zeiten Schleimhautstückchen entnehmen kann, so hat man den Vortheil, Präparate aus verschiedenen Thätigkeitsphasen vom selben Individuum zu gewinnen. Dieses Vorgehen ist natürlich exacter, als wenn, wie es beim verdauenden Thier bisher geschah, Präparate verschiedener Thiere in Vergleich gesetzt werden. Diesen exacteren Weg hatte nur Pirone[2] bei seinen kürzlich veröffentlichten Untersuchungen betreten.

Von diesen durch die Arbeiten der Pawlow'schen Schule gewonnenen neuen Gesichtspunkten ausgehend, wandten wir uns dem Studium der Fundusdrüsen des Hundes zu.

---

[1] A. a. O. S. 13.
[2] Pirone, Recherches sur la fonction sécrétoire des cellules glandulaires gastriques. *Zeitschrift für allgemeine Physiologie.* Bd. IV. S. 62.

Unser Hauptinteresse richtete sich zunächst auf die histologischen Erscheinungen, welche etwa bei der Absonderung des psychischen Saftes zu beobachten wären, und wir begannen daher die Untersuchung damit, dass wir einen entsprechend operirten Hund Scheinfütterungen unterzogen und dann die Fundusdrüsen untersuchten. Wider Erwarten jedoch zeigte sich, dass gerade hier die histologischen Veränderungen der Drüsen keine besonders augenfällige waren, trotzdem wir in einem Falle eine Secretion von etwas über 200 ccm Magensaft erzielten. Andererseits aber schienen die Bilder, welche wir erhielten, nicht ganz in Uebereinstimmung mit den Anschauungen Heidenhain's zu stehen. Deshalb wandten wir uns weiterhin den nach wirklichen Fütterungen auftretenden Veränderungen der Fundusdrüsen zu und gingen in dieser Beziehung auf den bisher gewählten Bahnen weiter. Auf diese Weise haben wir ein ziemlich umfassendes Untersuchungsmaterial gewonnen, auf Grund dessen wir uns über die unter den verschiedenen Bedingungen gewonnenen Zustandsänderungen der genannten Drüsen unterrichten konnten. Die Resultate unserer am überlebenden wie conservirten Object gemachten Beobachtungen bestätigen zum Theil die bisherigen Beobachtungen anderer Autoren, besonders was die Hauptzellen anlangt, in mancher Beziehung dagegen sind wir zu abweichenden Anschauungen gekommen. Bei der weiteren Schilderung werden wir auf die einschlägige Litteratur genauer eingehen.

I. Material und Methode der Untersuchung.

Zu unseren Untersuchungen dienten zwei grosse Hunde. Der eine derselben (Hund A) bekam eine gewöhnliche Magenfistel angelegt; von diesem gewannen wir Präparate der Fundusschleimhaut nach Fütterungen. Der andere Hund (Hund B) wurde in gleicher Weise operirt und ausserdem noch nach der Methode Pawlow's ösophagotomirt; diesen verwandten wir zu den Scheinfütterungen; daneben aber stellten wir zur Controle auch an ihm Beobachtungen über die Veränderungen seiner Drüsen während der Verdauung an (nach Einlegen von Nahrung in den Magen). Den beiden Thieren entnahmen wir ferner Schleimhautstückchen der Fundusregion im Ruhezustande. Während der Dauer der Versuche nahm das Gewicht beider Hunde fast stetig zu, so dass dasselbe innerhalb acht Monaten bei Hund A von 15 650 grm auf 18 000 grm, bei Hund B von 23 600 grm auf 33 800 grm stieg.

Das Verfahren, nach welchem wir die Schleimhautstückchen zur Untersuchung gewannen, gestaltete sich folgendermaassen. Dem Thier wurde in der Rückenlage zunächst der innere Theil der Magencanüle in den Magen versenkt. Sodann wurde mit einer Hakenpincette eine Schleimhautfalte gefasst und herausgezogen, was meist ohne Mühe so weit gelang, dass dieselbe ausserhalb der Fistelöffnung erschien.. Nun wurde ein genügend langes Stück der Falte mit einer flächenkrummen Scheere excidirt; dasselbe sofort in eine feuchte Kammer gelegt, nachdem die Reaction der Schleimhautoberfläche, gegen Lackmus geprüft war, und darauf die Wunde mit einigen Knopfnähten aus Seide geschlossen. Wir erhielten in dem herausgeschnittenen Stück somit im Wesentlichen nur die Drüsenschicht und Submucosa. Erheblichere Blutungen traten bei dieser Operationsweise nicht auf. Nach Reponirung der hervorgezogenen Magenwand wurde die Canüle wieder geschlossen; das Thier verblieb dann die nächsten 24 Stunden ohne feste Nahrung. Die ersten Male erhielt der Hund subcutan 0·05 ^{grm} Morph. hydrochl.; in der Folge aber standen wir von jedem Narcoticum ab, da der ganze Eingriff auch so ohne Aeusserung von Schmerz vertragen wurde.

Der excidirten Schleimhaut entnahmen wir zunächst Stückchen zur Conservirung in den Fixirungsflüssigkeiten, welche nach unseren Erfahrungen an anderen Drüsen am geeignetsten erschienen. Zur Verwendung kamen für die vorliegenden Untersuchungen Altmann's Osmiumbichromatmischung in der Combination mit Sublimat[1], van Gehuchten's Flüssigkeit (6 Theile Alkohol absol., 1 Theil Eisessig, 3 Theile Chloroform), concentrirte Sublimatlösung (in 0·6 procentiger Kochsalzlösung), 10 Procent Formollösung, concentrirte wässerige Pikrinsäurelösung, die (starke) Flemming'sche Lösung, Alkohol verschiedener Concentration, und Golgi'sche Lösung (8 Theile 2 procentiges Kalium bichrom., 2 Theile 1 procentige Osmiumsäure, nach 2 Tagen 1 procentige Silbernitratlösung). Da wir uns jedoch nach den ersten Versuchen überzeugten, dass die Altmann'sche und van Gehuchten'sche Flüssigkeit (abgesehen von der Golgi'schen Methode) hinlänglich ausreichten, indem erstere den Inhalt der Drüsenzellen so gut conservirte wie keine andere, letztere aber bei guten Zellbildern noch die übrigen Elemente der Schleimhaut gut zur Darstellung kommen liess, so beschränkten wir uns im weiteren Laufe der Untersuchungen auf diese beiden Flüssigkeiten.

Von fast jedem excidirten Schleimhautstückchen wurden sodann Präparate frisch in 0·6 procent. Kochsalzlösung betrachtet. Die Beobachtung der frischen Drüsenzellen ist seit Langley's Untersuchungen leider nicht in dem Maasse geübt worden, wie es erforderlich wäre. Wir legten aber gerade darauf das Hauptgewicht, zunächst zu sehen, wie die überlebende Drüsenzelle in den verschiedenen Thätigkeitsphasen ohne Zusatz von Härtungsflüssigkeiten erscheint.

Indem wir bemerken, dass die Präparate der beiden Versuchsthiere keine principiellen Verschiedenheiten in Bezug auf das histologische Ver-

---

[1] Vgl. Noll, *Dies Archiv.* 1902. Physiol. Abthlg. Suppl. S. 172 Anm.

halten der Fundusdrüsen in dem Ruhe- und Thätigkeitszustande bieten, legen wir dieselben der folgenden Beschreibung zu Grunde. Wir betrachten zunächst die Grössenverhältnisse der Haupt- und Belegzellen und danach die feineren histologischen Details derselben.

II. Die histologischen Befunde an den Fundusdrüsen.

a) Die Grössenverhältnisse der Drüsen in der Ruhe und Thätigkeit.

Die Beschreibung, welche R. Heidenhain[1] von den Grössenverhältnissen der Fundusdrüsen des Hundes im Zustande der Ruhe und Thätigkeit gab, ist wohl, zumal in der Fassung in Hermann's Handbuch (Bd. V, S. 143) ziemlich allgemein als richtig angenommen worden.

Heidenhain war von Ruhebildern ausgegangen, welche er von 3 bis 5 Tage lang fastenden Thieren erhalten hatte. Mit diesen verglich er dann die nach gleichen Methoden gewonnenen Präparate gefütterter Thiere, und zwar hatte er zu dem Zweck den Thieren meist nach kürzerer oder längerer Fresspause eine einmalige Mahlzeit aus gemischter Kost oder nur Fleisch bestehend verabreicht und dann die Mägen zu verschiedenen Zeiten während der Verdauung untersucht (vergl. die Tabelle ·S. 383).

Bezüglich der Hauptzellen stellte Heidenhain auf diese Weise fest, dass ihr Volum innerhalb der ersten Verdauungsstunden zunimmt (Höhepunkt nach 4 Stunden); von etwa der 7. Stunde an soll eine Verkleinerung derselben eintreten. Die Belegzellen sollen ebenfalls. an Volum zunehmen, in den späteren Stunden aber vergrössert bleiben.

Nach diesem Verhalten der Zellen unterscheidet nun Heidenhain[2] folgende Stadien: Im Hungerzustande Hauptzellen gross, Belegzellen klein; 1. bis 6. Verdauungsstunde (erstes Stadium) Hauptzellen gross, in der Regel grösser als im Hungerzustande, Belegzellen vergrössert;. 6. bis 9. Stunde (zweites Stadium) Hauptzellen mehr und mehr verkleinert, Belegzellen gross oder noch grösser. Dieser Zustand hält an bis zur 13. bis 15. Stunde. 15. bis 20. Stunde (drittes Stadium) Hauptzellen wieder grösser, Belegzellen schwellen ab; damit also wird der Hungerzustand wieder erreicht.

Was die Belegzellen betrifft, so können wir die Beobachtungen Heidenhain's im ganzen bestätigen, müssen aber hervorheben, dass an unseren Präparaten die Grössenunterschiede keine bedeutenden sind.

---

[1] R. Heidenhain, Untersuchungen über den Bau der Labdrüsen. *Archiv für mikroskopische Anatomie.* Bd. VI. S. 368.

[2] Siehe Hermann's *Handbuch.* Bd. V. S. 143.

Bezüglich der Hauptzellen dagegen sind wir zu einem anderen Resultat gelangt. Eine Vergrösserung derselben im Sinne des ersten Verdauungsstadiums Heidenhain's nämlich liess sich nicht constatiren. Um dies Ergebniss unserer Untersuchung zunächst einmal genauer vorzuführen, wollen wir unsere einzelnen Versuche aufzählen und bei jedem die durchschnittliche Grösse der Hauptzellen des Drüsenkörpers angeben, wie wir sie an van Gehuchten-Präparaten fanden.

1. Ruhe.

Als ruhend sahen wir, ebenso wie es Pirone[1] gethan hat, die Fundusdrüsen des fastenden Thieres nur dann an, wenn die Oberfläche der Schleimhaut alkalische Reaction zeigte. Einige Fälle, in denen trotz längerer Nahrungsentziehung die Reaction sauer war, haben wir nicht mit herangezogen.

Hund A. (Gewöhnliche Magenfistel.)

1. 2mal 24 Stunden nach der letzten Mahlzeit: Hauptzellen gross.[2]

2. 15 Stunden nach der letzten Mahlzeit (der Hund hatte bis zum letzten Fressen 3 Tage lang täglich $4^1/_2$ grm Jodnatrium unter das Fleisch vermengt erhalten): Hauptzellen gross und zwar grösser als bei Nr. 1.

Hund B. (Magen- und Oesophagusfistel.)

3. 36 Stunden nach der letzten Mahlzeit: Hauptzellen gross.

4. 15 Stunden nach der letzten Mahlzeit: Hauptzellen ziemlich gross.

2. Thätigkeit.

Hund A. (Gewöhnliche Magenfistel).

5. 5. Verdauungsstunde nach einer Fleischmahlzeit (vorletztes Fressen 24 Stunden vor derselben): Hauptzellen nicht vergrössert.

6. 7 Uhr Morgens $^1/_2$ Liter Milch, 9 Uhr 200 grm Fleisch (letzte Fütterung 12 Stunden vorher). Um 11 Uhr, also 4 Stunden nach der ersten, 2 Stunden nach der letzten Einfuhr: Hauptzellen nicht grösser.

7. Um 8, $9^1/_2$, 11 und $12^1/_2$ Uhr je 150 grm Fleisch (letzte Fütterung 12 Stunden vorher). Um $2^1/_2$ Uhr, also $6^1/_2$ Stunden nach der ersten, 2 Stunden nach der letzten Einfuhr: Hauptzellen verkleinert.

8. 10. Verdauungsstunde nach Fütterung von $1^1/_2$ Pfund Fleisch (vorletzte Mahlzeit 12 Stunden vorher): Hauptzellen verkleinert.

Hund B. (Magen- und Oesophagusfistel.)

9. (Parallelversuch zu Nr. 5.) 5. Verdauungsstunde nach Einfuhr von 1 Pfund Fleisch und 1 Liter Milch (vorletzte Mahlzeit 30 Stunden vor derselben): Hauptzellen kleiner.

---

[1] *Zeitschrift für allgemeine Physiologie.* Bd. IV. S. 64.

[2] Es sind hier nur die relativen Grössenverhältnisse bei ein und demselben Hunde gemeint.

7*

10. (Parallelversuch zu Nr. 8.) 10. Verdauungsstunde nach Einfuhr von 2 Pfund Fleisch (vorletzte Mahlzeit 12 Stunden vorher): Hauptzellen klein.
11. Scheinfütterung 45 Minuten lang mit Fleisch (nach 24 stündigem Fasten); Saftmenge 120 ᶜᶜᵐ: Hauptzellen gross.
12. Scheinfütterung 2 Stunden lang mit Fleisch (nach 24 stündigem Fasten); Saftmenge 150 ᶜᶜᵐ: Hauptzellen gross
13. Scheinfütterung $1^1/_2$ Stunde lang mit Fleisch (nach 12 stündigem Fasten); Saftmenge 210 ᶜᶜᵐ: Hauptzellen etwas verkleinert.

Der Uebersichtlichkeit halber stellen wir in der folgenden Tabelle die Fütterungs- und Scheinfütterungsversuche nochmals ihrer Dauer nach geordnet dar:

Vers.-Nr.	Versuchs-thier	Dauer der Verdauung bezw. Scheinfütterung	Bestandtheile des Futters	Vorhergegangene Diät
11	Hund B.	Scheinfütterung. ³/₄ Std. lang	Fleisch	24 Std. Ruhe
13	,, ,,	,, $1^1/_2$,, ,,	,,	12 ,, ,,
12	,, ,,	,, 2 ,, ,,	,,	24 ,, ,,
6	,, A.	Fütterung. (2.—)5. Verdauungsstd.	Fleisch u. Milch	12 ,, ,,
5	,, ,,	,, 5. ,,	Fleisch	24 ,, ,,
9	,, B.	,, 5. ,,	Fleisch u. Milch	30 ,, ,,
7	,, A.	,, (2.—)7. ,,	Fleisch	12 ,, ,,
10	,, B.	,, 10. ,,	,,	12 ,, ,,
8	,, A.	,, 10. ,,	,,	12 ,, ,,

Wie aus unserer Zusammenstellung hervorgeht, haben wir also weder in dem ersten Verdauungsstadium Heidenhain's nach Fütterungen, noch in den entsprechenden Stunden bei Scheinfütterungen die Hauptzellen grösser als in der Ruhe gefunden. Im Gegentheil sahen wir zweimal (vergl. Versuch Nr. 9 und 13) zu dieser Zeit eine beginnende Verkleinerung derselben.

Es ist von Wichtigkeit, auf diese Differenz in den Befunden etwas näher einzugehen. Denn, würde die Heidenhain'sche Angabe weiterhin noch als richtig anerkannt bleiben, so würde man den Hauptzellen deshalb, weil sie, was bei keiner anderen verwandten Art von Drüsenzellen vorkäme, als erstes Zeichen der Thätigkeit eine Volumzunahme erführen, bezüglich des Secretionsmodus eine Sonderstellung vor anderen einräumen müssen.

Aus der Litteratur zunächst geht hervor, dass die Auffassung Heidenhain's noch von Klein[1], v. Swięcicki[2], Partsch[3] und

---

[1] Klein, Observations on the structure of cells and nuclei. *Quarterly Journal of microscop. Science.* Vol. XIX. p. 157.

[2] v. Swięcicki, Untersuchungen über die Bildung und Ausscheidung des Pepsins u. s. w. Pflüger's *Archiv.* Bd. XIII. S. 449.

[3] Partsch, Beiträge zur Kenntniss des Vorderdarmes einiger Amphibien und Reptilien. *Archiv für mikroskopische Anatomie.* Bd. XIV. S. 185.

Grützner[1] für pepsinbereitende Drüsenzellen getheilt wird. Für unsere Angaben dagegen sprechen die Beobachtungen Rollett's[2], welcher ausdrücklich gegen Heidenhain hervorhebt, dass er die fragliche Vergrösserung (der Hauptzellen) nicht constatiren könne. Ferner erwähnt auch Stintzing[3] nicht, dass er 4 Stunden nach der Fütterung beim Hunde die Hauptzellen grösser gefunden habe als nach dreitägigem Fasten.

Die Angaben der erstgenannten Autoren sind jedoch zum Theil nicht genau genug, weshalb wir nicht näher darauf eingehen können, zum Theil beziehen sie sich nicht auf den Hund. Wir haben uns also im Wesentlichen mit denjenigen Heidenhain's zu beschäftigen, welcher auch über das grösste Untersuchungsmaterial verfügte.

Es kamen eine Reihe von Punkten in Frage, welche vielleicht unsere abweichenden Befunde erklären konnten.

Zunächst vergegenwärtigten wir uns die Angabe Heidenhain's, dass er bei seinen Hungerthieren stets saure Reaction im Magen angetroffen habe; es wären somit vielleicht die betreffenden Drüsen nicht in dem Maasse ruhend gewesen wie die unsrigen, welche dem alkalisch reagirenden Magen entstammten. Dieser Umstand kann jedoch kaum von Bedeutung sein. Denn selbst im Verlaufe unserer kürzer währenden Scheinfütterung, wo doch die Drüsen offenbar eine unvergleichlich grössere Thätigkeit entfaltet haben mussten, traten noch keine auffälligen Volumveränderungen der Hauptzellen ein.

Zweitens hätte etwa, so unwahrscheinlich es auch von vornherein war, die Zusammensetzung des Futters bei den Versuchen von Belang sein können. Indessen gerade in den kritischen Stunden der Verdauung (Heidenhain's erstes Stadium) findet sich beide Male Fleischkost.

Drittens war an die verschiedene Behandlungsweise der Schleimhautpräparate bei der Fixirung zu denken. Heidenhain verwendete Alkohol hierzu, während unsere Vergleiche sich auf van Gehuchten-Präparate beziehen. Aber auch dieser Punkt erledigt sich von selbst, weil Heidenhain[4], welcher selbst schon die Zuverlässigkeit des Alkohols in dieser Beziehung in Frage zog, angiebt, dass auch bei der Beobachtung der frischen Drüsenschläuche die fraglichen Grössenunterschiede zu erkennen wären.

---

[1] Grützner, *Neue Untersuchungen über die Bildung und Ausscheidung des Pepsins*. Breslau 1875. S. 56.

[2] Rollett, Bemerkungen zur Kenntniss der Labdrüsen und der Magenschleimhaut. *Untersuchungen aus dem Institut für Physiol. und Histol. in Graz*. 1871.

[3] Stintzing, Zur Structur der Magenschleimhaut. *Festschrift* für v. Kupffer. 1899. S. 55.

[4] *Archiv für mikroskopische Anatomie*. Bd. VI. S. 385 Anm.

Schliesslich lag nur ·noch eine Möglichkeit vor, nämlich die, dass Heidenhain andere Ruhebilder vor sich hatte als wir. Während er nämlich seine Hungerthiere 3 bis 5 Tage lang hatte fasten lassen, thaten wir dies nur höchstens 48 Stunden lang. Die Frage war nun, ob in Folge der längeren Nahrungsentziehung eine ·Verkleinerung der Hauptzellen einträte. Die Entscheidung war leicht zu bringen, indem auch wir einen Hund (Hund B) 5 Tage lang fasten liessen. Das Ergebniss war in der That· so, wie wir es vermutheten. Die Hauptzellen waren kleiner als nach kürzerer Hungerperiode. Wir glauben, hiermit eine befriedigende Erklärung der Differenz mit Heidenhain gefunden zu haben. Wir würden also darnach mit ihm nicht bezüglich des ersten Verdauungsstadiums, sondern des Ruhestadiums uns im Gegensatz befinden, und nicht wir würden eine Vergrösserung der Hauptzellen in den ersten Verdauungsstunden vermissen, sondern Heidenhain hätte abnorm kleine Zellen als normale Ruhezellen angesprochen. Eine wesentliche Stütze dieser Erklärung können wir wohl darin erblicken, dass auch Rollett, welcher, wie erwähnt, in der gleichen Differenz wie wir sich mit Heidenhain befindet, seine Hungertiere auch nur 24 bis 48 Stunden hatte fasten lassen.

Legt man unsere Beobachtungen zu Grunde, dann muss natürlich die Unterscheidung eines ersten Verdauungsstadiums von einem zweiten im Sinne Heidenhain's an den Fundusdrüsen des Hundes wegfallen. Man dürfte nicht mehr von einem ersten Stadium reden, in welchem sich die Hauptzellen vergrössern, sondern höchstens von einem Stadium, in welchem ihre Verkleinerung noch kaum merklich ist. Dann aber wäre es auch..nicht mehr erforderlich, von zwei Stadien fernerhin überhaupt noch zu reden. Man könnte doch wohl schwerlich eine allgemeingültige Zeitgrenze feststellen, von welcher ab die deutliche Verkleinerung der Hauptzellen aufträte, sondern man muss von vornherein annehmen, dass hierbei individuelle Verhältnisse eine Rolle spielen können.

Nach unseren Untersuchungen sind wir also in der Lage, die Grössenverhältnisse der Hauptzellen während der Ruhe und in einer Verdauungsperiode einfacher darzustellen, als es bisher geschah, nämlich so, wie es bei anderen Drüsenzellen, z. B. den Speichelzellen, auch der Fall ist.

Wir hätten in der Ruhe auch hier die Zellen am voluminösesten. Zu beachten wäre allerdings dabei, dass nicht nach mehrtägigem Fasten die Zellen am grössten sind, sondern wenn das Thier nicht allzulange gehungert hat.· Wann in dieser Beziehung ·das Optimum erreicht wird, wäre noch zu untersuchen; wir können aber hier schon anführen, dass bei Hund A die Hauptzellen am grössten erschienen, als wir sie 15 Stunden nach der letzten Mahlzeit untersuchten (Versuch Nr. 2). Das könnte dafür sprechen, dass die Hauptzellen vielleicht sehr bald nach Ablauf einer Verdauungsperiode am grössten wären.

Im Beginn ihrer Thätigkeit, müssten wir weiter sagen, also während der ersten Stunden der Magensaftsecretion, würde eine merkliche Verkleinerung der Hauptzellen noch nicht immer zu constatiren sein; dies gälte sowohl für die Arbeit dieser Zellen während Scheinfütterungen von nicht langer Dauer wie für ihre Thätigkeit auf den chemischen Reiz von Seiten der Magenschleimhaut hin.

Erst in späteren Stunden einer Verdauungsperiode käme es zu der sehr auffälligen Volumabnahme, derselben also, welche Heidenhain zur Aufstellung seines zweiten Stadiums veranlasste.

Die geschilderten Thatsachen werden durch Figg. 3 bis 6, Taf. III veranschaulicht.

Ueberblickt man diese Verhältnisse, so wird man sich zunächst wundern, dass die Hauptzellen so lange Secret liefern können, ohne sich zu verkleinern, während wir von den Speicheldrüsenzellen, welche ja jenen sehr ähnlich gebaut sind und, wie wir noch sehen werden, morphologisch mit ihnen im Secretionsmodus viel Gemeinsames haben, wissen, dass sie nach elektrischer Nervenreizung in viel kürzerer Zeit an Volumen abnehmen. Man muss hier jedoch beachten, dass sich unsere Beobachtungen am Magen auf rein physiologische Zustände beziehen, während in den anderen Fällen die künstliche Nervenreizung angewandt wurde. Möglichenfalls würden wir auch die Verkleinerung der Hauptzellen früher eintreten sehen, wenn es gelänge, auch hier mit dem gleichen Erfolge wie dort die elektrische Reizung des secretorischen Nerven vorzunehmen.

Die bisherigen Auseinandersetzungen bezogen sich, soweit es sich um Fütterungen handelte, auf das Verhalten der Fundusdrüsen nach einer einmaligen Nahrungsaufnahme. Das wären einfache Fälle. Complicirter liegen die Verhältnisse, wenn in kürzeren Zwischenräumen immer wieder von Neuem Nahrung gegeben wird. Durch die Pawlow'schen[1] Arbeiten wissen wir nun, dass die Magendrüsen des Hundes dann zu stärkerer Secretionsthätigkeit gebracht werden, wenn man eine bestimmte Menge Futter nicht auf ein Mal, sondern in mehreren Portionen giebt. Bei jeder neuen Nahrungsaufnahme wird nämlich stets von Neuem „psychischer" Saft hervorgerufen, wodurch die Arbeit der Drüsen erhöht wird. So hatte auch schon Heidenhain[2] die stärksten histologischen Veränderungen erhalten, wenn das Futter ad libitum gegeben wurde. Verfährt man in dieser Weise —

---

[1] A. a. O. S. 102.
[2] *Archiv für mikroskopische Anatomie.* Bd. VI. S. 387.

wie wir es in Versuch Nr. 7 gethan haben —, so sieht man die Hauptzellen schon früher, als man es nach einer einmaligen Mahlzeit zu erwarten
hätte, sich verkleinern. Wir rücken damit das zweite Stadium Heidenhain's zeitlich voraus. Das beweist, dass die morphologischen Aenderungen
der Zellen bei der Thätigkeit sich nicht so ohne Weiteres einem Zeitschema
unterordnen lassen, ein Grund mehr, die Unterscheidung zweier Verdauungsstadien ganz fallen zu lassen.

Vergegenwärtigen wir uns hier noch ein Mal, dass die Grössenunterschiede, welche die Belegzellen aufweisen, gegenüber denen der Hauptzellen
sehr gering sind, und dass im Drüsenkörper auch ihre Zahl sehr zurücktritt, so leuchtet es ein, dass der jeweilige Umfang des ganzen Drüsenschlauches fast ausschliesslich sich nach dem Volumen der Hauptzellen
richtet. Man findet daher an dem erwähnten Drüsenabschnitt in den
verschiedenen Stadien der Ruhe und Thätigkeit dieselben Grössenverhältnisse im Ganzen wie bei den Hauptzellen im Einzelnen. Im Bereiche des
Drüsenhalses dagegen liegen die Verhältnisse anders. Hier überwiegen die
Belegzellen bekanntlich an Zahl, und die dort befindlichen Hauptzellen
sind nicht identisch mit denen des Drüsenkörpers, wie wir weiterhin noch
in Uebereinstimmung mit anderen Autoren zeigen werden. Deshalb werden
die Grössenverhältnisse des Halses der Fundusdrüsen von den Darlegungen
dieses Abschnittes nicht berührt.

Unter Zugrundelegung des bisher Gesagten wenden wir uns nun der
Beschreibung unserer feineren mikroskopischen Befunde zu, indem wir
Haupt- und Belegzellen der beiden Drüsenabschnitte in ruhendem und
thätigem Zustande betrachten.

b) Die feineren histologischen Verhältnisse der Drüsen.

1. Ruhende Drüsen.

Zur Beobachtung der frischen Drüsenschläuche liessen sich geeignete Präparate aus der excidirten Fundusschleimhaut in der Weise gewinnen, dass mit einer kleinen Scheere senkrecht zur Schleimhautoberfläche
geschnitten wurde. Wir erhielten so ohne Mühe Präparate, welche in
physiologischer (0·6 procentiger) Kochsalzlösung ausgebreitet, das Oberflächen-
epithel und die Drüsen in ihrer ganzen Länge getroffen zeigten.

Betrachtet man einen solchen Schnitt der ruhenden Drüsenschicht zunächst mit schwacher Vergrösserung, so vermag das Auge die einzelnen
Abschnitte der Drüsen allein schon durch ihre Helligkeitsunterschiede von
einander zu trennen. Je weiter man nämlich nach dem Drüsengrunde zu

fortschreitet, um so dunkler erscheint der Inhalt der Zellen, wie schon von einigen Autoren bemerkt und genauer von Bensley[1] beschrieben wurde. Das dunklere Aussehen ist dort bedingt durch den Granulareichthum der Hauptzellen, welche ja im Drüsenkörper an Zahl vorherrschen; dies letztere wurde zuerst von Langley und Sewall, und dann von Greenwood richtig erkannt.

Genaueres über den Inhalt der Haupt- und Belegzellen lässt sich erst mit Hülfe stärkerer Vergrösserungen feststellen.

Drüsenkörper.

Bei Anwendung der Oel-Immersion bekommt man ein ausserordentlich deutliches Bild von dem granulären Inhalt beider Zellarten. Man sieht durchweg die Hauptzellen von den Belegzellen durch folgende Eigenthümkeiten unterschieden.

Die Hauptzellen enthalten stets die grösseren Granula, welche als tropfenartige Einlagerungen die ganze Zelle erfüllen, ganz so wie es von vielen anderen Drüsenzellen her bekannt ist. Die Grösse der Granula kann etwas schwanken; so wie sie in Fig. 1, Taf. III wiedergegeben sind, entsprachen sie den grösseren Formen. Zwischen ihnen erscheint das sie umhüllende Protoplasma auf dem optischen Querschnitt als Netz, sehr dünn und ohne erkennbare Struktur oder Einlagerungen. Letztere Thatsache erscheint wichtig, weil man nach gewissen Fixirungsmethoden solche Elemente darstellen kann. Die Kerne der Zellen sind nicht immer zu sehen, was daher kommen mag, dass sie durch die vielfach übergelagerten Belegzellen und den Granulareichthum ihrer eigenen Zellen verdeckt sind.

Die Belegzellen dagegen erscheinen, was schon Heidenhain und Langley richtig erkannt hatten, stets feiner granulirt als die Hauptzellen. Auch hier sind die Granula nicht aller Zellen gleich gross, aber immer sind sie kleiner als die der Hauptzellen. Die in Fig. 1, Taf. III wiedergegebenen Granula entsprechen den von uns beobachteten grösseren Formen; häufig dagegen sind sie so klein, dass die Zellen wie punktirt aussehen. Auch diese Zellen sind ganz erfüllt von diesem Bestandtheil bis auf den Raum, welchen der gewöhnlich gut sichtbare Kern einnimmt; letzterer kann, wie bekannt, auch in doppelter Zahl vorhanden sein.

Achtet man auf die Beziehungen der Zellen untereinander, so sieht man die Abgrenzung der Belegzellen von den Hauptzellen stets deutlich, da ihr Inhalt so verschieden von dem der letzteren ist. Grenzen zwischen den Hauptzellen dagegen sind durchaus nicht immer zu sehen.

---

[1] Bensley, The structure of the Mammalian Gastric Glands. *Quarterly Journal of microscop. Science.* Vol. XLI. p. 367.

Das Mengenverhältniss beider Zellarten entspricht bei Einstellung auf den optischen Längsschnitt des Drüsenschlauches ganz den Vorstellungen, welche man sich von Schnittpräparaten her gebildet hat; bei Einstellung auf die Drüsenaussenwand beherrschen stellenweise die Belegzellen, als deckende Schicht, mehr das Bild.

Drüsenhals.

Am Drüsenhals springen die dort reichlich vorhandenen Belegzellen hauptsächlich in's Auge. Sie bieten ganz das nämliche Aussehen wie diejenigen des Drüsenkörpers, so. dass schon durch die frische Untersuchung ihre morphologische Uebereinstimmung mit diesen erwiesen ist.

Die anderen Zellen, welche sich ausserdem noch in diesem Drüsenabschnitt finden, die „Halshauptzellen" neuerer Benennung [1], sieht man in frischem Zustande nicht so klar, zum Theil wohl deshalb, weil sie durch die vielen Belegzellen verdeckt sind. Doch kann man Folgendes an ihnen feststellen. Entweder sind sie angefüllt mit Granula von geringer Grösse; diese Granula sind viel kleiner als die der Körperhauptzellen und nähern sich mehr denen der Belegzellen. Oder aber es sind Zellen, welche nur partiell granulirt erscheinen; dann handelt es sich wiederum um grosse Granula. Jedenfalls ist sicher, dass in beiden Fällen der Inhalt dieser Zellen nicht dem der Hauptzellen des Drüsenkörpers gleich ist. Es mangelt ihnen der Gehalt der gleichmässig die ganze Zelle erfüllenden grossen und stark lichtbrechenden Granula. Der Mangel dieser Zellen ist eben mit der Grund, weshalb bei schwacher Vergrösserung der Drüsenhals weniger dunkel erscheint als der Körper.

Die bis jetzt in frischem Zustande beschriebenen Zellen der Fundusdrüsen nehmen nach der Behandlung mit den oben genannten Fixirungsflüssigkeiten und entsprechenden Färbungen je nach der Wahl der ersteren ein etwas verschiedenes Aussehen im Schnittpräparat an. In der Hauptsache sind die so hervortretenden histologischen Details von einer Reihe von Autoren bereits genauer beschrieben worden. Nach den Veröffentlichungen von Heidenhain und Rollett hat Klein [2] u. A. auch an den Haupt- und Belegzellen ein Netz beschrieben und abgebildet. Langley [3] machte genauere Angaben darüber, wie sich der Inhalt der Hauptzellen unter der Einwirkung der Osmiumsäure verhält. In neuerer Zeit sind

---

[1] Vgl. dazu: O p p e l, *Ergebnisse der Anatomie und Entwickelungsgeschichte.* Bd. VIII. S. 153 und Bd. XII. S. 118.

[2] *Quarterly Journal of microscop. Science.* Vol. XIX. Tafel VII. Fig. 17.

[3] L a n g l e y, On the histology of the mammalian gastric glands etc. *Journal of Physiol.* Vol. III. p. 273.

dann die Structurverhältnisse der beiden Zellarten nach den modernen Conservirungsmethoden hauptsächlich von E. Müller, Kolossow, Zimmermann, A. Liebert, Bensley, Théohari, Pirone und Anderen aufgdeckt worden.[1] Am Murmelthier sind sie von R. und A. Monti[2] beschrieben worden.

Dem Gang obiger Darstellung folgend, wollen wir auch hier die Haupt- und Belegzellen der beiden Drüsenabschnitte getrennt von einander besprechen und vornehmlich ihren granulären und protoplasmatischen Inhalt in's Auge fassen.

Drüsenkörper.

Was zunächst die Hauptzellen betrifft, so interessirt es in erster Linie, ob man im Balsampräparat die Secretgranula wiederfindet oder nicht. Wie Langley fand, verhalten sich in dieser Beziehung die Hauptzellen verschiedener Thierclassen dem nämlichen Conservirungsmittel gegenüber verschieden. Nach unseren Beobachtungen am Hund sind Granula in den Hauptzellen an Flemming-Präparaten zu sehen. Mit Altmann'scher Flüssigkeit und Sublimat erhielten wir sie nur in den Randpartieen der Sehnitte gut conservirt, wo sie mit Fuchsin-Pikrinsäure graugelb gefärbt werden. In diesen beiden Fällen handelt es sich zweifellos um die in Form und Grösse gut fixirten Granula der lebenden Zelle. Bei Verwendung der anderen oben genannten Lösungen jedoch erreicht man ihre Conservirung nicht so; sie mögen zwar bis zur Einbettung nicht vollständig gelöst werden, erscheinen aber jedenfalls nicht als gefärbte runde Zelleinschlüsse wieder.

Der andere Bestandtheil der Hauptzellen, nämlich das Protoplasmagerüst, wird offenbar leichter und vollständiger fixirt. Es erscheint dann im Schnitt, wie das von anderen Drüsenzellen zur Genüge bekannt ist, als Netz. Solche Netze haben auch den genannten Autoren vorgelegen; in

---

[1] E. Müller, Drüsenstudien II. *Zeitschrift für wissensch. Zoologie.* Bd. LXIV. S. 624. — Kolossow, Eine Untersuchungsmethode des Epithelgewebes u. s. w. *Archiv für mikroskopische Anatomie.* Bd. LII. S. 1. — Derselbe, Zur Anatomie u. Physiol. der Drüsenepithelzellen. *Anatomischer Anzeiger.* Bd. XXI. S. 226. — Zimmermann, Beiträge zur Kenntniss einiger Drüsen und Epithelien. *Archiv für mikroskop. Anatomie.* Bd. LII. S. 552. — A. Liebert, Ueber die Fundusdrüsen des Magens beim Rhesus-Affen. *Anatomische Hefte.* 1904. Bd. XXIII. S. 497. — Bensley, The structure of the mammalian gastric glands. *Quarterly Journal of microscop. Science.* Vol. XLI. p. 361. — Théohari, Existence de filaments basaux dans les cellules principales etc. *C. R. Soc. de Biol.* 1899. p. 341. — Pirone, Recherches sur la fonction sécrétoire des cellules glandulaires gastriques. *Zeitschrift für allgemeine Physiologie.* Bd. IV. S. 62. — Bezüglich weiterer Arbeiten sei auf die betreffenden Referate in den letzten Jahrgängen der *Ergebnisse der Anatomie und Entwickelungsgeschichte* sowie auf Oppel, *Lehrbuch der vergl. mikroskopischen Anatomie.* Bd. I. verwiesen.

[2] *Ricerche Lab. Anat. Roma e altri Lab. Biolog.* Vol. IX.

ihnen ist nichts weiter zu sehen, als der Ausdruck des durch die ein-
gelagerten Granula in ein Wabensystem aus einander gedrängten Protoplasmas. Will man hier wie anderswo von einer Netzstructur des Protoplasmas reden, dann muss man sich nur vergegenwärtigen erstens, dass
ein eigentliches Netz bloss im Schnitt existirt und zweitens, dass der Ausdruck nichts aussagt über die eigentliche Structur des Protoplasmas, sondern
lediglich über die Anordnung der protoplasmatischen Substanz in der Zelle.
Weiterhin — stellt man sich in der Zelle das wabenartige Protoplasma
körperlich vor, so ist es klar, dass da, wo immer die kugeligen Granula
einander am meisten genähert sind, wenig dieser Substanz, in den Zwischenräumen aber mehr vorhanden sein muss. Dementsprechend sieht man im
Schnitt das Netz nicht aus gleichmässig dünnen Fäden gebildet, sondern
mit dickeren Knotenpunkten versehen. So spricht Théohari[1] von einem
punktirten protoplasmatischen Reticulum, Pirone[2] von einem Netz mit
Verdickungen in den Knotenpunkten. Hat man nun einen nicht ganz
dünnen Schnitt vor sich, so heben sich diese Knotenpunkte von den zarten
Fäden des Netzes durch die Färbung merklich ab, und sie können dann
Granula vortäuschen; letztere haben aber natürlich mit der Secretgranula
nichts zu thun. — Die Fäden dieses Protoplasmanetzes durchziehen die
ganze Zelle bis auf den vom Kern eingenommenen Raum. Nicht an der
Basis der Zelle, wohl aber an den seitlichen Zellwänden befindet sich ausserdem regelmässig ein schmaler Protoplasmasaum.

Die geschilderten Details illustrirt die nach einem van Gehuchten-
Präparat gezeichnete Fig. 8, Taf. III. Man sieht das hier sehr weitmaschige
Netz mit den Knotenpunkten, die Maschenräume selbst aber, in welchen
ursprünglich die Secretgranula lagen, leer. Der Kern erscheint, wie meist
in ruhenden Drüsenzellen nach der Fixirung (Heidenhain), nicht rund,
sondern zackig und enthält gefärbte Körner.

Ferner geben wir zwei Abbildungen nach Altmann'schen Präparaten
in Fig. 7, Taf. III. Bei A sieht man einige Zellen mit fixirten Granula
aus den Randpartien des Schnittes; hier entzieht sich das Zellnetz dem
Blick. Bei B dagegen, im Innern desselben Schnittes, tritt gerade das
letztere heraus, während Granulareste in seinen Maschen nur angedeutet
sind. In letzterer Hinsicht ist zu bemerken, dass auch vereinzelt Zellen
vorkommen, in denen die Maschenräume vollständig farblos erscheinen,
woraus man wohl schliessen darf, dass hier gar keine Granulareste mehr
liegen. Im Verlaufe des Zellnetzes bemerkt man nun weiterhin fuchsinophile
Körner, und ebensolche, gewöhnlich in Reihen geordnet, auch in dem proto-

---

[1] *C. R. Soc. de Biologie.* 1899. p. 341.
[2] *Zeitschrift für allgemeine Physiologie.* Bd. IV. S. 68.

plasmatischen Randsaume. Mit der Deutung dieser, übrigens schon von anderen Autoren gesehenen Bildungen wird man vorsichtig sein müssen, da nach unseren Beobachtungen ihre Existenz in der frischen Zelle nicht nachzuweisen ist, wie wir oben bemerkten. Es ist deshalb die Möglichkeit nicht auszuschliessen, dass sie in dieser Form erst durch das Fixirungsmittel beziehungsweise den Alkohol sich bilden.

Hält man diese drei Abbildungen mit Fig. 1, Taf. III zusammen, so tritt als das charakteristische Merkmal der secretgefüllten Hauptzelle, was Langley und Sewall zuerst beschrieben, hervor, dass die ganze Zelle mit den Secretgranula angefüllt ist. Zweifellos stellen diese den Bestandtheil dar, welcher in der Ruhe in der Zelle angehäuft wird; nach der geläufigen Anschauung würden sie also die Vorstufe des oder der von der Hauptzelle zu liefernden Fermente enthalten. Als Maass der Secretfüllung der Zellen einer ruhenden Fundusdrüse würden nach Analogie mit anderen Drüsenzellen Anzahl und Grösse der Granula beziehungsweise der Protoplasmamaschen dienen; denn dass nicht alle Granula, selbst ein und derselben Zelle, von gleicher Grösse sind, war schon Angesichts der frischen Präparate gezeigt, und die Schnittpräparate lehren dasselbe, indem an ihnen nicht alle Zellnetze gleich weit sind. Es würden also, was auch nicht weiter befremden kann, in der Ruhe nicht alle Zellen in demselben Stadium der Secretfüllung angetroffen werden.

Wenden wir uns den Belegzellen zu, so haben wir hier, wie die Untersuchung der frischen Präparate lehrte, mit denselben morphologischen Elementen zu rechnen wie bei den Hauptzellen. Soweit es bei der Kleinheit der Elemente zu entscheiden ist; erscheinen die Granula der Belegzellen an Sublimatpräparaten und solchen aus Flemming'scher Lösung, weniger deutlich nach Einwirkung der van Gehuchten'schen Flüssigkeit wieder. Ganz exquisit schön dagegen kommen sie in den Altmann-Präparaten zum Vorschein, wie dies auch Altmann[1] selbst schon an den Fundusdrüsen des Katzenmagens gezeigt hat. Sie werden durch das Fuchsin leuchtend roth gefärbt. Wenn man gut gefärbte Zellen vor sich hat, so sieht man, abgesehen von dem gelb tingirten Kern, fast die ganze Zelle erfüllt von den rothen Körnern, deren Grösse übrigens geringen Schwankungen unterliegt. Eine Gruppirung derselben zu einzelnen Häufchen zeigen unsere Präparate nicht, vielmehr sind sie allenthalben ziemlich gleichmässig dicht gelagert (Fig. 7 *B*, Taf. III). Nur an folgenden Stellen kann man sie vermissen: Erstens in der allernächsten Umgebung des Kernes, wo manchmal eine helle Zone zu sehen ist. Zweitens an beliebigen Stellen inmitten

---

[1] Altmann, *Die Elementarorganismen und ihre Beziehungen zu den Zellen.* Leipzig 1890. Taf. V, Fig. 2.

der Zelle; daselbst finden sich dann nämlich rundliche oder spaltförmige Lücken. Drittens fehlen die Granula gewöhnlich an dem zugespitzten, dem Lumen des Schlauches zu gerichteten Ende der Zelle. Auf diese, zum Theil schon mehrfach beschriebenen Verhältnisse kommen wir bei der Beschreibung der thätigen Zellen noch zurück.

Das Protoplasma der Belegzellen erkennt man wie an den Hauptzellen als Netz. Es ist entsprechend den kleinen Granula, welche es einschliesst, eng gefügt und zart. Aus diesem Grunde bedarf es sehr dünner Schnitte, um als solches richtig erkannt zu werden.

Hinzufügen wollen wir noch, dass auch in unseren Präparaten sich hin und wieder die von Hamburger, Sachs, Zimmermann und Bonnet[1] aufgefundenen Körperchen innerhalb der Belegzellen finden. Zu der Annahme, dass es sich bei ihnen zum Theil um eingewanderte Zellen, Leukocyten, handelt, würde stimmen, dass wir sie auch von aussen den Belegzellen angelagert und diese einbuchtend sehen, offenbar also in einem Stadium, in welchem sie im Begriffe sind, in die Zelle einzudringen.

Drüsenhals.

Bezüglich der Belegzellen brauchen wir nur auf das eben Geschilderte zu verweisen, da ihr Bau hier der gleiche wie im Drüsenkörper ist. Die dort erwähnten Spalten und Löcher finden sich bei ihnen noch häufiger als dort.

Die anderen Zellen des Drüsenhalses bieten sich unter folgenden Bildern dar. Erstens sieht man an Altmann-Präparaten Zellen mit ganz engem Protoplasmanetz und basal gelegenem Kern (Fig. 13, Taf. III). Um den Kern herum kann. sich eine geringe Anhäufung homogenen Protoplasmas finden, ferner können auch fuchsinophile Körnchen in diesem wie auch im Verlaufe des Netzes liegen. An van Gehuchten-Präparaten erscheinen diese Zellen nach Hämatoxylin-Eosin-Färbung hell; von dem Netz ist nicht viel zu sehen; der Kern liegt plattgedrückt an der basalen Wand. Diese Zellen sind im Ganzen ebenso schon von Bizzozero[2] beschrieben worden. Für uns unterliegt es keinem Zweifel, dass sie jenen oben geschilderten frischen Zellen entsprechen, welche in toto fein granulirt aussahen. — Die zweite Zellart ist charakterisirt durch einen grösseren Gehalt an homogenem Protoplasma, in welchem sich auch fuchsinophile Körner

---

[1] Hamburger, Beiträge zur Kenntniss der Zellen in den Magendrüsen. *Archiv für mikroskopische Anatomie.* Bd. XXXIV. S. 232. — Sachs, Zur Kenntniss der Magendrüsen bei krankhaften Zuständen. *Diss.* Breslau 1886. — Bonnet, *Deutsche medicinische Wochenschrift.* 1893. S. 431. — Zimmermann, a. a. O. S. 641.

[2] Bizzozero, Ueber die schlauchförmigen Drüsen des Magendarmcanals u. s. w, *Archiv für mikroskopische Anatomie.* Bd. XLII. S. 82.

finden, und ferner durch ziemlich grosse Vacuolen, deren Vertheilung in der Zelle und Anzahl wechselnd ist (Fig. 14, Taf. III); die Kerne dieser Zellen sind rund und nicht basal gelegen. Ob diese Zellform etwas zu thun hat mit den von Bizzozero beschriebenen cylindrischen Zellen des Drüsenhalses, welche er als Vorstufe der ersteren Zellart ansieht, können wir nicht entscheiden. Sicher aber können wir sagen, dass sie denjenigen frisch beobachteten Zellen entsprechen, welche mehr oder weniger granula-arm erschienen, und deren Granula sich als grösser erwiesen als die-jenigen jener Zellart. Für weitere Untersuchungen in dieser Richtung be-merken wir noch, dass unsere beiden Zellarten regionär nicht ganz streng von einander geschieden sind. Die ersteren zwar bevorzugen die tieferen, die anderen die oberen Theile des Halses, in einer mittleren Zone jedoch finden sie sich beide vor. Wir schildern diese Verhältnisse hier absichtlich nur kurz, weil wir an diesen Drüsenhalszellen, abgesehen von den Belegzellen, im Laufe unserer Versuche keine sicheren Merkmale secretorischer Thätig-keit auffinden konnten, und sie deshalb sich der vorliegenden Aufgabe entzogen. Es genügt uns, auch hier nochmals zu betonen, dass weder die eine noch die andere der geschilderten Zellformen mit den Hauptzellen des Drüsenkörpers sich als identisch zeigt, und dass somit die Beobachtung der Schnittpräparate zu demselben Ergebniss führt wie diejenige der frischen Präparate.

2. Thätige Drüsen.

Von allen Autoren, welche die secretorischen Veränderungen der Magen-drüsen histologisch beschrieben haben, verdanken wir Langley und Sewall[1] die eingehendsten Untersuchungen an dem frischen Object. Sie unter-suchten dieselben beim Frosch, Triton, Stichling, und unter den Säuge-thieren am Kaninchen, Ratte, Katze und Hund. Was die Säuger be-trifft, so geben sie an, dass während der Verdauung die Granula der Hauptzellen abnehmen (diminish). Wörtlich lautet ihre Schilderung (S. 292): „The chief-cell granules do not by any means disappear; there still remain many, at whatever digestive stage the stomach is observed, but instead of forming a thick dense mass in the body of the gland, stretching frequently to the periphery, they are aggregated in the centre, or have a star-arrange-ment, with somewhat thin star rays." Diese Angaben beziehen sich vor-nehmlich auf Ratte und Katze. Auch in einer späteren Veröffentlichung sagt Langley[2] dementsprechend, es bilde sich bei der Thätigkeit in der Hauptzelle eine äussere helle und eine innere granulirte Zone; diese Angabe

---

[1] *Journal of Physiol.* Vol. II. p. 281.
[2] Langley, *Journ. of Physiol.* Vol. III. p. 273.

erstreckt sich auf Nagethiere. Greenwood[1], welcher bald darauf ebenfalls
Beobachtungen an den frischen Zellen mittheilte, giebt für das Schwein an,
dass sich bei der Thätigkeit ebenfalls die Granula der Hauptzellen ver-
mindern.

Wir hatten Anfangs, als wir die Untersuchungen begannen, ohne die Angaben der genannten Autoren genauer zu kennen, nach unseren Erfahrungen
an den Speicheldrüsen Veränderungen der Hauptzellen schon in frischem Zustande zu sehen erwartet, welche auf einen merklichen Verlust an Granula
hinweisen würden. Aber weder nach Scheinfütterungen noch bei den kürzeren
Verdauungsversuchen konnten wir etwas Derartiges feststellen. Dieser Befund
steht allerdings ganz im Einklang mit den im ersten Abschnitt geschilderten
Grössenverhältnissen der Hauptzellen, wo wir sahen, dass erst in späteren
Verdauungsstadien dieselben sich augenfällig verkleinern, er zeigt aber auch,
dass beim Hund bezüglich der Granula die Verhältnisse etwas anders liegen
als bei Ratte, Katze und Schwein. Die Veränderungen der Granula beim
Hund bestehen nämlich nach unseren Beobachtungen an der frischen Drüse
nur darin, dass dieselben etwas kleiner werden, als sie in der ruhenden
Zelle sind. Nach Scheinfütterungen und zu Beginn der Verdauung liess
sich das noch nicht mit Sicherheit erkennen, dagegen wohl in späteren
Verdauungsstadien. Auch die Verkleinerung der ganzen Zelle sieht man
erst nach längerer Secretionsthätigkeit eintreten. Aber auch dann tritt in der
Zelle keine granulafreie Zone auf, sondern die ganze Zelle ist immer noch
durchweg granulirt. Natürlich sind dann die geschilderten Veränderungen,
also die Volumabnahme der Granula und die Verkleinerung der ganzen
Zelle nicht an allen Schläuchen vorhanden; man findet vielmehr auch in
vorgerückten Stadien immer noch Zellen, welche die Zeichen der Ruhe oder
geringerer Thätigkeit an sich tragen.

Liefert somit die Betrachtung der thätigen Drüsen in frischem Zustande für die Hauptzellen keine sehr wesentlichen Merkmale, so ist das
bei den Belegzellen hingegen der Fall, und zwar nach zwei Richtungen
hin. Die eine Eigenthümlichkeit, welche die thätigen Belegzellen darbieten
können, beruht auf dem veränderten Aussehen der ganzen Zelle. Dieselbe
erscheint dann matt, wie verwaschen, auf den ersten Blick ohne deutliche
Zeichnung ihres Inhaltes (Fig. 2, Taf. III). Man könnte sogar zunächst
glauben, sie enthalte gar nicht mehr die in der Ruhe deutlichen kleinen
Granula. Wenn man aber ganz genau zusieht, so erkennt man doch den
granulären Inhalt und die zierliche Felderung des Protoplasmas. Offenbar
wird dieselbe nur durch Veränderung der optischen Verhältnisse des Zellinhaltes dem Auge verdeckt. Der Kern dagegen ist wie in der Ruhe gut

---

[1] Greenwood, *Journ. of Physiol.* Vol. V. p. 205.

sichtbar. Dies charakteristische Bild erhält man an einer grossen Zahl der Belegzellen sowohl nach Scheinfütterung wie während der Verdauung, und nicht nur in späteren Stadien, sondern auch schon früh. — Die zweite Veränderung, welche die Belegzellen darbieten können, bezieht sich auf die Grösse ihrer Granula. Man findet nämlich eine andere Reihe der Belegzellen deutlich granulirt wie in der Ruhe, aber die Granula sind merklich grösser als dort, meist so gross, wie sie in der Ruhe wohl nie vorkommen dürften. Diese Veränderung kann sogar so weit gehen, dass in vorgeschrittenen Stadien, wenn die Granula der Hauptzellen schon viel an Volum abgenommen haben, die letzteren kaum mehr grösser sind als die der Belegzellen. Die Entscheidung, welche der beiden Zellarten man gegebenen Falles vor sich habe, ist dann hauptsächlich an der Zellform zu treffen, und ausserdem daran, dass die Belegzellen die grösseren sind; deren Umfang nämlich erscheint nicht reducirt.

Die beiden geschilderten Veränderungen, welche den Belegzellen zukommen, sind so charakteristisch für die Thätigkeit der Drüsen, dass man sie als Kriterium für den Secretionszustand derselben hinnehmen kann.

Was nun die erstgenannte Erscheinung, das Verwaschenwerden des Zellinhaltes anlangt, so entsteht die Frage, wodurch dieselbe bedingt sein könne. Diese Frage wurde noch interessanter, als es sich herausstellte, dass nach der Fixïrung nichts zu erkennen war, was dem Bild der frischen Zelle entsprochen hätte, vielmehr (nach Altmann's Methode) die Granula ganz distinct und ebenso wie in der ruhenden Zelle allenthalben zum Vorschein traten.

Die nächstliegende Erklärung war die, es könne vielleicht ein abundanter Flüssigkeitsstrom, ganz einerlei welcher Art, in der thätigen Zelle bestehen und auf physikalischem Wege, vielleicht durch Quellungsvorgänge, das verwaschene Bild hervorrufen. In diesem Falle würde das frisch untersuchte Präparat also wirklich noch vitale Zustände zeigen.

Daneben aber bestand noch die Möglichkeit, dass die ganze Erscheinung erst durch die Behandlung des Schleimhautstückchens verursacht sei. In letzterer Hinsicht muss man sich vergegenwärtigen, dass beim Zerzupfen des Präparates die Drüsenzellen nicht nur wie an ruhenden Stückchen mit normalen Gewebssäften und der zugesetzten physiologischen Kochsalzlösung in Berührung kommen, sondern nothwendiger Weise auch mit dem in den Drüsen befindlichen sauren Magensaft. Nun hatte Heidenhain[1] schon beschrieben, dass die Belegzellen durch Zusatz von 0.5 bis 5 Procent Mineralsäuren (Salpeter-, Schwefel-, Salzsäure) getrübt werden. Wir machten den Versuch mit 0.4 procent. Salzsäure. Dazu nahmen wir ein Zupfpräparat eines

---

[1] *Archiv für mikroskop. Anatomie.* Bd. VI. S. 377.

alkalisch reagirenden Stückchens Schleimhaut von Hund B und setzten statt
der physiologischen Kochsalzlösung die Salzsäure zu. Alsbald wurde der
Anfangs deutlich granulirte Inhalt der Belegzellen undeutlich, die Zelle
trübte sich, während die Conturen und die Kerne schärfer hervortraten.
Dies Bild blieb bestehen, ohne dass die Granula der Hauptzellen ähnliche
Veränderungen zeigten; im Gegentheil wurden dieselben glänzender. Nebenbei
bemerkt trat im weiteren Verlaufe der Wirkung die von Heidenhain
schon beschriebene Auflösung der Hauptzellen ein, die Belegzellen aber
verhielten sich resistenter.

Diese Versuche beweisen, dass die 0·4 procent. Salzsäure wirklich im
Stande ist, Veränderungen an den Belegzellen hervorzurufen, wie wir sie
für den Thätigkeitszustand derselben charakteristisch fanden.

Wir kommen nun wieder auf die vorhin gestellte Frage zurück. Wenn
die Salzsäure die Ursache des Verwaschenwerdens der Belegzellen ist, ist
dann die Erscheinung eine vitale, bedingt durch einen etwaigen Salzsäure-
gehalt der Zelle in bestimmten Secretionsphasen, oder eine künstlich hervorgerufene, bedingt durch das unvermeidliche Eindringen des Magensaftes
bei der Präparation? — Wäre das letztere der Fall, so müsste man wohl
erwarten, dass alle Belegzellen ein und desselben mikroskopischen Präparates
das Trübwerden zeigten; das trifft aber nicht zu. Aus diesem Grunde ist
es uns wahrscheinlicher, dass die fragliche Veränderung der Belegzellen,
so wie wir sie am frischen Objekt sahen, auch in der lebenden Drüse besteht, und wir könnten uns wohl vorstellen, dass die vielleicht an Ort und
Stelle entstandene Säure die Erscheinung hervorruft.

Dieser Erörterung indessen wollen wir hier nicht weiter Raum geben.
Es würde, wenn wir mit der letzteren Ansicht auch im Einklang uns be-
fänden mit denen, welche eine Betheiligung der Belegzellen an der Bildung
der Salzsäure anerkennen, doch gleich eine Differenz bestehen zu der Meinung, dass die fertige Säure nicht in den Zellen, sondern ausserhalb derselben aufträte. Zudem ist auch noch der Einwand zu machen, es sei
vielleicht gar nicht die Salzsäure, sondern ein anderer Körper, welcher in
gleicher Weise wirke; diese Möglichkeit muss ja von vornherein zugegeben
werden. Immerhin aber würde auch dann diese Wirkung in unserem Sinne
aus dem genannten Grunde als eine vitale angesehen werden müssen.

Auf die Frage, in wie weit die Belegzellen bei der Säurebildung betheiligt sind, wird der Eine von uns in einer weiteren Arbeit noch eingehen.

Nach verschiedenen Richtungen hin ergänzen die fixirten Präparate
das eben Geschilderte, da am fixirten Material manches zum Vorschein
kommt, was an dem frischen Object nicht zu sehen war.

Drüsenkörper.

Wie wir im ersten Abschnitt schon sahen, lehrt ein genauer Vergleich der Drüsendurchschnitte in früheren Secretionsstadien schon, dass eine geringe Volumabnahme der Hauptzellen thatsächlich vorhanden sein kann. An Altmann-Präparaten kommt noch eine ändere Erscheinung hinzu, welche übrigens auch nach Scheinfütterungen hervortreten kann. Es finden sich nämlich nicht so selten in toto dunkler gefärbte Zellen (Fig. 9, Taf. III). An ruhenden Drüsen sieht man dieselben zwar auch, aber doch viel seltener, so dass also hier eine quantitative Verschiedenheit vorliegt. Diese dunkleren Zellen sind gewöhnlich schmäler als die übrigen. Man muss annehmen, dass dieses Zellbild dadurch hervorgerufen wird, dass im Chemismus der Zelle sich etwas geändert hat, wodurch ihre Bestandtheile mit den Fixirungs- und Färbelösungen anders reagiren. Alle, auch diese Hauptzellen, jedoch sind in diesen frühen Stadien durchaus noch von dem Zellnetz durchzogen, das nur etwas dicker als in der Norm sein dürfte. In den meisten Präparaten sehen wir an der Zellbasis keine dichtere Anhäufung von Protoplasma. Nur in einem Falle, nach einer Scheinfütterung, lässt sich eine solche nachweisen; daselbst liegen ferner fuchsinophile Protoplasmakörnchen, und der Zellkern zeigt die für die thätige Drüsenzelle charakteristische Formveränderung, nämlich die rundliche Begrenzung, und stärkeres Tinctionsvermögen. Im Ganzen also bestätigen diese Bilder das wesentliche Ergebniss der Beobachtung der frischen Hauptzelle, dass die Zelle in diesem Thätigkeitszustande durchaus von granulirter Beschaffenheit ist.

In späteren Secretionsstadien dagegen weisen die Hauptzellen nach der Fixirung etwas Neues auf. Die mehr oder weniger verkleinerten Zellen können nämlich, was man schon bei schwächereñ Vergrösserungen erkennt, basal eine stärker färbbare, anscheinend protoplasmatische Schicht von dem den übrigen Theil der Zelle erfüllenden Netz unterscheiden lassen. Hierauf müssen wir' etwas genauer eingehen, zumal derartige Bilder schon beschrieben wurden (Kolossow, Zimmermann, E. Müller, Théohari). Zunächst müssen wir hervorheben, dass sich in der erwähnten Weise nur die Hauptzellen von Hund A, nicht aber diejenigen des anderen Hundes darbieten, wobei wir uns selbstverständlich auf einen Vergleich übereinstimmender Stadien bei beiden beziehen. Ferner muss man, um bei der Deutung dieser Bilder nicht irre zu gehen, das angewandte Fixirungsmittel in Rücksicht ziehen. Wir stellen deshalb Fig. 11, Taf. III nach einem van Gehuchten-Präparat und Fig. 10, Taf. III nach einem Altmann-Präparat desselben Schleimhautstückchens neben einander. Fassen wir zunächst die letztere Figur in's Auge, so sieht man in der basalen Region der Hauptzellen, abgesehen vom Kern, eine fast homogene gelb gefärbte Grundsubstanz, die man durchweg als protoplasmatisch ansprechen möchte. Vergleicht man aber hiermit die Hauptzellen der anderen Figur, so wird man sofort sehen, dass diese basal gelegene Substanz dort in etwas ausgedehnterem Maasse ein Netzgefüge zeigt. Offenbar also waren doch auch in diesem Theile der Zelle ursprünglich Granula gelegen, allerdings nicht dicht. Der Unterschied in dem Aussehen der basalen Partien der Hauptzellen in beiden Fällen kann sich so erklären lassen, dass die dort gelegenen Granula im Altmann-Schnitt vorhanden und gelb gefärbt sind, aber sich nicht distinct von ihrer nächsten Umgebung abheben. Denn ein Mal ist uns von anderen Drüsenzellen her bekannt, dass bei der Altmann'schen Fixirungs- und Färbemethode dies vorkommen kann, und ferner spricht für diese Auffassung die Lagerung der fuchsinophilen Körnchen und Fäden an der Zellbasis. Dieselben sind nämlich auch dort manchmal so angeordnet, als ob sie im Verlauf der Fäden eines Maschennetzes lägen. Wenn wir uns also ein naturgetreues Bild von den Verhältnissen in der lebenden Zelle machen wollten, so würden wir, was die Granula betrifft, nicht auf die Altmann-Präparate, sondern die van Gehuchten'schen uns stützend annehmen, dass auch basal Granula liegen, aber daneben mehr Protoplasma als in der ruhenden Zelle vorhanden ist. Diese letztere Thatsache nun ist von Wichtigkeit, weil sie an der frisch untersuchten Zelle sich nicht feststellen liess. Wir können nur schliessen, dass diese basale Protoplasmazone zu wenig ausgedehnt ist, um an den frischen Drüsenschläuchen wahrgenommen zu werden.

Erkennen wir somit bei dem einen unserer Hunde eine Ansammlung von Protoplasma an der Basis der thätigen Zelle als richtig an, so sei doch nochmals betont, dass dies bei dem anderen Hunde nicht der Fall ist. Es bestehen in dieser Hinsicht also individuelle Verschiedenheiten.

Das im Uebrigen die Hauptzellen durchsetzende Protoplasmanetz ist in den in Frage stehenden Secretionsstadien oft enger als in der ruhenden Zelle. Daraus geht hervor, dass die Granula im weiteren Verlaufe der Zellthätigkeit noch weiter an Grösse abnehmen. Ferner erscheint der Mascheninhalt an Altmann-Präparaten häufig ungefärbt; eine Erscheinung, die ja hier und da schon im Ruhezustande bemerkbar war.

Fassen wir die geschilderten Thatsachen nochmals zusammen, so sehen wir die Hauptzellen sich bei der Thätigkeit verkleinern, Anfangs wenig, später bedeutender. Ebenso verkleinern sich die Zellgranula. Beides lässt sich übereinstimmend durch Beobachtung der frischen wie fixirten Zellen erweisen. Zweifellos ist die Volumabnahme der ganzen Zellen nicht nur bedingt durch diejenige ihrer Granula. Vielmehr büsst die Zelle im Verlaufe ihrer Thätigkeit auch an Granula ein, diese schwinden also nicht nur an Umfang, sondern auch an Zahl. Dass dem so sein muss, lehrt der Vergleich fixirter Präparate, in denen man genauer als bei der frischen Drüse den Granulagehalt der Zellen beurtheilen kann. Es ist aber dabei zweierlei zu bemerken. Erstens braucht es, wie gesagt, in Folge des Verlustes der Granula nicht zu einem Auftreten reichlicheren Protoplasmas an der Zellbasis zu kommen, und zweitens geht der Schwund der Granula nicht weit, vielmehr enthalten auch die in der charakteristischen Weise veränderten Zellen immer noch eine ganze Anzahl, allerdings verkleinerter Granula.

Bei der hier gegebenen Schilderung haben wir es absichtlich, und zwar aus dem im vorigen Abschnitt angegebenen Grunde, vermieden, die beobachteten Veränderungen der Hauptzellen auf eng begrenzte Stadien, etwa bestimmte Stunden während der Secretion zu beziehen. Wir müssen auch hier sagen, dass es, wie bei der Grössenveränderung der ganzen Zelle, so auch hinsichtlich derjenigen der Granula ganz davon abhängt, in welchem Maasse die Secretion bestanden hat. So finden wir auch in dem oben schon besonders namhaft gemachten Versuch Nr. 7, in welchem die Drüsenzellen zu möglichst forcirter Thätigkeit 6 bis 7 Stunden lang angeregt wurden, eine Abnahme der Granula, die eher noch bedeutender erscheint als in Versuch Nr. 8, wo die Verdauung einer einmaligen Mahlzeit erst in der 10. Stunde unterbrochen wurde.

An den Belegzellen hatten wir, als wir ihr Aussehen in frischem Zustande beschrieben, schon erkannt, dass sie in allen Secretionsstadien granulirt erscheinen. Dies bestätigen nun auch die Altmann-Präparate; denn überall sieht man die roth gefärbten Granula in den Zellen vorhanden. Von einem verwaschenen Zellbild, wie es dort der Fall war, ist nach dieser Fixirung keine Andeutung mehr. Das kann nach unserer oben gemachten Annahme nicht Wunder nehmen, da ja wohl die Fixirungslösung den Quellungszustand der Theile alteriren muss. Auch eine Grössenzunahme der einzelnen Granula, welche an einer Reihe von Belegzellen frisch zu sehen war, tritt an den Schnitten nicht hervor. Dafür aber sieht man an den Präparaten einiges, was auf intergranuläre Veränderungen hinweist.

Während nämlich in der ruhenden Zelle die Granula bis auf die oben angeführten Stellen ziemlich gleichmässig vertheilt liegen, finden sich im thätigen Zustande helle Strassen die Zelle durchziehend, welche die Zelle zerklüften und so die Granula in unregelmässige Haufen theilen (Figg. 10 und 12, Taf. III). Innerhalb der einzelnen Haufen scheinen die Granula dann etwas dichter zu liegen. Eine regelmässige Anordnung dieser Gänge ist durchaus nicht vorhanden, nur kann man in ausgesprochenen Fällen sehr häufig einen concentrischen Ring um den Kern herum finden. Noch wenig deutlich findet man diese Durchfurchung der Zellen in frühen

Secretionsstadien, später erst reichlich, und immer die Belegzellen des Drüsenhalses in stärkerem Maasse davon betroffen als diejenigen des Körpers. Offenbar handelt es sich bei diesen Bildungen um die hellen Streifen, welche E. Müller[1] in den Belegzellen des Kaninchenmagens beschrieben hat, und wir nehmen auch mit diesem Autor an, dass diese Streifen auf ein System von intracellular verlaufenden Secretcanälchen zu beziehen sind.

Eine genauere Kenntniss von den Secretbahnen innerhalb der Belegzellen ist bekanntlich zuerst durch die Golgi'sche Methode angebahnt worden, um deren erfolgreiche Anwendung an den Magendrüsen sich ausser Golgi vor allen Langendorff und Laserstein, E. Müller, Zimmermann[2] u. A. verdient gemacht haben. Diese Canälchen lassen sich so als schwarze, korbartig verflochtene Verästelungen in der Zelle darstellen. Die Verzweigungen sind in der Ruhe nicht so ausgedehnt wie in der Thätigkeit. Diese letzteren charakteristischen Unterschiede können wir bestätigen. Ferner sind wir auch der Ansicht, dass die Golgi-Bilder sich im Ganzen mit den Zellbildern decken, welche wir nach der Altmann'schen Methode erhielten, wenigstens soweit der Verlauf der Canälchen in Frage steht. In beiden Fällen also würde es sich um die Darstellung eines intracellularen Canälchennetzes handeln. Schliesslich wird man auch nicht daran zweifeln dürfen, dass dasselbe wirklich vital besteht. Denn dass man es in der frischen Zelle nicht sieht, kann nicht dagegen sprechen, weil hierüber doch nur feinere Durchschnitte belehren können.

Etwas schwieriger aber dürfte es sein, über die Bedeutung einer anderen Bildungsart in der Belegzelle klar zu werden, nämlich über die schon im Ruhezustande ab und zu vorhandenen, hier aber zahlreicher auftretenden Vacuolen. Dieselben stellen sich auf dem Durchschnitt (am Altmann-Präparat) als Lücken von scharfer Begrenzung und oft ansehnlicher Grösse dar. Besonders in den Belegzellen des Drüsenhalses können sie sehr gross sein. Auch diese Vacuolen sind schon mehrfach beschrieben worden, von Hamburger, Stöhr, Sachs, E. Müller, Stintzing[3], Bonnet.[4] Sie stehen offenbar in inniger Beziehung zur Secretionsthätigkeit der Belegzelle, eben deshalb, weil sie an Zahl und Grösse während der Verdauung zunehmen. Was die kleineren Formen unter ihnen betrifft, so könnte man,

---

[1] *Zeitschrift für wissenschaftliche Zoologie.* Bd. LXIV. S. 625.
[2] Golgi, Sur la fine organisation des glandes peptiques des mammifères. *Arch. ital. de Biolog.* T. XIX. p. 448. — E. Müller, *Zeitschrift f. wissenschaftl. Zoologie.* Bd. LXIV. S. 624. — Langendorff und Laserstein, Die feineren Absonderungswege der Magendrüsen. Pflüger's *Archiv.* Bd. LV. S. 578. — Zimmermann, *Archiv für mikroskopische Anatomie.* Bd. LII. S. 640.
[3] Hamburger, Stöhr, Sachs, E. Müller, Stintzing, a. a. O.
[4] Bonnet, *Deutsche medicinische Wochenschrift.* 1893. S. 431.

wie es auch geschah, ja annehmen, dass sie etwa den durchschnittenen grösseren Aesten der Golgi-Körbe entsprächen, für die grösseren dagegen mangelt uns eine einigermaassen sichere Deutung. Vor Allem kommt da in Frage, ob sie nicht als Kunstproducte zu betrachten sind. Denn bei ihrem oft sehr. bedeutenden Umfang sollte man doch erwarten, sie in der frischen Zelle erkennen zu können. Wir möchten deshalb für die letzteren die Deutung dahingestellt sein lassen.

Drüsenhals.

Da wir die Veränderungen der Belegzellen denen der nämlichen Zellen des Drüsenkörpers als gleich schon beschrieben haben, wobei wir nochmals hervorheben, dass sie hier stets intensiver sind als dort, erübrigt es noch, die Halshauptzellen kurz zu erwähnen. Wir sagten oben bereits, dass sie keine Merkmale secretorischer Thätigkeit zeigen. Die besonders in Betracht kommenden hellen Zellen der Balsampräparate, also diejenigen, welche den fein granulirten frischen Zellen entsprechen, erscheinen ebenso hell, mit demselben feinen Netz ausgestattet und in gleicher Weise den Kern basal führend wie in der Ruhe. Die ganzen Zellen sind nicht nur nicht verkleinert, sondern eher noch voluminöser. Aus diesem ihrem Verhalten in thätigen Drüsen geht hervor, dass sie auch functionell nicht mit den Hauptzellen des Drüsenkörpers übereinstimmen. — Ueber die andere von uns beschriebene kleinere Zellform des Halses können wir auch keine Angaben machen, welche sich auf secretorische Aenderungen bezögen. Wir müssen uns deshalb begnügen, diese beiden Zellformen nur ihrem rein morphologischen Charakter nach beschrieben zu haben.

Schliessen wir deshalb die Halshauptzellen von den folgenden Erörterungen über den Secretionsmodus der Fundusdrüsen ganz aus, so bleibt hier vorläufig zweierlei zu betonen. Erstens die zur Genüge hervorgehobene Thatsache, dass die Belegzellen sämmtlicher Regionen der Fundusdrüsen denselben Bau und principiell die gleichen secretorischen Veränderungen zeigen. Und zweitens die ebenfalls aus unserer Darstellung ohne Weiteres hervorgehende Thatsache, dass zwischen Beleg- und Hauptzellen keine secretorischen Uebergänge vorkommen. Die früher geäusserte Annahme einiger Autoren, die eine Zellart gehe im Laufe der Thätigkeit aus der anderen hervor, ist im Laufe der Zeit auch mehr und mehr als irrig verlassen worden.[1]

---

[1] Nachdem bekanntlich schon Heidenhain die Haupt- und Belegzellen functionell scharf getrennt hat, erklären sich von neueren Untersuchern u. A. Pirone (am Hund) und R. und A. Monti (am Murmelthier) ausdrücklich für die Specificität der Belegzellen. Stöhr erklärt etwaige Uebergangsformen zwischen beiden Zellarten im Sinne von Toldt (*Wiener Sitzungsberichte*. 1880. Bd. LXXXII. Abthlg. III. S. 57) für

III. Die Secretionsvorgänge innerhalb der Drüsenzellen.

a) Der Secretionsmodus der Hauptzellen.

Als das wesentlichste Merkmal der Thätigkeit der Hauptzellen haben wir einen Verbrauch ihrer Secretgranula festgestellt. Wir sind damit zu demselben Resultat gekommen, wie Langley und Sewall und nach ihnen eine grosse Reihe anderer Autoren, welche an Magendrüsen gearbeitet haben. Es ist ganz bemerkenswerth, dass, wie aus diesen Arbeiten hervorgeht, dieser Vorgang ebenso für die Drüsen niederer Wirbelthiere wie der Säuger feststeht. In dieser Hinsicht sei hier neben den oben angeführten Arbeiten noch auf die Untersuchungen Carlier's[1] an Tritonen und neuerdings Braitmaier[2] am Vogel verwiesen; interessant auch sind die bezüglichen Beobachtungen von R. und A. Monti[3] an dem winterschlafenden und wachen Murmelthier.

Weiterhin erkennen wir, dass die secretorischen Veränderungen der Hauptzellen sehr ähnlich denjenigen einer ganzen Reihe anderer Drüsenzellen sind, vor Allem der in den letzten Jahren vielfach untersuchten Speicheldrüsen. Hier wie dort kann man im Verlaufe der Secretion eine Abnahme der Granula an Grösse wie auch an Zahl mit Sicherheit nachweisen; beide Male auch nimmt dementsprechend das Volum der ganzen Zelle ab. Ein Unterschied bei den verglichenen Zellformen besteht nur darin, dass beim Magen der Verlust der Hauptzelle an Granula nicht so weitgehend ist wie dort. Dies drückt sich vor Allem darin aus, dass vollständig secretleere Hauptzellen normaler Weise nicht auftreten. Dieser Unterschied ist also nur ein quantitativer und, wie schon gesagt, vielleicht dadurch verursacht, dass man die Speicheldrüsen meist nicht unter ganz physiologischen Bedingungen, wie die Magendrüsen, sondern unter dem Einfluss künstlicher Nervenreizung untersucht hat. Gerade dieser letztere Umstand aber, dass man nämlich die

Regenerationsstadien. Bezüglich derjenigen Arbeiten, in welchen die Ansicht vertreten wird, dass die eine in die andere Zellart im Laufe der Secretion übergehe, sei auf die Zusammenstellung in Oppel's *Lehrbuch der vergl. mikroskopischen Anatomie*. Bd. I. S. 234 verwiesen. Wir möchten auf Grund unserer Beobachtungen nur Folgendes hier betonen. Erstens sind die Belegzellen während der Thätigkeit der Drüsen grösser als die Hauptzellen; mithin können sie nicht den secretleeren Zustand der Hauptzellen repräsentiren. Zweitens sind die Granula der Belegzellen kleiner als diejenigen der Hauptzellen; mithin können umgekehrt die Belegzellen nicht auf dem Wege der Secretabgabe zu Hauptzellen werden.

[1] Carlier, Changes that occur in some cells of the Newts stomach during digestion. *La Cellule*. 1899. Vol. XVI. p. 405.

[2] H. Braitmaier, Ein Beitrag zur Physiologie und Histologie der Verdauungsorgane bei Vögeln. *Inaug.-Dissertation*. Tübingen 1904.

[3] A. a. O.

Hauptzellen auch im Thätigkeitszustande unter physiologischen Bedingungen beobachtet, dürfte dazu beitragen, in der Erkenntniss des Secretionsablaufes dieser Classe von Drüsenzellen der Wahrheit etwas näher zu kommen. Wir denken hierbei vor Allem an den zeitlichen Ablauf der Secretionsvorgänge.

Sowohl bei Scheinfütterungen wie in den ersten Verdauungsstunden war es auffallend, wie wenig bemerkbar die Abnahme der Granula an Grösse wie Zahl war. . Dies weist darauf hin, dass offenbar das in Gestalt der Granula angehäufte Secretmaterial nur ganz allmählich verbraucht wird. Wir können uns darnach nicht vorstellen, dass etwa Korn für Korn auf ein Mal ganz von der Zelle abgegeben wird, sondern schrittweise würde entsprechend der allmählichen Verkleinerung der einzelnen Granula ihr Material — vermuthlich gleichzeitig mit einem durch die Zelle gehenden Flüssigkeitsstrom — fortgeschafft. Damit ist auch eine öfters schon ventilirte Frage, ob nämlich die Granula gelöst oder so zu sagen körperlich aus der Zelle herausgestossen in's Secret übergehen, für unser Object entschieden. War der letztere Vorgang schon deshalb unwahrscheinlich, weil man keine frei in den Drüsengängen liegenden Granula findet, so wird der erstere hier direct bewiesen.

Bei diesem Vorgange des Granulaverbrauches werden nach der geläufigen Vorstellung zunächst diejenigen von ihnen angegriffen, welche nach der Spitze der Zelle zu liegen, darnach die mehr basal gelegenen. Da man in Folge dessen, wenn es zu einem grösseren Verbrauch der Granula kommt, ein allmähliches Verschieben der tiefer gelegenen nach oben annehmen muss, so wird man, wie Kolossow betont, auch dem Protoplasma eine nicht geringe Verschieblichkeit zusprechen müssen. In extremen Fällen, wo verhältnissmässig viel Secret von der Zelle abgegeben worden ist, kann dasselbe dann sich basal anhäufen, ein Zustand, den wir an den Hauptzellen des Hundes, wie erwähnt, nicht sehr ausgeprägt fanden, der aber von den Speicheldrüsen und der Thränendrüse genügend bekannt ist.

Ferner können wir auf Grund der beschriebenen fixirten Drüsenbilder auch an den Hauptzellen, wie an Speicheldrüsenzellen, verfolgen, wie das einzelne Granulum in verschiedenen Zuständen sich präsentirt. Wir beschrieben, dass an Altmann-Präparaten für gewöhnlich Granulareste in den Protoplasmamaschen der ruhenden Zelle vorhanden sind. Dieselben konnten während der Thätigkeit intensiver färbbar werden, oder aber an Färbbarkeit bis zum völligen Verschwinden einbüssen. Dieser Erscheinung liegen zweifellos chemisch-physikalische Aenderungen in der Substanz der Granula zu Grunde. Wir haben nur keine Anhaltspunkte, worin dieselben bestehen.

Da wir an unserem Untersuchungsmaterial im Wesentlichen wohl die Hauptzellen in der Phase der Secretabgabe vor uns haben, so können wir diesem über den Modus der Secretbildung nichts Genaueres entnehmen. Immerhin ist erwähnenswerth, dass auch hier wie z. B. bei den mucösen und serösen Zellen der Speicheldrüsen in dem Protoplasma sich die fuchsinophilen Körnchen Altmann's finden, welche am zahlreichsten in den mehr oder weniger secretarmen Zellen vorhanden sind. Nach Analogie mit den erwähnten Zellen könnte man in ihnen eine Vorstufe der Secretgranula sehen. Es ist nur die Frage, ob sie in dieser Form auch in der lebenden Zelle wirklich liegen, oder ob sie nicht als Kunstproducte bei der Fixirung und Härtung entstehen. Aber selbst angenommen, das letztere wäre der Fall, so müssten an den Stellen des Protoplasmas, wo sie herauskommen, ursprünglich doch Differenzirungen, allerdings nicht morphologischer, sondern chemischer Natur bestanden haben, und diese könnten dann eine Beziehung zu den Granula haben. Es würden dann also die rothen Körner nicht die Formen, sondern nur die Stellen bezeichnen, aus, beziehungsweise an denen die Granula sich bilden.

Was schliesslich die Kerne der Hauptzellen betrifft, so haben weder die frisch untersuchten wie die nach den von uns angewandten Methoden fixirten Zellen einen Anhaltspunkt dafür gegeben, dass sie bei der Secretion direct Secretmaterial liefern.

b) Der Secretionsmodus der Belegzellen.

Wir knüpfen hier zunächst an die den Belegzellen eigenthümlichen, in der Zelle sich verzweigenden Secretbahnen an. Dieselben sahen wir in Uebereinstimmung mit zahlreichen Autoren während der Thätigkeit der Drüse zu vollster Entwickelung gelangen. Erst dann also bildet sich dies Netz in ganzem Umfange aus, indem es sich zwischen den Granulahaufen ausbreitet. Mit Zimmermann müssen wir deshalb mindestens diesen Theil der Bahnen als vergängliche Bildungen ansehen; sehr schön wird dies auch durch die Untersuchungen von R. und A. Monti am Murmelthier demonstrirt. Diese Bildungen zeigen also, dass der Modus der Secretabgabe Seitens der Zelle bei den Belegzellen ein anderer ist, als bei den Hauptzellen. Während das Secret der letzteren, wie wir annehmen müssen, erst im Lumen des Drüsenschlauches den Beginn seiner Abführwege findet, hat dasjenige der Belegzellen die Anfänge der seinigen schon in der Zelle selbst. Hierin stimmen wir mit Zimmermann, E. Müller und auch Kolossow ganz überein.

Zu anderen Anschauungen als die genannten Autoren sind wir aber über die Entstehung des Secretes in der Belegzelle gelangt.

Der Kernpunkt der Frage liegt darin, ob in den Belegzellen ebenso wie in den Haupt- und diesen verwandten Zellen die Granula sich bei der Secretion verbrauchen oder nicht.

E. Müller[1] sieht in den nach der Eisen-Hämatoxylinmethode M. Heidenhain's sich färbenden Granula der ruhenden Zellen die Vorstufen des Secretes, ähnlich wie bei den Hauptzellen. Indem die Granula ihre Färbbarkeit ändern (Rothfärbung mit Rubin), verschmelzen sie, so dass in den Zellen „Inseln" solcher Körner entstehen; diese confluiren und gehen in die Secretcapillaren über.

Zimmermann[2] schildert an den Belegzellen des Menschen den Vorgang im Princip ähnlich. Die in einer centralen und peripheren Zone gelegenen Granula rücken nach ihm in die dazwischen liegende intermediäre Zone. Dort verlieren sie ihre Färbbarkeit mit Hämatoxylin, lassen sich aber mit sauren Farbstoffen tingiren. Nun werden sie flüssig und gehen in das Secret über.

Kolossow[3] spricht ebenfalls von einer Auflösung der (nach seiner Methode) in der Zellperipherie darstellbaren Granula, in Folge deren bei der Secretion diese Zone sich verschmälern soll.

Diesen Vorstellungen liegt also gemeinsam die Annahme zu Grunde, dass die Granula sich verflüssigen und so aus der Zelle verschwinden. Es müsste darnach also allmählich eine Verarmung der Zelle an diesem Bestandtheil eintreten.

Dieser Ausführung müssen wir nach unseren Untersuchungen am Hund folgende Beobachtungen gegenüberstellen.

Erstens haben wir weder in den intracellularen Secretcanälchen noch in deren directer Umgebung an Altmann-Präparaten Granula gefunden, welche sich tinctoriell anders als die übrigen verhalten hätten. Aber selbst wenn das auch der Fall gewesen wäre, dann würden die folgenden Thatsachen uns doch davon abgehalten haben anzunehmen, dass es sich um in totaler Auflösung begriffene Granula handeln könnte. Nämlich

Zweitens können wir nicht feststellen, dass die Anzahl der Granula sich in den secernirenden Zellen vermindert. Zugegeben, dass man kleine Differenzen mit Sicherheit nicht erkennen kann, so müsste doch nach Stunden langer Thätigkeit der Zellen die Abnahme derselben bemerkbar werden, so wie es bei den Hauptzellen ohne Zweifel der Fall ist.

Drittens tritt, wie schon Heidenhain fand, bei der Secretion keine Verkleinerung der Belegzellen ein, sondern eher eine Vergrösserung. Man

---

[1] A. a. O. S. 629.
[2] *Archiv für mikroskopische Anatomie.* Bd. LII. S. 642.
[3] *Ebenda.* S. 19.

könnte hierzu bemerken, dass das auf die Ausdehnung der Secretbahnen
zurückzuführen wäre, wodurch eine durch Granulaverlust hervorgerufene
Verkleinerung der Zelle compensirt würde. Dem ist entgegenzuhalten, dass
dafür die Granula wiederum dichter liegen, so dass granuläre Substanz
einerseits und intergranuläre anderseits an Menge, doch ziemlich gleich blieben.

Viertens haben wir an frischen Zellen während der Thätigkeit nicht
verkleinerte, sondern gerade vergrösserte Granula gesehen.

Indem wir natürlich die thatsächlichen Beobachtungen der genannten
Autoren anerkennen, müssen wir doch diese vier aufgezählten Momente als
unvereinbar mit der Annahme einer Auflösung der Granula der Belegzellen
beim Hunde ansehen.

Wir wollen hiermit uns nur dagegen wenden, dass dem Secretionsvorgang in den Belegzellen analog dem der Hauptzellen von Anfang an
ein Verbrauch der Granula zu Grunde läge, und dagegen betonen, dass
Stunden lang die Zelle secerniren kann, ohne Granula zu verlieren. Es soll
damit aber nicht in Abrede gestellt werden, dass im Laufe der Secretion
nicht auch das eine oder andere Granulum der Zelle verloren geht; dann
würden wir darin jedoch nur einen secundären Vorgang erblicken. Ferner
wollen wir auch im Auge behalten, dass nach langer und forcirter Thätigkeit grosse Vacuolen in den Zellen entstehen. Ist es auch nicht erwiesen,
so wäre es doch möglich, dass diese vital vorhanden sind. Dann allerdings
könnten sich dieselben nur auf Kosten der Granula gebildet haben. Wir
müssten dann wohl für spätere Stadien einen Verlust der Granula anerkennen,
aber dennoch für die früheren Secretionsstadien daran festhalten, dass die
Zelle secernirt, ohne ihre Granula zu verbrauchen. Es scheint uns übrigens
nicht gegen unsere Auffassung die Angabe E. Müller's zu sprechen, wonach
unter der Einwirkung des Pilokarpins vollständig granulafreie Belegzellen
entstehen. Denn das Pilokarpin dürfte doch die normale Thätigkeit der
Zelle alteriren.

Auf Grund unserer Beobachtungen sind wir somit zu der Ansicht gekommen, es könnten die Belegzellen secerniren, ohne dass ihre Granula
an Zahl und Volumen abnehmen. Wie aber nun dann der Secretionsvorgang
wirklich ist, das lässt sich mit Sicherheit gar nicht sagen. Ein Anhaltungs-
punkt wäre gegeben in der Erscheinung, dass die Granula während der
Thätigkeit grösser als in der Ruhe sind. Man könnte sich darnach vorstellen, dass Zustände des An- und Abschwellens mit einander wechselten.
Selbstverständlich aber lässt sich das auf Grund von Vergleichspräparaten
nicht entscheiden; dazu müsste man das lebende Object beobachten können.
Mit Sicherheit aber geht aus unseren Untersuchungen hervor, dass wir in
den Granula der Belegzellen Granula anderer Ordnung als in denen der
Hauptzellen vor uns haben.

Da doch wohl der von uns für die Belegzellen des Hundes angenommene Secretionsmodus nicht vereinzelt dastehen dürfte, wäre es erwünscht, vielleicht an geeigneten Drüsen niederer Thiere, bei denen man die Drüsenzelle in vivo ansehen könnte, nach Aehnlichem zu suchen. In erster Linie wären solche Drüsen in's Auge zu fassen, welche ein an festen Bestandtheilen armes, fermentfreies Secret liefern. Denn soweit sich das bis jetzt sagen lässt, scheinen diejenigen Zellen, welche complicirtere Verbindungen für das Secret auszuarbeiten haben, nach dem Typus der Hauptzellen gebaut zu sein und deren Modus entsprechend zu secerniren.

Wenn wir zum Schluss nochmals auf die Eingangs gestellte Frage zurückkommen, wie sich die Fundusdrüsen des Hundes nach Scheinfütterungen verhalten, so können wir sagen, dass sie da im Ganzen sich gleich verhalten wie während der Verdauung. Dieselben geringen Veränderungen wenigstens, welche wir nach Scheinfütterungen bis zur Dauer von 2 Stunden an ihnen constatirten, traten in gleicher Weise auch während der ersten Verdauungsstunden hervor. Würde es uns gelungen sein, bei unserem ösophagotomirten Hunde die Scheinfütterungen länger auszudehnen, etwa 4 bis 5 Stunden lang, so hätten wir vielleicht stärkere Veränderungen als in den entsprechenden Stunden nach Fütterungen angetroffen; die Möglichkeit solcher quantitativ verschiedenen Resultate bei beiden Versuchsformen ist durch die Versuche Nr. 7 und Nr. 13 gegeben. Umgekehrt aber lehren auch unsere Scheinfütterungsversuche, dass in Folge der stärksten, nämlich der „psychischen", Erregung die Drüsen eine beträchtliche Arbeit leisten können, ohne sich im histologischen Bilde auffallend zu verändern.

Erklärung der Abbildungen.

(Taf. III.)

Fundusdrüsen des Hundes.   *h* = Hauptzelle, *b* = Belegzelle.

Figg. 1 und 2 nach frischen Präparaten.

Fig. 1. Hauptzellen und Belegzellen in ruhendem Zustande; erstere mit grossen, letztere mit kleinen Granula. Vergr. 840 fach.

Fig. 2. Desgl. während der Secretion (10. Verdauungsstunde). Die Granula der Hauptzellen verkleinert. Der Inhalt der Belegzelle trüb, verwaschen. Vergr. 840 fach.

Figg. 3 bis 14 nach fixirten Präparaten.

Figg. 3 bis 6. Fundusdrüsen in Ruhe und Thätigkeit; längs. van Gehuchten's Flüssigkeit. Hämatoxylin-Eosin. Vergr. 360 fach.

Fig. 3 nach 5 tägigem Fasten.

Fig. 4 nach 1½ tägigem Fasten.

Fig. 5 zu Beginn der 5. Verdauungsstunde.

Fig. 6 in der 10. Verdauungsstunde.

Figg. 7 bis 12. Haupt- und Belegzellen des Drüsenkörpers. Vergr. 1300 fach.

Fig. 7. Haupt- und Belegzellen im Ruhezustande. Altmann'sche Methode. *a*: aus den Randpartien des Schnittes, *b*: aus dem Innern des Schnittes. Beschreibung siehe Seite 108.

Fig. 8. Desgl. van Gehuchten's Flüssigkeit. Hämatoxylin-Eosyn. Beschreibung siehe Seite 108.

Fig. 9. Scheinfütterung ³/₄ Stunden lang. Altmann'sche Methode. Bei *x* stärker färbbare Hauptzellen.

Fig. 10. Beginn der 10. Verdauungsstunde. Altmann'sche Methode. Hauptzellen mit nicht erkennbarem Netz an der Basis. Belegzellen mit (hellen) Secretcanälchen.

Fig. 11. Von demselben Schleimhautstückchen. van Gehuchten's Flüssigkeit. Hämatoxylin-Eosin. In den Hauptzellen basal etwas reichlichere Protoplasmaanhäufung.

Fig. 12. Rege Secretionsthätigkeit (Versuch Nr. 7). Altmann'sche Methode.

Figg. 13 und 14. Zellen des Drüsenhalses. Altmann'sche Methode. Vergr. 1300 fach. Beschreibung siehe Seite 110 u. 111.

Beiträge zur physiologischen Chirurgik der vom Sympathicus innervirten Organe.

Von

Hans Friedenthal
in Berlin.

(Hierzu Taf. IV.)

Die Fortschritte, welche die chirurgische Technik durch Einführung der Antisepsis und vor Allem der Asepsis gemacht hat, eröffneten auch der Physiologie neue noch durchaus nicht genügend bearbeitete Forschungsgebiete durch die Möglichkeit, die Schädigung der Thiere durch die Operationen auf das denkbar geringste Maass zu beschränken und die maassgebenden Untersuchungen erst nach der in wenigen Tagen erfolgenden Heilung der Operationswunden anzustellen. Unter Beachtung aller Hülfsmittel der modernen Chirurgie ist von einer ganzen Reihe von Forschern die planmässige Untersuchung des centralen und peripheren Nervensystems in Angriff genommen worden mit dem Erfolge einer stetigen und sicheren Erweiterung unserer Kenntnisse über den Bau und die Functionen des gesammten Nervensystems. Weit geringer sind die Fortschritte unserer Erkenntniss von der Thätigkeit der vegetativen Organe und wir könnten von einer völligen Stagnation auf diesem Gebiete sprechen, wenn nicht durch J. Pawlow und seine Schüler die planmässige Erforschung der Thätigkeit der Verdauungsorgane mit vollem Erfolge bereits in Angriff genommen wäre.

Die physiologische Chirurgik des Verdauungscanales bietet für eine ganze Reihe von Operationen durch die Anwesenheit von Milliarden von Infectionserregern auf der gesammten inneren Oberfläche des Verdauungstractus Schwierigkeiten von ganz anderer Grössenordnung, als die Untersuchung der übrigen stets sterilen inneren Organe, zumal das sympathische

Nervensystem theilweise im Innern lebenswichtiger Organe vor einem chirurgischen Eingriff geschützt liegt (z. B. im Herzen). Die zu den vegetativen Organen führenden Nervenbahnen erschweren durch die Variabilität ihres Verlaufes die nervöse Isolirung der Organe in hohem Grade. Es darf daher nicht Wunder nehmen, dass grundlegende Fragen auf dem Gebiete der vom Sympathicus innervirten Organe noch der Beantwortung harren und immer neue Operationen erdacht werden müssen, um den Einfluss des sympathischen Nervensystems auf die Function der innervirten Organe klar zu legen.

Wie schon oben erwähnt, ist die völlige Trennung der vom Sympathicus innervirten Organe von jeder Ganglienzelle in den meisten Fällen eine Unmöglichkeit. Die sympathischen Nervennetze enthalten fast stets innerhalb der Organe eingestreute Ganglienzellen, namentlich innerhalb der längsgestreiften Musculatur, und die Ganglienzellen konnten daselbst mit neueren Methoden auch an Stellen nachgewiesen werden, welche man früher für frei von Ganglienzellen gehalten hatte.

Längsgestreifte Musculatur von allen Ganglienzellen getrennt scheint nach Erfahrungen an der längsgestreiften Musculatur der Iris im Gegensatz zu quergestreifter Musculatur nicht zu degeneriren, sondern ihre Erregbarkeit zu wahren bis Regeneration der Nerven erfolgt ist. Wie lange die Erhaltung der Reizbarkeit andauert, ist allerdings noch nicht genügend untersucht.

Diejenigen Drüsen, bei denen eine Abtrennung von der Mehrzahl der Ganglienzellen des sympathischen Nervensystems möglich ist (wie z. B. bei den Speicheldrüsen), sollen unter der Erscheinung der paralytischen Secretion degeneriren. Die Folgen der Trennung drüsiger Organe von den zugehörigen sympathischen Ganglienzellen sind allerdings so wenig untersucht, dass wir weder wissen, ob die Drüse nach Wiedererlangung der nervösen Verbindungen regenerirt, noch ob die paralytische Secretion ein physiologisch wirksames Secret zu liefern im Stande ist, noch ob die paralytisch secernirende Drüse einer activ secernirenden in Bezug auf Blutdurchströmung und Verhalten der Zellkerne gleichzusetzen ist. Immerhin wirft die Thatsache, dass paralytische Secretion von Drüsen nach Trennung von ihrem sympathischen Centralnervensystem eintritt, ein Licht auf die viel umstrittene trophische Function der sympathischen Nerven. Da zur Erhaltung der Leistungsfähigkeit eines jeden Organes, welches im unversehrten Organismus periodisch functionirt, ein Wechsel von Thätigkeit und Ruhe nothwendig ist, so muss die andauernde Thätigkeit der paralytisch secernirenden Drüse zur Zelldegeneration führen, ebenso wie andauerndes Tetanisiren die quergestreifte Musculatur zur raschen Degeneration bringt. Unmittelbar nach der Trennung vom Nervensystem werden die Drüsenzellen aufhören zu secerniren, bis die

Anhäufung der zu secernirenden Stoffe im Innern der Zelle eine solche Reiz-barkeitssteigerung hervorgerufen hat,. dass die mannigfaltigsten äusseren Reize eine Absonderung veranlassen, welche aber aus Mangel an regu-lirenden Nervenreizen nicht zur normalen Secretion, sondern nur zur Ent-fernung des jeweiligen Ueberschusses führt. Wie die nach Herausnahme des Rückenmarkes anfänglich gelähmte Harnblase beim Harnträufeln trotz fortwährender Abgabe von Harn gefüllt bleibt, könnten auch die paralytisch secernirenden Drüsenzellen trotz dauernder Secretion nicht im Stande sein, sich der Secretstoffe in dem nöthigen Umfange zu entledigen, bis durch die fortwährende Thätigkeit eine Erschöpfung der Drüsenzellen eintritt. Wenn diese Vorstellungen von dem Zustandekommen der paralytischen Secretion richtig sind, bestände der trophische Einfluss des sympathischen Nervensystemes für diese Organe in der Regulirung des Wechsels von Thätigkeit und Ruhe, der für die Erhaltung dieser Organe nothwendig ist. Die Verbindung mit dem nervösen Centralorgan wirkte auf die Drüse wie eine Hemmung für die Thätigkeit der einzelnen Drüsenzelle, welche nur im Moment des von der Ganglienzelle her zufliessenden Reizes aufgehoben ist. Die ausgiebige Function bei der durch Nervenreiz ausgelösten Thätigkeit führt zu einer so ausgiebigen Abgabe der Secrete, dass ein andauerndes Secerniren ohne zufliessende Nervenreize ausgeschlossen ist.

Ebenso wenig unterrichtet wie über das Verhalten der vom Sympathicus innervirten Drüsenzellen nach Durchtrennung der letzten zuführenden Nerven-bahnen, der postcellulären Fasern Langley's, sind wir über das Verhalten der Organe mit längsgestreifter Musculatur nach Beseitigung aller sym-pathischen Ganglienzellen. Wenn berichtet wird, dass die längsgestreifte Musculatur der Blutgefässe ihren Tonus auch nach Durchtrennung aller be-kannten Nervenbahnen wiedergewinnt, dass selbst ein so complicirter Vorgang wie die Entleerung der Harnblase nach völliger nervöser Isolirung des Organes möglich sein soll, so muss billig bezweifelt werden, dass die beobachteten Vorgänge nach Ausschaltung aller sympathischen Ganglienzellen möglich sind. Wie schon oben erwähnt, finden sich sympathische Ganglienzellen in allen Organen mit längsgestreifter Musculatur auch an Stellen, welche man früher für frei von Ganglienzellen gehalten hatte. Diejenigen vom Sympathi-cus innervirten Organe, welche wie das Herz, der Uterus, Magen und Darm-wandung complicirter Bewegungen fähig sind, verlieren die Befähigung zur normalen automatischen Reizerzeugung nach möglichst vollständiger Ausschaltung der intramusculären sympathischen Ganglienhaufen, behalten dagegen, wie weiter unten ausführlicher gezeigt werden soll, nach völliger Isolirung vom Centralnervensystem ihre Functionsfähigkeit in so hohem Maasse, dass erst eine eingehendere Untersuchung die Folgen der nervösen Isolirung der vom Sympathicus innervirten Organe wird klarlegen müssen.

Es kann nicht scharf genug unterschieden werden zwischen Isolirung der vom Sympathicus innervirten Orgáne vom Centralnervensystem und Trennung der innervirten Zellen vom sympathischen Nervensystem. Nur der erstere Fall konnte bisher einer genaueren Untersuchung unterzogen werden, für den zweiten Fall müssen wir nach dem Ergebniss der bisherigen Isolirungsversuche bei Herz und Darm Verlust der physiologischen Function als Folge der Isolirung vom Nervensystem voraussetzen. .

Da die Ganglienzellen des sympathischen Nervensystems nicht bloss in den innervirten Organen selber gelegen sind, sondern in den sympathischen Ganglien Concentrationspunkte ausserhalb der Organe besitzen, so könnte die nervöse Isolirung der Organe zu verschiedenen Resultaten führen, wenn die Trennung der Nervenbahnen central oder peripherwärts von den sympathischen Ganglien ausgeführt wurde, es sei denn, dass die Ganglien nur als blosse Relaisstationen und nicht als Reflexcentren aufzufassen sind. Fast in jedem einzelnen Punkte bedürfen unsere Kenntnisse vom sympathischen Nervensystem noch der Erweiterung und Sicherstellung.

Die Selbstständigkeit des sympathischen Nervensystems und der zugehörigen Organe gegenüber dem Centralnervensystem wurde bisher aus nicht immer einwandsfreien Versuchen erschlossen. Die Versuche von Goltz an Hunden mit verkürztem Rückenmark hatten ergeben, dass die vegetativen Functionen nach einer solchen Operation nicht merklich geschädigt erscheinen. Stoffwechsel, Verdauung, Resorption, Nierenfunction, bei weiblichem Thier selbst die Fortpflanzung zeigten keine merkliche Störung, während die zur Begattung erforderlichen Reflexe des männlichen Thieres fehlen. Versuche von Robert Müller in Erlangen[1] führten zu demselben Ergebniss. Diese Versuche können die Unabhängigkeit des sympathischen Nervensystems vom Centralnervensystem deshalb nicht beweisen, weil durch die Vagi, welche in diesen Versuchen erhalten geblieben waren, noch ein Zusammenhang mit der Medulla oblongata bestand. Wie weit die im Vagus verlaufenden sympathischen Fasern sich an den Baucheingeweiden vertheilen, ob Leber, Niere, Geschlechtsorgane ebenso wie Magen und Darmcanal durch den Vagus von der Medulla oblongata aus innervirt werden, wissen wir nicht. Ebenso zweifelhaft, wie in den eben erwähnten Versuchen, bleibt das Gelingen der völligen Isolirung vom Centralnervensystem in denjenigen Versuchen, in welchen durch Ausrottung des Plexus solaris oder von Beckenganglien versucht wurde, Baucheingeweide ihres Zusammenhanges mit dem Centralnervensystem zu berauben. Beim Magen wurde die Exstirpation des Plexus solaris sogar combinirt mit

---

[1] Robert Müller, Klinische Studien über die Innervation der Blase u. s. w. *Deutsche Zeitschrift für Nervenheilkunde.* Bd. XXI. S. 86.

der Durchschneidung beider Vagi, ohne dass nach Ansicht des Verf.s eine Sicherheit für die völlige Isolirung gewonnen wurde. Die sympathischen Ganglien und der Plexus solaris sind keine bestimmt localisirten Organe, sondern der grösste Theil des Mesenteriums enthält zahllose Geflechte von sympathischen Nervenbahnen und Zellen in der variabelsten Anordnung. Es erscheint unmöglich, den Plexus solaris so zu exstirpiren, dass alle vom Rückenmark zu den Baucheingeweiden ziehenden Nervenbahnen durchtrennt werden. Abgesehen von dieser Unmöglichkeit der vollständigen Ausführung der beabsichtigten Operation ist die Exstirpation der sympathischen Ganglien nicht der richtige Weg, um das Verhalten der vom Sympathicus innervirten Organe nach reiner Trennung vom Centralnervensystem zu studiren. Es ist schon oben darauf hingewiesen, dass wir zu unterscheiden haben zwischen der Trennung des sympathischen Nervensystems vom Centralnervensystem und Trennung der Organe von allen ausserhalb gelegenen sympathischen Ganglien.

Die in den folgenden Zeilen beschriebene Operationsweise gestattet, soweit unsere heutigen Kenntnisse reichen, die Trennung aller Nervenbahnen, welche vom Centralnervensystem zu den sympathischen Ganglien ziehen, von denen aus die Baucheingeweide innervirt werden, ohne Ausschaltung centraler Elemente des sympathischen Nervensystems. Wir wissen allerdings noch nicht, ob nicht im Verlaufe des Nervus vagus bis zur Cardia des Magens die zu den Baucheingeweiden führenden Fasern eine Unterbrechung durch Ganglienzellen erleiden. Wäre dies der Fall, etwa im Ganglion jugulare des Vagus, so wären allerdings sympathische Ganglienzellen durch die Operation ausgeschaltet, aber es würde sich gerade in diesem Falle beim Vagus um blosse Relaisstationen handeln und nicht um Uebergänge von sensibeln, von den Baucheingeweiden herkommenden, Bahnen auf motorische. Die Frage nach dem Vorkommen von sensibeln Bahnen im sympathischen Nervensystem scheint dem Verf. auch durch die Reflexversuche von Langley, der ein solches Vorkommen leugnet, nicht genügend geklärt.

Um die Isolirung des Nervensystems der Baucheingeweide vom Centralnervensystem mit möglichster Schonung der sympathischen Ganglien auszuführen, combinirte Verf. die Durchschneidung beider Vagi oberhalb der Cardia mit der Durchschneidung der beiderseitigen Nervi splanchnici majores et minores und der Herausnahme des Rückenmarkes in der Höhe des fünften Brustwirbels. Die Abbildung auf Tafel IV giebt eine Orientirung über den Ort der Durchschneidung der Nervenbahnen, welche vom Centralnervensystem zum sympathischen Nervensystem der Baucheingeweide führen.

Durch die Untersuchungen von J. Pawlow und seinen Mitarbeitern wurden die Schwierigkeiten aufgedeckt, welche der Erhaltung von Hunden nach der Durchschneidung beider Vagi unterhalb des Zwerchfells entgegen-

9*

stehen, und in Magenspülungen und sachgemässer Darreichung von Säure oder Alkali das Mittel an die Hand gegeben, den auftretenden Störungen zu begegnen. Ein vom Verf. operirter Hund überlebte 6 Wochen lang die Durchschneidung beider Vagi oberhalb der Cardia und die beiderseitige Durchschneidung der Nervi splanchnici, einen halben Monat lang die daran angeschlossene Exstirpation des Rückenmarkes vom fünften Brustwirbel abwärts. Durch die Section wurde festgestellt, dass eine nachträgliche Infection der Rückenwunde, die zu einer tödtlichen Meningitis führte, stattgefunden hatte, und dass ein kleiner Ast des Vagus oberhalb der Durchschneidungsstelle abging, der einen kleinen Bezirk der Magenwandung in der Nähe der Cardia innervirte. Mit Ausnahme dieser kleinen Partie der Magenwandung waren sämmtliche Baucheingeweide, Darmtractus, Leber, Pankreas, Harnblase, Nieren und Geschlechtsorgane von jeder Verbindung mit dem noch vorhandenen Centralnervensystem befreit gewesen, ohne jede Schädigung des sympathischen Nervensystems in der Bauchhöhle. Der operirte Hund war lebhaft und munter, selbst nach der Herausnahme des Rückenmarkes vom fünften Brustwirbel abwärts, und zeigte erst 2 Tage vor seinem Tode Krankheitserscheinungen, welche von der stattgehabten Infection herrührten. Stoffwechsel, Verdauung und Nierenfunction zeigten keine gröberen Abweichungen von der Norm. Die gleichzeitige Durchschneidung der beiderseitigen Splanchnici majores et minores gilt als eine tödtliche Operation, indem der Hund sich in seine erweiterten Bauchgefässe verbluten soll. Trotzdem die Section die Durchschneidung der Splanchnici sicherstellte, überlebte der Hund die in einer Sitzung ausgeführte Durchschneidung beider Vagi oberhalb der Cardia und beider Splanchnici ohne schlimme Folgen der eingreifenden Operation erkennen zu lassen. Nur in den ersten Tagen wies leichtes Erbrechen auf die Durchschneidung der Vagi hin. Die Operationswunde war in wenigen Tagen per primam geheilt. Für eine Wiederholung der hier beschriebenen Operationen wird es sich trotz dieses guten Resultates empfehlen, die Durchschneidung der Vagi und Splanchnici zweiseitig auszuführen, um einer inneren Verblutung durch Lähmung der Venen der Bauchhöhle vorzubeugen. Pawlow empfiehlt für die Nachbehandlung nach doppelseitiger Vagotomie die Anlegung einer Magencanüle, um stets bequem den Mageninhalt auf seine Reaction untersuchen zu können und die leicht eintretenden Störungen durch Eingabe von Salzsäure oder Sodalösung ausgleichen zu können. Man wird vorsichtig handeln, wenn man in einer Operation nur die Durchschneidung eines Vagus und der Splanchnici der einen Seite ausführt und nach etwa 14 Tagen bis 3 Wochen die Durchschneidung des zweiten Vagus und der anderseitigen Splanchnici mit der Anlegung einer Magencanüle combinirt.

Die Durchschneidung der Splanchnici, welche immerhin technische Geschicklichkeit erfordert, kann übrigens ganz umgangen werden, wenn man die Herausnahme des Rückenmarkes vom zweiten, statt, wie Verf. es ausführte, vom fünften Brustwirbel abwärts ausführt. Oberhalb dieser Stelle sind Nervenbahnen, welche vom Rückenmark zu den Baucheingeweiden verlaufen, nicht mehr nachgewiesen, so dass in diesem Falle die Splanchnici erhalten bleiben können.

Die Operationen der Durchschneidung der Vagi oberhalb der Cardia und der Splanchnici sind in der Litteratur genügend beschrieben, so dass eine ausführlichere Schilderung an dieser Stelle sich erübrigt, dagegen bedarf die Herausnahme des Rückenmarkes einiger Erläuterungen. Verf. entfernte, um das Rückenmark herauszunehmen, nach Anlegen einer nur kleinen Haut- und Muskelwunde den Dornfortsatz des fünften Brustwirbels und durchtrennte nach Eröffnung der Dura das Rückenmark quer in der üblichen Weise. Sogleich nach der Querdurchtrennung wurde die Wunde wieder geschlossen und auch die Haut sorgfältig vernäht. Durch eine zweite Wunde am Ende der Lendenwirbelsäule wurde alsdann ein Zugang zu den unteren Partien des Rückenmarkes geschaffen, wobei wiederum nur der Dornfortsatz eines Wirbels entfernt zu werden brauchte. Nach Eröffnung der Dura wurde das Rückenmark durch Arterienklemmen gefasst und aus der unteren Oeffnung unter stetem Nachfassen mit Arterienklemmen herausgewunden, so dass das entfernte Rückenmarkstück im Ganzen als Beweis für die gelungene Isolierung des Bauchsympathicus demonstrirt werden konnte. Allzuscharf sich anspannende Nervenwurzeln, welche dem Herausziehen grossen Widerstand entgegensetzen, werden durch einen langen Finder oder stumpfen Haken, der in den Duralsack eingeführt und dem Rückenmark parallel herausgeführt wird, durchrissen. Ein Mitfassen von Dura in die Arterienklemmen ist sorgfältig zu vermeiden, da in diesem Falle die Herausnahme des Rückenmarkes nicht gelingt. Bei diesem Operationsverfahren ist die Schädigung der Thiere durch die Herausnahme des Rückenmarkes auf das unumgänglich Nothwendige beschränkt. Die Abbildung auf Tafel IV zeigt die Orte, an welchen die Dornfortsätze der Wirbel an beiden Operationsstellen entfernt wurden und die Länge des herausgezogenen Rückenmarkstückes; die Stellen, an welchen die Vagi und die Splanchnici durchtrennt wurden, sind durch schwarze Striche auf der Abbildung markirt worden.

Alle Fragen, welche sich auf das Verhalten des sympathischen Nervensystems und der von diesem versorgten Organe nach Trennung von dem Centralnervensystem beziehen, werden sich an derart operirten Thieren bequem studiren lassen, während für die vollständige Isolirung der einzelnen Organe von allen ausserhalb gelegenen Ganglien besondere Operationsweisen erdacht werden müssen.

Die vom Verf. in einer früheren Arbeit[1] beschriebene Isolirung des Nervensystems des Hundeherzens entsprach insofern nicht den oben gestellten Bedingungen an eine isolirte Durchtrennung der vom Centralnervensystem zum Sympathicus verlaufenden Bahnen, als jederseits das Ganglion cervicale inferius wie das Ganglion stellatum exstirpirt worden war. Es erscheint recht wahrscheinlich, dass ein grosser Theil der Herznerven in diesen Ganglien eine Unterbrechung durch eingeschaltete Ganglienzellen erfährt. Der Effect der nervösen Isolirung des Hundeherzens, in der oben beschriebenen Weise ausgeführt, war eine erhebliche Herabsetzung der Leistungsfähigkeit des Thieres, welches die verschiedenen Operationen 11 Monate lang überlebte. Das Thier ähnelte auffallend einem Neurastheniker, wie überhaupt die Auffassung der Neurasthenie als einer Schädigung der Beziehungen zwischen centralem und sympathischem Nervensystem eine systematische experimentelle Nachprüfung verdiente.

Die völlige Isolirung des Herzens verlangte eine Entfernung aller ausserhalb des Herzens gelegenen sympathischen Ganglien, die besonders zwischen dem Anfangstheil der Aorta und Pulmonalis gelegen sind; die Trennung des Herznervensystems vom centralen Nervensystem erforderte eine Schonung aller zum Herznervensystem gehörigen sympathischen Ganglien. Beide Operationen sind technisch möglich, da, wie Verf.[2] zeigen konnte, Thiere bei Anwendung künstlicher Athmung die ausgiebigste Eröffnung des Thorax unter Spaltung des Sternum ohne Nachtheil überstehen können. Wenn auch keine dieser beiden Operationen bisher ausgeführt zu sein scheint, so manifestirte sich doch in den oben angeführten Versuchen die grosse Selbstständigkeit des sympathischen Herznervensystems.

Bedeutend leichter als die nervöse Isolirung des Herzens lässt sich die Isolirung der Niere ausführen. Schält man die Niere aus ihrer Kapsel und isolirt sorgfältig Arterie, Vene und Ureter, so ist man sicher, alle überhaupt denkbaren Verbindungswege zwischen intrarenalem und extrarenalem Sympathicus durchtrennt zu haben. Es wird vortheilhaft sein, diese Operation nur einseitig auszuführen, um einen einwandsfreien Vergleich zwischen einer normal innervirten und einer völlig isolirten Niere an demselben Thiere an der Hand zu haben.

Um den Harn jeder Niere in bequemer Weise gesondert auffangen zu können, theilte Verf. die Harnblase eines Hundes in zwei von einander abgeschlossene Hälften, deren jede den Harn einer Niere aufnimmt und durch eine verschliessbare Dauercanüle nach aussen ableitet. Die Abbildung auf

---

[1] Hans Friedenthal, Ueber die Entfernung der extracardialen Herznerven bei Säugethieren. *Dies Archiv* 1902. Physiol. Abthlg. S. 135.
[2] A. a. O.

Tafel IV zeigt einen derart operirten Hund mit getheilter Harnblase. Die Operation wurde in der Weise ausgeführt, dass das Abdomen eines männlichen Hundes vom Nabel abwärts in der Mittellinie gespalten und die entleerte Harnblase von der Urethra abgetrennt wurde. Die vordere Wand der Harnblase wurde darauf in der Mittellinie gespalten, die Medianlinie der hinteren Harnblasenwand dagegen nur bis auf die Muscularis durchtrennt und die Schleimhaut nach rechts und links von der Medianlinie von der Muscularis abpräparirt. So wurde in derselben Weise operirt wie J. Pawlow bei der Operation seiner Theilung des Magens mit Erhaltung der Magennerven verfährt und auch bei der Theilung der Harnblase ist der Zweck dieses etwas complicirten Operationsverfahrens die Erhaltung der Nerven und vor Allem der reichen Gefässverbindungen auf der hinteren und unteren Seite der Harnblase. Bei Durchtrennung der ganzen Dicke der hinteren Harnblasenwandung erscheint ein Absterben der isolirten Hälften nicht ausgeschlossen. Die beiden Hälften der Harnblase werden nun zu zwei wurstförmigen Hohlschläuchen vernäht, indem erst Schleimhaut mit Schleimhaut, alsdann Muscularis mit Muscularis sorgfältig verbunden wird. Das Ende der Schläuche umfasst, was die Abbildung auf Tafel IV nicht deutlich erkennen lässt, die innere Platte einer zusammenschraubbaren Dauercanüle von passender Grösse, welche durch einen engen Schlitz in der seitlichen Bauchwand hindurchgesteckt und durch Aufschrauben der äusseren Verschlussplatte befestigt wird. Ist diese Operation beiderseitig ausgeführt, so wird das Blasenende der Urethra sorgfältig durch Nähte verschlossen, damit das eiterige Secret der Hundeurethra nicht die Bauchhöhle inficirt. Der Verschluss der Wunde in der Mittellinie erfolgt durch Nähte in zwei Etagen in der üblichen Weise. Bei der ersten in dieser Weise ausgeführten Operation erfolgte Heilung der Wunden in wenigen Tagen und es konnte der Harn jeder Niere gesondert bequem durch einen in die Canüle gesteckten Gummischlauch nach aussen abgeleitet oder durch Verschluss der Dauercanüle in der künstlichen Harnblase gestaut werden. Die stete Durchnässung der Thiere mit Urin, die Schwierigkeiten des quantitativen Auffangens des Harnes und die leichte Möglichkeit einer Infection, die nach Anlegung einer Uretherfistel in den Kauf genommen werden müssen, fallen bei diesem Verfahren der Theilung der Harnblase fort. Eine Combination dieser Operation mit der oben beschriebenen nervösen Isolirung einer Niere verspräche zu wichtigen Aufschlüssen über die Bedeutung der Innervation der Niere zu führen. Von principieller Bedeutung für die Auffassung des sympathischen Nervensystemes wäre eine Untersuchung der Frage, ob auch die Niere nach der Trennung von dem sympathischen Nervensystem eine Secretion erkennen liesse, die mit der paralytischen Secretion isolirter Speicheldrüsen in Parallele gestellt werden könnte.

Wie die Untersuchung der Zusammensetzung des Harnes uns Aufschluss gewährt über die Function der Nieren, so würde die Untersuchung
der Secrete der übrigen vom Sympathicus innervirten Organe vor und nach
ihrer Trennung vom sympathischen Nervensystem uns Aufschluss über die
Function dieser Innervation verschaffen können. Freilich ist vorauszusehen,
dass bei unpaaren Organen wie Leber und Pankreas die Schwierigkeiten
der Untersuchung noch erheblich höhere sein werden, als beim Studium
der Niereninnervation. Bei jedem Schritt in dieser Richtung wird die von
Pawlow und seinen Mitarbeitern ausgearbeitete Technik der physiologischen
Chirurgik des Verdauungstractus die besten Dienste leisten können.

Einen gewissen Aufschluss über die Thätigkeit der Baucheingeweide
und deren Veränderung durch Zerstören von Nervenbahnen werden wir aus
der Untersuchung der Lymphe gewinnen können, wenn wir mit Asher
annehmen, dass die Lymphe ein Product der Organthätigkeit ist, welches
in Menge und Zusammensetzung mit letzterer variirt.

Obwohl wegen der Gerinnbarkeit der Lymphe das Anlegen einer Dauercanüle in den Ductus thoracicus unmöglich gemacht ist, gelingt es durch
eine verhältnissmässig einfache Operation, eine permanente Fistel des Ductus
thoracicus zu erhalten und ganz nach Belieben die Lymphe abfliessen zu
lassen; um sie aufzusammeln und zu untersuchen; oder aufzustauen, um
einen andauernden Verlust der Lymphe ausserhalb der Versuchszeiten zu
vermeiden. Schon verschiedene Forscher benutzten die Einmündung des
Ductus thoracicus in die grossen Venen, um Canülen in letztere einzubinden,
aus denen die Lymphe abfloss. Um eine permanente Fistel des Ductus
thoracicus zu erhalten, ist es nur nöthig, die Vena anonyma, die Vena
subclavia und die Vena jugularis sowie alle in das cardiale Ende der Vena
jugularis einmündenden Venen abzubinden, die Vena jugularis einige Centimeter oberhalb der Einmündung des Ductus thoracicus in die Vena subclavia abzuschneiden und, wie es die Abbildung auf Tafel IV zeigt, mit
umgelegtem Rand in der Haut zu vernähen. Die Einmündung des Ductus
thoracicus findet sich beim Hunde gewöhnlich genau in der Vereinigungsstelle von Vena subclavia und Vena jugularis. Sind alle zuführenden Venen
abgebunden, so muss aus der Fistelöffnung klare Lymphe abfliessen, welche
nur zum Theil aus dem Ductus thoracicus, zum Theil aus dem Halslymphgang stammt.

Will man die Lymphe des Ductus thoracicus gesondert untersuchen,
so muss der Halslymphgang doppelt unterbunden und ein Stück des Ganges
exstirpirt werden. Zur Vermeidung eines Pneumothorax ist grosse Vorsicht
bei der Unterbindung der Vena anonyma anzurathen. Eine Gerinnung
der Lymphe tritt bei dieser Operationsweise nicht ein, da die Lymphe
überall nur mit intacter Venenschleimhaut in Berührung kommt. Für

kürzere Zeiten kann eine starke paraffinirte Canüle in die Fistel eingeführt werden, die mit Heftpflaster am Halse festgehalten wird, um das quantitative Aufsammeln der abfliessenden Lymphe zu erleichtern. Nachts und ausserhalb der Versuchszeiten verhindern die Halsmuskeln als natürliches Ventil das Abfliessen der Lymphe aus der Fistel. Es gelingt nämlich ohne Schwierigkeit, bei der Vernähung der Halswunde das nach aussen führende Stück der Vena jugularis so zwischen die Halsmuskeln zu lagern, dass normaler Weise das Lumen der Vene durch den Muskeldruck verschlossen wird. Um die Lymphe zum Ausfliessen zu bringen, genügt ein leichtes Verschieben der Musculatur mit einem Heftpflasterstreifen, wenn man die Einführung einer Canüle in die Fistel vermeiden will. Ein derart operirter Hund konnte noch eine Woche nach stattgehabter Operation zur Untersuchung der Lymphe verwendet werden; es ist anzunehmen, dass auch noch für längere Zeit eine Erhaltung der Thiere möglich sein wird, da die Stauung der Lymphe anscheinend keine schädlichen Folgen für die Gesundheit der Thiere mit sich bringt. Fürchtet man durch Anastomosen der beiderseitigen Bauch- und Brustlymphgänge Lymphe zu verlieren, so muss die Unterbindung des rechten Brustlymphganges mit der oben beschriebenen Operation combinirt werden. Selbst die doppelseitige Abbindung der Brustlymphgänge wird, wie frühere Versuche des Verf.s bewiesen, von den Thieren vertragen. Es ist kaum zu bezweifeln, dass die Lymphe der Bauchorgane vor und nach der Trennung derselben vom Centralnervensystem oder gar von allen ausserhalb der Organe gelegenen sympathischen Ganglien erhebliche Unterschiede in Quantität und Qualität aufweisen wird, die einen Fingerzeig abgeben können für die Rolle, welche den vom Centralnervensystem zum sympathischen Nervensystem fliessenden Impulsen zukommt. Keineswegs dürfen wir aus den Versuchen über die Isolirung des Herzens und der Baucheingeweide folgern, dass der Zusammenhang zwischen Centralnervensystem und sympathischem Nervensystem von geringer Wichtigkeit sein müsse. Mag auch die Function der Organe im Groben erhalten sein, so fehlt doch das zur vollen Leistungsfähigkeit nothwendige Zusammenarbeiten der verschiedensten Organsysteme, fehlt vor Allem die Mehrleistung, zu welcher die vom Sympathicus versorgten Organe allein durch Innervation vom Centralnervensystem befähigt werden, wenn es die Bedürfnisse des Gesammtorganismus erfordern. Die Speicheldrüsen sondern den Speichel selbst nach Aufhören der Blutcirculation ab, wenn genügende Reize die Zellen treffen, aber wie gering ist die auf solchem Wege erzielte Secretion gegenüber der Secretion der vom Centralnervensystem reflectorisch erregten Drüse, deren Blutcirculation auf das Drei- bis Fünffache gesteigert ist. Das Herz arbeitet wohl nach Trennung der extracardialen Herznerven regelmässig weiter, jedoch ist die Anpassung an gesteigerte Muskelleistung verschwunden, welche allein den unversehrten Organismus zu seinen erstaunlichen Leistungen befähigt und selbst die Leistungen der quergestreiften Skeletmuskeln würden eine bedeutende Verminderung erfahren, wenn nicht mehr die sympathischen Nerven der Muskelblutgefässe für eine bedeutende Beschleunigung der Blutcirculation während der Thätigkeit Sorge tragen würden. Der Magen vermag wohl einen geringen, zur Erhaltung des Lebens eben ausreichenden Rest seiner normalen Function sich zu erhalten nach Durchschneidung der Vagi und Herausnahme des Rückenmarkes, allein der blosse Anblick der thätigen Magenschleimhaut bei reflectorischer Erregung der Vagi belehrt uns über die auf das Vielfache gesteigerte Energie der Leistungen der vom Sympathicus innervirten Organe bei reflectorischer Reizung vom Centralnervensystem her. Es ist bekannt, in wie auffallender Weise die Function der Milchdrüsen abhängt von der Beeinflussung vom Centralnervensystem, wie vielfach sich gerade bei diesem Organ wie auch beim Herzen und den Geschlechtsorganen die Beeinflussung durch das Centralnervensystem nicht nur in einer Vermehrung, sondern bei unzweckmässiger Innervation auch in einer Verminderung der Leistungen äussert.

Die Beeinflussung des sympathischen Nervensystems durch das Centralnervensystem wird schon deshalb die lebhafteste Aufmerksamkeit des Arztes auf sich ziehen müssen, weil die zum sympathischen Nervensystem fliessenden Impulse der Weg sind, auf welchem unsere Handlungen auf den Aufbau und Abbau unseres Körpers zurückwirken. Ebenso wie die zweckmässige Innervation die Leistungen der vegetativen Organe auf das Vielfache steigern kann, vermag dauernde unzweckmässige Innervation von Seiten des Gehirns den festgefügtesten Organismus bei günstigsten äusseren physiologischen Lebensbedingungen zu zerstören. Wir dürfen nach dem Ausfall der Thierexperimente vermuthen, dass schon eine Störung der normalen Beziehungen zwischen centralem und sympathischem Nervensystem eine Abnahme der Leistungsfähigkeit mit sich bringen wird, wie sie für den Neurastheniker charakteristisch ist, und umgekehrt vermag stete Beeinflussung der vegetativen Organe von Seiten eines starken Centralnervensystems einen nach vererbter Anlage schwächlichen und kraftlosen Organismus zu erstaunlichen Leistungen zu befähigen. Wenn auch durch die Vererbung die Richtung unseres Stoffwechsels und damit unsere morphologische Gestaltung in feste Bahnen eingezwängt erscheint, wird doch ein intensiveres Studium der nervösen Beeinflussung der vegetativen Organe dazu führen können, uns einen erhöhten Einfluss selbst auf die Formbildung unseres eigenen Organismus zu sichern.

Herrn Prof. Pawlow, dem diese Arbeit gewidmet ist, spreche ich für die mannigfache, in seinem Institut genossene Unterweisung meinen herzlichen Dank aus, ebenso wie Herrn Geheimrath H. Munk für die Erlaubniss, die Thierexperimente in seinem Institut ausführen zu dürfen. Hunde mit den in den Abbildungen auf Taf. IV skizzirten Operationen waren im Laufe des Sommersemesters 1904 der physiologischen Gesellschaft zu Berlin demonstrirt worden.

Erklärung der Abbildungen.
(Taf. IV.)

Fig. 1. Hund mit herausgenommenem Rückenmark nach beiderseitiger Durchschneidung der Vagi und Splanchnici.

Fig. 2. Hund mit getheilter Harnblase. In jede Hälfte ist eine verschliessbare Dauercanüle eingelegt. Die Hinterwand der Blase ist undurchtrennt.

Fig. 3. Hund mit permanenter Fistel des Ductus thoracicus. Die Vena jugularis ist nach Abbindung der Vena anonyma, der Vena subclavia und aller zuführenden kleineren Venen, so zwischen die Halsmuskeln nach aussen geführt, dass die Muskeln das Abfliessen der Lymphe verhindern.

Das Wesen des Reizes. II.

Ein Beitrag zur Physiologie der Sinnesorgane, insbesondere des Auges.

Von

Fr. Klein.

(Aus dem physiologischen Institute zu Kiel.)

I.

Definition des Reizes und Einwände dagegen.

Ich habe vor einiger Zeit darauf hingewiesen,[1] dass es eine fundamentale Eigenschaft des Protoplasmas ist, nur durch mehr oder minder plötzliche Aenderungen der normalen äusseren Bedingungen gereizt zu werden.

Dieser Satz gilt meiner Ansicht nach schlechthin ohne Ausnahme, für die Sinnesepithelien und die Ganglienzellen des Gehirns so gut wie für Drüsenzellen und Muskelfasern. Ich habe[2] daraus einige Folgerungen für das Auge gezogen, die darin gipfeln, dass wir nicht bloss im Dunkeln nicht sehen, sondern auch dann nicht, wenn die Stäbchen und Zapfen dauernd dieselbe Lichtmenge erhalten. Diese Art Blindheit, die „Ruheblindheit", die bei offenen, gesunden und ausgeruhten Augen am hellen Tage eintreten kann, stellt einen Mangel des Auges dar, zu dessen Bekämpfung eine Reihe von Einrichtungen getroffen sind, die alle darauf hinauslaufen, möglichst leicht einen Wechsel in der Belichtungsintensität herbeizuführen. Es sind die nicht zu unterdrückenden Bewegungen des Auges (das „Augenwandern"), unter Umständen auch Irisbewegungen, und endlich die Beschränkung der Lichtwirkung auf den Antheil, der die Aussenglieder trifft.[3]

---

[1] *Dies Archiv.* Physiol. Abthlg. 1904. S. 305 ff.

[2] A. a. O.

[3] Ich setze die Bekanntschaft mit der ersten Mittheilung voraus.

Aber ganz befriedigte mich die gewonnene Erkenntniss nicht: Das Auge kämpft, so lange es sieht, gegen die Ruheblindheit. Seine beste Waffe in diesem Kampf, das Augenwandern, wird unwirksam beim Anblicken einer (in Farbe und Helligkeit) vollkommen gleichmässigen Fläche. Auch der Lidschlag lässt sich ziemlich vollständig unterdrücken: Dem Auge bleibt dann noch ein letztes Kampfmittel, eine Helligkeitsänderung herbeizuführen, die Verengerung und Erweiterung der Pupille. Stellen wir nun noch durch Homatropin die Iris fest, so müsste das Auge, trotzdem es von hellem Licht getroffen wird, wehrlos der Ruheblindheit verfallen: Wir erwarten, dass er ein weisses Blatt nahezu dauernd dunkel sieht; nur für Momente würde es bei unwillkürlichen Lidbewegungen hell erscheinen.

Aber so verhält es sich in Wirklichkeit nicht. Hell und Dunkel wechselt periodisch ab, und der Uebergang ist kein plötzlicher; ich habe relativ lange die Empfindung hell, kurz, das Auge sieht noch immer viel zu gut, es ist noch nicht wehrlos.

Diesen periodischen Wechsel zwischen Hell und Dunkel, zwischen Sehen und Nichtsehen, erkannte ich als das gemeinsame Moment einer ganzen Anzahl subjectiver Beobachtungen, die ich im Laufe der Zeit (so zu sagen als Nebenbefunde bei anderen Untersuchungen) gesammelt und meist sofort ausführlich beschrieben hatte.

Einigen dieser Beobachtungen stand ich vollkommen rathlos gegenüber, so dass die Beschreibung nicht durch eine vorgefasste Meinung beeinflusst sein kann.

Ihnen allen liegt meines Erachtens eine und dieselbe Einrichtung zu Grunde, die auf einem ganz neuen Wege die Ruheblindheit bekämpft und darüber hinaus noch anderes leistet. —

Mit dem Leitsatz der ersten Arbeit, den ich auch an die Spitze der vorliegenden gestellt habe, scheint die Erfahrung unvereinbar zu sein, dass eine einmalige momentane Helligkeitsschwankung eine länger dauernde Empfindung auslösen kann.

In dunkler Nacht möge z. B. ein Blitz die Gegend erhellen. Wir sehen das Nachbild (gar nicht zu reden von dem Erinnerungsbild!) noch, wenn längst wieder Dunkelheit herrscht. Die hierin liegende Schwierigkeit wird nicht geringer, wenn ich ihren Ort verlege: Der, eine Sinnesepithelzelle treffende Reiz löse in einer anderen Zelle wieder einen Process aus, dieser in einer neuen Zelle einen dritten, der dritte einen vierten, und so fort, so wird auch der letzte Process, d. h. der letzte Reiz ungefähr ebenso schnell ablaufen, wie der erste; denn seinem Wesen nach kann, wie ich behaupte, der einzelne Reiz immer nur ganz kurz sein, und es ändert sich darin nichts, wenn er, etwa als letzter in der obigen Reihe, die Sphäre des Bewusstseins trifft.

Eine Erinnerung, ein Wissen ist also durch einen einzelnen Reiz nicht erreichbar, ja nicht einmal ein momentan aufblitzendes Verstehen, denn Verstehen setzt Erinnerung voraus.

Schon eine lange dauernde Empfindung — das Nachbild nach starker momentaner Beleuchtung ist eine solche — ist für mich nicht denkbar als Folge eines und nur eines Reizes, sondern stets nur als das Resultat der Verschmelzung einer Reihe von Reizen.

Die Verschmelzung ist uns geläufig von der willkürlichen tetanischen Muskelcontraction her, und indem ich dieselbe Bezeichnung auf ein anderes Gebiet übertrage, behaupte ich, dass ein Nachbild und ein Erinnerungsbild (um nicht noch weiter zu gehen!) tetanische Zustände darstellen. — Hier stehen wir nun am Rande einer Kluft:

Auf der einen Seite (um uns auf das Nachbild zu beschränken) ein einziger Lichtreiz, auf der anderen als zweifellose Folge dieses einzigen Reizes ein Nachbild, ein wie ich behaupte „tetanischer" Zustand, der doch, wie ich ebenso fest behaupte, nie und nimmer die directe Folge eines einzigen Reizes sein kann.

Entweder ist also meine Anschauung vom Wesen des Reizes von Grund aus falsch, oder es giebt eine Brücke über die Kluft, ein verbindendes Glied zwischen Anfang und Ende.

II.

Die Vervielfältigung eines Reizes.

Dieses Bindeglied müsste im Stande sein, irgendwo centralwärts vom Sinnesepithel aus einem Reiz viele zu machen.

Es würde fast einem Verzicht auf experimentelle Prüfung gleichkommen, wollte ich den Ort des unbekannten Vorgangs in unbekanntes oder wenig gekanntes Gebiet, etwa in die Hirnrinde verlegen.

Ich will deshalb die Frage noch weiter einschränken und sagen: „Sind Einrichtungen zur Vervielfältigung eines Reizes in der Netzhaut nachweisbar?" (Wir haben also auch zu zeigen, dass das Nachbild in der Netzhaut selbst, nicht in anderen Gehirntheilen abläuft.)

Gesetzt den Fall, solche Mechanismen seien thatsächlich vorhanden (Gründe dafür werden wir in der Folge kennen lernen), so ergiebt sich sofort, dass sie keinesfalls immer in Thätigkeit treten, dass sicherlich nicht jeder Reiz vervielfältigt (vielfach wiederholt) in unserem Bewusstsein anlangt; im Gegentheil wird ein nicht zu starker Reiz, der eine Sehzelle trifft, in der Netzhaut in den meisten Fällen sehr schnell vollständig und für immer ablaufen[1]; und zwar wird dies geschehen unter den ge-

---

[1] Ablauf in der Netzhaut und Ablauf im Gehirn sind aus einander zu halten!

wöhnlich vorliegenden Bedingungen, nämlich danu, wenn in Folge der nicht
zu unterdrückenden Augenbewegungen das Bild der Aussenwelt über die
Netzhaut wandert.

Denn träte unter diesen Bedingungen eine irgend erhebliche Verlängerung der Wirkung ein, so würden beim normalen Sehen mit bewegtem
Auge die Nachwirkungen des vorigen Reizes mit dem gegenwärtigen zusammenfallen und das Bild verwischen.

Das geschieht aber erst bei einer erheblichen Geschwindigkeit der Bewegung (man denke an die Speichen eines Rades), so dass ein Reiz bis
zum Ablauf für gewöhnlich wohl nur einige Hundertel Secunde braucht.

Wenn wir also unter anderen Bedingungen längere Nachwirkungen
eines Reizes finden, so können wir fragen, warum diese Nachwirkungen
ausbleiben beim beschleunigten Wandern des Auges. (Wir wollen dabei
noch voraussetzen, dass die Objecte genügende Helligkeitsdifferenzen haben,
also nicht etwa reizlose Flächen sind).

Wenn eine Erscheinung (a) eine andere (b) zuweilen im Gefolge hat,
zuweilen nicht, so stehen die beiden in einer Beziehung zueinander, die
verwickelter ist, als wenn (b) immer auf (a) folgt. Auf den vorliegenden
Fall angewandt, meine ich, dass positive bezw. negative Nachbilder, die
sofort, oder einige oder sogar viele Secunden nach dem Reiz auftreten, oder
auch nicht auftreten, nicht eine einfache Folge des Reizes sein können,
sondern eine complicirtere Ursache haben müssen.

Und wenn sich dann zeigt (vgl. später), dass die Nachbilder auch
noch anderen Einflüssen, als dem Licht, unterworfen sind, so liegt die Vermuthung ausserordentlich nahe, dass sie nicht ein zufälliges, etwa gar
störendes Beiwerk des Sehens sind, sondern dass ihnen eine ganz bestimmte
Function zukommt.

Um dieser vermutheten Function etwas näher zu kommen, stellen wir
die Frage: „Wann ist unter normalen Verhältnissen ein Nachbild
zweckmässig, und wann nicht?"

Die Beschränkung ist nothwendig. Sind nämlich die Verhältnisse
nicht normal, sind Theile der Netzhaut stark und lange (z. B. durch ein
helles Fenster) oder kurze Zeit ausserordentlich stark (z. B. durch die Sonne
selbst) belichtet, so sind diese Stellen der Netzhaut sehr arm an lichtempfindlicher Substanz geworden, oder vielleicht sogar temporär geschädigt;
jedenfalls nimmt die Regeneration eine erhebliche Zeit in Anspruch; und
so lange setzt eine und dieselbe Helligkeitsschwankung dort einen weit geringeren Reiz, als an den vorher schwächer belichteten Stellen, und wir
sehen, wohin wir auch blicken mögen, gleichzeitig mit dem neu Gesehenen
das dunkle Nachbild der Fensterscheiben; mit anderen Worten: Wir sehen
mit der Stelle der Netzhaut, auf die vorher das helle Licht des Fensters

fiel, dunkler, schlechter. — Das ist keine nützliche Function eines Nachbildes, und — — ein solches Nachbild ist auch kein echtes Nachbild.

Dieses unter abnormen Bedingungen entstehende auf Verarmung be-
beruhende unechte Nachbild werde ich in der Folge als „Pseudonachbild"
von dem echten, dem Nachbild schlechtweg, unterscheiden.

Das Pseudonachbild ist immer negativ, es kann nur gesehen werden,
wenn Licht ins Auge fällt, es verschwindet nicht durch Augenbewegungen.

Das echte Nachbild, das vielleicht gleichzeitig mit dem Pseudonachbild
vorhanden sein kann (!), verhält sich in allen diesen Punkten anders.

Ich gebe jetzt die Antwort auf die oben gestellte Frage für das zuerst
und bei schwachen Reizen ausschliesslich nachweisbare positive Nachbild:

Wenn der Blick umherschweift, ist es (wie schon oben S. 143 ausgeführt
wurde), unzweckmässig, denn die Nachbilder und die neuen Bilder würden
über einander fallen und ein undeutliches Gesammtbild geben.

Wenn wir scharf fixiren, ist das positive Nachbild zweckmässig:

Wenn nämlich beim Fixiren das „Augenwandern" auch nicht ganz
unterdrückt wird — das ist unmöglich —, so werden doch die Excursionen
des Fixationspunktes kleiner. Je geringer sie sind, je besser also das Fixiren
gelingt, desto leichter werden für diese oder jene Netzhautstelle die Bedingungen der „Ruheblindheit" eintreten (vgl. S. 140 f.).

Es würde aber gewiss nicht vortheilhaft für das Sehen sein, wenn das
Bild der Aussenwelt lückenhaft (mit schwarzen Flecken!) in unserem Bewusstsein erschiene. Es muss also als zweckmässig bezeichnet werden,
wenn ein einziger Reiz unter solchen Umständen eine verlängerte Wirkung
hat, wenn ein Nachbild entsteht.

Wir könnten vielleicht aus dem Vorstehenden schon jetzt den Schluss
ziehen, dass ein „Nachbildapparat" nicht bloss eine Antriebs-, sondern auch
eine Hemmungsvorrichtung besitzen müsste.

Aber vorher werden wir doch versuchen müssen zu einer Vorstellung
von dem Bau eines solchen reizvervielfältigenden Apparates zu gelangen,
die mit den Thatsachen nicht in augenfälligem Widerspruch steht.

Wir dürfen uns die Arbeit des Apparates nicht so denken, dass er —
etwa wie schnelle Lidschläge oder wie eine mit Ausschnitt versehene vor
dem Auge rotirende Scheibe — nur Schwankungen der Helligkeit herbeiführt. Allerdings würde ja dadurch bei passender Zahl der Unterbrechungen
die Ruheblindheit verhindert werden und ein dauernder Eindruck zu Stande
kommen, aber doch nur so lange, als objectives Licht vorhanden ist.

Der verlangte hypothetische Vervielfältigungsmechanismus im Auge
selbst muss aber auch dann noch arbeiten, muss dem Auge ein Bild zeigen,

wenn schon wieder Dunkelheit herrscht; sowie das Echo in den Bergen den kurzen Knall des Schusses, nachdem er längst gefallen, als lang-anhaltendes Rollen zurückbringt. —

Ich will das Schema eines Apparates, der das Verlangte leistet, nicht skizziren, ohne vorher zu betonen, dass es nur einen vorläufigen Anhalt geben soll und wichtige Beobachtungen ganz unberücksichtigt lässt.

$$A\text{-}\text{-}\{\overset{\longleftarrow - - - -}{\underset{- - - - \to \text{ zum Gehirn}}{- - \to}}}\ B$$

Eine positive Helligkeitsschwankung, also ein Reiz, treffe ein Sehelement, Stäbchen oder Zapfen A. Die nunmehrige Helligkeit (H) bleibe constant[1]; sie bedeutet also, wie ich behaupte, keinen Reiz mehr. Der Reiz pflanze sich fort auf zwei Wegen: einerseits zum Gehirn, andererseits zu einer Zelle B; hier löse er einen chemischen Process aus, der wieder die Veranlassung zu einer Reizung von A sein möge. Also wird A zum zweiten Mal gereizt; (das „Wie" wird uns gleich nachher beschäftigen). Der Vorgang wird sich weiter und weiter wiederholen, etwa bis der über B nach A zurückkehrende Theil des Reizes unter die Reizschwelle sinkt.

Folgen diese secundären Reize schnell genug auf einander, so werden sie zu einem dauernden Eindruck verschmelzen; anderen Falls wird Flimmern auftreten.

Die Hauptforderung, — dass ein einzelner Lichtreiz eine tetanische Netzhauterregung im Gefolge haben kann, die in völliger Dunkelheit andauert, würde der beschriebene Apparat erfüllen können.

Es ist aber ohne Weiteres klar, dass er auch weniger einfach gebaut sein könnte, dass anstatt der einen Zelle B, über die ein Theil des primären Reizes nach A zurückkehrt, auch mehrere, z. B. drei oder vier (hinter oder neben einander geschaltet) vorhanden sein könnten. Die Beobachtungen sprechen für einen complicirteren Bau. —

Vorhin ist die Frage offen geblieben, wie wir uns die Uebertragung der secundären Reizungen von B nach A zu denken haben.

Ich stehe auf dem Standpunkt Hensen's[2], dass zwei Zellen, die im ausgebildeten Organismus durch Nerven verbunden sind, es von allem Anfang an sind. Wenn also in dem mitgetheilten Schema die Zellen A und B durch einen Nerven verbunden sind, so sind sie aus der Theilung einer

---

[1] Die Auseinandersetzung gilt auch für den Fall, dass auf die Helligkeitszunahme unmittelbar eine Abnahme bis Null gefolgt ist.

[1] H e n s e n , *Die Entwickelungsmechanik der Nervenbahnen im Embryo der Säugethiere.* Kiel-Leipzig 1903.

Zelle hervorgegangen. Ich will auch noch die Möglichkeit zugeben, dass der sie verbindende Nerv sich der Länge nach theilt. Dass aber die beiden so entstandenen Nerven entgegengesetzte Functionen haben, dass der eine von A nach B, der andere von B nach A sollte leiten können, halte ich für unvereinbar mit unseren sonstigen embryologischen Erfahrungen.

Noch ein anderes Bedenken besteht gegen eine Nervenleitung von B nach A: Dass eine offenbar so weitgehend differenzirte Zelle wie ein Stäbchen oder ein Zapfen A auf zwei ganz verschiedene Arten gereizt werden sollte, ist nicht wahrscheinlich; wir sehen überall im Organismus die grösste Vollkommenheit mit grösster Einseitigkeit verknüpft.

Die Ursache für die Entstehung[1] des adäquaten Reizes in A ist das Licht. Ist es gleichzeitig die einzige Ursache — und praktisch, glaube ich, ist es die einzige — so bleibt für die in unserem Schema angenommene (secundäre) Reizung des Sinnesepithels A von B aus nur eine Möglichkeit:

Der in B verlaufende Process — oder wahrscheinlicher (vgl. oben): der in einer Anzahl hinter oder neben einander geschalteter Zellen verlaufende Process — ist mit Lichtentwickelung verbunden.

Mit anderen Worten: Die Netzhaut enthält eine Anzahl von Schichten, welche leuchten können.

Dass reizvervielfältigende Mechanismen auch im Gehirn vorhanden sind, betrachte ich nicht nur als möglich, sondern als sicher; ferner ist eine Lichtempfindung, z. B. ein Nachbild, theoretisch ohne Betheiligung des Sinnesepithels denkbar. Aber der (einstweilen noch hypothetische) Vervielfältigungsapparat, mit dem wir es hier zu thun haben, liegt in der Netzhaut — ich hoffe das beweisen zu können. Erinnern wir uns seiner Function: Er soll uns ein Nachbild[2] zeigen. Sehen wir kein solches, so arbeitet der Apparat nicht, und wir dürfen dann unter sonst normalen Bedingungen auch kein Selbstleuchten des Auges erwarten.

III.

Die Netzhaut kann selbst leuchten.

Die Frage, ob die im Dunkeln unter Umständen auftretende subjective Lichtempfindung auf einem Leuchten der Augen beruht, ist verneint worden auf Grund directer Beobachtung. — Eine einfache Ueberlegung lehrt aber, dass auf diesem Wege selbst unter günstigen Bedingungen eine Entscheidung nicht zu erwarten ist. Der Versuch muss negativ ausfallen (wenn nicht subjective Lichtempfindungen im Auge des Beobachters einen positiven

---

[1] Vgl. dies Archiv. 1904. Physiol. Abthlg. S. 331 ff.
[2] Und vor Allem (vgl. später S. 166) ein „Mitbild".

Ausfall vortäuschen!), denn die Stäbchen und Zapfen des selbstleuchtenden Auges erhalten ihr Licht ungeschwächt aus grösster Nähe; die des beobachtenden im Vergleich dazu aus grosser Ferne, durch Absorption und Reflexion noch ausserdem auf einen Bruchtheil verringert.[1]

Es wäre sogar denkbar, dass ein Entweichen von Licht nach der Glaskörperseite durch irgend welche Einrichtungen[2] überhaupt verhindert würde. In diesem Fall, den ich nicht für wahrscheinlich halte, würde wohl auch der sonst aussichtsvollere photographische Nachweis versagen. Meine darauf gerichteten Versuche haben bis jetzt keinen Erfolg gehabt, sind aber noch sehr verbesserungsfähig.

Ich fasse das Bisherige kurz zusammen.

Ich bin ausgegangen von dem Satz, dass nur durch plötzliche Aenderungen der normalen äusseren Bedingungen ein Reiz auftritt und dass er auch annähernd ebenso plötzlich abläuft, und bin durch eine Kette von Schlüssen zu dem Endresultat gekommen, dass unsere alltäglichen Erfahrungen beim Sehen mit diesem Satz nur dann in Einklang stehen, wenn ein complicirter Hülfsapparat existirt, dessen auffallendsten Bestandtheil Leuchtorgane in der Netzhaut bilden.

---

[1] Angenommen, es finde an einer umschriebenen Stelle meiner Netzhaut bei vollkommenem Ausschluss äusseren Lichtes eine Lichtentwickelung statt. Dann sehe ich vor dem Auge einen Lichtfleck; seine Helligkeit will ich mit „Eins" bezeichnen. Wie hell würde nun einem Beobachter der Fleck erscheinen, der ihn beim Hineinsehen in mein Auge ebenso gross sieht wie ich selbst? Ohne allzu grosse Fehler, jedenfalls ohne zu niedrig zu schätzen, wird man etwa sagen können, dass ein Lichtkegel mein Auge verlässt, dessen Basis in der Ebene des Knotenpunktes gleich der Pupille ist. (Ungefähr so weit, nämlich bis zur hinteren Linsenfläche, muss das Licht von der Netzhaut aus ungebrochen gehen.) Wir wollen eine der verschiedenen Möglichkeiten (vgl. später) auswählen und annehmen, dass die leuchtende Schicht 1^{qmm} gross ist, 0.1^{mm} vor den Stäbchen und Zapfen und 15^{mm} hinter dem Knotenpunkt liegt. Die Pupille möge $= 100^{qmm}$ sein (entsprechend einem Durchmesser von reichlich 11^{mm}). Wenn ich endlich noch (willkürlich!) annehme, dass die Hälfte des Lichtes durch Reflexion und Absorption verloren geht, so würde die aus dem Auge austretende Lichtmenge $= \dfrac{1 \times 100}{150^2 \times 2}$ sein. Diese Lichtmenge möge ohne anderen Verlust, als den durch Absorption und Reflexion auf der Netzhaut des beobachtenden Auges ein Bild von gleichfalls 1^{qmm} erzeugen. Unter diesen wohl kaum realisirbaren günstigen Bedingungen würde das Bild im Auge des Beobachters doch nur $\dfrac{1 \times 100}{150^2 \times 2 \times 2} = \dfrac{1}{900}$ der Helligkeit des gleich grossen Bildes in meinem Auge haben. Es ist also aussichtslos, auf diesem Wege ein Leuchten des Auges nachweisen zu wollen.

[2] Ein Leuchtorgan mit Reflector dicht am Seitenauge beschreibt Chun bei dem Tiefseekrebs Stylocheiron mastigophorum. (Chun, *Bibl. Zool.* 1896. Bd. VII. S. 193 ff. Citirt nach Wundt, *Phys. Psych.* 5. Aufl. Bd. I. S. 392; daselbst Abbildung.)

Ein Selbstleuchten des Auges nachzuweisen, muss also meine nächste Aufgabe sein.

Der objective Beweis auf photographischem Wege ist, wie erwähnt, noch nicht gelungen.

Ich bin also einstweilen auf subjective Beobachtungen angewiesen.

Ich denke aber, man wird sich durch sie, wenn auch nicht ebenso schnell, wie durch einen dunkeln Fleck auf der lichtempfindlichen Platte, doch ebenso vollständig überzeugen lassen, dass der Netzhaut die Function des Leuchtens zukommt.

Den Leuchtapparat[1] unter völlig normalen Verhältnissen, d. h. beim gewöhnlichen Sehen zu beobachten, erweist sich als schwierig. Wir schätzen es auch an einer guten Maschine, dass sie sich während der Arbeit möglichst wenig bemerklich macht.

Selbstleuchten der Netzhaut veranlasst durch Druck.

Es giebt aber ein Mittel, den Apparat in eine gegen die Norm verlangsamte Thätigkeit zu setzen, die gerade darum einen Einblick in den Mechanismus gestattet.

Dieses Mittel ist der Druck. Insofern auch das Licht einen wirklichen Druck ausübt[2], darf man vielleicht nur von einem quantitativ, aber nicht qualitativ abnormen Mittel reden.

Auf zwei verschiedene Arten lässt sich die Netzhaut durch Druck zum Leuchten bringen, nämlich durch locale und durch allgemeine Drucksteigerung. Der verschiedenen Methode entspricht der verschiedene Erfolg.

Ich schildere zuerst die Methode, die sich am leichtesten nachprüfen lässt.

Druck in der Netzhautperipherie.[3] Man kann, besonders leicht, wenn man das Auge dabei immer nach der entgegengesetzten Seite wendet, rund um den Augapfel herum tasten, so dass stets ein Theil der Netzhaut, mindestens ihr äusserster Rand, unter dem Finger liegt. Wenn man am inneren Augenwinkel des etwas temporalwärts blickenden Auges einen ganz leichten Druck mit der Fingerspitze ausübt, etwa auf den oberen Lidrand,

---

[1] Dass ich von einem „Leuchtapparat" schlechtweg spreche, statt von den subjectiven Lichtempfindungen, aus denen erst auf die Existenz jenes hypothetischen Apparates geschlossen werden soll, geschieht, um die Darstellung nicht unnöthig schleppend zu machen.

[2] Von Lebedew durch Versuche sichergestellt. *Annalen der Physik.* 1901. Bd. VI. S. 433. Citirt nach Riecke, *Physik.* 1902. Bd. II. S. 638.

[3] Vgl. Helmholtz, *Physiol. Optik.* 2. Aufl. S. 236.

so leicht, dass man kaum mehr als eine Berührung fühlt, so erscheint am äusseren Augenwinkel, hart an der Grenze des Gesichtsfeldes, ein sehr deutlicher runder Fleck, der stillsteht, wenn der Finger stillsteht, und der sich bewegt, wenn der Finger sich bewegt, aber umgekehrt wie dieser. Auf eine Entfernung von 50 cm nach aussen projicirt hat er bei mir einen senkrechten Durchmesser von etwa 20 cm (der übrigens mit dem Druck sich ändert).

Der Fleck entspricht also einer Netzhautstelle von ungfähr 4 mm Durchmesser gerade unter dem drückenden Finger, die wir nach aussen projiciren.

Bei verdunkeltem Auge (am einfachsten Nachts zu beobachten) ist der Fleck hell, scharfrandig, die Randpartien meist heller, als die oft etwas wolkige Mitte. Bei offenen Augen am Tage sehe ich ihn ebenso gross, ebenso geformt, ebenso scharfrandig, aber dunkel (gewöhnlich mit einem der Aufmerksamkeit leicht entgehenden äusserst schmalen helleren Rande). Der dunkle Fleck kann gar nicht übersehen werden, wenn man das Auge recht weit aufmacht und allenfalls noch das andere mit der Hand verdeckt; man sorge auch für einen hellen Hintergrund. Obwohl der Fleck auf weissem Papier schwarz aussieht, scheint er dennoch nicht ganz undurchsichtig zu sein: Ein auf dunklem Hintergrunde hin und her bewegtes weisses Sehzeichen wird manchmal erst sichtbar, wenn es hinter dem Rande des Fleckes hervorkommt, manchmal aber auch schon im Bereiche des Fleckes; es erscheint dann dunkelgrau. Gegen den dämmerigen Abendhimmel kann man den Fleck theils hell, theils dunkel sehen. Drücke ich bei Tage am äusseren Augenwinkel, während ich mit dem betreffenden Auge meine Nase ansehe, so sehe ich dort einen dunkeln Fleck mit breitem glänzend hellem Rande; die Nasenseite muss im Schatten liegen.

Auch an der oberen Grenze des Gesichtsfeldes lässt sich der dunkle Fleck hervorrufen; weniger leicht an der unteren; dagegen erscheint im Dunkeln der helle Fleck an jedem Punkte der Peripherie auf Druck an der entgegengesetzten Stelle, nur ist er nicht überall rund. Auf Druck oben sehe ich ihn z. B. unten als horizontalen Lichtstreifen.

Von den erwähnten Helligkeitsunterschieden zwischen Rand und Mitte abgesehen, zeigt der Fleck, wie ich noch besonders hervorheben will, nirgends eine Zeichnung.

Der (dunkle) Fleck kommt und geht mit dem Druck scheinbar ohne Latenzzeit.

Vollkommen constanter Druck lässt sich nicht herstellen.

Verbrauch und Regeneration der Leuchtsubstanz. Reibt man im Dunkeln an einer beschränkten Stelle leise hin und her, so wird der Anfangs helle (ebenfalls hin und her gehende) Fleck blasser und blasser, bis er schliesslich (nach vielleicht einer Minute — gemessen habe ich die Zeit nicht) vollkommen verschwindet.

Ich habe dann nach verschieden langen Zeiten an derselben Stelle von Neuem gerieben: In dunkler Nacht erhielt ich nach einer Pause von 10″ noch keine Spur von Licht, wohl aber helles Licht nach 30″; am Tage — das Auge nur mit einem dunkeln Tuche verdeckt — rief erneutes Reiben nach 10″ schon wieder Licht hervor, aber noch nicht nach 5″.

Denselben Versuch wiederholte ich mit dem schwarzen Fleck, also am Tage mit offenen Augen:

Um dieselbe Wirkung wie vorher zu erzielen, musste ich in bedeutend schnellerem Tempo reiben. Der schwarze Fleck wurde dabei nach und nach durchsichtiger, bis er nur noch wie ein dünner Schleier über den vorher von ihm verdeckten Gegenständen zu liegen schien, und verschwand endlich vollständig. Aber schon eine Pause von nur einer Secunde genügte, um ihn in voller Deutlichkeit wieder erscheinen zu lassen (noch kürzere Pausen habe ich nicht untersucht).

Soweit die Beobachtungen.[1] Sie lassen sich sehr einfach deuten.

Erinnern wir uns daran, dass leuchtende Körper dieselben Strahlen absorbiren, die sie aussenden.

Das Eigenlicht der Netzhaut ist weiss (höchstens etwas gelblich); es wird also auch weisses Licht absorbiren. Daher erscheint die durch Druck zum Selbstleuchten gebrachte Netzhautstelle dunkel, wenn helles weisses Licht in's Auge gelangt. Die leuchtende Netzhautschicht muss zwischen äusserer Lichtquelle und Stäbchen- und Zapfenschicht (also nach innen von dieser Schicht) liegen.[2]

Das im Bereiche des Druckes auftretende Leuchten ist an eine Substanz gebunden, die dabei verbraucht wird.

---

[1] Gelegentlich habe ich am inneren Augenwinkel etwas stärker gedrückt und dabei auf weisses Papier geblickt. Ich sah ausser dem schwarzen Fleck noch eine der Macula lutea entsprechende dunkle Stelle und vom blinden Fleck ausgehend zarte helle Linien (Blutgefässe) synchron mit dem Puls aufblitzen.

[2] Hier sind noch zwei andere Annahmen zu prüfen: Einmal die, dass die Lichtbildung statt nach innen von den Stäbchen und Zapfen, nach aussen von ihnen im Pigmentepithel stattfindet, und dann die, dass überhaupt keine Lichtbildung, sondern eine directe Reizung durch Druck — sei es der Stäbchen und Zapfen, sei es der Nervenanfänge — vorliegt. Jede dieser Annahmen ist mit dem Auftreten eines hellen Druckfleckes im Einklang, aber keine davon lässt sich mit dem Auftreten des dunkeln Fleckes vereinigen.

Dass es sich keinesfalls um directe Druckreizung der Sehzellen handelt, folgt auch schon allein aus dem Verhalten des schwarzen Fleckes beim Reiben. Er verschwindet, und das vorher verdeckte Bild der Aussenwelt erscheint, d. h. Stäbchen und Zapfen sehen ganz wie gewöhnlich, sie sind nicht ermüdet.

Sie wird im Dunkeln langsamer, im Hellen viel schneller regenerirt. Also spielt bei ihrer Bildung das äussere Licht eine Rolle.

Druck auf die Hornhaut, Sichtbarwerden von Netzhautbestandtheilen. Eine zweite Methode, ein Leuchten in der Netzhaut hervorzurufen, besteht in einem Druck auf die Hornhaut, der nur indirect auf die Netzhaut wirken kann.

Um wirksam zu sein, muss der Druck diesmal stärker sein, darf aber immer noch als gelinde bezeichnet werden. Die Folgen des Druckes treten nicht sofort auf, sie können sich über die ganze Netzhaut erstrecken, und sie können sehr mannigfaltige sein.

Man kann bei vollkommenem Ausschluss[1] äusseren Lichtes durch gelinden Druck auf die Hornhaut eine mehr oder minder umfangreiche Erhellung des Gesichtsfeldes hervorrufen. Auf diesem hellen Grunde sind scharf gezeichnete Formen sichtbar. Und zwar wechselt eine Anzahl von Schattenbildern in Zwischenräumen von vielleicht einigen Secunden mit einander ab, etwa so, als wenn man mit dem Mikroskop ohne Blende ein etwas dickes Präparat ansieht und dabei in kurzen Zwischenräumen verschiedene Ebenen einstellt (der vergleich trifft nur theilweise zu). Eins dieser Bilder zeigt (ausser anderem) besonders deutlich und ganz unverkennbar die Stämme und Verzweigungen von Netzhautgefässen, aber in verschiedenem Umfange: Das eine Mal erscheint nur ein kleineres centrales Gebiet mit den Gefässzügen oberhalb und unterhalb der Macula lutea, ein anderes Mal auch der Sehnerveneintritt und die Anfangsstucke der nasalwärts ziehenden Aeste. Je besser ich diese Bilder habe kennen lernen, um so vollkommener habe ich mich davon überzeugt, dass die Verästelungen (bei demselben Auge) immer genau die gleichen sind, nur dass mehr oder auch weniger feine Zweige sichtbar sein können.

Bevor nun das Bild einem anderen Platz macht, geschieht etwas sehr Merkwürdiges: Während die das Gesichtsfeld im Uebrigen ausfüllende Zeichnung keine besonders auffallenden Veränderungen zeigt, schlagen plötzlich die vorher dunkeln Gefässe in Hell um; sie stehen dann für einige Augenblicke leuchtend auf nur schwach erhelltem Grund.

Ich beschreibe eine zweite Erscheinung: Sehr oft treten, allein sichtbar oder auf einer anderen matteren Zeichnung, ganz kurze schwarze Striche auf; kaum habe ich mir ihre Lage für ein ganz kleines Stück des Gesichtsfeldes eingeprägt, so wird plötzlich ein Theil der vorher schwarzen Striche

---

[1] Am einfach geschlossenen Auge lassen sich dieselben Erscheinungen hervorrufen, nur weniger vollkommen.

leuchtend hell; und zwar sind die nunmehr hellen Striche zwischen den schwarz gebliebenen verstreut.[1]

Wenn ich, ohne auf die übrigen ebenso charakteristischen, aber zum Theil noch der Deutung harrenden Bilder einzugehen, hier nur noch anführe, dass die fixirte Stelle, also die Macula lutea, sich immer in der Zeichnung erkennen lässt, sei es, dass sie als die Mitte eines verzweigten Systems von Bändern (nicht unähnlich den hypothetischen Marscanälen) erscheint, auf denen lauter gerade oder lauter gebogene[2] kleine Striche zu sehen sind, sei es, dass sie sich hell heraushebt aus einem dichten Kranz dunkler Striche, die allem Anschein nach dem sie umgebenden Wall entsprechen, oder dass sie dunkel im hellen Felde erscheint, oder sei es, dass sie der Ausgangspunkt eines besonderen, sich über die Netzhaut ausbreitenden Vorganges ist, — so meine ich damit gezeigt zu haben, einmal, dass in Folge vorsichtigen Druckes auf die Hornhaut Bestandtheile der Netzhaut als Schatten sichtbar werden, und zweitens, dass diese Schattenformen in Hell umschlagen können.

Man wird wohl nicht einwenden wollen, dass dieses Sehen auf einer directen mechanischen Reizung der Anfangsstücke der Opticusfasern oder der Sehzellen[3] beruhe, oder gar, dass ein Wiedererscheinen derselben feinsten Details durch Druck selbst nach Wochen oder Monate langer Pause ein Spiel der Phantasie sei.

Dies zugegeben sehe ich bei Ausschluss äusseren Lichtes keine andere Möglichkeit, als dass durch den Druck eine Lichtentwickelung in der Netzhaut selbst angeregt wird.

Functionelle Bedeutung der Lichtentwickelung in der Netzhaut. Wenn aber überhaupt ein Leuchten von Theilen der Netzhaut unter irgend welchen Bedingungen nachgewiesen ist, so muss es auch unter normalen Bedingungen auftreten, und es muss ihm dann eine Function zukommen.

Wollte man etwa sagen, das Leuchten sei eine zufällige Begleiterscheinung chemischer Processe, die anderen Zwecken dienen, so müsste man mindestens

---

[1] Ruft man eins dieser oder der folgenden Bilder am geschlossenen Auge im hellen Raum hervor und sieht im Augenblick, wo das Bild sehr deutlich ist, auf ein weisses Blatt, so erscheint dort das Bild in sehr grosser Schärfe und für eine Zeit, welche zur Schätzung der Grössenverhältnisse genügen wird (vgl. auch S. 156 Anm.).

[2] Kürzlich (September 1904) habe ich bei gelegentlichem Reiben des Auges (ohne Dunkelzimmer) an diesen gebogenen Strichen weitere Einzelheiten beobachtet: Sie erschienen als Reihen von schwarzen durch deutliche Zwischenräume getrennten Punkten. Seitdem habe ich sie noch mehrmals gesehen; einmal mit kleinen Zwischenräumen, einmal ohne solche; die Punkte stiessen an einander, waren aber doch als Punkte zu erkennen,

[3] Ich halte die Sehzelle überhaupt nicht für mechanisch reizbar (vgl. S. 146).

annehmen, dass überhaupt jeder chemische Process im Organismus mit Lichtentwickelung verbunden ist[1]; denn warum sollte sie gerade nur an dem einzigen Orte stattfinden, wo sie die Wahrnehmung äusseren Lichtes stören kann?[2]

Das Leuchten der Netzhaut im Dunkeln hat für das Sehen äusserer Objecte keine functionelle Bedeutung[3]; sie werden dadurch nicht beleuchtet.

Selbstleuchten der Netzhaut, veranlasst durch äusseres Licht.

Mechanischer Druck auf das Auge kann nicht die normale Ursache des Leuchtens sein.

Erkennt man an, dass die Netzhaut überhaupt fähig ist zu leuchten, so kann man sich der Folgerung nicht wohl entziehen, dass das Leuchten normal beim Sehen stattfindet; die normale Ursache für das Leuchten ist also, direct oder indirect, das äussere Licht.

Dieses normale Leuchten, das wir uns intermittirend zu denken haben (weil nur tetanische Reize eine länger dauernde Empfindung geben können), und das hervorgerufen wird durch äusseres Licht, verhindert, wie ich behaupte (und schon dargelegt habe) bei offenen Augen für kurze Zeit die Ruheblindheit z. B. gegenüber einer gleichmässigen — reizlosen — Fläche und kann uns bei plötzlich eintretender Dunkelheit ein Nachbild zeigen. Ausserdem hat es mindestens noch eine andere Function (vgl. später).

---

[1] Th. W. Engelmann (*Ueber den Ursprung der Muskelkraft.* Leipzig 1893. S. 7 und Anm.) folgert aus der Verbrennungswärme der Kohlehydrate und der Temperaturerhöhung des sich contrahirenden Muskels, dass schon Verbrennung einer relativ unendlich kleinen Zahl von Molecülen zur Erzeugung der Contraction eines ganzen Muskels genügt, und er schliesst daraus weiter, dass's die Temperatur dieser Molecüle wenigstens im Augenblicke der Verbrennung enorm hoch sein muss, „so hoch, dass vielleicht nur die Kleinheit und die geringe Zahl der Wärmequellen verhindert, diese leuchten zu sehen". — Engelmann hat „schon vor vielen Jahren Muskeln von Fröschen und Kaninchen im Dunkeln beobachtet, während sie in heftigsten Tetanus versetzt wurden, in der Hoffnung, vielleicht eine Spur von Lichtentwickelung zu sehen, doch ohne Erfolg. Ebenso wenig gelang es, die Netzhaut durch heftige elektrische Erregung (directe oder des N. opticus) leuchtend zu machen".

[2] Und auch wirklich unter Umständen stört.

[3] Ich vermuthe, dass das Selbstleuchten im Dunkeln immer die Folge äusserer oder innerer mechanischer Ursachen (äusserer Druck, Blutdruck) ist. Ich habe einige Male nach 5 bis 10 Minuten langem Aufenthalt im Dunkelzimmer, als meine Augen sich in völlig normaler Verfassung befanden, das Gesichtsfeld ganz einfach schwarz gesehen. Aber schon ein mässiges Zukneifen der Lider genügt, die eine oder andere Lichterscheinung hervorzubringen. Uebe ich einen ganz leisen, möglichst gleichmässigen Druck auf den Bulbus aus, so gelingt es zuweilen, synchron mit dem Pulse eine Lichtempfindung zu erhalten.

Sichtbarwerden von Netzhautbestandtheilen. Wenn beide, Druck und Licht, dieselbe lichterregende Wirkung auf die Netzhaut ausüben, so müssen sich die bei Druck im Dunkeln beobachteten Erscheinungen auch bei Belichtung ohne Druck einstellen, falls eine geeignete Versuchsanordnung getroffen werden kann.

Im Dunkeln kann ich durch Druck Bestandtheile meiner Netzhaut sichtbar machen, im Hellen sind sie für gewöhnlich nicht sichtbar.

Helladaptirtes Auge, Netzhaut subjectiv nicht sichtbar. Denn bei normalem Einfall des Lichts fallen die Schatten der unvollkommen durchsichtigen Netzhautelemente immer an dieselbe Stelle, verursachen also zum Mindesten so lange keine Helligkeitsschwankung (die zum Sehen unentbehrlich ist), als die Intensität des einfallenden Lichtes sich nicht ändert.[1] Aber auch wenn sie sich ändert, verursachen sie, wenn wir extreme Werthe ausschliessen, keine Schwankung. Dass es so ist, dass wir also z. B. die Netzhautgefässe nicht immer mit sehen, ist für das Sehen vortheilhaft, es ist aber nicht selbstverständlich.

Immer, wenn wir auf gleichmässig hellem Grunde die Gefässschatten nicht sehen, sind die von Gefässen beschatteten — an lichtempfindlicher Substanz reicheren — und die nicht beschatteten — ärmeren — Stellen gleich stark gereizt.

Das heisst, unter den beiden Voraussetzungen, dass das Weber'sche Gesetz gültig ist und dass eine und dieselbe Netzhautstelle stets den gleichen Procentsatz des sie treffenden Lichtes durchlässt, muss eine plötzliche Helligkeitszunahme den „Säure"-gehalt[2] der beschatteten „säure"-ärmeren und der nicht beschatteten „säure"-reicheren Stellen um denselben Procentsatz (nicht um dieselbe absolute Menge!) vermehren.

Dunkeladaptirtes Auge, Netzhautbestandtheile subjectiv sichtbar. Ganz andere Bedingungen liegen vor bei einem Auge, das eine Zeit lang verdunkelt war. Denn hier ist die Menge der lichtempfindlichen Substanz sicher unabhängig von dem Grade der Durchsichtigkeit der darüber liegenden

---

[1] Die Purkinje'sche Aderfigur sehen wir, weil die belichtete Sclerastelle und damit der Ort der Gefässschatten dauernd wechselt.

[2] Vgl. *dies Archiv.* 1904. Physiol. Abthlg. S. 332 ff. und 342: Aus einem durch das Blut zugeführten Material entsteht in den Stäbchen und Zapfen ein lichtempfindlicher Körper bis zu einer oberen Concentrationsgrenze. Je nach der vorhandenen Concentration und je nach der Lichtstärke entsteht daraus durch Lichtwirkung mehr oder weniger einer neuen Substan (die ich der Kürze wegen als „Säure bezeichnet habe), welche den Nervenapparat reizen kann, aber, im Einklang mit dem Leitsatz, nur durch plötzliche Concentrationsänderungen.

Netzhautschichten; die Vertheilung wird um so gleichmässiger sein, je mehr (mit zunehmender Dauer der Verdunkelung) die Concentration dieser Substanz sich ihrem Maximum nähert.

Wird ein solches (dunkeladaptirtes) Auge plötzlich gegen eine helle Fläche geöffnet, so wird die Zersetzung der lichtempfindlichen Substanz, die Menge der gebildeten „Säure" und damit der Reiz an den verschiedenen Netzhautstellen der in die Stäbchen- und Zapfenschicht gelangenden Lichtmenge proportional sein.

Die im Schatten der Gefässe liegenden Stellen müssen dann weniger stark gereizt werden, die Gefässe müssen also dunkel auf hellerem Grunde erscheinen.

Die Beobachtung bestätigt das: Wenn ich Morgens nach dem Erwachen ein Auge jäh gegen die Zimmerdecke öffne, so sehe ich entweder an der fixirten Stelle einen dunkeln Fleck von wechselnder aber immer erheblicher Grösse mit gezacktem ausgefasertem Rande, an welchem unter Umständen lebhafte Bewegung zu erkennen ist; (der Fleck kann recht lange sichtbar bleiben und ist das Zeichen für einen in der Netzhaut sich abspielenden besonderen Vorgang) — oder ich sehe verzweigte dunkle Gefässe[1] oberhalb und unterhalb der Macula lutea durch das Gesichtsfeld ziehen, wobei die Macula lutea als kleiner heller Fleck, zuweilen wie ein kleiner Stern mit dunklem Rande erscheint.

Die Gefässe zeigen, wie ich durch wiederholte Zeichnungen für mein rechtes Auge festgestellt habe, immer denselben Verlauf, nur dass unter günstigeren Bedingungen auch kleinere Aeste erscheinen.

Sie heben sich sehr kräftig ab im Augenblick der Belichtung und verblassen zwar schnell, aber nicht plötzlich, so dass oft erst nach zwei oder mehr Secunden die letzten Reste verschwinden.[2]

Schliesse oder verdecke ich nun das Auge wieder, so sehe ich in einer Anzahl von Beobachtungsreihen nichts, höchstens eine schwache allgemeine Erhellung des Gesichtsfeldes; in anderen dagegen, und das war bis jetzt

---

[1] Seltener sind andere Dinge zu beobachten. Ich erwähne ein einfaches Muster aus kleinen Kreisen oder Sechsecken ohne Bewegung, und ein in lebhafter Bewegung befindliches Bild mit starken Helligkeitsunterschieden, das an durch einander zappelnde Fischchen erinnert und für ein Kreislaufsbild ausserordentlich grob ist,

[2] Wir sehen also nach einer einmaligen Schwankung der Helligkeit beim dunkeladaptirten Auge die Gefässe dunkel auftauchen, beim helladaptirten nicht. Hierbei ist Voraussetzung, dass der Reiz eine gewisse mittlere „normale" Stärke nicht überschreitet, dass er nicht „unangenehm" stark ist. Diese Stärke wird weit überschritten, wenn ich eine weissliche Stelle des Himmels dicht bei der hochstehenden Sonne wähle. Richte ich das ganz kurze Zeit verdeckte, also durchaus noch nicht dunkeladaptirte Auge gegen eine solche Stelle des Himmels, so erscheinen ebenfalls verzweigte Gefässe (und vielleicht noch andere Dinge).

der häufigere Fall, eine recht auffallende Erscheinung, die dann meist recht
oft hervorgerufen werden kann und mit der Stärke und Dauer der vorausgegangenen Belichtung veränderlich ist.

   War die Belichtung kurz und ist die Zimmerdecke nur dämmrig,
so sehe ich allerdings auch dann nichts; war die Belichtung aber stärker
oder länger oder beides, so tauchen nach Schluss des Auges genau dieselben Gefässe, wie beim Oeffnen, nur feiner und schärfer gezeichnet, hell
auf dunklem Grunde auf; aber dies Aufleuchten der Gefässe ist gegen den
Moment der Verdunkelung des Auges um so mehr verzögert, je weniger
intensiv und je kürzer die Belichtung war. Die Verzögerung kann unmerklich sein, aber auch (schätzungsweise) mehr als eine halbe Secunde betragen;
das später auftretende Bild ist auch das schwächere. — Die hellen Gefässe oder Theile davon können jederzeit bei Schluss des helladaptirten
Auges erscheinen, falls nur vorher eine reizlose Fläche (weiss oder farbig)
angesehen wurde.

   Schema der Netzhaut. Die eben beschriebene Beobachtung hat uns
die Aehnlichkeit zwischen Druck- und Lichtwirkung gezeigt.[1]
   Beide, Druck und Licht, wirken, wie ich behaupte, auf die Netzhaut
lichterregend.

   Das bisherige Material erlaubt uns schon, einige Einzelheiten des Leuchtvorgangs zu ermitteln.

   Rein beobachten wir ihn nur bei Ausschluss äusseren Lichtes, wenn
wir auf das — dunkeladaptirte — Auge einen Druck ausüben. Am lehr-
reichsten ist der Druck auf die Hornhaut.

   Dabei erscheinen von Zeit zu Zeit die grösseren Gefässe, und zwar
zuerst dunkel auf hellem Grunde. Das heisst:

   Eine in der Nähe des Glaskörpers liegende Schicht von Netzhautzellen
$A, A \ldots$, geräth in intermittirendes Leuchten. Auf der Stäbchen- und
Zapfenschicht werden die im Wege des Lichtes liegenden Dinge Schatten
werfen, je nach ihrer Durchsichtigkeit mehr oder weniger stark; sehr dunkle
Schatten die wenig durchsichtigen grossen Gefässe.

Glaskörper							Stäbchen und Zapfen
	A	B	n	C		D	≡
	A	o	B		C	n′ D	≡
	A	↑	B	n	C n′ D		≡

Grosses Gefäss

---

[1] Ein anderes Beispiel ist folgendes: Im centralen Theil des Nachbildes, etwa
eines Fensters, habe ich nicht selten dieselben schwarzen Stäbchen gesehen, die im
Dunkeln durch Druck sichtbar zu machen sind.

Diese schützen also die getroffenen Stäbchen und Zapfen vor starker Lichtwirkung. Jetzt geräth statt $A\,A$ ... (oder auch allenfalls gleichzeitig mit $A\,A$ ...) eine zweite Schicht $B\,B$ ... ins Leuchten, die den Stäbchen und Zapfen näher liegt als die grossen Gefässe. Die vorher beschatteten Sehzellen erhalten nun die gleiche Menge Licht wie die übrigen; da sie aber reicher an lichtempfindlicher Substanz sind, so werden sie stärker gereizt.

Ich sehe also jetzt die Gefässe hell auf dunklem Grunde, bis der Ueberschuss an lichtempfindlicher Substanz verbraucht ist.

Und weiter: n, n und n', n' seien die Dinge, deren Schatten oft als schwarze Strichelchen sichtbar sind. Sie werden sämmtlich schwarz erscheinen, solange die Schicht B rhythmisch leuchtet; (ausserdem werden auch die schwächeren Schatten von $C\,C$ ... und $D\,D$ ... sichtbar sein). Wenn dann aber die Schicht $C\,C$ ... zu leuchten beginnt, so müssen die Schatten von n, n in Hell umschlagen (ebenso wie vorher die Gefässe), während $n'\,n'$ nach wie vor dunkel erscheinen.

Je näher an den Sehzellen die gerade leuchtende Schicht liegt, um so weniger Objecte können als Schatten erscheinen, bis schliesslich nur eine allgemeine Helligkeit bleibt, (die so stark sein kann, dass sie als blendend zu bezeichnen ist).

Durch das Vorstehende ist also ein Selbstleuchten verschiedener Netzhautschichten, angeregt durch Druck oder durch äusseres Licht, wahrscheinlich gemacht; beobachtet ist ein Fortschreiten von einer Schicht in der Nähe des Glaskörpers zu einer Schicht weiter aussen; ob das Leuchten ausschliesslich in dieser Reihenfolge auftritt, ist noch nicht festgestellt.

Aus theoretischen Gründen habe ich angenommen, dass das Leuchten nicht continuirlich, sondern intermittirend[1] ist.

Ob das Leuchten der Netzhaut im Dunkeln in Folge von Druck irgend eine functionelle Bedeutung haben kann, bleibt noch zu untersuchen.

Beim Sehact findet (normal) die Erregung des Eigenlichts zweifellos nur durch äusseres Licht statt.

Das Selbstleuchten der Netzhaut beim Sehen. Dadurch, dass die Sehzellen sowohl von dem erregenden (äusseren), als auch von dem erregten (inneren) Licht getroffen werden, ergeben sich einige Besonderheiten:

Das äussere Licht ist beim Ansehen einer weissen Fläche constant, stellt also keinen Reiz dar, das innere ist intermittirend.

Nur durch das Hinzutreten des intermittirenden inneren Lichtes

---

[1] Ein nur remittirendes Leuchten würde einen grösseren Aufwand an Leuchtsubstanz bedingen, ist also, weil unöconomisch, weniger wahrscheinlich.

sehen wir eine gleichmässig helle — „reizlose" — Fläche längere Zeit hell.
Und gerade, dass die Netzhaut intermittirend leuchten kann, während
sie vom Licht getroffen wird — was nicht so handgreiflich nachweisbar
ist, wie das Leuchten im Dunkeln — halte ich für eine im Interesse des
dauernden Sehens höchst werthvolle Einrichtung, die sehr wirksam (und
für eine dem Bedürfnis genügende, aber durchaus nicht unbegrenzte Zeit)
da die Ruheblindheit verhindert, wo die andern Schutzmittel nicht aus·
reichen.

Gleichgewichtszustand der Netzhaut. Durch das an Stärke sicher
immer überwiegende äussere Licht wird jener schon geschilderte Gleichgewichtszustand herbeigeführt: Die im Gefässschatten[1] liegenden Stäbchen
und Zapfen werden in dem Maasse reicher an lichtempfindlicher Substanz,
als sie weniger Licht erhalten; dadurch ist es ermöglicht, dass die gleiche
Helligkeitsschwankung an den beschatteten und den nicht beschatteten
Stellen den gleichen Reiz setzt.

Dieser Zustand charakterisirt das helladaptirte Auge.

Beim einigermaassen dunkeladaptirten wird er, wenn ich es gegen
die weisse Decke öffne, allmählich im Laufe einiger Secunden erreicht,
und ebenso allmählich (nicht plötzlich! nicht sofort!), verschwinden die
Schatten der grossen Gefässe.

Wäre nur das constante äussere Licht vorhanden, so würden die
Gefässe nur in dem Moment, wo ich das Auge öffne, auf hellem Grunde
sichtbar sein; sofort hinterher würde Ruheblindheit eintreten — die Zimmerdecke sammt den Gefässschatten würde in Dunkelheit untertauchen[2]; dass
die Decke länger hell erscheint — und also auch die Schatten über den
ersten Moment hinaus sichtbar sind, ist nur möglich, weil die Netzhaut
selbst, angeregt durch das constante äussere Licht, **intermittirend**
leuchtet.

Folgen des Gleichgewichtszustandes: Helligkeitsunterschiede ver-
schwinden bald. Wir dürfen die ihrem Wesen nach oben auseinander-
gesetzte Eigenschaft unseres Auges, seine Netzhautgefässe und anderes nicht
zu sehen als nützlich bezeichnen. Die Eigenschaft dürfte erworben sein;
sie kommt nur dem helladaptirten Auge zu; diesem gegenüber kann das
dunkeladaptirte als noch nicht gebrauchsfertig bezeichnet werden.

---

[1] Das Gesagte gilt selbstverständlich für alle schattenwerfenden Netzhautbestandtheile.

[2] Während dieser Dunkelheit könnte der Capillarkreislauf wohl nur so erscheinen,
dass in dem völlig dunkeln Gesichtsfelde äusserst schmale hellere Halbmonde und
Punkte, dem hinteren Rande der Blutkörperchen entsprechend, sich bewegten. In
Wirklichkeit sieht das Bild ganz anders aus.

Eine einfache Ueberlegung lehrt, dass es einerlei sein muss, auf welche Weise die Beschattung von Theilen der Netzhaut zu Stande kommt, wofern nur der Schatten seinen Ort auf der Stäbchen- [und Zapfenschicht ebenso constant beibehält, wie die Schatten der Gefässe und der Netzhautelemente überhaupt.

Denken wir uns also die ganze eine Hälfte der Netzhaut im Schatten, die andere nicht, so wird nach einigen Secunden die mittlere Menge der lichtempfindlichen Substanz in den beiden Netzhauthälften constant, aber verschieden sein.

In der stärker (constant) belichteten Hälfte treffen die grösseren Schwankungen des inneren Lichtes[1] auf die geringere Menge lichtempfindlicher Substanz; in der beschatteten Hälfte treffen die kleineren Schwankungen auf die grössere Menge.

In beiden Fällen muss durch jede einzelne Schwankung der gleiche procentische Zuwachs des Reizmittels (der „Säure") gebildet werden, der Reiz muss in beiden Netzhauthälften immer derselbe sein, das ganze Gesichtsfeld muss gleich hell erscheinen — muss es, wenn die für das Nichtsehen der Netzhautgefässe gemachten Annahmen zutreffen.

Nur ein Bedenken steht der Ausführung des Versuchs entgegen: Kann man das Auge so still halten, dass durch die Grenze zwischen Hell und Dunkel nicht fortwährende Schwankungen entstehen?

Das gelingt nun in der That; wenn man die Grenze zwischen Hell und Dunkel weit genug von der macula lutea entfernt gehen lässt.

Lange bevor ich einen Grund dafür kannte, habe ich des öfteren folgende Beobachtung gemacht, die mich sehr in Verwunderung setzte.

Die dichtgeflochtene Lehne eines gelben Rohrstuhles lag zum Theil im Schatten, zum Theil im Sonnenlicht. Die Trennungslinie verlief schräg. Ich blickte starr auf eine Stelle des beschatteten Theils und sah bald die ganze Lehne völlig gleichmässig hell (obwohl eine willkürliche Augenbewegung — besonders ein Blick auf die Grenzlinie — jedesmal lehrte, dass der scharfe Schatten noch vorhanden war). Und zwar habe ich (an verschiedenen Tagen!) immer die Empfindung gehabt: Jetzt ist die ganze Stuhllehne im Sonnenschein. (Den Gründen dafür will ich hier nicht nachgehen; der Fixationspunkt lag immer im beschatteten Theil.)

Dieselbe Erscheinung habe ich an einem gewöhnlichen Rohrstuhl beobachtet, der ebenfalls halb von der Sonne beschienen war; die beiden Hälften der Stuhllehne erschienen bald ganz gleich hell; die eckigen dunklen Lücken im Geflecht blieben dabei so deutlich wie zuvor.

---

[1] Die Annahme, dass die Intensität des inneren Lichtes mit der des äusseren steigt und fällt, ergiebt sich mit Nothwendigkeit aus der Beobachtung der Nachbilder; vgl. später.

Ich führe noch eine Beobachtung an: An der im ganzen dämmrigen Decke eines Zimmers zeichneten sich (von den geschlossenen stellbaren Fensterläden herrührend) eine Reihe paralleler kräftiger Schattenstreifen ab, besonders in der Nähe des Fensters. Ich fixirte (mit einem Auge) einen Punkt der Decke neben dem Gebiet der kräftigen Streifen und sah nach wenigen Secunden die Decken im Gebiete der Streifen vollkommen gleichmässig hell. — Die Beobachtung wurde von anderer Seite (E. K.) wiederholt und vollkommen bestätigt.

Wir haben also in dem intermittirenden Selbstleuchten der Netzhaut zwar ein Mittel, bei constanter Belichtung noch eine Zeitlang Hell zu sehen, aber kein Mittel, die Helligkeitsunterschiede während dieser ganzen Zeit dauernd zu sehen.

Diese Fähigkeit durfte nicht erhalten bleiben, denn sonst würden wir dauernd das Bild unserer Netzhaut gleichzeitig mit dem der Aussenwelt sehen. Der kleinere Vortheil musste zu Gunsten des grösseren aufgegeben werden.

Unser Sehorgan ist überhaupt nicht darauf eingerichtet, länger als einige Secunden auf eine Stelle zu sehen, an der sich nichts ändert.

Es muss von besonderem Interesse sein, das Verhalten des Leuchtapparates unter Bedingungen weiter zu verfolgen, wo er uns ein Bild der Aussenwelt (dessen Auffassung ja auf dem Sehen von Unterschieden beruht), nicht mehr verschafft. Wir werden auf diese Frage zurückkommen (S. 172 ff.), wenn wir über den Leuchtvorgang eine Anzahl von Beobachtungen zusammengetragen haben, die darin übereinstimmen, dass sie uns den Vorgang als einen periodisch sich wiederholenden kennen lehren.

IV.
Periodisches Auftreten des Leuchtprocesses.[1]

Als Folge äusseren Lichts. Die ersten hierher gehörigen Beobachtungen habe ich schon früher beim Studium gleichmässiger — „reizloser" — Flächen gemacht, ohne sie damals deuten zu können.

Sieht man eine weisse Fläche (ein Blatt Papier) ohne Lidschlag mit einem Auge ruhig an, so wird sie abwechselnd dunkel, (wobei der Capillarkreislauf sichtbar wird) und wieder hell. Bei länger fortgesetzter Beobachtung werden erst die „hellen" Zeiten kürzer, und dann wird die Fläche nicht mehr gleichmässig und in allen ihren Theilen gleichzeitig hell, sondern in einer so ganz andern Weise, dass ich damals von einem Ausbleiben der hellen Pausen und einem Hinzutreten auffallender subjectiver Erscheinungen gesprochen und nicht entfernt gedacht habe, es könne sich im Grunde um eine und dieselbe Erscheinung handeln.

---

[1] Vgl. hierzu Helmholtz, *Physiol. Opt.* 2. Aufl. S. 242.

Aus der gegebenen Beschreibung[1] wiederhole ich hier das wesentliche: „Es war, als ob ein grosser glänzender, in zitternder Bewegung befindlicher Fleck, dem gelben Fleck und seiner Umgebung entsprechend, von aussen her in Zwischenräumen von etwa vier Pulsen mit Dunkelheit überflutet wurde." — Ferner (beim Ansehen der dämmrigen Zimmerdecke)... „entwickelt sich aus der fixirten Stelle in Zwischenräumen von 4 bis 5 Pulsschlägen eine glänzende Erscheinung, etwa wie in zitternder Bewegung begriffener, hell beleuchteter Dampf, der rhythmisch ausgestossen wird und sich gleich in der Luft auflöst." — Offenbar dieselbe Erscheinung liegt vor, wenn von einer „blauen Pulsation" die Rede ist.[2]

Wir kommen noch mehrfach auf die periodische Lichtentwicklung bei offenen Augen zurück, insofern sie geeignet ist, einige recht auffallende Erscheinungen zu erklären.

Bei weitem am häufigsten habe ich die periodische Lichtentwicklung in mehr oder weniger hellen Räumen mit geschlossenen Augen, besonders in der Morgendämmerung beim Erwachen beobachtet.[3]

Das Gesichtsfeld des geschlossenen Auges erweist sich, auch wenn nur sehr wenig äusseres Licht vorhanden ist, nicht als ganz dunkel, sondern es ist zum mindesten eine geringe ungleichmässige Helligkeit zu erkennen. Bei einiger Aufmerksamkeit wird man wohl immer finden, dass die Vertheilung der Helligkeit sich nach und nach ändert, aber mehr wird man in vielen Fällen nicht sehen.

Nun verdecke man noch die Augen mit den Händen oder einem dunklen Tuch und richte sogleich die Aufmerksamkeit auf den Fixationspunkt.

Sollte sich die erwartete Erscheinung noch nicht zeigen, so steigere man das äussere Licht und öffne für einen Augenblick das Auge oder reibe es ein wenig.

In sehr vielen Fällen wird es aber genügen, nur seine Aufmerksamkeit auf das Gesichtsfeld zu richten, um zu bemerken, dass die Helligkeit sich in charakteristischer Weise periodisch ändert.

Der Umfang des Vorgangs, so weit er auffällt, kann sehr verschieden sein. Er kann sich auf eine sehr kleine Stelle beschränken, er kann auch einen grossen Theil des Gesichtsfeldes umfassen; immer aber geht er von der Gegend der macula lutea aus:

Man sieht dort plötzlich ein meist scharfbegrenztes Stück des Gesichtsfeldes, dessen Grösse in den einzelnen Fällen sehr verschieden, aber immer

---

[1] *Dies Archiv.* Physiol. Abthlg. S. 328 Anm.   [2] A. a. O. S. 335.

[3] Die dabei auftretenden Fragen sind nicht alle beantwortet worden. Zur Ausfüllung der noch gebliebenen Lücken sind Beobachtungen erforderlich, bei denen ein Auge vollkommen lichtdicht verschlossen ist.

nur gering ist, auf einen Schlag glänzend hell werden. (Zuweilen erkennt man aber doch, dass diese plötzlich einsetzende Helligkeit von einem schwächeren Schimmer auf beschränkterem Raum eingeleitet wird.) In zitternden ruckweisen Bewegungen, wie die zwischen den Steinen des Strandes sich verlierende Brandungswelle, schreitet die Helligkeit, schwächer und schwächer werdend, ringsum nach aussen oder auch nur nach einer Seite fort. Plötzlich erscheint in dem grossen hellen Felde dieselbe Figur wie vorher an derselben Stelle, aber dunkel; und in denselben Bahnen, wie vorher die Helligkeit, breitet sich jetzt Dunkelheit über das Gesichtsfeld aus.

Zuweilen kehrt sich der Vorgang gewissermaassen um: Ich sehe die Helligkeit aus dem Gesichtsfelde nach der Mitte sich zusammenziehen. Dabei tauchen hier und dort schwarze, von geknickten geraden Linien begrenzte Stellen auf, die sich mehren und zusammenfliessen, bis auch die letzten leuchtenden Stellen aufgezehrt sind. Liesse man Milch zwischen einem Mosaik schwarzer Steine versickern, so würde man einen ähnlichen Anblick haben. Inzwischen ist aber in unmerklicher (oder wenigstens noch nicht festgestellter) Weise das Gesichtsfeld wieder hell geworden und der Vorgang wiederholt sich.

Diese Modification habe ich aber doch nur sehr selten im Vergleich zu der erstbeschriebenen beobachtet.

Zuweilen ist die ganze Erscheinung darauf reducirt, dass an verschiedenen Stellen des Gesichtsfeldes, nicht nur an der fixirten Stelle, abwechselnd Lichtpunkte und intensiv schwarze Punkte auftreten.

In seltenen Fällen sind, um auf die zuerst beschriebene auffälligste Art des Vorgangs zurückzukommen, die Grenzen zwischen Hell und Dunkel verwaschen; in der Regel sind sie scharf und eckig, wenigstens was die ziemlich plötzlich auftretende Anfangsfigur betrifft. Unwillkürlich versuche ich meist sie zu fixiren; sie pflegt sich dann langsam zu bewegen, bis das in eine extreme Stellung gelangte Auge in die Ruhelage zurückkehren muss. Es wird mir sehr schwer, diese Augenbewegungen zu unterdrücken; ich behandle dieses Netzhautbild gegen meinen Willen so, wie ein Bild der Aussenwelt.

Am besten gelingt es noch die Augen ruhig zu halten, wenn ich den Ort der Fovea centralis, der immer zum wenigsten sehr nah an der Figur liegt, aufsuche und meine Aufmerksamkeit darauf richte.

In zwei aufeinanderfolgenden Perioden der Lichtentwicklung lassen die Ausgangsformen meist keinen Unterschied erkennen.

Beobachtet man aber eine grössere Zahl von Perioden, so merkt man, dass sie sich allmählich ändern; unter später zu besprechenden Bedingungen kann aber die Aenderung auch schnell eintreten (vgl. S. 165 unten).

Richtet man seine Aufmerksamkeit statt auf die Lichtwolken, auf den schwach erhellten Grund (der gelblichbraun erscheinen kann, wenn die Lichtwolken weiss bis bläulichweiss sind), so wird man zuweilen eine grosse Menge Figuren aus dünnen schwarzen Linien entdecken; einmal erinnerten sie mich an ein mit chinesischen Schriftzeichen bedecktes Blatt. Ob sie immer zu sehen sind, kann ich noch nicht sagen, da ich bisher nur einige Male darauf geachtet habe. Die Strichfiguren bleiben, so lange sie stehen, unverändert, verschwinden aber bald. Sie heben sich nicht so kräftig vom Grunde ab, wie die durch Druck im Dunkelzimmer hervorgerufenen Erscheinungen. Sie können wichtig werden für die Feststellung der Reihenfolge, in der die Netzhautschichten leuchten.

Periodisches Leuchten als Folge von Druck im Dunkeln. Auch im Dunkelzimmer, wenn die Netzhaut durch Druck auf die Hornhaut ins Leuchten geräth, lässt sich ganz regelmässig beobachten, dass der Vorgang sich periodisch über die Netzhaut ausbreitet.

Einige Male habe ich dabei das Fortschreiten des Leuchtprocesses in ausserordentlich deutlicher Weise verfolgen können. Während der (misslungenen) Versuche, das Eigenlicht der Netzhaut zu photographiren, habe ich die wechselnden Bilder zu beschreiben gesucht. Das in völliger Dunkelheit geschriebene Protokoll ist sehr unvollkommen; die Erscheinungen wechseln so schnell, dass nicht die Hälfte derselben auch nur erwähnt werden konnte. Ich habe einmal (13. III. 1904) unmittelbar nach der Beobachtung Licht angezündet und das Gesehene zu zeichnen und zu beschreiben gesucht. Die Zeichnung zeigt eine ovale helle Mitte mit einigen gebogenen kurzen schwarzen Linien, und von der hellen Mitte ausgehend baumartige dunklere Verzweigungen auf hellerem Grunde. Der Text lautet: „Es geht immer eine Lichtwolke von der fixirten Stelle aus; dann geht in die dunkel gezeichneten Verzweigungen mit kleinen Rucken (als wenn nasse Pulverkörner nach und nach aufglimmen) Helligkeit hinein und verschwindet wieder" (die Beobachtung ist am rechten Auge gemacht). In einem anderen Protokoll (15. II. 1904) finde ich die im Dunkeln während der Beobachtung niedergeschriebene Bemerkung, dass es wieder durch die Verzweigungen läuft „wie durch glimmenden Zunder, aber diesmal dunkel, d. h. die dunkeln Stellen nehmen mit kleinen Rucken zu". Die Mitte des Gesichtsfeldes war dabei „die ganze Zeit hell mit Wolken, die pulsartig kommen und gehen". Der Vergleich „wie Zunder" findet sich noch einmal (15. II. 1904): „... Beim ersten, vierten und neunten Puls geht die Welle durchs Gesichtsfeld, die überall wie Zunder zündet" (soll heissen: die Helligkeit läuft weiter, wie ein Funken im Zunder).

Die Bedingungen, unter denen ich periodische Lichtentwickelungen beobachtet habe, sind noch nicht erschöpft. Man wolle sich nur erinnern, dass es sich um eine Erscheinung handelt, die nothwendig mit dem Sehen in ganz directem Zusammenhang steht, und dass beim gewöhnlichen Sehen Perioden nicht — oder nicht ohne Weiteres — zu bemerken sind. Aber die noch ausstehenden Fälle setzen die Bekanntschaft mit den zeitlichen und ursächlichen Verhältnissen der Lichtentwickelung voraus; diese sollen also vorher besprochen werden.

Die zeitlichen Verhältnisse der periodischen Lichtentwickelung.

Bei der ausgebildeten Form der periodischen Lichtentwickelung setzt Hell und Dunkel in der Mitte des Gesichtsfeldes sozusagen mit einem Ruck ein. Messungen waren also leicht ausführbar.

Die beiden Phasen. Nur taxirt habe ich des öfteren das Verhältniss der beiden Phasen des Vorganges zu einander.

Wenn ich mit h und d das Einsetzen von Hell und Dunkel bezeichne, und für gleiche Zeiten die gleiche Zahl von Punkten setze, so lassen sich die drei möglichen Fälle durch folgendes Schéma wiedergeben:

1. $h \ldotp\ldotp d \ldotp\ldotp h \ldotp\ldotp d \ldotp\ldotp h$
2. $h \ldotp\ldotp\ldotp\ldotp d \ldotp h \ldotp\ldotp\ldotp\ldotp d \ldotp h$
3. $h \ldotp d \ldotp\ldotp\ldotp\ldotp h \ldotp d \ldotp\ldotp\ldotp\ldotp h$

Der erste Fall ist der gewöhnliche, den zweiten habe ich selten beobachtet, den dritten niemals.

Das Charakteristische ist danach nicht die (ungefähr) gleiche Dauer beider Phasen — denn die helle Phase kann auf Kosten der dunkeln verlängert sein — sondern etwas anderes. Ich will dies andere durch ein fingirtes Experiment zu erklären suchen: Man denke sich ein Brett dicht mit Glühlampen besetzt, die so eingerichtet sind, dass sie automatisch genau 4 Secunden nach dem Einschalten wieder ausgeschalten werden. Ausserdem sollen sie in drei Gruppen zusammengestellt sein, so dass beispielsweise die erste Gruppe ein Kreuz bildet, das durch die zweite zu einem Stern ergänzt wird, während die dritte den Rest der Lampen umfasst. Wenn die drei Gruppen jetzt in Zwischenräumen von je 1 Secunde eingeschaltet werden, so leuchtet, wenn wir die Zählung der Secunden mit Null beginnen, bei Null ein Kreuz auf, bei Eins ein Stern, bei Zwei die ganze Fläche; bei Vier erscheint in der leuchtenden Fläche ein dunkles Kreuz, bei Fünf ein dunkler Stern, und bei Sechs ist die ganze Fläche dunkel.

Auch bei den periodisch auftretenden Lichterscheinungen in meinem
Auge sehe ich ein und dieselbe Figur zuerst hell, dann dunkel, auch
wachsen beide in ein und derselben Weise, und ich möchte in der That
glauben, dass dies ebenfalls auf einem gleich langen Leuchten der
betheiligten Zellen beruht. Diese Auffassung stimmt im Besonderen auch
durchaus zu dem im Dunkelzimmer Gesehenen.

Aber die Dauer des Leuchtens ist im besten Fall nur ungefähr
gleich lang; sie und überhaupt alle in Betracht kommenden zeitlichen Verhältnisse sind in einem steten Wechsel begriffen. Geht dieser Wechsel
sehr langsam vor sich, so ändert sich die (helle und dunkle) Anfangsfigur
nur unmerklich. Nach 20 bis 30 Perioden, wenn überhaupt so viele zur
Beobachtung kommen, ist aber immer — und meist schon viel eher —
ein deutlicher Unterschied vorhanden.

Das Tempo. Was nun die Dauer einer Periode (von Hell zu Hell oder
von Dunkel zu Dunkel) betrifft, so wechselt diese Zeit mit den äusseren
Bedingungen.

Bei der Messung der Perioden habe ich bei dem ersten Einsetzen von
Hell mit Null angefangen zu zählen und zuweilen die Zeit von 0 bis 1
oder 0 bis 2 bestimmt, meistens aber die Zeiten 0 bis 5 und 5 bis 10.
Die gewonnenen Werthe bezw. Mittelwerthe für eine Periode von Hell zu
Hell variiren zwischen 5 und 10 Secunden und zwar ergaben

8 Messungen die Zeit von 5 bis 6″
17　　　,,　　　,,　,,　,,　6 ,, 7
13　　　,,　　　,,　,,　,,　7 ,, 8
13　　　,,　　　,,　,,　,,　8 ,, 9
6　　　,,　　　,,　,,　,,　9 ,,10

Aus diesen Messungen lässt sich mit einiger Sicherheit nur der eine
Schluss ziehen, dass Perioden von mehr als 10″ nicht vorkommen. Für
die untere Grenze sind sie ohne Bedeutung. Werden die Perioden kurz,
so ändert sich auch die Anfangsfigur schnell.

Ich habe seither des öfteren Perioden von ungefähr 2 und auch 1 Secunde
beobachtet, also nach diesen Zeiten dieselbe Anfangsfigur wieder erscheinen
sehen. Häufig sehe ich aber von der Mitte des Gesichtsfeldes in offenbar
noch kürzeren Zwischenräumen ein Wogen ausgehen, bei dem eine Wiederkehr einer und derselben Form überhaupt nicht erkennbar ist. In anderen
Fällen finde ich zwischen der ersten und dritten Form einige Aehnlichkeit.
Ich habe den Eindruck, als seien beide Augen mit Phasenverschiebung
betheiligt (hier würden Beobachtungen einzusetzen haben, bei denen ein
Auge lichtdicht verschlossen ist).

Einflüsse auf die periodische Lichtentwickelung. Ich frage, jetzt, wodurch das Tempo, die Ausdehnung und die Intensität der periodischen Lichtentwickelung beeinflusst wird. Es kommen in Betracht Licht und Druck, Bewegungen, der Wille (die Aufmerksamkeit) und anderes.

Puls und Athmung. Vorweg sei bemerkt, dass Puls und Athmung einen Zusammenhang mit den Lichtentwickelungen bisher nicht erkennen liessen. Ich habe recht oft. während einer Messung von 5 oder 10 Perioden den Athem ganz oder theilweise angehalten, ohne zwischen dieser und der vorausgehenden oder folgenden Messung mehr als die auch sonst auftretenden. Unterschiede zu finden.

Licht und Druck. Den ausschlaggebenden Einfluss auf die periodische Lichtentwickelung hat das äussere Licht, an dessen Stelle auch der Druck (Druck auf die Hornhaut oder leichtes Reiben· des Auges) treten kann. Ob die Lichtentwickelung beim ·gesunden Auge· auch in Folge innerer Ursachen eintritt, wenn die genannten äusseren völlig fehlen, lässt sich einstweilen nicht sagen: Dagegen spricht die schon mitgetheilte[1] Beobachtung im Dunkelzimmer; auch andere Beobachter haben mir bestätigt, dass sie bei ·vollkommenem Mangel äusseren Lichtes keine Lichtempfindung irgend welcher Art haben; dafür spricht, dass nach Helmholtz das Gesichtsfeld auch des gesunden Menschen zu keiner Zeit ganz frei von Lichterscheinungen ist. Bei gelegentlichem Aufwachen in dunkler Nacht habe ich mehrfach Erscheinungen gehabt, die zweifellos in der Netzhaut ihren Sitz hatten.

Dass sie durch nicht mehr erkennbare Spuren äusseren Lichtes veranlasst sein sollten, ist wenig wahrscheinlich; eher könnten Bewegungen im Schlafe zu einem leichten Druck des Auges geführt haben.

Bewegungen. Bewegungen verschiedener Art haben einen Einfluss auf die periodische Lichtentwickelung. Es sind dieselben, welche auch auf die Nachbilder einwirken.

Mitbild. Ein Nachbild bei offenen Augen, das sich mit dem ruhenden Netzhautbilde deckt, habe ich als „Mitbild" bezeichnet, indem es intermittirend erscheint, dient es dazu die Ruheblindheit zu verhindern. Wird diese aber durch Augenbewegungen oder Lidschlag verhindert, so ist das Mitbild entbehrlich; — und so wird auch das „degenerirte"[2] Mitbild, die periodische Lichtentwickelung, durch Augenbewegungen ausserordentlich

---

[1] S. 153 Anm. 3.
[2] Vgl. unter „Nachbild und periodische Lichtentwickelung" S. 169.

häufig gestört, verändert oder unterdrückt.[1] Das ist aber nicht immer der Fall, und die langsame periodische Lichtentwickelung hat auch noch eine selbstständige Bedeutung (vgl. S. 199 ff).

Der hemmende Einfluss von Augenbewegungen ist verständlich.

Schluckbewegung. In einem im Dunkelzimmer geschriebenen Protokoll (Druck auf die Hornhaut 15. II. 1904) finde ich aber folgende Angabe:

„... Die Fovea (gemeint ist die Mitte des Gesichtsfeldes) war die ganze Zeit hell mit Wolken, die pulsartig kommen und gehen. Da wurde sie durch eine Schluckbewegung dunkel." (Eine Schluckbewegung dürfte wohl immer mit einer Bewegung des Kopfes und damit der Augen verbunden sein.) Das Umgekehrte, also das Auftreten von Lichtperioden nach einer Bewegung (ich behaupte nicht in Folge davon) habe ich ebenfalls gelegentlich beobachtet.[2]

Einfluss der Aufmerksamkeit auf Lichtperioden und Nachbilder. Eine Beobachtung der Lichtperioden kann nicht ohne Aufmerksamkeit geschehen.

Finde ich, dass die Intensität oder die Ausdehnung des Vorganges oder sein Tempo sich im Laufe einer Beobachtungsreihe in der Regel in einem und demselben Sinne ändert, so darf ich vielleicht von einem Einflusse der Aufmerksamkeit oder des Willens sprechen.

Bei einer Anzahl der schon angeführten Messungen von Lichtperioden wurden die Zeiten Null, Fünf und Zehn bestimmt, so dass die Zeiten für je zwei unmittelbar auf einander folgende Reihen von fünf Perioden gewonnen wurden; ausserdem wurden einmal zwei einzelne auf einander folgende Perioden bestimmt. Unter diesen im Ganzen 14 Messungen befinden sich vier (Nr. 1, 4, 7, 12), bei denen das Tempo abnimmt; bei den anderen zehn nimmt es zu. Von den vier Messungen könnten zwei (Nr. 7

---

[1] Einer Aufzeichnung vom 30. III. 1904 entnehme ich Folgendes: Zimmer ziemlich hell, nur dünner rother Vorhang.... Während ich halb auf der Seite lag, war durch die geschlossenen Lider hindurch ein grösserer seitlicher Theil des Gesichtsfeldes schwach erhellt. Die Fovea lag noch in diesem Theil. Ich konnte nun des öfteren räumlich ganz eng begrenzte Lichtperioden beobachten, lichtschwach (höchstens hellere bezw. dunklere punktförmige Mitte). Nach 2 bis 3 Perioden änderte sich im Allgemeinen Form und Helligkeit erheblich; besonders ein Zwinkern mit den Augen (ein Lidschlag bei geschlossenen Augen) brachte sie zum Verschwinden oder unterbrach die Continuität so, dass eine Zeitbestimmung nicht mehr möglich war. Zuweilen scheint als Rest der Perioden eine Art allgemeiner verwaschener Helligkeit stehen zu bleiben, wobei ein Kommen und Gehen nicht mehr oder nicht mehr recht zu erkennen ist.

[2] Notiz vom 27. III. 1904. „Heute Nacht wachte ich auf und legte mich auf die (rechte) Seite. Sogleich traten Lichtperioden auf. Ich zählte von hell zu hell bis sieben. Das (7 Pulsschläge) entspricht bei mir sonst einer Zeit von mehr als 7 Secunden. Als ich nachher die Augen öffnete, war es dunkel."

und 4) beanstandet werden (vgl. die Tabelle); aber auch ohne das dürfen wir sagen, dass in der überwiegenden Mehrzahl der Fälle das Tempo während der Beobachtung schneller wird. Ebenso sicher wird es aber auch unter Umständen (vgl. besonders Nr. 12) langsamer.

Nummer	Zeit in Secunden für eine Periode im Mittel aus		Bemerkungen
	0—5	5—10	
1	6·24	6·36	Perioden erst sichtbar, als die Augen mit den Händen verdeckt werden; zwischen dieser und der folgenden Messung Augen geöffnet. 20. III. 04.
2	5·36	5·22	hierbei zeitweise Athem angehalten. 20. III. 04.
3	8·28	7·18	vorher etwas Druck; während der Messung theilweise Athem angehalten; Ablesung mässig scharf. 23. III. 04.
4	8·2	8·4	Perioden mässig gut abgesetzt; ausserdem scheinen noch unbestimmte kürzere Perioden vorhanden. 24. III. 04.
5	5·44	5·36	vorher Druck. 24. III. 04.
6	8·34	7·98	vorher Druck, von 0 bis 9 Athem angehalten. 24. III. 04.
7	6·64	7·16(?)	unsicher, weil etwa von der 7. oder 8. Periode an das Aussehen und der Verlauf von Hell und Dunkel sich änderte; die folgende Messung gleich darauf. 28. III. 04.
8	8·44	8·02	theilweise Athem angehalten. 28. III. 04.
9	7·8	7·46	kein Druck, Athem nicht angehalten; die beiden letzten Perioden zeigen andere Formen. 30. III. 04.
10	6·9	6·84	vorher Zusammenpressen der Augenlider; normale Atbmung; Form zuletzt etwas anders. 30. III. 04.
11	9·54	8·84	zum Theil mit offenem linken Auge an der Decke gesehen. Die helle bezw. dunkle Figur ist nicht zusammenhängend, sondern wie ein Stück Mosaik oder Mauerwerk, mit einzelnen in die Augen fallenden Steinen. 5. IV. 04.
12	6·86	9·22	Abenddämmerung. Von der 6. Periode an träger, die 9. noch deutlich, die 10. erheblich verzögert und undeutlich. 11. IV. 04.
13	6·12	5·08(?)	theilweise undeutlich. 16. III. 04.
	0—1	1—2	
14	10·0	9·0	Morgens. Kein Druck; vorher eine Zeit lang etwas Licht. 25. III. 04.

Des Weiteren habe ich manchmal im Gesichtsfeld des geschlossenen Auges beim Anfang der Beobachtung gar nichts auffallendes gesehen; nach einiger Zeit begannen aber schwache fast nur punktförmige Lichtperioden.

Viel schlagender zeigt sich der Einfluss der Aufmerksamkeit bei Beobachtung von Nachbildern, die ja ihrem Wesen nach ebenfalls Lichtperioden sind (vgl. S. 169 ff.)

Als ich vor mehreren Jahren das „unterbrochene Nachbild" untersuchte, beobachtete ich längere Zeit jeden Abend die entfernten Strassenlaternen, indem ich sie durch schnelle Kopfbewegungen in leuchtende Linien verwandelte.

Nach einigen Wochen hatte sich folgender Zustand herausgebildet:

Wenn ich Abends über die Strasse ging und absichtslos eine langsame Kopf- oder Augenbewegung machte, so sah ich sämmtliche Laternen als mächtige feurige Schlangen.

Ich brach die Versuche sofort ab, und allmählich im Verlaufe einer nicht sehr langen Zeit verloren sich die übermässig starken und anhaltenden Nachbilder wieder.

Hiernach scheint die Aufmerksamkeit eine beschleunigende und verstärkende Wirkung auf Lichtperioden und Nachbilder zu haben.

Eine andere Frage ist es, ob die Aufmerksamkeit, der Wille, in völliger Dunkelheit Lichtperioden hervorrufen und das Verschwinden vorhandener hindern kann; sie ist noch nicht beantwortet.

Dem Verschwinden der periodischen Lichtentwickelung, soweit es nicht ein plötzliches, etwa durch Augenbewegungen veranlasstes ist, geht vielleicht regelmässig eine Verlangsamung des Tempos voraus.

Nachbild und periodische Lichtentwickelung.

Die jetzt zu schildernden Nachbildbeobachtungen sind mit einem Auge angestellt, während das andere dauernd lichtdicht verschlossen war. Ich benutzte dabei eine Art Maske aus dichtem schwarzen Stoff, doppelt zusammen gelegt, an den kritischen Stellen mit etwa 6facher Stannioleinlage. Nur für das linke Auge ist ein Ausschnitt vorhanden, der durch eine Klappe verdeckt wird. Klappe und Maske sind mit vorstehenden Rändern versehen, die falzartig in einander greifen und einen lichtdichten Verschluss herstellen. Aufgenähte Wülste an der Innenseite der Maske verhindern, dass das rechte Auge Licht erhält, wenn die Klappe vor dem linken offen ist. Die Ausathmung geschieht durch eine vor dem Munde an die Maske angesetzte, im Winkel nach unten abgebogene Röhre.

Als Beobachtungsobject diente ein Fenster mit drei Scheiben, einer breiten oberen (a) und zwei unteren (b) links und (c) rechts.

Den Kopf hielt ich so, dass der geradeaus gerichtete Blick den Ort traf, wo die drei Fensterscheiben zusammenstossen (genauer: die innere obere Ecke der Scheibe b).

Wenn nun die Klappe der Maske für kurze Zeit gehoben wird, so tritt eine Reihe von Erscheinungen ein, zeitlich mehr oder weniger zusammengedrängt und mehr oder weniger vollständig je nach Helligkeit, Belichtungsdauer und Zustand des Auges.

Geriage Helligkeit und ganz kurze Belichtung giebt die Anfangsglieder der Reihe und nur diese; sie lassen sich besser auf andere Weise beobachten und werden uns noch beschäftigen; bei grösserer Helligkeit folgen diese Stadien zu schnell auf einander, um unterschieden zu werden. In diesem Fall sieht man gleich nach der Belichtung das Nachbild in zitternder Bewegung, bevor es mit voller Klarheit und Deutlichkeit heraustritt und für eine kleine Weile ruhig steht. Dann verschwindet es; es herrscht Dunkelheit.

Nach einer Pause taucht es wieder auf, und so kommt und geht das Nachbild periodisch noch mehrere Male, aber der Vorgang ist in auffallender Weise verändert. Die Theile des Nachbildes erscheinen nämlich nicht mehr gleichzeitig, sondern nach einander, so dass, nachdem zuerst alle drei Fensterscheiben a, b und c gleichzeitig hell und scharf erschienen sind, bei den folgenden Malen meist nur eine oder zwei Scheiben gleichzeitig zu sehen sind.

(Auf die dabei auftretenden Farbenänderungen, die ja vom Nachbild der Sonne her bekannt sind, soll hier nicht eingegangen werden.)

Schliesslich sind die Scheiben dunkel und das Fensterkreuz hell — durch verschiedene farbige Uebergänge ist ein vollständiger Umschlag in das Negativ eingetreten.

Aber noch eine andere auffallende Veränderung erleidet das Nachbild. Gewöhnlich zuerst auf einem kleinen Bezirk um die fixirte Stelle werden die Formen des Fensters undeutlich und machen einer Lichtentwickelung Platz, die sich in nichts von der schon beschriebenen periodischen Lichtentwickelung unterscheidet.

Das periodisch auftretende Bild enthält anfangs noch grosse Stücke des Fensters; sie werden aber mehr und mehr zurückgedrängt, bis auch die letzten Reste in der Peripherie verschwunden sind.

Ohne dass dabei die Dauer der Perioden eine merkliche Aenderung erleidet, geht also das normale Nachbild nach und nach in die periodische Lichtentwickelung über, die unter verschiedenen Bedingungen, u. a. auch in Folge von Druck, auftreten kann.

Die hier gegebene Beschreibung ist aus einer Anzahl vor Beobachtungen abgeleitet, die im Einzelnen mancherlei Unterschiede zeigen.

Vier davon, die ich (unvollständig) protokollirt habe, lasse ich hier folgen:

31. III. 04. 11ʰ a. m. heller Himmel. Belichtung etwa 10″. Nachbild deutlich nach 7·7″.

1. b, c hell.	5. b purpur, a blau.
2. a, b, c hell.	6. a, b blau.
3. b c hell.	Fensterkreuz ganz hell.
4. alles dunkel.	

Das Nachbild kommt und geht periodisch, gleichzeitig tritt nahe dem gewollten Fixationspunkt Lichtentwickelung auf. Sie verdeckt anfangs nur einen Theil des Nachbildes; dieses tritt aber mehr und mehr zurück, und nur die periodische Lichtentwickelung bleibt. Bei Bewegung, Neigung des Kopfes, steht das Nachbild entsprechend schief.

9. IV. 04. Sonnenlicht. Belichtung etwa 3″.

1. Zwei Nachbilder neben einander; eins wird blasser; ist fort.
2. a lange hell.
3. $b\,c$ hell.
4. $a\,b\,c$ hell.
5. $a\,c$ hell.

Starkes Augenwandern, Scheiben dunkelblau; Augenbewegungen verwischen das Bild immer für kurze Zeit; jetzt ist es nur noch angedeutet im centralsten Theil; jetzt nur noch heller Fleck in der Mitte. (Während der Beobachtung bei völlig verdunkelten Augen geschrieben.)

9. IV. 04. Sonnenlicht etwa 5″.

1. sogleich a, b, c hell.
2. a hell.
3. b, c hell (a Capillarkreislauf).
4. a (b? c?) hell.
5. b, c hell (a Capillarkreislauf).
6. (b? c?) a bläulich röthlich.
7. Fensterkreuz weiss, a schön blau, schwarzer Rand gegen das Kreuz. Es entwickeln sich Lichtperioden. Ich habe dies Mal zu hoch nach oben gesehen. (Im Dunkeln während der Beobachtung geschrieben.)

30. IV. 04. 4ʰ 30″ p. m.

Ich habe mit geschlossenen und mit schwarzem Zeug bedeckten Augen auf dem Sofa gelegen. Die Augen haben beim Aufstehen nur sehr wenig Licht erhalten. Nun gebe ich das linke Auge gegen das Fenster gerichtet einen Moment frei. Erst zittert das Nachbild stark, dann steht es, dann werden — ich meine ohne dass eine Pause eingetreten wäre — Theile des Fensters (b, c, a) nach einander dunkel und hell. Dies tritt schon sehr kurze Zeit (5″??) nach der Belichtung ein. Bald nachher verschwimmen schon die Conturen des Fensterkreuzes und es bleibt nur ein hellerer Fleck.

Ich setze die Maske auf und belichte das linke Auge für einen Moment. Das Nachbild ist gleich beim ersten Auftreten unvollständig! nur b, c hell, dann erst a. Dem Nachbild folgen bald Lichtperioden ($0 - 5 = 25\cdot2''$, $0 - 10 = 50\cdot3''$).

Maske, linkes Auge einen Moment belichtet: Zittern; dann in schneller Folge:

1. a, b, c hell und scharf.
2. b, c hell.
3. a, c hell.
4. a, b, c hell, aber verwischt.
5. schlägt von a beginnend ins negative Bild (verwaschen) um.
1. bis 4. dauert wenige Secunden.

Sinn der periodischen Unterbrechung. Der vorstehende Abschnitt hat uns den intermittirenden Leuchtapparat unter wechselnden Bedingungen in Thätigkeit gezeigt, und immer, wenn diese Bedingungen von denen des völlig normalen Sehens abwichen (als völlig normal betrachte ich nur den Fall des stets wechselnden Netzhautbildes), arbeitete er mit periodischen Unterbrechungen.

Warum das?

Ich schalte hier gewisse weiter abliegende Beobachtungen vorläufig ganz aus[1], wenn ich diese Frage mit der schon früher aufgeworfenen zusammenlege: Wie verhält sich der Leuchtapparat, wenn das Netzhautbild längere Zeit constant bleibt?

Die Sinnesepithelien ermüden nicht, jedenfalls nicht in der hier in Betracht kommenden Zeit; ich nehme auch einstweilen noch an, dass das intermittirende Selbstleuchten der Netzhaut ungeschwächt und unverändert andauert, so dass von dieser Seite kein Hindernis für eine beliebig lange Dauer der Empfindung vorliegt. Dann bestehen für das ruhende Netzhautbild die schon (S. 158 f.) eingehend geschilderten Bedingungen, und der intermittirende Leuchtapparat würde uns — immer vorausgesetzt, dass das objective Netzhautbild unverändert bleibt — dieses Bild nur für einige Secunden deutlich zeigen können; nachher würde er nur eine allgemeine gleichmässige Helligkeitsempfindung vermitteln können, die für die Orientirung im Raume werthlos wäre.

Dass eine zwecklose Arbeit ausgeführt wird, darf aber wohl als recht unwahrscheinlich bezeichnet werden.

Wirklich arbeitet auch der intermittirende Leuchtapparat nicht länger als einige Secunden hinter einander.

Wegen der Unmöglichkeit, das Auge unbewegt zu halten, lässt sich eine einzelne positive Helligkeitsschwankung, wenn nachher dauernd Licht in's Auge fallen soll, nur dadurch erreichen, dass dem Auge eine gleichmässige, reizlose, Fläche dargeboten wird (ich komme auf diesen Fall zurück).

Andere Objecte, z. B. ein Fenster, geben an den Grenzen von Hell und Dunkel durch fortwährende kleine Verschiebungen immer neue „primäre" Reize (Reize durch positive Schwankungen des äusseren Lichtes).

Wenn ich aber ein Fenster (mit einem Auge) ansehe und die Augen nachher vollständig verdunkle, so lässt sich die Arbeit des intermittirenden Leuchtapparates rein beobachten.

---

[1] Vgl. VIII. Nachbild und Phantasiebild.

Der Vorgang interessirt uns hier erst vom deutlichen Erscheinen des Nachbildes an. Hier ist von einem Hin- und Herwandern des Bildes auf der Netzhaut selbstverständlich keine Rede mehr. Das Nachbild steht nun einige Secunden scharf und macht dann nicht einer allgemeinen Helligkeit Platz — das würde geschehen, wenn der intermittirende Leuchtapparat unverändert weiter arbeitete — sondern einer allgemeinen Dunkelheit, d. h. der Leuchtapparat hört auf zu arbeiten. Im Dunkeln reichern sich aber die Stäbchen und Zapfen wieder an — um so schneller, je weiter sie erschöpft waren — und in Kurzem liegt wieder eine gleichmässige Vertheilung der lichtempfindlichen Substanz vor; das Auge ist dunkel adaptirt.

Wenn jetzt — nach der Erholungspause — das intermittirende Selbstleuchten von Neuem an denselben Stellen und in derselben Stärke wie vorher auftritt, so muss ich von Neuem für eine kurze Zeit ein Nachbild sehen. Das ist in der That der Fall. Und so könnte sich bei völliger Abwesenheit äusseren Lichtes der Vorgang: Nachbild — dunkle Pause — Nachbild — dunkle Pause — immer von Neuem abspielen. .

Und er spielt sich auch wirklich einige Male ab (wenn ihm nicht schon vorher auf andere Weise plötzlich ein Ende gemacht wird, sogar ziemlich oft), aber nur ungefähr so, denn mit jedem Male ändert sich das wiederauftauchende Bild mehr, bis nichts mehr an das ursprüngliche Nachbild erinnert.

Es würde ja auch in hohem Maasse unzweckmässig sein, wenn das letzte vor der Verdunkelung auftretende Netzhautbild unbegrenzt lange immer und immer wieder als Nachbild auftauchte, während ein zwei- oder allenfalls auch dreimaliges Erscheinen dem Bewusstsein ganz wohl noch die Kenntniss des einen oder anderen Details vermitteln kann.

Wir haben also sowohl theoretisch wie durch Beobachtung feststellen können, dass ein intermittirender Leuchtapparat, der möglichst lange (länger als einige Secunden) ein Nachbild zeigen soll, dies nur so thun kann, dass er mit Pausen — periodisch — arbeitet.

Theoretisch macht es dabei keinen Unterschied, ob das (das Nachbild verursachende) objective Netzhautbild während des periodisch intermittirenden Selbstleuchtens der Netzhaut vorhanden ist oder nicht, sofern es nur (im ersteren Falle) unverändert bleibt.

Und auch die Beobachtung an dem einzigen dafür in Betracht kommenden Object, der reizlosen Fläche, steht damit in Einklang.

Sehe ich mit einem Auge ohne Lidschlag ein weisses Blatt oder die weisse Zimmerdecke an, so wird sie nach einigen Secunden dunkel und lässt den Capillarkreislauf erkennen.

Aus dieser Dunkelheit taucht die helle Fläche periodisch für Secunden auf. (Ich habe früher den Grund dafür in Irisbewegungen gesucht.[1])

Aber nachdem der Vorgang sich eine Reihe von Malen wiederholt hat, wird die Erhellung der Fläche ungleichmässig: Es wird nicht mehr die ganze Fläche gleichzeitig hell, sondern die Helligkeit verbreitet sich (in früher geschilderter Weise) von der fixirten Stelle aus nach und nach über die Fläche, während vielleicht periphere Theile noch in normaler Art hell erscheinen.

Es ist derselbe Vorgang mit constantem äusseren Licht, den wir beim Nachbild des Fensters ohne äusseres Licht kennen gelernt haben, nur dass die nach einander auftauchenden Theile des Fensters durch ihre Form sofort ihre Abstammung verrathen, während bei einer gleichmässig weissen Fläche überhaupt nicht von Form die Rede ist.

Mitbild. Das (periodisch auftauchende) Bild der (weissen) reizlosen Fläche, welches dem (periodisch arbeitenden) intermittirenden Leuchtapparat, also secundären Reizen, seine Entstehung verdankt, während gleichzeitig das objective Netzhautbild (dessen erstes Auftreten den primären Reiz setzte) unverändert bleibt, habe ich „Mitbild" genannt im Gegensatz zum „Nachbild", bei dem kein durch äusseres Licht hervorgebrachtes Netzhautbild mehr vorhanden ist.

Ihrer Entstehung nach sind also Mitbild und Nachbild ein und dasselbe. Für das gewöhnliche Sehen spielt aber nur das Mitbild eine Rolle.

Was wir von beiden, Mit- und Nachbild, bisher beschrieben haben, ist — wenigstens in einer Beziehung — gegen den normalen beim gewöhnlichen Sehen stattfindenden Vorgang bedeutend verlangsamt.

V.

Existirt ein Centrum für das Eigenlicht der Netzhaut?

Ich habe schon Eingangs (S. 144) die Möglichkeit angedeutet, dass Antrieb und Hemmung des Leuchtapparates von einem Centrum aus erfolgen, und ich glaube, man wird geneigt sein, manche der inzwischen mitgetheilten

---

[1] *Dies Archiv.* 1904. Physiol. Abthlg. S. 315. Die Annahme, dass unbewusste Schwankungen der Pupillenweite ohne Aenderung der äusseren Helligkeit stattfinden, konnte damals durch Beobachtung nicht sichergestellt werden. Wenn sie überhaupt vorkommen, so spielen sie doch bei der periodischen Erhellung der reizlosen Fläche keine Rolle. — Beabsichtigte Pupillenerweiterung (Einstellung des Auges auf die Ferne) wirkt, wie ich dort gezeigt habe, als Reiz, hebt also die Ruheblindheit auf.

Beobachtungen auf die Thätigkeit eines solchen zu beziehen. Eine gewisse Berechtigung dazu liegt aber erst dann vor, wenn einfach zu übersehende Annahmen nicht ausreichen.

Wir müssen also bei einer gegebenen Erscheinung nicht zuerst fragen, ob wir sie mit, sondern ob wir sie ohne Zuhülfenahme eines Centrums erklären können.

Ich habe schon gezeigt, dass unter dem Einfluss des Lichtes die leuchtfähige Substanz sich schneller bildet, als im Dunkeln (vgl. S. 150 ff.).

Wenn also im Moment, wo ein Bild auf der Netzhaut erscheint, von der Netzhautmitte aus (auf Anregung einer oder aller belichteten Netzhautstellen) sämmtliche des Leuchtens fähige Zellen, also der Fläche nach die ganze Netzhaut, den Antrieb zum Leuchten erhalten, so wird doch der Erfolg bei jeder Zelle sich nach der Stärke der vorausgegangenen Belichtung richten; es werden die Zellen am stärksten leuchten, die das meiste äussere Licht erhalten hatten und in Folge dessen am reichsten an leuchtfähiger Substanz sind.

Es wird also — einerlei ob das Netzhautbild noch vorhanden ist oder ob kein äusseres Licht mehr in's Auge fällt — ein (intermittirend) leuchtendes Mit- oder Nachbild vorhanden sein, das dieselben Abstufungen der Helligkeit aufweist, wie das Original, das durch äusseres Licht hervorgebrachte Netzhautbild.

Das Besondere dieser Annahme ist, dass dem Centralorgan nur eine verhältnissmässig einfache Aufgabe zugewiesen wird, indem es — von irgend einer Netzhautstelle aus erregt — stets überallhin den Antrieb giebt, der das Leuchten auslöst.

Wir lernen aber noch Thatsachen kennen, die mit dieser Annahme nicht in einfacher Weise in Einklang zu bringen sind. Unter bestimmten Bedingungen (durch einen bewegten Leuchtpunkt) kann nämlich eine positive Helligkeitsschwankung in Folge äusseren Lichtes an einer Netzhautstelle auftreten, ohne einen („primären") Reiz auszuüben. Wir sehen dann an jener Netzhautstelle nicht nur kein directes Bild des bewegten leuchtenden Objectes, sondern auch kein Nachbild.

Reflexhemmung.

Der geschilderte reflectorische Vorgang kann einen Nutzen für das Sehen nur haben, wenn und so lange keine Aenderung des Netzhautbildes auftritt (Mitbild), oder wenn überhaupt kein von äusserem Licht herrührendes Netzhautbild vorhanden ist (Nachbild nach momentaner Belichtung).

Für den gewöhnlichen Fall, dass das Netzhautbild sich dauernd ändert (über die Netzhaut wandert), kommt der Nutzen des „Mitbildes" nur für die wohl meist im Netzhautbilde enthaltenen gleichmässigen „reizlosen" Stücke in Betracht; jede neu auftretende (positive) Schwankung der äusseren Belichtung (jeder neue primäre Reiz) verlangt aber für das betreffende Netzhautgebiet, dass keine Mit- oder Nachbilder des vorhergehenden Reizes auftreten.

Sind hierzu besondere reflexhemmende Mechanismen erforderlich oder nicht?

Wenn die Neubildung der leuchtfähigen Substanz unter dem Einflusse des Lichtes, wie es den Anschein hat (vgl. S. 150), sehr schnell vor sich geht, so wird an einer gegebenen Netzhautstelle nahezu gleichzeitig mit jeder Intensitätsschwankung des äusseren Lichtes die Menge der in der Zeiteinheit sich bildenden leuchtfähigen Substanz entsprechend fallen und steigen.

Dieser Menge entspricht aber die Zersetzung, also das (intermittirende) Eigenlicht der Netzhaut, das uns das Mitbild sichtbar macht.

In jedem Zeitabschnitt würden sich also das innere (intermittirende) und das äussere (für diesen Moment als constant zu betrachtende) Netzhautbild (nahezu) decken, ohne dass das angenommene Centrum seine Thätigkeit irgendwie zu ändern brauchte.

Wir würden hiernach allenfalls ohne die Annahme eines reflexhemmenden Mechanismus auskommen, wenn nicht andere Beobachtungen für seine Existenz sprächen.

Beim gewöhnlichen Sehen setzt jeder Lidschlag einen neuen Reiz, und auch, hinreichend differente Objecte vorausgesetzt, jede Augenbewegung.

Im Dunkeln kann dieser Erfolg selbstverständlich nicht eintreten. Dennoch lassen sich Nachbilder (in vollkommener Dunkelheit!), wenn auch nicht unter allen Umständen, so doch ganz zweifellos durch Augenbewegungen oder Lidschlag zum recht plötzlichen Verschwinden bringen.

Auf noch verwickeltere Beziehungen scheint Folgendes zu deuten: Ich projicire das dunkle Nachbild eines hellen Lichtstreifens an die Decke des Zimmers. Lidschlag und Augenbewegung bringen das Bild vollkommen zum Verschwinden, aber nur für kurze Zeit, dann kommt es wieder; das lässt sich mit ein und demselben Nachbild mehrere Male wiederholen.

Es ist, wenn, wie ich hiernach annehmen möchte, ein Reflexhemmungsmechanismus existirt, nicht ganz einerlei, ob Schwankung der Lichtintensität oder ob Lidschlag und Augenbewegung die Hemmung auslöst. Denn im zweiten Fall würden die nervösen Verbindungen zu dem Centrum nicht im Sehnerven verlaufen.

Uebrigens steht nichts der Annahme im Wege, dass die zuerst geschilderte Regulirung, bei der das alte Mitbild erst eine, wenn auch äusserst kurze Zeit nach der Aenderung des Netzhautbildes verschwindet, neben dem Reflexmechanismus besteht, bei welchem der Erfolg nicht von einer wirklich eingetretenen Aenderung des Netzhautbildes abhängt.

Auge und Ohr.

Die uns bekannten Centren stehen, entsprechend dem Bedürfniss, unter einander in mehr oder weniger enger Beziehung.

Wir erstaunen nicht, wenn der Klang einer bekannten Stimme im Dunkeln uns das deutliche Bild des Sprechenden vermittelt; die viel einfachere Thatsache, dass das Hören eines Vocals die lebhafte Empfindung einer ganz bestimmten Farbe auslösen kann, setzt uns dagegen in Verwunderung, weil, oder besser so lange wir keinen Sinn darin finden.

Vielleicht bahnt eine noch mitzutheilende Beobachtung (vgl. unter VIII.) eine Deutung dieser Beziehungen zwischen Auge und Ohr an; hier mögen noch ein paar Beispiele dafür Platz finden.

Beobachtet von E. K. 22. IV. 04.

Im Dunkeln bei geschlossenen Augen vor dem Einschlafen sah E. K. „Pünktchen flimmern auf dunklem Grunde, wie immer bei geschlossenen Augen", als unerwartet nebenan der Wasserhahn weit geöffnet wurde. In demselben Augenblick wurde alles für einen Moment blendend hell; die Helligkeit folgt auf das Rauschen des Wassers etwa so, wie der Schreck auf das Blaffen eines Hundes folgen kann; hier fand aber kein Erschrecken statt. Die Helligkeit war gelblich, trat mitten im Gesichtsfeld auf, dehnte sich momentan ringsum aus, zog sich sofort wieder zusammen und verschwand. — Eine periodische Wiederholung wurde nicht beobachtet; das Gesehene wurde mir sofort mit lauter Stimme mitgetheilt; dadurch wäre der Vorgang doch wohl unterbrochen worden. E. K. sieht seit frühester Jugend Vocale und Diphthonge farbig (a — tiefschwarz; e — weiss; i — grellroth; o — leuchtend kobaltblau; u — dunkelblauviolett, fast Neutraltinte; ä — hellbraun; ü — smaragdgrün; ö — sehr hell röthlich blau; eu, äu — violett; ei — gelbroth: — „Marie" — schwarz und roth; „Mathilde" — schwarz und orangeroth).

Zwei ganz ähnliche Beobachtungen wurden mir von H. S. mitgetheilt: „6. IX. 04. Ich lag mit geschlossenen Augen bei vollem Morgenlicht auf dem Sopha und verfolgte die stets vorkommenden wolkenähnlichen aufsteigenden Gebilde. Da kam plötzlich von draussen oder oben ein kurzer scharfer Ton[1] (was es war, weiss ich nicht) zwei Mal, das zweite Mal schwächer, von rechts her. Und mit dem plötzlichen Reiz auf mein Gehör erschien beide Male, dem stärkeren und schwächeren Ton entsprechend, eine sonder-

[1] Geräusch.

bare Lichterscheinung im rechten[1] Auge, das erste Mal so deutlich, dass ich sie aufzeichnen werde."

Die Zeichnung (5·5 cm hoch, 2·5 cm breit) hat im Ganzen ovale Form und sieht aus, als wenn man mit dem Stift in annähernd elliptischen Bahnen ein paar Mal schnell auf dem Papier herumfährt. Dem entspricht auch die beigegebene Beschreibung, welche die gesehene Figur mit dem Gekritzel eines Kindes auf der Schiefertafel — helle Linien auf dunklem Grunde — vergleicht.

„8. X. 04 Abends, Rückenlage. Ueber mir ein schwaches Gepolter. Im selben Moment hatte ich in der Mitte des Auges eine von oben nach unten gehende Lichterscheinung. Ein leiseres Geräusch folgte, und ich hatte eine schwache Helligkeit (mattblau), wie ein leichter Flächenblitz — ebenfalls in der Mitte des Auges. Die erste Lichterscheinung hatte ungefähr die Lichtstriche wie die neulich beobachtete."

In den beschriebenen Fällen gab also ein Geräusch eine erhebliche allgemeine (sehr wenig farbige) Helligkeit.

Ich glaube durchaus nicht, dass beides, Farbenempfindung beim Hören von Vocalen, Helligkeitsempfindung beim Hören von Geräusch, Vorgänge sind, die sich ohne Betheiligung der Netzhaut abspielen, sondern bin überzeugt, dass es sich dabei um eine Erregung des Centrums für Lichtentwickelung vom Ohr her und ein dadurch veranlasstes Selbstleuchten der Netzhaut handelt; denn da Nachbilder und alle anderen Lichterscheinungen im Dunkeln den Bewegungen des Auges folgen, — was schwerlich mit einer primären Entstehung im Gehirn zu vereinigen ist, — so dürfte jede in irgend einer Form auftretende Lichtempfindung auf einer Lichtentwickelung in der Netzhaut beruhen.

Das vermuthete Centrum verlangt, einerlei ob es im Gehirn oder in der Netzhaut liegt, centrifugale Opticusfasern.

VI.

Das Eigenlicht der Netzhaut ist intermittirend.

Die vornehmste Forderung, als es galt, ein Netzhautbild von momentaner Dauer mit dem ihm folgenden länger anhaltenden Nachbild in Einklang zu bringen, war nicht sowohl die, ein Leuchten der Netzhaut nachzuweisen, als vielmehr die andere, eine irgendwie und irgendwo stattfindende Vervielfältigung des einen Reizes zu finden.

Wenn aber die Vervielfältigung mit einem Selbstleuchten der Netzhaut einhergeht, so kann dies nur ein intermittirendes sein; denn nur ein

---

[1] Welches Auge, oder ob beide eine Lichtempfindung haben, ist nach meiner Erfahrung schwer zu beurtheilen.

solches kann den entsprechenden „tetanischen" Zustand — die länger andauernde Empfindung — hervorrufen.

Aber wenn auch das Leuchten der Netzhaut selbst, wie ich meine, recht
wahrscheinlich gemacht ist, so sind doch dafür, dass es intermittirend ist, bis jetzt nur theoretische Gründe angeführt.

Wer die in dem „Leitsatz" dieser und der ersten Arbeit gegebene
Definition des Reizes nicht in ihrer ganzen Unerbittlichkeit anerkennt,
wer mir nicht darin beistimmt, dass ein Reiz unter allen Umständen
momentan abläuft, der wird einen anderen Beweis fordern.

Ich denke ihn zu erbringen.

Das unterbrochene Nachbild. Er stützt sich auf die wesentlich erweiterte Beobachtung des „unterbrochenen Nachbildes", das ich schon beschrieben und zu deuten versucht habe. [1]

Nicht ohne lange und unbequeme Vorversuche hatte ich eine Methode
gefunden, um in einwandfreier und einfacher Weise zu zeigen, dass das
Nachbild eines mit genügender Geschwindigkeit bewegten Lichtpunktes
nicht eine continuirliche, sondern eine unterbrochene leuchtende Linie ist.
Die Unterbrechungen bezog ich damals auf die blinden Lücken, welche
nach der dort entwickelten Ansicht über die Rolle der Aussenglieder in
der Netzhaut angenommen werden müssen: Nur wenn die Aussenglieder
von Helligkeitsschwankungen getroffen werden, sehen wir, nicht aber, wenn
das Bild eines Lichtpunktes zwischen die Aussenglieder fällt und nur
Innenglieder trifft.

Die Beobachtung des „unterbrochenen Nachbildes" schien mir nichts
wesentlich Neues zu sein; ich sah darin nur eine andere Form des „Punkttauchens".

Diese vorgefasste irrige Meinung (sie war da gleichzeitig mit den ersten
noch unsicheren Beobachtungen) hat die unbefangene weitere Prüfung der
Erscheinung für lange Zeit beeinträchtigt.

Das wesentlichste Resultat der neuen Untersuchung ist: Die Lücken
des Nachbildes haben nicht räumliche, sondern zeitliche Bedeutung.

Dass sie keine räumliche Bedeutung haben, folgt schon aus ein paar
sehr leicht nachzuprüfenden Thatsachen:

Die Unterbrechungen erscheinen ganz ebenso gut beim Sehen mit
zwei Augen, wie mit einem Auge, und sie erscheinen auch an bewegten
Objecten, deren Netzhautbilder mehrere Stäbchen und Zapfen bedecken.

Hat man sich erst einmal gewöhnt, auf das unterbrochene Nachbild
zu achten, wozu auch einige Uebung im indirecten Sehen gehört, so erkennt man die Unterbrechungen an allen möglichen Objecten, die sich mit

---

[1] *Dies Archiv.* 1904. Physiol. Abthlg. S. 325 ff. 329.

geeigneter Geschwindigkeit bewegen: am glimmenden Streichholz, das zur Erde geworfen wird, an dem mit der Schaufel aufgeworfenen Seesand (beobachtet von E. K.), an Sternschnuppen (E. K.), an fliegenden kleineren Insecten, und, mit Hülfe von Augen- oder Fernrohrbewegungen, an Sternen und anderen nicht zu grossen (und nicht gar zu hellen) Lichtquellen.

Die beste Gelegenheit zur Beobachtung der Erscheinung bietet aber das Wasser dar.

Ob bei einer Dampferfahrt ein Spritzer auf dem Deck im Sonnenlicht in Tropfen zerstiebt, oder ob Abends unter einer Gaslaterne die Regentropfen auf eine Wasserlache aufschlagen,[1] immer erscheinen die leuchtenden oder doch hellen Bahnen der Tropfen mit regelmässigen Lücken.

Ich habe ein Glasrohr mit capillarer Oeffnung durch einen Schlauch mit der Wasserleitung verbunden. Lasse ich ein Minimum von Wasser austreten und schwenke dabei den Schlauch mit der Glasspitze auf und ab, so habe ich die Gewissheit, dass während einer Hin- oder Herbewegung jedes der herausfliegenden[2] Tröpfchen eine andere Bahn einschlägt.

Ich beobachtete, beide Augen offen, gegen einen schattigen Hintergrund im directen Sonnenlicht. Zum Theil erscheinen die Tropfen dabei als unterbrochene farbige Linien (andere sind farblos). Man denke sich beispielsweise ein leuchtend smaragdgrünes Glasrohr zu einer Capillare ausgezogen, davon eine Anzahl gleichlanger Stücke abgeschnitten und diese mit gleichen Zwischenräumen in Parabelform auf eine dunkle Unterlage gelegt, so hat man das gesehene Bild so genau wie nur irgend möglich.

Ich betone trotzdem noch besonders, dass lange Strecken mit vielen Unterbrechungen völlig einfarbig erscheinen, dass die einzelnen Stücke ganz wie Glasstücke in ihrer ganzen Länge gleich gefärbt sind, dass die Stücke ganz unvermittelt abbrechen und dass in den Lücken einfach nichts, als der unveränderte Hintergrund zu sehen ist.

Die vollkommen gleichbleibende Farbe scheint mir eine Bürgschaft für die unveränderte Form des Tropfens zu sein.

Ich will die Möglichkeit zugeben, dass Cohäsion und Luftwiderstand eine rhythmische Formänderung eines Tropfens um eine Gleichgewichtslage bewirken können; dann würden doch diese Formänderungen weder für sich allein das Gesehene erklären können, noch auch überhaupt damit in Einklang zu bringen sein.[3]

---

[1] Man sieht, von dem Spiegelbild der Laterne radiär ausgehend, leuchtende, schwach gebogene Linien mit regelmässigen Unterbrechungen.

[2] Die Tröpfchen fliegen dabei durch Centrifugalkraft heraus, denn es tritt Luft ein.

[3] Nach Lenard (P. Lenard, Ueber Regen, *Meteorologische Zeitschrift.* 1904. Heft 6. S. 249—262) sind Tropfen bis zu 0·5 mm Durchmesser „noch so klein, dass ihre Oberflächenspannung sie dauernd vor merklichen Deformationen durch innere Wirbel schützt". Lenard hält die Tropfen in einem aufsteigenden Luftstrom schwebend;

Ich ändere jetzt den Versuch ab, indem ich zunächst nur den Schlauch schneller bewege, und dann, während ich ihn noch heftiger schwenke, auch noch den Wasserhahn etwas weiter öffne.

Dadurch ertheile ich den Tropfen drei verschiedene Geschwindigkeiten — und mit diesen Geschwindigkeiten wächst die Länge der ununterbrochen gesehenen Stücke.

Am zierlichsten ist das Bild bei geringer Geschwindigkeit des Tropfens; es zeigt sich eine grosse Menge kurzer Striche von gleicher Länge mit kleinen Zwischenräumen. Bei grösster Geschwindigkeit des Tropfens sind die Stücke und die Zwischenräume um ein Mehrfaches grösser.

Was lässt sich aus den mitgetheilten Beobachtungen schliessen?

Auch wenn sonst alle Bedingungen für ein ununterbrochenes Sehen erfüllt sind (wenn also ein Bild mit genügenden Helligkeitsunterschieden über die Netzhaut wandert), so sehen wir dennoch nicht dauernd, sondern mit Unterbrechungen, die in noch zu bestimmenden, anscheinend gleichmässigen Zeiträumen auf einander folgen.

Die Unterbrechungen sind zeitliche, nicht räumliche.

Folgen die „blinden" Zeiten — die Zeiten, wo wir nicht sehen — im Tempo von n Secunden auf einander, so wird ein kleines leuchtendes Object, das länger als n Secunden braucht, um einen Weg gleich seinem eigenen Durchmesser zurückzulegen, kein unterbrochenes Nachbild geben; je länger der in n Sekunden zurückgelegte Weg des Objectes ist, um so länger sind auch die Stücke zwischen je zwei Unterbrechungen.

Welche Ursache haben nun diese Unterbrechungen, diese regelmässig auf einander folgenden Momente, wo wir blind sind, während doch das Bild des Leuchtpunktes ununterbrochen über die Netzhaut wandert?

Ausser der Ruheblindheit, die hier nicht in Betracht kommt, haben wir noch einen anderen Zustand der Netzhaut kennen gelernt, den man gewissermaassen als Blindheit bezeichnen kann.

Sehr gelinder Druck in der Peripherie der Netzhaut bringt diese im Gebiet und für die Zeit des Drucks in's Leuchten (vgl. S. 148 ff.).

Fällt aber helles Licht in's Auge, so ist die Druckstelle dunkel; das (schwächere) Eigenlicht der Netzhaut absorbirt das (hellere) äussere Licht.

Wir dürfen also sagen: Immer, wenn eine Stelle der Netzhaut, oder die ganze Netzhaut, leuchtet, so ist sie genau so lange als das Leuchten dauert, undurchlässig für äusseres Licht, sie ist blind dafür.

Bei der Umkehrung müssen wir vorsichtiger Weise sagen:

---

zum Zweck der Messung fängt er sie auf Filtrirpapier auf. — Ich halte die farbigen Tropfen für kleiner als 0·5 ᵐᵐ. Eine Messung wird durch bequemere Versuche entbehrlich.

Wenn die Netzhaut zeitweise blind ist, so kann die Ursache ein zeitweises Selbstleuchten sein.

Und es ist sehr wahrscheinlich die Ursache, denn einerseits deutet nichts auf andere Ursachen (etwa eine Unterbrechung der Empfindlichkeit des Nervenendapparates), und andererseits sind für ein Selbstleuchten der Netzhaut in Folge von Belichtung triftige Gründe gegeben.

Betrachten wir die Netzhaut als Schreibfläche, so schreibt der bewegte Leuchtpunkt die Zeit. Jede Unterbrechung der leuchtenden Linie entspricht einem kurzen Aufleuchten der Netzhaut.[1]

Da viele Stellen der Netzhaut gleichzeitig das unterbrochene Nachbild zeigen können, so ist das nunmehr als intermittirend nachgewiesene Selbstleuchten auch mindestens über das ganze diese Stellen umfassende Gebiet verbreitet.

Ich glaube, wir dürfen sagen: Ueberall, wo wir hell sehen, ist die Netzhaut in intermittirendem Leuchten begriffen.

Die relative Dauer der hellen und dunkeln Phase.

Die häufigere Beobachtung des unterbrochenen Nachbildes lässt erkennen, dass das Verhältniss der beiden Phasen zu einander nicht immer dasselbe ist. Meist sind die Unterbrechungen kurz im Vergleich zu den hellen Strecken, das heisst: die Blitze des Eigenlichtes sind kurz gegenüber den Pausen. (Die Unterbrechungen können aber auch relativ lang sein; ob jemals so lang oder länger als die hellen Strecken, ist zweifelhaft.) Ein solcher Fall schiebt sich nun aber nicht etwa zwischen andere ein, sondern in einer und derselben Beobachtungsreihe (die übrigens wohl nie länger als einige Minuten gedauert hat) bleibt das Verhältniss zwischen heller Strecke und Unterbrechung dasselbe (vermuthlich, weil die inneren und äusseren Bedingungen dieselben bleiben).

Die beobachteten Unterbrechungen scheinen auf längere Strecken so gut wie gleiche Abstände zu haben. Das ist nur möglich, wenn alle Netzhautstellen nicht nur im gleichen Tempo aufleuchten, sondern auch sich nahezu in derselben Phase befinden; und das wiederum spricht für eine einheitliche Regulirung des Leuchtvorgangs. Dies ist von Bedeutung für die Frage, wie das intermittirende Leuchten zu Stande kommt.

Das Tempo des intermittirenden Leuchtens (Vorläufiges Resultat).

Legt das Bild des leuchtenden Punktes auf der Netzhaut eine (beliebige) Strecke mit gleichmässiger Geschwindigkeit in der Zeit t zurück

---

[1] Wie das intermittirende Aufleuchten unter verschiedenen Bedingungen ein länger dauerndes Sehen vermittelt, wird noch ausgeführt (vgl. S. 188 ff.).

und ist u die Zahl der in dieser Strecke gesehenen Unterbrechungen, so ist $\frac{t}{u}$ die Zeit zwischen zwei Unterbrechungen und $\frac{u}{t}$ die Zahl der Unterbrechungen in der Zeiteinheit.

Die am einfachsten herzustellende gleichmässige Bewegung ist die Kreisbewegung.

Damit bei ruhig gehaltenen Augen das Netzhautbild eines Punktes einen Kreis beschreibt, kann man verschieden verfahren: Man kann einen feststehenden hellen (oder auch dunkeln!) Punkt durch ein schwaches rotirendes Prisma betrachten. — Man kann einen leuchtenden Punkt durch ein Fernrohr beobachten, dessen Axe einen Kegelmantel beschreibt (das Ocularende ist in einem Cardanischen Gelenk befestigt, das Objectivende wird mit Hilfe eines Storchschnabels im Kreise herumgeführt). — Man kann allenfalls auch ein total reflektirendes Prisma mit einer Cylinderlinse combiniren und dieses System rotiren lassen, um das über einen Schirm sich hinbewegende strichförmige Bild einer Lichtquelle zu beobachten.

Als gut geeigneter Leuchtpunkt erwies sich eine mit Gasglühlicht beleuchtete mit Quecksilber gefüllte oder innen mit spiegelndem Belag versehene Glaskugel (Christbaumschmuck).

Ich habe aber auch andere Objecte, darunter weisses Papier auf dunklem Grunde und rothes Papier auf weissem Grunde verwendet.

Man kann auch, und dies ist wohl die einfachste Methode, die spiegelnde Kugel selbst im Kreise bewegen. Wenn die Lampe und das Auge des Beobachters sich senkrecht vor dem Mittelpunkt dieses (vertikalen) Kreises befinden, so wendet die Kugel bei der Umdrehung dem Auge und dem Licht immer dieselbe Stelle zu (dadurch werden etwaige Fehler der Kugel ausgeschaltet, die zu objectiven Unterbrechungen führen könnten).

Der Beobachter sieht ruhig auf die Kreisfläche und sucht die Zahl der Unterbrechungen in der Kreislinie oder in einem Theil derselben zu schätzen; gleichzeitig wird die Umdrehungsgeschwindigkeit bestimmt.

Den angegebenen Methoden haften noch grosse Mängel an.

In keinem Fall hält das Bild den Vergleich aus mit dem der sonnenbeleuchteten Wassertröpfchen, und oft ist es schwierig oder unmöglich, überhaupt Unterbrechungen zu erkennen. Sehr oft sind sie beim ersten Blick in voller Regelmässigkeit aufs Deutlichste zu sehen, werden aber bald undeutlicher, sei es, dass sie kürzer werden oder schwächer (d. h. nicht ganz dunkel sind) oder beides. So sah ich nach längerer Beobachtung die Theilung des Kreises nur schattenhaft, während ein neu Hinzukommender sie sehr deutlich sah und auch zu derselben Schätzung gelangte wie ich. — Bei sehr langsamer Bewegung, etwa eine Umdrehung auf die Secunde, ist man geneigt, dem Punkt mit dem Auge zu folgen; bei sehr schneller Bewegung, etwa vier Umdrehungen auf die Secunde, ist der vorige und der gegenwärtige Kreis gleichzeitig sichtbar; dadurch kann unter Umständen eine viel zu grosse Zahl von Unterbrechungen vorgetäuscht werden.

Ein Abzählen in dem gewöhnlichen Sinne ist überhaupt nicht möglich, da die Lage der Unterbrechungen im Allgemeinen mit jedem Auftauchen des Kreises wechselt, den einen Fall ausgenommen, dass die Zahl der Unterbrechungen während einer Kreisbewegung eine ganze ist. Ich finde es recht schwierig, aus den gesehenen Bildern die Zahl der Unterbrechungen direct abzuleiten, und zum Beispiel zu sagen, ich sehe 8, 9, 10 oder 11 Unterbrechungen im Quadranten; man möchte immer abwarten, bis das Bild steht, aber es steht nie.[1]

Ich finde es zuverlässiger, das Gesehene zu zeichnen, wenn ich Beobachtung und sofortige Zeichnung einige Male wiederhole; so fand ich beim Auszählen der gezeichneten Unterbrechungen zwar nicht immer, aber doch meistens eine recht gute Uebereinstimmung.

In der beigegebenen Tabelle sind die bis Anfang December 1904 gemachten Beobachtungen enthalten, auch die zweifelhaften.

Berechnet man aus diesen 39 Beobachtungen die Zahl der Unterbrechungen in der Secunde $\left(= \frac{u}{t} \right)$, so sind die alleräussersten Grenzen 37 und 125 (1 : 3·35). Lässt man die vier niedrigsten und die vier höchsten Werthe unberücksichtigt, so sind die Grenzwerthe der übrig bleibenden 31 Beobachtungen 59 und 91 (1 : 1·54). Ein Vergleich der (unter t angegebenen) Zeit für eine Umdrehung mit der Zahl u der während dessen auftretenden Unterbrechungen lässt mit Sicherheit erkennen, dass die beiden Grössen mit einander steigen und fallen, dass also die Unterbrechungen eine zeitliche und keine räumliche Bedeutung haben.

Nun sind aber die Quotienten $\frac{t}{u}$ und $\frac{u}{t}$ nicht constant.

Sie können nicht constant sein, schon weil die Schätzung der Zahl der Unterbrechungen eine unsichere ist. Ich glaube aber nicht, dass diese Unsicherheit allein für die Abweichungen von dem allgemeinen Mittel verantwortlich gemacht werden darf, sondern ich bin im Gegentheil überzeugt, dass das Tempo der Unterbrechungen selbst mit den äusseren und inneren Bedingungen variirt.

Ich halte diese ganze Frage einer sehr gründlichen Untersuchung für werth, und es ist anzunehmen, dass die bei der Messung vorliegenden Schwierigkeiten sich noch weiter werden verringern lassen.

---

[1] Es fehlt bei dieser Art der Schätzung auch die Controle, so lange nicht vergleichende Schätzungen an Objecten mit einer bekannten Zahl von Unterbrechungen gemacht sind.

Zahl der Unterbrechungen im Kreisumfang	Zeit für eine Kreisbewegung in Secunden	Zeit von einer Unterbrechung zur anderen in Secunden	Zahl der Unterbrechungen in einer Secunde	Methode der Beobachtung	Nummer der Beobachtung	Beobachter
1	2	3	4	5	6	7
u	t	$\dfrac{t}{u}$	$\dfrac{u}{t}$			
13	0·255''	0·020	50	b_3	13	F. K.
14	0·205	0·015	67	b_2	10	Dr. B.
15/16	0·25	0·016	62·5	b_2	6	F. K.
18	0·25	0·014	71	b_2	7	,,
18	0·255	0·014	71	b_3	14	,,
18	0·265	0·015	67	c_2	32	,,
20	0·335	0·017	59	b_2	11	,,
20	0·26	0·013	77	c_4	36	E. K.
20·8	0·245	0·012	83	c_3	35	F. K.
22	0·265	0·012	83	c_2	33	,,
23	0·25	0·011	91	b_2	4	,,
24	0·4	0·017	59	b_3	12	,,
24	0·36	0·015	67	c_2	24	Dr. B.
24	0·26	0·011	91	c_2	34	F. K.
26	0·40	0·015	67	c_5	39	E. K.
27	0·35	0·013	77	b_1	3	Dr. B.
28	0·75	0·027	37	c_3	31	F. K.
30	0·5	0·017	59	b_3	8	Dr. B.
30	0·3675	0·012	83	b_1	2	F. K.
30	0·65	0·022	46	c_2	16	,,
32	0·45	0·014	71	b_2	5	,,
32	0·35	0·011	91	c_2	17	Prof. H.
32	0·36	0·011	91	c_2	19	F. K.
32	0·36	0·011	91	c_2	23	Dr. B.
36	0·36	0·010	100	c_2	18	E. K.
39	0·75	0·019	53	c_2	27	F. K.
40 ?	0·335?	0·008?	125	a	1	E. K.
40	0·485	0·012	83	b_2	9	Dr. B.
40	0·36	0·009	111	c_3	20	F. K.
44	0·75	0·017	59	c_2	30	,,
45	0·667	0·015	67	c_2	22	E. K.
47	0·74	0·016	63	c_2	29	F. K.
55	0·60	0·011	91	c_2	21	,,
56	0·74	0·013	77	c_2	28	,,
67·5	0·71	0·011	91	c_1	15	E. K.
76	1·05	0·014	71	c_4	38	F. K.
84	0·97?	0·012?	83	c_2	26	,,

Methode der Beobachtung

a Durch ein schwaches rotirendes Prisma wird ein beleuchteter Nadelstich in schwarzem Papier angesehen.

b_1 b_2 b_3 Beobachtet wird durch ein Fernrohr, dessen Axe einen Kegelmantel beschreibt, bei

b_1 das Spiegelbild einer Gasglühlichtflamme in einem Quecksilberkügelchen,

b_2 weisses Papierscheibchen auf dunklem Grunde,

b_3 rothes Papierscheibchen auf weissem Grunde.

c_1 bis c_5 Das mit blossem Auge beobachtete Object beschreibt einen Kreis.

c_1 kleine Kugel mit Quecksiber,

c_2 grosse Kugel (32 mm Durchmesser), innen versilbert, aus 120 cm Entfernung,

c_3 dieselbe aus 390 cm Entfernung,

c_4 dieselbe aus 800 cm und mehr Entfernung,

c_5 blankes Rohr mit dunklem Strich; dieser zeigt die Unterbrechungen.

Hinter dieser Frage erheben sich aber sofort weitere:

Jede Unterbrechung entspricht nach meiner schon dargelegten Auffassung einem kurzen (aber, wie schon an Wassertropfen beobachtet ist, verschieden langen!) Aufleuchten von Netzhautelementen.

Leuchten sie kräftig auf, so absorbiren sie das äussere Licht vollständig, die Unterbrechungen sind deutlich; leuchten sie schwach auf, so findet nur eine unvollkommene Absorption statt, die Unterbrechungen sind nur angedeutet. Die Zeit zwischen zwei Unterbrechungen beträgt (dem Tempo von 70 Unterbrechungen in der Secunde entsprechend) im Mittel etwa 0·014 Secunden. Wenn ich (einigermaassen willkürlich) im Mittel den zehnten Theil dieser Zeit auf eine Unterbrechung rechne, so dauert ein einmaliges Aufleuchten etwa 0·0014″.

Das Aufleuchten scheint ungefähr gleichzeitig in der ganzen Netzhaut aufzutreten.

Wenn das die Folge eines einheitlichen von der Netzhautmitte ausgehenden Antriebs ist, und die Fortpflanzung dieses Antriebs mit der Geschwindigkeit der Nervenleitung geschieht (etwa 30ᵐ in 1″), so wird der Beginn des Aufleuchtens in der Netzhautperipherie gegenüber der Mitte um etwa 0·0007″ verzögert sein. Für die Beobachtung der Unterbrechungen des im Kreise bewegten leuchtenden Punktes müsste das einen verschiedenen Einfluss haben, je nachdem sich der Leuchtpunkt mit ein und derselben constanten Geschwindigkeit von der Netzhautmitte nach aussen oder von aussen auf die Mitte zu bewegt. Entfernt er sich von der Mitte, so wird jede folgende Unterbrechung um etwas verspätet eintreten, und umgekehrt.

Ob dieser Unterschied bei geeigneter (leicht zu treffender) Versuchsanordnung zahlenmässig heraustreten wird, lässt sich zur Zeit nicht sagen. Er würde erst die vierte Decimale beeinflussen können, also in der mitgetheilten Zahl 0·014 überhaupt nicht zum Ausdruck kommen.

Eine andere Frage ist die, ob die Farbe des Leuchtpunktes oder des Hintergrundes auf den Rhythmus des Eigenlichts einen Einfluss hat.

Weiter kann man fragen, ob etwa eine in diesem Rhythmus unterbrochene objective Belichtung (also etwa 60—90 Lichtblitze in der Secunde) als besonders hell empfunden wird. Das könnte für den gelben Fleck zutreffen, wenn es erlaubt ist, eine (zufällige) frühere Beobachtung in diesem Sinne zu deuten.[1]

---

[1] Ich gebe die Beobachtung vollständig wieder; das, worauf es hier ankommt, ist gesperrt gedruckt. „14. März 1904. Ich drehe eine Windmühle aus Holz, mit etwa löffelförmigen Flügeln (Kinderspielzeug), ganz dicht vor'm Auge und sehe auf die sehr nahe Lampenglocke. Ich sehe Sechsecke, in der Nähe der fixirten Stelle sind sie klein, nach aussen werden sie grösser; bald sehe ich auch sehr schöne Farben. Achte ich aber nicht auf die Sechsecke, sondern sehe ich so zu sagen durch die Mühle

Wie kommt das intermittirende Aufleuchten der Netzhaut zu Stande?

Die nächste Ursache des intermittirenden oder rhythmischen Aufleuchtens der Netzhaut kann sehr wohl die sein, dass von dem zugehörigen Centrum rhythmische Antriebe ausgehen.

Diese rhythmisch sich wiederholenden Antriebe als Folgen eines einzigen (äusseren) Anstosses nachzuweisen ist eine Aufgabe, die durch die Thatsache, dass auch andere Centren, wenn nicht alle, rhythmisch arbeiten, ein allgemeineres Interesse gewinnt.

Ich habe (S. 145) ein Schema für die Vervielfältigung eines Lichtreizes gegeben, das auf ein regulirendes Centrum keine Rücksicht nimmt.

Ich wiederhole es hier und stelle ihm ein zweites gegenüber, das einen grösseren Theil der gewonnenen Erfahrungen berücksichtigt.

Die Sehelemente (Stäbchen und Zapfen) sind mit S, die Leuchtzellen mit L bezeichnet.

$$S \dashleftarrow \{ \begin{matrix} \rightarrow L \\ \longrightarrow \text{ zum Gehirn} \end{matrix}$$

$$S \leftarrow L_4\,L_3\,L_2\,L_1 \left\{ \begin{matrix} \leftarrow \text{ vom} \\ \rightarrow \text{ zum} \end{matrix} \right\} \text{Eigenlichtcentrum} \\ \longrightarrow \text{ zum Gehirn (Bewusstsein)}$$

Auch das zweite Schema ist noch ganz unbestimmt gehalten. Die leuchtenden Elemente L_1, L_2 . . . . (Zellen oder Theile davon) kommen in mindestens vier Netzhautschichten vor. Ueber ihre Schaltung, ob hinter oder neben einander, sagt das Schema nichts aus; (es lässt auch die Mög-

hindurch auf die Lampenglocke, so sehe ich den Capillarkreislauf in Bewegung, ich meine, die Bewegung erscheint schneller, wenn die Mühle sich schneller dreht. Die fixirte Stelle bleibt dabei immer sichtbar als ein gezackter Fleck.

Bei einer bestimmten mittleren Geschwindigkeit (nothwendig zu bestimmen) zeigt die fixirte Stelle eine sehr grosse — grelle — Helligkeit, erheblich heller, als die Lampe ohne Mühle; — bei grösserer und geringerer Geschwindigkeit ist die fixirte Stelle nicht besonders hell." — Hinterher habe ich einige Tage Schmerz — Druck — im rechten Auge, mit dem ich hauptsächlich die Beobachtung gemacht habe. Sechs Wochen später (1. Mai) ist der Schmerz noch zuweilen zu merken als ein etwas unangenehmes Gefühl. Ende Mai wiederholte ich den Windmühlenversuch gegen einen hellen Hintergrund bei Tage ganz kurze Zeit; dennoch zeigt sich Schmerz, Druckgefühl, im rechten Auge. Wenn nicht ein zufälliges Zusammentreffen vorliegt, was mindestens sehr unwahrscheinlich ist, so ist dieser Versuch nicht harmlos. Ich habe deshalb die sehr wünschenswerthe Bestimmung jener Umdrehungsgeschwindigkeit noch nicht ausgeführt.

lichkeit offen, dass L_1, L_2 .... mehr als je ein leuchtendes Element darstellen.)

Was das Schema aussagen soll, ist Folgendes: Ein „primärer" Reiz (äusseres Licht) trifft eine Sehzelle. Die Erregung wird einerseits zum Gehirn, andererseits zum Eigenlichtcentrum fortgeleitet; von hier aus werden, wenn keine Hemmung erfolgt, die Zellen L_1, L_2 .... oder eine davon zum Leuchten gebracht. Das Leuchten besteht in einem einmaligen Aufblitzen (von 1—2 σ Dauer), das eine zweite Reizung von S, und (wiederum auf dem Umwege über das Centrum) ein zweites einmaliges Aufblitzen einer Leuchtzelle zur Folge hat; in derselben Weise kommt ein drittes, viertes, n-tes Aufblitzen zu Stande.

Ich glaube aber (aus Gründen, die hier nicht besprochen werden sollen) noch eine andere Möglichkeit in's Auge fassen zu müssen, nämlich die, dass der dem Leuchten zu Grunde liegende Process an und für sich intermittirend verläuft.

Die weitere Ausführung des Schemas verlangt eine genauere Kenntniss der bei Druck auf die Hornhaut im Dunkeln erscheinenden Bilder (Zeichnung und Vergleich mit mikroskopischen Präparaten), ihrer Dauer und ihrer Reihenfolge, sowie der ersten Stadien von Nachbildern nach schwachen Lichtreizen.[1]

Das Sehen von Mit- und Nachbildern mit Hülfe des intermittirenden Selbstleuchtens.

Ich schildere im Folgenden an einigen Beispielen genauer die Art, wie das intermittirende Eigenlicht der Netzhaut zum längeren Sehen von Mit- und Nachbildern führt.

Gesetzt, das Netzhautbild ändere sich nicht.

Die Zeit von einem zum anderen Aufleuchten (von einer zur anderen Unterbrechung) sei t ($t =$ etwa $0 \cdot 014''$), dann leuchtet die Netzhaut auf zu den Zeiten 0, t, $2t$, $3t$, ... nt, und zwar entspricht die Stärke des Aufleuchtens an jeder Stelle der Stärke der vorausgegangenen Belichtung durch äusseres Licht. Dies dauert einige Secunden. Dann setzt das intermittirende Selbstleuchten eine Zeit lang aus, so dass zwischen dem letzten Aufleuchten vor und dem ersten nach dem Aussetzen das Mehrhundertfache der Zeit t liegt.

---

[1] Mit Hülfe eines willkürlich etwas weiter präcisirten Schemas (mit Hintereinanderschaltung von L_1, L_2, ...) lassen sich die nächsten Folgen eines Reizes entwickeln. Sie zeigen eine merkwürdige Uebereinstimmung mit den ersten Stadien des auf einen sehr schwachen Lichtreiz folgenden Nachbildes, das erst einige Male für einen Moment auftaucht (flimmert), ehe es ruhig steht. Beobachtungen bei Druck auf die Cornea lassen sich jedoch diesem Schema nicht ohne Weiteres einfügen.

Das Folgende gilt für die Zeit, wo das Aufleuchten der Netzhaut in regelmässigem Tempo weitergeht.

Sehen wir beispielsweise eine gleichmässig graue reizlose Fläche an: Die Netzhaut wird überall gleich stark aufleuchten; die Helligkeit dieses Eigenlichts ist geringer, als die des (veranlassenden) Lichtes der grauen Fläche. Während der Dauer des Aufleuchtens sind die leuchtenden Netzhautschichten undurchlässig für das äussere Licht; die Sehzellen erhalten also nur das weit geringere Eigenlicht; mit dem Erlöschen des Eigenlichts erhalten sie wieder das stärkere äussere Licht, erleiden also beim jedesmaligen V e r s c h w i n d e n des Eigenlichts eine p o s i t i v e Helligkeitsschwankung, einen Reiz.

[Gesetzt das Eigenlicht wird schwächer, so absorbirt es das äussere Licht nicht mehr vollständig, die positive Schwankung wird immer geringer, sie sinkt schliesslich überall, wo sich keine Blutkörperchen bewegen, unter die Reizschwelle, wir werden ruheblind.]

Innerhalb der Zeit, wo das Eigenlicht seine Stärke unverändert beibehält, soll sich nun über den gleichmässig grauen Hintergrund ein leuchtender Punkt so schnell bewegen, dass sein Bild in der Zeit t ($=$ etwa $0 \cdot 014''$), die von einem zum andern Aufleuchten der Netzhaut vergeht, über viele, sagen wir 100 Sehzellen, hinweggeht. Während des Aufleuchtens selbst möge das Bild des Leuchtpunktes über 10 von diesen 100 Sehzellen wandern. Diese 10 sehen also den Lichtpunkt gar nicht, (oder, wenn das Eigenlicht der Netzhaut nicht ganz undurchsichtig ist, sehen sie ihn sehr viel matter, als die übrigen 90 Stäbchen und Zapfen). Ist das Aufleuchten vorbei, so erhalten die 10 Zellen wieder Licht vom grauen Grund, erleiden also eine positive Helligkeitsschwankung, einen Reiz, in dem Moment, wo das Selbstleuchten aufhört. Diese 10 Zellen sehen also nicht etwa gar nichts, sondern sie sehen den grauen Grund.

Die übrigen 90 Sehzellen dagegen, über die der Leuchtpunkt in den verbleibenden $^9/_{10}$ der Zeit t gewandert ist, verhalten sich ganz anders: Erstens haben sie den Leuchtpunkt direct gesehen, und die ursprüngliche Empfindung dauert in gleicher Stärke mindestens bis zum nächsten Aufleuchten der Netzhaut. Zweitens, wenn dies eintritt, so leuchten die den 90 Sehzellen entsprechenden Leuchtzellen sehr hell auf, zwar weniger hell als der Leuchtpunkt selbst, aber sehr hell im Vergleich mit dem grauen Grunde, und die 90 {Sehzellen erleiden (fast gleichzeitig) eine positive Helligkeitsschwankung, aber nicht beim Aufhören, sondern beim Beginn des Aufleuchtens, und eben durch das Aufleuchten selbst. Diese 90 Sehzellen haben also durch den bewegten Leuchtpunkt (in der Zeit von Null bis t) je einen „primären" Reiz erlitten, und durch das Eigenlicht (zur Zeit t) je einen „secundären" Reiz. Diesem ersten secundären Reiz folgen (zu den Zeiten $2t$, $3t$, ... nt) noch viele secundäre Reize; alle diese rhythmisch auf einander folgenden Reize verschmelzen zu der continuirlichen — tetanischen — Empfindung des Nachbildes.

Wenn das Bild des leuchtenden Punktes auf der Netzhaut seinen Weg mit derselben Geschwindigkeit fortsetzt, so wird es immer 90 Sehzellen passiren, während die Netzhaut nicht leuchtet, und dann 10, während sie leuchtet, nämlich die 91. bis 100., die 191. bis 200. u. s. w. Diese je 10 Sehzellen werden vom Leuchtpunkt nicht primär und also auch nicht secundär gereizt. — Hier kann also kein Nachbild auftreten. Das Nachbild des Leuchtpunktes ist demnach in regelmässigen Abständen auf kurze Strecken unterbrochen.

Wir haben hier neben einander das (unterbrochene) Nachbild eines bewegten Objectes (des Leuchtpunktes) und das Mitbild eines ruhenden (des grauen Hintergrundes).

Im Fall des Mitbildes ist das Eigenlicht das dunklere, das wieder-erscheinende äussere Licht giebt die positive Helligkeitsschwankung.

Beim Nachbild ist es in dem hier beschriebenen Fall umgekehrt: das Eigenlicht giebt die positive Helligkeitsschwankung, den Reiz.

Wenn sich ein dunkler Punkt auf hellem Grunde bewegt, so ist sein Nachbild ein dunkler Strich mit hellen Unterbrechungen.

Man kann die vorhergehenden Betrachtungen unschwer auch auf diesen Fall anwenden.

Auf Grund von Beobachtungen habe ich die Vermuthung ausgesprochen, dass nur eine positive Helligkeitsschwankung einen Lichtreiz darstellt.[1] Diese Ansicht habe ich auch hier zu Grunde gelegt.

VII.

Verschiedene Beobachtungen.

Im Folgenden sind einige Erscheinungen zusammengestellt, die mit grösserer oder geringerer Wahrscheinlichkeit durch das Eigenlicht der Netz-haut hervorgerufen werden, aber nicht dem normalen Sehen dienen.

Ausfallserscheinungen; Punkttauchen.

Schon ein paar Mal konnten wir feststellen, dass der intermittirende Leuchtapparat aufhört zu arbeiten, wenn er uns keine Helligkeitsunter-schiede mehr zeigen kann. Daher die periodischen Unterbrechungen seiner Thätigkeit beim Nachbild: die „Erholungspausen" (vgl. S. 173); — daher die Trägheit im Fortschreiten des Leuchtvorgangs in den späteren Stadien

---

[1] *Dies Archiv.* 1904. Physiol. Abthlg. S. 315 f.

des Nachbildes: man sieht nach einander die Fetzen der unbrauchbar gewordenen Zeichnung (vgl. S. 169); — daher der gleiche Vorgang bei offenen
Augen einer reizlosen Fläche gegenüber, an der, obwohl sie hell ist, nichts
zu sehen ist, weil sich nichts ändert (vgl. S. 173).

Erinnern wir uns, dass jedes Netzhautbild reizlos ist, so lange es unverändert bleibt, so werden wir den obigen Beobachtungen vielleicht die
Folgende anreihen, die ich zuerst beim Anstarren einer weissen Tischdecke
gemacht habe, die durch dicke rothe Linien in grosse Quadrate getheilt war.[1]

Um die nun zu beschreibende Erscheinung nachzuprüfen, theile man
ein Blatt Papier durch kräftige Tintenstriche annähernd in Quadrate von
beispielsweise 4 cm Seite und starre es aus etwa 30 cm Entfernung mit beiden
oder besser mit einem Auge an. Man wird vielleicht von Zeit zu Zeit das
Blatt sich (theilweise) verdunkeln sehen, jedenfalls aber beginnt, während
die Fläche im Ganzen hell bleibt, das Bild sich in überraschender Weise
zu verändern:

Von den Linien verschwinden eine Anzahl senkrechte oder waagerechte,
so dass z. B. aus drei Quadraten durch vollständiges Verschwinden der
Zwischenwände ein langes Rechteck wird. Solche Rechtecke können auch
zu mehreren neben einander oder sonstwie im Bilde angeordnet, stehend
und liegend, gleichzeitig gesehen werden.

Die einzelne schwarze Linie geht und kommt unmerklich; die Zeit, wo
ich sie vermisse[2], variirt, doch beträgt sie wohl meist nicht mehr als eine
Secunde, oft viel weniger.

Damit die Erscheinung auftritt, muss man das Papier oder die Decke
erst eine kurze Zeit angestarrt haben.

Ein sehr geeignetes Object ergiebt sich auch, wenn man durch drei
Systeme von Parallelen ein Blatt Papier in lauter gleichseitige Dreiecke
von etwa 5 cm Seite theilt. Man beobachtet daran sehr verschiedene Ausfallserscheinungen, unter Anderem gelegentlich auch das Ausfallen eines
Systems von Parallelen in einem grösseren Gebiete, so dass dort Parallelo-
gramme übrig bleiben.

Das stellenweise Verschwinden und Wiederauftauchen von Linien erinnert sehr an das stückweise Auftreten von Nachbildern. Auffallend bleibt
allerdings, dass von zwei gekreuzten Linien eine, z. B. die senkrechte, ober-

---

[1] Es ist nicht ganz einerlei, ob ich auf eine Fläche starre, oder ob ich einen
Punkt derselben fixire: In beiden Fällen zwar „wandert" das Auge, beim Fixiren
kehrt aber der Blick immer wieder mit einem Ruck auf den gewollten Punkt zurück,
während beim Anstarren ein solches Zurückspringen nicht oder doch nicht oft stattfindet. Das Netzhautbild steht demnach zwar nicht ruhig, aber es bewegt sich nur
langsam.

[2] Diese Zeit ist nicht nothwendig identisch mit der Zeit, wo sie nicht gesehen
werden kann.

halb und unterhalb des Schnittpunktes vollkommen verschwindet, während die waagerechte gar keine Lücke zeigt.

Da die Lichtausbreitung doch wohl meist flächenweise und nicht strich-weise erfolgt, so vermuthe ich, dass auch von der zweiten Linie ein Stück am Schnittpunkt ausfällt (unsichtbar wird durch das die Grenzen der Belichtung nicht mehr genau innehaltende Eigenlicht der Netzhaut), dass wir es aber in gewohnter Weise zu einem befriedigenden Bilde ergänzen.

Auch bei ruhigem Fixiren stellen sich die Ausfallserscheinungen ein: Fixire ich den Schnittpunkt dreier Linien, so fällt gelegentlich die ganze fixirte Stelle (an der sechs Dreiecke zusammenstossen) aus, und erscheint als heller Fleck.[1] Ich vermisse dort zwar Linien, aber ergänze nicht.

Beobachtet man statt der Dreiecke oder Quadrate ein Blatt mit 3 bis 4 ^{mm} dicken schwarzen Punkten, die etwa 4 ^{cm} von einander entfernt sind, so tritt auch hier die Ausfallserscheinung auf, aber sie ist weit weniger auffallend; (stellt sich Ruheblindheit ein — die weissen Flächen sind gross genug dazu — so leuchten aus dem dunkeln Bilde des Capillarkreislaufs die schwarzen Punkte als Inseln mit blendend heller Umgebung hervor). Dieses „Punkttauchen" tritt ein, wenn bei einem Augenabstand von 15 ^{cm} oder weniger das Netzhautbild der Punkte mindestens 0·3 ^{mm} Durchmesser hat, also viele Sehzellen deckt. Wähle ich die Punkte viel kleiner und enger beisammen, so verliert die Erscheinung des Tauchens immer mehr an Deutlichkeit; wenigstens gehört immer mehr Aufmerksamkeit dazu, sie zu sehen.

Hiernach hat Hensen, der das Punkttauchen vor langer Zeit be-schrieben hat, ebenfalls die blind machende Wirkung des langsam kommen-den und gehenden Eigenlichtes vor sich gehabt.

Ebenso wenig wie das „unterbrochene Nachbild" kann deshalb das „Punkttauchen" noch länger als Beweis dafür gelten, dass nur die be-schränkte auf die Aussenglieder fallende Lichtmenge für das Sehen in Betracht kommt.[2]

Ich bin nicht der Meinung, dass diese Ansicht von der Rolle der Aussenglieder mit dem Wegfall der beiden Stützen hinfällig wird, sondern halte die früher[3] mitgetheilten älteren (Hensen) und neuen, von jenen beiden Beobachtungen ganz unabhängigen theoretischen Gründe, die man nachsehen wolle, für völlig überzeugend.

---

[1] Der erwähnte Ausfall eines der drei Parallelsysteme würde eher mit einem in regelmässigen Abständen auftretenden mehr strichförmigen Leuchten in Einklang sein, das auch wirklich (im Dunkeln) zu beobachten ist (vgl. bei „Phantasiebilder" S. 201).

[2] Es bleibt aber die Möglichkeit bestehen, dass ein Tauchen sehr kleiner Punkte auch aus dem von Hensen angegebenen Grunde eintreten kann.

[3] *Dies Archiv.* 1904. Physiol. Abthlg. S. 325 ff.

Formveränderungen von Linien.

An dem Muster aus gleichseitigen Dreiecken (oder auch an einem gewöhnlichen Linienblatt) ist, abgesehen von dem abwechselnden Verschwinden von Linien aus dem Bilde nach kurzem Anstarren noch etwas anderes zu beobachten.

Die Linien sehen theilweise in regelmässiger Art verändert aus: Entweder scheinen sie in gleich lange Stücke abgetheilt, von denen jedes zweite parallel mit sich selbst nahezu um seine eigene Breite verschoben ist, oder, und das ist das Gewöhnliche, es scheinen in regelmässigen Abständen feste ruhende Punkte vorhanden, während die Zwischenstücke in schwingender Bewegung zu sein scheinen, wie gespannte Saiten.

Zuweilen auch sehe ich an den Linien nur graue und tiefschwarze Stücke regelmässig mit einander abwechseln.

Ganz dieselben Bilder giebt mir (ältere Beobachtung) ein Linienblatt (oder eine einzige Linie), sobald ich den Kopf durch krampfhafte Muskelanspannung in zitternde Bewegung versetze.

Endlich, und das ist die bequemste Methode, kann man ein Linienblatt in der Ebene des Papiers senkrecht zur Richtung der Linien schnell hin und her bewegen. Man sieht dabei, wenn man ein Auge schliesst, noch andere Dinge, so z. B. gleichzeitig mit den sich bewegenden Linien den Capillarkreislauf.

Die Länge der Theilstücke der Linien kann recht verschieden sein und wechselt während der Beobachtung. Taxiert man sie und berechnet daraus die Grösse des Netzhautbildes, so zeigt sich, dass ein Theilstück sich für gewöhnlich mindestens über 20, oft aber über 100 Stäbchen und Zapfen erstreckt.

Die hier geschilderte Erscheinung hat schon Helmholtz[1] (und vor ihm Purkinje und Bergmann) gesehen, als er zur Feststellung der kleinsten zu unterscheidenden Distanzen sehr enge Liniensysteme beobachtete. Die von Helmholtz gezeichneten Ausbuchtungen und Anschwellungen sind, wenn auch nicht ganz so regelmässig, doch den von mir gesehenen so ähnlich, dass ich die beiden Erscheinungen ihrem Wesen nach für identisch halten muss.

Die geringe Grösse der von Helmholtz gesehenen Bilder erlaubte ihm, sie durch die Anordnung der Zapfen in der Fovea zu erklären.

Diese Erklärung genügt nicht, sobald die gleichen Netzhautbilder um ein Vielfaches grösser sind.

---

1 v. Helmholtz, *Physiol. Optik.* 2. Aufl. S. 257.

Wenn es auch schwierig ist genau anzugeben, wann die Formveränderungen an den Linien beginnen, so treten sie doch in charakteristischer Weise ebenso wie die Ausfallserscheinungen nicht im Moment des Hinblickens, sondern erst nach ein oder mehrere Secunden langem Anstarren auf, wenn der Eigenlichtapparat der Netzhaut nicht mehr normal arbeitet.

Wenn ich mit Hülfe eines Gitters aus gleich breiten hellen und dunkeln Linien mit oder ohne Anwendung einer Linse die Feinheit des Sehens bestimme, so erhalte ich, ausgeruhte Augen vorausgesetzt, auf der Netzhaut eine Liniendistanz von 0·004 ᵐᵐ und darunter.

Ich sehe immer nur kurze Zeit, eine oder höchstens zwei Secunden, hin, weil das Auflösungsvermögen des Auges rapide abnimmt; aber in dieser Zeit meine ich die Linien stets gerade gesehen zu haben, ohne Ausbuchtungen und Anschwellungen.

Ich vermuthe, dass Helmholtz sein Object längere Zeit angestarrt hat. Es ergiebt sich aus verschiedenen Stellen seiner Physiologischen Optik, dass er die dazu nöthige Fähigkeit, das Auge ruhig zu halten, in ungewöhnlichem Maasse besessen hat.

Da die Formveränderungen der Linien gleichzeitig und unter denselben Bedingungen wie die Ausfallserscheinungen auftreten, so liegt es nahe, die gleiche Ursache für beide Erscheinungen anzunehmen.

Erinnert man sich aber, dass durch schnellen Wechsel von Hell und Dunkel (rotirende Scheibe mit schwarz und weissen Sectoren, Windmühle, Bewegen der gespreizten Finger, Ansehen einer grossen flackernden Flamme u. A.) Sechsecke, der Capillarkreislauf und andere Dinge sichtbar werden können, die sich nicht wohl anders, denn als Schatten von Netzhautbestandtheilen deuten lassen, so wird man auch an die Möglichkeit denken müssen, dass die regelmässigen Abtheilungen der Linien Theile solcher Schatten sind, zumal da der Capillarkreislauf wirklich zu beobachten ist.

Eine befriedigende Erklärung der Formveränderungen kann also einstweilen nicht gegeben werden.

Als nicht unmittelbar im Dienst des Sehens stehend haben wir das periodisch auftretende Selbstleuchten der Netzhaut kennen gelernt. Man beobachtet ausserdem Formen, bei denen eine periodische Wiederholung zweifelhaft ist und andere, bei denen sicher keine Wiederholung stattfindet.

Kleine Lichtpunkte in scheinbarer Bewegung.

Ich habe gelegentlich abends nach Auslöschen des Lichtes im Gesichtsfelde eine grosse Menge feinster leuchtender Pünktchen gesehen, alle gleich klein, wie es scheint in Bewegung; es ist anzunehmen, dass sie auftauchen, verschwinden und andere dafür auftreten, wodurch der Eindruck der Bewegung hervorgebracht werden würde. Ich habe den Eindruck, dass das einzelne Lichtpünktchen recht hell ist, aber ausserordentlich klein, so dass trotz der grossen Menge scheinbar regelmässig vertheilter Lichtpünktchen das Gesichtsfeld im Ganzen nur äusserst wenig erhellt ist.[1]

Grössere Lichtpunkte in scheinbarer Bewegung.

Eine ähnliche, aber weit glänzendere Erscheinung habe ich des öfteren gehabt, wenn ich eine Weile in ein helles Licht gesehen hatte (z. B. in eine Kerzenflamme aus grosser Nähe), und dann plötzlich Dunkelheit eintrat. Es erschien in diesen Fällen nicht das Nachbild der Flamme, sondern, wie es scheint regelmässig im Gesichtsfeld vertheilt, nicht allzu dicht, grosse hell leuchtende Punkte, die sich hin und her zu bewegen schienen.

In einem Falle habe ich die Erscheinung gleich nachher gezeichnet. Sie würde sich darnach auf einem centralen Netzhautgebiet von 15 mm Durchmesser abspielen, der Abstand der Punkte auf der Netzhaut von einander würde etwa 1·5 mm, ihr Durchmesser etwa 0·15 mm betragen.

Dieselbe Erscheinung habe ich einige Male beim Aufwachen in dunkler Nacht gehabt (dabei taxirte ich einmal vier Schwingungen in der Secunde).

Obwohl ich durchaus den Eindruck habe, dass jeder einzelne Punkt um eine Gleichgewichtslage schwingt, so nehme ich doch als sicher an, dass die Bewegung dadurch vorgetäuscht wird, dass die Punkte verschwinden und in der Nähe andere auftauchen.

Wir sind sehr geneigt eine Bewegung zu sehen, und ergänzen die fehlenden Zwischenstadien sehr leicht: es genügt beispielsweise, ein stehendes und ein liegendes Kreuz mit einander abwechseln zu lassen, um im Stroboskop den Eindruck einer sich drehenden Mühle hervorzubringen.

Lichtpünktchen, die wie Funken auftauchen und verschwinden, auch mit schwarzer Mitte, sehe ich zuweilen gleich Anfangs in der Mitte eines Nachbildes.

Es ist denkbar, dass das beschriebene scheinbare Hin- und Herschwingen von Lichtpunkten als periodische Wiederholung aufzufassen ist. Die Gesammtdauer der Erscheinung ist immer nur kurz; sie beträgt nicht mehr als einige Secunden.

---

[1] Ich erinnerte mich dieser Beobachtung sofort, als ich den Aufsatz von C. Hess, „Ueber einen eigenartigen Erregungsvorgang im Sehorgan" (Graefe's *Archiv für Ophthalmologie*. 1904. Bd. LVIII. S. 429) zu Gesicht bekam. Auch die von Hess gegebene Abbildung ist einer von mir damals angefertigten Skizze sehr ähnlich. Hess sieht (nach voraufgegangener Belichtung) eine Gruppe von äusserst feinen, leuchtend hellen Pünktchen zunächst an der Stelle des directen Sehens auftreten; sie bleiben nur einen Bruchtheil einer Secunde sichtbar, aber während sie schwinden, treten peripherwärts von ihnen in ihrer nächsten Nähe .... andere auf (und so fort).

Die fixirte Stelle beim Oeffnen des dunkeladaptirten Auges.

Morgens beim ersten Oeffnen der Augen gegen die (reizlose) Zimmerdecke sehe ich im Allgemeinen entweder dunkle Gefässe oder einen dunkeln, oft intensiv schwarzen Fleck mit strahlig zackigem Rande an der Stelle des directen Sehens (nur ein Mal habe ich beides gleichzeitig gesehen). Der dunkle Fleck, dessen Durchmesser auf der Netzhaut ich in einem Falle zu $0 \cdot 3^{mm}$ geschätzt habe, entspricht oft einer Phase der periodischen Lichtentwickelung; in diesem Fall kann ich ihn an der Decke auch hell sehen, wenn ich mit geschlossenen Augen den Moment genau abpasse, wo die dunkle Phase beginnt. (Oeffnete ich ein Auge zu beliebigen Zeiten, so sah ich den Fleck an der Decke meistens dunkel, aber doch auch einige Male hell).

Aber nicht immer ist mit dem Auftreten des schwarzen Flecks eine erkennbare periodische Lichtentwickelung verbunden. So sah ich in einem Fall, als ich beim Erwachen ein Auge für einen Moment gegen die Decke öffnete, an der fixirten Stelle einen sehr dunkeln Fleck mit gezackten Rändern. Nach Schluss des Auges war aber kein entsprechend heller Fleck und keine periodische Lichtentwickelung zu sehen, auch dann nicht, als ich die Decke über die Augen zog. Nur bei sehr genauem Zusehen erschien ein centraler Bezirk ganz wenig heller, als die Umgebung; er schien aus nah aneinander stehenden Flecken von matter Helligkeit zusammengesetzt zu sein. Eine Bewegung, eine periodische Ab- und Zunahme war nicht zu erkennen. Ich wiederholte den Versuch mit einem und auch mit zwei Augen mehrere Male mit demselben Erfolg. Zwischen diese Versuche, bei denen ich an der ‚reizlosen' Zimmerdecke den intensiv dunkeln Fleck sah, schaltete ich solche ein, bei denen ich meine Hand, also ein Object mit Helligkeitsdifferenzen, anblickte. Obwohl die mittlere Helligkeit der Hand nicht viel von der der Decke abwich, war doch auf ihr nichts von dem dunkeln Fleck zu sehen.

Ich möchte glauben, dass hier, wo eine periodische Lichtentwickelung nicht nachzuweisen ist, der schwarze Fleck, also das Eigenlicht der Netzhaut, in präciser Weise mit dem Licht der reizlosen Fläche kommt und geht, ebenso wie der durch Druck in der Netzhautperipherie zu erzielende Fleck den Druck nicht überdauert.

Nachbild bei offenem und geschlossenem Auge. Da auch das Nachbild auf einem Selbstleuchten der Netzhaut beruht, so muss auch bei ihm die beschriebene Umkehr der Helligkeitsverhältnisse zu finden sein.

Eine darauf bezügliche Beobachtung gebe ich hier wieder:

(11. III. 04.) Ich sehe die oberen Scheiben des Fensters an (Mittags, nach Westen, Himmel gleichmässig weiss) mit einem oder mit beiden

Augen. Ich schliesse die Augen und habe ein positives Nachbild. Ich sehe gegen die Zimmerdecke, die hell gestrichen, aber im Vergleich zum Fenster sehr wenig hell ist. An der Zimmerdecke erscheint das negative Nachbild. In ziemlich schnellem Wechsel öffne und schliesse ich die Augen und sehe jedes Mal bei geschlossenen Augen das positive, bei offenen an der Decke das negative Nachbild. Dann verschwindet bei geschlossenen Augen das positive Nachbild; nach kurzer Zeit[1] habe ich bei geschlossenen Augen das negative Nachbild und — indem ich die Augen öffne und schliesse wie vorher — an der Decke ebenfalls das negative Nachbild. Die Fensterscheiben des negativen Nachbildes an der Decke erscheinen immer lehmgelb, einerlei ob das geschlossene oder lichdtdicht verdeckte Auge das positive oder negative Nachbild sieht.

Das geschlossene Auge sieht dagegen die Fensterscheiben des negativen Nachbildes ganz dunkel.

Stoss und Erschütterung als Ursache des Leuchtens.

Ein momentanes Aufleuchten einer beschränkten Netzhautstelle ohne erkennbaren Zusammenhang mit dem gewöhnlichen Sehen habe ich einige Male als Folge eines Stosses oder einer Erschütterung beobachtet.

In einem Fall erhielt ich auf schlechtem Pflaster beim Radfahren einen Stoss, als ich gerade auf eine fensterlose Hauswand blickte. Im Moment des Stosses erschienen auf der Wand zwei, vielleicht auch drei schwarze Flecke, jeder von einem leuchtenden Hof umgeben, um sofort wieder zu verschwinden.

In einem anderen Fall rutschte ich auf schlüpfrigem Wege aus und machte, um das Gleichgewicht zu erhalten, eine heftige Bewegung, wobei ich stark aufstampfte. Ich hatte wohl auch ein gewisses Schreckgefühl. Gleichzeitig mit dem Aufstampfen sah ich einen mittleren Theil des Gesichtsfeldes (ich sah auf den Weg) plötzlich heller, als wenn dorthin das Licht eines Scheinwerfers fiele.

Leuchten umschriebener Stellen ohne erkennbare Ursache.

Auch ohne erkennbare äussere Ursache sehe ich oft für ein bis zwei Secunden eine kleine scharfumschriebene Stelle im hellen Gesichtsfelde schwarz, in seltenen Fällen auch hell, im dunkeln Gesichtsfelde leuchtend oder schwarz mit hellem, nach aussen verwaschenen Saum.

Mehrere Male habe ich bei Spaziergängen in der Landschaft, vor Bäumen und Unterholz, plötzlich schwarze Flecke auftauchen sehen; sie

---

[1] Der Rest der Beobachtung soll hier nicht weiter besprochen werden.

bewegten sich (in Folge der Augenbewegungen) eine Strecke fort und waren eben so plötzlich wieder verschwunden. Auch beim Lesen tauchte einmal etwas unterhalb des Fixationspunktes ein solcher Fleck auf. Messung und Schätzung ergab ein Netzhautbild von 0·1 mm Durchmesser etwa 1 mm nach oben vom Fixationspunkt. (In einem anderen Fall führte die Schätzung zu einem erheblich geringeren Durchmesser.)

Den beim Lesen beobachteten Fleck zeichnete ich sofort. Seine Form (Dreieck, Spitze rechts unten) stimmte recht genau mit der eines sieben Wochen früher im Freien beobachteten und gezeichneten Flecks überein.

Das ist insofern von Interesse, als man darnach vermuthen kann, dass es einige wenige Stellen der Netzhaut sind, welche dieses Leuchten zeigen.

Als störend kann man weder diese noch die übrigen geschilderten Erscheinungen bezeichnen, da sie ohne besonders darauf gerichtete Aufmerksamkeit überhaupt nicht bemerkt werden.

Eine ausserordentlich schnell verlaufende Erscheinung.

Der Verlauf der besprochenen Erscheinungen muss als träge bezeichnet werden im Vergleich zu einer jetzt zu schildernden, die so blitzartig vorübergeht, dass kaum Zeit zum Erschrecken ist. Lange Zeit hinterliess sie mir keinen anderen Eindruck, als den: ‚Da war etwas‘, bis ich sie durch häufige und lange Beobachtungen in einem fast leeren Raum mit einfarbigen Wänden besser kennen lernte. Aber immer bedurfte es angestrengter, auf den bestimmten Zweck gerichteter Aufmerksamkeit, um überhaupt ein Erinnerungsbild des Gesehenen zu gewinnen.[1]

Charakteristisch an dem so höchst flüchtigen Bilde ist die, wie mir scheint, immer vorhandene äusserst scharfe Abgrenzung zwischen Hell und Dunkel und die Beschränkung auf ganz Hell und ganz Dunkel, während mittlere Helligkeitsgrade fehlen.

Ich sah die Erscheinung gelegentlich auf einem Gesicht, dessen helle Flächen für einen Moment kreideweiss erschienen. — Die auf der mässig hellen Wand gesehenen Formen hatten nicht das Geringste gemein mit denen der wenigen in dem Raum vorhandenen Gegenstände, die ich noch dazu meist so lange nicht angesehen hatte, dass auch schon deshalb von Nachbildern nicht gut die Rede sein konnte.

Ich sah an der Wand eine Zeichnung aus schwarz und weissen Flecken aufzucken, die im Wesentlichen annähernd rechtwinklige, scharfe oder etwas abgerundete Ecken zu haben schienen.

---

[1] Diese Schwierigkeit liegt bei keiner der anderen Beobachtungen vor; immer ist es leicht, den allgemeinen Eindruck, ein schematisches Bild des Gesehenen wiederzugeben; die Schwierigkeit beginnt erst, wenn es sich um photographisch getreue Reproduction aus der Erinnerung handelt.

Die verzerrt schachbrettartige Zeichnung erinnert, was die Winkel der Verzweigungen betrifft, auch an bestimmte, bei Druck auf den Bulbus im Dunkeln auftretende Bilder. — Hiernach ist einige Aussicht vorhanden, die Erscheinung später einmal auf eins der bei Druck auf die Cornea auftauchenden Bilder zurückzuführen.

Von sonstigen Beobachtungen sei noch erwähnt, dass ich sehr häufig eine schnelle Hin- und Herbewegung, ein Zittern eines kleinen in der Nähe der fixirten Stelle liegenden Theils des Netzhautbildes sehe, ohne sagen zu können, worauf es beruht; nur die Thränenflüssigkeit dürfte dabei keine Rolle spielen.

VIII.

Nachbild und Phantasiebild.

Dass das (echte!) Nachbild eines kurzdauernden Netzhautbildes uns von diesem eine erweiterte Kenntniss vermitteln kann, darf als feststehend angesehen werden (vgl. auch S. 173). Das Nachbild ist also unter Umständen nützlich.

Man könnte denken, dass es den angegebenen Zweck noch besser erfüllen würde, wenn es, an das Netzhautbild anschliessend, genügend lange ununterbrochen stehen bliebe.

Wir wissen aber, dass es zum Sehen eines Nachbildes, dessen Lage auf der Netzhaut ja dieselbe bleibt, nicht genügt, dass es in schnellem Tempo intermittirend auftritt (dabei verschwinden sehr bald die Unterschiede der Helligkeit) sondern dass auch noch zur Wiederherstellung der Unterschiedsempfindlichkeit von Zeit zu Zeit relativ lange Erholungspausen eingeschoben werden müssen. Während derselben leuchtet die Netzhaut nicht, und die Sehzellen reichern sich wieder an, so dass am Ende der Pausen wieder die (zur Erkennung von Helligkeitsunterschieden erforderliche) gleichmässige Vertheilung der lichtempfindlichen Substanz vorliegt.

Es leuchtet auch ein, dass eine oder wenige Wiederholungen des Nachbildes den genannten Zweck vollauf erfüllen, während die häufige Wiederkehr des Nachbildes, da sie einen Nutzen nicht mehr bringt, eine Störung bedeuten würde.

Nun wird ja der Process meist sehr bald durch Lidschlag und Augenbewegungen unterbrochen. Wird diese Unterbrechung vermieden, so wird, wenn auch später, dem Nachbild dadurch ein Ende gemacht, dass der Vorgang des Selbstleuchtens nach und nach die Grenzen des ursprünglichen Netzhautbildes verlässt.

Bis so weit würden wir die Einrichtung als zweckmässig bezeichnen.
Aber es bleibt ein unbefriedigender Rest: Das Nachbild geht in die
uns bekannten periodischen Lichtentwickelungen über.

Sind diese, und sind die periodischen Lichtentwickelungen, denen kein
Netzhautbild vorausgeht, ganz ohne Bedeutung?

Das Tempo, die Bahnen, in denen sie vor sich gehen, und auch die
im Allgemeinen wenig hervortretenden Farben, sind in einem fortwähren-
den meist recht langsamen Wechsel begriffen. Dieser Wechsel ist in
hohem Maasse charakteristisch.

Verfolgen wir die Lichtperioden aufmerksam, so sehen wir mit mehr oder
minder grosser Deutlichkeit Bilder, die sicher Theilen von Flächenansichten
verschiedener Netzhautschichten entsprechen; auch die mehr im Dunkeln
liegenden peripheren Parthien lassen meist noch Einzelheiten erkennen.

Man erkennt unschwer dieselben Bilder, die auch auf Druck erscheinen,
nur sind diese letzteren weit deutlicher.

Wenn sich die periodischen Lichtentwickelungen bei geschlossenen Augen
einstellen, Morgens oder Abends im halbwachen Zustande, so sind wir wenig
geneigt zu Beobachtungen.

Unsere Phantasie bemächtigt sich der dargebotenen Formen und Farben
und macht daraus, was sie will und kann.[1]

Es sind meines Erachtens zwei Dinge, die zusammenkommen: Er-
innerungen oder Erinnerungsbilder, und ich möchte sagen mikroskopische
Präparate der Netzhaut, welche periodisch hell und dunkel werden und
dabei einem stetigen langsamen Wechsel unterworfen sind. In irgend einem
Moment können aber diese letzteren als starr betrachtet werden, während
die Erinnerungsbilder anpassungsfähig sind.

Ich gebe ein Beispiel:

Aus einem Terrazzofussboden, der aus kleinen und kleinsten kantigen
Steinchen verschiedener Farbe zusammengesetzt ist, sehe ich eine geradezu
unbegrenzte Menge von Gesichtern und Figuren heraus oder in ihn hinein,
ohne den wirklich vorhandenen Formen und Farben Zwang anzuthun.[2]

Was ich aus meiner Erinnerung hinzuthue, muss sich den gegebenen
Formen und Farben fügen, sei es der Steine, sei es der Bilder der Netzhautelemente.

---

[1] Dass unmittelbar an „subjective Lichterscheinungen" sich Phantasiebilder anschliessen, ist bekannt. Man vgl. z. B. Wundt (*Physiol. Psych.* 5. Aufl. Bd. III. S. 644.)
an dessen Darstellung ich eigentlich nichts weiter auszusetzen habe, als dass er sie
in dem Capitel „Anomalien des Bewusstseins" behandelt. Ich halte diese Dinge für
vollkommen normal.

[2] Ein solcher Fussboden könnte als werthvolles Hülfsmittel beim Entwerfen von
Karrikaturen dienen.

Und da diese sich in dreifacher Weise ändern, nämlich erstens in Bezug auf die Form des besonders hell oder dunkel heraustretenden Stückes, zweitens in Bezug auf die Netzhautschicht, welche jene Form mit verschiedenem Inhalt füllt, und drittens bezüglich der Farbe, so ist schon hierdurch eine ungeheure Mannigfaltigkeit gegeben, die in's Ungemessene wächst, wenn diese Bilder mit Erinnerungsbildern combinirt werden. Aus dieser Vereinigung entstehen ohne Mitwirkung des Willens Phantasiebilder. Damit Bilder dieser Art zu Stande kommen, ist, wie mir scheint, eine reelle Grundlage unerlässlich, ob es nun das Bild der Netzhaut oder der Terrazzofussboden oder was sonst ist. Und es will mir in gleicher Weise erstaunlich vorkommen, wie unvollkommen einerseits in jener Grundlage das fertige Phantasie- oder Traumbild angedeutet ist, und wie unbedingt dieses sich andererseits den Linien der Grundlage, auch wenn sie nicht recht passen, fügen muss.

Wenn ich Tags über viele und starke gleichartige Gesichtseindrücke erhalten habe, so pflegen diese Abends in den Phantasiebildern vorzuwiegen.

Als ich im Vorfrühling 1904 täglich Stunden lang in den Harzer Bergen wanderte, stellten sich Abends mit grosser Regelmässigkeit den gesehenen ähnliche (aber eben nur ähnliche!) Bilder ein.

Ich sehe z. B. einen schräg ansteigenden Waldboden mit viel grünem Moos, dazwischen etwas Sand und in regelmässigen Abständen braune Stämme.

Durch einen sehr energischen Willensact, verbunden mit kräftiger Accommodation auf die Nähe gelingt es das Phantasiebild zu verjagen, und es bleibt so zu sagen die Untermalung, in der die Vertheilung von Hell und Dunkel und Farbe dem vorigen Bilde zu entsprechen scheint. Kaum hat der (kurzdauernde!) Willensact nachgelassen, so ist wieder ein deutliches Bild da, nun aber mit dem Grundton Lehmgelb; es war ein Weg.

Bei einer Gelegenheit, als ich wieder braune Baumstämme sah, drehte ich den Kopf: die Stämme stellten sich schräg — das nunmehr unnatürliche Bild machte sehr bald einem anderen Platz.

Wieder in einem anderen Fall erhoben sich aus dem braungelben Laub des Waldbodens in regelmässigen Abständen hellgraue Buchenstämme. Ganz plötzlich standen, ebenfalls regelmässig vertheilt, und nicht sehr dicht, blühende Veilchenbüsche auf dem Boden. Ich zerstörte durch Willensact das Bild und fand im Gesichtsfeld, in Menge und Vertheilung den Veilchen entsprechend, kleine, sehr helle schwach blaue Stellen.

Als in diesem Herbst in Ostholstein die Brombeersträucher über und über mit Beeren bedeckt waren, trat unter den Phantasiebildern eines Abends ein Brombeerknick mit besonderer Deutlichkeit auf. Die einzelnen Beeren, schwarz mit Glanzlichtern, waren überaus natürlich, aber sie wuchsen an etwas zu langen Stielen, zu sehr regelmässigen Trauben vereinigt, wie Brombeeren niemals wachsen. Der Grund dafür wurde deutlich, als ich durch einen Willensact das Bild zerstörte: Es blieben, regelmässig angeordnet wie vorher die Brombeeren, in dem mässig hellen Gesichtsfelde kleine intensiv dunkle Stellen mit punktförmiger heller Mitte, ein Bild, das ich ebenso oder ganz ähnlich auch sonst gelegentlich gesehen habe.

Oft ist es mir aufgefallen, wie lebhaft die Farben des fertigen Phantasiebildes sind im Vergleich zu denen der „anatomischen Grundlage", wenn es erlaubt ist, das Netzhautbild so zu nennen, das dem Eigenlicht seine Entstehung verdankt. Wie die Formen dieses Bildes, so sind auch seine Farben in einem steten langsamen Wechsel begriffen.[1] Diesen Wechsel der objectiven Farben macht das Phantasiebild unbedingt mit, und wenn auch die auftauchenden gefärbten Objecte oft seltsam zusammengestellt sind, so erscheinen sie doch immer in ihren natürlichen Farben. So sah ich gelegentlich in einem Bilde ein Hühnervolk und einen lebhaft rothgelb und braungelb gefärbten Hahn, und dicht daneben einen grossen blanken Kupferkessel. Nach Zerstören des Bildes (durch scharfes Fixiren mit Accommodation) ist an jener Stelle ein mattes Gelbroth sichtbar.

Dass den Phantasiebildern eine periodisch auftretende Lichtentwickelung zu Grunde liegt, ist oft erst bei besonderer Aufmerksamkeit zu erkennen. So fand ich das periodische Kommen und Gehen von Hell und Dunkel in einer Waldlandschaft mit ganz geringen Farbendifferenzen an einer verhältnissmässig sehr kleinen und sonst durch nichts auffallenden Stelle erst dann, als ich auf den Fixationspunkt achtete.

In anderen Fällen sind die Perioden in den Phantasiebildern sehr auffallend. So sah ich einmal (13. IV. 04) einen ansteigenden Tannenwald, in dessen Mitte sich zackige Felsen wie eine Art Mauer von unten nach oben erstreckten. Auf den Felsen, an einer Stelle der Mitte, wechselt Licht und Schatten: Einmal erhellt die Sonne die zackigen Conturen — nicht mit einem Schlage, sondern, wie ich deutlich bemerke, nacheinander — dann kommt eine Wolke und nimmt die hellen Lichter fort. Es ist genau so, wie in einer wirklichen Landschaft: Die Conturen bleiben sämmtlich sichtbar, aber mit sehr schwachen Helligkeitsdifferenzen.

Durch einen Willensact verwandle ich das Landschaftsbild in das gewöhnliche fleckige Gesichtsfeld mit der gewöhnlichen periodischen Lichtentwickelung. Ich habe hierbei den Eindruck, als pflanze sich die Helligkeit in genau denselben eckigen und zackigen Bahnen fort, die vorher die Felsconturen darstellten, nur wirken sie nicht mehr plastisch. Es gelang sogar das erste Mal, die Landschaft nur halb verschwinden und wieder erscheinen zu lassen.

---

[1] Die Reihenfolge dieser Farben ist noch zu untersuchen.

Wenn im wachen Zustande bei geschlossenen Augen Phantasiebilder auftreten, so befinden wir uns meines Erachtens in einem Zustande, der von dem des vollkommenen Wachseins mit offenen Augen wenigstens in einer Beziehung abweicht. Denn es macht mir zwar keine Schwierigkeit, die gesehenen Bilder dem Gedächtniss einzuprägen, aber den Willensact, der dazu gehört, um aus dem Phantasiebilde die „anatomische Grundlage" herauszuschälen, empfinde ich als eine ausserordentlich unangenehme Anstrengung.

Als ich einmal den ganzen Tag draussen und Stunden lang im Bodethal gewesen war, stellten sich am Abend sehr lebhafte Phantasiebilder ein. Lange Zeit waren es mächtige Felsen, den gesehenen ähnlich; aber obwohl ein Bild das andere jagte (das Tempo der periodischen Lichtentwickelung muss sehr schnell gewesen sein!), sah ich keins, das mit einem der gesehenen übereingestimmt hätte.

Diese Bilder nun konnte ich mit aller Willenskraft nur auf ganz kurze Zeit von der Beimischung der Erinnerungsbilder befreien — kaum liess der Willensact ein wenig nach, so zogen wieder in schneller Folge graue Felsen vorüber.

Nun wurde das Eigenlicht der Netzhaut offenbar theilweise farbig, denn Häuser aus rothen Ziegelsteinen und mit grünen Läden traten in der Felsenlandschaft auf; aber alles, auch die Häuser, war in Bewegung.

Da kam mir der Gedanke, willkürlich Menschen in der Landschaft auftreten zu lassen. Und wirklich zeigte sich auch ein Erfolg, aber nicht ganz der erwartete: Groteske schwarze Schattenfiguren von riesigen Dimensionen bewegten sich durch das Gesichtsfeld. Sie waren unscharf und passten ganz und gar nicht zu allem Uebrigen, so dass dem Willen in dieser Beziehung keine allzu grosse Macht zuzukommen scheint.

Für gewöhnlich sind die Perioden des Eigenlichtes langsam (6—8″), die Phantasiebilder sind dann im Allgemeinen nicht störend.

Das ändert sich aber, wenn, wie in dem eben beschriebenen Fall, das Tempo schnell wird (etwa 2″).

Diese jagenden, schnell vorüberziehenden Bilder haben etwas Aufregendes und Beunruhigendes.

Wenn alle zwei, statt alle sechs oder acht Secunden ein etwas verändertes Bild auftritt, so bedeutet das für das Gehirn doch wohl die drei- bis vierfache Arbeit.

Diese Dinge haben vielleicht ein gewisses therapeutisches Interesse, insofern es möglich ist, die eine Componente der Phantesiebilder dieser Art, die periodische Lichtentwickelung, die uns Theile der Netzhaut sichtbar macht, zu beeinflussen.

Bei einer anderen Art von 'Bildern fehlt diese Componente: Ich kann mir mit offenen Augen, z. B. während ich dieses schreibe, so ziemlich jede mir gut bekannte Person augenblicklich genau vorstellen (auch wenn ich will, ein und dieselbe Person gleichzeitig in mehreren Exemplaren, in verschiedener Kleidung und in verschiedener Thätigkeit).

Aber wenn diese Bilder auch in vielen Beziehungen meinem Willen prompt gehorchen, so erscheinen sie doch, wenn ich mich nur beobachtend verhalte, wie Personen mit eigenem Willen, deren Mienen und Bewegungen mir unerwartet sind. Diese Bilder verschwinden zu lassen steht nicht völlig in meiner Gewalt.

Augenbewegungen machen sie nicht mit, sie dürften also ganz unabhängig vom Auge sein.

Bedeutung der Phantasiebilder. Dass Erinnerungsbilder (im weiteren Sinne) unentbehrlich sind, bedarf keines Beweises; sind sie doch die Vorbedingung für das Zustandekommen des Bewusstseins.

Aber welche Bedeutung kommt jenen erst beschriebenen, an die periodische Lichtentwickelung anschliessenden und durch sie angeregten Phantasiebildern zu?

Sollten sie etwa den Sinn haben, dass die Eindrücke des Tages so lange wiederholt werden, bis sie zu festen Erinnerungsbildern geworden sind?

IX.

Nachbild und Gehörorgan.

Wenn für die Wahrnehmung des Netzhautbildes eine Wiederholung nützlich ist, so ist sie es auch für Reize, die das Ohr treffen.

Lässt sich nun eine dem Nachbild entsprechende Wiederholung des Gehörten nachweisen?

Als Antwort führe ich eine Beobachtung an:

Jemand sprach zu mir einen Satz von etwa fünf Worten. Ich verstand kein Wort, hatte keine Ahnung vom Inhalt, keinen Anhalt irgend welcher Art, machte keinerlei geistige Anstrengung, ihn nachträglich zu verstehen. — Kurze Zeit, vielleicht zwei Secunden, nachdem der Satz gesprochen war, wusste ich jedes Wort. Ich hatte nicht eine neue Gehörsempfindung, sondern plötzlich war der Satz ganz in meinem Bewusstsein. — Von zuverlässiger Seite wurde mir diese Erfahrung, einschliesslich der Zeit von etwa zwei Secunden, bestätigt.

Ich glaube, man darf hieraus schliessen, dass eine Wiederholung in der That stattfinden kann, dass aber das Sinnesepithel nicht dabei betheiligt ist, auch nicht in den häufigen Fällen, wo wir etwas eben Gehörtes sehr deutlich zum zweiten Male „hören".

Schlussbemerkung.

Die vorliegende Arbeit bedarf in sehr vielen Richtungen der Weiterführung. Ich gehe darauf hier nicht ein.

Sie ist entstanden als Folge der consequenten Anwendung der früher aufgestellten Definition des Reizes.

Es hat sich ergeben, dass im Auge eine verwickelte Einrichtung getroffen ist, um aus einem Reiz eine Reihe schnell auf einander folgender Reize, einen „tetanischen" Reiz zu machen, und dass dadurch für eine genügend lange Zeit (mehrere Secunden) die Ruheblindheit verhindert wird.

Ich sehe darin eine Bestätigung der gegebenen Definition des Reizes.

Das Gehirn dürfte vom Auge her ausschliesslich tetanische Reize erhalten.

Ein länger unverändert anhaltender tetanischer Netzhautreiz giebt, er mag stark oder schwach sein, ein und dieselbe Empfindung: Die Unterschiede eines constanten Netzhautbildes verschwinden.

Deshalb werden Pausen eingelegt, in denen keine tetanische Reizung erfolgt; mit anderen Worten: Die tetanische Reizung findet periodisch statt.

Viele, wenn nicht alle Lebensvorgänge zeigen kürzere oder längere Perioden. Auch die Intensität der Gehirnthätigkeit lässt ein regelmässiges Steigen und Fallen erkennen, wie die Perioden der Aufmerksamkeit lehren.

Ich halte es für eine ebenso interessante wie vielleicht schwierige Aufgabe, zu prüfen, ob auch für andere Sinnesreize (z. B. Hautreize) Reizmultiplicatoren vorhanden sind.

Ich möchte die Behauptung wagen, dass das Centralorgan nur von tetanischen Reizen getroffen wird, dass es nur tetanisch reizbar ist, und dass es durch sich gleichbleibende tetanische Reize nur periodisch reizbar ist.

Diese noch unbewiesenen Vermuthungen sind für mich das interessanteste Ergebniss dieser Arbeit.

Inhaltsübersicht.

Gegen die Resultate der ersten Arbeit, die man am Anfang der vorliegenden kurz zusammengestellt findet, lassen sich Einwände erheben:

Die Ruheblindheit sollte fast momentan eintreten; — sie tritt aber erst nach einigen Secunden ein.

Ferner sollte ein einzelner Reiz in kürzester Zeit in allen seinen Folgen vollkommen ablaufen; — er hat aber oft eine sehr lange Nachwirkung.

Eine lange Wirkung kann, wenn der „Leitsatz" richtig ist, nur durch viele Reize erreicht werden.

In der Netzhaut ist eine Einrichtung vorhanden, durch welche ein einzelner Reiz vervielfältigt werden kann: ·

Bestandtheile mehrerer. Netzhautschichten können selbst leuchten.

Sie verbrauchen dabei eine Substanz, die im Licht schnell, im Dunkeln langsam regenerirt wird.

Die von äusserem Licht, dem „primären" Reiz, getroffenen Netzhautstellen werden von einem Centrum aus reflectorisch zum intermittirenden Leuchten gebracht; im Mittel findet in der Secunde ein 70 maliges Aufleuchten statt (das sind 70 „secundäre" Reize des Nervenendapparates).

Das Tempo variirt mit den äusseren Bedingungen.

Die Intensität ist von der des primären Reizes abhängig.

Lidschlag und Augenbewegungen wirken reflexhemmend.

Durch das unterbrochene Aufleuchten wird eine ununterbrochene — tetanische — Empfindung hervorgebracht.

Ist während dieses Vorganges das vom äusseren Licht herrührende (ruhende) Netzhautbild noch vorhanden, so bewirkt jeder Blitz des Eigenlichtes eine Verdunkelung (denn es absorbirt die Strahlen, die es aussendet), das wieder auftauchende äussere Licht setzt den Reiz, wir sehen ein „Mitbild". Trifft kein äusseres Licht die Netzhaut, so setzt das Eigenlicht den Reiz, wir sehen ein „Nachbild".

Die speciellere Einrichtung des reizvervielfältigenden Mechanismus — des „Eigenlichtapparates" — ist noch nicht bekannt.

Weniger durchsichtige Bestandtheile der eigenen Netzhaut (grosse Gefässe) sehen wir beim Oeffnen des verdunkelt gewesenen Auges für die Dauer einiger Secunden; dann ist durch äusseres Licht ein Gleichgewichtszustand herbeigeführt: Die gleiche Helligkeitsschwankung setzt den gleichen Reiz an dauernd beschatteten und dauernd nicht beschatteten Stellen (insofern das stärkere Licht die geringere Menge lichtempfindlicher Substanz trifft und umgekehrt).

Derselbe Gleichgewichtszustand tritt auch nach derselben Zeit gegenüber dem Netzhautbild ein, das durch intermittirendes Eigenlicht erzeugt wird, so dass wir nach einigen Secunden keine Helligkeitsunterschiede an diesem Bilde mehr sehen würden, wenn der Apparat (zwecklos!) weiter arbeitete. Er hört aber auf zu arbeiten, um nach einer Erholungspause, in der die Unterschiedsempfindlichkeit wieder hergestellt wird (der Gehalt der Stäbchen und Zapfen an lichtempfindlicher Substanz wird im Dunkeln wieder gleichmässig), von neuem intermittirend zu leuchten.

Diese grösseren Perioden haben ein wechselndes Tempo von 1 oder 2″ bis zu 8, selten 9 und 10″.

Das intermittirende Eigenlicht der Netzhaut tritt, angeregt durch äusseres Licht, auch für sich periodisch auf und giebt zur Entstehung von Phantasiebildern Veranlassung.

Setzt man im Dunkeln durch Druck den Eigenlichtapparat in Bewegung, so lassen sich Netzhautbestandtheile sichtbar machen.

Für eine Anzahl von Erscheinungen (vgl. Abschnitt VII) ist ein Zweck nicht zu erkennen.

Verhandlungen der physiologischen Gesellschaft zu Berlin.

Jahrgang 1904—1905.

I. Sitzung am 21. October 1904.

1. Hr. ALBERT NEUMANN: „.Nachträge zur ‚Säuregemisch-raschung' und zu den an diese angeknüpften Bestimmungs-ethoden."

Ueber die „Säuregemischveraschung" und über die an diese angeknüpften thoden der Phosphorsäure-, Salzsäure- und Eisenbestimmung habe ich on in den Jahren 1899, 1901 und 1902 dieser Gesellschaft Mit-ilungen gemacht und eine ausführliche Begründung und Beschreibung der „Zeitschrift für physiologische Chemie" Bd. 37, S. 115 veröffentlicht. le diese Methoden haben des Oefteren bereits Anwendung gefunden; in-ischen habe ich jedoch mehrfache Verbesserungen eingeführt, sodass es r zweckmässig erscheint, die Ausführung dieser Bestimmungen in der zigen endgültigen Form noch einmal zu beschreiben.

1. Säuregemischveraschung.

Princip. Dasselbe beruht darauf, dass während der ganzen Substanz-störung keine Verkohlung eintritt, weil durch ein stark wirkendes d beständig zufliessendes Oxydationsmittel (z. B. das Säuregemisch) der Kohlenstoff völlig zu Kohlensäure oxydirt wird. Da bekanntlich verkohlte Massen bedeutend schwerer ver-brennlich sind als die ursprüngliche organische Sub-stanz, so erfolgt bei dieser Methode die Zerstörung viel schneller als bei der trockenen Veraschuug in der Platinschale oder bei der Substanzzerstörung nach Kjeldahl.

Apparatur. Die Veraschung wird vorgenommen in einem schief (mit der Oeffnung nach hinten) liegenden Rundkolben aus Jenaer Glas, welcher die normale Halslänge von etwa 10 cm und einen Inhalt von etwa $^3/_4$ Liter hat. Ueber demselben befindet sich in einem as- oder Porzellanringe ein Hahntrichter, dem man zweckmässig die vor-hende Form giebt. Man stellt ihn so auf, dass der Hahn sich vorn befindet

und das Ende des zweifach gebogenen und zu einer kleinen Oeffnung aus-
gezogenen Abflussrohres in den nach hinten zu schiefliegenden Kolbenhals
hineinragt; auf diese Weise verhindert man, dass man beim Reguliren des
Hahnes mit den unangenehmen Säuredämpfen in Berührung kommt. Das
Ganze ist an einem Stativ befestigt.

Säuregemisch. Man giesst langsam und unter Umschütteln $1/_2$ Liter
conc. Schwefelsäure in $1/_2$ Liter conc. Salpetersäure (spec. Gew. 1,4).

Abwägen der Substanz. Trockene pulverige Substanzen wägt man
am besten in schmalen einseitig zugeschmölzenen Glasröhren (Wägeröhrchen)
ab, welche so lang sind, dass man die Oeffnung durch den ganzen Hals
des Veraschungskolbens hindurchschieben kann, während man das geschlossene
Ende in der Hand behält. Um die Zahl der Wägungen, besonders bei
einer grösseren Versuchsreihe möglichst zu beschränken, benutze ich schon
seit längerer Zeit eine einfache Abwägungsmethode, welche ich hier
kurz beschreiben will:

Man verwendet soviel Wägeröhrchen, wie man Abwägungen vornehmen will,
füllt in jedes annähernd die Substanzmenge, welche man zur Analyse braucht, und
stellt alle Röhrchen in ein kleines Becherglas. Man wägt nun letzteres mit gesammtem
Inhalt genau, schüttet nach einander die in den Wägeröhrchen befindlichen Substanz-
mengen in die Veraschungskolben, indem man jedes Mal das entleerte Röhrchen
wieder in das Becherglas zurückstellt und das Ganze wägt. Man erfährt
so durch Subtraction des zweiten Gewichtes von dem ersten die Substanzmenge des
ersten Röhrchens, durch Subtraction des dritten Gewichtes von dem zweiten den Inhalt
des zweiten Gläschens u. s. w. Will man also z. B. von 3 Substanzen je 2 Control-
analysen ausführen, so hat man nur 6 + 1 = 7 Wägungen zu machen, während bei
jedesmaligem Hin- und Herwiegen 2 × 6 = 12 Wägungen nöthig sind.

Klebrige Substanzen wie Butter, Schabefleisch, feuchte Fäces wägt
man zweckmässig auf gewogenen Bruchstücken eines Reagenzglases ab, von
dem man sich vorher überzeugt hatte, dass es durch den Hals des Veraschungskolbens bequem hindurchgeht.

Flüssigkeiten, welche man wegen ihrer Beschaffenheit nicht genau
abmessen kann, z. B. frisches Blut, flüssigen Organbrei, wägt man zweckmässig in sehr dünnen gewogenen Röhrchen ab, welche man nach vorsichtigem
Einbringen in den Veraschungskolben durch Schütteln zertrümmert.

Vorbehandlung der Substanz. Man kann trockene oder feuchte Substanzen für die Veraschung verwenden; selbst Flüssigkeiten können in nicht
zu grosser Menge häufig ohne weiteres benutzt werden. Zuweilen muss man
sie jedoch vorher concentriren; in diesem Falle wird das Abdampfen direct
in dem Veraschungskolben vorgenommen.

Blut wird zweckmässig erst nach dem Eindampfen verascht.

Bei fett- oder kohlehydratreichen Stoffen z. B. Milch empfiehlt
es sich, vor der Veraschung mit 1 proc. reiner Kalilauge bis zur Syrup-
dicke abzudampfen, da sonst leicht Schäumen oder Stossen der Flüssigkeit eintritt. Man verwendet z. B. 15 ccm 1 proc. Kalilauge für 25 ccm Milch. —
Grössere Mengen Milch mischt man zweckmässig mit dem vierten Teil conc.
Salpetersäure (spec. Gew. 1,4) und dampft dann auf einem Baboblech bei
starker Flamme bis auf den fünften Teil des ursprünglichen Volumens ein.

Um grössere Mengen Harn (z. B. 500 ccm zur Eisenbestimmung)
für die Veraschung ohne Stossen schnell und quantitativ zu con-

centriren[1], lässt man beständig kleine Mengen des mit Salpetersäure ver-
setzten Harns zu conc. siedender Salpetersäure fliessen. Zu diesem Zwecke
wird der abgemessene Harn in einem Kolben mit conc. Salpetersäure ($^1/_{10}$
des Harnvolumens) gemischt und durch den Hahntrichter tropfenweise in
den Veraschungskolben[2] gegeben, in dem bei Beginn der Operation 30 ccm
conc. Salpetersäure zum Sieden erhitzt werden. Man reguliert nun das Zu-
tropfen des Harns so, daß bei starkem Sieden der Flüssigkeit, das man am
besten durch ein Baboblech erreicht, keine zu grosse Volumvermehrung
(höchstens bis zu 100 ccm) eintritt. Kolben und Hahntrichter werden mit
wenig verdünnter Salpetersäure nachgespült. Gegen den Schluss der Ver-
dampfung wird die Flamme, wenn nöthig, verkleinert. Hat man die
Flüssigkeit bis auf etwa 50 ccm concentrirt, so giebt man durch den Hahntrichter gemessene Mengen Säuregemisch hinzu und verascht nach der in
folgendem beschriebenen Methode mit der Massgabe, dass man · im Falle
einer daran zu knüpfenden Eisenbestimmung ganz zuletzt, wenn
das Veraschungsprodukt schon hell und klar geworden ist, noch $^1/_2-^3/_4$
Stunde weiter kocht und dann statt mit der dreifachen mit der fünf-
fachen Menge Wasser erhitzt.

Ausführung der Säuregemischveraschung. Die Veraschung mit dem Säuregemisch wird in einem gut ziehenden Abzuge ausgeführt. Die Substanz,
welche event. in der oben beschriebenen Weise vorbehandelt ist, wird in
dem Rundkolben mit gemessenen Mengen Säuregemisch (etwa 10 ccm) über-
gossen und mit mässiger Flamme erwärmt.[3] Auf diese Regulirung
· der Flamme ist besonders zu achten; erst am Schluss der Veraschung ist
es zweckmässig, die Hitze zu steigern. Hat man während der Operation
eine zu grosse Flamme, so braucht man viel mehr Säuregemisch, weil ein
Teil der Salpetersäure ohne Wirkung den Kolben wieder verlässt. Da aber
bei den meisten Bestimmungen zuviel Säuregemisch möglichst zu vermeiden
ist (siehe besonders die Phosphorsäurebestimmung), so empfiehlt es sich,
die Flamme so zu reguliren, dass die Oxydation gerade ohne besondere
Heftigkeit verläuft.

Sobald die Entwickelung der braunen Nitrosodämpfe geringer wird,
giebt man aus dem Hahntrichter tropfenweise weiteres Säuregemisch (annähernd gemessene Mengen) hinzu und fährt damit fort, bis ein Nachlassen
der Reaction eintritt und die Intensität der braunen Dämpfe abgeschwächt
erscheint. Um zu entscheiden, ob die Substanzzerstörung beendet ist, unterbricht man das Zufliessen des Gemisches für kurze Zeit, erhitzt aber weiter,
bis die braunen Dämpfe verschwunden sind, und beobachtet, ob sich die
Flüssigkeit im Kolben dunkler färbt oder gar noch schwärzt. Ist dieses ·der
Fall, so lässt man wieder Säuregemisch zufliessen und wiederholt nach
einigen Minuten die obige Probe. Wenn nach dem Abstellen des Gemisches
und dem Verjagen der braunen Dämpfe die hellgelbe oder farblose Flüssig-

---

[1] Die Veraschung empfiehlt sich auch besonders bei eiweisshaltigen Harnen,
in denen die Bestimmung anorganischer Bestandtheile erst nach der quantitativen Entfernung des Eiweisses erfolgen kann.
[2] Man nimmt hierzu zweckmässig einen Rundkolben von 1 Liter Inhalt.
[3] Sind grosse Mengen organischer Substanz zu zerstören, wie z. B. in
sehr zuckerreichen Harnen, so lässt man nach dem Hinzufügen des Säuregemisches
(eventuell unter Abkühlung) erst die Hauptreaction vorübergehen, ehe man erwärmt.

keit sich bei weiterem Erhitzen nicht mehr dunkler färbt und auch keine Gasentwickelung mehr zeigt, dann ist die Veraschung beendet. Ist die Flüssigkeit in der Wärme schwach gelb gefärbt, so wird sie beim Erkalten völlig wasserhell. Nun fügt man dreimal so viel Wässer[1] hinzu wie Säuregemisch verbraucht wurde, erhitzt und kocht etwa 10 Minuten.[2] Dabei entweichen braune Dämpfe, welche von der Zersetzung der entstandenen Nitrosylschwefelsäure herrühren.

2. Jodometrische Bestimmung des Eisens unter Benutzung der Säuregemischveraschung.

Princip. Die Substanz wird durch die Säuregemischveraschung zerstört. In der Aschenlösung wird ein Niederschlag von Zinkammoniumphosphat erzeugt, welcher quantitativ alles Eisen mitfällt. Durch das so abgetrennte Eisenoxyd werden nach dem Lösen in Salzsäure aus Jodkalium äquivalente Mengen Jod frei gemacht, welche nach Stärkezusatz mit einer etwa $n/_{250}$ Thiosulfatlösung gemessen werden, welche gegen eine unter Säurezusatz hergestellte, sehr verdünnte Eisenchloridlösung eingestellt wird.

Erforderliche Lösungen.

1. Eisenchloridlösung, enthaltend 2 mg Fe in 10 ccm. Dieselbe wird hergestellt, indem man genau 20 ccm der Fresenius'schen Eisenchloridlösung[3], welche 10 grm Fe im Liter enthält und von der Firma Kahlbaum-Berlin bezogen werden kann, in einen Litermesskolben fliessen lässt, mit etwa 2 ccm conc. Salzsäure (spec. Gewicht 1·19) versetzt und dann genau zum Liter auffüllt. Diese Lösung ist lange unverändert haltbar; man verwahrt sie zweckmässig in einer braunen Flasche.

2. Etwa $n/_{250}$ Thiosulfatlösung: Man löst ungefähr 40 grm Natriumthiosulfat in etwa 1 Liter Wasser. Aufbewahrung in brauner Flasche. Diese sehr haltbare Lösung verdünnt man für den Gebrauch von etwa 1 Woche um das 40 fache, z. B. 5 ccm auf 200 ccm annähernd.

3. Stärkelösung. Man löst in ½ Liter kochenden Wassers 1 grm lösliche Stärke (Schering) und kocht noch weitere 10 Minuten.

4. Zinkreagens. Etwa 25 grm Zinksulfat und etwa 100 grm Natriumphosphat werden jedes für sich in Wasser gelöst und die Lösungen in einem Litermesskolben vereinigt. Der entstandene Niederschlag von Zinkphosphat wird durch Zusatz von verdünnter Schwefelsäure gerade gelöst und die Lösung sodann zum Liter aufgefüllt.

Alle zur Eisenbestimmung benutzten Reagentien müssen frei von Eisen sein.

Titerstellung der Thiosulfatlösung. 10 ccm Eisenchloridlösung werden in einem Kolben mit etwas Wasser, einigen Cubikcentimetern Stärkelösung und etwa 1 grm (nach dem Augenmaass) Jodkalium versetzt, auf 50—60° erwärmt (etwa so, dass man die Wärme noch gerade in der flachen Hand ertragen kann) und mittelst der Thiosulfatlösung titrirt, bis die blaue

---

[1] Soll an die Veraschung angeknüpft werden:
  a) eine Phosphorsäurebestimmung, so verfährt man wie weiter unten bei der „alkalimetrischen Phosphorsäurebestimmung" angegeben ist.
  b) eine Bestimmung der Alkalien, so raucht man erst den grössten Theil der Schwefelsäure ab.

[2] Nach Bürker (*Archiv für die gesammte Physiologie*. Bd. CV. S. 515) kann man etwaiges Stossen dadurch vermeiden, dass man Luft durchleitet.

[3] Fresenius, *Quantitative Analyse*. Bd. I. S. 288.

14*

Farbe über rothviolett eben verschwindet. Die Lösung muss mindestens 5 Minuten nach der Titration farblos bleiben; färbt sie sich früher violett, so ist noch Thiosulfat zuzugeben.

Die verbrauchten Cubikcentimeter Thiosulfatlösung entsprechen dann genau 2 ^{mg} Fe.

Da die sehr verdünnte Thiosulfatlösung nicht beständig ist, so muss der Titer bei jeder Bestimmung festgestellt werden. Die aus der Stammlösung durch 40 fache Verdünnung hergestellte Titrirflüssigkeit kann nur, solange sie sich nicht wesentlich (etwa um $^1/_2$ ^{ccm}) verändert hat, benutzt werden.

Ausführung der Eisenbestimmung.[1] Die Substanz wird durch Säuregemischveraschung zerstört.[2] Die mit der dreifachen Menge Wasser verdünnte und etwa 10 Minuten gekochte Aschenlösung wird nach dem Abkühlen (event. nach Zugabe von genau abgemessenen 10 ^{ccm} Eisenchloridlösung, s. am Schluss „Bemerkungen") mit 20 ^{ccm} „Zinkreagens" und dann mit Ammoniak (unter Abkühlung) so lange versetzt, bis bei eintretender Neutralisation der weisse Zinkphosphatniederschlag gerade bestehen bleibt. Bis zur annähernden Neutralisation nimmt man concentrirtes, dann verdünntes Ammoniak. Nun giebt man ein wenig Ammoniak im Ueberschuss hinzu, bis der weisse Niederschlag gerade verschwindet[3] und erhitzt auf einem Baboblech zum Sieden. Wenn krystallinische Trübung eingetreten ist, erhitzt man noch etwa 10 Minuten; hierbei ist Vorsicht nöthig, da die Flüssigkeit zuweilen hochgeschleudert wird.[4] Der krystalinisch abgeschiedene Niederschlag setzt sich schnell ab und kann leicht durch Dekantiren von der Flüssigkeit getrennt werden. Man setzt den Rundkolben auf einen Stativring, giesst die heisse klare Flüssigkeit durch ein kleines, aschefreies, anliegendes Filter von etwa $3^1/_2$ ^{cm} Radius[5] und prüft eine kleine Probe des Filtrates mit Salzsäure und Rhodankalium; es darf dabei keine oder nur äusserst schwache Rotfärbung eintreten. (War die Färbung deutlich rot, so muss man das schon Filtrirte zurückgiessen, nochmals auf dem Baboblech erhitzen und wieder prüfen.) Der Niederschlag im Rundkolben wird nun etwa 3 Mal durch Dekantieren mit heissem Wasser ausgewaschen; das letzte Waschwasser darf dann, wenn man etwa 5 ^{ccm} davon mit einigen

---

[1] Die hier beschriebene Eisenbestimmung ist nur für solche Fälle berechnet, bei denen es sich, wie bei physiologischen Untersuchungen meistens, nur um sehr kleine Eisenmengen (höchstens 5 bis 6 ^{mg}) handelt.

[2] Will man die Bestimmung in rein anorganischer, schwach eisenhaltiger Lösung ausführen, so ist es nöthig, vor dem Zusatz des „Zinkreagens" mit 5 ^{ccm} conc. Schwefelsäure anzusäuern, damit bei der Neutralisirung durch Ammoniak genügende Mengen Ammonsalz zur Abscheidung des Zinkammoniumphosphates vorhanden sind.

[3] Enthält die Aschenlösung Erdalkaliphosphate (wie Calciumphosphat in den Fäces) in grösserer Menge, so bleibt natürlich der weisse Niederschlag bestehen und der schöne Indikator, welcher durch das Zinkphosphat gegeben wird, fällt weg. In diesem Falle muss man mittels Lackmuspapier gerade schwach ammoniakalisch machen; in den meisten Fällen ist aber der flockige Zinkniederschlag von der Erdalkaliphosphatfällung leicht zu unterscheiden.

[4] Man verhindert das Stossen am besten, wenn man die Flüssigkeit in starkem Sieden hält; nach Bürker (a. a. O.) leitet man auch zweckmässig Luft durch.

[5] Nimmt man ein grösseres Filter, so werden später die Flüssigkeitsmengen für die Titration leicht zu gross.

Krystallen Jodkalium, Stärkelösung und einem Tropfen Salzsäure versetzt, keine, oder nur äusserst schwache Violettfärbung zeigen (Prüfung auf Jod freimachende Substanzen z. B. salpetrige Säure).

Nunmehr wird der Trichter mit dem Filter auf den Rundkolben, in dem sich noch die Hauptmenge des Niederschlages befindet, gesetzt, das Filter zweimal mit verdünnter heisser Salzsäure gefüllt und dann mit heissem Wasser 5 Mal ausgewaschen. Eine Probe des letzten Waschwassers darf ebensowenig wie das Filter mit Rodankalium eine Rothfärbung geben. Jetzt befindet sich das ganze Eisen in salzsaurer Lösung im Kolben. Da aber für die Titration die Flüssigkeit nur schwach sauer sein darf, so wird zunächst mit verdünntem Ammoniak neutralisirt, bis gerade wieder der weisse Zinkniederschlag bestehen bleibt, dann auf dem Wasserbade erhitzt und durch tropfenweises Zugeben von verdünnter Salzsäure gerade wieder völlig klar gelöst. Diese Lösung wird nach dem Abkühlen auf 50—60° genau in derselben Weise titrirt, wie es für die 10 ᶜᶜᵐ Eisenchlorid-lösung bei der Titerstellung der Thiosulfatlösung angegeben ist. Der Farbenumschlag ist äusserst scharf.

Berechnung. Dieselbe ist sehr einfach. Ergab die Titerstellung, dass 10 ᶜᶜᵐ Eisenchloridlösung (= 2 ᵐᵍ Fe) 9·2 ᶜᶜᵐ Thiosulfatlösung erforderten, und wurden bei der Haupttitration 12·5 ᶜᶜᵐ Thiosulfat verbraucht, so berechnet sich aus der Proportion:

$$9 \cdot 2 : 2 = 12 \cdot 5 : x$$
$$x = 2 \cdot 72 \text{ mg Fe.}$$

Bemerkungen. 20 ᶜᶜᵐ „Zinkreagens" sind ausreichend für 5 bis 6 ᵐᵍ Fe. Man wählt die Substanzmenge für eine Bestimmung zweckmässig so, dass darin 2 bis 3 ᵐᵍ Fe vorhanden sind z. B. bei Blut 5 bis 6 ᵍʳᵐ, bei getrocknetes Fäces 3 bis 4 ᵍʳᵐ.

Hat man selbst in grossen Mengen Substanz z. B. in 500 ᶜᶜᵐ Harn sehr wenig Eisen, so muss man genau abgemessene 10 ᶜᶜᵐ Eisenchloridlösung vor dem Hinzufügen des „Zinkreagens" hineingeben, um eine vollständige, der Eisenmenge entsprechende Jodabscheidung zu erhalten. Man zieht in diesem Falle von den Cubikcentimetern Thiosulfatlösung, welche bei der Haupttitration verbraucht wurden, die Menge der Thiosulfatlösung ab, welche bei der Titerstellung von 10 ᶜᶜᵐ Eisenchloridlösung beansprucht wurde.

3. Alkalimetrische Bestimmung der Phosphorsäure unter Benutzung der Säuregemischveraschung.

Princip. Die Substanz wird durch die Säuregemischveraschung zerstört. Aus der Aschenlösung wird nach bestimmten Vorschriften die Phosphorsäure als Ammoniumphosphormolybdat gefällt. Der ausgewaschene Niederschlag wird sodann in überschüssiger $^n/_2$ Natronlauge gelöst; nach dem Wegkochen des Ammoniaks und völligem Erkalten wird mit $^n/_2$ Schwefelsäure und Phenolphtaleïn zurücktitrirt. Da 1 Mol Ammoniumphosphor-molybdat (= 1 Mol P_2O_5) bei dieser Behandlung zu seiner Neutralisation unter Anwendung von Phenolphtaleïn als Indikator 56 Mol. NaOH erfordert gemäss der Formel:

$$2(NH_4)_3PO_4 . 24MoO_3 . 4HNO_3 + 56NaOH = 24Na_2MoO_4 + 4NaNO_3 +$$
$$2Na_2HPO_4{}^1 + 32H_2O + [6NH_3]$$

so entsprechen 56 Litern $n/_1$ Natronlauge 142 ^{grm} P_2O_5; mithin jedem Cubikcentimeter $n/_2$ Natronlauge 1.268 ^{mg} P_2O_5.

Erforderliche Lösungen.

1. 50proc. Ammonnitratlösung.
2. 10proc. Ammonmolybdatlösung (kalt gelöst und filtrirt).
3. $n/_2$ Natronlauge und $n/_2$ Schwefelsäure.
4. 1proc. alkoholische Phenolphthaleïnlösung.

Ausführung der Phosphorsäurebestimmung. Die Substanz wird der Säuregemischveraschung unterworfen[2]; die dort jam Schlusse angegebene Verdünnung mit Wasser, sowie das Kochen der Aschenlösung werden für diese Bestimmung zweckentsprechend modificirt. Unter der Annahme, dass für die Veraschung nicht mehr als 40 ^{ccm} Säuregemisch[3] verwendet wurden, werden ca. 140 ^{ccm} Wasser zu dem Veraschungsprodukt hinzugegeben, so dass man etwa 150 bis 160 ^{ccm} Flüssigkeit hat.[4] Nach dem Zufügen von 50 ^{ccm} Ammonnitratlösung[5] wird auf etwa 70 bis 80 ^{0} erhitzt d. h. bis gerade Blasen aufsteigen; darauf werden 40 ^{ccm} Ammonmolybdat[6] hineingegeben. Man schüttelt den entstandenen Niederschlag von phosphormolybdänsaurem Ammoniak etwa $1/_2$ Minute gründlich durch einander, wodurch sich derselbe körniger abscheidet und lässt 15 Minuten in einem Stativringe stehen.

Das Filtriren und Auswaschen geschieht durch Dekantieren; man verwendet dünnes, am Besten aschefreies Filtrirpapier, welches beim späteren Auflösen des Niederschlages in verdünnter Natronlauge leicht zerreisst und sich dann durch die ganze Flüssigkeit vertheilt. Die Filter, welche einen Radius von 5 bis 6 ^{cm} haben, werden entweder als Faltenfilter oder als glatte Filter unter Benutzung dünner Filtrirstäbe angewendet. Vor dem Filtriren wird das Filter mit eiskaltem Wasser gefüllt, um die Filterporen

---

[1] Dinatriumphosphat reagirt mit Phenolphthaleïn neutral, Trinatriumphosphat alkalisch.

[2] Will man die Untersuchung in rein anorganischer Lösung vornehmen, so fügt man 10 ^{ccm} Säuregemisch hinzu und füllt auf etwa 150 ^{ccm} mit Wasser auf.

[3] Es ist darauf zu achten, dass man von dem Säuregemisch ausser den zu Anfang zugesetzten 10 ^{ccm} so wenig wie möglich, zweckmässig aber im Ganzen nicht mehr als 40 ^{ccm} verbraucht; aus diesem Grunde muss man die Temperatur bei der Veraschung möglichst niedrig halten. Gebraucht man mehr als 40 ^{ccm} Gemisch, so muss man die angewendete Menge annähernd genau kennen, und das in der zweitnächsten Anmerkung Gesagte berücksichtigen.

[4] Etwa die Hälfte des Säuregemisches verflüchtigt sich während der Veraschung.

[5] Wurden bei der Veraschung mehr als 40 ^{ccm} Säuregemisch verwendet, so ist die Verdünnung mit Wasser und die Menge des Ammonnitrats in demselben Verhältnisse zu vermehren. Von letzterem muss während der Abscheidung des gelben Niederschlages soviel in der Flüssigkeit sein, dass etwa der fünfte Theil derselben 50proc. Ammonnitratlösung ist.

[6] 40 ^{ccm} Ammonmolybdat reichen aus für 60 ^{mg} P_2O_5. Es ist zweckmässig, die Substanzmenge so zu wählen, dass sie nicht mehr als 50 ^{mg} P_2O_5 enthält, weil man sonst unnöthig viel von den Normallösungen gebraucht und die Bestimmungen selbst bei 15 ^{mg} P_2O_5 noch sehr zuverlässige Resultate geben.

zusammzuziehen und so zu verhindern, dass die noch warme Lösung in Folge des äusserst feinen Niederschlages nicht ganz klar filtrirt. Um bequem zu dekantiren, legt man den auf dem Stativringe befindlichen Kolben etwas höher als das Filter und lässt durch Neigen des Kolbenhalses die klare Flüssigkeit ohne Unterbrechung durch das Filter fliessen, indem man den Zufluss nach dem Abfluss regulirt. Auf diese Weise kann man erreichen, dass nur sehr wenig Niederschlag auf das Filter kommt, welches stets nur bis zu $^2/_3$ seines Volumens gefüllt wird. Das Auswaschen geschieht in der Weise, dass man zu dem im Kolben zurückgebliebenen Niederschlage unter vollständiger Bespülung der Kolbenwandungen etwa 150 ^{com} eiskaltes Wasser setzt, heftig durchschüttelt und in dem Stativringe absitzen lässt. Während dessen wird auch das Filter 2 Mal mit eiskaltem Wasser gefüllt. Man dekantiert dann wieder, wie oben beschrieben und wiederholt das Auswaschen im Ganzen etwa 3 bis 4 Mal, bis das Waschwasser gerade nicht mehr gegen Lackmuspapier sauer reagirt.[1]

Nunmehr giebt man das ausgewaschene Filter in den Kolben hinein zu der Hauptmenge der Fällung, fügt etwa 150 ^{ccm} Wasser hinzu, zerteilt durch heftiges Schütteln das Filter durch die ganze Flüssigkeit und löst den gelben Niederschlag, indem man aus einer Bürette gemessene Mengen $^n/_2$ Natronlauge hinzufügt, unter beständigem Schütteln und ohne zu erwärmen eben gerade zu einer farblosen Flüssigkeit auf. Sodann wird ein Ueberschuss von 5 bis 6 ^{ccm} $^n/_2$ Natronlauge hinzugefügt und die Flüssigkeit so lange (etwa 15 Minuten) gekocht, bis mit den Wasserdämpfen kein Ammoniak mehr entweicht (Prüfung mit feuchtem Lackmuspapier). Nach völligem Abkühlen unter der Wasserleitung und Ergänzen der Flüssigkeitsmenge auf etwa 150 ^{ccm} wird durch Hinzufügen von 6 bis 8 Tropfen Phenolphtaleïnlösung die Flüssigkeit stark gerötet[2] und der Ueberschuss an Alkali durch $^n/_2$ Säure zurückgemessen, indem man auf eben eintretende Röthung einstellt. Der Farbenumschlag ist sehr scharf.

Berechnung: Die Anzahl der zugefügten Cubikcentimeter $^n/_2$ Natronlauge abzüglich der verbrauchten Cubikcentimeter $^n/_2$ Säure ergeben mit 1·268 multiplicirt die Menge P_2O_5 in Milligrammen.

4. Bestimmung der Salzsäure (aus Chloriden) bei der Säuregemischveraschung.

Princip: Bei der Säuregemischveraschung entweicht alles Chlor (aus Chloriden) in Form von Salzsäure. Lässt man nun diese Dämpfe über eine Silbernitratlösung von bekanntem Gehalt gehen, so wird die Salzsäure quantitativ als Chlorsilber gefällt. Nach Entfernung der mitübergegangenen

---

[1] Man hat darauf zu achten, dass das Auswaschen ohne Unterbrechung vor sich geht, weil der gelbe Niederschlag bei längerer Berührung mit Wasser in letzterem nicht ganz unlöslich ist.

[2] Wird die Flüssigkeit nicht stark roth, so müssen noch einige Cubikcentimeter $^n/_2$ Natronlauge hinzugefügt werden. Nach abermaligem Erhitzen (Prüfung auf Ammoniak) muss die Lösung stark roth bleiben.

salpetrigen Säure· (ev. auch Blausäure [1]) durch Kochen und durch Kaliumpermanganat, sowie nach der Zersetzung des letzteren durch Eisenoxydulsalz
wird das überschüssige Silber nach der Volhard'schen Methode mittelst
Rhodankalium (-ammonium) zurücktitrirt. Man verwendet wässeriges Säuregemisch, da bei Anwendung des concentrirten leicht etwas Chlor als solches
entweicht.

Erforderliche Lösungen:

1. **Wässeriges Säuregemisch**, bestehend aus gleichen Volumtheilen Wasser,
   conc. Salpetersäure (spec. Gewicht 1·4) und conc. Schwefelsäure.
2. 5proc. **Kaliumpermanganatlösung**.
3. 5proc. **Ferroammonsulfatlösung** (mit Schwefelsäure bis zur Klärung versetzt).
4. **Eisenoxydammoniakalaun** (kalt gesättigte Lösung).
5. **Silbernitratlösung** von bekanntem Gehalt. (Bei geringem Chlorgehalt benutzt
   man zweckmässig eine solche, von der 1 ᶜᶜᵐ 0·002 ᵍʳᵐ NaCl entspricht.)
6. **Rhodankalium(-ammonium)lösung**, gegen die Silberlösung genau eingestellt.

Apparatur. In den Tubus einer Retorte von ca. $^1/_2$ Liter Inhalt ist
ein Tropftrichter luftdicht eingeschliffen. Das Rohr der Retorte verjüngt
sich so, dass es leicht durch den Hals eines Kolbens von $^1/_2$ Liter Volumen
hindurch geht. Dieser als Vorlage dienende Kolben liegt in einer Schale,
welche zur Kühlung mit Wasser gefüllt wird.

Ausführung der Chlorbestimmung. Feste Substanzen werden feucht oder
trocken in die Retorte gebracht; Flüssigkeiten müssen vorher bei schwacher
Soda-Alkalescenz soweit wie möglich concentrirt werden.

Nachdem man in den Vorlagekolben überschüssige, genau abgemessene
Mengen Silberlösung gegeben hat, fügt man soviel Wasser hinzu, dass $^1/_4$
des Kolbens mit Flüssigkeit gefüllt ist. Sodann legt man ihn in die mit
Wasser gefüllte Schale und schiebt das Retortenrohr so hinein, dass sein
Ende sich etwa 1 ᶜᵐ über der Flüssigkeit befindet. Nunmehr setzt man
den Tropftrichter in den Tubus luftdicht ein und lässt aus demselben das
verdünnte Säuregemisch langsam unter Erwärmen eintropfen. Das über-
gehende Destillat erzeugt alsbald in der Silberlösung weisse Trübung oder
Niederschlag von Chlorsilber. Nach Verlauf von $^1/_2$ Stunde prüft man, ob
noch Salzsäure übergeht. Dazu lässt man aus derselben Bürette, aus welcher
man die Silberlösung für die Vorlage abgemessen hat, 1 bis 2 ᶜᶜᵐ in ein
weites Reagensglas fliessen und lässt das zu prüfende Destillat in dieses
tropfen. Wenn kein Chlorsilber mehr ausfällt, ist die Destillation beendet.
Die zu den Proben benutzten Silbermengen werden quantitativ mit der
Hauptmenge in der Vorlage vereinigt; ausserdem notirt man die Gesammt-
silbermenge nach dem Stande in der Bürette.

Da die mitübergegangene **salpetrige Säure** die Titration mit Rhodan-
lösung stört und die nach **Plimmer** (s. die vorige Anm.) aus **stickstoffhaltigen Substanzen** gebildete **Blausäure** ebenfalls das Resultat beeinträchtigt, so müssen beide vorher entfernt werden. Zu dem Zwecke kocht

---

[1] Nach **Plimmer**, *Journ. of Physiol.* 1904. Bd. XXXI. S. 65 destillirt aus
stickstoffhaltigen Substanzen, besonders **Proteïnsubstanzen**, ausser Salzsäure und salpetriger Säure noch **Blausäure** über, welche ebenfalls völlig entfernt
werden muss.

man etwa $^1/_2$ Stunde[1] (am besten, um Stossen zu vermeiden, auf einem
Baboblech) unter Ergänzung des verdampfenden Wassers; dann ist die Blau-
säure vollständig, die salpetrige Säure zum grössten Teil verschwunden. Der
Rest der salpetrigen Säure wird durch Zufügen von Kaliumpermanganat
bis zur beginnenden Rotfärbung wegoxydirt und dann der Ueberschuss an
Permanganat durch einige Tropfen Ferroammonsulfat entfärbt.

Nach völligem Erkalten wird unter Hinzufügen von 5 ^{ccm} Eisenoxydammoniakalaun mit der Rhodankaliumlösung zurücktitrirt. Man giebt
letztere schnell unter starkem Umschütteln hinzu, bis gerade eine rötlich-
bräunliche Färbung eintritt, welche bei ruhigem Stehen 5 bis 10 Minuten
erhalten bleibt, dann aber allmählich durch Zersetzung des Chlorsilbers
verschwindet.

Berechnung. Durch Subtraction der verbrauchten Rhodankaliummenge
von dem Gesammtsilber erhält man die Silbermenge, welche durch die in
der Substanz enthalten Salzsäure als Chlorsilber gefällt war; man kann
daraus nach der Titerstellung die Salzsäuremenge leicht ermitteln.

**5. Oxydimetrische Bestimmung des Calciums unter Benutzung
der Säuregemischveraschung.**

Princip: Die Substanz wird durch Säuremischveraschung zerstört,
die Aschenlösung nach dem Uebersättigen durch Ammoniak mit Ammonoxalat
versetzt und das nach längerem Stehen in der Wärme ausgeschiedene
Calciumoxalat mit Kaliumpermanganat titrirt. Die Ausführung der Analyse
schliesst sich an die bei der Eisen- und Phosphorsäurebestimmung beschriebene
Methodik eng an; Veraschung, Abscheidung des Calciumoxalats und Fitration
werden in demselben Kolben vorgenommen und die Abtrennung des Niederschlags durch Dekantiren bewirkt. Die Lösung der geringen Niederschlags-
mengen vom Filter erfolgt durch nitritfreie Salpetersäure.

Erforderliche Lösungen:

1. etwa $^n/_{10}$ oder (bei geringen Kalkmengen) etwa $^n/_{20}$ Kaliumpermanganatlösung. Man löst etwa 3·5 ^{grm} Kaliumpermanganat (oder die Hälfte) in 1 Liter
Wasser.
2. $^n/_{10}$ Oxalsäurelösung.
3. Reine nitritfreie Salpetersäure. Einige Cubikcentimeter derselben dürfen erwärmt 1 bis 2 Tropfen der Kaliumpermanganatlösung nicht entfärben.

Ausführung der Kalkbestimmung: Die Substanz wird der Säuregemischveraschung unterworfen. Die mit der dreifachen Menge Wasser etwa
10 Minuten gekochte Aschenlösung wird mit Ammoniak übersättigt und
nach Zusatz von Ammonoxalat ca. 1 Stunde lang auf dem Wasserbade
erwärmt. Dabei scheidet sich alles Calcium als Oxalat ab. Dann filtrirt
man unter Dekantiren (siehe bei der Eisenbestimmung) durch ein kleines,
aschefreies Filter von etwa 3 ^{cm} Radius, indem man so wenig wie möglich
von dem Niederschlag auf das Filter bringt. Nun wäscht man mit warmem
Wasser unter Dekantiren so lange aus, bis eine Probe des Filtrats nach
dem Ansäuern mit nitritfreier Salpetersäure und Erwärmen einen Tropfen

---

[1] Bei stickstofffreien Substanzen genügt ein Kochen von etwa 10 Minuten.

der zur Titration verwendeten Permanganatlösung nicht mehr entfärbt. Durch diese Prüfung kann man die völlige Entfernung von Oxalsäure und salpetriger Säure, die von der Veraschung herrührt, erkennen; ihre Anwesenheit würde die Titration mittelst Permanganat beeinflussen. Sodann löst man, indem man den Trichter mit Filter auf den Kolben stellt, der die Hauptmenge des Niederschlages enthält, die kleinen Mengen Calciumoxalat auf dem Filter mit heisser nitritfreier Salpetersäure und wäscht mit heissem Wasser völlig aus. Man hat dann allen Kalk in der salpetersauren Lösung und titrirt nun, indem man auf 70 bis 80° erwärmt (d. h. bis gerade Blasen springen), je nach der Kalkmenge mit einer etwa $n/_{10}$ oder etwa $n/_{20}$ Permangantlösung, deren Gehalt man jedesmal durch Titrirung von 10 ccm $n/_{10}$ Oxalsäure ermittelt, bis zur deutlichen bleibenden Rotfärbung. Dabei ist zu beachten, dass sich die ersten Tropfen häufig erst nach einiger Zeit entfärben. Es empfiehlt sich, die Flüssigkeitsmengen bei der Titerstellung und bei der Haupttitration annähernd gleich zu nehmen.

Berechnung: Wurden bei der Haupttitration 29·3 etwa $n/_{20}$ Permanganatlösung verbraucht und ergab die Titerstellung, dass 10 ccm $n/_{10}$ Oxalsäure 18·8 ccm etwa $n/_{20}$ Permanganat erfordern, so ist, da 10 ccm $n/_{10}$ Oxalsäure 0·02 grm Ca entsprechen,

$$18 \cdot 8 : 0 \cdot 02 = 29 \cdot 3 : x$$
$$x = 0 \cdot 0312 \text{ grm Ca.}$$

II. Sitzung am 4. November 1904.

1. Hr. M. Katzenstein (a. G.): „Ueber Entstehung und Wesen des arteriellen Collateralkreislaufs."

Nach einer kritischen Zusammenstellung der bisherigen Arbeiten, in denen zum Theil centrale, zum Theil peripherische Vorgänge als Ursachen für die Entstehung des Collateralkreislaufs angesprochen werden, geht Vortragender auf seine eigenen Untersuchungen ein.

Diese unterscheiden sich von den bisherigen dadurch, dass in ihnen Dauerbeobachtungen angestellt wurden, da die sofort nach einer Unterbindung auftretenden Veränderungen grösstentheils rasch vorübergehend sind und daher für die Entstehung des Collateralkreislaufs als Ursachen nicht in Betracht kommen können; sie sind vielmehr reflectorischer Natur und dienen als Abschwächung des plötzlich wirkenden Stromhindernisses (z. B. Erweiterung des Splanchnicusgebietes, die auf verschiedene Weise nachgewiesen wurde). Durch die in verschiedenen Zeitintervallen nach den Unterbindungen gemachten Blutdruckbestimmungen central und peripher von der Unterbindung, durch die Injection der neuen Verbindungsbahnen wurden folgende Thatsachen gefunden.

I. Bei Unterbindung einer grossen oder mehrerer kleiner Arterien findet eine länger dauernde centrale Blutdrucksteigerung statt, die bei Ligatur der Aorta abdominalis z. B. länger als 3 Monate beobachtet werden kann. Da diese Blutdrucksteigerung auch nach Ausschaltung des vasomotorischen Centralorgans sich einstellt, so kann sie nur durch eine Mehrarbeit des Herzens bedingt sein. Diese ist als die Anpassung des Herzens an vermehrte Widerstände im arteriellen Kreislauf aufzufassen. Je grösser das ausgeschaltete Gebiet von normalen Bahnen, je kleiner also das Verhältniss der Collateralen zu diesen war, desto grösser musste die Herzarbeit sein, desto höher also die Blutdrucksteigerung. (Aorta abdominalis z. B. $^1/_3$ des Normaldrucks, Iliaca $^1/_4$ des Normaldrucks.)

II. Auch in den Collateralgefässen konnte eine Vermehrung des Seitendrucks constatirt werden und eine (allmählich sich entwickelnde) functionelle Anpassung an diese vermehrten Ansprüche: Erweiterung des Lumens und Veränderung ihrer Wand.

III. Im peripherischen Gebiete wurde sofort nach der Unterbindung eine bedeutende Verminderung des Blutdrucks gefunden. Das allmählich eintretende Steigen des Blutdrucks bis zur Normalen war ebenfalls abhängig von der Zahl der ausgeschalteten Bahnen bezw. von der Zahl und dem Querschnitt der allmählich sich ausdehnenden Collateralen.

Mit dem Steigen des Blutdruckes im peripherischen Gebiete (mit der Zunahme des Querschnittes der Collateralen, mit der Abnahme der Widerstände daselbst) nahm auch die Vermehrung der Herzarbeit allmählich ab; der Blutdruck central sank. Er sank so lange, bis der peripherische Blutdruck seine normale Höhe erreicht hatte. Dieser Vorgang dauert z. B. nach Unterbindung der Aorta abdominalis oberhalb der Teilung etwas länger als 3 Monate.

Das Wesen des arteriellen Collateralkreislaufs ist demnach dem normalen Blutkreislauf ausserordentlich ähnlich. Ebenso wie dieser nichts anderes ist als der Ausgleich des im arteriellen und venösen System bestehenden Druckunterschiedes, ebenso kommt auch beim Collateralkreislauf der Flüssigkeitsstrom in den vorhandenen Collateralen infolge des grossen Druckunterschiedes im centralen und peripherischen Gebiete zu Stande.

Die Grösse der Druckdifferenz ist im Wesentlichen vom positiven Factor, der Blutdruckerhöhung im centralen Gebiete abhängig, die um so grösser ist, je grösser das ausgeschaltete Gebiet normaler Bahnen, je grösser also die Widerstände in den Collateralen im Verhältniss zu den normalen Arterien ist. Mit der Anpassung der Collateralen an die gesteigerten Druckverhältnisse durch Erweiterung ihres Lumens werden die Widerstände immer geringer, bis sie nicht höher sind als die in den normalen Bahnen vorhandenen; dann ist der Blutdruck central zur Norm herabgesunken, peripher zur Norm gestiegen; der Collateralkreislauf ist ausgebildet.

2. Hr. Dr. WOLFGANG WEICHARDT (Berlin): „Ueber Ermüdungstoxin und -antitoxin." (Demonstrationsvortrag.)

Es lässt sich nicht vermeiden, m. H., dass gewisse Anschauungen, die meinem Vortrage zu Grunde liegen, fremd und ungewohnt anmuthen und mit den zur Zeit herrschenden Ansichten in diametralem Gegensatz stehen. Da sie jedoch durch experimentelle Thatsachen hinlänglich gestützt sind, so darf ich es wohl wagen, meine Anschauungen an dieser autoritativen Stelle zu vertreten; ganz besonders auch um deswillen, weil sie überaus einfach sind und nicht ungeeignet zur Aufhellung des noch immer so räthselhaften Ermüdungs- und Erholungsvorgangs im normalen Organismus.

In der That handelt es sich um uncomplicirte biologische Versuche, deren Deutung leicht gelingt, wenn nur die Grundlagen der Immunitätslehre, wie sie von unseren grossen Immunitätsforschern, von Pfeiffer, Metschnikoff, Ehrlich, Bordet u. A. festgelegt worden sind, zur Erklärung mit herangezogen werden.

Diese Lehren, Ihnen, m. H., allen hinlänglich bekannt, welche bei der Erklärung meiner Experimentalversuche in Frage kommen, sind etwa folgende:

Unter echten Toxinen versteht man zur Zeit chemisch noch nicht definirbare hochmoleculare, nicht dialysirbare, organische Verbindungen, die dadurch charakterisirt sind, dass ein jedes Toxin durch Einführung in die Blutbahn eines Thieres in dessen Organismus ein specifisches Antitoxin producirt, d. h. eine andere organische Verbindung, mit der das betreffende Toxin abgesättigt werden kann, und zwar nach dem Gesetze der multiplen Proportionen.

Daher sind mir und, wie ich sicherlich glaube, allen Serologen Vorstellungen fremd, wie z. B. die von I. Joteyko in Travaux de laboratoire Instituts Solvay jüngst ausgesprochene, dass nämlich ein Toxin durch Sauerstoff abgesättigt werden könne; und ich vermag mich dieser Vorstellung, ohne dass ein wissenschaftlicher Beweis für dieselbe erbracht wird, keinesfalls anzuschliessen. An die echten Toxine reihen sich an die Cytotoxine der Körperzellen. Schon in einer von mir im Jahre 1901 im Institut Pasteur unter Prof. Metschnikoffs Leitung ausgeführten Arbeit: „Recherches sur l'Antispermatoxine" ist auf das Aussichtsvolle der Cytotoxinforschung hingewiesen. Später wurden dann unablässig nach dieser Richtung hin Erfahrungen gesammelt, und zwar besonders bei Darstellung der Syncytiotoxine aus der Placenta, namentlich aber bei der Erforschung des specifischen Heufieberantitoxins.[1] Hieran schlossen sich die Ermüdungstoxinstudien[2] unmittelbar an. War ich doch der Meinung, es würde sich das von mir gesuchte Ermüdungstoxin als zu der Gruppe der Cytotoxine gehörig herausstellen. Das Ermüdungstoxin ist jedoch, wie wir bald sehen werden, ein echtes Toxin. Es zeigt alle wesentlichen Eigenschaften, durch die echte Toxine charakterisirt sind. Seine Auffindung war übrigens weit schwieriger, als ich bei den Anfangsversuchen in den ersten Monaten des Jahres 1903 vermuthet hatte. Zunächst ging ich ganz fehl; denn ich suchte es aus dem Blute hochermüdeter Thiere darzustellen.

Wir werden sehen, dass es im Blute ermüdeter Thiere nicht gefunden werden kann. — Später, als ich das Toxin in den Organen aufsuchte, brachte das Fernhalten von Mikroorganismen ausserordentliche Schwierigkeiten. Als diese überwunden waren, trat als eine weitere Schwierigkeit das Anwachsen der Aufgabe unter unseren Händen heran. Drängte doch die Feststellung der Eigenschaften unseres Toxins und Antitoxins auf weite wissenschaftliche Gebiete, auf das der Chemie, auf das der Pathologie, der

---

[1] Leider wird der von mir Hrn. Prof. Dunbar nachweislich angegebene, sich an meine vorhergehenden Eklampsiestudien eng anschliessende Weg der Herstellung eines specifischen Heufieberserums von diesem jetzt als ausschliesslich von ihm stammend ausgegeben. Vgl. *Berliner klinisch-therapeut. Wochenschrift.* 1904. Nr. 14 u. Nr. 20.
[2] Vgl. Weichardt, Ueber Ermüdungstoxine und Antitoxine. *Münchener med. Wochenschrift.* 1904. Nr. 1. — Derselbe, Neues aus der Serologie. *Berliner klinisch-therapeutische Wochenschrift.* 1904. Nr. 31.

mikroskopischen Anatomie u. s. w. Deshalb kann von vollkommener Bewältigung der vielseitigen Aufgabe noch nicht die Rede sein, wie mit Recht verlangt werden müsste, wenn unser Arbeitsgebiet ein weniger umfängliches gewesen wäre.

Die Versuche, welche ich Ihnen, m. H., zu zeigen gedenke, sind also ausserordentlich einfach. Doch möchte ich betonen, dass ich selbst bei ihrer allmählichen Feststellung mich keineswegs an der Annehmlichkeit ihrer Einfachheit habe erfreuen können. Schon der erste Versuch, das zweckmässige Ermüden eines Meerschweinchens, ist die Frucht hunderter, vielfach variirter Experimente. Die ersten Ermüdungsversuche wurden mit Mäusen ausgeführt. Deren vollständige Ermüdung durch Ziehen der Thiere auf rauher Fläche am Schwanz gelang zumeist erst nach halbtägiger ununterbrochener Anstrengung, so dass der Ermüder bisweilen erschöpfter war, wie die Mäuse. Begreiflicher Weise waren die Erfolge zunächst recht minimale. Doch glückte es wenigstens, festzustellen, dass im Blute der Ermüdungsmäuse das specifische Ermüdungstoxin nicht aufzufinden ist. Diese Thatsache war zunächst überraschend, da sie in Widerspruch mit den bisherigen Erfahrungen steht, die sich auf die classischen Versuche eines Ranke, Mosso und anderer bedeutender Forscher gründen. Am besten dürfte sich dieser Widerspruch lösen durch folgende Ueberlegung: Alle diese Forscher haben bei den betreffenden Untersuchungen nur die bereits bekannten, chemisch definirbaren Endprodukte des Stoffwechsels im Auge gehabt, nicht ein specifisches Ermüdungstoxin. Namentlich auch die von früheren Autoren mittels Alkohol dargestellten giftigen Extractivstoffe sind keinesfalls mit dem äusserst labilen specifischen Ermüdungstoxin in Vergleich zu stellen; denn letzteres wird gerade von Alkohol sofort vernichtet.

So erstaunlich und unerklärlich uns anfangs der Umstand zu sein schien, dass das specifische Ermüdungstoxin in erheblichen Quantitäten im Blute nicht gefunden wird, jetzt, nach längerer Erfahrung und nach Feststellung der Thatsache, dass minimale Mengen des specifischen Antitoxins schon hinreichen, nicht unbedeutende Quantitäten des Ermüdungstoxins abzusättigen, scheint uns das Fehlen des Toxins im Blute ganz selbstverständlich.

Der normale Absättigungsprocess geht eben in den Organen vor sich. Das Blut ist Antitoxinträger.

Durch die ausserordentlich grosse Absättigungsfähigkeit des Antitoxins ist übrigens auch die Schwierigkeit der Toxindarstellung erklärlich. Denn so schnell sich im Versuchstier, wie durch seine charakteristische Wirkung auf die Körpertemperatur leicht festgestellt werden kann, Ermüdungstoxin bildet, so schnell ist dasselbe auch schon wieder verschwunden, vernichtet durch die minimalen Mengen des Antitoxins, das aus den natürlichen Antitoxinbildungsstätten des Körpers im Blute sich stets schnell einfindet.

Nur dann erst, wenn es gelingt, so erhebliche Mengen Ermüdungstoxin im Versuchsthiere schnell zu erzeugen, dass hierdurch die natürlichen Antitoxinbilduugsstätten geschädigt, oder, um das Bild der Ehrlich'schen Seitenkettentheorie zu gebrauchen, dass alle Receptoren der Antitoxin absondernden Zellen besetzt und die betr. Zellen geschädigt werden, erst dann besteht Aussicht, des labilen Ermüdungstoxins habhaft werden zu können. Gewöhnliches Ermüden führt überhaupt nicht zum Ziele. So ist es mir z. B. niemals gelungen, Hunde im Laufapparat so zu ermüden, dass Ermüdungstoxin in erheblicherer .Menge hätte gewonnen werden können. Grösseren Hunden ist langes Laufen gar keine so übermässige Anstrengung. Der vorteilhafteste Ermüdungsmodus ist nach meiner Erfahrung: stunden- langes ununterbrochenes Rückwärtsziehen der Thiere auf rauher Fläche, auf der die Extremitäten einen gewissen Halt finden, z. B. auf rauhem Teppich. Das für Ermüdungstoxindarstellung geeignetste Tier ist unzweifelhaft das Meerschweinchen. Wird ein Meerschweinchen so, wie Sie, m. H., das an diesen Thieren sehen, unablässig nach hinten gezogen, so strengt es seine Gesammtmuskulatur ausserordentlich an. Während der ersten halben Stunde wird ·das hierbei gebildete Ermüdungstoxin in Folge der .reaktiven Antitoxin- bildung vollkommen abgesättigt; denn es tritt Toxinwirkung zunächst nicht in die Erscheinung: Die Körperwärme wird im Anfang nicht niedriger, wie das bei Toxinwirkung der Fall wäre, sondern sie wird erhöht, entsprechend dem erhöhten Stoffumsatz in Folge verstärkter Muskelaktionen. Jedoch schon nach der ersten Ermüdungsstunde ändert sich das. Das Thier wird dann schlaffer, gleichgültiger. Seine Körperwärme sinkt. Später reagirt es auf Reize nur noch träge. Ganz anders verhält sich dagegen ein Meer- schweinchen, dem antitoxinhaltiges Serum per os beigebracht worden ist, wie dieses zweite, relativ noch muntere Tier, was Sie hier sehen, m. H. Bei ihm hat der künstlich beigebrachte Antitoxinvorrat hingereicht zur vollen Absättigung des nach nunmehr zweistündigem Rückwärtsziehen auch bei ihm reichlich gebildeten Ermüdungstoxins. Dieses· Antitoxinthier ist dem andern gegenüber. noch immer recht munter, seine Körpertemperatur weicht nicht ab von der Norm, seine Sensibilität ist ungeändert, obschon es in genau demselben Weise rückwärts gezogen worden ist, wie das unvor- behandelte, daher jetzt hochermüdete, nunmehr sogar soporöse Thier. Diese zwei Thiere vergleichsweise noch weiter zu ermüden, ist freilich nicht zweckmässig; denn das unvorherbehandelte, hochermüdete Meer- schweinchen lässt sich jetzt herumziehen, ohne seine Muskulatur _erheblich zu bewegen. Es erholt sich dabei sogar etwas, während das andere Thier in Folge seiner noch immer sehr lebhaften Muskelaktionen Ermüdungstoxin in nicht geringer Menge weiter absondern würde, so dass sich endlich der Vorrath des in ihm aufgehäuften Antitoxins erschöpfen und auch bei ihm Ermüdungsautointoxication auftreten müsste.

Daher bitte ich Sie, m. H., Ihre ·Aufmerksamkeit nunmehr hauptsächlich dem unvorbehandelten, jetzt hochermüdeten, soporösen Thiere zuwenden zu wollen. Es sollen nunmehr bei demselben mittels einer Pincette Periost- Reflexreize ausgelöst werden, welche bekanntlich Veranlassung zu· lebhaften Muskelaktionen geben, also zu lebhafter Weiterentwickelung von Ermüdungs- toxin. · In der Regel gelingt es, die hiermit sich steigernde Autointoxication bis zum· Tode des Thieres zu treiben. Ebenso führen auf andere Weise bewirkte energische Muskelbewegungen, z. B. die mit - Hülfe schwacher faradischer Ströme zur ·Fortentwickelung von Ermüdungstoxin. Bei vor- sichtigem Verfahren gelingt es dann unter Umständen dann bisweilen, die Körper- wärme des Thieres bis zu 30° und noch weiter herabzumindern.

Sie sehen, m. H., wie es gelungen ist, schon binnen weniger Minuten mittels der Muskelbewegungen, welche die Reflexreize im Körper unseres durch einfaches Rückwärtsziehen bereits vorhin in soporösen Zustand ge- rathenen Versuchsthieres auslösten, den Tod desselben herbeizuführen. Es hat also des Faradisierens zum Herbeiführen des Ermüdungsintoxications-todes desselben gar nicht bedurft. Das Meerschweinchen zeigte im After gemessen direkt vor seinem Tode eine Körpertemperatur von 30·1⁰.

Seine Körperwärme war also im geheizten Zimmer binnen 2 Stunden, trotz der lebhaften Muskelbewegungen, um 9⁰ vermindert worden.

Recht wohl wäre es möglich, aus der Leiche dieses Meerschweinchens · Ermüdungstoxin zu gewinnen, und zwar, wie schon früher erwähnt, nicht aus dem Blute, sondern aus den Muskeln.

So gern ich die Toxindarstellung hier vor ·Ihren Augen ausgeführt hätte, so verbietet sich das wegen der zeitraubenden Proceduren, die hierfür erforderlich sind.

Sie müssen daher, m. H., sich mit der kurzen Beschreibung dieses zur Zeit von mir als den am zweckmässigsten erkannten Herstellungsmodus des ermüdungstoxinhaltigen Muskelplasmas begnügen:

Zunächst wird die Thierleiche geschoren, am Bauch rasirt, 20 Minuten lang in starker Sublimatlösung sterilisirt und dann mit sterilen Instrumenten unter ganz streng aseptischen Cautelen ausgeweidet. Hierbei, namentlich aber bei dem Auspressen des Muskelplasmas ist peinlichste Asepsis auf das Strengste inne zu halten, eine peinliche Handhabung von aseptischen Maass-nahmen, deren ideale Ausführung mir selbst erst nach langer· Schulung möglich geworden ist.

Es ist besonders um deswillen so wichtig, das bei dem Pressen zu ge-winnende Muskelplasma vor Keimgehalt zu bewahren, weil das Plasma ja für die meisten Mikroorganismen einen geradezu idealen Nährboden abgiebt, so dass sie sich binnen weniger Stunden millionenfach vermehren, während keine Möglichkeit besteht auch nur einen Teil dieser Keime vernichten zu können, ohne das äusserst labile Toxin zugleich mit zu zerstören. — Das so gewonnene, wenn möglich also vollkommen keimfreie ermüdungstoxin-haltige Muskelplasma, von dem ich jetzt, m. H., eine Probe circuliren lasse, ist eine rötliche, nicht süss, wie das Plasma normaler Muskeln, sondern herb, widrig schmeckende Flüssigkeit, durch deren Injektion bei Versuchstieren ohne Weiteres schwere Ermüdungserscheinungen und nach einer ·Latenszeit von 20 bis 40 Stunden zumeist der Tod herbeigeführt werden kann. Jedoch sehe ich von diesem Experimentalversuch absichtlich ab, denn mit Recht würden Sie rügen, dass die Ermüdungserscheinungen und der event. Tod des Versuchstieres möglicherweise veranlasst sein könnten durch die schon längst bekannten, chemisch definirbaren Abbauprodukte, welche im Muskel-plasma mit enthalten sind. Um diese Abbauproducte zunächst vom Er-müdungsmuskelplasma zu trennen, wird dieses, nachdem die indifferenten Eiweisse desselben in geeigneter Weise herausgefällt worden, gegen steriles eisgekühltes destilliertes Wasser dialysirt. Hiermit wird eine vorzügliche Beseitigung aller der bekannten Muskelabbauprodukte, welche chemisch de-finirbar, und dialysabel sind, sowie aller Salze bewirkt.

Im Dialysirschlauch bleibt zurück: eine ausser Muskelfarbstoff er-müdungstoxinhaltiges Eiweiss enthaltende, fade schmeckende Flüssigkeit. Diese wird im Vacuum bei nicht über 25⁰ schnell zur Trockne gebracht. Sie sehen hier, m. H., das hierbei gewonnene ermüdungstoxinhaltige gelbbraune Präparat. Da dasselbe ausser minimalen Quantitäten von vollkommen in-differentem Farbstoff nur an wenig Eiweiss gebundenes Ermüdungstoxin ent-

hält, so stehen die von der Norm abweichenden Erscheinungen, die an Thieren
beobachtet werden, denen die Lösung dieses Präparates in die Blutbahn
gebracht worden, in ursächlichem Znsammenhang mit dem Ermüdungstoxin.
Eine wesentliche Stütze erwächst dieser Schlussfolgerung durch den Nachweis, dass aus den Muskeln unermüdeter Thiere auf ganz gleiche Weise
gewonnenes dialysirtes, von indifferentem Eiweiss durch Fällen befreites
Muskeltrockenplasma unwirksam ist, dass dessen Lösung, in die Blutbahn
von Thieren gebracht, Ermüdung nicht hervorruft. Hier, m. H., sehen Sie
das aus den Muskeln eines unermüdeten Meerschweinchens hergestellte Muskeltrockenplasma. Es hat eine hellere Farbe, wie das aus Ermüdungsmuskeln
gewonnene und enthält Ermüdungstoxin nur in Spuren, vielleicht herrührend
von den Todeszuckungen des Thieres, die leider nicht vollkommen ausgeschaltet werden konnten. Bemerkenswerth ist ferner, dass aus den Muskeln
eines unermüdeten Meerschweinchens nur etwa die Hälfte des Gewichtes
von Muskeltrockenplasma gewonnen wird, wie von der Muskulatur eines
gleichgrossen ermüdeten Thieres. Daher entsprechen zwei Gewichtstheile
des Ermüdungsmuskeltrockenplasmas einem Gewichtstheile des Muskeltrockenplasmas eines unermüdeten Meerschweinchens.

Obschon von der grossen Labilität des Ermüdungstoxins wiederholt
die Rede gewesen ist, so möchte ich nicht unerwähnt lassen, dass auch das
Trockenpräparat keineswegs als haltbar gelten darf, wenn nicht ganz besondere Maassregeln bei der Aufbewahrung getroffen werden:

Zunächst muss das nach dem Abdunsten im Vacuum gewonnene Präparat
im Exsiccator von jeder Spur von Feuchtigkeit befreit und dann in Glasröhren eingebracht werden, die nach dem Evacuiren zugeschmolzen und
dann in flüssiger Luft aufbewahrt werden müssen. In der Regel ist dann
die Wirksamkeit des Präparates nach Wochen noch wenig vermindert.

Alle Versuche, das Ermüdungstoxin noch weiter zu isoliren, sind bisher gescheitert. Auch die Fällung des Toxins mit Ammonsulfat hat sich
als nicht zweckmässig erwiesen. Ein Theil des Toxins ist zwar im Globulinniederschlag enthalten, der grössere Theil des Ermüdungstoxins verschwindet
jedoch spurlos. Die Labilität des Ermüdungstoxins ist eben, ähnlich der
Labilität der Cytolysine, eine ausserordentlich grosse.

Bei Thieren, in deren Blutbahn Ermüdungstoxin in erheblicherer Menge gebracht wird, entsteht ein für dieses Toxin
specifisches Antitoxin.

Die ersten Antitoxinherstellungsversuche an Kaninchen mittels peri-
tonealer Injektion von Ermüdungsmuskelplasma von Mäusen ergaben zunächst
recht mangelhafte Resultate. Die Kaninchen gingen bald zu Grunde, an
Fermentthrombose, oder an Nekrosen in lebenswichtigen Organen, wie in
der Leber und Niere. Besser wurden die Resultate, als eine Ziege wiederholt mit ermüdungstoxinhaltigem Muskelplasma vom Meerschweinchen subcutan injicirt wurde, was diese übrigens ohne schwere Störung vertrug.
Obschon der Antitoxingehalt des Blutserums dieser Ziege ein nur minimaler
war, so dass direkte Absättigung des Ermüdungstoxins mit diesem Serum nicht
deutlich gelang, so glückte es doch schon bei Mäusen, durch Fütterung mit
dem Ziegenserum vorübergehende Immunität gegen Ermüdungstoxineinwirkung
zu erzielen und hiermit zugleich festzustellen, dass unser Antitoxin vom
Verdauungstractus leicht und ohne zersetzt zu werden, resorbirt wird.

Die Antitoxinherstellung wurde aber erst dann befriedigender, als uns die Firma Schering hierzu ein Pferd zur Verfügung gestellt hatte. Leider ging das erste Thier schon nach wenigen intravenösen Injectionen von Ermüdungstoxinmuskelplasma zu Grunde. Auch ein zweites Pferd starb ganz unvermuthet, ehe noch der Antitoxingehalt des Blutes auch nur einigermassen erheblich hochgegangen war. Um nun das Antitoxin anzureichern, wurde das in reichlicher Menge gewonnene, schwach antitoxinhaltige Pferdeserum mit Ammonsulfatlösung gefällt und der antitoxinhaltige Globulinniederschlag dialysirt. Dabei stellte sich heraus, was allerdings schon zu vermuthen war, seit die leichte Resorbirbarkeit unseres Antitoxins im Verdauungstractus festgestellt worden, dass Ermüdungsantitoxin auch ausserhalb des thierischen Körpers poröse Membranen durchdringt, dass es dialysabel ist. Infolge dieser Eigenschaft nimmt es den Bakterienantitoxinen gegenüber, welche bekanntlich nur in Spuren dialysiren, eine Sonderstellung ein. Immerhin gehört das Ermüdungsantitoxin zu den echten Antitoxinen; denn es entsteht nach Einbringen eines Toxins in die Blutbahn und es sättigt dieses echte Toxin in vitro und im Körper der Versuchsthiere ab, besitzt also die beiden wesentlichsten Eigenschaften der echten Antitoxine.

Infolge der leichten Dialysirbarkeit des Antitoxins gelingt dessen Anreicherung und Trennen von den Eiweissen des Blutserums relativ leicht. Es ist nur nöthig, das destillirte Wasser, gegen welches Antitoxinserum dialysirt worden, im Vacuum zur Trockne zu verdampfen. Sie sehen hier, m. H., derartiges Trockendialysat des Antitoxinpferdeblutserums, entstammend einen Aderlass des Pferdes am 28. September.

Es gelingt, mittelst $^1/_{20}$ mg dieses Präparates 10 mg Ermüdungstoxintrockenplasma abzusättigen. Ich habe deshalb das Trockendialysat als mein Testantitoxin zur Absättigung nach dem Gesetz der multiplen Proportionen benutzt.

Die Eigenschaft unseres dem Körper offenbar sehr adäquaten Antitoxins, mit Leichtigkeit im Verdauungstractus resorbirt zu werden, lässt es ganz geeignet erscheinen zu Versuchen an der Gattung Homo sapiens. Zunächst habe ich daher bei mir selbst folgendes festgestellt: Durch Dosen des antitoxinhaltigen Trockenserums von 1—2·grm alltäglich tritt irgend welche Störung des Wohlbefindens nicht ein. Weder die Temperatur des Körpers ändert sich, noch wird der normale Schlaf, was ich zunächst gefürchtet hatte, ungünstig beeinflusst.

Die Frische und grössere Leistungsfähigkeit, welche nach Antitoxinaufnahme sich einstellte, mag vielleicht auf Rechnung von Autosuggestion geschoben werden können; immerhin halte ich es für nicht richtig, diese meine Beobachtung mit Stillschweigen zu übergehen; denn in mehreren gut beobachteten Fällen, zu deren Illustration mir hier diese Ergographencurven zur Verfügung stehen, war ein Hinausschieben der Grenzen der Leistungsfähigkeit nach Geniessen von Antitoxintabletten unschwer nachzuweisen.

Freilich sind diese Ergographenversuche noch schüchterne Anfangsstudien, deren Gelingen ich der gütigen Anweisung von Herrn Geheimrath Zuntz und Herrn Dr. Caspari verdanke, wofür ich hier an dieser Stelle, namentlich auch Herrn Geheimrath Zuntz für gütige Ueberlassung des Instrumentariums seines Institutes meinen herzlichen Dank sagen will. Noch möchte ich nicht unerwähnt lassen, dass auch klinische Untersuchungen zwecks Feststellung der Heilwirkungen des Antitoxins bereits in Aussicht genommen sind. Ich werde nicht verfehlen, über deren Erfolg seiner Zeit zu berichten. — Zum Schluss möchte ich die aus meinen Versuchen sich ergebenden Folgerungen in folgende Sätze zusammenzufassen:

1. Bei den Muskelbewegungen der Warmblüter entsteht ausser zahlreichen schon bekannten, chemisch definirbaren Abbauprodukten ein echtes Toxin, das Ermüdungstoxin.

2. Mittels der Dialyse kann das Ermüdungsmuskelplasma von allen chemisch definirbaren Abbauprodukten gereinigt werden.

3. Ermüdungstoxinhaltige Präparate, in die Blutbahn von Warmblütern eingeführt, bewirken dieselben Ermüdungserscheinungen, wie Muskelbewegungen und veranlassen die Entstehung eines spezifischen Antitoxins.

4. Mit antitoxinhaltigem Serum kann das Ermüdungstoxin sowohl in vitro, als auch im Körper der Versuchsthiere abgesättigt werden.

5. Das Antitoxin wird vom Verdauungstractus leicht ohne Zersetzung resorbirt.

6. Es eignet sich deshalb ganz vorzüglich auch zu Versuchen am Menschen.

7. Die bisherigen Versuche haben ergeben, dass das Ermüdungsantitoxin vollkommen unschädlich ist und die Grenzen der körperlichen Leistungsfähigkeit herauszurücken scheint.

Demonstrationen:

1. a) Leiche des durch zweistündiges Rückwärtsziehen vor und während des Vortrages, zuletzt durch Periostreflexe bis zum Eintritt des Autointoxicationstodes ermüdeten Meerschweinchens.

b) Das andere, etwas kleinere, ebenfalls während des Vortrages 2 Stunden lang rückwärts gezogene Meerschweinchen, dem vorher ermüdungsantitoxinhaltiges Pferdeserum eingeflösst worden, ist genau nach denselben Muskelanstrengungen, durch welche das erste, das Controlthier, in soporösen Zustand gerathen, noch munter. Seine Körpertemperatur namentlich ist nicht erniedrigt, wie die des ersten, unvorherbehandelten Thieres. Das per Os beigebrachte Ermüdungsantitoxin hat also sowohl schwere Ermüdung von ihm ferngehalten, als auch das Thier vor dem Ermüdungsautointoxicationstode bewahrt.

2. Drei Meerschweinchen, 240, 220 und 200 grm schwer. Das erstere, das Controlthier, war Tags vorher mit einer Lösung von 5 cg ermüdungstoxinhaltigem Muskelplasma's subcutan injicirt worden.

Das Thier ist ermüdet, schlaff, bleibt, auf die Seite gelegt, ohne Weiteres liegen. Es ist übrigens 60 Stunden der Injection noch gestorben. Bei der Section fanden sich krankhafte Veränderungen in der Leiche nicht vor. Milz und Nebennieren waren intact.

Das zweite Meerschweinchen war ebenfalls mit einer Lösung von 5 cg Muskeltrockenplasma Tags vorher subcutan injicirt worden, aber mit Muskeltrockenplasma von einem unermüdeten Meerschweinchen gewonnen. Das vollkommen frische, muntere Thier, welches absolut nicht in Seitenlage zu bringen ist, unterscheidet sich in seinem Verhalten in keiner Weise von unvorbehandelten munteren Meerschweinchen.

Ebenso das dritte, kleinste, Tags vorher mit einer Lösung von ermüdungstoxinhaltigem Muskeltrockenplasma subcutan injicirte Meerschweinchen, dem vorher ermüdungsantitoxinhaltiges Pferdeserum per Os beigebracht worden war. Die Absättigung muss als vollkommen gelten. Das Thier ist frisch und munter geblieben, es kann nicht in Seitenlage gebracht werden. Uebrigens hatte es Tags vorher, nach der Injection, nicht Körpertemperaturerniedrigung gezeigt, wie das Controlthier.

3. a) Zwei Leichen von Mäusen, von denen die eine mit einer Lösung von 20 mg, die andere von 40 mg des. wie erwähnt, ganz frischen ermüdungstoxinhaltigen Muskeltrockenplasma's, bei dem die toxische Componente sich noch als ganz intact gezeigt hat, intraperitoneal injicirt worden war. Auch die Leichen dieser schon vor Beginn des Vortrages unter Ermüdungsintoxicationserscheinungen gestorbenen Thiere zeigen pathologische Organveränderungen irgend welcher Art nicht.

b) Maus, intraperitoneal injicirt mit der Lösung von 20 mg desselben frischen ermüdungstoxinhaltigen Muskeltrockenplasma's. Es war der Maus vorher 1 mg des mit $^1/_2$ ccm Wasser verdünnten antitoxinhaltigen Pferdeserums subcutan injicirt worden. Das Verhalten der Maus ist das einer munteren, nicht vorbehandelten Maus, also: volle Absättigung des Toxins.

c) Maus, intraperitoneal injicirt mit einer Lösung von 40 mg des ermüdungstoxinhaltigen Muskeltrockenplasmas. Vorher war dem Thiere eine Mischung von 2 mg des ermüdungsantitoxinhaltigen Pferdeserums mit $^1/_2$ ccm Wasser subcutan injicirt worden. Auch diese Maus ist frisch und munter, gleich einer unvorbehandelten. Also auch hier: Absättigung des Ermüdungstoxins.

d) Maus, welcher eine Lösung von 40 mg Muskeltrockenplasma eines unermüdeten Meerschweinchens intraperitoneal injicirt worden. Auch diese Maus ist vollkommen frisch, sie zeigt keine Andeutung von Ermüdung. Vielmehr ist ihr Verhalten das eines vollkommen gesunden, unvorbehandelten Thieres.

III. Sitzung am 18. November 1904.

1. Hr. C. BENDA: „Ueber die Flimmerzellen des Ependyms nach Untersuchungen von Dr. Salaman (London) und Hans Richter (Berlin) mit Demonstration."

Benda hat in einer früheren Mittheilung in der Physiol. Gesellschaft (24. Nov. 1900) die Ependymzellen des Menschen als besonders geeignet beschrieben, an ihnen verschiedene Uebergangsbilder der stäbchenförmigen Centrosomen zu den Basalkörpern der Cilien zu studieren. Die Stäbchen teilen sich vielmals, bis aus ihnen ein dichter Haufen kugeliger Körnchen hervorgegangen ist. Diese Körnerhaufen bilden, wie man seltener am Ependym, häufig dagegen in den Vasa efferentia des Nebenhodens sieht, das Vorstadium für die phalanxartige oder richtiger mosaikartige Anordnung der Basalkörper an der Zelloberfläche, wie wir sie an den Wimperzellen kennen. Diese Beweisführung ist von Hugo Fuchs angegriffen worden, insofern dieser die Auffassung der Haarzellen des Ependyms als Flimmerzellen in Frage stellt und den Haarapparat mit Sekretionsvorgängen in Verbindung bringt.

Benda hat mit seinen Schülern zusammen die Frage neuerdings wieder verfolgt, und einerseits durch Dr. Salaman feststellen lassen, dass sich im Ependym des Zentralkanals zwar spärlicher, im Ependym der Hirnventrikel, besonders in der Rautengrube aber sehr reichlich Zellen finden, die im gehärteten Präparate die von Fuchs geforderten Merkmale der Flimmerzellen: die regelmässige mosaikartige Anordnung der Basalkörper an der Insertionsstelle der Haare erkennen lassen. Benda fordert aber für den Nachweis des Flimmerzellencharakters vor Allem die vitale Beobachtung der Flimmerbewegung. Dieselbe ist an den Ependymzellen von zahlreichen älteren Autoren, besonders Virchow, Leydig, Köllicker beobachtet worden,

15*

wird aber von Fuchs nur als ein Ausnahmefall zugestanden. Mit H. Richter zusammen hat Benda dieselbe besonders leicht und sicher im Boden des vierten Ventrikels bei Frosch, Taube, Meerschweinchen, neuerdings noch bei Kaninchen und Hund nachweisen können. Es ist nichts weiter nöthig, als einen flachen Scheerenschnitt in Kochsalzlösung unter leichtem Druck unter dem Deckglas auszubreiten.

Die Demonstration wird am Kaninchengehirn vorgenommen. Damit ist dieser Einwand Fuchs' widerlegt. Es ist also anzunehmen, dass in derselben Weise, wie es Fuchs in Uebereinstimmung mit Benda an den Flimmerzellen der Vasa efferentia geschildert hat, auch im Ependym Uebergänge der flimmerlosen Zellen mit stäbchenförmigen Zentralkörpern zu Flimmerzellen, in denen sich die Zentralkörper in Basalkörper in der von Benda geschilderten Weise verwandelt haben, vorkommen.

2. Hr. Professor Dr. I. TRAUBE (a. G.): „Ueber die Bedeutung der Oberflächenspannung im Organismus."

E. Overton[1] hat nach plasmolytischer und sonstigen Methoden für eine grosse Anzahl der verschiedensten Stoffe festgestellt, ob und mit welcher Geschwindigkeit dieselben in die Zellen diosmiren. Er zeigte, dass die osmotische Geschwindigkeit in fast allen Fällen parallel geht dem Teilungskoëffizienten in Fetten und Wasser, und er nahm daher an, dass die cholestearin- und lecithinhaltigen Membranen das Eindringen der Flüssigkeiten in die Zellen entsprechend ihrer Löslichkeit in jenen fettartigen Substanzen vermitteln.

Diese Hypothese Overton's ist indessen nicht die einzige, welche die Thatsachen erklärt, und es scheint zum mindesten[2], dass nicht immer dem Eindringen der Flüssigkeiten in die Zellen eine Lösung in der Fettsubstanz vorausgehen muss.

Ich habe alle diejenigen Stoffe, deren osmotische Geschwindigkeit von Overton bestimmt worden ist nach kapillaren Methoden auf ihre Oberflächenspannung hin untersucht.[3] Ich fand hierbei, dass die osmotische Geschwindigkeit und Oberflächenspannung und damit auch der innere Druck der Flüssigkeiten einander vollständig parallel gehen.

Stoffe, welche in Wasser gelöst (Salze, Rohrzucker u. s. w.), im allgemeinen nicht durch die lebenden Zellen dringen, erhöhen die Oberflächenspannung und den inneren Druck des Wassers.

Stoffe, welche (wie Glycerin, Glykol, Acetamid) langsam den Protoplasten durchdringen, erniedrigen die Oberflächenspannung des Wassers in derselben Reihenfolge in geringem Maasse.

Stoffe endlich, welche (wie gewöhnliche Alkohole, Ester, Fettsäuren u. s. w.) schnell eindringen, bewirken einen stark erniedrigenden Einfluss auf die Oberflächenspannung des Wassers.

---

[1] Overton, Vierteljahrsschr. Naturf. Ges. Zürich. 1895. Bd. XL. S. 1. 1899. Bd. XLIV. S. 88; Zeitschrift für physikalische Chemie. 1897. Bd. XXII. S. 189.

[2] So sind z. B. Peptone schnell diosmirende, aber in Fetten nicht lösliche Stoffe.

[3] Vgl. u. A. meine früheren Arbeiten Berichte der Deutschen chemischen Gesellschaft. 1884. Bd. XVII. S. 2294; Journal für praktische Chemie. 1885. Bd. XXXI. S. 177; Ann. Chem. Pharm. Bd. CCLXV. S. 27.

Die Differenz der Oberflächenspannungen — der Oberflächendruck — ist danach die treibende Kraft bei den osmotischen Vorgängen. Von der Grösse dieser Kraft hängt es ab, ob und mit welcher Geschwindigkeit der osmotische Druck sich einstellt. Sie ist aber keineswegs identisch mit dem osmotischen Druck[1] und ist als neue bewegende Kraft zweifellos für die mannigfaltigsten Vorgänge im Organismus von grosser Bedeutung.

Meine Theorie besagt einfach, dass, wenn zwei Flüssigkeiten durch eine Membran (mit engen Kapillarwänden) getrennt werden, diejenige Flüssigkeit durch die Membran diosmirt, deren Oberflächenspannung (gegen Luft) und deren innerer Druck am geringsten ist.

Wird die Membran fortgelassen, so gilt ganz dasselbe. Nicht das Salz oder die Salzlösung diffundirt in das Wasser, sondern das Wasser diffundirt in die Salzlösung. Auch diese neue Auffassung der Diffusionsvorgänge erscheint mir namentlich in Hinsicht auf die Concentrirungsvorgänge im Organismus von nicht unerheblicher Bedeutung zu sein.

Ebenso ergiebt sich eine sehr einfache neue Theorie der Löslichkeit. Aethylalkohol und Wasser sind „nicht mischbar" miteinander, sondern Aethylalkohol, die Flüssigkeit mit geringerer Oberflächenspannung „ist löslich" in der Flüssigkeit mit grösserer Oberflächenspannung, d. h. im Wasser. Nicht Chlornatrium löst sich in Wasser, sondern das Wasser löst sich in der Oberflächenschicht des Chlornatriums.

Amylalkohol ist aus demselben Grunde löslicher in Wasser als umgekehrt. Wird Wasser mit Amylalkohol überschichtet, so wird in dem Maasse, als sich mehr und mehr Amylalkohol in Wasser löst, die Oberflächenspannung der wässerigen Lösung sich mehr und mehr derjenigen der darüber befindlichen Amylalkoholschicht nähern. Haben beide Schichten die gleiche Oberflächenspannung, so kann eine weitere Lösung nicht erfolgen, die Lösung ist gesättigt. Die Oberflächenspannung der gesättigten Lösung kann nie kleiner sein (wohl aber grösser) als die der gelösten Substanz. Diese Folgerungen der Theorie wurden in vollstem Maasse bestätigt.

Zum Beispiel fand ich in meinem Kapillarrohre füs Wasser die Steighöhe $92 \cdot 5^{mm}$ bei 15^0, für Amylalkohol $= 33 \cdot 3^{mm}$ und für die gesättigte wässerige Lösung von Amylalkohol $= 33 \cdot 7^{mm}$.[2]

Von den zahlreichen weiteren Folgerungen dieser Theorie der Löslichkeit sei nur noch folgendes erwähnt:

Wenn wir Stoffe wie Methyl,-Aethylalkohol u. s. w. dem Wasser zusetzen, so wird die Oberflächenspannung des Wassers in messbarer Weise verringert, d. h. diese Stoffe haben das Bestreben, die Oberfläche des Wassers zu vergrössern. Diesem Bestreben umgekehrt proportional ist aber das Bestreben jener Stoffe in Lösung zu gehen (im Wasser), d. h. die Lösungstension. Diese Lösungstension steht daher in einfachster Beziehung

---

[1] Für äquivalente und isosmotische Lösungen ist der Oberflächendruck meist sehr verschieden, hat auch häufig ein entgegengesetztes Vorzeichen.

[2] Vgl. die Tabelle in meinen ausführlicheren Abhandlungen; Pflüger's *Archiv der Physiologie.* 1904. Bd. CV. S. 541 und 559.

zur Oberflächenspannung. In demselben Verhältniss als beispielsweise
Methylalkohol die Oberflächenspannung des Wassers weniger erniedrigt als
Aethylalkohol, ist die Lösungstension des ersteren Stoffes in Wasser grösser
als diejenige des Aethylalkohols.

Wird nun über der wässerigen Lösung solcher Alkohole ein Fett oder
Benzol u. s. w. geschichtet, so wird der Teilungskoeffizient sich um
so mehr zu Gunsten des Fettes u. s. w. verschieben, je geringer
die Lösungstension und je grösser der Einfluss des betreffenden
Stoffes auf die Oberflächenspannung des Wassers ist.

Dieses Ergebniss zeigt uns die Richtigkeit der von Overton gefundenen
Beziehungen zwischen Fettlöslichkeit und osmotischer Geschwindigkeit, ohne dass wir gezwungen sind, die Fettlöslichkeit als die
Ursache des Eindringens in die Zellen anzusehen. Diese Hypothese
ist einstweilen entbehrlich, wenn auch keineswegs behauptet werden soll,
dass dieselbe nicht in mancher Hinsicht berechtigt ist.[1]

Aber sogar quantitativ finde ich die Beziehung bestätigt, welche
sich zwischen Oberflächenspannung, osmotischer Geschwindigkeit,
Diffusion, Löslichkeit und Teilungskoeffizient ergeben haben.

Ich habe früher auf empirischem Wege ein sehr einfaches, sehr an-
genähert gültiges kapillares Gesetz[2] gefunden. Aequivalente Mengen
homologer Stoffe (wie Alkohole, Ester u. s. w.) in Wasser gelöst, erniedrigen die Oberflächenspannung des Wassers im Verhältniss
$1 : 3 : 3^2 : 3^3 \ldots$

Danach wirken beispielsweise 1 Mol. Amylalkohol so stark wie 3 Mol.
Butylalkohol u. s. w. und $3^4 = 81$ Mol. Methylalkohol.

Die folgende Tabelle möge u. a. zeigen, mit welcher Annäherung
dieses Gesetz zutrifft.

	Concentration: Aequivalente im Liter	Steighöhe bei 18° C. mm
Wasser		92·5
Methylacetat	1 normal	58·1
Aethylacetat	1/2 „	58·0
Propylacetat	1/9 „	57·7
Isobutylacetat	1/27 „	58·8
Isoamylacetat	1/81 „	59·9
Isobuttersäure	1/9 „	57·2

Man erkennt, dass selbst die Fettsäuren sich verhalten wie die
isomeren Ester.

Dieses Kapillargesetz fand ich auch annähernd bestätigt
für den Teilungskoeffizienten von Benzol-Wasser u. s. w.[1] Aber die
überraschendste Bestätigung fand jenes Gesetz und damit meine gesammten
theoretischen Anschauungen auf dem Gebiete der Narkotika.

[1] Vgl. meine ausführlichen Abhandlungen in Pflüger's Archiv.
[2] I. Traube, Ann. Chem. Pharm. Bd. CCLXV. S. 27; Forch, Wiedemann's
Annalen. 1899. Bd. LXVIII. S. 810.

Hans Meyer und namentlich Overton[1] haben auf die nahen Beziehungen der narkotischen Wirkung und der Fettlöslichkeit hingewiesen. Diese Beziehungen sind nicht zu bestreiten. Danach durfte man rwarten, auf Grund der hier gemachten Darlegungen, dass nicht nur smotische Geschwindigkeit und narkotische Wirkung, sondern in demselben [aasse Oberflächenspannung und narkotische Kraft parallel gehen. nd dies ist selbst bei chemisch verschiedenen Stoffen in weitem Maasse er Fall.

Vor allem aber folgt übereinstimmend aus den narkotischen Versuchen on Overton an Kaulquappen[2], von Fühner[3] mit befruchteten Seeigeleiern nd von Joffroy und Serveaux[4] an Kaninchen, dass die narkotische Wirkung homologer Stoffe (wie Alkohole, Ester, Aether u. s. w.) it wachsendem Molekulargewicht in demselben Verhältnisse :3:3²:3³... zunimmt wie die Oberflächenbestimmung.

In der folgenden Tabelle sind die relativen Mengen enthalten, welche ie gleiche narkotische Wirkung ausüben.

	Joffroy und Serveaux an Kaninchen		Overton an Kaulquappen		Fühner an Seeigeleiern	
	Mol. per Liter	Quotient	Mol. per Liter	Quotient	Mol. per Liter	Quotient
ethylalkohol . . .	1·297	3·1	0·57	2·0	0·719	1·8
äthylalkohol . . .	0·408	4·5	0·29	2·6	0·402	3·0
Propylalkohol . .	0·090		0·11	3·0	0·138	3·0
Butylalkohol . . .	—	2·9	0·038		0·045	
sopropylalkohol .	—		0·13	3·0		
cobutylalkohol . .	0·031	3·1	0·045	2·0		
cnmylalkohol . .	0·010		0·023		0·020	
Heptylalkohol . .	—		—		0·0070	3·3
Octylalkohol . . .	—		—		0·0051	
nprylalkohol . . .			0·0004		0·0003	

	Overton an Kaulquappen	
	Mol. per Liter	Quotient
Aceton	0·28	3·0
Methyläthylketon	0·08	3·0
Diäthylketon	0·029	
Methylacetat	0·08	2·7
Aethylacetat	0·08	2·9
Propylacetat	0·0105	
Isobutylacetat	0·037	3·8
Isoamylacetat	0·010	

[1] Vgl. meine ausführlichen Abhandlungen a. a. O.
[2] Overton, Studien über die Narkose. Jena.
[3] Fühner, Archiv für experimentelle Pathologie und Pharmakologie. 1903. . LI. S. 1; 1904. Bd. LII. S. 70.
[4] Joffroy und Serveaux, Arch. de méd. expér. et d'Anatom. pathol. 1895. VII. p. 569.

Der Schwerpunkt der vorliegenden Arbeit liegt weniger auf physikalisch-chemischem, als auf physiologischem, pharmakologischem und medicinisch-klinischem Gebiete.

Die Einführung des Oberflächendruckes an Stelle des osmotischen Druckes in der Physiologie hat zur Folge, dass zahlreiche Vorgänge, die man bisher häufig glaubte nur mit „vitalen" Kräften erklären zu können, nun eine einfache Deutung finden. Soweit dies die noch im Gange befindlichen Versuche übersehen lassen, findet die Theorie eine vortreffliche Bestätigung sowohl in bezug auf die Vorgänge im Magen und Darm, wie der Niere, der Haut u. s. w. Auch die Wirkung der Zellwände und Membranen findet durch die hier festgestellte Beziehung zwischen Oberflächenspannung und osmotischer Geschwindigkeit eine neue Beleuchtung, vor allem aber die Wirkung der meisten Heilmittel (Antipyretica, Anaesthetica, Narkotica, Diuretica, Excitantia u. s. w.), deren Wirkung in erster Linie nur in der Aenderung der Oberflächenspannung besteht. Viele dieser Stoffe wirken katalytisch oft in kleinster Menge, indem sie sich an bestimmter Stelle im Organismus festsetzen und dort Oberflächenspannung wie osmotische Geschwindigkeit verändern. Es ergiebt sich, dass ein solcher Katalysator nicht nur beschleunigend, sondern sogar auslösend wirken kann. Besondere Ausblicke eröffnet diese Arbeit auch auf dem Gebiete der Toxine, der Fällung von Colloiden und Bakterien, sowie der amöboiden Bewegungen.[1]

Charlottenburg, Technische Hochschule.

IV. Sitzung am 16. December 1904.

1. Hr. Oberstabsarzt Dr. BARTH (a. G.): „Zur Physiologie der Stimme."

Das Ansteigen der Tonhöhe vollzieht sich unter gleichzeitigem Ansteigen des ganzen Kehlkopfes. Dieses Ansteigen des Kehlkopfes entspringt der stärkeren Spannung der Stimmlippen durch den M. cricothyreoideus, welcher in der Weise zu wirken pflegt, dass er die Spange des Ringknorpels näher an den Schildknorpel heranbringt. Nun ist der Schildknorpel jedoch kein Punctum fixum, sondern muss, und zwar je nach dem Contractionsgrade des M. cricothyreoideus selbst erst fixirt werden. Diese Fixation vollzieht sich dadurch, dass der Schildknorpel fester an das Zungenbein herangezogen wird. Aber auch das Zungenbein bedarf erst der Fixation ehe es dem Schildknorpel als Punctum fixum dienen kann. Die Fixation des Zungenbeins vollzieht sich in der Weise, dass es durch die an demselben ansetzenden Muskeln festgestellt wird und zwar ebenfalls unter gleichzeitigem Ansteigen, um so höher, eine je stärkere Fixation der Schildknorpel nöthig hat. Diese

---

[1] Vgl. meine Abhandlungen in Pflüger's *Archiv*. A. a. O.

Erscheinung des Ansteigens des Kehlkopfes mit der Tonhöhe lässt sich so allgemein beobachten, dass sie gewissermassen als Dogma in allen wissenschaftlichen Bearbeitungen der Stimmphysiologie figurirte. Sie kann jedoch Ausnahmen erleiden uud zwar kann man gerade bei den bestgeschulten Stimmen beobachten, dass sich die Bewegungsrichtung des Kehlkopfes beim Ansteigen der Tonhöhe umgekehrt verhält, dass also dann der Kehlkopf beim tiefsten Ton am höchsten und beim höchsten Ton am tiefsten tritt. In exakter Weise lassen sich diese Bewegungen mit einem von Zwaardemaker angegebenen Apparat registriren, so dass man ausser durch Beobachtung mit dem Auge und dem tastenden Finger auch aus den entstandenen Curven die Bewegungsrichtung des Kehlkopfes beim Wechsel der Tonhöhe fest-stellen kann.

Die Bewegungsrichtung des Kehlkopfes, mit ansteigender Tonhöhe nicht anzusteigen, sondern tiefer zu treten, gewährt eine Reihe sehr bemerkenswerther physiologischer Vorteile. Das Ansatzrohr wird grösser, nicht nur im vertikalen Durchmesser, sondern dadurch, dass der Kehlkopf beim Tiefertreten gleichzeitig eine Bewegung nach vorn macht, auch im sagittalen Durchmesser. Der bucopharyngeale Winkel wird stumpfer und dadurch die Möglichkeit geschaffen, dass Tonwellen aus dem Kehlkopf ungebrochen in grösserer Anzahl nach dem harten Gaumen direkt geleitet werden können. Die grössere Entfernung zwischen Zungenbein und Schildknorpel macht einen Druck des Petiolus auf die Taschenbänder und den Sinus Morgagnii unmöglich, der Schallraum des Sinus Morgagnii kann unbehindert seiner physiologischen Bestimmung genügen. Ferner vollzieht sich die ganze Tongebung unter einem geringeren und daher auch weniger ermüdenden Verbrauch von Muskelkräften. Soll der Kehlkopf bei ansteigender Tonhöhe tiefer treten, so müssen die Muskeln, welche ihn nach oben zu ziehen und zu fixiren im Stande sind, erschlaffen.

In der künstlerischen Stimmpädagogik ist das Wort Tonansatz sehr gebräuchlich, indem man hier direkt von einem falschen und richtigen Tonansatz spricht, indem man unter richtigem Tonansatz diejenige Art der Tongebung versteht, bei welcher der im Kehlkopf erzeugte Ton ungehindert nach aussen geleitet und entstellenden Nebengeräuschen nicht ausgesetzt wird, bei welcher Ermüdung der Halsorgane ausbleiben und die Leistungsfähigkeit der Stimme ungleich länger als beim sogenannten falschen Tonansatz vorhalten soll. Eine physiologisch befriedigende Begründung des vielgeläufigen Wortes Tonansatz ist bisher wenigstens von wissenschaftlicher Seite nicht gegeben worden. Der Vortragende möchte in der Bewegungsrichtung des Kehlkopfes beim Ansteigen der Tonhöhe das entscheidende Moment für den sogenannten richtigen oder falschen Tonansatz erblicken. Näheres Arch. f. Laryng. Bd. 16.

2. Hr. R. du Bois-Reymond: „Die Beweglichkeit eines total resecirten Handgelenks."

Wenn ein total resecirtes Handgelenk seine normale Functionsfähigkeit vollkommen wiedererlangt, so kann dies als Beweis angesehen werden, dass der verwickelte Mechanismus der acht einzelnen Knochen nicht allein durch Anpassung an die Function, sondern mindestens zum Theil durch rein morphologische Entwicklungsbedingungen entstanden ist. Bei einem Fall, in dem vor mehr als 20 Jahren die Enden der Unterarmknochen und alle Handwurzelknochen bis auf das Multangulum majus entfernt worden waren, hat sich die Function in überraschender Weise wieder hergestellt. Die aktive Beweglichkeit erreicht ungefähr die Hälfte des Umfangs der normalen Maximalbewegungen. Aehnliche Fälle sollten auf dieselbe Weise untersucht werden. Das Ergebniss würde sich im oben angegebenen Sinne ver-allgemeinern lassen. Auch vergleichend anatomische Betrachtung führt zu demselben Schluss.

(Ausführlichere Mittheilung in der Beilage zur Deutschen Medicinal-Zeitung „Monatsschrift für orthop. Chirurgie und physikal. Heilmethoden“. 1905. Nr. 1.)

Das

ARCHIV

für

ANATOMIE UND PHYSIOLOGIE,

Fortsetzung des von **Reil, Reil** und **Autenrieth, J. F. Meckel, Joh. 'Müller, Reichert** und **du Bois-Reymond** herausgegebenen Archives,

erscheint jährlich in 12 Heften (bezw. in Doppelheften) mit Abbildungen im Text und zahlreichen Tafeln.

6 Hefte entfallen auf die anatomische Abtheilung und 6 auf die physiologische Abtheilung.

Der Preis des Jahrganges beträgt 54 $\mathscr{M}$.

Auf die **anatomische** Abtheilung (Archiv für Anatomie und Entwickelungsgeschichte, herausgegeben von W. Waldeyer), sowie auf die **physiologische** Abtheilung (Archiv für Physiologie, herausgegeben von Th. W. Engelmann) kann **besonders** abonnirt werden, und es beträgt bei Einzelbezug der Preis der anatomischen Abtheilung 40 $\mathscr{M}$, der Preis der physiologischen Abtheilung 26 $\mathscr{M}$.

Bestellungen auf das vollständige Archiv, wie auf die einzelnen Abtheilungen nehmen alle Buchhandlungen des In- und Auslandes entgegen.

Die Verlagsbuchhandlung:

Veit & Comp. in Leipzig.

Druck von Metzger & Wittig in Leipzig.

7383

ARCHIV

FÜR

ANATOMIE UND PHYSIOLOGIE.

FORTSETZUNG DES VON REIL, REIL u. AUTENRIETH, J. F. MECKEL, JOH. MÜLLER,
REICHERT u. DU BOIS-REYMOND HERAUSGEGEBENEN ARCHIVES.

HERAUSGEGEBEN

VON

Dr. WILHELM WALDEYER,

PROFESSOR DER ANATOMIE AN DER UNIVERSITÄT BERLIN,

UND

Dr. TH. W. ENGELMANN,

PROFESSOR DER PHYSIOLOGIE AN DER UNIVERSITÄT BERLIN.

JAHRGANG 1905.

=== PHYSIOLOGISCHE ABTHEILUNG. ===

DRITTES UND VIERTES HEFT.

MIT ZEHN ABBILDUNGEN IM TEXT.

LEIPZIG,

VERLAG VON VEIT & COMP.

1905

Zu beziehen durch alle Buchhandlungen des In- und Auslandes.
(Ausgegeben am 18. Juli 1905.)

Inhalt.

Die Herren Mitarbeiter erhalten *vierzig* Separat-Abzüge ihrer Beiträge gratis und 30 *M* Honorar für den Druckbogen.

Beiträge für die **anatomische Abtheilung** sind an

Professor Dr. **Wilhelm Waldeyer** in Berlin N.W., Luisenstr. 56,

Beiträge für die **physiologische Abtheilung** an

Professor Dr. **Th. W. Engelmann** in Berlin N.W., Dorotheenstr. 35

portofrei einzusenden. — **Zeichnungen** zu Tafeln oder zu Holzschnitten sind
auf **vom Manuscript getrennten** Blättern beizulegen. Bestehen die Zeichnungen zu Tafeln aus einzelnen Abschnitten, so ist, unter **Berücksichtigung**
der Formatverhältnisse des Archives, eine **Zusammenstellung**, die dem
Lithographen als Vorlage dienen kann, beizufügen.

Ueber an der Atrioventriculargrenze ausgelöste Systolen beim Menschen.

Von

J. Mackenzie und K. F. Wenckebach
in Burnley   in Groningen.

Die vorzeitigen Systolen, welche seit vielen Jahren beim Menschen be-obachtet und beschrieben wurden, sind in den meisten Fällen Extrasystolen, wie diese aus physiologischen Experimenten wohlbekannt sind. Den beiden Untersuchern,[1] welche diesen Nachweis lieferten, war es sofort klar ge-worden, dass sich, was den Entstehungsort dieser Extrasystolen betrifft, zwei Arten unterscheiden lassen, nämlich solche, welche ihren Ursprung im Ventrikel finden, und solche, welche in der Vorkammer ausgelöst werden. Von Cushny und Matthews[2] war das Säugethierherz nach Engel-mann's Methoden untersucht worden, und wurde festgestellt, dass dieses genau so auf Extrareize reagirt wie das Froschherz, mit Ausnahme eines einzigen Détails: die Vorkammerextrasystolen werden meistens von einer unvollständig compensirenden, einer zu kurzen Pause gefolgt. Nach-dem auch von anderer Seite diese Sache untersucht war und Bestätigung gefunden hatte, namentlich auch von Hering[3] eine gewisse Gesetzmässigkeit dieser Verkürzung der Pause gefunden war, hat Wenckebach[4] in diesem Archiv eine Erklärung dieser Verkürzung gegeben, welche dahin geht, dass durch Extrasystolen der Vorkammer die Reizbildung an den venösen Ostien gestört wird, dadurch auch der Rhythmus nicht erhalten bleibt, die Kammer-extrasystolen aber diese Reizstellen nicht erreichen, wegen der langen Zeit, welche der Extrareiz braucht, um die Verbindungsbrücke zwischen A und V zu durchlaufen.

---

[1] Wenckebach, *Zeitschrift für klinische Medicin.* Bd. XXXVI. Cushny, *Journal of experimental Med.* 1899.
[2] Cushny and Matthews, *Journal of Physiology.* 1897.
[3] Hering, *Prager medicinische Wochenschrift.* 1901.
[4] Wenckebach, *Dies Archiv.* 1903. Physiol. Abthlg.

Es wurden nun auch allgemein beim Menschen Vorkammerextrasystolen angenommen, wenn die nachfolgende Pause verkürzt gefunden wurde. Eine Bestätigung dieser Ansicht war von vornherein gegeben. In einer unbeachtet gebliebenen Abhandlung hatte Mackenzie[1] schon 1894 aus dem Venenpulse gezeigt, dass vorzeitige Systolen beim Menschen sowohl in der Kammer, wie auch in der Vorkammer entstehen können, und dass diese letzteren von einer kürzeren Pause als die. ersteren gefolgt werden. · Auch hat diese·Analyse des Venenpulses deutlich gezeigt, dass bei Kammerextrasystolen zwar die Kammer vorzeitig schlägt, die Vorkammer aber ungestört rhythmisch weiter schlägt.

Es giebt nun beim Menschen eine Art unregelmässiger Herzthätigkeit, welche augenscheinlich von Extrasystolen verursacht wird, aber wo jede Compensirung, jede Erhaltung des Rhythmus verloren geht. Von Wenckebach wurde in seinem Buche über die Arhythmie nachdrücklich darauf hingewiesen, dass man in solchen Fällen thatsächlich nicht das Recht hat, ohne weitere Beweise von Extrasystolen zu reden. Diese fraglichen Extrasystolen ohne compensatorische Pause treten meistens in grosser Anzahl auf, öfters in kürzeren oder längeren Gruppen, bis schliesslich das Pulsbild ganz von diesen Systolen beherrscht zu werden scheint. Es wurde die Frage, ob es sich in diesen Fällen um Extrasystolen handelt oder um einen unregelmässigen Rhythmus des Herzens ausführlich erörtert, namentlich würde an Nerveneinfluss gedacht, aber weil nur Pulscurven vorlagen, eine endgültige Entscheidung nicht getroffen; nur wurde nachgewiesen, dass es sich, anderen Behauptungen gegenüber, nicht um gewöhnliche Ventrikelextrasystolen, jedenfalls· um etwas Besonderes handeln müsse.

In einer etwas später erschienenen Arbeit hat Mackenzie[2] diese nämlichen Fälle extremer Unregelmässigkeit, welche er „paroxysmale Tachycardie" nennt[3] mit Hülfe des Jugularpulses zu analysiren versucht. Dabei kam er zur Ansicht, dass es sich um Systolen des Ventrikels handelt, so dass am Ende das Herz ganz von einem ventriculären Rhythmus beherrscht wird. Gegen diese Ansicht aber liess sich noch immer der Einwand erheben: wenn hier Ventrikelextrasystolen vorliegen, weshalb bleibt dann der Originalrhythmus des Herzens nicht erhalten, weshalb fehlt die compensatorische Pause? Auch von anderen Autoren, von Hering, Volhard u. A. wurden sogenannte rückläufige Ventrikelextrasystolen beschrieben, die Schwierigkeit aber nicht aufgehoben.

---

[1] Mackenzie, *Journal of Path. and Bacter.* 1894.
[2] Derselbe, *Brit. med. Journal.* 1904.
[3] Nicht zu verwirren mit der von A. Hoffmann monographisch bearbeiteten Neurose.

Die Lösung dieser Frage findet sich einerseits in einer Beobachtung Mackenzie's, andererseits in schon längst bekannten, aber in letzterer Zeit unter Engelmann's Leitung aufs Neue studirten Thatsachen die Function der Verbindungsbrücke zwischen A und V betreffend.[1]

Mackenzie fand, dass bei dieser eigenthümlichen Art Systolen Kammer und Vorkammer zu gleicher Zeit in Contraction gerathen. Er erklärt diesen Vorgang vorläufig nicht, aber deutet das Phlebogramm aufs Bestimmteste in dieser Weise.

Von experimenteller Seite wurde seitens H. Munk, Gaskell und Anderen, und jetzt in den letzten Heften dieses Archiv's von Engelmann und mehreren Anderen gezeigt, dass im Froschherzen sowohl als im Säugethierherzen die Verbindungsfasern zwischen A und V nicht nur auf Reizung sehr stark und mit ganzen Serien von Systolen antworten, sondern auch dass diesen Fasern ein höherer Grad von automatischer Reizerzeugung zukommt, so dass unter Umständen der normale Rhythmus der Venenmündungen von diesen $A-V$ Systolen überstimmt werden kann.

Der Verband zwischen beiden Beobachtungen ist klar und in's Auge fallend: die fraglichen Extrasystolen beim Menschen werden an der $A-V$ Grenze ausgelöst.[2]

Es ist begreiflich und es erhellt aus dem Experimente, dass der Contractionsreiz, welcher an der $A-V$ Grenze entsteht, zwei in entgegengesetzter Richtung verlaufende Contractionen auslösen muss, eine in normaler Richtung in der Kammerwand, eine in „antiperistaltischer" Richtung in der Vorkammer.

Diese „rückläufige" Vorhofscontraction verursacht die im Venenpuls auftretende, öfters sehr deutlich ausgeprägte Welle, welche coincidirt mit einer von der gleichzeitig sich contrahirenden Kammer in die Carotis entsandten Welle (Mackenzie).

Es ist ebenfalls leicht einzusehen, dass diese $A-V$ Systolen den Rhythmus an den Venenmündungen stören müssen; sie verhalten sich in dieser Hinsicht wie Vorkammerextrasystolen, sie brauchen die langsam leitende $A-V$ Brücke nicht zu passiren.

Die Eigenthümlichkeiten, welche im Experimente bei dem Auftreten dieser Systolen beschrieben wurden, finden sich alle beim Menschen wieder.

---

[1] Hierauf hat Wenckebach in der englischen Ausgabe seines Buches bereits hingewiesen. S. 188. App. 2 und 3.

[2] Wie wir sehen, hat F. Kraus in seinem Vortrage über functionelle Herzdiagnostik ebenfalls die mögliche Bedeutung der an der $A-V$ Grenze ausgelösten Systolen für die Pathologie der menschlichen Herzthätigkeit in's Auge gefasst. *Deutsche Medicinische Wochenschrift.* Januar 1905.)

Das von allen Physiologen, welche sich mit der Sache beschäftigten, von Gaskell u. A., so klar beschriebene gruppenweise Auftreten dieser Systolen, ist auch die beim Menschen meist auffallende Besonderheit: auch ältere Pathologen berichten über die grosse Zahl und die grosse Frequenz dieser Systolen, die französischen Kliniker sprechen von „bruits de coeur en salves" und zeichnen damit sehr genau, was man an solchen Herzen hört!

Auch die Unregelmässigkeit in der Schlagfolge des *A—V* Rhythmus, und die interessante Abwechslung von an den Venenmündungen und an der *A—V* Grenze ausgelösten Systolen, wie sie jetzt für die experimentellen *A—V* Systolen beschrieben werden, finden sich beim Menschen in derselbigen Form.

Wir werden unsere an einem grossen Materiale gesammelten Beobachtungen in einer späteren Abhandlung ausführlich beschreiben, wir glaubten aber schon jetzt diese kurze Mittheilung machen zu müssen in Anbetracht der Bedeutung, welche die jetzt im Berliner Physiologischen Institute unternommenen Untersuchungen über diese Systolen auch für die menschliche Pathologie und die Klinik besitzen. Die Frage nach der Ursache der Extrasystolen beim Menschen, welche sehr schwierig zu beantworten ist, weil wir den Extrareiz nicht kennen und nicht wissen, ob es sich nicht lediglich oder theilweise um herabgesetzte Reizschwelle handelt, ist bei diesen *A—V*-Extrasystolen vielleicht leichter zu lösen, weil wir wissen, dass schon ganz geringfügige Reize ganze Serien von diesen Systolen hervorzurufen im Stande sind, dass andererseits die automatische Reizerzeugung hier eine Rolle spielt. Wir werden somit aus der enormen Zahl von Extrasystolen hier nicht auf sehr starke Extrareizung des Herzens schliessen dürfen.

In diesem Verbande ist es interessant, dass, wie sich schon jetzt sagen lässt, in vielen (nicht in allen!) Fällen, wo jede normale Systole von einer in bestimmter Zeitfolge auftretenden vorzeitigen Systole gefolgt wird (sogenannte Bigeminie des Herzens), diese zweite Systole an der *A—V*-Grenze ausgelöst wird.

Das Verhältniss dieser Systolen zur Digitalis, wie dies von Brandenburg[1] in's Licht gestellt wurde, zum Vaguseinfluss, welcher von Lohmann[2] studirt wurde, zur mechanischen Reizung (Ewald[2] u. A.) deutet schon jetzt darauf hin, wie fruchtbar eine genaue Kenntniss dieser Systolen und ihrer Entstehungsbedingungen sich für die Pathologie des Herzens und für die Klinik der Herzkrankheiten gestalten kann.

Januar 1905.

---

[1] *Dies Archiv.* 1904. Physiol. Abthlg.
[2] Pflüger's *Archiv.* Bd. XCI.

Ueber den Einfluss tiefer Temperaturen auf die Leitfähigkeit des motorischen Froschnerven.

Von

Dr. med. Karl Bühler.

(Aus dem physiologischen Institut in Freiburg .i. B.)

Die Frage nach dem Einfluss hoher und tiefer Temperaturen auf die Function der Nerven ist seit der Mitte des 19. Jahrhunderts vielfach erhoben worden und hat eine ganze Reihe zum Theil widersprechender Beantwortungen erfahren. Am umstrittensten ist immer noch die Wirkung der Kälte und speciell die des Gefrierens. Das liegt zum grössten Theil an der Mangelhaftigkeit der Untersuchungsmethoden, die meist zu anderen Forschungszwecken ersonnen waren und nur nebenbei auch der Lösung unserer Frage dienen sollten. Ich kann daher auf eine Zusammenstellung der bisher aufgebrachten Thatsachen, die ja auch den Rahmen einer kurzen Mittheilung überschreiten würde, verzichten und den Leser auf die am Schlusse angegebene Litteratur verweisen.

Die Versuche, über die hier berichtet werden soll, beschränken sich auf die Untersuchung der Kältewirkung auf die Leitfähigkeit des motorischen Froschnerven (von Rana temporaria und Rana viridis). Sie wurden im Winter 1902/03 und im Sommer 1903 im physiologischen Institut in Freiburg ausgeführt. . Es sei mir gegenüber den Angaben Noll's (11) gestattet gleich hier zu bemerken, dass ich einen Unterschied des Verhaltens meiner Präparate im Sommer gegenüber dem im Winter nicht habe constatiren können; auch eine Abhängigkeit vom Ernährungszustand hat sich nicht nachweisen lassen.

1. Der Apparat.

Der Versuchszweck erforderte eine Einrichtung, die es ermöglichte, eine kleine Nervenstrecke in gewissen Grenzen beliebig schnell und beliebig tief abzukühlen und wieder zu erwärmen, die einmal erreichte Temperatur beliebig lange beizubehalten und in jedem Momente abzulesen. Diese Anforderungen erfüllte mit grosser Genauigkeit folgender Apparat:

Ein kleines cylindrisches Metallgefäss wird durchströmt von Alkohol, der durch zwei kurze Ansatzröhren zu- und abfliesst: Es wird durchsetzt von einem dünnwandigen Metallröhrchen von 3 mm Lumen, das also von dem Alkohol umspült wird und zur Aufnahme des Nerven dient. Zu beiden Seiten trägt das Gefäss zwei Bohrungen mit angesetzten kurzen Röhren zur Aufnahme zweier rechtwinkelig gebogener Quecksilberthermometer, deren Quecksilberbehälter tief in das Gefäss hineinragen und gleichfalls von dem Alkohol umspült werden. Der Alkohol fliesst aus einer hochgestellten Mariotte'schen Flasche zunächst durch eine Kupferspirale, die von Eiswasser, und dann durch eine zweite Kupferspirale, die von einer Kältemischung aus Eis und Kochsalz umgeben ist. Von hier passirt er auf dem kurzen Wege nach. dem Metallgefässe eine 5 cm lange Glasröhre von $1/2$ cm Lumen, in die eine Platinspirale derart eingeschmolzen ist, dass man einen elektrischen Strom durch sie schicken kann. In der Kältemischung wird der Alkohol auf eine bestimmte tiefe Temperatur (etwa — 14° C. bei guter Mischung) abgekühlt. Durch den elektrischen Strom in der Spirale, dessen Stärke man variiren kann, wird er dann wieder beliebig erwärmt. Der Strom wird geliefert von einer Batterie von 6 Accumulatoren. Es war nun Sache der Uebung, sich durch Regulierung der Stromgeschwindigkeit des Alkohols und der Stärke des elektrischen Stromes die gewünschte Temperatur in dem Metallgefäss zu beschaffen. Ich hatte zwei Drahtwiderstände eingeschaltet, ihren combinirten Effect empirisch festgestellt und in einer kleinen Tabelle graphisch dargestellt. Auf diese Weise ist es mir gelungen, jede zwischen + 15 und — 14° C. gelegene Temperatur bis auf 0·2° C. genau und in gewissen Grenzen beliebig schnell herzustellen.

Die Versuche wurden an dem N. ischiadicus des Frosches angestellt. In bekannter Weise wurde der Nerv von seinem Ursprung an bis an's Knie sorgfältig frei präparirt, die Oberschenkelmusculatur bis an's Knie entfernt, das Präparat geeignet in einen Träger eingespannt, und nun bei der Reizung die Plantarflexion des Fusses als Index des Erfolges beobachtet. Der Nerv wurde durch das Metallröhrchen des Kühlgefässes durchgezogen und die abzukühlende Strecke lag Anfangs dem Metalle direct auf. Bald aber zeigte es sich, dass durch die Metalltheile eine starke Nebenschliessung des Heizungsstromes hergestellt wurde, die auf den Nerven erregend wirkte.

Deshalb wurde zur Isolation des Nerven ein ganz dünn ausgezogenes Glasröhrchen in das Metallrohr eingefügt und erst in das Glasröhrchen der Nerv gebracht. Damit war die störende Wirkung des Heizungsstromes aufgehoben.

Der Reizung diente ein Daniellelement mit dem du Bois-Reymond'schen Schlittenapparat. Die Oeffnung und Schliessung des Stromes erfolgte vermittelst eines Quecksilbercontactes mit Wasserspülung, welche die Gleichartigkeit der Unterbrechung und damit die Constanz des Inductionsstromes garantiren sollte. Die Elektroden wurden oberhalb der abzukühlenden Strecke auf einem kleinen mit dem Kühlgefäss verbundenen Metalltischchen mit Gummiüberzug an den Nerven angelegt. Das ganze Präparat, insbesondere aber der Nerv, musste vor dem Austrocknen geschützt werden. Deshalb wurden die Nervenstrecken ausserhalb des Kühlgefässes in mit 0·6 procentiger Kochsalzlösung getränkte Watte eingeschlagen oder mit feuchten Gummituchplättchen bedeckt. Die Strecke im Kühlgefässe wurde auf verschiedene Weise geschützt: entweder wurde der übrig bleibende Raum mit Kochsalzlösung ausgefüllt oder die Nervenstrecke wurde leicht abgetrocknet und mit Mandelöl bepinselt, oder endlich das Glasröhrchen wurde beiderseits um den Nerv herum mit feuchter Watte verschlossen, so dass keine Verdunstung aus dem Röhrchen stattfinden konnte. Ein Unterschied im Resultat war bei den verschiedenen Behandlungsweisen nicht zu constatiren. Zum Schutze gegen die Zimmertemperatur war das ganze Metallgefäss mit Watte verpackt.

2. Die Versuche.

War in der beschriebenen Weise das Präparat hergestellt und eingespannt, der Nerv durch die Glasröhre des Metallgefässes hindurchgezogen und die Elektroden angelegt — während dessen zeigten die Thermometer etwa + 12° C. —, dann bestimmte ich zunächst die Reizstärke für eben gut erkennbare Zuckungen bei + 12° C., d. h. ich bestimmte den grössten Rollenabstand des Schlittenapparates, bei dem eben noch eine deutliche Plantarflexion auf den Reiz folgte.[1]

Dann kühlte ich die zwischen der Reizstelle und den Muskeln gelegene Nervenstrecke, die sich in dem Metallgefässe befand, durch Abschwächen

[1] Es kam bei der allmählichen Verstärkung des Reizes vor, dass der oder jener Muskel des Präparates vor den übrigen eine schwache Zuckung anzeigte; als Erfolg der Reizung wurde jedoch erst eine deutliche Plantarflexion angesehen. Das Merkmal „deutlich" enthält hier natürlich ein subjectives Moment; doch liegen die Fehlergrenzen der Schätzung jedenfalls innerhalb $1/2$ cm Rollenabstandes, eine Genauigkeit, die für unsere Versuche vollständig ausreichte.

des Heizungsstromes ganz langsam ab, bestimmte von Minute zu Minute den angeführten Reizwerth und las gleichzeitig den Stand der beiden Thermometer ab. Die Erniedrigung der Temperatur betrug im Mittel in der Minute etwa 1° C.; in der Nähe der kritischen Temperatur (vgl. unten) wurde natürlich noch viel langsamer (etwa 0·2° C. pro Minute) und mit häufigeren Controlreizen abgekühlt. Diese Langsamkeit des Versuches war einmal geboten, damit man sicher sein konnte, dass die abzukühlende Nervenstrecke auch wirklich die durch die Thermometer angezeigte Temperatur erreicht hatte und dann auch deshalb, weil Probeversuche ergeben hatten, dass bei ganz schnellem Sinken der Temperatur stürmische Erscheinungen in dem Präparat, nämlich krampfartige Zuckungen eintraten, die wohl durch die als starker Reiz wirkende acut eintretende Kälte entstanden, die Frage nach der Beeinflussung der Leitfähigkeit durch die Kälte also nicht berührten und daher zu vermeiden waren. Sie blieben auch thatsächlich bei langsamer Abkühlung vollständig aus.

In unseren Versuchen kann nun der beschriebene Reizwerth als ein directer Ausdruck der Leitfähigkeit der abgekühlten Nervenstrecke betrachtet werden. Denn der Erregungsvorgang entsteht immer an derselben Stelle, die ihre Temperatur nicht ändert. Tritt also eine Aenderung des Erfolges der Nervenerregung ein, so kann der Grund nur in einer Aenderung ihrer Fortleitung und zwar speciell nur innerhalb der abgekühlten Strecke gesucht werden. Die naheliegende parallele Controlreizung unterhalb der abgekühlten Strecke wurde, weil sie die Versuche zu sehr complicirt hätte, nicht ausgeführt. Dagegen ergaben Controlreizungen vor und nach einzelnen Versuchen, dass sich der nicht abgekühlte Nerv nicht erkennbar geändert hatte.

3. Resultat.

Das Ergebniss der Versuche lässt sich am besten durch eine graphische Darstellung veranschaulichen:

Wenn ich mir in einem rechtwinkeligen Coordinatensystem die zeitliche Folge der einzelnen Reizgrössenbestimmungen auf der Abscissenaxe dargestellt denke und mir als Ordinaten die gefundenen Rollenabstände in irgend einem Maassstabe abtrage, dann erhalte ich durch Verbindung der construirten Punkte eine Curve, die mir den zeitlichen Verlauf der Leitfähigkeitsänderung der abgekühlten Nervenstrecke angiebt.[1]

---

[1] Die Grösse der Leitfähigkeit ist freilich nicht direct proportional der Höhe der sie ausdrückenden Ordinaten; denn die Stärke des inducirten Stromes ist ja nicht einfach dem Rollenabstand proportional, sondern müsste nach einem viel complicirterem Gesetze erst bestimmt werden, doch genügt es für unsere Zwecke zu wissen, dass der kleinere Rollenabstand stets eine kleinere Leitfähigkeit anzeigt.

Zeichne ich mir nun in das gleiche System den zeitlichen Verlauf der Temperatur der alterirten Nervenstrecke, so habe ich die Möglichkeit, aus dem unmittelbaren Vergleich beider Cürven den Einfluss der Temperatur auf die Leitfähigkeit zu ersehen.

Die Curven haben nun alle einen einheitlichen Charakter (Figg. 1 bis 4). Zunächst sinkt die Leitfähigkeit kaum merklich bis zu einem bestimmten Punkt; dann sinkt sie momentan bis auf einen ganz geringen Werth herab, von hier fällt sie wieder langsam bis zum völligen Verschwinden. Beim Erwärmen kehrt sie langsam zurück, erreicht aber bei weitem nicht mehr ihre alte Höhe. Im Einzelnen ist dazu auszuführen:

1. Beim Abkühlen von $+ 12^{0}$ C. an sinkt die Leitfähigkeit nur ganz wenig. Dieses Sinken ist in den einen Versuchen mehr, in anderen weniger ausgesprochen, kommt übrigens auch bei Präparaten vor, die ich längere Zeit hindurch gereizt habe, ohne sie abzukühlen. Daher glaube ich, diese geringe Abschwächung nicht der Kälte, sondern anderen Factoren (wie Polarisation an den Electroden, vielleicht auch Ermüdung der Muskeln) zuschreiben zu müssen.

2. Plötzlich aber sinkt die Leitfähigkeit momentan auf einen geringen Werth herab. Ich möchte die Temperatur, bei der dieser Sprung eintritt, als die kritische Temperatur bezeichnen. Die kritische Temperatur ist nicht in allen Versuchen die gleiche, sie schwankt zwischen $- 2$ und $- 10^{0}$ C. Sie beträgt in dem grössten Theil der Versuche ungefähr $- 7^{0}$ C. (siehe die Tabelle).

Was bedeutet nun die kritische Temperatur?

Es liess sich ohne Weiteres sagen, in dem Nerven müsse sich in dem kritischen Augenblick ein acuter Process abspielen; das gab sich in einzelnen Versuchen auch dadurch zu erkennen, dass das Präparat spontan in Unruhe gerieth, leichte wogende Zuckungen in einzelnen Muskeln auftraten. Bald kam mir die Vermuthung, der Nerv möchte in dem kritischen Augenblick gefrieren. Das setzte voraus, dass er vorher nicht gefroren war, also in einem unterkühlten Zustand verharrte; denn seiner Zusammensetzung nach müsste er schon bei einer viel höheren Temperatur, etwa bei $- 0.6^{0}$ C. gefrieren. Wie aber konnte man diese Vermuthung prüfen? Bei jedem Gefrierungsprocess wird latente Wärme frei. Gefrieren nun unterkühlte Lösungen, dann geht die freigewordene Wärme in die gefrierende Masse selbst über, so dass deren Temperatur nach dem normalen Gefrierpunkt hin steigt und wenn die Menge der frei gewordenen Wärme ausreicht, dann wird die Temperatur des Gefrierpunktes wirklich erreicht. Von diesem Vorgang hat Bachmetjew (12) Gebrauch gemacht zur Bestimmung der Unterkühlung seiner Insecten. Ich construirte mir einen dem Apparate Bachmetjew's nachgebildeten kleinen thermoelektrischen Apparat, ver-

16*

senkte die Thermonadel in die Masse der abgekühlten Nervenstrecke und konnte dann thatsächlich den erwarteten Temperatursprung feststellen. Ich gebe das Resultat von zweien dieser Versuche in Form von Doppelcurven bei (Figg. 5 und 6). Die untere Curve giebt dabei jeweils die vermittelst

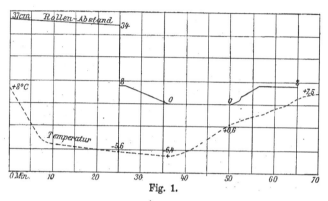

Fig. 1.

des thermoelektrischen Apparates beobachtete Temperatur der abgekühlten Nervenstrecke während der Dauer des Versuches, die darüberstehende die gleichzeitig beobachtete Leitfähigkeit. Es ist in ihnen ganz eclatant, wie in demselben Moment, in dem die Leitfähigkeit des Nerven sinkt, die

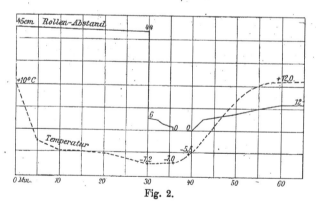

Fig. 2.

Temperatur ohne äussere Veranlassung in die Höhe schnellt und zwar um ganz erhebliche Beträge. Wenn sie den Gefrierpunkt nicht ganz erreicht, so können dafür verschiedene Erklärungen in Betracht kommen: Entweder die freiwerdende Wärmemenge ist zu gering, um den Nerven sammt der Spitze der Thermonadel bis zu dem Gefrierpunkt zu erwärmen,

oder die Magnetnadel ist zu träge, um den schnellen Wechsel ganz anzugeben, da die durch die Erwärmung etablirte Temperaturdifferenz zwischen

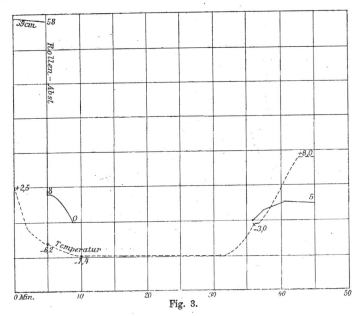

Fig. 3.

dem Nerven und seiner Umgebung sich zu schnell wieder ausgleicht. Für
die letztere Annahme spricht das ebenso schnelle Abfallen der Temperatur

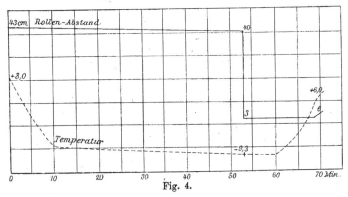

Fig. 4.

nach dem Emporsteigen, so dass in der Curve ein ganz steiler Gipfel
resultirt.

Damit scheint mir bewiesen, dass das momentane Sinken der Leit-
higkeit des Nerven durch den Process des Gefrierens erklärt werden muss.

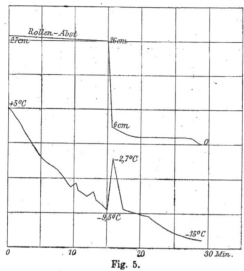

Fig. 5.

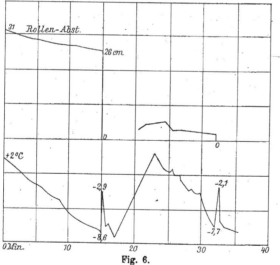

Fig. 6.

araus ergiebt sich die Consequenz, dass die tiefe Temperatur an und
ür sich bis etwa − 10° C. die Leitfähigkeit gar nicht oder doch
icht in erheblichem Grade beeinträchtigt.

Auf die Frage: Warum unterkühlt sich der Nerv? kann ich eine befriedigende Antwort nicht geben. Die gewöhnlich angeführten Bedingungen der Unterkühlung einer Wassermasse, nämlich Staubfreiheit — d. i. Reinheit von ungelösten Partikelchen — und Ruhe können hier nicht herangezogen werden, jedenfalls war die letztere in dem Apparat während des Versuches nicht vorhanden. Vielleicht ist die Capillarität der Nervenfaser für die Erklärung von Bedeutung. Einige Versuche zur Aufklärung der ganzen Frage haben ergeben:

1. Zunächst ist die Fähigkeit der Unterkühlung keine vitale Eigenschaft des Nerven, denn Präparate, die 5 Tage lang unter feuchter Glasglocke gelegen hatten, deren Muskeln weder auf directen noch indirecten elektrischen Reiz mehr reagirten, die man also wohl mit Grund für todt ansehen konnte, zeigten dasselbe Phänomen der Unterkühlung an der Thermonadel, wie die frischen, lebenden Präparate.

2. Die Fähigkeit der Unterkühlung ist keine specifische Eigenschaft der Nervensubstanz, denn auch die Muskelsubtanz lässt sich unterkühlen.

3. Die Fähigkeit der Unterkühlung ist überhaupt nicht an organisirte Gebilde gebunden, denn ein in physiologische Kochsalzlösung getauchter und darauf schwach ausgerungener Wollfaden liess sich in ähnlicher Weise unterkühlen. (Freilich hatten auch einige Versuche der letzteren Art ein negatives Ergebniss, für das ich keine Erklärung geben kann.[1])

Ueber diese negativen Sätze hinaus können uns auch die anderwärts bekannten Thatsachen der Physik keinen Leitfaden der Untersuchung geben.

Betrachten wir nun an der Hand unserer graphischen Darstellung noch einige specielle Eigenthümlichkeiten des Ergebnisses der Versuche und einige Nebenfragen, die sich daran knüpfen lassen.

Wir sahen, im Moment des Gefrierens sinkt die Leitfähigkeit stark herab. Aber sie verschwindet in weitaus den meisten Versuchen nicht sofort vollständig, sondern erhält sich auf niederem Grade (etwa 4 bis 10 cm Rollenabstand), um erst bei weiterem Abkühlen entweder allmählich oder plötzlich zu verschwinden. Erwärmt man nun den Nerven wieder, dann tritt in den meisten Fällen, bevor die Temperatur des normalen Gefrierpunktes erreicht ist, jene geringe Leitfähigkeit wieder auf. (Selbstverständlich musste dabei eine Täuschung in Folge eines Temperaturunterschiedes zwischen Nerv und und Thermometer ausgeschlossen werden.) Einzelne Präparate zeigten erst über dem normalen Gefrierpunkt ein Wiederauftreten der verschwundenen Leitfähigkeit, wieder anderen konnten sie durch Wiedererwärmung überhaupt nicht mehr zurückgegeben werden.

---

[1] Auch betrug die Unterkühlung hier höchstens 2 ⁰ C.

Versuchs-Nummer	Kritische Temperatur ° C.	Leitfähigkeit sinkt		Höhe der zurück-kehrenden Leitfähigkeit cm
		von cm	zu cm	
3	— 8·0	27·0	5·0	8·0
4	— 8·0	50·0	7·0	22·0
5	— 6·0	34·0	—	5·0
7	— 7·5	45·0	7·0	?
8	— 8·0	30·0	5·0	3·5
9	— 6·4	35·0	2·0	—
10	— 4·8	29·0	0	0
11	— 3·0	27·0	2·0	0
13	— 2·0	50·0	2·0	0
14	— 7·4	24·0	7·5	—
15	— 2·0	50·0	6·5	—
16	— 6·7	51·0	—	—
17	— 5·9	41·5	?	—
18	— 7·6	48·5	—	—
19	— 7·2	44·0	6·0	12·0
20	— 7·2	33·0	6·0	20·0
21	— 9·3	40·0	3·0	6·0
22	— 6·2	58·0	8·0	5·0
23	— 2·4	58·0	5·0	—
24	— 6·4	62·0	4·5	9·0
25	— 4·8	65·0	4·0	55·0
26	— 4·0	57·0	8·0	—
27	— 7·6	39·0	3·0	7·0
28	— 5·2	42·0	10·0	9·0
29	— 5·4	47·0	5·0	11·5
30	— 3·6	58·0	9·0	7·0
31	— 5·6	34·0	8·0	8·0
32	— 6·2	23·0	6·0	7·0

Ihre anfängliche Höhe erreicht die Leitfähigkeit in keinem Versuche wieder vollständig, nur in einem einzigen kommt die wiedergewonnene der ursprünglichen einigermaassen nahe (Versuch Nr. 25 siehe Tabelle), in allen übrigen bleibt sie tief unter ihr auf einer Höhe stehen, die einem Rollenabstande von etwa 8 bis 10 cm entspricht, während die ursprüngliche Leitfähigkeit durch einen Rollenabstand von etwa 30 bis 50 cm ausgedrückt wird.

Alle diese speciellen Verhältnisse lassen sich also aus den vorliegenden Versuchen noch nicht gesetzmässig bestimmen. Trotzdem dürften einige Vermuthungen über ihre Erklärungsmöglichkeiten nicht unnütz sein, da sie vielleicht einen Anhaltspunkt für Ergänzungsversuche gewähren könnten. Wie ist es also denkbar, dass die Leitfähigkeit des Nerven beim Gefrieren, das ja durch den Temperatursprung bewiesen wird, nicht sofort vollständig verschwindet? Die einfachste Annahme war zunächst folgende: Der Nerv gefriert in dem kritischen Moment nicht vollständig, sondern nur zum Theil; es bleiben ihm immer noch einzelne ungefrorene und daher functionsfähige Fasern, die aber einen verhältnissmässig starken Reiz erfordern, um eine sichtbare Plantarflexion hervorzurufen. Kühlt man noch tiefer ab, dann gefriert auch der Rest der Nervenfasern und dann ist die Leitfähigkeit ganz verschwunden (wenigstens für die angewandten Stromstärken).

Ein anderer naheliegender Erklärungsversuch, der der gefrorenen Nervenstrecke jede Leitfähigkeit abspricht und dafür von der Reizungsstelle zu dem unversehrten Nerven unterhalb der abgekühlten Strecke Stromschleifen annimmt, die also die abgekühlte Strecke überspringen und bei den ja verhältnissmässig starken Strömen noch Muskelzuckungen hervorrufen, dürfte an der Thatsache scheitern, dass ja die geringe Leitfähigkeit bei weiterer Abkühlung vollständig schwindet.

Auch die Thatsache der Rückkehr der einmal verschwundenen Leitfähigkeit beim Wiederauftauen des Nerven dürfte einer Erklärung leicht zugänglich sein; dass sie ihre alte Höhe nicht wieder erreicht, dafür können wohl mechanische Insulte, die bei dem Gefrierprocess sicher nicht ausbleiben (man denke an das Anschiessen von Eiskrystallen), verantwortlich gemacht werden. Räthselhaft dagegen erscheint die Thatsache, dass die Leitfähigkeit zurückkehrt bei einer Erwärmung, die den normalen Gefrierpunkt bei Weitem nicht erreicht. In einem Versuch z. B. verschwand die Leitfähigkeit bei − 10·7° C. und kehrte zurück bei − 3·8° C. Für andere Versuche sind die entsprechenden Zahlen: − 7·5 und − 5·5, ferner − 13·0 und − 11·0, ferner − 7·5 und 7·0° u. s. w. Konnte man zur Erklärung der Erhaltung eines geringen Grades von Leitfähigkeit annehmen, dass zufällig in einzelnen Fasern der labile Gleichgewichtszustand der Unterkühlung erhalten blieb, so kann man doch nicht annehmen, dass nach einer geringen Temperaturerhöhung dieser Zustand, nachdem er einmal verloren war, sich wieder herstellte. Wenn der Nerv einmal gefroren ist, kann er nach unseren heutigen Anschauungen über die Vorgänge des Gefrierens erst bei oder über seiner normalen Gefriertemperatur wieder auftauen.

Die Versuche lassen also noch manche Fragen offen, die einer experimentellen Behandlung zugänglich erscheinen. Trotzdem glaubte ich sie jetzt schon mittheilen zu sollen, da mir äussere Umstände ihre Fortsetzung einstweilen nicht gestatten.

Eine Uebersicht über den Verlauf auch der nicht graphisch dargestellten Versuche soll die angefügte Tabelle bieten. In ihr enthält die

erste der senkrechten Spalten die Versuchsnummer; die Klammer um je
zwei Versuche deutet an, dass die zu Grunde liegenden Präparate demselben Thiere angehörten. Die zweite Spalte enthält die kritische Temperatur. Die dritte und vierte giebt die Grösse der Leitfähigkeit vor und nach ·
dem Sinken bei der kritischen Temperatur, wie sie durch den nach Centimetern bemessenen Rollenabstand angezeigt wird. Die letzte Spalte endlich
enthält die Höhe der Leitfähigkeit (in demselben Maassstabe), die die abgekühlte Nervenstrecke nach dem Sinken durch Erwärmung wieder erreichte.
Ein — in den beiden letzten Spalten bedeutet Reactionslosigkeit des Präparates auch bei dem stärksten der durch den Apparat ermöglichten Reize,
eine 0 bedeutet Zuckung nur bei vollständig über einander geschobenen
Rollen des Schlittenapparates.

1. Ec

2. Pie

4. Ala
rd die Reizb

6. Bd.

7. Bor

8. G. V
ar la conduc

10. Ch
phase des ne

12. Bac
brittischen Sy

Litteraturverzeichniss.

1. Eckhard, *Zeitschrift für rationelle Medicin.* Bd. X.

2. Pickford, *Ebenda.*

3. Harless, *Ebenda.* III. Reihe. Bd. VIII.

4. Afanasieff, Untersuchungen über den Einfluss der Wärme und der Kälte auf die Reizbarkeit des motorischen Froschnerven. *Dies Archiv.* 1865. Physiol. Abthlg. S 691.

5. Grützner, Ueber verschiedene Arten der Nervenerregungen. Pflüger's *Archiv.* Bd. XVII. S. 215.

6. Ed. Hirschberg, In welcher Beziehung stehen Leitung und Erregung der Nervenfaser zu einander? *Ebenda.* Bd. XXXIX. S. 75.

7. Boruttau, Beitrag zur allgemeinen Nerven- und Muskelphysiologie. II. Abhandlung: Ueber die Wirkung der Kälte auf die Nervenleitung. *Ebenda.* Bd. LXV. S. 7.

8. G. Weiss, L'influence des variations de température et des actions mécaniques sur la conductibilité et l'excitabilité des nerfs. *Journ. de physiol.* T. V. p. 31.

9. J. C. Herrick, The influence of changes in temperature upon nervous conductivity as studied by the galvan. Method. *Americ. Journ. of phys.* Vol. IV. p. 301.

10. Charpentier, Etude de quelques conditions de l'excitation faradique unipolaise des nerfs moteurs. *Arch. de physiol.* T. VI. p. 294.

11. Noll, Ueber Erregbarkeit und Leitungsvermögen des motorischen Nerven unter dem Einfluss von Giften und Kälte. *Zeitschrift für allgemeine Physiologie.* Bd. III. S. 57.

12. Bachmetjew, *Experimentelle entomologische Studien vom physikalisch-chemischen Standpunkt aus.* Bd. I. Leipzig 1901.

Zur Physiologie des Schwimmens.

Von

Dr. R. du Bois-Reymond,

Privatdocent in Berlin.

I. Einleitung.

1. **Einleitung.** Das Schwimmen wird von Aerzten wie von Laien als Leibesübung allgemein geschätzt und empfohlen.[1] Wenn man der Begründung dieser Empfehlungen nachgeht, wird man in den physiologischen Lehrbüchern, obschon die Lehre vom Schwimmen von Alters her zu ihrem Stoffgebiet gehört, wenig Anhaltspunkte dafür finden.[2] Meinem persönlichen Urtheil nach gründet sich vielmehr die gute Meinung, die man vom Schwimmen als Uebung hat, auf der zwar weit verbreiteten, aber wenig klaren Vorstellung, dass das Schwimmen eine besonders „harmonische Ausbildung" des Körpers bedinge.[3]

Diese Vorstellung stützt sich, wo überhaupt eine Begründung versucht wird, auf Betrachtungen über die Form der Schwimmbewegungen. Da nun schon mit dem Begriff der „harmonischen Ausbildung" vom wissen-

[1] Vgl. nach H. Brendicke, *Zur Geschichte der Schwimmkunst und des Bade-wesens.* Hof 1885. S. 34. Die Verfügung des Ministeriums des Innern und der Polizei vom 26. Juni 1811: „Das Schwimmen ist die vorzüglichste Leibesübung und sollte die allgemeinste sein; keine andere ist für die Erhaltung und Stärkung der Körperkraft und Gesundheit wohlthätiger."

[2] L. Zuntz, Turnen, Turnspiele und Sport im *Handbuch der physikal. Ther.* von Goldscheider und Jacob. Leipzig 1901. Thl. I. Bd. II. S. 185, führt an: Gleichmässige Beanspruchung der Muskeln, Abhärtung durch die Wärmeentziehung, Fehlen der Gefahr der Ueberhitzung, Staubfreiheit der geathmeten Luft — der, wie Verf. selbst hinzufügt, beim Wasserschlucken eine (unverhältnissmässig grössere) Gefahr entgegensteht.

[3] Vgl. E. J. Trelawney, *Records of Shelley, Byron and the author.* London 1878. Vol. I. p. 70. „He [Lord Byron] was built for floating, with a flexible body, open chest, broad beam and round limbs."

schaftlichen Standpunkt nicht viel anzufangen ist, und da ferner, wie leicht
einzusehen ist und alsbald ausführlich gezeigt werden soll, die Eigenart
des Schwimmens als Leibesübung durchaus nicht gerade auf der Bewegungsform beruht, steht die erwähnte Anschauung vom Wesen des Schwimmens
offenbar auf sehr schwachen Füssen. Es dürfte daher von Interesse sein,
die Physiologie des Schwimmens daraufhin zu untersuchen, ob ihm mit
Recht so grosse Bedeutung als Leibesübung zugeschrieben wird.

II. Die Wasserwirkungen.

2. Unterscheidung der Wirkungen des Wassers an sich von
denen der Schwimmbewegung. Offenbar muss die wissenschaftliche
Betrachtung des Schwimmens damit beginnen, die Eigenthümlichkeiten dieser
Uebung in zwei sorgfältig zu unterscheidende Gruppen zu trennen: Erstens
die, die bloss auf dem Umstande beruhen, dass sich der schwimmende
Mensch im Wasser befindet, und zweitens die, die der Schwimmbewegung
als solcher zukommen.[1]

Die erste Gruppe wird sich natürlich auch in dem Falle bemerkbar
machen, dass der Körper in Wasser eingetaucht ist, ohne dass er selbst-
thätig schwimmt, also bei jedem Bade, und sie sind also mit den Wirkungen
des blossen Badens identisch. Dass diese Wirkungen einen nicht unwesentlichen Einfluss neben denen des eigentlichen Schwimmens ausüben werden,
lässt sich schon aus der alltäglichen Erfahrung schliessen, dass ein Bad,
etwa wie die Seebäder am flachen Strande, bei denen man in der Regel
wenig oder gar nicht zum Schwimmen kommt, doch fast denselben subjectiven Eindruck hinterlässt, wie ein regelrechtes Schwimmbad. Diese
Art der Einwirkung des Schwimmens soll durch die Bezeichnung „Wasserwirkung" von der der Schwimmbewegung getrennt, bezeichnet und zuerst
besprochen werden.

3. Die chemischen Wirkungen des Wassers. Unter den verschiedenen Arten der Wasserwirkung ist von den Aerzten merkwürdiger
Weise auf die chemische Wirkung am meisten Gewicht gelegt worden,
trotzdem die Einwirkung im Wasser gelöster Substanzen auf den Körper
vielfach überhaupt bezweifelt worden ist. Jedenfalls dürfte dieser Art der
Wasserwirkung beim Baden und Schwimmen in gewöhnlichem Fluss-
oder Seewasser keine wesentliche Bedeutung zukommen.

4. Die thermischen Wirkungen des Wassers. Eine sehr wesentliche Rolle dagegen spielt unzweifelhaft die thermische Wirkung des

---

[1] Diese Unterscheidung wird von F. A. Schmidt (*Unser Körper.* Leipzig 1899.
S. 540) scharf bezeichnet, bei der weiteren Erörterung aber nicht eingehalten.

Wassers. Es sind hier wiederum zwei verschiedene Arten der Einwirkung zu unterscheiden, nämlich einerseits die Reizwirkung des kalten Wassers auf die Haut, andererseits die Wirkung der Wärmeentziehung auf den Wärmehaushalt des Körpers. Unter den Wirkungen der Hautreizung ist der inspiratorische Reflex besonders zu erwähnen, der bekanntlich bei der Wiederbelebung Ohnmächtiger durch Bespritzen mit kaltem Wasser benutzt wird. Das unmässige Johlen und Schreien, das man von unerzogenen Individuen so häufig beim Baden vernimmt, erklärt sich mit grosser Wahrscheinlichkeit aus dem Umstande, dass sie bei der ersten Berührung mit dem kalten Wasser die Lungen so voll Luft ziehen, dass daraus eine Anregung zu exspiratorisch-phonatorischer Bethätigung hervorgeht.

Unter geeigneten Umständen wirkt der Reflex so mächtig, dass die einzige gewaltsame Inspirationsbewegung schon ein merkliches Stück Athemgymnastik darstellt. Nach einer einzigen kalten Uebergiessung fühlt man deutlich die Ermüdung der Athemmuskeln. Die vortheilhafte Wirkung der Kaltwasserbehandlung des Typhus wird auch zum Theil auf diesen Punkt zurückgeführt.[1]

5· Die calorischen Wirkungen des Wassers. Was die calorischen Wirkungen betrifft, so soll darauf hier nicht näher eingegangen, sondern statt dessen auf die Arbeiten von Liebermeister[2] und von Lefèvre[3] verwiesen werden. Es genügt hier der kurze Hinweis, dass die Wärmeverluste im kalten Bade ausserordentlich gross sind, beispielsweise nach Lefèvre für ein Bad von 12° bei 4 Minuten Dauer schon 100 Calorien betragen, dass sie aber durch erhöhte Production vollkommen ausgeglichen, und sogar überwogen werden. Daraus geht hervor, dass die kalten Bäder auf den Stoffumsatz, der ja die Wärmeproduction beherrscht, einen mächtigen Einfluss üben. Es sei nebenbei noch erwähnt, dass Lefèvre angiebt, beim gesunden Körper werde durch die Anregung der Wärmeproduction, die ein kaltes Bad mit sich bringt, auch die Regulirung der Körpertemperatur derart beeinflusst, dass, wenn vor dem Bade subnormale oder erhöhte Temperatur bestand, nachher genau die normale Temperatur wieder gewonnen wird. Dies erklärt die wohlthätige erwärmende Wirkung des Bades insbesondere nach mangelhafter oder gar durch ungenügenden Kälteschutz gestörter Nachtruhe, die aus dem täglichen Leben bekannt ist, und auch in der Litteratur hier und da erwähnt

---

[1] A. Strümpel, *Spec. Pathologie und Therapie.* 5. Aufl. Bd. I. S. 37.
[2] V. Liebermeister, *Dies Archiv.* 1860. Physiol. Abthlg. S. 520. — *Deutsches Archiv für klin. Medicin.* 1870. Bd. VII. S. 75 und 1872. Bd. X. S. 89, 420.
[3] J. Lefèvre, Variations du pouvoir réfrigérant de l'eau en fonction de la température et du temps. *Arch. de physiol.* 1897. (5) T. IX. p. 7.

wird.[1] Wichtig ist auch die Angabe Lefèvre's, dass die Anregung zur
Wärmeproduction bei kälteren Bädern unverhältnissmässig stärker ist, als
bei wärmeren, woraus sich die paradoxe Erscheinung ergiebt, dass ein Bad
von über 24° die Körpertemperatur stärker herabsetzen kann, als ein Bad
in kälterem Wasser.

An dieser Stelle möge noch eine Angabe Brücke's erwähnt werden,
mit der die Erfahrung des Verfassers im Einklang steht[2]: „Mit zuneh-
mendem Alter nimmt übrigens jetzt [Brücke spricht vom kindlichen Alter]
die Widerstandskraft gegen kältere Bäder noch zu, erreicht früher oder
später zwischen dem elften und sechzehnten Lebensjahre ihren Höhepunkt,
um dann kürzere oder längere Zeit auf gleicher Höhe zu bleiben und endlich je nach der Constitution und je nach der Lebensweise wieder zu sinken."

Ausführlichere Besprechung der calorischen Verhältnisse würde, wie
schon oben bemerkt, zu weit von unserem Gegenstande abführen. Es
sei nur ein sehr wichtiger Punkt besonders hervorgehoben, der bei Erörterung der calorischen Bedingungen des homoiothermen Organismus gewöhnlich nicht genug betont wird. Man pflegt die Wärmeverluste in
kalter Umgebung, sei es nun Luft oder Wasser, kurzweg auf Strahlung
und Leitung zu beziehen. Das ist auch vollkommen berechtigt, doch muss
besonders vom praktischen Gesichtspunkt aus hervorgehoben werden, dass
unter gewöhnlichen Umständen der Verlust durch Leitung sehr wesentlich
durch die Erscheinung der sogenannten Convection verstärkt wird. Unter
Leitung schlechthin wird man die Leitung durch ein ruhendes Medium
verstehen, in dem sich die Temperatur der nächstliegenden Schicht der
des warmen Körpers anpasst, während die folgenden Schichten einen gleichmässigen Uebergang bilden. Unter diesen Umständen ist die Wärme-
abgabe, da nirgends ein starker Temperaturunterschied besteht, am geringsten. Unter den gewöhnlichen Bedingungen kann sich dieser Zustand
aber schon deswegen nicht halten, weil die erwärmten Schichten durch

---

[1] So berichtet Desor, in der von Carl Vogt herausgegebenen Beschreibung
von Agassiz' Geologischen Alpenreisen. 2. Aufl. Frankfurt 1847. S. 389, vom Aufenthalt
in der Gletscherhütte: „Einige von uns hatten die Gewohnheit, sich Morgens den
ganzen Oberkörper mit eiskaltem Wasser zu waschen. Man stellte zu diesem Ende
Abends einen grossen Wasserzuber vor die Hütte (denn am Morgen hält es schwer,
sich Wasser zu verschaffen) und oft musste man am andern Morgen die Eisschicht
durchbrechen, die sich auf dem Zuber gebildet. Die ersten Male fielen diese
Waschungen hart, bald gewöhnten wir uns daran und wir setzten sie gerne fort, da
man, nach Ueberwindung des ersten unangenehmen Eindruckes, sicher war, warm zu
haben, und ungestraft schon Morgens die Leinenkleider anlegen konnte, während die,
welche sich nicht so vollständig wuschen, in ihren Mänteln vor Kälte zitterten."

[2] Brücke, Wie behütet man Leben und Gesundheit seiner Kinder. Wien und
Leipzig 1892. S. 140.

Ausdehnung leichter werden, und nach oben abziehen, während von unten
neue kalte Stoffmengen nachströmen. Es wird daher auch in scheinbar
ruhendem Wasser immer ein Strömungsvorgang stattfinden, der die Wärme
gleichsam vom Körper fortspült. Eben diesen Vorgang bezeichnet man
als Wärmeentziehung durch Convection. Wenn der Körper sich im
Wasser bewegt, wie beim Schwimmen, sodass er fortwährend mit neuen
Wassermassen in Berührung tritt, ist der Wärmeverlust durch Convection
natürlich noch stärker.

6. Einfluss des „Oelzeugs" auf die Convection. Umgekehrt
ist der Wärmeverlust. im Wasser verhältnissmässig gering, sobald die
Wirkung der Convection aufgehoben ist. Dies ist, wie ich zufällig durch
den praktischen Versuch erprobt habe, der Fall, wenn man mit dem von
Seeleuten viel benutzten sogenannten „Oelzeug" bekleidet ist. Das Oelzeug
ist ein weiter Anzug aus Leinwand, der durch Firnissen wasserdicht gemacht ist, und zum Schutz gegen Wind, Regen und Spritzwasser über der
gewöhnlichen Kleidung getragen wird. Häufig hört man bei Unglücks-
fällen zur See die Thatsache, dass die betreffenden Mannschaften ihr
„schweres Oelzeug" getragen haben, als ungünstigen Umstand erwähnen.
In solchen Fällen, in denen es für die Errettung aus der Gefahr wichtig
ist, dass der Körper der Wärmeentziehung möglichst lange Widerstand
leisten kann, wird aber das Oelzeug die besten Dienste thun. Manche sonst
fast unglaubliche Angaben über die Widerstandsfähigkeit Schiffbrüchiger
werden hierdurch verständlich.[1] · Trägt man nämlich beim Aufenthalt im

---

[1] Diese Berichte geben mitunter Proben von der Widerstandsfähigkeit des Organismus, die mit den Angaben mancher Lehrbücher schwer vereinbar sind. Es mögen
deshalb hier einige Beispiele gegeben werden, zu denen leicht noch viele Seitenstücke
zu finden sein dürften: Bei W. Pole, *Life of Sir William Siemens*. London 1888.
p. 215, wird über den Untergang des Dampfers „La Plata" im Biscayischen Meerbusen
berichtet, der am Sonnabend, den 26. Novbr. 1874 Abends stattfand. Der Bootsmann
Lamut und der Untersteuermann Hooper blieben auf einem Rettungsfloss sitzen, das
aus zwei Schwimmkörpern mit einem Tuch dazwischen bestand, und sie nur mit dem
Oberleib über Wasser hielt. Erst am folgenden Mittwoch, Morgens 4 Uhr wurden sie
von einem holländischen Schooner „Wilhelm Blenkels·zoon", Capitain J. van Dorp,
aufgenommen, der sie Nachts hatte rufen hören. Die Rettung geschah in der Weise,
dass die beiden Schiffbrüchigen ihren Sitz verlassen und selbst an das Schiff heran-
schwimmen mussten. Sie waren also noch leistungsfähig und haben anscheinend auch
später nicht an den Folgen dieses Bades gelitten, da nichts darüber gesagt wird, dass
Sir William Siemens sie für Kurkosten oder Invalidität entschädigt hätte. Die mittlere
Wassertemperatur des Biscayischen Meerbusens für den Monat November wird auf
Meeresisothermenkarten zu 16° angegeben. Bei G. Byng Gattie, *Memoirs of
the Goodwin Sands*. London 1890. p. 154, wird über die Strandung der „Providentia"
aus Finland im December 1850 berichtet, dass der Schiffer mit einem Schwimmgürtel
versehen in's Wasser gerieth, und erst viele Stunden später, nachdem er zwei (See-)
Meilen weit getrieben war, wieder aufgefunden werden konnte. Die Wassertemperatur

Wasser einen Oelrock, so wird die zwischen Haut und Oelrock eingeschlossene Wassermenge alsbald bis zu ganz behaglicher Temperatur erwärmt. Man kann so ohne Beschwerde viel länger im Wasser bleiben als in unbekleidetem Zustande, und empfindet sogleich sehr deutlich die viel stärkere Abkühlung, wenn durch heftige Bewegungen frisches Wasser mit dem Körper in Berührung kommt.

7. Der Druck des Wassers. Neben der chemischen und thermischen Wasserwirkung ist nun eine dritte Art der Einwirkung zu beachten, deren Bedeutung, soviel ich weiss, in diesem Zusammenhange noch nie gewürdigt worden ist. Dies ist die mechanische Wirkung, die das Wasser vermöge seines Gewichts, in Form des allseitigen Flüssigkeitsdruckes auf den Körper ausübt.

Die Wirkung äusseren Druckes auf den Körper tritt da am deutlichsten hervor, wo im Inneren nachgiebige Substanz vorhanden ist. Die eigentlichen Körpergewebe, die alle grösstentheils aus Wasser bestehen, sind als incompressibel anzusehen, ebenso die mit Flüssigkeit erfüllten Körperhöhlen. Dagegen sind die mit Luft gefüllten Hohlräume compressibel. Der äussere Druck wird demnach, indem er auf Brust und Bauch einwirkt, {die in den Lungen enthaltene Luft zusammenpressen, und wird mithin in erster Linie auf die Athmung einwirken. In der Pneumatotherapie wird auf verschiedene Weise von der Einwirkung veränderten äusseren Druckes Gebrauch gemacht. Die am häufigsten therapeutisch angewendeten Bedingungen, nämlich die der Athmung bei erhöhtem Luftdruck in der pneumatischen Kammer, sind allerdings von denen des nur äusserlich wirkenden Wasserdruckes von Grund aus verschieden. Hier herrscht nämlich durch Vermittelung der Luftwege im Inneren der Lunge derselbe Druck wie ausserhalb, es findet also keine einseitige Belastung der Brustwand statt. Es ist aber in der Pneumatotherapie auch der Fall untersucht und angewendet worden, dass nur die äussere Körperfläche dem erhöhten Druck ausgesetzt wurde, während die Lungen durch die natürlichen Luftwege oder eine Athemröhre mit der unverdichteten Atmosphäre in Verbindung waren. Dieser Fall entspricht ganz den Verhältnissen wie sie beim eingetauchten Körper bestehen, bei dem die Lungen mit der atmosphärischen Luft in Verbindung sind, während auf der äusseren Körperfläche ausser dem Atmosphärendruck der Wasserdruck lastet.

Es ist daher auch schon an anderer Stelle [1] darauf hingewiesen worden,

muss in diesem Falle beträchtlich niedriger gewesen sein, als in dem vorher erwähnten, da die mittlere Jahrestemperatur nur gegen 15 ° beträgt.
  Aehnliche Beispiele liessen sich in grosser Zahl finden.
    [1] Vgl. Goldscheider und Jakob, *Handbuch der physikalischen Therapie.* Leipzig 1901. Theil I. Bd. I. S. 193.

dass mit dem Vollbade, namentlich in tiefem Wasser, eine pneumato-
therapeutische Wirkung verbunden sei. Dieser Umstand ist indessen so
wenig beachtet worden, dass sie in der Lehre vom Schwimmen, soweit mir
bekannt, nur einmal erwähnt, aber kaum ihrer wirklichen Bedeutung nach
gewürdigt worden ist.[1] Diese Nichtachtung rührt vermuthlich davon her,
dass die Grösse des Wasserdrucks unterschätzt worden ist. Es lässt sich
aber leicht überschlagen, dass selbst bei ganz bescheidenen Annahmen für
die in Betracht kommenden Maasse, der Wasserdruck eine sehr erhebliche
Wirkung auf den Mechanismus der Athmung haben muss.

Das Wasser drückt von allen Seiten auf die Lungen, aber ein Theil
der Lungenoberfläche ist durch unnachgiebige Wände vor der Einwirkung
des Druckes geschützt. Es kommt also nur der Theil der Lungenoberfläche in Betracht, der von nachgiebiger Wandung, von dem beweglichen
Theil der Brust, bedeckt ist. Schätzt man die Fläche dieses Theiles der
Brustwand auf 25 ^{cm} breit und ebenso tief, so ergiebt sich eine Flächen-
grösse von 625 ^{qcm}. Wenn der Körper bis an den oberen Rand dieser
Fläche senkrecht im Wasser eingetaucht ist, so herrscht am unteren Rand
der Fläche der Druck von 25 ^{cm} Wasserhöhe, am oberen Rand der Druck
Null. Die Gesammtwirkung kommt daher der eines mittleren Druckes
von 12·5 ^{cm} Wasserhöhe gleich. Dieser mittlere Druck, auf einer Fläche
von 625 ^{qcm} wirkend, kommt einer Belastung der Fläche mit 12·5 . 625 ^{ccm}
Wasser, also 7812·5 ^{grm} oder rund 8 ^{kg} Gewicht gleich. Nun steht der
Körper beim Schwimmen nicht senkrecht, dafür ist er aber bis an den Hals,
oft sogar bis an den Mund eingetaucht. Die angegebene Zahl wird daher
eher zu niedrig, als zu hoch gegriffen sein.

Man kommt zu dem gleichen Ergebniss, wenn man von der Arbeits-
grösse ausgeht, die erforderlich ist, um die Athemluft in die unter dem
Wasserspiegel befindlichen Lungen einzusaugen. Bei jedem Athemzuge,
durch den etwa 500 ^{ccm} Luft in die Lunge gebracht werden, muss die
entsprechende Wassermenge aus der Umgebung der Lungen verdrängt
werden. Nimmt man an, die eingesogene Luft erreiche die Tiefe von 16 ^{cm},
so ist 0·5 ^{kg} Wasser zu verdrängen, das unter 16 ^{cm} Wasserdruck steht,
wozu eine Arbeit gehört, gleich der, die 0·5 ^{kg} auf 0·16 ^{m} Höhe hebt. Es
sind also für jeden Athemzug 0·08 ^{mkg} Arbeit, abgesehen von der normalen
Athemarbeit, zu leisten. Mit dieser Arbeit würde das oben als auf der

---

[1] Guts Muths, *Kleines Lehrbuch der Schwimmkunst.* Weimar 1833. S. 43,
spricht von der Einwirkung des Wasserdruckes beim Tauchen in grössere Tiefen, und
erwähnt dabei, dass schon der „noch sehr unbeträchtliche" Druck des Wassers unmittelbar unter der Oberfläche bei Ungeübten „Beängstigung" und „Beklemmung"
hervorruft. Nur F. A. Schmidt, *Unser Körper.* Leipzig 1899. S. 591, hebt die
Wirkung des Druckes gebührend hervor.

Brust lastend berechnete Wassergewicht von 8 ^{kg} um 1 ^{cm} gehoben werden. Wenn also zur Einathmung von 500 ^{ccm} Luft die Brustwandung im Mittel um 1 ^{cm} bewegt werden muss, stimmen die beiden Schätzungen überein. Vor Kurzem habe ich bei Gelegenheit einer anderen Untersuchung, über die später berichtet werden soll, den Druck unmittelbar gemessen, unter dem sich die Lungenluft bei eingetauchtem Körper befindet. Die Messung wurde vorgenommen, indem eine Versuchsperson mit einem Gewicht von 2 ^{kg} belastet und an einem am Kopfe befestigten Strick senkrecht in's Wasser hinabgelassen wurde, bis der Kopf völlig untergetaucht war. Die Nase der Versuchsperson war durch einen Schlauch mit einem registrirenden Manometer verbunden. Wenn die Versuchsperson auf die angegebene Weise versenkt war, zeigte das Manometer 30 bis 40 ^{mm} Quecksilberdruck. Dies entspricht ungefähr 50 ^{cm} Wasserhöhe. Wäre die Versuchsperson nur bis an den Hals eingetaucht gewesen, so würde die Drucksäule natürlich um die Länge des Kopfes kleiner gewesen sein, und nur etwa 16 ^{cm} Wasserhöhe betragen haben. [1]

Die Bedingungen dieses Versuches dürfen selbstverständlich nicht mit denen beim Schwimmen oder Baden verwechselt werden, bei denen die Lungenluft mit der Atmosphäre in freier Verbindung steht. Zum Zwecke der Messung ist die Lungenluft abgeschlossen und die dadurch entstehende Compression dient als Maass des Wasserdruckes. Bei offenen Luftwegen ist die Lungenluft natürlich nicht comprimirt, daher lastet der äussere Wasserdruck auf der Brustwand, und muss von ihr getragen werden.

8. Wirkung des Druckes auf die Athmung. Von der Wirkung dieses Druckes auf die Athemmechanik kann man sich eine grobe Anschauung machen, wenn man sich vorstellt, dass einer Versuchsperson in Rückenlage die Last von 8 ^{kg} etwa in Gestalt von Sandsäcken auf die Brust gepackt würde. Auf diese Anschauung gestützt möchte ich behaupten, dass der mechanischen Einwirkung des Wasserdrucks auf die Athmung an physiologischer Bedeutung die erste Stelle unter den Wasserwirkungen

---

[1] Die Frage nach der Grösse dieses Druckes, oder allgemein, nach der Grösse des Druckes, der in einem von nachgiebigen Wänden umgebenen Luftvolume unter Wasser herrscht, ist nicht ganz einfach. Für die Verhältnisse bei den Lungen ist zunächst anzugeben, dass nicht etwa die tiefer eingetauchte Bauchfläche mit der auf ihr lastenden höheren Wassersäule in Rechnung zu ziehen ist, weil ja der Bauchinhalt in mechanischer Beziehung als Flüssigkeit, also gleich dem umgebenden Wasser gerechnet werden muss. Es wäre für den Versuch ganz gleich, wenn die Versuchsperson unter Wasser exenterirt würde. Im Uebrigen ist festzuhalten, dass im Innern des Luftvolums überall der gleiche Druck herrschen muss, es wird also im Wesentlichen Compression von unten her stattfinden, und überall der Druck des untersten Punktes des Luftraumes maassgebend sein.

17*

beim Schwimmen zukommt, und dass sie selbst hinter der mächtigen thermischen Einwirkung nicht zurücksteht.

Nun ergiebt zwar ein einfacher Ueberschlag, dass der Zuwachs zur Athemarbeit einen an sich nur unbedeutenden Posten im Arbeitshaushalt des Gesammtkörpers ausmacht, ja dass er nach der üblichen Schätzung der Athemarbeit bei Körperruhe nur ungefähr eine Steigerung um 10 Procent bedeutet. Da aber die Athemmusculatur, wie weiter unten gezeigt werden wird, beim Schwimmen auch abgesehen vom Wasserdruck erheblich angestrengt wird, und da ihre Thätigkeit bei keiner anderen Leibesübung in ähnlicher Weise erschwert ist, dürfte schon dieser verhältnissmässig geringe Zuwachs genügen, das Schwimmen zu einer Athemgymnastik ersten Ranges zu erheben, und das obige Urtheil zu rechtfertigen.

Allein durch diese mechanische Wirkung des Wassers sind eine Reihe von Erscheinungen zu erklären, die jedem Schwimmer bekannt sind, aber in fast allen mir bekannten Darstellungen unbeachtet gelassen sind.[1]

Der Ungeübte, etwa ein Kind, das zum ersten Mal in's Wasser geht, steigt voller Zuversicht hinab, bis etwa an die Brust — von dem Augenblick an, in dem die Bauchathmung durch den Wasserdruck merklich erschwert wird, tritt unverkennbares Angstgefühl auf. Auch der Geübte hat im Wasser nie das Gefühl so vollständiger Ruhe und Behaglichkeit wie in der Luft — am ehesten dann, wenn er auf dem Rücken liegt, und mithin seine ganze Brustfläche mit der Oberfläche des Wassers bündig ist. Beim Stehen bis an den Hals im Wasser empfindet man stets deutlich die Erschwerung der Einathmung und die ungewohnte Leichtigkeit und Schnelle der Ausathmung. Dies ist einer[2] der Gründe, die dazu führen, dass manche Menschen beim Baden gewohnheitsmässig „pruschen". Sie schaffen sich durch das Zusammendrängen der Lippen einen künstlichen Widerstand, der erst durch Anstrengung der Exspirationsmuskeln überwunden werden kann. Ferner muss Jedem, der in tiefem Wasser badet, auffallen, dass schon eine verhältnissmässig geringe Anstrengung sehr schnell zur Athemlosigkeit führt. Wenn man zum Beispiel nur wenige Stösse in schneller Folge schwimmt, wobei noch lange keine merkliche Muskelermüdung entsteht, so wirkt dies auf die Athmung wie in der Luft erst eine viel grössere Leistung wirken würde, und wenn beim Schwimmen der Zustand der Athemlosigkeit eingetreten ist, dauert es viel länger ehe man sich erholen kann, als es in der Luft dauern würde. Nur wenn man sich auf den Rücken dreht, wobei die Athemfläche der Brust vom

---

[1] Vgl. oben S. 258 Anm.

[2] Ein anderer Grund ist der, dass durch das heftige Ausblasen der Luft etwa vom Gesicht herabfliessendes Wasser verhindert wird, zwischen die Lippen einzudringen.

Druck fast völlig entlastet ist, verliert sich auch die Athemlosigkeit in der gewöhnlichen Weise.

9. Wirkung des Wasserdruckes auf den Kreislauf. Der mechanische Druck der Wassersäule muss zweitens auf den Kreislauf einwirken. Was die physikalische Arbeitsleistung des Herzens betrifft, wird zwar der äussere Druck so wenig wie die Schwerewirkung innerhalb des in sich zurücklaufenden Kreissystems eine Veränderung hervorrufen. Die Vertheilung des Blutes, auf die die Schwere wesentlichen Einfluss hat, wird dagegen durch den äusseren Druck wesentlich beeinflusst werden. Die Rückstauung des Blutes nach unten zu wird nahezu völlig aufgehoben, da das Blut bis auf den geringen Ueberschuss seines specifischen Gewichtes über das des Wassers gewichtlos wird. Dies bezieht sich vornehmlich auf die grossen Venenstämme in der Bauchhöhle, und kann also auch so ausgedrückt werden, dass durch die Compression, die der Wasserdruck auf die Bauchhöhle übt, die Venenwände des inneren Ueberdruckes zum Theil entlastet werden. Da ferner in der Brusthöhle, wie oben wiederholt erwähnt, einfacher Atmosphärendruck, auf dem übrigen Körper aber Atmosphärendruck und Wasserdruck lastet, muss das Blut nach der Brusthöhle auszuweichen streben. Dadurch erwächst dem Herzen und dem Arteriensystem eine Arbeitsvermehrung, da das Blut gegen den höheren Druck hinausgetrieben werden muss, andererseits aber ist der venöse Zufluss erleichtert, und es wird dem Herzen wenigstens an Blutzufuhr nicht fehlen. Die äussersten Grenzen für die hier besprochenen Vorgänge werden durch die Versuche Hill's veranschaulicht. Bei in aufrechter Lage befestigten Versuchsthieren kann so starke Blutstauung in der unteren Körperhälfte eintreten, dass das Gehirn und selbst das Herz durch Blutleere arbeitsunfähig werden. Dieser lebensgefährliche Zustand hört sofort auf, wenn das Thier mit Wasser umgeben wird, da die Schwere der äusseren Wassermenge der des Blutes das Gleichgewicht hält, und dadurch die Ursache der Stauung beseitigt. Hill selbst macht darauf aufmerksam, dass die Bedingungen seiner Versuche mit denen beim Baden des Menschen zu vergleichen sind.[1]

III. Das Schwimmen.

10. Die physikalischen Bedingungen des Schwimmens. Was bleibt nun für das eigentliche Schwimmen als Leibesübung übrig, wenn von den bisher besprochenen „Wasserwirkungen" abgesehen wird? Im All-

---

[1] L. Hill. Further experiments on the influence of gravity on the circulation. *Journ. of physiol.* XXIII. Suppl.

gemeinen wird unter „Schwimmen" nur die Fähigkeit verstanden, sich
über Wasser zu halten und allenfalls in bestimmter Richtung darin fortzubewegen. Was für eine körperliche Leistung setzt diese Fähigkeit voraus
und inwiefern stellt sie demnach eine Uebung dar?

Der Körper kann auf drei verschiedene Arten über Wasser gehalten
werden, die den Arten zu vergleichen sind, wie auch ein Körper in der
Luft fliegend gehalten werden kann. Der letztere Fall ist namentlich in
letzter Zeit öfter und genauer untersucht worden, so dass es sich empfiehlt,
die Anschauung von einem auf den anderen Fall zu übertragen, besonders
weil die deutsche Sprache an bestimmten Ausdrücken für die verschiedenen
Arten des Schwimmens und Fliegens leider ärmer ist als ihre Nachbar-
sprachen.

Der Körper kann erstens specifisch leichter sein als das umgebende
Mittel, dann schwimmt er passiv darin, er „treibt" darin. So schwimmt
der Luftballon in der Luft, ein Stück Kork auf dem Wasser. Der Engländer hat hierfür das Wort „to float", der Franzose „flotter".

Der Körper kann sich zweitens in dem Mittel wagerecht bewegen,
und durch geeignete Widerstandsflächen dabei einen Auftrieb nach oben
erhalten, der ihn trägt. So ist es beim sogenannten „Drachenflug" der
Vögel, beim „Kreisen", „Segeln" und theilweise beim gewöhnlichen Flug.
Man hat Boote construirt, die sich auf diese Weise bei schneller Fahrt aus
dem Wasser emporheben. Die Engländer bezeichnen den Segelflug der
Vögel mit dem Zeitwort „to soar", die Franzosen haben für diese Art der
Bewegung den sehr brauchbaren Ausdruck „planer".

Drittens endlich kann der Körper durch unmittelbar auf das Emporheben gerichtete Arbeit getragen werden, wie es Vögel thun, wenn sie mit
fortwährendem Flügelschlag an einem Orte in der Luft stillstehen. Die
deutsche Jägersprache nennt diese Flugweise „Rütteln", für die entsprechende
Art sich über Wasser zu halten kann man nur das allgemeine Wort
„schwimmen" in engerem Sinne anführen. Ebenso muss man es wohl
auch im Englischen und Französischen machen.

Obschon diese drei Arten des Schwimmens grundsätzlich auseinander
gehalten werden können, ist es nicht ausgeschlossen, dass sie in beliebiger
Mischung gleichzeitig angewendet werden. Das trifft sogar für das Schwimmen
des Menschen zu.

11. Das specifische Gewicht. Das specifische Gewicht des menschlichen Körpers lässt sich nicht mit Bestimmtheit angeben, weil es wesentlich vom Luftgehalt der Lungen abhängt. Die Körpergewebe bestehen bekanntlich grösstentheils aus Wasser, und wenn auch die feste Substanz
etwas schwerer ist als Wasser, so ist dafür eine gewisse Menge Fett im

Körper, so dass die Gewichtsdifferenz nicht sehr gross sein kann.[1] Sie wird daher durch den Luftinhalt der Lungen aufgewogen, aber allerdings nur nach tiefer Einathmung. Die in den meisten Lehrbüchern der Physik und Naturkunde gebäuchliche allgemeine Angabe, das specifische Gewicht des Menschen sei geringer als Wasser, ist also eigentlich nicht richtig.[2] Mies[3] hat bei seiner Bestimmung des specifischen Gewichts am Lebenden auch ausschliesslich Zahlen über 1·000 angegeben.

Mein eigenes specifisches Gewicht beträgt bei maximaler Inspiration 0·989, bei maximaler Exspiration 1·042.

Bei fast allen Menschen genügt jedenfalls die Füllung der Lungen mit Luft, damit sie leichter werden als das umgebende Wasser, und somit „schwimmen". Die Schwimmbewegungen kommen demnach in den zweiten Rang zu stehen. Dieser Ansicht giebt kein Geringerer als Brücke[4] in seinen Vorlesungen über Physiologie Ausdruck, indem er sagt: „Das Schwimmen besteht in zweierlei: erstens in dem Haushalten mit dem Athmen, so dass man immer eine möglichst grosse Luftmenge im Thorax hat, und deshalb das mittlere specifische Gewicht möglichst gering ist, und zweitens in der Locomotion, welche bekanntlich dadurch zu Wege gebracht wird, dass die oberen und unteren Extremitäten gegen das Wasser mit mehr

---

[1] In diesem Zusammenhange dürfte noch ein Punkt zu besprechen sein, über den, nach mündlichen Aeusserungen zu urtheilen, falsche Anschauungen verbreitet sind. Es besteht nämlich das Vorurtheil, auf sehr tiefem Wasser sei es leichter zu schwimmen, als in seichtem. Dass diese Vorstellung sich rein physikalisch nicht begründen lässt, leuchtet wohl ohne Weiteres ein. Die tieferen Wasserschichten, die sich unter dem Schwimmer befinden, haben natürlich gar keinen Einfluss auf den Auftrieb, und man kann sie durch festen Grund ersetzt denken, ohne dass irgend etwas an den Bedingungen des Schwimmens geändert wird. Sofern die betreffende Anschauung auf unklaren Begriffen von der Einwirkung des Wasserdruckes beruht, ist sie also jedenfalls völlig irrig. Dagegen kann unter Umständen etwas Wahres daran sein: Ein Schwimmer fühlt sich in seinen Bewegungen freier, wenn er den Grund nicht unmittelbar unter sich hat. Man könnte auch an die leichtere Beweglichkeit der Oberfläche bei grösserer Tiefe denken, durch die man im Ruderboot den Grund auf bis zu 2 ᵐ Tiefe spüren kann. Für die Bewegungen des Schwimmers, die ohnehin, wie alsbald gezeigt werden soll, viel grösseren Widerstand finden, kommt dies aber nicht in Betracht. Dagegen ist ohne Zweifel die Wellenbewegung des tiefen Wassers von der seichten verschieden, und auf Wahrnehmungen nach dieser Richtung dürfte das Vorurtheil zu Gunsten der grösseren Wassertiefe zurückzuführen sein.

[2] In Trelawny, *Records of Shelley, Byron and the author.* London 1888. Vol. I. p. 90, findet sich die Angabe, dass Shelley, als er sich nach Trelawny's Anweisung im Wasser treiben lassen wollte, auf den Grund hinabgesunken sei.

[3] Mies, Ueber die Masse und den Rauminhalt des Menschen mit Ausführung einer Bestimmung des specifischen Gewichtes beim Lebenden. Virchow's *Archiv.* 1899. Bd. CLVII. S. 90.

[4] E. Brücke, *Vorlesungen über Physiologie.* III. Aufl. Wien 1881. Bd. I. S. 533.

oder weniger schiefer Fläche wirken und den Körper fortschieben." Zu beachten ist das erstens und zweitens, das gewiss nicht ohne Absicht so gesprochen worden ist.

Die erste Art des Schwimmens, „das Treiben" vermöge geringen specifischen Gewichts, spielt demnach beim Schwimmen des Menschen die Hauptrolle. Man darf sagen, dass, abgesehen von der Ortsbewegung, in ruhigem Wasser Schwimmbewegungen überhaupt nur nothwendig sind, weil die Lungen eben von Zeit zu Zeit entleert werden müssen.

12. Die Schwimmbewegungen. Die zweite Art, wie ein Körper in specifisch leichterer Umgebung Auftrieb erhalten kann, nämlich indem er sich in wagerechter Richtung fortbewegt, und den entstehenden Widerstand als Triebkraft nach oben ausnutzt, scheint zwar nur unbeträchtlicher Wirkungen fähig, es ist aber auch nur sehr wenig Arbeit nöthig, um den Körper während der Ausathmungsperioden hinreichend zu unterstützen. Bei einzelnen Arten des Schwimmens, wie zum Beispiel beim Brustschwimmen mit emporgehobenen Händen, beim Rückenschwimmen mit Hüftstütz der Hände, ist deutlich wahrzunehmen, dass der Kopf des Schwimmers versinkt, sobald die von den Beinen bewirkte Fortbewegung unterbrochen wird. Bei den gewöhnlichen Bewegungen ist nicht recht zu unterscheiden, in welchem Maasse der Auftrieb mittelbar durch die Fortbewegung, und in welchem Maasse er unmittelbar durch Ruderbewegungen hervorgebracht wird. Die hierzu aufgewendete Arbeit ist in beiden Fällen nur ganz unbedeutend, weil eben das specifische Gewicht des Körpers an sich von dem des Wassers so wenig abweicht.

Zum blossen Schwimmen, das heisst, um den Körper über Wasser zu halten, sind überhaupt nur ganz geringfügige Bewegungen nöthig, die ausserdem auf ganz verschiedene Weise ausgeführt werden können. Es kann daher von einer specifischen Wirkung des Schwimmens als Leibesübung nur dann die Rede sein, wenn unter Schwimmen zugleich eine schnelle Fortbewegung im Wasser verstanden wird.

13. Die Form der Schwimmbewegungen. Eine eigentliche Arbeitsleistung beim Schwimmen tritt dann auf, wenn es gilt, den Körper schnell von einem Ort zum andern durch das Wasser zu treiben. Dazu sind kräftige Bewegungen erforderlich, die sogar eine recht ermüdende Uebung darstellen. Um die physiologische Bedeutung dieser Uebung würdigen zu können, muss man natürlich die Form der Bewegung in Betracht ziehen. Da entsteht die Schwierigkeit, welche Bewegungsform als typisch anzusehen ist. Manche physiologische Lehrbücher machen sich diese Aufgabe leicht, indem sie die beim preussischen Heer eingeführte Methode des Schwimmunterrichts zu Grunde legen. Die Praxis aller mir bekannten Schwimmer

weicht aber von den dort gegebenen Vorschriften erheblich ab, es giebt auch noch ganz andere Arten zu schwimmen, und so bleibt die Frage offen, welche Grundzüge als allgemeingültig anzusehen sind. Man pflegt die Bewegung beim Schwimmen mit der eines Bootes zu vergleichen, das gerudert wird. Dies Gleichniss taugt aber nur, die allgemeinsten Grundzüge zu veranschaulichen. In Wirklichkeit ist der Schwimmer eher einem Boote zu vergleichen, das durch Rudern mit blossen Stangen ohne Ruderblatt fortgetrieben werden soll, und das ausserdem versenkt ist, so dass die Stangen nicht aus dem Wasser gehoben werden können.

Die menschlichen Gliedmaassen, allenfalls die Handflächen ausgenommen, sind selbst im besten Falle so mangelhafte Ruder, dass es kaum zu unterscheiden ist, ob sie in einer oder der anderen Stellung stärker wirken. Die Kunst des Schwimmers scheint vielmehr nur darauf zu beruhen, dass er die grösste Kraft und Geschwindigkeit in den Stoss zu legen, und daneben die Widerstände gegen die Vorwärtsbewegung möglichst klein zu machen versteht. Natürlich muss es hierfür gewisse Normen geben, die sich aber meiner Ansicht nach vorläufig[1] nicht genauer beschreiben lassen, als schon durch die Ausdrücke: Schwimmstoss, Ausgreifen mit den Armen, Ruderschlag und anderes mehr geschieht.

In den Schriften über das Schwimmen werden zwar meist ganz genaue Vorschriften für die Form der Bewegung gegeben. Dabei sind jedoch zwei Umstände zu beachten, die diesen scheinbaren Gegensatz zu den obigen Ausführungen vielmehr in eine Bestätigung verwandeln: Erstens handelt es sich in besagten Schriften meist darum, Anleitungen zum Schwimmenlernen oder -lehren zu geben. Das ist selbstverständlich etwas ganz Anderes, als die Theorie der zweckmässigsten Schwimmbewegungen aufzustellen. Denn der Weg, auf dem eine Thätigkeit am besten erlernt wird, ist oft ein ganz anderer, als die Art, wie sie später am besten ausgeführt wird.[2] Es ist geradezu nothwendig, dem Anfänger Schemata einzuprägen, die sich bei fortschreitender Uebung von selbst verlieren. Es scheint mir, dass die meisten Anleitungen gerade darauf berechnet sind, dass der Lernende durch eigene Erfahrung das Wichtige vom Unwichtigen zu sondern lerne. Denn diejenigen, die die vorgeschriebene Bewegung genau ausführen, sind durchaus nicht gute Schwimmer, ja es kommt vor[3], dass

---

[1] Die Sachlage ist der beim Schiffbau zu vergleichen, wo für die Form der Schiffe auch gewisse allgemeine Regeln bestehen, die zweckmässigste Form im Einzelnen aber nur durch Probiren gefunden wird.

[2] Hier sei vergleichsweise an den Uebergang vom Buchstabiren zum eigentlichen Lesen erinnert.

[3] Auerbach, *Das Schwimmen leicht und sicher zu erlernen.* Berlin 1873, S. 11.

Leute, die die Bewegungen „fehlerfrei" machen, dabei überhaupt nicht schwimmen können.

Zweitens aber, und das ist der wichtigere Punkt: Die Anweisungen selbst laufen in wichtigen Punkten einander geradezu entgegen. Dies ist wohl der beste Beweis, dass es entweder auf die Form der Bewegung nicht wesentlich ankommt, oder dass die Wirkung der Bewegungen auf einem ganz anderen Wege entsteht, als in den Schriften angegeben wird. So sagt von der Bewegung der Beine F. A. Schmidt[1]: Die Füsse „bewegen sich mit der vollen Fusssohle gegen das Wasser", indem er hieraus offenbar den Antrieb beim Schwimmstoss ableitet. Dagegen erklärt Guts Muths[2] mit dem grössten Nachdruck, und meiner Ansicht nach mit Recht, dass nicht die Fusssohle, sondern der Fussrücken beim Stoss gegen das Wasser drücke. In ebenso schroffem Gegensatz steht eine Angabe, die unter Anderen Auerbach[3] vertritt, zu den nach meiner Ansicht zutreffenden Ausführungen von Hirth. Auerbach sagt: Man schlägt die Beine „kräftig aneinander, so dass sie den Körper von dem Wasserkeil, der sich zwischen den geöffneten Beinen befindet, abdrücken". Dagegen heisst es bei Hirth[4] meiner Ansicht nach viel richtiger[5]: „Ist der Ruderschlag mit beiden Beinen vollendet, so bleiben sie nicht von einander gesperrt stehen, sondern nähern sich in ausgestreckter Stellung einander, damit sie der Fortgleitung des Körpers nicht hinderlich werden."

14. Messung der nutzbaren Arbeit beim Schwimmen als Fortbewegung. Aus den angeführten Widersprüchen geht zur Genüge hervor, dass sich ein Urtheil über das Schwimmen als Leibesübung auf

---

[1] F. A. Schmidt, *Unser Körper.* S. 538.

[2] Guts Muths, *Kleines Lehrbuch der Schwimmkunst.* Weimar 1833. S. 85.

[3] W. Auerbach, *Das Schwimmen leicht und sicher zu erlernen.* Berlin 1873. S. 18.

[4] G. Hirth, *Anleitung zum Schwimmen und Baden.* Leipzig 1877. Nach Guts Muths *Kl. Lehrbuch* verfasst. Die oben angeführte Stelle finde ich jedoch nur bei Hirth S. 35, nicht bei Guts Muths.

[5] Macht man den Versuch, die Beine aus der gespreizten gestreckten Stellung zusammenzuschlagen, so findet man, dass die vorwärtstreibende Wirkung an dem „Wasserkeil, der sich zwischen den geöffneten Beinen befindet", minimal ist, weil dieser Keil oben und unten um die runden Gliedmaassen abfliessen kann, und ausserdem so schmal ist, dass die vorwärtstreibende Componente fast Null sein muss. Daher kann nur im ersten Augenblick, wenn die Füsse am weitesten aus einander stehen, eine Adductionsbewegung förderlich sein, sie wird im unmittelbaren Anschluss an den Stoss, oder gar gleichzeitig mit dem Stoss ausgeführt und wirkt ähnlich wie ein Ruderschlag bei der Endstellung des Ruders, wenn es schon schräg nach hinten steht. Die weitere Annäherung der Beine als „kräftiges Zusammenschlagen" auszuführen, scheint mir gänzlich zwecklos.

Grund der Bewegungsform schwer gewinnen lässt. Man wird im Gegentheil zu der Ansicht neigen, dass es auf die Bewegungsform sehr wenig ankommt, und dass den Bewegungen überhaupt eine untergeordnete Bedeutung für den Einfluss des Schwimmens auf den Körper zukomme. Die Bewegungen, die erforderlich sind, sich über Wasser zu halten, würden nach dem oben Gesagten überhaupt als Muskelübung nicht in's Gewicht fallen. Wie gross mag aber die Arbeitsleistung sein, die zur Fortbewegung im Wasser erfordert wird?

Diese Arbeit genau zu bestimmen, ist eine ausserordentlich schwierige Aufgabe. Sehr leicht dagegen kann man zu einer groben Schätzung gelangen, die auf verhältnissmässig hohe Werthe schliessen lässt.

Der Erfolg der Muskelarbeit des Schwimmers ist die Bewegung des Körpers durch das Wasser. Bewegt man den Körper auf andere Weise mit der gleichen Geschwindigkeit durch's Wasser, so leistet man die gleiche Arbeit. Man hat nun mitunter Gelegenheit, Proben dieser Art vorzunehmen. Wenn man sich zum Beispiel mit den Händen an ein fahrendes Schiff anhängt, so leistet nun das Schiff die Fortbewegungsarbeit, und sie wird durch den Zug der Arme auf den Körper übertragen. Das Gefühl der Spannung gewährt dabei einen Maassstab für die aufgewendete Arbeit, die nach dieser Probe unerwartet gross erscheint. Es ist aber zu bedenken, dass das betreffende Schiff in der Regel schneller fährt, als man zu schwimmen pflegt.[1] Man könnte nun denselben Versuch zur Messung der Arbeit beim Schwimmen verwenden, indem man die Fahrt des Schiffes der Schwimmgeschwindigkeit gleich machte. Der gefundene Arbeitswerth würde dann aber noch lange nicht richtig werden, weil erstens der Wasserwiderstand bei gleichmässiger Geschwindigkeit geringer sein muss, als bei der sehr ungleichmässigen Fortbewegung durch actives Schwimmen, und zweitens die Stellung des Körpers sich nicht in derselben Weise wie beim activen Schwimmen verändert hätte. Dessen ungeachtet unternahm ich einen derartigen Versuch, und kam dabei durch Zufall auf ein Mittel, die Bedingungen den wirklichen Verhältnissen in gewisser Beziehung besser anzupassen. Es wurde nämlich ein Ruderboot benutzt, um die Versuchsperson durch's Wasser zu ziehen. Der Widerstand erwies sich nun als so gross dass das Boot nach jedem Ruderschlage seine Fahrt fast vollständig verlor, so dass die Versuchsperson stossweise fortgezogen wurde. Es blieb hierbei also nur der Fehler bestehen, dass die Stellung der geschleppten Versuchsperson von der wechselnden Stellung eines Schwimmers nothwendiger

---

[1] Hängt man sich an ein kleines Segelboot, so findet man, dass dessen Fahrt fast völlig gehemmt wird. Dagegen kann dasselbe Boot ein Fahrzeug mit einem halben Dutzend Menschen in's Schlepptau nehmen, ohne dass seine Geschwindigkeit wesentlich verringert wird.

Weise verschieden sein musste, und ausserdem, dass die Anzahl der Beschleunigungen, die ihr von dem Ruderboot ertheilt wurden, mit der Anzahl
der Schwimmstösse, die in gleicher Zeit oder auf der gleichen Strecke gemacht worden wären, nicht gleich war, sondern nur halb so gross. Um
wenigstens eine annähernde Schätzung für die Arbeitsleistung zu gewinnen,
wurden Versuche auf folgende Weise gemacht: Mit Hülfe einer gemessenen
Schnur wurden in etwa 2 m tiefem Wasser zwei Pfähle 48 m von einander
entfernt in den Grund gesteckt. Im Boot befanden sich drei Personen,
ein Ruderer, ein Steuermann und ein Beobachter. Die Versuchsperson war
durch ein 3 bis 4 m langes Seil mit dem Dynamometer verbunden, das
hinten im Boot aufgestellt war. Die Fahrt begann einige Bootslängen vor
dem ersten Pfahl. Sobald die Versuchsperson an diesem vorbeikam, rief
sie: Stopp! und der Beobachter notirte die Zeit nach der Secundenuhr.
Ebenso geschah es, wenn der zweite Pfahl erreicht wurde. Vorher war
eine Strecke von 40 m in mässigem Tempo probeweise abgeschwommen
wórden, wozu 54 Secunden erforderlich waren. Bei späterer Gelegenheit
wurde für dieselbe Versuchsperson für 20 m 27 Secunden bei mässiger Anstrengung gefunden. Der erste Schleppversuch hielt fast genau dieselbe
mittlere Geschwindigkeit inne, da die 48 m in 65 Secunden zurückgelegt
wurden. Der Dynamometer verzeichnete eine fast vollkommen regelmässige
Wellenlinie, in der jede Welle einem Ruderschlag entsprach. Es waren
24 Wellen, deren Minima bei gegen 7 k, deren Maxima bei 8 k gelegen
waren. Bei activem Schwimmen wäre die doppelte Zahl von Stössen erforderlich gewesen, die Schwankungen in der Geschwindigkeit und folglich
im Widerstande wären wahrscheinlich geringer gewesen. Viel mehr fällt
aber in's Gewicht, dass die Versuchsperson beim passiven Geschleppt-
werden in Brustlage den Mund nur dadurch über Wasser halten konnte,
dass sie die Hände, mit denen das Schlepptau gehalten wurde, senkrecht
nach unten streckte, sodass die Arme eine beträchtliche Widerstandsfläche
darboten. Dies wurde bei einem zweiten Versuch nach Möglichkeit vermieden, und trotz höherer Geschwindigkeit, 48 m in 59 Secunden, war der
Widerstand doch etwas geringer, sodass er im Mittel etwa 7 km betrug.
Noch viel geringer war die erforderliche Zugkraft bei der Rückenlage, wobei das Schleppseil mit den Zähnen gehalten wurde. Für die Geschwindigkeit von 48 m in 53 Secunden betrug sie im Mittel 4 k, und erst bei der
Geschwindigkeit von 48 m in 40 Secunden erreichte sie 7 k.

Es wurden auch noch zwei Versuche mit einem 12jährigen Kinde gemacht: Für Schleppen in Brustlage mit der Geschwindigkeit von 48 m in
53 Secunden fanden wir 4 k, in Rückenlage für 48 m in 45 Secunden 3 k.

Au diesen Ergebnissen fällt wohl zuerst der grosse Unterschied zu
Gunsten der Rückenlage auf, durch den es verständlich wird, warum

sich die Wettschwimmer bei jedem Stosse fast bis auf den Rücken wenden.

Ferner aber ist aus der Grösse der gefundenen Widerstände zu ersehen, dass die eigentlich nutzbare Arbeit beim Schwimmen, d. h. die zur Vorwärtsbewegung durch das Wasser erforderliche Arbeit, verhältnissmässig sehr gering ist.

Nach dem Vorstehenden muss man annehmen, dass sie in maximo der Leistung einer Kraft von 8 ^{k} entspricht, also 8 ^{mk} auf den Meter Weges beträgt. Da nun 48 ^{m} in 65 Secunden zurückgelegt wurden, kommen 44 ^{m} auf die Minute, d. h. es wird in der Minute eine Arbeit von 350 ^{mkg} erfordert.

Diese Zahl fällt in die Grössenordnung der Arbeitswerthe, die von G. Katzenstein und von L. Zuntz für mässig schnelles Gehen gefunden worden sind. Die zur Fortbewegung des Körpers im Wasser erforderliche Arbeit an sich würde also keine grössere Anstrengung erfordern als mässiges Gehen. Da nun unzweifelhaft sowohl das Gefühl der Anstrengung als auch die Ermüdung beim Schwimmen sicherlich viel schneller und stärker auftreten wie beim Gehen, so muss neben der nutzbaren Arbeit offenbar eine sehr beträchtliche Arbeit geleistet werden, die der Fortbewegung nur mittelbar zu Gute kommt.

15. Die „körperliche" Arbeit. Wenn man die Schwimmbewegungen ausserhalb des Wassers ausführt, also ohne den Widerstand, vermöge dessen sie die Fortbewegung des Körpers verursachen, so findet man sogleich, dass diese Bewegungen an sich recht anstrengend sind. Zwar die einfache Probe in der Luft, etwa bei quer über eine Bank gelegtem Körper, ist nicht ganz maassgebend, denn dabei müssen die Körpertheile, die im Wasser nahezu gewichtslos sind, in höchst unbequemen Stellungen frei getragen werden. Aber sowohl diese Probe als auch die einfache Ueberlegung zeigt, dass die schnelle Bewegung so grosser Körpermassen, wie z. B. beim Ausstossen beider Beine nach hinten, beträchtlichen Arbeitsaufwand erfordert. Dieser Arbeitsaufwand ist wesentlich abhängig von der Geschwindigkeit, mit der die Massenbewegung erfolgen soll. Die Beine langsam auszustrecken, würde keine merkliche Anstrengung verursachen. Aber schon der Ausdruck „Schwimmstoss" zeigt, dass den Schwimmbewegungen ein ziemlich hoher Grad von Geschwindigkeit eigenthümlich ist. Diese Bemerkung führt auf eine Betrachtung, die mir als die eigentliche Grundlage der Lehre von den Schwimmbewegungen erscheint, indem sie erstens erklärt, warum es auf die Form der Bewegungen so wenig ankommt, zweitens warum die Arbeitsleistung beim Schwimmen so gross ist, und drittens auf die Organisation der Wasserthiere Licht wirft.

16. Hauptsatz der Theorie der Schwimmbewegungen. Die Schwimmbewegungen müssen nothwendiger Weise die Form von Stössen haben, weil das Wasser einer langsamen Bewegung ausweichen kann, einem schnellen Stoss aber Widerstand leistet.

Dieser Grundsatz ist in der mir zugänglichen Litteratur über das Schwimmen nur an wenigen Stellen angedeutet[1], am klarsten und schärfsten bei Guts Muths: „Der Widerstand des Wassers ist um desto stärker, je schneller die Bewegung eines Körpers in demselben geschiehet, und desto schwächer, je langsamer sie ist."[2] Die Gesetze des Wasserwiderstandes sind bis heute nicht genau bekannt. Annäherungsweise aber gilt das Gesetz, dass der Widerstand dem Quadrate der Geschwindigkeit proportional wächst. Guts Muths' Erklärung ist in diesem Punkte nicht ganz ausreichend, da sie unerwähnt lässt, dass der Widerstand in viel schnellerem Grade zunimmt als die Geschwindigkeit. Ein langsam ausgeführter Schwimmstoss findet fast gar keinen Widerstand, und kann den Körper also gar nicht vorwärts treiben, ein doppelt so schnell ausgeführter Schwimmstoss findet nicht bloss doppelt so grossen, sondern vier Mal so grossen Widerstand. Um wirksam zu sein, müssen also die Schwimmbewegungen die Form schneller Stösse annehmen.

17. Weitere Bemerkungen zur Theorie der Schwimmbewegungen. Ferner aber gilt für die Bewegung der Wassermassen durch Ruderschläge oder Schwimmstösse, wie für jede Massenbewegung, dass eine gleichmässig wirkende Kraft eine wachsende Bewegungsgeschwindigkeit erzeugt. Aus diesen beiden Sätzen ergeben sich für die Wirkung eines Ruderschlages ziemlich verwickelte Bedingungen. Wird die Ruderfläche mit gleichförmiger Kraft gegen das Wasser gedrückt, so wird das Wasser zuerst ganz langsam, dann mit wachsender Geschwindigkeit ausweichen, bis, indem die Geschwindigkeit proportional der Zeit, der Widerstand aber nach dem Quadrate der Geschwindigkeit wächst, eine constante Geschwindigkeit erreicht wird. Wird die Ruderfläche mit gleichmässiger Geschwindigkeit durch das Wasser geführt, so wird im ersten Augenblick der Widerstand sehr gross sein, er wird dann in dem Maasse abnehmen, in dem sich das Wasser in Bewegung setzt, und sich schliesslich einem constanten Minimum nähern.

Soll der Widerstand, den die Ruderfläche findet, constant sein, so muss das Ruder erst langsam, dann mit steigender Geschwindigkeit, und schliesslich mit gleichmässiger Geschwindigkeit bewegt werden.

---

[1] Auch auf anderem Gebiete ist diese wesentliche Eigenthümlichkeit des Wasserwiderstandes, wie es scheint, nicht genug beachtet worden. Vgl. W. Ostwald, Zur Theorie der Schwebevorgänge u. s. w. Pflüger's *Archiv.* Bd. XCIV. 3/4. S. 251.

[2] J.C.F. Guts Muths, *Kleines Lehrbuch der Schwimmkunst.* Weimar 1833. S. 19.

Die Aufgabe des Schwimmers ist offenbar die, durch den Schwimm-stoss einen möglichst starken Antrieb zu erhalten. Er muss deshalb da-nach streben, den Widerstand, gegen den er stösst, so gross und so nach-haltig zu machen, wie möglich. Dazu ist erforderlich, dass die Geschwindigkeit des Stosses schon am Anfang so gross sei wie möglich, und dass sie im Laufe des Stosses noch zunehme. Dies ist kein Widerspruch, denn bei begrenzter Kraft des Stosses kann anfänglich der Widerstand so gross sein, dass nur eine langsame Bewegung möglich ist, während später, wenn die Wassermasse in Bewegung gekommen ist, die gleiche Kraft eine schnellere Bewegung hervorbringt. Für den Zweck der Schwimmbewegungen besteht also die eine unerlässliche Hauptbedingung, dass sie mit beträchtlicher Ge-schwindigkeit ausgeführt werden.

Wäre die Geschwindigkeit nicht von ausschlaggebender Bedeutung, so könnte man fragen, wie es denn überhaupt möglich sei, dass die an Trieb-fläche so unbedeutenden Extremitäten den breiten Rumpf durch's Wasser schieben könnten? Oder um ein schlagenderes Beispiel zu wählen: wie die kleinen Schraubenflügel eines Dampfers die unvergleichlich viel grössere Bugfläche des Schiffes vorwärts treiben können? Die Antwort beruht auf dem ersten der obigen Sätze: Die Schraubenflügel rücken bei ihrer schnellen Drehung (trotz der Fahrt des Schiffes mitsammt der Schraube) so schnell nach hinten, dass das Quadrat dieser Geschwindigkeit im Verhältniss zum Quadrat der Fahrtgeschwindigkeit grösser ist, als der Schiffsrumpf im Ver-hältniss zur Schraubenfläche.

Nach diesen Gesichtspunkten ist auch klar, dass ein und dieselbe Be-wegung in ganz derselben Form wiederholt vorwärts und rückwärts aus-geführt, einen Antrieb ausschliesslich nach vorwärts oder rückwärts ergiebt, je nachdem die Bewegung in einer Richtung schneller oder langsamer er-folgt.[1] Mithin ist es ziemlich gleich, in welcher Form die Glieder beim Schwimmen bewegt werden, falls nur die Bewegung rückwärts mit der grössten möglichen Energie, und die übrigen erforderlichen Bewegungen mit möglichst geringem Wasserwiderstand ausgeführt werden.

18. Die Grösse der „körperlichen" Arbeit. Zweitens aber ist klar, dass das Umherschleudern der Gliedermassen, um sie in möglichst starkem Stosse auf das Wasser wirken zu lassen, eine verhältnissmässig sehr grosse Anstrengung erfordert. In Ermangelung genauer Bestim-mungen über Form und Geschwindigkeit des Schwimmstosses lässt sich dafür folgender einfache Ueberschlag aufstellen: In der Stellung 2 der

---

[1] Diese Betrachtung ist für das Verständniss der Wirkungsweise des Flimmer-epithels von Bedeutung.

Pfuel'schen Lehrmethode, also in der Periode, wenn die Beine unter den Körper angezogen sind, liegt nach den üblichen Figuren, sowie nach dem Augenschein, der gemeinsame Schwerpunkt beider Beine ungefähr einen halben Meter weiter kopfwärts, als in der Stellung 3, der gestreckten Stellung nach dem Schwimmstoss. Das Gewicht der beiden Beine zusammen ist auf 20^k zu veranschlagen. Erfolgt der Stoss mit der gleichen Geschwindigkeit, mit der die Beine aus der gebeugten Stellung in die gestreckte frei fallen würden, so muss die Kraft, die der Stoss hervorbringt, gleich der Schwere sein, und indem sie den gemeinsamen Schwerpunkt um 0·5^m verlegt, eine Arbeit von 10^{mk} verrichten. Die blosse Bewegung der Beine beim Schwimmstoss erfordert also mehr Arbeit, als an nutzbarer für die Fortbewegung verwertheter Arbeit gewonnen werden kann.

Man kann nun in der Analyse in ähnlicher Weise weiter gehen. Das Wiederanziehen der Beine wird natürlich möglichst langsam gemacht werden müssen. Geschähe es nur halb so schnell wie das Ausstossen, so würde die halbe Arbeit dazu erforderlich sein. Man kann, um recht sicher zu gehen, annehmen, die Rückbewegung werde in der dreifachen Zeit des Stosses ausgeführt. Dann braucht die zur Bewegung der Beine erforderliche Kraft nur ein Drittel so gross zu sein wie vorher, und die Arbeitsleistung wird entsprechend geringer.

Das Anziehen der Beine wirkt aber auf das Wasser ähnlich wie der Stoss, in umgekehrter Richtung, und muss also einen Wasserwiderstand im Verhältniss des Quadrates der Geschwindigkeit hervorrufen. Dieser Widerstand hemmt die Fortbewegung des Körpers. Mithin erscheint das Anziehen der Beine als eine Art Schwimmstoss in der verkehrten Richtung. Allgemein kann man sagen, dass die Fortbewegung des Körpers das Ergebniss zweier entgegengesetzt wirkenden Arbeiten, oder der durch sie hervorgerufenen Widerstandskräfte ist, nämlich der Stösse und Ruderschläge einerseits, und der Ausholbewegungen andererseits. Die ersten sind grösser als die zweiten, weil die ersten schneller ausgeführt werden, und weil die Form der Rückbewegungen so gewählt wird, dass sie möglichst wenig Widerstand finden. Dafür aber addirt sich die Geschwindigkeit mit der der Gesammtkörper durch das Wasser geht zu der der Rückbewegungen, sodass ihre absolute Geschwindigkeit im Wasser verhältnissmässig gross wird. Um in der zahlenmässigen Schätzung fortzufahren, würde die Rückbewegung der Beine, wenn für sie die dreifache Zeit des Stosses in Rechnung gebracht wird, nur ein Neuntel des Widerstandes des Stosses finden, und wenn die Form der Bewegung geringeren Widerstand bedingt, noch weniger. Mit Rücksicht darauf, dass sich der ganze Körper mit nahezu einem Meter Geschwindigkeit bewegt, kann man aber die erste Zahl als ungefähr zutreffend annehmen, und findet, dass das Anziehen der Beine einen Wasserwiderstand hervorruft, der gleich einem Neuntel der Stosswirkung ist. Da die gesammte Fortbewegung auf der Wirkung des Stosses beruht, und ihr Arbeitswerth 8 ^{mkg} auf den Meter Weges beträgt, so ist die Wirkung des Anziehens der Beine eine negative Arbeit von nahezu 1 ^{mk}.. Da diese aufgehoben · wird, und thatsächlich eine nutzbare Arbeit von 8 ^{mk} vorhanden ist, muss offenbar die wirkliche Arbeit des Stosses um so viel grösser sein. Arbeit und Gegenarbeit zusammen stellen also einen neuen Posten von nahezu 2 ^{mk} dar.

Es ist nun die Arbeit der vorderen Extremitäten, bei der wiederum Gegenarbeit aufzuheben ist, die Arbeit, die zur Hemmung der Stösse aufgewendet wird, die Arbeit durch Rumpfbewegung, und die „statische Arbeit" insbesondere der Nackenmusculatur, die den Kopf weit zurückgebeugt halten muss, noch nicht in Anschlag gebracht. Alle diese Posten würden sich wie die vorhergehenden nur in ganz roher Annäherung schätzen lassen. Es genügt aber für den vorliegenden Zweck, die Summe der bisher angeführten Schätzungen aufzustellen, und sie mit Rücksicht auf die übrigen Posten abzurunden.

Nutzbare Arbeit . . . . pro Meter 8 ^{mk}
Stoss beider Beine . . . . · · · 10 „
Anziehen der Beine . . . . · · 3 „
Widerstand dabei und dessen Aufhebung . . . . 2 „

$\overline{}$ 23 ^{mk}

19. Die Grösse der gesammten Arbeit. Sollten diese Schätzungen zu hoch sein, so ist dagegen zu bedenken, dass für die übrigen oben angeführten Posten noch gar nichts angerechnet ist. Man kann daher die Gesammtarbeit wohl nicht niedriger anschlagen als auf gegen 23 ^{mk} in der Secunde. Dieser Werth fällt in die Grössenordnung der Zahlen, die L. Zuntz als Maximalzahlen bei schnellstem Gehen anführt. Um den dort angegebenen Sauerstoffverbrauch in Arbeit umzurechnen, muss man eine Annahme über den Quotienten des Wirkungsgrades (Nutzeffect) der Körpermusculatur machen. Nach Katzenstein[1] ist 1·5 ^{ccm} Sauerstoff in maximo das Aequivalent für 1 ^{mk} mechanischer Arbeit. Nimmt man, da es sich um übertrieben schnelles Gehen handelte, ein noch etwas ungünstigeres Verhältniss an, so entsprechen die 16·342 ^{ccm} Sauerstoffverbrauch pro Meter, die L. Zuntz gemessen hat, gerade 10 ^{mk} mechanischer Arbeit.[2] Da 140 ^{m} in der Minute zurückgelegt wurden, wäre dies eine Arbeit von 25 ^{mk} in der Secunde.

[1] G. Katzenstein, Ueber die Einwirkung der Muskelthätigkeit auf den Stoffverbrauch des Menschen. Pflüger's *Archiv*. 1891. Bd. XLIX. S. 381.
[2] L. Zuntz selbst berechnet den Gesammtumsatz zu 33 ^{mkg} pro Meter, und nimmt

Diese Arbeit würde nach den Versuchen von L. Zuntz von $16 \cdot 342$ ccm Sauerstoff pro Meter also 2289 ccm Sauerstoff in der Minute gedeckt werden können, wozu für den Ruheverbrauch, der natürlich während der Arbeit fortbesteht, 263 ccm hinzukommen, so dass der ganze Bedarf an Sauerstoff mit 2552 ccm gedeckt wäre. Diese Sauerstoffmenge entspricht etwa $12 \cdot 75$ Liter Luft. Die wirklich geathmete Luftmenge beträgt aber bei L. Zùntz 33 Liter in der Minute. Eine mindestens diesem Werth gleiche Höhe muss also die Athemgrösse schon bei mässiger Schwimmarbeit erreichen.

Es ist also erstens die Muskelarbeit beim Schwimmen sehr bedeutend, zweitens die dabei erforderliche Lungenventilation sehr hoch.

Die vorstehenden Betrachtungen über die Arbeitsleistung beim Schwimmen mögen hier mit der bei früherer Gelegenheit[1] über die Arbeitsleistung beim Radfahren aufgestellten Eintheilung verglichen werden. Es ergiebt sich folgende Uebersicht:

1. Eintheilung	2. Radfahren	3 Schwimmen	4. Bemerkungen zu Stab 3.
Gesammtarbeit.			
A. Organische oder „innere"			
1. Kreislauf	Kreislauf	Kreislauf	
2. Athmung	Athmung	Athmung	Vermehrt durch Wasserdruck.
3.	—	—	
B. Mechanische oder „äussere"			
α) Körperliche			
1. Positive	Positive	Positive	Bewegung der Glieder.
2. Statische	Statische	Statische	Haltung, besonders d. Kopfes.
3. Negative	Negative	Negative	Kommt nicht in Betracht.
β) Technische			
1. Unnütze	Maschinen-reibung u. s. w.	—	
2. Nutzbare	Bodenreibung	Gegenarbeit Wasserwider-stand	Die Gegenarbeit tritt zwei Mal auf, weil sie durch nutzbare Arbeit aufgehoben werden muss.
	Luftwiderstand	Gegenarbeit (Luftwiderstand)	Kommt nicht in Betracht.

den Quotienten des Wirkungsgrades zu $^1/_3$ an, so dass $11 \cdot 3$ mkg herauskämen. Offenbar wäre auch nach dieser Rechnungsweise mit Rücksicht auf die übertriebene Geschwindig-keit der Gehbewegung eine Abrundung der Rechnung im Sinne der Verkleinerung des Quotienten gestattet.

[1] *Dies. Archiv.* 1904. Physiol. Abthlg. Suppl. S. 29.

20. Beziehung der Athmung zu Form und Grösse der Arbeit.
Nach Erörterung dieser Verhältnisse empfiehlt es sich, nochmals auf die oben besprochene Einwirkung des Wasserdruckes zurück zu kommen, um die Grösse dieser Einwirkung mit Bezug auf die eben dargelegte Grösse des Luftwechsels zu untersuchen. Nach der zweiten oben angewendeten Berechnungsweise lässt sich der Zuwachs zur Athemarbeit, der bei gegebener Athemgrösse durch den Wasserdruck entsteht, leicht angeben. Wenn in der Minute 33 Liter Luft in die Lungen aufgenommen werden, und die Lungen 15 ^{cm} unter Wasser sind, müssen 33 ^{kg} Wasser in der Minute um 0·15 ^{m} gehoben werden, um die Athmung auszuführen. Das bedeutet einen Arbeitszuwachs von rund 5 ^{mk} in der Minute. Es ist klar, dass diese Arbeitsmenge gegenüber der Gesammtarbeit von über 20 ^{mkg} in der Secunde gar nicht in Betracht kommt. Mit Rücksicht darauf, dass diese Arbeitsmenge aber von der Athemmusculatur geleistet werden muss, die bei einem so starken Luftwechsel auch unter gewöhnlichen Bedingungen schon erheblich angestrengt ist, muss aber die Einwirkung des Wasserdruckes doch als eine sehr erhebliche bezeichnet werden, die zusammen mit der Gesammtleistung vollauf erklärt, warum bei angestrengtem Schwimmen so schnell Athemlosigkeit eintritt. Wenn nach der oben angestellten Schätzung der Wasserdruck eine Vermehrung der Athemarbeit des Ruhezustandes um 10 Proc. bedingt, so ergiebt dieselbe Schätzung bei der eben berechneten Arbeitsathemgrösse eine Erhöhung der Ruhearbeit um mehr als 50 Proc. Man sieht also, dass auch gegenüber der recht bedeutenden Muskelarbeit, die beim Schwimmen als Fortbewegungsmittel geleistet wird, die Anstrengung der Athemmuskeln durchaus nicht zurücktritt.

Es ist nun auf Grund der oben angeführten Erwägungen über die Bedeutung des specifischen Gewichts noch eine wichtige Bemerkung zu machen. Die von Brücke erwähnte Technik[1] des „Haushaltens mit dem Athem" wird von keiner mir bekannten Anleitung zum Schwimmen erwähnt, obgleich sie unzweifelhaft von grosser praktischer Bedeutung ist. Da der Körper mit gefüllten Lungen leichter ist als Wasser, kommt es hauptsächlich darauf an, ihn während derjenigen Zeit durch active Schwimmbewegung zu unterstützen, während der das specifische Gewicht in Folge der Exspiration am grössten ist. Das heisst, der Schwimmer muss in dem Augenblick ausathmen, in dem die Hände eben ihren Ruderschlag ausführen, und er muss die Lungen gefüllt halten, während die Hände zum neuen Schlage ausholen. Es ist dadurch zwischen dem Rhythmus der Schwimmbewegungen und dem der Athmung eine feste Beziehung gegeben, die auf die Anstrengung der Athemmusculatur einen merklichen Einfluss

---

[1] Vgl. oben Seite 263.

18*

übt. F. A. Schmidt[1] empfiehlt freilich, gleichzeitig mit dem Ausstossen der Beine auszuathmen, und beim Zusammenfalten des Körpers einzuathmen, es scheint mir aber, dass der erste Vorschlag dazu führen muss, dass der Körper während des Vorwärtsgleitens in gestreckter Lage versinkt, und dass der zweite, statt wie F. A. Schmidt annimmt, eine Erleichterung beim Athmen zu gewähren, vielmehr eine merkliche Erschwerung bedeutet. Der Brustkorb soll sich ausdehnen, das Zwerchfell absteigen, im Augenblick, wenn der Rücken gewaltsam gekrümmt und das Becken zusammen mit den Schenkeln durch die Bauchmuskeln nach vorn unter den Rumpf gezogen wird.

Diese Schwierigkeiten müssen auf die Frequenz und damit auf die Tiefe der Athemzüge wesentlichen Einfluss haben, so dass der Athemapparat bei jeder einzelnen Athmung dass Aeusserste leistet.[2] Dies allein entspricht ganz der subjectiven Empfindung, die bei angestrengtem Schnellschwimmen entsteht.

21. Das Schwimmen als Leibesübung. Nach dem Vorstehenden ist das Schwimmen als Leibesübung vornehmlich eine Athemgymnastik. Die Muskelbewegung dürfte für die Entwickelung der Körperkräfte nur dann in Betracht kommen, wenn eine ganz besondere Ausbildung, wie etwa zum Wettschwimmen, durch längere regelmässige Uebung erreicht wird. Dass in diesem Falle die Form der Schwimmbewegungen vor der anderer Uebungen, wie zum Beispiel zusammengesetzte Freiübungen, Hantel- oder Keulenübungen, Rudern, Boxen, oder einfachere Geräthübungen, wie Bock- und Pferdsprünge irgend welche besondere Vorzüge haben sollte, dürfte sich wissenschaftlich kaum nachweisen lassen.

22. Anpassung des Thierkörpers an die Bedingungen des Schwimmens. Die in Obigem enthaltenen Betrachtungen über das Wesen der Schwimmbewegungen gelten natürlich auch für das Schwimmen der Thiere, wobei sich neue Gesichtspunkte für die Beurtheilung des Baues der Thiere ergeben.

Die Fähigkeit schnell zu schwimmen wird im Allgemeinen von drei Bedingungen abhängen: 1. vom Widerstand des Körpers, 2. von der Grösse

---

[1] *Unser Körper.* Leipzig 1899. S. 541 und 542.

[2] Diese Annahme wird durch die inzwischen veröffentlichten Bestimmungen von Müller und Zuntz bestätigt, nach denen die Lungenventilation beim Schwimmen 51 Liter, bei einem Energieaufwand von 9·5 Cal. in der Minute betrug. Vgl. *Verhandlungen der Physiologischen Gesellschaft in Berlin. Dies Archiv.* 1904. Physiol. Abthlg. 5|6. S. 565.

der verwendbaren Ruderflächen, 3. von der Geschwindigkeit, mit der diese Flächen bewegt werden können. Je grösser der Widerstand des Körpers, desto grösser müssen die Ruderflächen, oder desto schneller ihre Bewegung sein. Der Widerstand des Körpers hängt vor Allem davon ab, ob die Körperform ein gleichmässiges Theilen der Wassermassen zulässt, oder ob an zahlreichen Stellen erneuter Anprall des Wassers stattfindet. Am vollkommensten ist die Anpassung an dieses Erforderniss bei den Fischen und fischähnlichen Seesäugethieren gelöst. Der Hals ist bei diesen völlig verstrichen, um den Anprall des Schultergürtels auszuschalten. Im Uebrigen ist im Allgemeinen das grössere Thier im Vortheil, weil es eine grössere Masse im Verhältniss zu seiner Oberfläche besitzt, und daher grössere Arbeitsmengen gegen verhältnissmässig geringeren Widerstand leisten kann. Die Grösse der Ruderfläche ist im Allgemeinen in ziemlich engen Grenzen gehalten, weil eine Flächenentfaltung, die der des Gesammtkörpers nahe kommt, für die Rückbewegung nach dem Ruderschlage, und für alle übrigen Bewegungen unvortheilhaft sein würde. Die grössten Ruderflächen dürften die tauchenden Wasservögel, insbesondere die Lummen entfalten, die sich unter Wasser ihrer Flügel als Ruder bedienen. Bei kleineren Ruderflächen ist die Schnelligkeit der Bewegung erstes Erforderniss, und da hierfür, wie aus den obigen Berechnungen hervorgeht, die Schwere der zu bewegenden Gliedmaassen hinderlich sein würde, ist bei fast allen an das Schwimmen angepassten Thieren die Masse der als Ruder wirkenden Gliedmaassen auf das geringste Maass beschränkt: Bei den Fischen auf die Flossen, bei Schwimmkäfern auf die dünnen nur durch Borstensäume verbreiterten Schwimmfüsse, bei Seesäugern auf flossenähnliche platte Glieder.

Die Landsäugethiere können zum grössten Theil gut schwimmen, ohne mit besonderen Ruderflächen ausgerüstet zu sein, weil ihre Extremitäten so dünn und zugleich so stark sind, dass sie ausserordentlich schnell bewegt werden, und eine entsprechend starke Wirkung auf das Wasser üben können. Am meisten Aehnlichkeit mit dem Menschen dürfte von den an das Wasserleben angepassten Thieren der Frosch zeigen. Sein Körper ist offenbar zur Durchschneidung des Wassers ziemlich unvortheilhaft gestaltet, obgleich immer noch viel besser als der des Menschen, weil kein Hals vorhanden und der Schultervorsprung nur ganz schwach ausgebildet ist. Die grossen Schwimmhäute der Hinterfüsse stellen überdies eine im Vergleich zu den Gliedmaassen des Menschen unverhältnissmässig grosse Ruderfläche dar. Um aber bei dem grossen Widerstand seines Körpers schnell schwimmen zu können, muss der Frosch auch mit dieser grossen Ruderfläche sehr schnelle Stösse machen, und er bedarf also zum Schwimmen seiner gewaltig entwickelten Schenkel- und Wadenmuskeln. Demnach wäre die Fähigkeit der Frösche zum Springen nur eine Folge ihrer Aus-

ldung zum Schwimmen.[1] Hierfür spricht auch der Umstand, dass die
röten, die auf dem Lande leben, nur viel kleinere Sprünge machen
nnen. Grasfrosch und Laubfrosch müssten dann freilich als Ergebnisse
äterer Rückbildung angesehen werden.

---

[1] Das Schwimmen geht auch entwickelungsgeschichtlich dem Springen voran, wie
Ovid classisch beschreibt (*Metamorphoseon.* XV. 375):

> Semina limus habet virides generantia ranas
> Et generat truncas pedibus, mox apta natando
> Crura dat, utque eadem sint longis saltibus apta
> Posterior partes superat mensura priores.

[eber einig

Wenn man
besondere aber de
allgemein an das
Canäle des innere
herrscht, sei es n

welche mit der
um, bewusst
leben, indem s
immen, jedoch

Ueber einige Analogien zwischen der optischen und statischen Orientirung.

Von

Dr. **Em. Rádl**
in Prag.

Wenn man heute von der Art spricht, durch welche ein Thier, insbesondere aber der Mensch das Körpergleichgewicht hält, so denkt man dabei allgemein an das Gleichgewicht zur Schwere und an die halbzirkelförmigen Canäle des inneren Ohres, als an das Organ, das dieses Gleichgewicht beherrscht, sei es nun, dass man dem Thier oder dem Menschen die Fähigkeit, sich direct zur Schwere zu orientiren, zuschreibt oder abspricht. Von dem Tast- und Gesichtssinn, von den Druck-, Muskel- und Innervationsempfindungen und von anderen wirklichen oder angenommenen Empfindungen, welche mit der Erhaltung des Gleichgewichtes zusammenhängen, glaubt man nun, bewusst oder unbewusst, dass sie nur secundäre Bedeutung dabei haben, indem sie wohl die Erhaltung des Körpergleichgewichtes unterstützen können, jedoch nur als Nothbehelf und nur indirect.

Ich will nicht die Frage verfolgen, wie es sich mit dem Tastsinn, Muskelsinn und anderen Sinnen verhält; ich möchte nur einige Betrachtungen und Versuche anführen, welche mir zu beweisen scheinen, dass es nicht sinnlos ist, auch von der Erhaltung des Gleichgewichtes im Gebiete des Gesichtssinnes zu sprechen, und dass die Analogie zwischen dem (physiologischen) Gleichgewicht zur Schwere und dem Gleichgewicht zu einem Lichtstrahl keineswegs oberflächlich ist.

Das Einfachste und Nächste, worauf es möglich sein würde in dieser Hinsicht hinzuweisen, ist, dass bereits das Wort, sich mit den Augen „orientiren", wenn wir dessen Sinn richtig treffen; eine bestimmte Lage (unserer Augen oder unseres Körpers) dem Licht gegenüber einzunehmen bedeutet; denn wenn wir von der psychologischen Seite der optischen Orientirung abstrahiren (d. h. z. B. davon, dass wir wissen, wo der oder jener Gegenstand liegt, dass wir uns seine Lage vorstellen und von derselben sprechen können u. s. w.) und wenn wir nur die physiologische Seite des Problems im Sinne haben, so bedeuten die Worte „sich mit dem Gesichtssinne orientiren" nichts Anderes, als eine bestimmte Lage der optisch gegebenen Umgebung gegenüber einzunehmen. Es ist gut, sich bei der physiologischen Untersuchung nur an diese physiologische, greifbare Seite der Erscheinungen zu halten und die Vorstellungen, Empfindungen, seien sie bewusst oder unbewusst, und das übrige psychologische Material auszuschliessen; die Erklärungen werden leichter und verständlicher — obwohl man dann dem Vorwurf ausgesetzt ist, dass man sich die Dinge zu grob mechanisch vorstellt; doch handelt es sich nicht darum, wie fein oder grob, sondern wie richtig und wie consequent die Erklärungen sind.

Die Versuche, durch die man bisher die Störungen des optischen Gleichgewichtes suchte, geschahen immer in der Art, dass die Orientirung des Körpers zur Schwere verändert wurde, und es wurde als Folge dessen die Veränderung der Orientirung zum Licht gefunden. Elementare Versuche dieser Art sind die, wo der Körper rasch um seine Axe gedreht wird: dadurch entsteht die Centrifugalkraft, welche, indem sie die Theile des inneren Ohres reizt, Störungen verürsacht nicht nur im statischen, sondern auch im optischen Gleichgewicht (statisch, als der Körper schwankt, optisch, als die Gegenstände sich zu bewegen scheinen).

Ich will im Folgenden einige directe Störungen des optischen Gleichgewichtes anführen.

I.

Von A. Kreidl und J. S. Breuer[1] stammen die ausführlichen Versuche über die Frage, welche Störungen in den optischen Orientirungen entstehen, wenn der Körper in und mit einem geschlossenen Raume um seine Verticalachse gedreht wird; nachdem sie nun zuerst bestätigten, dass der ruhig stehende Mensch ein Stäbchen senkrecht stellen kann (mit individuellen Fehlern selbstverständlich), fanden sie, dass während der Drehung diejenige Richtung vertical zu sein scheint, welche während der Ruhe und in Wirklichkeit etwas nach aussen (also in der Richtung der Centrifugalkraft geneigt war. Breuer und Kreidl erklären die Erscheinung dadurch, dass die Centrifugalkraft das Labyrinth reizt, wodurch reflectorisch eine Drehung unserer Augen hervorgerufen wird, so dass die ursprünglich

---

[1] Ueber scheinbare Drehung des Gesichtsfeldes während der Einwirkung einer Centrifugalkraft. Pflüger's *Archiv.* 1897. Bd. LXX.

verticalen Meridiane des Auges geneigt erscheinen; da wir nun in diesem Falle unsere Umgebung mit (unbewusst) gedrehten Augen betrachten, beurtheilen wir unrichtig die verticale Richtung. So hat in diesen Versuchen die Richtungsänderung der Schwerkraft reflectorisch die Veränderung der optisch gegebenen Verticale verursacht.

Ich kehrte diese Versuche um, und suchte dabei, ob eine Richtungsänderung der optischen Orientirung auch eine Veränderung der Orientirung zur Schwerkraft hervorbringen wird. Ich habe die Versuche folgendermaassen ausgeführt. Auf den Kopf der Versuchsperson habe ich einen getheilten Bogen befestigt, welcher mit seiner Fläche entweder nach hinten gerichtet war, wenn ich die Neigungen nach rechts und nach links beobachten wollte, oder seitwärts, wenn die Neigungen nach vorne oder hinten zu beobachten waren. Die Versuchsperson sass während des Versuches bequem und mit aufgerichtetem ungestütztem Kopfe; in dieser Lage ist es möglich bei geschlossenen Augen den Kopf eine längere Weile aufrecht zu erhalten. Wohl zuckt etwas der Kopf, wie das Herz schlägt und neigt sich Anfangs gegen die eine oder andere Seite, schliesslich bleibt er jedoch ruhig, schwach um eine bestimmte Lage schwankend, die an dem am Kopf befestigten Bogen nach einer fixirten Marke leicht zu constatiren ist.

Ich habe zunächst untersucht, mit welcher Genauigkeit sich der Kopf aufrecht stellt, wenn der Versuch mehrere Mal hinter einander wiederholt wird; die Versuchsperson stellte ihren Kopf aufrecht (mit geschlossenen Augen), dann öffnete sie ihre Augen und liess sie und den Kopf 10 Sec. frei bewegen, worauf die Augen wieder geschlossen und der Kopf wieder aufrecht gestellt wurde. Ich habe gefunden, dass der Fehler in der verticalen Einstellung des Kopfes bei W. weniger als 2⁰, bei R. weniger als 1⁰ (in beiden Fällen nach vorne) betrug, als Durchschnitt aus 20 Messungen; die Fehler der einzelnen Kopflagen schwanken jedoch bedeutend: bei W. zwischen 5⁰ nach vorne und 8⁰ nach hinten, bei R. zwischen 8⁰ nach vorne und 8⁰ nach hinten.

Als ich von der Versuchsperson verlangte, den Kopf (mit geschlossenen Augen) aufrecht zu halten, habe ich folgende Variationen in der Kopfstellung bekommen, wenn die Kopflage immer je nach $1/_2$ Minute nach dem getheilten Bogen bestimmt wurde: 0 Minute 0⁰, $1/_2$ M. 4⁰, nach hinten, 1 M. 5⁰, 2 M. 7⁰, $2\,1/_2$ M. 13⁰, 3 M. 7⁰, $3\,1/_2$ M. 7⁰, 4 M. 6⁰, $4\,1/_2$ M. 5⁰, 5 M. 5⁰ immer nach hinten; der Kopf neigte also allmählich nach hinten und kehrte dann langsam gegen die ursprüngliche Stellung zurück. Dazu, wie zu allen nachfolgenden Versuchen, muss hinzugefügt werden, dass die Versuchsperson selbstverständlich nichts von diesen Bewegungen gewusst hat; als ich selbst meine Kopfbewegungen in ähnlicher Weise controliren liess, hatte ich wohl bald die Empfindung, dass sich mein Kopf bewegt, ja, diese

Empfindung kann (bei geschlossenen Augen) sehr deutlich sein, doch habe
ich mich überzeugt, dass diese Empfindung einer realen Bewegung weder
der Richtung noch der Grösse nach entspricht. Es versteht sich übrigens
von selbst, dass so langsame und feine Kopfbewegungen, wie sie da vorkommen, nicht bewusst geschehen können.

Die angeführten Versuche zeigen, wie gross etwa die Schwankungen
sind, denen der aufrecht gehaltene Kopf unterliegt. Ich habe nun untersuchen wollen, ob wir den Kopf vertical stellen können, wenn wir gleichzeitig einen seitlich liegenden Punkt fixiren; die Versuchsperson sollte zuerst
mit geschlossenen Augen ihren Kopf vertical stellen, und nachdem diese
Lage nach dem Bogen bestimmt wurde, sollte sie mit den Augen einen
etwas höher liegenden Punkt fixiren, so dass sie zuerst den Kopf hob und
dann — die Augen immer auf den Punkt gerichtet — den Kopf wieder
in die verticale Stellung zu bringen. Regelmässig sank dabei der Kopf
zu sehr nach unten oder, bei umgekehrter Versuchsanordnung wurde er
zu viel nach oben gehoben; ich habe mich jedoch an mir selbst überzeugt,
dass die Ursache dieser Abweichungen darin besteht, dass man, indem man
den Kopf aus der geneigten in die aufrechte Stellung überführt, man denselben wahrscheinlich nur aus physikalischen Gründen immer zu weit wirft,
denn ich war mir regelmässig dessen bewusst, dass der Kopf nicht senkrecht gestellt wurde und ich habe ihn nachträglich vertical zu stellen gesucht.

Ich habe deshalb die Versuche etwas anders angeordnet. Die Versuchsperson hielt zuerst bei geschlossenen Augen ihren Kopf aufrecht und
fixirte dann, ohne ihren Kopf zu bewegen, einen seitlich liegenden
Punkt; es sollte dabei ermittelt werden, ob sich der Kopf doch nicht unbewusst bewegt. Ich habe mich mehrmals überzeugt, dass man nichts von
einer Kopfbewegung dabei weiss; oft schien es mir, als ob sich der Kopf
gerade in umgekehrter Richtung bewegen würde, als er sich wirklich bewegte; immer aber drehte sich der Kopf unbewusst in der Richtung, nach
welcher die Augen gerichtet waren. Ich führe als Beispiel an: Die Versuchsperson fixirte eine 6^{dm} von ihr entfernte Marke, welche in der Höhe ihrer
Augen befestigt war; allmählich neigte jedoch ihr von Anfang an vermeintlich
vertical gehaltener Kopf nach vorne, so dass er geneigt war nach 0 Minute
um 0°, ¹/₂ M. 0°, ³/₄ M. 7°, 1 M. 10°, 1 ¹/₂ M. 16°, 1 ³/₄ M. 17°, 2 M. 17°,
2 ¹/₂ M. 17°, 2 ³/₄ M. 17° fortwährend nach vorne. Nachdem ich die Marke
um 10^{cm} höher befestigt habe, fand ich, dass der Kopf der Versuchsperson
sich aus der Anfangstellung allmählich nach oben erhob: nach 0 Minute
um 0°, 1 M. um 8°, 1 ¹/₂ M. 10°, 2 M. 13°, 2 ¹/₂ M. 16°, 3 M. 16°. Ich
habe die Marke um 3^{cm} tiefer (als eben jetzt) gestellt und der Kopf neigte
wieder nach oben, jedoch bereits weniger: 0 Minute 0°, 1 M. 7°, 1 ¹/₂ M. 4°,
2 M. 5°, 2 ¹/₂ M. 13°, 3 M. 13°. So habe ich gefunden, dass bei der von

mir getroffenen Versuchsanordnung, der Punkt, bei dessen Fixirung sich der Kopf meiner Versuchsperson weder nach oben noch nach unten neigte, etwa um 5⁰ über der horizontalen durch die Augen geführten Ebene lag. Bei mir lag dieser Punkt etwa um 10⁰ höher. Meine Kopfbewegungen waren in diesem letzteren Fall: 0 Minute 0⁰, $\frac{1}{2}$ M. 3⁰ nach vorne, 1 M. 7⁰ nach vorne, 2 M. 0⁰, 2$\frac{1}{2}$ M. 3⁰ nach hinten, 3 M. 0⁰. Ein anderes Mal: 0 Minute 0⁰, $\frac{1}{2}$ M. 4⁰ nach hinten, 1 M. 4⁰ nach vorne, 2 M. 3⁰ nach vorne, 2$\frac{1}{2}$ M. 0⁰, 3 M. 3⁰ nach hinten. Der Kopf pendelte also langsam um eine Verticalstellung.

Ganz ähnliche Resultate habe ich bekommen, wenn ich eine seitlich befestigte Marke fixiren liess, wobei der Kopf nach vorn gerichtet sein sollte: thatsächlich dreht er sich langsam in der Richtung des fixirten Punktes, und zwar desto mehr, je seitlicher der Punkt lag.

Dass man auch dann, wenn sich der Punkt bewegt, denselben nicht nur mit den Augen, sondern auch mit dem ganzen Kopfe verfolgt, das habe ich nicht einmal untersucht, denn dies zeigt die tägliche Erfahrung; ich habe aber gefunden, dass man auch dann, wenn der fixirte Gegenstand sich (in frontaler Ebene) vor den Augen dreht, den Kopf unwillkürlich und unbewusst etwas in der Richtung der sich drehenden Fläche neigt. Ich spannte vor die Augen der Versuchsperson ein weisses Stück Papier, welches durch seine Fläche fast das ganze Gesichtsfeld eingenommen hat. In die Mitte dieser Papierfläche befestigte ich ein schwarzes, ebenfalls aus Papier geschnittenes Kreuz, dessen Arme 2 ᶜᵐ breit und 1 ᵈᵐ lang waren. Wenn nun das Kreuz sammt dem Papier vor der Versuchsperson nach rechts oder links langsam um etwa 30⁰ gedreht wurde, wobei dieselbe die Pflicht hatte, die Mitte des Kreuzes ruhig zu fixiren und nicht dem Papier zu folgen, so folgte der Kopf doch unwillkürlich dem Papier etwa um 4⁰.

Das Resultat dieser sehr einfachen Versuche lässt sich folgendermaassen zusammenfassen: wir halten unseren Kopf nur dann in (subjectiv gewählter) verticaler Stellung, wenn unsere Augen geschlossen sind, oder wenn sie einen symmetrisch zu den Augen und etwas über denselben liegenden Punkt fixiren, sonst neigt unser Kopf unbewusst in der Richtung, wohin die Augen gerichtet sind.

Ihrer thatsächlichen Seite nach bilden diese Resultate das Pendant zu den Resultaten der Versuche von Breuer und Kreidl. In ihren Versuchen folgte der Aenderung in der Orientirung zur Schwerkraft die Veränderung der optischen Orientirung; in meinen Versuchen wurde primär die optische Orientirung verändert, welches eine Veränderung der Kopfbewegung, also eine Veränderung der Orientirung zur Schwerkraft zur Folge hatte.

II.

Ich habe weiter untersucht, ob sich die Kopfstellung verändert, wenn sich der fixirte Gegenstand den Augen nähert, oder sich von denselben entfernt. Ich erinnerte mich nämlich, dass man eine eigenthümliche Empfindung hat, wenn man z. B. einen Schnellzug betrachtet, der sich uns nähert, oder sich von uns entfernt. Insbesondere im letzteren Falle glaube ich, als ob mich der Zug nach sich ziehen wollte, als ob mit der Verkleinerung seines Bildes auf der Netzhaut und mit der Veränderung der Accommodation ein Saugen in der Richtung der Bewegung des Auges verbunden wäre; wenn sich der Zug nähert, so fühle ich einen schwachen Druck, doch ist diese Empfindung undeutlich. Dass einem schwindeln kann, wenn der Zug an uns vorüberfährt, hat wahrscheinlich Mancher beobachtet, doch dabei drehen sich die Augen; im ersteren Falle ist jedoch an eine Augenbewegung kaum zu denken.

In der Monographie über den Schwindel von E. Hitzig[1] finde ich einen hierher gehörigen Fall aufgezeichnet. E. Hitzig erzählt nämlich, wie er einmal aus einem Fenster irgend etwas an der gegenüberliegenden Terrasse betrachtet hat, und auf einmal mit der Stirn in das Fensterglas stiess; die Ursache davon war, dass sich jener Gegenstand entfernte und Hitzig ihm unbewusst mit seinem Kopfe folgte.

Ich untersuchte diese Erscheinung ähnlich wie oben; vor den Augen der Versuchsperson wurde eine weisse Papierwand mit einer Marke gespannt, und diese dann allmählich von der Versuchsperson entfernt oder ihr genähert. Ich habe dabei die etwaigen Kopfbewegungen verfolgt; die Versuche bieten in dieser Anordnung wohl nur qualitative Resultate, insbesondere, da man damit rechnen muss, dass die sich entfernende Marke etwas nach unten sinkt und bereits dadurch den Kopf etwas nach vorne zieht, dies musste ich möglichst zu eliminiren suchen. Ich habe gefunden, dass während das Papier die Bahn von 1 1/2 m von der Versuchsperson weg durchlief (es fing an aus einer Entfernung von 6 dm sich zu bewegen), sich der Kopf bei der ersten Person um 1·6 ⁰ (als Durchschnitt aus 35 Versuchen), bei der zweiten um 2·2 ⁰ (Durchschnitt aus 35 Versuchen), bei der dritten um 2·2 ⁰ (Durchschnitt aus 25 Versuchen) nach vorne neigte.

Die Versuche mit der Annäherung des Papieres gaben keine bestimmten Resultate.

Ich schliesse aus diesen Versuchen: wenn sich ein fixirter Gegenstand von uns entfernt, folgt ihm der Kopf etwas nach.

Im Zusammenhange mit dieser Thatsache kann man einige bekannte Thatsachen anführen. Wenn man einem fahrenden Wagen folgt, beschleunigt

---

[1] Der Schwindel. Nothnagel's *Allgemeine Pathologie.* Bd. XII. II. Abthlg.

man unbewusst seine Schritte, auch wenn man auf den Wagen gar nicht denkt. Es ist bequemer bei der Reise einem Anderen zu folgen, als der Erste zu gehen; es scheint, als ob man sich mit den Augen an seinen Vorgänger stützen würde; namentlich bei den Radfahrern soll so was vorkommen. Wenn man in der elektrischen Tramway durch eine enge Gasse fährt und die gegenüberstehenden Mauern, Fenster, Schilder u. s. f. betrachtet, drehen sich die Augen und der Kopf unwillkürlich in der entgegengesetzten Richtung als die Tramway fährt; es ist mir nun eingefallen, dass man dabei den Kopf nicht mit derselben Leichtigkeit in der Fahrrichtung als gegen dieselbe drehen kann; wenn man z. B. in der Richtung der linken Hand sich fort-bewegt, ist die Kraft, mit welcher man den Kopf nach links drehen muss, merklich grösser als diejenige, die genügt, um den Kopf nach rechts zu drehen; man muss eben bei der Linksdrehung die Tendenz des Kopfes sich nach rechts zu drehen und den Gegenständen zu folgen, überwinden.

III.

Unter Aubert's Phänomen versteht man bekanntlich die Erscheinung, dass uns eine verticale leuchtende Linie im sonst dunklen Raume nur dann vertical zu sein scheint, wenn wir unseren Kopf aufrecht halten; neigt man jedoch den Kopf links, dreht sich die Linie scheinbar rechts und umgekehrt. Nach H. Aubert[1] wurde die Erscheinung mehrmals studirt, das letzte Mal von M. Sachs und J. Meller[2] und von H. Feilchenfeld.[3] Sachs und Meller stellten vor die Versuchsperson einen Stab, von welchem die. Person mit geschlossenen Augen angeben musste, ob er vertical ist, einmal, als ihr Kopf aufrecht, dann, als er verschiedentlich geneigt war. Sie haben gefunden, dass man dabei ähnlichen Täuschungen unterliegt, wie im elemen-taren Aubert'schen Phänomen, und führen die Ursache dieser Täuschungen auf die Wirkungen des statischen Sinnesorganes: dieses soll derartig den Gesichtssinn beeinflussen, dass, wenn sich das Auge mit dem Kopfe dreht, immer sein objectiv verticaler Meridian auch subjectiv vertical ist; da aber thatsächlich die Augen dem Kopfe nicht folgen, sondern bei der Kopf-drehung reflectorisch etwas zurückbleiben (sogenannte compensatorische Augenbewegungen), bleibt auch der durch die obigen Bedingungen ge-gebene Meridian zurück und darum erscheint die verticale Linie geneigt zu sein.

---

[1] Eine scheinbare Drehung von Objecten bei Neigung des Kopfes nach rechts oder links. Virchow's *Archiv.* 1860. Bd. XX.
[2] Untersuchungen über die optische und haptische Localisation u. s. w. *Zeitschrift für Psychologie.* 1903. Bd. XXXI.
[3] Zur Lageschätzung bei seitlichen Kopfneigungen, *Ebenda.* 1903.. Bd. XXXI.

H. Feilchenfeld lässt jedoch keinen Einfluss der Bogengänge auf diese Täuschungen zu, da er gefunden hat, dass die Taubstummen ihnen ebenso unterliegen, obwohl aus Kreidl's und Pollak's Versuchen folgt dass ein grosses Procent der Taubstummen Defecte im Labyrinth haben. Eine ähnliche Methode, wie H. Aubert hat ferner Y. Delage angewendet.[1] Derselbe hat seine Versuchspersonen vor eine Wand gestellt, an welcher sich eine Fixationsmarke befand, und verlangte von ihnen zuerst die Marke zu fixiren, dann die Augen zu schliessen und auf die Marke mit einem Stab hinzuweisen. Diese gelang (mit geringen individuellen Fehlern) nur dann, wenn sie ihren Kopf aufrecht hielten; neigten sie jedoch ihren Kopf nach vorne oder nach hinten oder seitwärts, zeigten sie mit ihrem Stab auf eine Stelle, welche auf entgegengesetzter Seite von der lag, als wohin sie den Kopf geneigt haben. Delage erklärt diese Täuschungen dadurch, dass die Augen nicht gleichmässig dem sich neigenden Kopfe folgen, sondern, dass sie zurückbleiben und dass wir die Lage der Gegenstände nach der Augenstellung (auch bei geschlossenen Augen) beurtheilen, und deshalb in den angeführten Fällen die Grösse der Kopfneigung unterschätzen. Auf die Täuschungen bei Neigungen des Kopfes nach rechts und links will er diese Erklärung nicht anwenden; doch führt er für dieselben keine besondere Erklärung an.

Auch E. v. Cyon[2] führte ähnliche Versuche wie Sachs und Meller aus, nur liess er statt der Verticalstellung eines Stabes seine Versuchspersonen auf das Papier verticale und horizontale Linien zeichnen. Cyon nimmt in seiner mir nicht genug klaren Erklärung dieser Erscheinungen an, dass sie durch die Bogengänge verursacht sind, welche reflectorisch den Tonus der Augenmuskeln beeinflussen und daher sollen jene Täuschungen hervorgehen.

Der Gedanke also, dass die Täuschungen in der Schätzung der verticalen Richtung durch das innere Ohr verursacht sind, welches reflectorisch die Augenbewegungen beeinflusst, wieder und wieder angenommen wird, obwohl Delage und Feilchenfeld eine solche Erklärung zurückweisen. Ganz gewiss ist, dass es nicht nur die Symmetrieverhältnisse unseres Körpers sind, welche uns eine leichte Orientirung über die verticale Richtung ermöglichen, sondern dass dabei die Schwerkraft bestimmt eine Rolle spielt. Denn W. Nagel findet[3], dass wenn man auf dem Bauche auf dem Tische liegt, das eine Auge schliesst und mittels des anderen

---

[1] Études expér. sur les illusions statiques et dynamiques de direction etc. *Arch. zool. expér.* 1886. Vol. IV.

[2] Beiträge zur Physiologie des Raumsinns. III. Pflüger's *Archiv*. 1903. Bd. XCIV.

[3] *Handbuch der Physiologie des Menschen.* Bd. II. S. 742.

durch ein dicht an's Gesicht angedrücktes Rohr über den Tischrand nach dem Fussboden hinabsieht, so hat man (abgesehen von den ersten Momenten) von Dielen, die nicht in der Symmetrierichtung des Körpers oder Kopfes verlaufen, keineswegs den Eindruck einer Schieflage. Alle Richtungen sind unter sich gleichwerthig; ganz anders, wenn man in ähnlicher Weise durch ein Rohr gegen die senkrechte Wand blickt; da giebt es eine gut markirte senkrechte, eine wagerechte Richtung, alle anderen sind „schief".

Ich versuchte nun wieder die Beweisführung dieser Versuche umzukehren und zu finden, ob eine Veränderung der optischen Orientirung ähnliche Täuschungen in der Schätzung der (durch die Schwerkraft bestimmten) Verticalen zur Folge hat, wie es umgekehrt der Fall war in Aubert's und anderen analogen Versuchen. Es sei zuerst auf den bereits oben angeführten Versuch hingewiesen, in welchem sich der Kopf neigte, wenn die vor ihm befindliche Fläche gedreht wurde. Wohl scheint ein wesentlicher Unterschied darin zu liegen, dass im Aubert'schen Versuch sich die fixirte Linie in entgegengesetzter Richtung zu drehen scheint als der Kopf, während in unserem Versuch der Kopf der sich neigenden Linie folgt. Doch ist dieser Unterschied nur scheinbar. Im Aubert'schen Versuch dreht sich die subjective Verticale ebenfalls in der Richtung des sich neigenden Kopfes und in Folge dessen erst scheint es, dass die objective Verticale in entgegengesetzter Richtung geneigt ist; die subjective Verticale, d. h. die an unsere Augen bezw. an unseren Kopf gebundene Verticale dreht sich in gleicher Richtung wie der Kopf in beiden Fällen.

Ich will einen anderen Versuch anführen. Ich zog an einem weissen Stück Papier eine etwa 5 cm lange Linie, fixirte von oben ihre Mitte und drehte nun langsam und gleichmässig das Papier um etwa 5° und hielt dann auf, wodurch ich Folgendes hervorgerufen habe. Es schien, dass die Linie feststeht, oder sich sogar in entgegengesetzter Richtung dreht; erst nachdem das Papier stehen blieb, drehte sich die Linie in der Drehungsrichtung des Papierstückes und nahm auch subjectiv die objectiv gegebene Lage ein. Auf dass der Versuch gelingt, darf man ihn nicht vielmals hintereinander wiederholen, muss man möglichst gleichmässig, langsam und um kleine Bögen drehen; der Versuch gelingt auch mit zwei parallelen oder geneigten Geraden; wenn man einmal die Täuschung beobachtet hat, so gelingt ein Versuch auch mit zwei etwa 5 cm von einander entfernten Punkten statt der Geraden.

Die scheinbare Drehung der Linie in diesem Falle ist ganz analog dem Versuche von Aubert.

Wenn wir vor einer verticalen hellen Linie im dunklen Raume den Kopf seitlich neigen, dreht sich die Linie im entgegengesetzten Sinne; wenn wir nun den Raum erhellen, springt die geneigte Linie in ihre verticale

Stellung zurück, da wir jetzt ihre Richtung mit der Lage anderer Gegenstände vergleichen können. · Etwas ganz Analoges geschieht in unserem Versuch, wenn wir die fixirte Linie um einen kleinen Bogen drehen, dreht sie sich scheinbar · im entgegengesetzten Sinne; nachdem sie stehen blieb, vergleichen wir ihre Lage mit der Umgebung und sie springt so deshalb scheinbar nach· vorne. Es· bleibt selbstverständlich dabei zu· erklären, wie es kommt, dass nur die Linie sich zurückzudrehen scheint, während das ganze Papierstück· sich nach vorne dreht; Augenbewegungen können da kaum im Spiele sein. Es handelt sich· jedoch weniger um die Erklärung, wie darum, dass man rein optisch ein Analogon des Aubert'schen Versuches hervorrufen kann.·

· Ich rief· ferner Aubert's Phänomen in einer anderen Weise nur optisch hervor. Vor einer ·weissen Wand hängte ich einen schwarzen, am Ende belasteten Faden., welcher· den Augen die objective Verticale angab. Auf ·einem· weissen Papierbogen zog ich eine Gerade, schob den Papierbogen hinter den schwarzen Faden, so dass· die. gezeichnete Gerade hinter dem· Faden und mit ihm parallel war. Den. Kopf hielt ich nahe an den Faden, auf dass· die Lage der umgebenden Gegenstände nicht störend wirkte. Es· ist· dann sehr deutlich· zu sehen, dass wenn man die hintere Gerade in geneigte Richtung dreht, dass· sich der Faden in entgegengesetzter Richtung bis etwa um· einen Bogen von 30° zu· drehen scheint;· deutlicher ist die Täuschung, wenn man. statt einer Geraden zwei Parallelen sich hinter dem Faden drehen lässt.

Dieser Versuch hat den· Fehler, dass man sich· bei· der scheinbaren Drehung des· Fadens etwas dessen· bewusst· ist, dass · die· Drehung nur scheinbar ist, woraus eine eigenartige Ungewissheit. über ihre eigentliche Richtung entsteht. Doch· lässt sich der Versuch auch anders ausführen. Man kann· bekanntlich ohne· andere Hülfsmittel mit blossen Augen ziemlich genau ·die verticale Richtung schätzen. Ich habe also vor· weisser Wand·drei schwarze ·von einander· je 1 dm entfernte Fäden gespannt; alle drei waren so verschiebbar, dass sie vertical und· schief gestellt werden konnten. Wenn · ich ·die beiden randständigen Fäden senkrecht stellte und nach ihnen den mittleren Faden ebenfalls senkrecht zu stellen versuchte, so gelang es sehr leicht;. wenn· ich ·jedoch die randständigen Fäden parallel gegen einander verschob, so dass sie nun geneigt waren, und jetzt den mittleren Faden senkrecht zu stellen· versuchte, so· habe ich· einen constanten Fehler gemacht., indem ich den mittleren Faden gegen die Seite geneigt stellte, gegen welche auch die Randfäden sich neigten. Je mehr ich die seitlichen Fäden geneigt habe (bis zu 30°), desto grösser· war die Täuschung in der Schätzung der Verticalstellung des mittleren Fadens. · · · ·, · · :

In diesem Falle habe ich also optisch eine Täuschung in der Schätzung der Schwerkraftrichtung hervorgerufen.

Es ist augenscheinlich, dass diese Täuschung sehr nahe der bekannten Zöllner'schen Täuschung und allen den Täuschungen, welche auf die Ueberschätzung der Winkel zurückgeführt werden, steht. Zwar neigt sich in meinen Versuchen die subjective Verticale in der Richtung der schiefen Linien, während in den übrigen Täuschungen scheinbar die eine Gerade durch eine andere dieselbe kreuzende eben in entgegengesetzter Richtung, von der ersten Geraden weg, verschoben erscheint, doch ist dieser Unterschied nur scheinbar; da in meinen Versuchen die scheinbare Verticale gegen die schiefen Linien geneigt sein muss, um vertical zu scheinen, ist die wirkliche Verticale subjectiv nach der entgegengesetzten Seite von den geneigten Linien verschoben, wie es die Täuschungen über die Ueberschätzung spitzer Winkel zeigen.

Alle diese Täuschungen lassen sich auf die Thatsache zurückführen, dass eine objectiv den Augen gegebene Richtung (eine Linie) den subjectiven Raum so zu sagen verkleinert, dass sich der subjective Raum um diese Richtung zusammenzieht, und in Folge dessen wird unser Maass für den wirklichen Raum kleiner und deshalb überschätzen wir die spitzen Winkel.

Ich will hier auf das viel discutirte Problem der geometrischen Täuschungen nicht eingehen; offenbar lassen sich alle durch die eben gegebene Definition derselben wenn nicht erklären, so doch kurz zusammenfassen. Nicht nur die Zöllner'sche Figur, die Poggendorff'sche Täuschung, der Stern Hering's u. a., sondern auch die Ueberschätzung der Länge einer getheilten Linie einer ungetheilten gegenüber lassen sich durch jenen Satz formuliren.

So habe ich auf ganz natürlichem Wege und ohne das Gebiet der Thatsachen zu verlassen, den Uebergang vom Aubert'schen Phänomen zu den bekannten geometrisch-optischen Täuschungen gefunden.

IV.

Die geometrisch-optischen Täuschungen können nicht durch Augenbewegungen erklärt werden, denn in der Zöllner'schen Figur z. B. werden zwei Parallelen scheinbar in entgegengesetzter Richtung durch zwei Systeme schiefer Linien geneigt. Diese Thatsache soll uns einen Uebergang bilden zu den Beobachtungen dieses Abschnittes. Ich will hier von auf der Netzhaut localisirten Störungen der Orientirung sprechen, welche, wie ich glaube, mit dem optischen Schwindel zusammenhängen.

Man unterscheidet verschiedene Arten von Schwindel: derselbe kann in Störungen des Gleichgewichtes, in scheinbaren Bewegungen des sichtbaren Raumes oder auch im Gebiete des Tastsinnes bestehen. Vom Schwindel der ersten Art, sei er nun physiologisch oder pathologisch hervorgerufen, glaubt man heute fast allgemein, dass er labyrinthären Ursprunges ist; den optischen Schwindel kennt man zwar gut, man weiss auch, dass derselbe auch anders als durch das Labyrinth hervorgerufen werden kann, man übersieht ihn jedoch eigenthümlicher Weise bei den Speculationen über das Wesen des Schwindels überhaupt, so dass man beim Worte Schwindel gewöhnlich nur an das Labyrinth als dessen Ursache denkt.

Optischen Schwindel kann man physiologisch dadurch hervorrufen, dass man den sichtbaren Raum sich um den Kopf drehen lässt — eine Schwindelerscheinung, welche auffälliger Weise nur selten erwähnt wird.[1] Man kann jedoch diesen Schwindel nicht nur im ganzen Gesichtsfeld hervorrufen, sondern auch einen solchen, der nur an einem Theile des Gesichtsfeldes localisirt ist. Bereits Purkinje beschreibt diese Erscheinung, dass wenn ein sich nicht zu rasch bewegender Gegenstand auf einmal stehen bleibt, wir dann die Empfindung haben, als ob er sich nach rückwärts bewegen würde. Nach Purkinje wurde die Erscheinung durch J. Plateau und später durch J. J. Oppel beschrieben und seitdem wird dieselbe allgemein Plateau-Oppel'sche Erscheinung genannt. Plateau versuchte dieselbe durch seine Theorie zu erklären, dass das Auge einem jeden optischen Reize einen desto grösseren Widerstand leistet, je länger der Reiz dauert; hört der Reiz auf zu wirken, so kehrt das Auge in seinen ursprünglichen Zustand zurück, überschreitet jedoch durch Trägheit die Ruhelage, kehrt von da wieder zurück, bis sein Zustand nach solchen periodischen Schwankungen in der Ruhelage stehen bleibt. Oppel nennt diese Erscheinungen einen localisirten Schwindel, ohne jedoch auf eine Analyse derselben einzugehen. Nach den Versuchen von V. Dvořák[2], A. Kleiner[3], E. Budde[4], G. Zehfuss[5], welche namentlich die Localisation dieser Erscheinung auf der Netzhaut betont haben, wies E. Mach[6]

---

[1] Sofern mir bekannt, hat diese Art des optischen Schwindels nur E. Budde vorübergehend studirt: Ueber metakenetische Scheinbewegungen und über die Wahrnehmung der Bewegung. *Dies Archiv.* 1884. Physiol. Abthlg.

[2] Versuche über die Nachbilder von Reizveränderungen. *Sitzungsberichte der Wiener Akad.* 1870.

[3] Physiologisch-optische Beobachtungen. IV. Ueber Scheinbewegungen. *Pflüger's Archiv.* 1878. Bd. XVIII.

[4] A. a. O.

[5] Ueber Bewegungsnachbilder. *Annalen der Physik.* N. F. 9. 1880.

[6] *Grundlinien der Lehre von den Bewegungserscheinungen.* Leipzig 1875.

die Helmholtz'sche Erklärung dieser Erscheinungen, dass sie nämlich durch unbewusste Augenbewegungen entstehen, ab, indem er auf die von V. Dvořák gefundenen Thatsachen hingewiesen hat, dass wenn ein Auge durch zwei entgegengesetzte Bewegungen gereizt wird, auf demselben auch die Empfindung von zwei einander entgegengesetzten Scheinbewegungen auftritt, dass also diese Scheinbewegungen nur eine localisirte Reaction auf den Bewegungsreiz darstellen. Auch Kleiner's Beobachtungen sind auf die Zurückweisung der Helmholtz'schen Theorie gerichtet.

Neue Beobachtungen über diese „Bewegungsnachbilder" veröffentlichte S. Exner[1] und wies ihre Analogie mit den gewöhnlichen Nachbildern der optischen Reize nach, von welchen sich die ersteren wohl dadurch wesentlich unterscheiden, dass sie nicht nur auf das gereizte Auge beschränkt sind, sondern auch auf das andere Auge übertragen werden: es hat nämlich wieder V. Dvořák gefunden, dass wenn man das eine Auge durch eine Bewegung reizt, dann dasselbe schliesst und das andere öffnet, man ebenfalls eine Scheinbewegung an analoger Netzhautstelle empfindet. Ein weiterer Unterschied den optischen Nachbildern gegenüber besteht darin, dass keine positive und negative Schwankungen der „Bewegungsnachbilder" vorkommen (wie es der Fall ist z. B. mit den farbigen Nachbildern), sondern dass das Bewegungsnachbild nur negativ ist; Exner sieht darin ein Beispiel der subcorticalen Nerventhätigkeit.

Nichts ist leichter, als die Plateau-Oppel'sche Erscheinung hervorzurufen: man lege die Hand auf den Tisch, fixire einen festen Punkt neben derselben und ziehe dann langsam die Hand an sich; wenn man nach einigen Augenblicken die Hand anhält, hat man eine sehr deutliche Empfindung, dass die Hand in ihre ursprüngliche Lage zurückkehrt. Man kann einen beliebigen Gegenstand, wenn er nur nicht eben fixirt wird, etwas verschieben und immer wird man sehr lebendige Scheinbewegungen desselben wahrnehmen, als ob alle Gegenstände an unsichtbaren Federn befestigt sein würden, welche sie zurückziehen, sobald wir ihnen eine neue Lage zu geben versuchen. Diese Scheinbewegung ist häufig so lebhaft, dass man fürchtet, dass der Gegenstand vom Tische herabfällt.

E. Mach[2] behauptet, dass diese Erscheinung gänzlich verschieden von dem Schwindel sei und dass man dabei nicht eine wirkliche Bewegung, als eher einen über das ruhige Object hinziehenden Schleier zu sehen glaubt. Die Annahme, dass die Plateau-Oppel'sche Erscheinung vom Schwindel

---

[1] Einige Beobachtungen über Bewegungsnachbilder. *Centralblatt für Physiologie.* 1888, und *Biolog. Centralblatt.* 1888. Vgl. auch die Arbeit aus Exner's Institut: A. Borschek und R. Hescheller, Ueber Bewegungsnachbilder. *Zeitschr. f. Psychol.* 1901. Bd. XXVII.

[2] A. a. O.

gänzlich verschieden sei, ist heute allgemein angenommen und zwar, wie ich glaube, weniger aus dem von Mach angeführten thatsächlichen Grunde, sondern viel eher wegen der allgemein angenommenen Theorie, dass der Gesichtsschwindel von anormalen Reizungen der Augenmuskeln herrührt und dass er deshalb nur in einer scheinbaren Bewegung des gesammten Gesichtsfeldes gesehen werden kann.

Ich halte jedoch die grundsätzliche Unterscheidung der „Bewegungs- nachbilder" von optischen Schwindelerscheinungen für unrichtig und zwar aus folgenden Gründen:

1. Es ist zwar richtig die Bemerkung E. Mach's, dass man bei den „Bewegungsnachbildern" manchmal wie nur einen über den ruhigen Gegen- stand hinziehenden Schleier sieht, doch ist dies richtig nur in gewissen Fällen. Wenn ich mein Auge durch die Bewegung irgend eines Gegen- standes reize und meinen Blick dann auf irgend einen anderen, ruhigen Gegenstand werfe, so sehe ich wohl diesen Schleier, ich sehe aber eine Bewegung, wenn ich zuerst den bewegten, dann aber denselben jedoch ruhigen Gegenstand betrachte: hier sehe ich wenigstens nichts einem über den Gegenstand hinziehenden Schleier Aehnliches, sondern die scheinbare Bewegung macht den Eindruck einer wirklichen Bewegung. Der Schleier entsteht auch nach einem längeren Reizen des Auges, nicht so nach einem kürzeren.

2. Nachdem ich eine längere Weile die Versuche mit Bewegungs- nachbildern gemacht habe, wurde ich von einem ähnlichen (doch schwächeren) Unwohlsein überfallen, wie es bei echtem Schwindel vorkommt.

3. Dass das Bewegungsnachbild subjectiv den Werth einer wirklichen Bewegung hat, davon habe ich mich folgendermaassen überzeugt. Ich habe ein 2 dm breites, weisses und parallel schwarz gestreiftes Tuchstück hori- zontal über zwei 4 dm von einander in Lagern befestigten Walzen gezogen und mit Hülfe einer Curbel in langsame gleichmässige Bewegung gesetzt. Während der Bewegung habe ich einen Punkt neben oder über dem Tuch fixirt. Nachdem ich die langsame Bewegung angehalten habe, habe ich die scheinbare Bewegung in umgekehrter Richtung gesehen.[1] Ich habe nun versucht mit der Curbel möglichst langsam wieder in der ursprüng- lichen Richtung zu drehen. Hat nun das Bewegungsnachbild subjectiv wirklich den Werth einer thatsächlichen Bewegung, so muss sich die objective Bewegung in der einen und die subjective in der entgegen- gesetzten paralysiren, welches nicht der Fall sein wird, wenn das Be- wegungsnachbild subjectiv nicht einer Bewegung entspricht. In der That

---

[1] Man muss dabei beachten, dass nach dem Anhalten der Drehung ein Bruchtheil einer Secunde verfliesst, ehe die scheinbare Bewegung in Erscheinung tritt.

habe ich mich überzeugt, dass sich das subjective Bewegungsnachbild mit der objectiven Bewegung zu einer Resultirenden combiniren: wenn ich in der: einen Richtung drehe, dann anhalte und wieder (langsam) in derselben Richtung drehe, scheint das Tuch ruhig zu sein, während die Drehung von derselben Geschwindigkeit im entgegengesetzten Sinne gut bemerkt wird. Das Bewegungsnachbild hat also subjectiv den Werth einer wirklichen Bewegung.

4. Ich konnte mich überzeugen, dass auch das Bewegungsnachbild, wie jede Bewegung überhaupt, nur relativ ist. Man nehme zwei Papierschnitzel, etwa 5 ^{cm} lang, lege sie mit einer ihrer Seiten an einander, fixire einen Punkt an einem und verschiebe den anderen längs ihrer gemeinsamen Seite: nach dem Anhalten wird sich das verschobene Papierschnitzel scheinbar in umgekehrter Richtung bewegen; wenn ich mir jedoch intensiv vorstelle, dass das scheinbar bewegte Papierschnitzel thatsächlich ruhig ist, bemerke ich am anderen auf einige Momente eine Bewegung, welche entgegengesetzt gerichtet ist, wie die scheinbare Bewegung am ersten Papierschnitzel. Der Versuch gelingt zwar nicht eben leicht, doch habe ich ihn in einigen Modificationen wiederholen können und immer gelang es mir, die scheinbare Bewegung an den ruhigen Gegenstand zu übertragen. Am leichtesten gelingt der Versuch so, dass man einen indirect betrachteten Gegenstand verschiebt und ihn dann fixirt: er scheint sich dann etwas in derselben Richtung, in welcher er verschoben wurde, zu bewegen.

5. Das Bewegungsnachbild ist keineswegs nur eine optische Täuschung. Wenn man die Hand auf den Tisch legt und langsam heranzieht, während man einen nebenliegenden Punkt fixirt, so scheint es nach dem Anhalten, dass man nicht nur die rückwärtige Bewegung der Hand sieht, sondern man fühlt auch, dass sich die Hand bewegt. Darum kann man auch nicht diese Art des Schwindels hervorrufen, wenn man einen Gegenstand mit freier Hand bewegt: man kann z. B. ein Papierstück mit freier Hand beliebig drehen oder geradlinig bewegen und man wird kein Bewegungsnachbild hervorrufen. Die Ursache ist leicht zu finden: wenn ich nach der Bewegung mit freier Hand anhalte, entsteht wohl der Zustand, in welchem das Bewegungsnachbild entstehen sollte; doch compensirt die Hand unbewusst die scheinbare Bewegung durch eine entgegengesetzte.

6. Schliesslich: Die Thatsache, dass diese Scheinbewegungen auf der Netzhaut localisirt sind, giebt noch keinen Grund dafür, dass sie von den Schwindelerscheinungen gesondert werden sollten. In dieser Hinsicht sind die Bewegungsnachbilder den geometrischen Täuschungen ähnlich, dass sie nämlich beide localisirte Orientirungsstörungen sind. Auch in den geometrischen Täuschungen kann man in einem Auge zwei oder mehrere

verschiedenartige Orientirungsstörungen auf einmal hervorrufen: in der Zöllner'schen Figur z. B. verschieben sich die beiden Parallelen in entgegengesetztem Sinne, wenn über dieselben die zwei Systeme geneigter Linien geführt werden, und analog ist es in anderen Fällen.

Zwischen den Bewegungsnachbildern und den geometrischen Täuschungen besteht auch die Aehnlichkeit, dass sie nicht auf das gereizte Auge beschränkt sind. Für die localisirten Schwindelerscheinungen oder Bewegungsnachbilder hat dies V. Dvořák, wie oben bemerkt, nachgewiesen; auch für die optisch-geometrischen Täuschungen (für die Zöllner'sche Figur) hat dies St. Witasek[1] behauptet, indem er die Parallelen und die beiden Systeme der schrägen Linien je auf ein Blatt gezeichnet und dann durch das Stereoskop betrachtet hat; es gelang ihm dabei eine wohl schwächere, aber doch merkbare Schiefstellung der Parallelen hervorzurufen. A. Lehmann[2] bestreitet zwar die Richtigkeit der Versuche Witasek's und behauptet, dass die beiden Parallelen in der Versuchsanordnung des Witasek geneigt waren, gegen einander jedoch parallel geblieben sind; wenn man Acht giebt, dass sie sich in stereoskopischer Verbindung nicht neigen, so sollen sie einander vollständig parallel bleiben: die Zöllner'sche Täuschung solle also nur dann entstehen können, wenn wie die Parallelen, so die schrägen Linien auf ein und dasselbe Auge fallen.

Trotz dieser Versuche des A. Lehmann glaube ich, dass St. Witasek recht hat, und dass die optisch-geometrischen Täuschungen auch bei stereoskopischer Verbindung der betreffenden Linien, wenn jedes System derselben nur ein Auge reizt, entstehen. Der Leser kann sich davon selbst aus der beigefügten Figur überzeugen: man braucht nur die Augenaxen so auseinandertreten lassen, bis sich die mittleren Parallelen etwas über die schrägen

Linien rechts oder links verschieben, und man wird, glaube ich, deutlich rechts ein Auseinandertreten, links eine Annäherung der Parallelen sehen; namentlich links sehe ich die Täuschung gut, wenn ich nur Acht gebe, dass ich beide Liniensysteme gleichzeitig und übereinander sehe.

Ich glaube deshalb, dass die geometrisch-optischen Täuschungen und die sogenannten Bewegungsnachbilder Erscheinungen der optischen Orientirungsstörung sind und zwar sind die ersteren statische, die letzteren dynamische Störungen der optischen Orientirung.

---

[1] Ueber die Natur der geometrisch optischen Täuschungen. *Zeitschr. f. Psych.* 1899. Bd. XIX.

[2] Die Irradiation als Ursache optisch-geometrischer Täuschungen. Pflüger's *Archiv.* 1904. Bd. CIII.

V.

Ich will schliesslich eine sehr elementare und gewiss allgemein bekannte Erscheinung erwähnen, welche jedoch in den Theorien der physiologischen Optik bestimmt nicht genug beachtet wird. Wir können alle unsere Körpertheile, sofern ihre Bewegung überhaupt unserem Willen untergeordnet ist, in bestimmten Grenzen ununterbrochen und mit einer variablen Geschwindigkeit bewegen: wir können mit unserer Hand, mit dem Kopf, mit der Zunge und Aehnlichem ununterbrochen z. B. über eine Gerade fahren, nur mit unseren Augen können wir dies nicht. Niemand wird im Stande sein, eine Linie zu zeichnen und über dieselbe langsam mit seinen Augen zu fahren; bei noch so grosser Bemühung macht das Auge Sprünge, nystagmische Bewegungen, und springt von einem Punkt zu einem anderen und misst die Linie durch eine mehrmals unterbrochene Bewegung. Dem gegenüber ist nichts leic$_{ht}$er, ja es wird reflexartig vermittelt, wenn man mit seinen Augen einem langsam sich bewegenden Punkte folgt. Ich suche umsonst in den heutigen Theorien der physiologischen Optik, wie diese elementare Erscheinung zu erklären wäre. Nur eine Analogie, die Analogie mit der Reaction auf die Schwerkraft ist da zu finden: die Körperbewegung, insbesondere der Sprung ist etwas Analoges, auch bei dem Springen ist es ganz unmöglich (ohne etwa eine früher erlangte Geschwindigkeit), den Körper ununterbrochen fortzubewegen, sondern man muss die Schwerkraft eben sprungweise überwinden; die Analogie zwischen der Fixation eines bewegten Punktes wäre dann das Fahren an einem Fuhrwerke.

Wahrscheinlich scheint dem Leser diese Analogie zu sehr an den Haaren herbeigezogen; wenn man jedoch einmal zulässt, dass die Analogie zwischen den physiologischen Reactionen auf den Lichtstrahl und auf die Schwerkraft da ist, dann wird man vielleicht nicht sehr überrascht sein, diese Analogie auch in dem angeführten Falle gefunden zu haben. In die Deutung dieser Analogie will ich mich jedoch an dieser Stelle nicht einlassen.

VI.

Ich habe in dieser Mittheilung nachzuweisen gesucht, dass zwischen unserer Orientirung zur Schwerkraft und derjenigen zum Lichtstrahl mehrfache Analogien aufzufinden sind und zwar:

1. Wie sich durch eine auf unser inneres Ohr wirkende Centrifugalkraft in Folge der veränderten Orientirung zur Schwerkraft auch unsere Orientirung im optischen Raume verändert, so verändert sich auch umgekehrt unsere Orientirung zur Schwerkraft in Folge einer primären Veränderung der optischen Orientirung.

2. Das Aubert'sche Phänomen, wo bei geneigtem Kopfe eine objective Verticale im sonst dunklen Raume im entgegengesetzten Sinne geneigt erscheint, kann ebenfalls umgekehrt werden: eine geneigte Linie im Gesichtsfelde bewirkt, dass die Verticale ebenfalls geneigt zu sein scheint.

3. Als eine Störung der optischen Orientirung lassen sich alle geometrisch-optischen Täuschungen auffassen, indem für alle der Satz gilt, dass der subjective Raum um einen optisch gegebenen Punkt oder um eine Linie zusammenschrumpft.

4. Die Plateau-Oppel'sche Erscheinung ist eine locale Schwindelerscheinung im Gesichtsfelde und ist in Allem den „wahren" Schwindelerscheinungen ähnlich. Also gibt die Thatsache des Schwindels eine weitere Analogie zwischen der Orientirung zur Schwerkraft und derjenigen zum Licht.

5. Eine fernere Analogie liegt vielleicht darin, dass, wie wir nur schritt- oder sprungweise von einem Punkte zu einem anderen sich willkürlich bewegen können, dass wir auch nur sprungweise von der Fixirung eines Punktes zu der eines benachbarten übergehen können.

Der Einfluss der Hirnrinde auf die Thränen-, Schweiss- und Harnabsonderung.

Von

Prof. **W. v. Bechterew.**

Allgemein bekannt sind die nahen Beziehungen der Thränenausscheidung zu den psychischen Affectzuständen. Thränenausscheidung bildet ein hervorragendes Mittel zum Ausdruck bestimmter psychischer Erregungen, die in Weinen Auflösung finden. Auch alle angenehmen Affecte, Freude, Liebe u. s. w. gehen mit merklicher, durch erhöhte Thränenausscheidung bedingter Steigerung der Augenbefeuchtung einher. Dagegen wirken depressive Affecte offenbar hemmend auf die Thränenabsonderung; schwerer Kummer kennt keine Thränen.

Man darf aus allen diesen Thatsachen schliessen, dass in der Hemisphärenrinde bestimmte Centra für die Thränensecretion vorhanden sein müssen, die, wie schon a priori anzunehmen, stets am ehesten unter Vermittelung subcorticaler Centra auf die Thränendrüsen einwirken.

Die Frage nach dem Verhalten der corticalen Centra der Thränensecretion ist nun bis in die allerneuste Zeit hinein unbeachtet geblieben. Erst im Jahre 1891 erhielt der interessante Gegenstand durch meine und Misslawski's Arbeit eine gebührende Beleuchtung.[1] Wir experimentirten damals an mässig curaresirten Hunden. Die Curarisirung, die, wie wir fanden, weitaus nicht immer von einer die Beobachtung störenden erhöhten Thränenausscheidung begleitet war, nicht selten auch ganz ohne solche verlief, erschien nothwendig, um eine Beeinträchtigung des Versuches durch die in Folge Rindenreizung auftretenden Krämpfe zu vermeiden. Die

---

[1] W. v. Bechterew und N. Misslawski, Ueber die Innervation und die Gehirncentra der Thränensecretion. *Medic. obosrenie* (russisch). 1891. Nr. 12 und *Neurolog. Centralblatt.* 1892.

Controle des Secretionsvorganges geschah in unseren Versuchen durch einfache Beobachtung bei leicht herabgezogenem unterem Augenlide; dabei galten uns als effectiv nur jene Fälle, wo nach Reizung eine reichliche Thränenausscheidung sich einstellte.

Nach Versuchen an Katzen lieferte unlängst Parson[1] eine volle Bestätigung unserer damaligen Befunde über den Einfluss der Hirnrinde auf den Halssympathicus; aber von einer Einwirkung der Rinde auf die Thränensecretion, wie wir dies an Hunden constatirten, konnte er sich nicht überzeugen.

Man muss nun bedenken, dass Beobachtungen über Rindeneinwirkung auf die Thränen- und sonstigen Secretionen gar nicht so einfach sind, wie man vielleicht zunächst glauben möchte. Man muss vor allen Dingen ganze Reihen Experimente machen, da im Einzelfall der Rindeneffect sehr variabel sein kann: die Erscheinung ist bald stärker ausgesprochen, bald schwächer, ja sie kann, wie von uns schon in jener Abhandlung betont wurde, auch ganz ausbleiben. Möglicher Weise kommt es hier auch auf die Thierart an, an der man experimentirt. Jedenfalls waren die Ergebnisse unserer Versuche in manchen Fällen so demonstrativ und konnte die Beobachtung an so zahlreichen Versuchen erhärtet werden, dass für mich kein Zweifel an dem Einfluss der Gehirnrinde auf die Thränenausscheidung bestehen kann, und dies um so viel mehr, als die Einwirkung des Halssympathicus auf die Thränenausscheidung nach den Ermittelungen von Demčenko[2], Wolfers[3] und uns als sicherstehende Thatsache gelten kann. Die Reizung selbst geschah in unseren Versuchen mit dem du Bois-Reymond'schen Apparat (Grenet's Element) bei deutlich auf der Zunge fühlbarem Strome. Es ergab sich dabei, dass Reizung der Gehirnrinde im medialen Theil des vorderen und hinteren Abschnittes des Gyrus sigmoideus (Gyrus prä- und postcruciatus) deutliche Thränenabsonderung hervorruft. Etwas schwächer und minder constant wirkt in dieser Hinsicht Reizung der mehr nach aussen belegenen Theile der gleichen Wirkung, während von anderen Rindengebieten aus in unseren Versuchen keine deutliche Thränensecretion zu erzielen war.

Die Thränensecretion erscheint demnach als streng localisirte Rindenfunction und kann schon deshalb nicht durch Wirkung von Stromschleifen auf subcorticale Gebiete erklärt werden.

Gewöhnlich tritt die Secretion bei Reizung der genannten Rinden-

[1] Parson, Collected papers of the physiology laboratory, Univ. College London. 1903.

[2] Demčenko, Pflüger's Archiv. 1882. Bd. VI.

[3] Wolfers, Experimentelle Studien üben Innervationswege der Thränendrüse. Dorpat 1871.

bezirke ausserordentlich schnell nach der Reizapplication ein und zwar in solchem Grade, dass nicht selten Thränenerguss nach aussen erfolgt.

In allen Fällen gelangte die Secretion auf beiden Seiten zur Beobachtung, doch war sie auf der der Reizung entgegengesetzten Seite fast immer stärker, als auf der ihr entsprechenden.

Nach Aufhören des Reizes lässt die Thränenabscheidung gewöhnlich alsbald ganz nach und erneuert sich nicht vor erneuter Reizapplication auf die Rinde.

Beachtung verdient, dass in unseren Versuchen die Thränensecretion bei Reizung der erwähnten Rindenbezirke, sowie bei Reizung der von uns entdeckten Thränensecretionscentra in den Sehhügeln begleitet war, von hochgradiger Erweiterung beider Pupillen, Hervortreten der Bulbi und Lideinziehung, wobei dieser Effect auf der entgegengesetzten Seite etwas früher und wohl auch etwas lebhafter war, als auf der gleichen Seite.

Um über die näheren Beziehungen des thränensecretorischen Effectes zur Pupillenerweiterung, zum Exophthalmus und zur Lideinziehung Klarheit zu schaffen, zu jenen Erscheinungen also, die unzweifelhaft auf Reizung centraler Sympathicusbahnen hindeuten, durchtrennten wir bei den Versuchsthieren zunächst den Halssympathicus und schritten alsdann zur Reizung der Gehirnrinde.

Es zeigte sich, dass auch in diesem Fall Thränen an beiden Augen auftraten, obwohl Pupillenerweiterung, Exophthalmus und Lideinziehung nunmehr bloss auf der Seite des verschonten Sympathicus vorhanden waren. Der Effect blieb sich im Wesentlichen gleich, ob wir den Halssympathicus auf der gereizten oder auf der ungereizten Seite durchtrennten: in beiden Fällen wurden Thränen sowohl auf der Seite des verletzten, wie auf der des verschonten Sympathicus secernirt.

In einer anderen Versuchsreihe schritten wir zur intracranialen Durchschneidung des Trigeminus vor dem Ganglion Gasseri unter Intactlassung beider Sympathici.

Auch in diesem Fall bedingte Reizung der vorhin genannten Rindenbezirke der contralateralen Hemisphäre Secretion an beiden Augen, wobei sie auf der Seite des Eingriffes erheblich schwächer war.

Diese Versuche lassen also keinen Zweifel übrig, dass der thränensecretorische Effect der Rindenreizung, sowie der Thalamusreizung sowohl unter Vermittelung von Trigeminus- (bezw. beim Menschen Facialis-)fasern, als auch unter Betheiligung von Sympathicusfasern vor sich geht. Da der Sympathicus, wie man annehmen darf, vorwiegend trophischer, der Trigeminus vasomotorischer Nerv der Thränendrüse ist, so muss man im Hinblick auf die Thatsache, dass Durchtrennung des Trigeminus den thränensecretorischen Effect wohl hochgradig abschwächt, aber nicht ganz aufhebt,

den Schluss ziehen, dass die corticalen Centra der Thränensecretion gleichzeitig auf den Gefässapparat und auf den secretorischen Zellenapparat der
Thränendrüse Einfluss üben.

Was nun die Beziehungen der Gehirnrinde zur Schweisssecretion betrifft, so drängt die alltägliche Erfahrung überall zu der Annahme corticaler schweisssecretorischer Centra. Stärkere Aufregungszustände werden in
gewissen Fällen constant von reichlicher Schweissabsonderung begleitet, und
bei manchen pathologischen Zuständen reichen bestimmte Gedanken, eine
blosse Erinnerung hin, um sofort stärkeres Schwitzen hervorzurufen. Bei
einer Hysterica beobachtete Pandi sogar suggestive Einflüsse auf die
Schweisssecretion. Bekannt ist ferner, dass Schweissabsonderung mit Entwickelung elektrischer Ströme und sonstigen Veränderungen der elektrischen
Erscheinungen in der Haut einhergeht. Tarchanow[1] fand dabei, dass
jede Reizung der Sinnesorgane, sowie willkürlicher Bewegungen und selbst
minimalste psychische Leistungen mehr oder weniger auffallende Veränderungen der Hautelektricität bedingen, was hauptsächlich mit der secretorischen
Thätigkeit der Schweissdrüsen in Zusammenhang zu bringen ist. Dass
psychische Vorgänge auch ohne entsprechende Gefässveränderungen Schwitzen
auslösen können, ist unter anderen dadurch erweislich, dass stärkere De-
pressionszustände, Angst u. s. w., nicht selten kalten Schweiss hervorrufen.

Nichts desto weniger stellen einige Autoren, François Franck und
andere, das Vorhandensein von corticalen Schweisscentren gänzlich in Ab-
rede. Solche sind übrigens bis in die letzte Zeit hinein nicht einmal mit
Bestimmtheit nachgewiesen worden. Abgesehen von einer Beobachtung
Vulpian's, der durch Rindenreizung bei der Katze eine schwache
Schweissabsonderung hervorrief, haben alle Versuche durch Hirnrinden-
reizung gesteigertes Schwitzen auszulösen, keinen positiven Erfolg gehabt
(Adamkiewicz, Strauss, Bloch u. A.).

Bei solchem Mangel positiver Befunde über den Einfluss der Gehirnrinde auf die Schweisssecretion veranlasste ich Dr. Gribojedow zur Anstellung in unserem Laboratorium systematischer Experimentaluntersuchungen
in der angedeuteten Richtung.[2] Die Versuche wurden an jungen Kätzchen
und Füllen vorgenommen, von denen bei ersteren die Schweissthätigkeit
gut an den Pfoten, bei letzteren an der ganzen Körperfläche zu beobachten
ist, so wie beim Menschen. Narkose, die die Thätigkeit der secretorischen
Nerven unterdrückt, wurde nicht angewandt; statt dessen fand die Trepanation unter localer Cocaïnanästhesie statt. Ein Theil der Versuche wurde

---

[1] Tarchanow, *Westn. psichiatrii* (russisch). 1887. Heft 1. S. 73.
[2] Gribojedow, Ueber Rindencentra der Schweisssecretion. *Vortrag in der
Psychiatr. Gesellschaft zu St. Petersburg.* 13. December 1903.

mit, ein anderer ohne Curare durchgeführt. Vor der Rindenreizung wurden die Pfoten der operirten Katzen sorgfältig gewaschen und getrocknet. Die Reizung der verschiedenen Rindenbezirke geschah hierauf mit Platinelektroden von der normalen du Bois-Reymond'schen Rolle aus. Der Schweissausbruch wurde durch einfache Beobachtung notirt, in gewissen Fällen durch Abdrücke auf Lackmuspapier.

Im Verfolg der Versuche gelang es an der inneren Hälfte des vorderen Abschnittes des Gyrus sigmoideus.s. antecruciatus eine Gegend zu finden, deren Reizung gesteigertes Schwitzen, vorwiegend auf der entgegengesetzten Seite, hervorrief, das manchmal noch mehrere Minuten nach dem Aussetzen des Reizes anhielt. Manchmal kam es zu förmlichen Schweisströpfchen.

Im Uebrigen weist das Schwitzen bei Rindenreizung ein recht unbeständiges Verhalten auf, wofür jedoch bei diesen Versuchen mehrere Gründe vorlagen. Die Versuchskatzen geriethen oft schon in Schweiss bei der Fesselung und erwiesen sich zu Beginn der Versuche schon so erschöpft, dass ein besonderes Ergebniss nicht zu erwarten war. In anderen Fällen konnte nur im Beginn des Versuches, bei den ersten Reizapplicationen an die Rinde, Schwitzen wahrgenommen werden, später schien die Drüsenthätigkeit gleichsam vorübergehend erschöpft, so dass ein weiteres Schwitzen nicht hervorgerufen werden konnte. Einige Katzen endlich schwitzten überhaupt nicht.

Viel constanter waren die Ergebnisse an Füllen, wo nach Reizung des nämlichen Rindenbezirkes nicht nur die Extremitäten, wie bei der Katze, sondern die ganze entgegengesetzte Körperhälfte sich reichlich mit Schweiss bedeckte.

Es ergab sich ferner im Verlauf der oben erwähnten Versuche, dass Unterminirung der schweisssecretorischen Region den Effect ihrer Reizung gänzlich beseitigte. Wurde diese Region abgetragen, dann erwies sich bei Erwärmung und Bewegungen die Secretion auf der entgegengesetzten Seite schwächer als auf der entsprechenden. Eine subcutane Pilocarpininjection hob diesen Unterschied auf. Spätere Rindenreizung ergab in diesem Fall keinen deutlichen Effect für die entgegengesetzte Körperhälfte. Zu erwähnen ist schliesslich, dass auch nach voraufgehender Gefässunterbindung mit voller Deutlichkeit Schweisssecretion auf der entgegengesetzten Seite auftrat.

Es erscheint darnach zweifellos, dass besondere Centra für die Schweisssecretion in der Gehirnrinde vorhanden sind.

Auch sprechen klinische Beobachtungen beim Menschen für die Existenz solcher corticaler Schweisscentra. So beobachtete Morselli Hyperhidrose der rechten Gesichtshälfte bei einem Gliom im vorderen Theil der linken Hemisphäre bei gleichzeitig bestehender Affection des Halssympathicus.

Mickle sah Schwitzen einer Gesichtshälfte bei progressiver Paralyse, sowie bei einem Kranken mit linksseitigen Zuckungen bei erhöhter Temperatur auf dieser Seite und Verengerung der linken Pupille. Meschede beobachtete halbseitiges Schwitzen, besonders des Antlitzes in einem Fall, wo die Secretion concentrische Schädelhyperostosen und Atrophie eines Theiles der Centralwindungen ergab. Bemerkenswerth ist auch ein Fall von Pandi, wo bei einem Kranken nach einem Trauma Krämpfe im linken Arm und linksseitige Facialislähmung ohne vasomotorische Störungen auftraten; zugleich bestand starkes Schwitzen der linken Gesichtshälfte. Nach Pandi handelte es sich hier um eine Affection des corticalen Armcentrums und des Facialiscentrums in der rechten Hemisphäre. Senator constatirte in einem Fall, wo im Anschluss an einen apoplectischen Insult corticale Ataxie und vorübergehend Krämpfe im linken Arm bestanden, eine in auffallender Weise auf diesen Arm beschränkte Schweissausscheidung; die Section ergab einen Abscess in der Rinde der correspondirenden Hemisphäre. Adamkiewicz beobachtete einen analogen Fall ohne Sectionsbefund. Unlängst in der Wissenschaftlichen Versammlung der psychiatrischen Klinik zu St. Petersburg habe ich auch einen Fall mit Läsion des psychomotorischen Gebietes demonstrirt, welcher den Einfluss dieses Gebietes der Grosshirnrinde auf Schweissabsonderung bestätigt.

Auch bei epileptischen Anfällen giebt es bekanntlich starke Schweiss- und Speichelabsonderung, die wohl ebenfalls corticalen Ursprunges ist. Auf Grund solcher Fälle localisirt Koranyi das Schweisscentrum in der Nähe des Sprachcentrums, womit ich jedoch nicht übereinstimmen kann. Schwitzen kommt schliesslich auch bei Psychosen vor.

Auch gegenüber den Schweissgeruchdrüsen erweisen sich psychische Zustände von Einfluss, wie aus jenen Fällen hervorgeht, wo unangenehm riechende Schweisse in Folge erotischer Aufregung, besonders bei geisteskranken Frauen, bemerkbar werden. Dies deutet entschieden auf Rindencentra, die auf die Secretion der Schweissgeruchdrüsen von Einfluss sind.

So wichtig nun alle diese Beobachtungen als Beweise corticaler Beeinflussung der Schweissabsonderung beim Menschen auch sein mögen, muss doch, wie mir scheint, eine genaue Localisation des Rindencentrums der Schweisssecretion beim Menschen zunächst der Zukunft vorbehalten bleiben. Augenblicklich steht nur fest, dass es beim Menschen Schweisscentren im Bereich der motorischen Zone der Gehirnrinde giebt.

In gewissen functionellen Beziehungen zur Schweisssecretion steht bekanntlich auch die Function der Harnabsonderung, für die naturgemäss ebenfalls Centra in der Gehirnrinde zu suchen sind.

Dass eine gewisse Abhängigkeit der Harnsecretion von der Gehirnrinde vorhanden sein muss, geht wie mir scheint schon aus der Thatsache hervor, dass Geistesstörungen, falls sie mit Depressionszuständen verbunden sind, wie Melancholie, gewöhnlich mit hochgradig herabgesetzter Harnsecretion verlaufen. In einigen von diesen Fällen hält sich die Harnmenge bisweilen durch Monate auf $1/_2$ der normalen Quantität und noch weniger; zu Zeiten fällt sie, wie aus den Befunden von Rabow[1], mir[2] und Anderen hervorgeht, auf 600—300 ccm pro die, und dies bei herabgesetzter Hautperspiration. Bekannt sind ferner erstaunliche Beispiele hysterischer Anurie. Auf der anderen Seite besteht bei einer Reihe psychischer Zustände, zumal bei den maniacalischen, Polyurie.

Bei alledem fehlte es bis in die letzte Zeit hinein an näheren Angaben über den physiologischen Einfluss der Hirnrinde auf die Harnsecretion. Gegenwärtig liegen über die Frage und speciell über den Einfluss der Rinde auf die Harnsecretion beim Hunde, systematische Untersuchungen vor, die auf meine Veranlassung durch Dr. Karpinski in unserem Laboratorium durchgeführt wurden.[3] Die Versuche bestanden in Folgendem: Nach geschehener Laparotomie wurden in beide Ureteren gebogene Neusilbercanülen gebracht, dort durch Bandligatur befestigt und die Enden nach aussen geführt, wo sie in die Bauchwunde eingenäht wurden, die einen Jodoformverband mit einer Collodiumschicht um die Canüleenden erhielt. Darauf wurde das Thier sich selbst überlassen, zur Vorsicht aber mit einem Maulkorb versehen. Vor und nach der Operation wurde das Thier gewogen, seine Temperatur gemessen, Puls und Urin untersucht. Zur Untersuchung der Hirnrinde (es wurden dazu nur Thiere mit Wundheilung per primam, ohne postoperative Temperaturen und Erscheinungen aufsteigender Pyelitis zugelassen) schritt man einige Tage nach der Laparotomie. Nach den nothwendigen Vorbereitungen wurde das Versuchsthier — mit und ohne Chloroform — trepanirt. Dies hielt meist die Thätigkeit der Nieren vorübergehend auf, nach 5 bis 10 Minuten jedoch trat gewöhnlich gesteigerte Harnsecretion aus der entgegengesetzten Niere ein, während die Secretion der gleichseitigen Niere in der Regel während der ganzen Versuchsdauer angehalten blieb. Sobald eine relative Norm der Secretion zu bemerken war, reizte man mit schwachen faradischen Stromen (von 11 bis 14 cm Rollenabstand) verschiedene Rindenbezirke unter sofortiger Notirung der activen Felder. Das Versuchsthier wurde dann entweder sogleich ge-

---

[1] Rabow, Beitrag zur Kenntniss der Beschaffenheit des Harns bei Geisteskranken. *Archiv für Psychiatrie.* 1877. Bd. VII.

[2] W. v. Bechterew, *Klinische Studien über die Körpertemperatur bei Geisteskranken* (russisch). St. Petersburg 1881.

[3] Dr. Karpinski, Ueber die Rindencentra der Harnsecretion. *Obosr. psich.* (russisch). 1901. Nr. 12. *Russki Wratsch.* 1904. Nr. 49.

tödtet oder zu weiterer Beobachtung aufgehoben. Der während und nach dem Versuch ausgeschiedene Harn gelangt zu chemischer Untersuchung. Es ergab sich nun bei diesen Versuchen von Dr. Karpinski zunächst ein ausgesprochener psychischer Einfluss auf die Harnsecretion. Bekommt das Versuchsthier Durst wegen längerer Wasserverweigerung und bringt man ein Gefäss mit Wasser an seine Schnauze, dann stellt sich sofort lebhafte Harnausscheidung aus den Uretercanülen ein; dabei sind beide Nieren jedoch nicht gleichmässig thätig, vielmehr überwiegt in der Regel die Secretion einer von beiden. Auch Erregung ruft stets gesteigertes Uriniren hervor. Schreck dagegen unterdrückt gewöhnlich die Harnausscheidung auffallend, dann steigt sie indessen und zwar ebenfalls auf der einen Niere stärker als auf der anderen Seite. Schmerzreize wirken deprimirend auf die Harnsecretion.

Bei den Versuchen stellte sich weiterhin heraus, dass in den vorderen Abschnitten der Hemisphärenrinde Gebiete vorhanden sind, deren Reizung eine lebhafte Steigerung der Harnsecretion auslöst. Die auffallendsten diuretischen Wirkungen entfaltet in dieser Beziehung der innere Theil des vorderen Abschnittes des Gyrus sigmoideus bezw. der Gyrus präcruciatus, weniger constant und lebhaft tritt eine solche Wirkung auch am äusseren Abschnitt des Gyrus sigmoideus hervor. Der Einfluss der Rinde erwies sich dabei als ein gekreuzter, da Reizung die Secretion auf der entgegengesetzten Seite verstärkte.

Bei Rindenreizung ist hier gewöhnlich eine längere oder kürzere Latenzperiode zu bemerken, die jedoch im Einzelfall bestimmte Schwankungen aufweist. Unterminirung der Rinde hebt stets den Reizeffect auf, Curaresirung thut dies nicht, Krämpfe von der Rinde aus bedingen keine Zunahme der Secretion. Man ersieht daraus, dass die hier beobachtete Secretionssteigerung bei Rindenreizung nicht durch Nebenumstände erklärbar ist. Bei gesteigerter Ausscheidung aus der entgegengesetzten Canüle wächst auch die Gesammtmenge der festen Harnbestandteile.

Im Speciellen erwies sich das specifische Gewicht des Harns aus der entgegengesetzten Canüle niedriger, als das specifische Harngewicht aus der gleichseitigen Canüle; schon äusserlich erschien der Harn in letzterem Fall gesättigter, dunkler und etwas trüber als im ersten. Auch der Harn vor und nach der Reizung zeigte Unterschiede des specifischen Gewichtes, und die N-Menge vor der Reizung war beträchtlich erhöht gegenüber dem während und nach der Reizapplication ausgeschiedenen Harn. Das gleiche Verhalten zeigen die Chloride, doch waren die Unterschiede hier nicht so gross wie beim N. Die Summe des N. und der Chloride erwies sich im Reizharn der entgegengesetzten Niere bedeutend grösser, als im gleichzeitig aus der correspondirenden Niere ausgeschiedenen Harn.

Anhaltende Rindenreizung bedingte Eiweissauftreten in den letzten Harnportionen. Bilaterale Abtragung der harnsecretorischen Rindencentra führte zu kurzdauernder Abnahme des täglichen Harnquantums mit nachfolgender vorübergehender Polyurie.

Zu bemerken war Zucker etwa 3 bis 4 Minuten nach der faradischen Rindenreizung, manchmal auch Eiweiss.

Neben elektrischer Reizung bedingte auch chemische Irritation der Rinde mit Kochsalz, Harnstoff und Kreatinin gesteigerte Harnausscheidung auf der dem Reiz entgegengesetzten Seite. Besonders lebhaft wirkte Kreatinin und Harnstoff. Dagegen hatte Harnsäure keinen merklichen Effect.

Die Ergebnisse aller oben erwähnten Versuche lassen es demnach unzweifelhaft erscheinen, dass es in der Hemisphärenrinde Centra giebt, die im Falle ihrer Erregung auf die Harnsecretion einwirken. Es bleibt natürlich noch festzustellen, in wie fern diese diuretische Wirkung in Abhängigkeit steht von allgemeiner Blutdrucksteigerung und in wie fern sie bedingt sein mag durch Erweiterung der Nierengefässe unabhängig von dem allgemeinen Zustand des Blutdruckes. Obwohl dahinzielende Controlversuche nicht vorliegen, darf man im Hinblick auf die räumliche Anordnung der in dieser Beziehung am meisten wirksamen Rindenregionen (innerer Abschnitt des vorderen Theiles bezw. pars praecruciata des Gyrus sigmoideus) ohne Weiteres annehmen, dass eine topographische Coincidenz mit den blutdrucksteigernden Rindengebieten nicht besteht, sondern dass jene nur einen geringen Theil davon ausmachen.[1] Es handelt sich vielmehr in den vorhin dargestellten Rindenfeldern um Centra, die vorzugsweise auf die Nierencirculation und zugleich auf die Nierensecretion Einfluss üben.

---

[1] W. v. Bechterew und N. Misslawski, *Arch. psych.* 1886 und *Neurolog. Centralblatt.* 1886. Nr. 9.

Zur Lehre von den Sehnenreflexen. Coordination der Bewegungen und zwiefache Muskelinnervation.[1]

Von

Privatdoc. **A. v. Trzecieski.**

(Aus dem pharmakologischen Laboratorium der K. St. Wladimir-Universität zu Kiew. Director Prof. J. P. Laudenbach.)

1. Einleitung.

Führt man einen Schlag gegen die schwach gespannte Sehne eines beliebigen Muskels, so zuckt dieser Muskel unverzüglich. Diese Erscheinung nun bezeichnet man als Sehnenreflex. Ob man es aber hier thatsächlich mit einem Reflex zu thun hat, ist noch durchaus nicht sichergestellt. Westphal (113a), der zuerst diese Reaction beschrieben, nahm an, dass es sich hierbei um die directe Reizbarkeit der Muskeln handle. Er wusste, dass der Muskel an und für sich, ohne dass dabei nervöse Elemente mitspielen, im Stande ist, auf mechanische Reize zu reagiren. Westphal glaubte auch, dass bei einem Schlage auf die Sehne eine ungeheure grosse Anzahl von Muskelfasern des betreffenden Muskels gleichzeitig eine plötzliche Dehnung erleidet, und sich daher auch die Wirkung eines solchen Schlages als unvergleichlich intensiver erweist, als die eines gegen den Muskel selbst geführten Schlages.

Andere Autoren, und zuerst Erb, sahen diese Erscheinung umgekehrt als Reflex an, und bezogen sie auf das Rückenmark. Nach dieser Theorie

---

[1] In vorliegender Arbeit sind die wichtigsten unserer Beobachtungen in möglichst kurzer Fassung wiedergegeben und in bestimmter Richtung beleuchtet, während ein gewisser Theil unserer Untersuchungen hier nicht mit berücksichtigt ist und den Gegenstand einer für später in Aussicht genommenen Mittheilung ausmachen soll.

besteht also das Wesen der erwähnten Reaction in Folgendem: Der Schlag
auf die Sehne ruft eine Erregung in den sensiblen Nerven derselben hervor;
diese Erregung gelangt zum Rückenmark und wird hier auf die motorischen
Bahnen: die motorische Zelle, den motorischen Nerv und schliesslich den
Muskel übertragen (reflectirt).

In der Folge erfuhren beide Theorien, sowohl die mechanische, als
auch die reflectorische, gewisse Veränderungen, und in dieser neuen, etwas
verbesserten Fassung fahren dieselben fort, auch in unseren Tagen lebhafte
Debatten hervorzurufen, was z. B. auf dem vorletzten Internationalen Con-
gress zu Paris der Fall war. Uebrigens muss man zugeben, dass die überwiegende Mehrzahl der Autoren sich zu Gunsten der Reflextheorie entscheidet. Nur eine unbedeutende Minorität, hauptsächlich Engländer, sind
der mechanischen Theorie Westphal's treu geblieben.

Wir selbst begannen vor schon recht langer Zeit uns der herrschenden
Reflextheorie gegenüber skeptisch zu verhalten. Uns frappirten nämlich
einige Eigenthümlichkeiten der Muskelreaction. Die ungewöhnliche Schnelligkeit derselben, ihr Begrenztbleiben (wenigstens unter physiologischen Bedingungen) nur auf den gegebenen Muskel allein, endlich die offenbare Abhängigkeit der Energie der Muskelcontraction von der Stärke des Schlages
— alles dieses wollte uns nicht recht vereinbar mit den gewöhnlichen
Eigenschaften des Reflexes erscheinen. Wir beschlossen unsere Zweifel auf
dem Versuchswege zu prüfen. Diese Versuche wurden im Laboratorium
des hochgeehrten Hrn. Prof. J. P. Laudenbach angestellt, und erlauben
wir uns demselben für das liebenswürdige Entgegenkommen und die mannigfaltige Unterstützung, die wir von seiner Seite erfuhren, unseren herzlichen
Dank auszusprechen.

2. Sehnenreflexe und hintere Wurzeln.

Wir wollen uns an dieser Stelle auf eine Kritik der erwähnten Theorien
nicht einlassen und bemerken nur, dass bei näherer Bekanntschaft beide
durchaus schwankend erscheinen. Dessen sind sich übrigens auch die Vertreter beider Theorien klar bewusst. Westphal (113b, S. 668), der Begründer
der mechanischen Theorie selbst, wie auch unter den zeitgenössischen An-
hängern der Reflextheorie Strümpell (105a, S. 263) und Kornilow (61a,
S. 234) kommen zu dem gleichen Schluss, dass sich in den Sehnenphänomenen
etwas durchaus Besonderes, sich fürs erste unserer Analyse Entziehendes —
ein gewisses noch nicht gefundenes „X" birgt.

Nach sorgfältigem Studium der einschlägigen Litteratur erschien uns
der Verlust der Sehnenreflexe nach Unterbrechung der centripetalen Bahnen,
d. h. nach Durchschneidung der hinteren Wurzeln des Rückenmarks, als

· eine Thatsache von weitaus grösster .Bedeutung. Auf diese Thatsache
richteten wir denn nun auch unser Hauptaugenmerk. Uebrigens machten
wir Anfangs auch den Versuch, der Lösung der Frage noch auf anderem
Wege näher zu kommen, wollen aber, da wir keinerlei nennenswerthe
Resultate zu verzeichnen hatten, hier diese Versuche mit Stillschweigen
übergehen und nur bei den Versuchen stehen bleiben, die die Durchschneidung der hinteren Wurzeln zum Gegenstand haben.

S. J. Tschirjew hat zuerst gezeigt, dass. nach Durchschneidung der
hinteren Wurzeln in · dem entsprechenden Muskel der Sehnenreflex verschwindet. Diese Beobachtung wurde von Prevost (cit. nach 98 a, S. 666),
Westphal und Munk (82 c, S. 802) und später von Sherrington (98 a,
S. 666) bestätigt.· So ist also die Thatsache an sich zweifellos erwiesen, nur
die Bedeutung derselben scheint uns nicht endgültig aufgeklärt. Die Sache
ist nämlich die, dass die Versuche der erwähnten Autoren acut ausgeführt
wurden, d. h. die Beobachtungen, entweder unmittelbar während der Operation selbst, oder in den ersten Tagen nach derselben angestellt wurden.
Das Vorhandensein eines äusserst starken Traumas lässt aber immer —
wie. beweiskräftig man die Versuche auch sonst anordnen mag — dem
Zweifel einen gewissen Spielraum, besonders wenn man ·es mit einem so ·
zarten Organ, wie das Centralnervensystem, zu thun hat. Und zwar können
Zweifel darüber entstehen, ob nicht etwaige Nebenumstände (Trauma) auf
die Reinheit der erhaltenen Resultate einen Einfluss ausüben ·können.
Andererseits bleibt bei Versuchen dieser Art immer die wesentliche Frage ·
unaufgeklärt, ob der beobachtete Effect (im gegebenen Falle — der Durchschneidung der hinteren Wurzeln) das Resultat des Ausfalls der betreffenden ·
Function, oder möglicher Weise gerade umgekehrt — der Verstärkung dieser
Function ist. D. h., es bleibt unbekannt, ob der Sehnenreflex nach Durchschneidung der hinteren Wurzeln dadurch verschwindet, dass deren centripetale Bahnen unterbrochen sind, oder dadurch, dass die Durchschneidung
an und für sich, ihre reizende Wirkung, auf die eine oder andere Weise zur
Aufhebung der Sehnenreaction führt. In letzterem Falle muss das Fehlen ·
derselben· eine nur vorübergehende Erscheinung bilden. Kurz, damit die ·
·Versuche der Durchschneidung der hinteren Wurzeln im Sinne der Reflextheorie vollkommen beweiskräftig seien, ist es nothwendig, das Versuchsthier
.einen mehr oder minder langen Zeitraum nach der Operation am Leben zu ·
erhalten. Im Grunde genommen, strebte Westphal (gemeinsam mit Munk
[113 c, S. 803]) das auch an, bei dem damaligen niedrigen Stande der
chirurgischen Aseptik allerdings aber. erfolglos. .

Andererseits schien es uns wünschenswerth, auch die übliche Methode ·
der Durchschneidung der hinteren Wurzeln selbst etwas abzuändern. Schon ·
unsere ersten Schritte zeigten uns, dass die von den Autoren geübten Operations-

metboden, wie auch der Charakter der nachfolgenden Verheilung und Schliessung der Wunde, derartig grobe Züge tragen, dass — wenigsten sauf den ersten Blick — jegliche Möglichkeit, feinere physiologische Beobachtungen vorzunehmen, ausgeschlossen erscheint. [1]

Gewiss ist der Thierorganismus ungemein widerstandsfähig, und andere Autoren haben es verstanden, auf solche Weise in höchstem Grade werthvolle Resultate zu erzielen. Doch erstens muss man dazu eine so erstaunenswerthe Technik besitzen, wie z. B. Sherrington, und zweitens kommen auch sogar bei ihm in den Sectionsprotokollen Befunde zum Vorschein, welche sich nicht anders, als durch zufällige Traumen erklären lassen. Wir sind bemüht gewesen, uns gegen mögliche Fehler auf anderem Wege zu schützen, wie es sich für unsere Zwecke gerade ausführbar erwies.

Beim Kaninchen theilt sich jeder Rückenmarksnerv nach seinem Eintritt in den Wirbelcanal in zwei Aeste: einen vorderen, motorischen und einen hinteren, sensiblen, welch' letzterer eine Verdickung — das Spinalganglion — bildet. Diese beiden Aeste durchbrechen in ihrem weiteren Verlaufe die Dura mater und zerfallen sodann in feinere Nervenbündel, welche nun eigentlich den Namen Rückenmarkswurzeln tragen. Wir beschlossen uns einen Weg mit dem Trepan gerade an der Stelle zu bahnen, wo die hinteren Wurzeln nach ihrem Austritte aus dem Ganglion noch zu einem Stamm vereinigt sind. Man hat nicht nöthig, sich über die Vortheile einer solchen Operation breit auszulassen. Ganz abgesehen davon, dass es sich dabei um ein nur minimales Trauma handelt, haben wir alle hinteren Wurzeln für ein gegebenes Segment in einem Stamme beisammen und können dieselben durchschneiden, ohne die Dura zu eröffnen, was einen überaus wichtigen Vorzug ausmacht. Die anatomischen Verhältnisse an Hunde- und Kaninchenleichen studirend, überzeugten wir uns davon, dass eine derartige Operation vollkommen ausführbar, und blieben in unserer Wahl aus vielen Erwägungen beim Kaninchen stehen. Nach Feststellung von Kennpunkten zwecks Orientirung, wo man eigentlich die Trepanation auszuführen habe, begannen wir mit den Versuchen.

Zur Narkotisirung der Thiere benutzten wir Morphium, oder auf den Rath des Hrn. Prof. J. P. Laudenbach eine gemischte Narkose, indem wir gleichzeitig Paraldehyd und Morphium gebrauchten. Die ganze Anordnung der Operation war natürlich eine streng aseptische. Allmählich lernten wir es, möglichst conservativ zu operiren und haben schliesslich eine

---

[1] Wir beziehen uns auf die neuesten Experimente Munk's (S. 1051). Bei seinen Versuchsthieren (Affen) entwickelte sich nach Durchschneidung der hinteren Wurzeln an der entsprechenden Stelle der Wirbelsäule allmählich eine Kyphose, und alle Thiere gingen unter den Erscheinungen von Rückenmarkscompression ein.

bestimmte, sehr einfache Operationsmethode ausgearbeitet. Wir verfahren folgendermaassen.

Der Hautschnitt, 5 bis 7 cm lang, wird im Bereiche der letzten Lumbalwirbel der Mittellinie entlang geführt, dann jedoch seitwärts, dem Verlaufe der Querfortsätze entsprechend, die Fascia lumbo-dorsalis durchschnitten. Die natürliche Grenze zwischen den Muskeln benutzend, dringen wir hier mit einem stumpfen Haken bis auf die Wirbelsäule vor, indem wir uns an die innere (mediale) Seite der Querfortsätze halten. Gerade an den Spitzen der zwei benachbarten Querfortsätze (des 6. und 7. Lendenwirbels), zwischen denen die Trepanation vorgenommen werden soll, schneiden wir die an denselben befestigten Muskelsehnen ab, um uns genügenden Spielraum zu sichern. Alsdann bohren wir vorsichtig mit dem Trepan, dessen Durchmesser (incl. Wanddicke) in der einen Versuchsreihe 4 mm (um ein Geringes weniger) und in der anderen $3^1/_2$ mm betrug, eine Oeffnung in den Knochen. Wenn die Trepanation gelingt, so befindet sich die hintere Wurzel im Trepanationsfeld; wir fixiren dieselbe vorsichtig vermittelst einer sehr feinen Pincette und schneiden mit einem spiessförmigen Messerchen (wie sie bei Augenoperationen im Gebrauch sind) in der Richtung zum Knochen, d. h. indem wir die Wurzel mit dem Messerchen an den Rand der Trepanationsöffnung drücken — natürlich gerade an der Stelle, wo die Wurzel an diesen Rand herantritt.[1] Nach Beendigung der Operation werden die auseinandergerückten Muskeln an ihren früheren Platz zurechtgerückt, an der F. lumbo-dorsalis werden 2 bis 3 Nähte angelegt, und die Wunde wird vollständig vernäht. Nach der Operation warteten wir bei einem Theile unserer Fälle ungefähr einen Monat ab, bevor wir weitere Untersuchungen vornahmen, in der Absicht, dem Knochen Zeit zu einer genügend festen und verlässlichen Schliessung des Defectes zu lassen. Umgekehrt wurden in einer anderen Versuchsreihe die Beobachtungen unmittelbar nach der Operation begonnen und in der Regel alle 2 Tage angestellt (auf Grund von weiter unten auseinandergesetzten Erwägungen).[2]

---

[1] Hierbei haben wir öfters deutlich gesehen, dass wir nicht die hintere Wurzel allein,. sondern zugleich auch deren Ganglion durchschnitten (das 6. Lumbalganglion hat beim Kaninchen eine sehr verlängerte Form). Für unsere Zwecke war das vollkommen gleichgültig und der erwähnte Umstand hat, soweit man auf Grund der mehr oder weniger vollständigen Gleichförmigkeit der Ergebnisse zu urtheilen vermag, auch keine besondere Rolle gespielt. Ueber die Möglichkeit eines Einflusses in anderer Hinsicht (ausser auf den Sehnenreflex) siehe weiter unten.

[2] Auf Grund unserer Beobachtungen können wir das oben beschriebene Operationsverfahren nur warm empfehlen. Wie unbedeutend dabei das Trauma ist, kann man am besten aus dem Umstande ersehen, dass in Fällen von ungenügender Narkose die Thiere unmittelbar nach der Operation ganz so wie normale Thiere umherliefen, ja bisweilen auch Futter nahmen. Uns scheint, dass dieses Verfahren sich für die Lösung

Der erste Cyklus von Operationen, im Ganzen gegen 30 umfassend, wurde im Frühling des Jahres 1902 ausgeführt. Anfangs durchschnitten wir gewöhnlich sowohl die V. als auch die VI. Lendenwurzel, doch bald überzeugten wir uns, wie schon früher S. J. Tschirjew, davon, dass für den Kniereflex nur die VI. Wurzel von Bedeutung ist, und alle nachfolgenden Operationen wurden demgemäss nur an letzterer vorgenommen. Von 30 der Operation unterzogenen Kaninchen blieben 16 am Leben, wobei in nur 7 Fällen die Durchschneidung der VI. hinteren Lendenwurzel als mehr oder weniger gelungen bezeichnet werden kann. Von diesen 7 Fällen muss einer ausgeschlossen werden, da unmittelbar nach der Operation paralytische Erscheinungen in den hinteren Extremitäten auftraten und sich im Bereiche der Wunde ein Abscess bildete. In den übrigen 6 Fällen, wo die Heilung glatt verlief, fehlte der Kniereflex unmittelbar nach der Operation durchweg, stellte sich jedoch in zweien von ihnen später wieder ein, und zwar in dem einen Falle sehr schwach, in dem andern ziemlich lebhaft.

Doch, aufrichtig gestanden, verhielten wir uns den erhaltenen Resultaten gegenüber äusserst misstrauisch. Denn erstens erschien der Act der Durchschneidung der hinteren Wurzel, wie wir ihn damals ausführten, was die Möglichkeit eines Traumas anbelangt, überaus verdächtig[1]), andererseits aber flösste uns auch die Operationsperiode, wie sie bei unseren Thieren verlief, immer mehr Bedenken ein. Von 16 am Leben gebliebenen Kaninchen bildeten sich bei vieren Eiterherde im Bereiche der Wunde, und bei fünfen traten paralytische Erscheinungen auf, sogar bei vollkommen glattem Heilverlauf (2 Fälle). Da gleichzeitig mit dem Auftreten der erwähnten Paralysen die entsprechenden Sehnenreflexe verloren gingen, sich aber später (mit der Rückkehr der Beweglichkeit) wieder einstellten, da sogar unter unseren vier am meisten beweiskräftigen Fällen der Reflex in einem in fast unveränderter Gestalt erhalten blieb, in einem anderen aber umgekehrt hartnäckige paretische Erscheinungen und Entartungsreaction in den Extensoren des Fusses zur Beobachtung gelangten — aus allen diesen Gründen waren wir bereit

---

einiger Fragen als überaus geeignet erweisen könnte. Ihre einzige Schattenseite ist der Mangel an Spielraum während der Operation, denn man muss ja mit der Möglichkeit einer Beschädigung der Nerven ausserhalb der Wirbelsäule rechnen. Uebrigens ist diese Möglichkeit — wie specielle Versuche uns gezeigt hatten — bei einiger Vorsicht äusserst gering. Auch muss bemerkt werden, dass dieser Uebelstand bei Operationen an anderen Gebieten der Wirbelsäule sich sehr viel weniger fühlbar macht.

[1] Bei unseren Versuchen, die Wurzel unter der Controle einer unter dieselbe geschobenen Platinschlinge zu durchschneiden, zerrten wir sie heftig. In der Folge überzeugten wir uns davon, dass alle überflüssigen Manipulationen zu vermeiden sind. Man muss sich darin üben, die Wurzel mit dem Auge zu finden, und sie dann ohne Weiteres durchschneiden: es lässt sich dabei deutlich erkennen, ob die Wurzel vollständig durchschnitten.

anzunehmen, dass es sich überhaupt in allen Fällen von Verlust des Reflexes
um irgend eine Verletzung der motorischen Fasern handelt. Wir beschlossen
nun, alle diese Fälle zu weiterer Beobachtung aufzubewahren in der Hoffnung
auf die voraussichtliche Wiederkehr des Reflexes, und nur 2 Fälle wurden
der Section unterworfen: der eine mit erhaltenem, der andere mit verloren
gegangenem Reflex. Doch weder in diesem, noch in jenem konnten wir zu
einer klaren Anschauung des pathologisch-anatomischen Bildes gelangen.
Das war denn auch alles, denn die am Leben gelassenen Thiere waren zu
der Zeit, als wir uns anschickten, uns von Neuem mit ihnen zu befassen,
alle bis auf's letzte (in Folge von anderweitigen Ursachen) eingegangen.
Um die Wahrheit zu gestehen, — wir athmeten erleichtert auf, denn ein
Material, das kein Vertrauen einflösst, ist im Grunde nur unnützer und ge-
fährlicher Ballast.

Im Frühling und Sommer der Jahre 1903 und 1904 wurde eine lange
Reihe von Operationen (mehr als 70) vorgenommen — dieses Mal unter
Beobachtung aller der Vorsichtsmaassregeln, welche die früher gemachten
Erfahrungen uns gelehrt hatten. Das Resultat war denn auch ein ungleich
günstigeres. Die Sterblichkeit unter den Versuchsthieren erreichte im
Jahre 1903 etwa 20 Procent, im Jahre 1904 nur etwa 10 Procent. Abscessbildung wurde nur in 3 Fällen beobachtet. In 3 Fällen entwickelten sich
paralytische Erscheinungen (ohne Abscessbildung), und zwar in Fällen von
Exstirpation des VI. Lumbalganglions (s. u.). Bei allen übrigen Versuchen
bot der postoperative Verlauf keinerlei Abweichungen, die Heilung verlief
vollkommen glatt per primam. In 35 Fällen gelang es uns eine vollständige Durchschneidung der hinteren VI. Lendenwurzel (bezw. des Ganglions) auszuführen; darunter war in 8 Fällen ausserdem auch noch ein
Theil vom Ganglion selbst entfernt worden. Alle Fälle aber mit Ausnahme
von elf (für weitere Beobachtungen zurückgestellte[1]) wurden nach Verlanf
eines verschieden langen Zeitraumes nach der Operation — beginnend mit
Ende des 2. und schliessend mit Beginn des 6. Monats — der Section
unterworfen.

Das pathologisch-anatomische Bild stellte sich im Allgemeinen wie
folgt dar. Die Trepanationsöffnung erwies sich in vielen Fällen vollkommen
(oder fast vollkommen) durch Knochengewebe, in anderen durch fibröse
theilweise verknöcherte Membranen verschlossen. Das Operationsfeld (soweit
es das Rückenmark betrifft) ist mit der Stelle der Trepanationsöffnung
durch mehr oder minder derbes Bindegewebe verwachsen. Doch alle diese

---

[1] Diese Beobachtungen werden jetzt (im November 1904) nun schon im 8. Monat
durchgeführt und zeigen alle Eigenthümlichkeiten, von denen weiter unten die Rede
sein wird.

·Verwachsungen erfassten nur die Oberfläche der Dura mater, so dass alle Verwachsungen des Operationsfeldes leicht mit der Dura mater entfernt werden konnten; zwischen letzterer und der Pia gab es absolut keine Verwachsungen und nur in 2 Fällen erwies sich die in dem Ganglion zurückgebliebene Narbe mit der darunterliegenden Rückenmarkssubstanz verwachsen. 'Die Frage von der Integrität und Leistungsfähigkeit der hinteren Wurzeln wurde auf Grund makroskopischer und mikroskopischer Untersuchungen entschieden.[1] Gerade in den Fällen von vollständiger Durchschneidung war schon mit blossem Auge eine deutliche Atrophie der hinteren Wurzeln bemerkbar. In einem vorgerückteren Stadium der Atrophie waren dieselben nur mit Mühe wahrzunehmen. Unter dem Mikroskop boten sie ein scharf ausgeprägtes Bild der Zerstörung: es liess sich keine einzige normale Faser auffinden. Was die vorderen Wurzeln anbelangt, so waren dieselben in keinem einzigen der erwähnten Fälle (24) beschädigt und wiesen unter dem Mikroskop nicht die geringsten Veränderungen auf.

In 23 von den erwähnten 35 Fällen war der Kniereflex, wie es schien, für immer verloren, in den 12 übrigen kehrte er wieder, erwies sich jedoch stark abgeschwächt im Vergleich mit der gesunden Seite. Wir nehmen an, dass man diese letzteren Fälle einer Durchschneidung nicht aller hinteren Wurzelfasern des Unterschenkelstreckers, d. h. dem Umstand zuzuschreiben hat, dass diese hinteren Wurzelfasern in das Rückenmark nicht ausschliesslich durch die VI. hintere Lendenwurzel, sondern zum Theil auch durch die benachbarten Wurzeln eintreten (vgl. die Beobachtung Sherrington's, 98a). Und in der That haben uns die Fälle (8), wo ausweislich der Section die Durchschneidung der VI. hinteren Lendenwurzel eine unvollständige war, gezeigt, dass das Intactbleiben eines sogar unbedeutenden Theiles der Wurzel genügt, damit der Reflex nach der Operation in fast vollem Umfange bestehen bleibe. So haben denn die von Prof. S. J. Tschirjew auf acutem Wege gewonnenen Resultate auch an Thieren, die auf längere Zeit am Leben erhalten wurden und die dazu noch bei einer derartigen Operations-

---

[1] Die pathologisch-anatomische Untersuchung ist gar nicht leicht. Wir wurden nur allmählich der Schwierigkeiten, die dieselbe bietet, Herr. Um das Rückenmark ohne Beschädigung des Operationsfeldes herauszunehmen, ist es nöthig, die der früheren Trepanationsöffnung entsprechende Stelle vorsichtig mit einem Trepan von grösserem Durchmesser zu umfeilen (am besten nicht allseitig durchfeilen und dann mit Scheere nachschneiden) und das Rückenmark mit der anhängenden Knochenscheibe zu extrahieren. Was das Operationsfeld selbst anbelangt, so verlangt dasselbe eine lange und sorgfältige Präparation — unbedingt unter Zuhülfenahme der Lupe. Unbedingt erforderlich ist auch behufs Bestimmung des Grades und Charakters der Veränderungen (Waller'sche Degeneration) die Controle durch das Mikroskop. Wir untersuchten gleich an Ort und Stelle an frischen Zupfpräparaten und erhielten durchaus klare Bilder.

anordnung operirt wurden, dass, wie uns scheint, kaum auch nur der Schatten eines Zweifels an der Reinheit der erhaltenen Ergebnisse zulässig, ihre volle Bestätigung gefunden.

3. Das Wesen der „Sehnenreflexe" und die Rolle der vorderen Wurzeln.

Das Vorhandensein des Reflexes hängt also in der That von der Integrität der hinteren Wurzeln ab. Doch fragt sich, was denn das für eine Abhängigkeit ist? Verlaufen hier thatsächlich die centripetalen Bahnen des Reflexes? Ohne Weiteres eine derartige Folgerung zu machen, haben wir kein Recht. Dieselbe wäre vollkommen willkürlich. Um so mehr willkürlich, als derselben die Annahme einer Analogie der Sehnenerscheinungen und der übrigen Reflexe zu Grunde liegen müsste, während eine derartige Analogie in Wirklichkeit nicht existirt: die Sehnenreflexe nehmen neben den übrigen, zweifellosen Reflexen eine absolut gesonderte Stellung ein. Deshalb ist also noch besonders zu beweisen, dass wir es hier mit denselben Verhältnissen zu thun haben, wie bei den übrigen Reflexen und dass die Durchschneidung der hinteren Wurzeln gerade die centripetalen Bahnen der Sehnenreflexe unterbricht. Und wir können in der That mit demselben Rechte annehmen, dass durch die hinteren Wurzeln die centrifugalen Impulse zum Muskel gehen (wenn auch nur als sogenannter Tonus), welche für eine normale Function des Muskelgewebes überhaupt, darunter auch für das Sehnenphänomen unerlässlich sind. Schliesslich bleibt, auch wenn es sich hier in der That um einen Reflex handelt, noch die Frage offen, ob nicht etwa die hinteren Wurzeln, nicht nur als centripetale, sondern gleichzeitig auch als centrifugale Bahnen im Bestande verschiedener oder möglicher Weise derselben Fasern (Pseudoreflex) functioniren. Kurz, ist das Sehnenphänomen ein Reflex, so hat man den anderen (ausführenden) Schenkel seines Reflexbogens, d. h. seine centrifugalen Bahnen zu bestimmen. Diese Bahnen sollen, wie man annimmt, in den vorderen Wurzeln liegen, doch ist das lediglich eine unbewiesene Voraussetzung. Allerdings beziehen sich die Autoren in dieser Hinsicht auf die Poliomyelitis anterior, eine Erkrankung der Vorderhörner des Rückenmarks, bei welcher man eine schlaffe Paralyse mit Verlust der Sehnenreflexe beobachtet. Es werden doch aber hier die Bewegungszellen, nicht aber nur die centrifugalen Bahnen allein betroffen.

Genau dieselbe Erwägung lässt sich auch hinsichtlich des Muskeltonus anwenden. Der Verlust des Tonus nach Durchschneidung der hinteren Wurzeln dient durchaus nicht als stricter Beweis zu Gunsten seiner Reflexnatur, wie das die Autoren aber annehmen. Weiter unten wird eine Reihe von Erwägungen aufgeführt, die, wie uns scheint, eher gerade für den activen Ursprung des Tonus sprechen.

Man muss also zur Beseitigung der erwähnten Ungewissheit über die Natur der Sehnenreflexe die vorderen Wurzeln des Rückenmarks allein durchschneiden, ohne die hinteren anzurühren. Sollte auch unter solchen Bedingungen der Sehnenreflex verloren gehen, so würde das direct zu Gunsten seiner Reflexnatur sprechen. Derartige Versuche erwähnt Westphal (113c, S. 810) vorübergehend; ebensolche Versuche sind (wie wir erst in der Folge erfuhren) in grossem Umfange auch von Sherrington (98a, S. 667) angestellt worden. Doch in diesem, wie in jenem Falle handelte es sich wiederum um acute Versuche.

Wir unternahmen die Durchschneidung der VI. vorderen Lendenwurzel nach demselben Verfahren, welches von uns zur Durchschneidung der hinteren Wurzeln angewandt wurde. Das erwies sich aber als unvergleichlich schwieriger. Wir machten neun derartige Operationen; in 2 Fällen verletzten wir die vordere Wurzel nur ein wenig, (und zwar durchschnitten wir einen mehr oder weniger grossen Theil ihres oberen Astes[1]), in einem dritten gelang es uns, wie die Section zeigte, sie vollständig zu durchschneiden. Es erwies sich, dass bei diesem Kaninchen der Reflex nach der Operation erhalten geblieben war, und zwar durchaus lebhaft, wenn auch seinem Umfange (d. h. der Amplitude der Bewegung) nach ein wenig vermindert. Bemerkenswerth ist, dass der Tonus des Unterschenkelstreckers nicht nur abgeschwächt, sondern sogar, umgekehrt, im Vergleich mit der gesunden Seite erhöht erschien.[2] Der Muskel selbst erwies sich jedoch stark atrophirt und gab eine deutliche Entartungsreaction. Bei der Autopsie stellte sich heraus, dass der Muskel im Verlaufe von 27 Tagen nach der Operation ungefähr $1/3$ seines Gewichtes eingebüsst hatte. Die mikroskopische Untersuchung des Muskels wurde im Laboratorium des Hrn. Prof. W. K. Wyssokowitsch angestellt, und ist es uns eine angenehme Pflicht, demselben für seine liebenswürdige Anleitung auch an dieser Stelle unseren Dank auszusprechen.[3] Es erwies sich nun, dass die atrophischen Veränderungen die Hauptmasse des Muskels umfassten, und zwar sein C. rectum (longum et breve) und C. laterale, während der M. vastus medialis (und der M. crureus) weniger verändert erschien.

---

[1] Die vordere Wurzel theilt sich Anfangs in zwei Aeste.

[2] Möglicher Weise hatte die Bindegewebswucherung in dem Muskel, besonders im C. rectum longum einen gewissen Antheil an dieser Erscheinung (d. h. an der Verstärkung des Widerstandes, den der Muskel bei passiver Dehnung entwickelt).

[3] Die genauere Untersuchung der von uns aufbewahrten Präparate (Rückenmark und Muskeln) soll den Gegenstand einer besonderen Arbeit ausmachen.

Natürlich liegt die Möglichkeit vor, dass die unversehrt gebliebenen Muskelfasern eine reflectorische Bewegung des Unterschenkels hervorrufen könnten, um so mehr, als gerade dem vastus internus (und einem Theile des crureus) — worauf die Versuche Sherrington's (98 a, S. 666) hinweisen — möglicher Weise der grösste Antheil am Kniereflex zukommt. Sherrington selbst beobachtete (acute Versuche), dass bei der Katze (und beim Kaninchen?) unter dem Einflusse der Durchschneidung der VI. vorderen Lendenwurzel sich der Reflex als nicht vollständig verloren gegangen erwies; er konnte hervorgerufen werden, jedoch nur bei künstlicher Verstärkung (vgl. Sherrington S. 671) und auch dann nur in äusserst geringem Grade („. . . very much reduced, indeed to extinction generally . . ." S. 667).[1] Jedenfalls beseitigen die bedeutende Ausbreitung und der hohe Grad der atrophischen Muskelveränderungen und gleichzeitig damit der lebhafte, wenig abgeschwächte Reflex, wie wir ihn bei Lebzeiten des Thieres beobachteten, nicht nur nicht die Zweifel, die uns dazu antrieben, die erwähnte Operation vorzunehmen, sondern verstärkten eher noch diese Zweifel. Eine Wiederholung dieser Versuche erscheint uns daher im höchsten Grade wünschenswerth.

Im Gegensatz zu den so bedeutenden atrophischen Veränderungen, welche im Muskel so schnell nach Durchschneidung der vorderen Wurzel auftraten, war bei Durschneidung der hinteren Wurzel nichts Derartiges zu bemerken. Gewöhnlich schnitten wir bei der Section unserer Versuchsthiere die Unterschenkelstrecker beiderseits in toto sorgfältig heraus und wogen dieselben unverzüglich. Der Unterschied im Gewichte der Muskeln (auf der operirten und auf der gesunden Seite) überschritt niemals 0,5 grm (bei einem Durchschnittsgewichte des Muskels von etwa 20,0 grm) und trat dazu noch, bald auf der einen, bald auf der anderen Seite auf. In zwei von unseren Fällen wurde eine mikroskopische Untersuchung (im Laboratorium des Herrn Prof. Wyssokowitsch) angestellt und konnten wir an Querschnitten, welche jedes Mal die ganze Dicke des Muskels umfassten, einen bemerkbaren Unterschied im Vergleich zu der gesunden Seite — natürlich ein gleiches Verfahren bei Anfertigung der Präparate vorausgesetzt — nicht wahrnehmen.

Ebenso liess auch die bei Lebzeiten des Thieres wiederholt angestellte äusserst sorgfältige Untersuchung der elektrischen Erregbarkeit des Muskels auf der operirten Seite nicht nur keine Entartungsreaction, sondern auch keinerlei Verminderung der Erregbarkeit überhaupt erkennen. Es stellte sich jedoch bei dieser Reaction des Muskels gerade auf den galvanischen

---

[1] Beim Affen ist nach Sherrington die Abhängigkeit des Kniereflexes von den zwei benachbarten Rückenmarkswurzeln in höherem Grade ausgesprochen.

Strom eine charakteristische Eigenthümlichkeit heraus, auf welche sich — für uns völlig unerwartet — nun das ganze Interesse unserer Untersuchungen concentrirte.

Es kommt dabei die Theorie unserer Bewegungen in Betracht.

4. Physiologie der Bewegungen.

Die moderne Physiologie kennt nur eine Grundform der Muskelcontraction, und zwar die „klonische" oder einzelne Contraction (oder Zuckung). Wenn man dem Muskel unmittelbar oder durch seinen Nerv einen genügend schnellen und starken Reiz mittheilt, so reagirt derselbe mit einer überaus schnellen und überaus kurzen, momentanen Zusammenziehung — der klonischen Zuckung. Theilt man gerade im Moment der Zuckung dem Muskel einen neuen Reiz mit, so gesellt sich eine neue Contractionswelle zu der ersten hinzu, und bei genügender Häufigkeit der Reize fällt der Muskel in einen Zustand anhaltender Contraction — den sogenannten „Tetanus". Dass sich dieser „Tetanus" in Wirklichkeit als unterbrochen, d. h. aus einzelnen Zuckungen zusammengesetzt erweist, lässt sich durchaus anschaulich beweisen und unterliegt offenbar keinerlei Zweifel.

Da andererseits das Studium der Eigenschaften der elektrischen Erregbarkeit des Muskels gezeigt hat, dass als Reiz nicht die absolute Stromdichte, sondern lediglich die Schwankungen derselben dienen (du Bois-Reymond'sches Gesetz), so lag es nahe, auch überhaupt in allen Fällen von andauernder Muskelcontraction Tetanus zu sehen, d. h. das Resultat nicht einer dauernden Erregung, sondern einer ganzen Reihe von intermittirenden Erregungen. Von diesem Gesichtspunkte aus betrachtet man auch die willkürlichen Bewegungen der Thiere.

Es lässt sich natürlich, wie das die Autoren thun, mit Leichtigkeit annehmen, dass die vom Centralnervensystem ausgehenden Bewegungsimpulse einen intermittirenden Charakter nach Art des faradischen Stromes tragen, doch muss eine derartige, unserer Ansicht nach sehr wenig wahrscheinliche Annahme auch noch bewiesen werden.[1] Und im Grunde genommen

---

[1] Die Beobachtungen Lovén's, v. Kries' und Miss Buchanan's zeigen allerdings, dass der Muskel in einigen Fällen (nicht immer) von anhaltender Zusammenziehung eine Reihe von Schwankungen seiner elektrischen Eigenschaften zeigt, welche der Meinung der Autoren nach der Ausdruck einer entsprechenden Reihe motorischer Impulse sind. Doch ist erstens eine derartige Deutung vollkommen willkürlich, da ja v. Frey (37 b), Henze (49), Garten (39), Santesson (92) unter der Einwirkung eines beständigen Erregers (Veratrin, galvanischer Strom) eine Reihe von periodischen Schwankungen des Actionsstromes erhielten. Und andererseits haben die erwähnten Schwankungen nicht nur keinen bestimmten Rhythmus, sondern zeigen des Oefteren eine

giebt es keinen einzigen überzeugenden Beweis zu Gunsten der Ansicht, dass alle unsere Bewegungen, sogar die allerschnellsten, ähnlich wie der Tetanus zusammengesetzt sind, d. h. lediglich mehr oder weniger kurze Tetani vorstellen. Und doch ist das die herrschende Theorie (vgl. Brücke [19, S. 267]; Biedermann [13a, S. 120]).

Es ist durchaus natürlich, bei der Erklärung irgend einer Erscheinung von gut bekannten Thatsachen auszugehen. Wenn man sich jedoch von diesen möglicher Weise noch durchaus unzureichenden Thatsachen beeinflussen lässt, hält es schwer, eine gewisse Einseitigkeit und Gezwungenheit zu vermeiden. Uns scheint, dass eben gerade letzteres mit der vorliegenden Frage der Fall gewesen ist. Und in der That, achtet man auf die Bewegungen der Thiere, auf die Eleganz, Gleichmässigkeit, die äusserste Veränderlichkeit derselben nach Stärke und Schnelligkeit, so taucht unwillkürlich die Frage auf, was denn Gemeinsames zwischen ihnen und den künstlich an herausgeschnittenem Muskel hervorgerufenen Erscheinungen, Zuckung und Tetanus, ist. Und wenn unsere Bewegungen, wie die Autoren annehmen, thatsächlich lediglich, bald mehr, bald minder kurze Tetani sind, so fragt es sich, wodurch der ganze riesige Unterschied zwischen den erwähnten Erscheinungen: den im Laboratorium beobachteten — einerseits, und denjenigen, die das Leben hervorbringt — andererseits, bedingt ist. Diesen ganzen colossalen Unterschied hat man sich seit Duchenne gewöhnt, auf Rechnung der Antagonisten zu setzen. Dank dem gleichzeitigen und unterbrochenen Spiel der Antagonisten, erwerben die Bewegungen der Thiere angeblich alle ihre oben schon angedeuteten unterscheidenden Eigenthümlichkeiten. So erscheinen vom Standpunkte dieser Lehre aus alle unsere Bewegungen, sogar die denkbar einfachsten, im Grunde genommen, als zusammengesetzte, d. h. sie stellen eine Zusammenziehung nicht eines Muskels, sondern immer nur mehrerer dar. Und die Wechselwirkung aller Muskeln, die an einer gegebenen Bewegung theilnehmen (sowohl der Agonisten, als auch der Antagonisten), muss streng nach Zeit und Stärke ihrer Contraction vertheilt, streng in Uebereinstimmung gebracht sein, damit die betreffende Bewegung die gewünschte Richtung und das gewünschte Tempo an sich trage. Als Ausdruck einer solchen in Uebereinstimmung gebrachten, „coordinirten" Arbeit einzelner Muskeln

---

so geringe Häufigkeit (3 bis 4 in der Secunde), dass man sie absolut nicht als direct tetanisirend ansehen kann. Möglicher Weise ruft das Centralnervensystem thatsächlich eine längere Dauer der Muskelzusammenziehung hervor, indem es unter gewissen Bedingungen von Zeit zu Zeit einen neuen Impuls absendet. Das erscheint auch a priori durchaus verständlich. Doch von dieser Möglichkeit bis zu der Folgerung, dass überhaupt alle motorischen Impulse unbedingt eine mehr oder weniger lange Reihe von intermittirenden Stössen darstellen, ist noch ein sehr, sehr weiter Weg.

erscheint nun eben der ganze feine und präcise Mechanismus unserer Bewegungen.

Und diese in höchstem Grade wechselnde, doch stets harmonische, coordinirte Arbeit unserer Muskeln steht voll und ganz unter der Controle der peripheren Sensibilität. So lehrt die herrschende Theorie.

In der That erweist es sich, dass zur Coordination der Bewegungen die Integrität der sensiblen Bahnen erforderlich ist. Eine Verletzung dieser Bahnen, wie das z. B. bei den Versuchen der Durchschneidung des N. trigeminus, des N. laryng. sup. (Bell [citirt nach 33b, S. 593]; Magendie [74, S. 137]; Exner [33a]; Pineles [87a] u. A.), oder der hinteren Rückenmarkswurzeln der Fall ist, führt unvermeidlich zu Bewegungsstörungen, und hauptsächlich zu Störungen der Bewegungscoordination. Bell (citirt nach 105b, S. 1); Cl. Bernard (10, S. 248); Schiff (94a, S. 143) u. A. betrachteten diese Abhängigkeit der Coordination von den centripetalen Bahnen vom Gesichtspunkt der peripheren Sensibilität aus. Sie setzten voraus, dass gerade die periphere Sensibilität das wesentiche Element der Coordination ausmacht, dass eben der Process der normalen Coordination der Bewegungen durch diejenigen Impulse bedingt wird, welche die motorischen Centren von der sensiblen Peripherie her erhalten. Von demselben Gesichtspunkte gingen in der Folge die Autoren (Longet [citirt nach 71]; Leyden [71 S. 465]) auch bei der Erklärung derjenigen Störungen der Bewegungscoordination aus, welche bei Tabes am Menschen beobachtet werden. Das war natürlich nur vollkommen folgerichtig. In der That weist die sogenannte tabetische Ataxie in vieler Beziehung analoge Züge mit den Bewegungsstörungen auf, welche bei Thieren nach Durchschneidung der hinteren Wurzeln auftreten. Auch die anatomische Grundlage ist die nämliche — Verletzung bezw. Erkrankung der sensiblen Bahnen des Rückenmarks.

Nach der Anschauung dieser gegenwärtig herrschenden Theorie stellt sich der Process der Bewegungscoordination folgendermaassen dar. Die Peripherie übermittelt durch die sensiblen Nerven wie durch Telegraphendrähte den Bewegungscentren jeden Augenblick, ununterbrochen Nachrichten über die Sachlage, d. h. über die Lage eines gegebenen Körpertheils, über die Spannung seiner verschiedenen Gewebe, über den Umfang der schon ausgeführten Bewegung u. s. w., während von den Centren aus jeden Augenblick, ohne Unterbrechung zu den Muskeln immer neue schon entsprechend veränderte Befehle, Bewegungsstösse gehen. So haben also die Botschaften aus der sensiblen Peripherie die Wirkung von Bewegungsregulatoren; nur Dank ihnen werden die Bewegungen correct, coordinirt. Ist die Verbindung mit der Peripherie unterbrochen, so wissen die Bewegungscentren schon nicht mehr, wie sie handeln sollen, sie senden nun unrichtige, der erforderlichen

Bestimmtheit und Zweckmässigkeit beraubte Impulse. Hieraus resultirt der uncoordinirte, ataktische Charakter der Bewegungen.

Diese „sensorische" Theorie der Ataxie (wie sie Strümpell [105b] nennt — „Longet-Leyden'sche Theorie") traf schon bei ihrem ersten Auftreten auf sehr schwerwiegende Einwendungen (Duchenne [29], Friedreich [38], Erb [31b] u. A.)[1] hat es jedoch mit der Zeit vermocht, sich immer mehr und mehr Sympathien zu erobern. Die Schuld daran tragen, wie uns scheint, zwei Ursachen: einerseits hatte man keine bessere Theorie bei der Hand, andererseits aber erklärte die sensorische Theorie durchaus befriedigend eine Gruppe von ataktischen Erscheinungen, nämlich die Störungen der Bewegungscoordination im eigentlichen Sinne; jedoch auf den Begriff Ataxie in seinem ganzen Umfange bezogen, erscheint die sensorische Theorie mehr als zweifelhaft. In Folgendem machen wir nun den Versuch, den tiefgreifenden Unterschied, der, unserer Meinung nach, zwischen den verschiedenen Erscheinungsformen der Ataxie besteht, und ebenso die wahre Bedeutung der sensorischen Störungen klarzustellen.

5. Die Coordination der Bewegungen und ihre Störungen. Ataxie.

Der Begriff der Bewegungscoordination stellt sich als äusserst complicirt dar, und scheint es uns, sowohl im Interesse einer näheren Erforschung des Coordinationsprocesses selbst, als auch einer genaueren Terminologie, überaus wünschenswerth, diesen Begriff in seine Bestandtheile zu zergliedern. Unter dem Drucke der Nothwendigkeit gestatten wir uns den Versuch einer solchen Analyse, natürlich nur in allgemeinen Umrissen, vorzustellen, wobei wir ganz und gar nicht auf Vollständigkeit in der Darstellung Anspruch erheben wollen. Als natürlicher Ausgangspunkt dieser Analyse dienen die einfachen Elemente der Bewegung — Richtung, Schnelligkeit, Stärke und

---

[1] Durch welche Argumentation per fas et nefas die Anhänger der sensorischen Theorie alle Schwierigkeiten aus dem Wege räumen, kann man in den Arbeiten Pick's (86), Leyden's (71), Goldscheider's (42), Strümpell's (105 b) finden. Wir werden uns auf keine Kritik der pro und contra vorgebrachten Erörterungen einlassen, wir erlauben uns nur die Worte eines der vorsichtigsten Autoren, Thomas' (106, S. 812) anzuführen, die Worte, mit denen er seinen Artikel über Ataxie schliesst: „En résumé, la physiologie de l'ataxie n'est pas complètement élucidée; la coïncidence de ce symptôme avec les troubles de la sensibilité et les lésions des voies de la sensibilité, et leur parallélisme, établissent entre eux un rapport manifeste, sans que ce rapport puisse être considéré absolument comme un rapport de causalité. Aucune des théories proposées n'est complètement satisfaisante. Les troubles de la sensibilité n'expliquent pas le defaut de la coordination: et d'autre part l'existence d'un système spécial de coordination, soit cérébral, soit bulbaire, soit médullaire, est très hypothétique."

Umfang derselben. Für jedes dieser Bewegungselemente giebt es, wie es scheint, im Centralnervensystem besondere Vorrichtungen.[1] Doch die Coordination der veränderlichen Arbeit dieser Centralapparate, mit anderen Worten, die Anpassung der erwähnten Bewegungselemente an die Bedingungen der Aussenwelt kann nur den Hinweisen von Raum und Zeit gemäss erfolgen.

Dass die Coordination der Bewegungsrichtung und -schnelligkeit durch räumliche und zeitliche Verhältnisse bestimmt wird, das versteht sich von selbst. Durch dieselben Verhältnisse wird aber auch die Coordination der Stärke und des Umfanges der Bewegungen bedingt. Die Stärke unserer Bewegungen hängt offenbar von der mehr oder weniger grossen Intensität der motorischen Innervation ab. Wir können dieselbe nach Willkür verändern. Der zweckmässige Verbrauch dieser Innervation steht aber unter der Controle der räumlichen Verhältnisse. Wir entwickeln in der That allmählich eine immer grössere Kraft nur so lange, als wir ein gegebenes Hinderniss noch nicht bewältigt haben. Hat die Bewegung einmal begonnen, so hat es keinen Sinn die Innervation zu verstärken. Was den Umfang der Bewegungen anbelangt, so wird derselbe selbstverständlich durch den Moment des Aufhörens einer gegebenen Bewegung bestimmt. Am Mechanismus der Unterbrechung einer Bewegung nimmt nicht nur ein besonderer Erschlaffungsact der Muskeln, sondern offenbar sehr oft auch eine gleichzeitige Zusammenziehung der Antagonisten theil. Die Coordination dieses Mechanismus selbst, d. h. das rechtzeitige Inkrafttreten desselben, die rechtzeitige Unterbrechung der Bewegung, muss durch bestimmte entweder Zeit- oder Raumverhältnisse bedingt sein.

Es existirt noch eine Vorrichtung an den Muskeln der Thiere, welche eine sehr wesentliche Rolle sowohl bei der Coordination der einfachen Bewegungen (Fixirung eines der Hebel, Fixation der Bewegung), als auch in noch höherem Grade bei der Coordination mehr complicirter Bewegungen (d. h. bei der Combination einer Reihe von Bewegungen), ganz besonders der zur Erhaltung des Gleichgewichtes dienenden, spielt. Das ist eben die Eigenschaft der Thiermuskeln, Dank welcher dieselben im Contractionszustande mehr oder weniger lange Zeit (bis zur Ermüdung) verharren können. Ein solcher Zustand von dauernder Contraction kann von einem beliebigen Spannungsgrade begleitet sein und in einer beliebigen Bewegungsperiode, d. h. in jeder beliebigen Contractionsphase eintreten. Diesem, unserer Meinung nach, besonderen Mechanismus einer dauernden, sagen wir „statischen“, Innervation müssen offenbar in vollem Umfange

---

[1] Nur zwischen den die Stärke und Schnelligkeit der Bewegungen leitenden Apparaten lässt sich das Vorhandensein gewisser directer Beziehungen voraussetzen.

auch die Erscheinungen des sogenannten Muskeltonus zugezählt werden.
Was nun die Coordination dieser wichtigen Einrichtung anbetrifft, so muss
dieselbe natürlich den durch Raum und Zeit gegebenen Bedingungen unterworfen sein, in welchem Sinne, das versteht sich von selbst.

Es fragt sich nun, vermittelst welcher Einrichtungen diese ganze
complicirte Coordination nach Zeit und Raum erreicht wird. — Ausschliesslich dank der Controlle durch die Sinnesorgane. Die Sinnesorgane sind
es, die dem Centralnervensystem Nachrichten über die gegenseitige Lage
der einzelnen Theile unseres Körpers zu einander und über deren Lage
in Bezug auf die Gegenstände der Aussenwelt zukommen lassen. Sie sind
es auch, welche Hinweise betreffs der Zeit übermitteln, d. h. die relative
Schnelligkeit im Wechsel der räumlichen Verhältnisse anzeigen (was offenbar auch als Grundlage für unsere Auffassung von der Zeit überhaupt
dient). Unter dem Einflusse der uns durch die Sinnesorgane von der
Peripherie her überbrachten Botschaften passen wir unsere Bewegungen
bewusst den gegebenen Bedingungen der Aussenwelt an. Indem wir uns
auf diese Verhältnisse einrichten, localisiren wir die motorische Innervation,
d. h. erregen nach unserer Wahl diese oder jene Muskeln, combiniren auf
diese oder jene Weise die Thätigkeit verschiedener Muskeln („impulsive
Associationen" Duchenne's), um der Bewegung die eine oder andere
Richtung zu geben. Genau ebenso reguliren wir die Stärke, Schnelligkeit,
den Umfang der Bewegung, reguliren wir die statische (oder die tonische)
Innervation den Hinweisen unserer Gefühlssphäre entsprechend.

Allmählich lernen wir dank einer langen Erfahrung unsere Bewegungen
immer genauer, immer zweckentsprechender an gewisse Raum- und Zeit-
verhältnisse anzupassen, d. h. es arbeiten sich bei uns allmählich gewisse
Associationen zwischen bestimmten Bewegungscentren einerseits und bestimmten centripetalen Impulsen andererseits heraus. Diese Associationen
bilden sich nicht nur in Bezug auf die realen centripetalen Impulse, sondern
auch bezüglich ihrer psychischen Reproductionen heraus. Dieser letztere
Umstand giebt uns die Möglichkeit, unsere Bewegungen entsprechend den
rein psychischen Processen der Vorstellung und des Urtheils (d. h. auf Grund
der Berechnung) zu coordiniren. Je grösser die Erfahrung, d. h. je öfter
die erwähnten Associationen functioniren, desto enger gestaltet sich die
gegenseitige Verbindung der sie bildenden Elemente, desto mehr tritt die
so zeitraubende Arbeit der bewussten Anpassung der motorischen Innervation
an gegebene äussere Bedingungen in den Hintergrund, d. h. um desto weniger
nimmt die Coordination einer gegebenen Bewegung die Aufmerksamkeit in
Anspruch, desto mehr zeigt sie einen angelernten, automatischen Charakter.[1]

_____

[1] Die Coordination einiger Bewegungen erscheint angeboren. Offenbar wurzeln
im Verlaufe von Generationen gewisse Associationen so fest ein, dass sie sich ver-

Je grösser andererseits die Erfahrung, je enger der Zusammenhang zwischen einer bestimmten motorischen Innervation und gewissen gegebenen sensiblen Impulsen in ihrer realen Form und in Form ihrer psychischen Reproductionen ist, um desto mehr wird die Entstehung der entsprechenden Association auch bei Fehlen der ganzen Summe der früher einmal unentbehrlich gewesenen centripetalen Impulse in ihrer ganzen Vollständigkeit und in allen ihren Einzelheiten möglich. Nun kann sich auch schon auf den Fragmenten derselben allein die gehörige Association aufbauen.[1] Ja und noch mehr, solche angelernte Bewegungen können — versteht sich nur den Hinweisen des Willens gemäss — offenbar auch bei Fehlen jeglicher centripetaler Fingerzeige (vgl. die weiter unten mitgetheilten Beobachtungen von Dejerine und Egger) coordinirt werden.

Vom Standpunkte der hier entwickelten Ideen erscheint die Existenz besonderer Coordinationscentren, wie sie von den Autoren angenommen werden, unwahrscheinlich. Denn, wenn in der That die Coordination unserer Bewegungen lediglich als Ausdruck gewisser, bald mehr, bald weniger ausgearbeiteter Associationen zwischen den motorischen · Centren 'und den Sinnesorganen dient, so kann die ganze unendliche Mannigfaltigkeit solcher Associationen in dem Rahmen bestimmter Coordinationscentren nicht untergebracht werden.

Unsere willkürlichen Bewegungen werden also in den motorischen Centren (wie es scheint, in der Gehirnrinde) nach dem durch die vorhergehende Erfahrung und die im gegebenen Moment wirksamen Impulse vorgezeichneten Plane aufgebaut. Wenn eins von diesen Elementen, die Erfahrung oder Nachrichten von der Peripherie her, fehlt, oder sich als unzulänglich erweist, so muss natürlich die Präcision, die Zweckmässigkeit unserer Bewegungen unvermeidlich darunter leiden. Doch fragt es sich, ob dabei unbedingt gleichzeitig die Haupteigenschaften unserer Bewegungen, ihre Gleichmässigkeit, ihr gleitender Charakter u. s. w.,

---

erben. Solcher Art sind offenbar die reflectorischen Associationen; solcher Art sind auch einige sogar überaus zusammengesetzte, hauptsächlich Ernährungs-. und Fortbewegungszwecken dienende (auf den ersten Blick rein willkürliche) Bewegungsacte. Beim Menschen tritt die vererbte Coordination im Verhältniss zur erworbenen in den Hintergrund. Bei den Thieren beobachtet man grösstentheils das Umgekehrte.

[1] Das ist eben der Grund dafür, dass bei Erkrankung der sensiblen Bahnen das Vorhandensein oder Fehlen der Controle des Auges solch einen ungeheuren Unterschied in dem Grade der Bewegungsstörungen giebt. Als anschauliches Beispiel in dieser Beziehung kann das Romberg'sche Symptom bei Tabes, oder die Erscheinung der sogenannten (Duchenne) „Perte de la conscience musculaire" dienen. Analoge, überaus lehrreiche Erscheinungen wurden von Ewald (32 a, b) an Thieren, welche die Entfernung der Labyrinthe (der Labyrinthe allein, oder zusammen mit den motorischen Rindencentren) durchgemacht hatten, beobachtet.

d. h. diejenigen ihrer Eigenschaften leiden müssen, durch welche sich die Bewegungen der Thiere von den künstlich hervorgerufenen Formen der Muskelcontraction unterscheiden? — Selbstverständlich durchaus nicht. Denn der Verlust der Fähigkeit, irgend eine Function anzuwenden, und der Verlust eben dieser Function selbst — das sind zwei absolut verschiedene Dinge.

In der That, wenn die Erfahrung fehlt, z. B. im Falle der Bewegungen des Neugeborenen oder eines Erwachsenen, der zum ersten Mal eine ihm neue mechanische Arbeit verrichtet, wenn präcise Kundgebungen von Seiten der Peripherie fehlen, z. B. es fehlt das Gesicht oder es fehlen sogar überhaupt alle Eindrücke aus der Aussenwelt (wenigstens bewusste Eindrücke), wie das bisweilen bei Hysterie oder bei einigen organischen Gehirnerkrankungen beobachtet wird)[1], in allen diesen Fällen werden die Bewegungen unzweckmässig, ungewandt, ungenügend an die Bedingungen der Aussenwelt angepasst sein, d. h. die Bewegungen werden nicht in gehöriger Weise coordinirt, doch werden dieselben nicht ataktisch sein, sie werden jene Gleichmässigkeit bewahren, deren Ausfall eben hauptsächlich die cerebrospinale Ataxie oder überhaupt die tabiforme Ataxie charakterisirt.[2]

---

[1] Dejerine und Egger haben zwei hierher gehörige, überaus lehrreiche Fälle, in denen ungeachtet des vollständigen Verlustes der tactilen und tiefen Sensibilität die Coordination einiger Bewegungen ganz erhalten war, beschrieben. Die genannten Autoren setzen auf Grund dieser Beobachtungen voraus, dass die centripetale Regulierung schon angeeigneter Bewegungen nicht in der Rinde, sondern in subcortialen Centren vor sich geht. Dass in der That die Coordination einiger Bewegungen (vielleicht lediglich eine vererbte) nicht von der Rinde, sondern von niedergelegenen Centren abhängt, das unterliegt keinem Zweifel. Jedoch die Annahme, dass die Coordination der Bewegungen während ihrer Erlernung in der Rinde, später aber in niedergelegenen Centren stattfinden soll, erscheint uns ein wenig sonderbar. Einfacher und natürlicher lassen sich derartige Thatsachen vom Standpunkte der von uns bereits weiter oben ausgesprochenen Annahme des Vorhandenseins rein psychischer Associationen erklären. Andererseits scheint uns auch die Idee einer Möglichkeit der Regulierung rein willkürlicher, erworbener Bewegungen nicht in der Hirnrinde, sondern in niedergelegenen Centren, geradezu der sensorischen Theorie zu widersprechen, denn wenn die motorischen Impulse ihre coordinirte Gestalt wirklich nur unter dem Einflusse der centripetalen Regulierung erhalten, so muss diese ihren Platz dort haben, wo die motorischen Impulse entstehen, d. h. in der Hirnrinde.

Was nun die Fähigkeit der Kranken Dejerine's und Egger's, willkürlich den Rhythmus der Bewegungen zu ändern (.. „elles savent ralentir et accélérer la vitesse de leurs mouvements" [p. 403]), anbelangt, so hat, wie wir hier eben gerade beweisen, der Verlust dieser Fähigkeit mit den eigentlichen Störungen der Coordination der Bewegungen nichts gemein.

[2] Uebrigens musste für die consequenten Anhänger der sensorischen Theorie dieser Unterschied zwischen dem Fehlen der gehörigen Coordination der Bewegungen beim

Nehmen wir umgekehrt den Fall von cerebrospinaler Ataxie. Bestreicht man einem Frosche, dem die hinteren Wurzeln für die betreffende Extremität durchschnitten wurden, die Seite des Rumpfes mit einer Säure, so macht er mit der gefühllosen Extremität den Versuch die Säure fortzuwischen, ganz als ob dieselbe normal wäre (Stilling [102, S. 129]; Hering [50a, S. 282]; Bickel [12b, S. 311]. Ebenso ist der Hund nach Durchschneidung der hinteren Wurzeln im Stande, sich mit der empfindungslosen Pfote zu kratzen (Bickel [12b, S. 323]). Das Gleiche kann man auch nach Entfernung des Kleinhirns beim Hunde beobachten (Luciani [73a, S. 168]). Oder wenn man bei Tabes den Kranken irgend eine Bewegung (wie z. B. bei dem vielgeübten Hackenknieversuch der Kliniker) ausführen lässt, so wird derselbe sich dabei natürlich etwas versehen, die verlangte Bewegung jedoch im Allgemeinen genau in demselben Sinne wie ein gesunder Mensch ausführen. In allen angeführten Beispielen hat die in höchstem Grade complicirte Coordination der Bewegungen gar nicht oder sehr wenig gelitten. Die Bewegungen sind vollkommen zweckmässig coordinirt und gleichzeitig ataktisch, d. h. übermässig, schleudernd, ungleichförmig, stossweise.

In ebenso eigenartiger Weise, wie die motorische Innervation, leidet bei tabetischer Ataxie (und offenbar auch bei Kleinhirnataxie, vgl. Luciani [73a]) auch die Innervation der Lage, d. h. nach unserer Terminologie — die „statische Innervation". Oben haben wir den Vorschlag gemacht, so gerade diejenige Eigenschaft unserer Innervation zu bezeichnen, dank welcher der Muskel im Stande ist, seinen Contractionszustand mehr oder minder lange Zeit zu bewahren. Diese Fähigkeit leidet bei Tabes (und bei Kleinhirnataxie — nach Luciani [73a]), es bildet sich ein besonderer Zustand von Labilität der motorischen Innervation heraus, den Friedreich als „statische Ataxie" [1] bezeichnet hat, ein Zustand, bei welchem die genaue Fixirung irgend einer Lage unmöglich wird: es entstehen sofort Schwankungen. Wir machen besonders darauf aufmerksam, dass im Grunde genommen die Coordination der Lage (sozusagen die Harmonie der Innervation) hier nicht im Geringsten gestört ist. Der Kranke ist im Stande seinem Körper (oder einzelnen Theilen desselben) eine bestimmte Lage zu geben, vermag aber nicht letztere auf mehr oder weniger lange Zeit aufrecht zu erhalten. Nicht die Innervation selbst, sondern nur ihre Andauer ist verloren. Ein solcher

---

Neugeborenen und den Erscheinungen der cerebrospinalen Ataxie allmählich verschwinden. So ist es denn auch gekommen (vgl. Frenkel, citirt nach 70a, Lewandowsky — 70a, S. 165). Die Theorie hat über die Thatsachen triumphiert.

[1] Hieraus erklärt sich, auf welchem Wege wir zu unserem Terminus „statische Innervation" gelangt sind.

Tabetiker ist z. B. im Stande aufzustehen, seine Füsse knicken aber sofort ein — er fällt; er vermag z. B. die Sehaxen der Augen in gewisser Richtung einzustellen, kann dieselben aber nicht in dieser Lage erhalten — es machen sich sofort nystactische Schwankungen bemerkbar.

Es handelt sich also offenbar mindestens um zwei durchaus verschiedene Mechanismen unserer motorischen Innervation. Einerseits haben wir Störungen der eigentlichen Bewegungscoordination, d. h. der zweckentsprechenden Anpassung der Bewegungselemente an die äusseren Bedingungen; andererseits betrifft die Frage den Verlust dieser Elemente selbst: der Fähigkeit, das Tempo der willkürlichen Bewegungen zu bewahren und zu verändern, und der statischen Innervationseinrichtung. Und obgleich die Störungen der beiden erwähnten Mechanismen in der Praxis des öfteren aus leicht verständlichen Gründen sich intim mit einander verflechten müssen, so ist nichts desto weniger die Grenze deutlich sichtbar.

Und im Bilde der cerebrospinalen Ataxie treten im Wesentlichen gerade die Störungen im Rhythmus unserer Bewegungen in den Vordergrund. Es fällt die sozusagen specifische Eigenthümlichkeit unserer Bewegungen, ihre Geschmeidigkeit, Gleichmässigkeit, fort. Ausserdem leidet in bedeutendem Maasse auch noch die Fähigkeit, eine bestimmte Stellung unverändert beizubehalten. Folglich leiden also bei Ataxie zwei Grundelemente der motorischen Innervation: die Innervation des Tempos und die statische Innervation. Die Störungen dieser beiden Elemente können mit dem Verlust der Sensibilität nichts gemein haben, und mit Bezug auf gerade diese Störungen, und folglich auch auf den wesentlichen Inhalt des Begriffes Ataxie (cerebrospinale), tritt die Untauglichkeit der sensorischen Theorie anschaulich hervor.

Oefters bezeichnen die Autoren die cerebrospinale Ataxie geradezu als „sensorische" Ataxie. Wir weisen bei dieser Gelegenheit noch einmal darauf hin, dass die Störungen der zweckmässigen Coordination der Bewegungen eine natürliche Folge der sensorischen Störungen sind. Die eigentliche Ataxie jedoch, wie wir sie in ihrer spinalen Localisation (bei Tabes) zu sehen gewöhnt sind, eine solche sensorische Ataxie giebt es nicht und kann es nicht geben.

Ist es denn wirklich denkbar, unser Vermögen, die Schnelligkeit einer Bewegung, oder die Dauer der statischen Innervation zu ändern — d. h. unsere Fähigkeit, die Muskelarbeit in ihrer Zeitdauer abzuändern —, ist es denkbar, dieselbe in irgend eine directe Beziehung zu den centripetalen Impulsen zu bringen? Diese der Zeit nach unveränderlichen Impulse können ja doch die Zeit, d. h. die Dauer der statischen Innervation nicht reguliren, und während der Bewegung können dieselben Impulse, die für jede Bewegungsphase unveränderlich sind, die Schnelligkeit der Bewegung nicht in verschiedener Weise abändern.[1]

Wie wenig die Bewegung unmittelbar von Sinneseindrücken abhängt, wird am besten durch folgende interessante Beobachtungen bewiesen. Kennedy (59, S. 434) beschreibt, dass sich bei einer Kranken nach Zusammennähen des Accessorius und Facialis jedes Mal bei schnellem Erheben der Arme unwillkürlich auch die Gesichtsmuskeln contrahirten. Bei Katzen rief nach Verwachsen des N. vagus und N. sympathicus, wie Langley (68a, S. 260) beobachtet hat, der Act des Fressens jedes Mal eine Reihe gewisser Veränderungen in den vom N. sympathicus innervirten Organen, und zwar in Auge und Ohr hervor. Bei diesen Beobachtungen von Kennedy oder von Langley gelangte der motorische Impuls in Folge von Verwachsung der Nerven durchaus nicht in diejenigen Muskelgebiete, wohin er ursprünglich von der Natur bestimmt war, und nichts desto weniger übte die periphere Sensibilität nicht den geringsten regulirenden, corrigirenden Einfluss aus.

So scheint es uns nun, theoretisch genommen, absolut unmöglich, die Ataxie — in ihrem oben erwähnten Sinne — mit den Sensibilitätsstörungen in Zusammenhang zu bringen. In der Praxis werden, wie schon bemerkt wurde, einige Formen der Sensibilitätsstörung, der Meinung der Autoren nach lediglich Störungen der bewussten Sensibilität, nicht von atactischen Erscheinungen begleitet. Umgekehrt bildet in anderen Fällen, und zwar bei Verletzung oder Erkrankung des peripheren centripetalen Neurons, die Ataxie einen fast ständigen Begleiter. Da man jedoch in diesen letzterwähnten Fällen, z. B. bei Tabes (schon abgesehen von der Friedreich'schen Ataxie), eine, wenn auch nur annähernde Parallele zwischen den Erscheinungen der Ataxie und den Sensibilitätsstörungen auch klinisch nicht durchführen kann, so bleibt nur übrig, anzunehmen, dass die Erkrankung des peripheren centripetalen Neurons auf irgend einem anderen

---

[1] Doch selbst abgesehen von der Fähigkeit, den Charakter der Bewegung zu ändern, sogar die zweckmässige Anwendung dieser Fähigkeit auf die Bedingungen der Aussenwelt, d. h. die eigentliche Bewegungscoordination, kann nicht in directer Abhängigkeit von centripetalen Einflüssen stehen. „Écrire que „la coordination motrice est subordonnée en tant qu'opération volontaire à l'integrité du sens musculaire et accessoirement à l'integrité du sens tactile" c'est professer une hérésie physiologique, on ne peut plus fâcheuse au point de vue de son application à la pathologie" — so schrieb Duchenne (S. 772). Der Zusammenhang, der zwischen der motorischen Coordination und der Sensibilität besteht, ist kein directer, sondern wird erst durch Vermittelung des Bewusstseins hergestellt. Wenn man gewöhnlich sagt, dass die Coordination der Bewegungen (der angelernten) mit Umgehung des Bewusstseins erfolgt, so wäre es unserer Meinung nach richtiger, zu sagen — nicht mit Umgehung des Bewusstseins, sondern mit Ausschluss der Aufmerksamkeit. Und die unmittelbare Einwirkung centripetaler Impulse auf den Bewegungsact selbst ist offenbar nur für Fälle von vererbter, eingeborener Coordination zuzulassen.

Wege — nicht aber in Folge von Sensibilitätsstörungen — zur Ataxie führt.[1] Auf welchem Wege diese Ataxie zu Stande· kommt, das wissen wir nicht, auf dem sensorischen gewiss nicht.

Wenn ·nun also die Ursachen der Störungen des Rhythmus unserer Bewegungen sich als unaufgeklärt erweisen, so erscheint andererseits auch der Mechanismus dieses. wichtigen Apparates selbst vollständig räthselhaft. Oben sagten wir schon, dass eine unterscheidende Eigenthümlichkeit der Thierbewegungen — die Fähigkeit, einen gegebenen Rhythmus (die Schnelligkeit) zu bewahren und denselben nach Wunsch zu verändern — dass diese Eigenthümlichkeit seit Duchenne dem Spiel der Antagonisten zugeschrieben wurde. Doch die späteren klinischen und experimentellen Beobachtungen haben gezeigt, dass die Theilnahme der Antagonisten als eines unentbehrlichen Elementes der Bewegung (der „Moderatoren" derselben nach der Terminologie Duchenne's) absolut nicht statt hat.[2] Und zwar zeigt eine Reihe Sherrington'scher Untersuchungen (98b, c, d, e, f) ebenso wie. die späteren Arbeiten von Hering (50b, c), Hering und Sherrington (51), Richer (citirt nach 4), Athanasiu (4) offenbar in unbestreitbarer Weise, dass dem Mechanismus sowohl. der cerebrospinalen (reflectorischen) als auch der Rinden-(Willens-)Innervation eine gleichzeitige Theilnahme antagonistischer Muskelgruppen vollständig fremd ist.[3] Es besteht

---

[1] Duchenne (29, S. 790); Friedreich (38, S. 213), Charcot (24, S. 17), Erb (31b, I, S. 94; II, S. 169) u. A. nahmen an, dass es sich um die Beschädigung gewisser besonderer, „coordinirender'' (centrifugaler) Fasern handelt. Folgendes sagt z. B, Duchenne (29, S. 790): „Or, comme il resulte de l'observation clinique chez l'homme, que la coordination n'est pas subordonnée à la sensibilité; il faut bien admettre que les racines postérieures et peut-être aussi les cordons postérieurs renferment des fibres coordinatrices de la locomotion." Die Quelle der coordinirenden Kraft selbst muss man aber nach Duchenne (29, S. 791) höher suchen.

Wie aus dem weiter unten Folgenden ersichtlich, sind wir auf Grund unserer eigenen Untersuchungen und einigen aus der Litteratur geschöpften Thatsachen zu der Hypothese von der Existenz besonderer centrifugaler, hemmend auf die Skeletmusculatur wirkender Fasern in den hinteren Wurzeln gelangt. Wir meinen durch das Vorhandensein dieser Fasern die Innervation des Tempos und die statische Innervation erklären zu. können. Wir stellen uns also mit dieser unserer Annahme auf einen Standpunkt, der den Ansichten Duchenne's, Friedreich's, Erb's u. A. nahe liegt. Und sollte es unserer Hypothese beschieden sein, Recht zu behalten, so würde das auch zugleich bedeuten, dass. wir das Vorhandensein gerade derjenigen „coordinirenden" Fasern, welche früher einmal von den oben erwähnten Autoren vorausgesetzt wurden, bewiesen und die Function dieser Fasern überaus einfach (siehe unten) erklärt hätten.

[2] Dieses von Galen (citirt nach 29, S. 765) vorhergesehene Factum versuchte noch Bell (citirt nach 98 c, S. 415) auf dem Wege des Experimentes zu beweisen. Doch die Ehre,. diese Beziehungen aufgeklärt zu haben, kommt unstreitig unserem Zeitgenossen Sherrington zu.

[3] Das bedeutet aber noch nicht, dass die Antagonisten überhaupt nicht gleich-

umgekehrt eine deutliche Verbindung gerade entgegengesetzten Charakters, d. h. bei Contraction der Muskeln einer Gruppe beobachtet man eine gleichzeitige Erschlaffung ihrer Antagonisten. Und sogar der Zeit nach geht diese letztere Erscheinung voraus, indem sie gleichsam einen möglichst geringen Verbrauch von Kraft bei der Bewegung vorbereitet.

6. Motorische Störungen nach Durchschneidung der hinteren Rückenmarkswurzeln.

Wir sagten schon, dass die Durchschneidung der hinteren Wurzeln bestimmte Bewegungsstörungen zur Folge hat. In der Litteratur hat sich darüber schon ein ziemlich reiches Material angesammelt (Panizza [citirt nach 94a]; Stilling [102, S. 97]; Cl. Bernard [10, S. 246]; Schiff [94, S. 143]; Baldi [citirt nach 6]; Landois [65, S. 764]; Hering [50a]; Bickel [12a, b, c]; Ewald [32c]; Mott u. Sherrington [81]; Merzbacher [77a, b]; Munk [82] u. A.). Die vielseitigen Beobachtungen der Autoren erweisen sich als mehr oder weniger analog und zeichnen im Allgemeinen folgendes Bild der motorischen Störungen bei Thieren.

Der der Sensibilität beraubte Körpertheil zeigt eine gewisse Hülflosigkeit, sozusagen eine gewisse Dürftigkeit der willkürlichen Bewegungen. Doch daneben ist die Fähigkeit, Bewegungen auszuführen, selbst vollständig erhalten; verändert ist lediglich der Charakter der Bewegungen.[1] Die Bewegungen gestalten sich nämlich ungleichmässig, unrichtig. Und besonders bemerkenswerth erscheint die Beobachtung der Autoren, dass die Bewegungen der Thiere nicht nur nicht den Eindruck von geschwächten Bewegungen machen, sondern umgekehrt gerade übermässig, maasslos und dazu von schleuderndem Charakter wie bei Tabes sind. Dieses Uebermaass der Bewegungen erklären die Autoren eben mit dem Fehlen der regulirenden, mässigenden centripetalen Controle.

---

zeitig contrahirt werden können. Letzteres kann man vollkommen deutlich bei starker Fixation irgend einer Lage beobachten (worauf schon Galen hinwies). Doch functionieren dieselben im gegebenen Falle, streng genommen, nicht als Antagonisten, sondern als Synergisten. Ob aber auch eine Betheiligung der wahren Antagonisten an der Bewegung selbst möglich ist, erscheint sehr fraglich. R. du Bois-Reymond (14) besteht besonders auf dieser Möglichkeit, obwohl, streng genommen, schon von ihm angeführten Beweisgründe nicht genügend überzeugend sind (vgl. S. 39—40 Anm.).

   [1] Vereinzelte Fälle, in denen die Autoren nach Durchschneidung der hinteren Wurzeln keinerlei Störungen der Bewegungen (vgl. Merzbacher 77b), oder aber umgekehrt Erscheinungen von offenbar echter Paralyse (wie bei Kornilow 61b) beobachtet haben, müssen, was am wahrscheinlichsten ist, einer fehlerhaften Operation selbst — einer unvollständigen oder zu weit gegangenen — zugeschrieben werden.

An unseren Thieren, welche die Durchschneidung der sechsten hinteren Lendenwurzel (bezw. des Ganglions) durchgemacht hatten, konnte man auf den ersten Blick irgend welche Bewegungsstörungen nicht bemerken.[1] Die Kaninchen liefen, wie es schien, ohne jede Störung ihrer Bewegungen. Und doch waren in der Mehrzahl dieser Fälle die motorischen Störungen gerade im Extensor cruris überaus typisch. Man brauchte nur das Kaninchen an den Ohren aufzuheben, damit die hintere Extremität der gesunden Seite sich in der Mehrzahl der Fälle krampfartig streckte (dank der activen Contraction des Unterschenkelstreckers), während auf der operirten Seite der Strecker des Unterschenkels umgekehrt stets welk und erschlafft erschien, das Knie unter einem Winkel gebeugt, und die ganze Extremität leicht an den Bauch herangezogen war. Hielt man das Kaninchen so an den Ohren, dass es auf den Hinterfüssen stehen sollte, so erwies sich, dass es sich nur auf den gesunden Fuss stützte. Das war auch aus der Stellung der Extremitäten ersichtlich; davon konnte man sich auch durch Befühlen beider Strecker überzeugen. Indessen kann sich aber ein gefühlloser Strecker wunderschön contrahiren. Kaum ist das Kaninchen der Untersuchung überdrüssig, so versucht es sich zu befreien, indem es gleichzeitig mit beiden Hinterfüssen heftige Stösse ausführt. Die Contraction des gefühllossen Streckers kann man auch sehr schön palpiren. Wenn man das Kaninchen in stehender Stellung an den Ohren hält und es langsam vorsichtig auf den Rücken umwirft, d. h. es nach hinten umfallen lässt, so stellt das Kaninchen, um sich gegen den Fall zu schützen, bald den einen, bald den anderen Lauf vor, es marschirt rückwärts, und während dieser Zeit fühlt die auf den Schenkel gelegte Hand deutlich die active Contraction des Streckers. Doch diese Contraction ist von nur sehr kurzer Dauer, sie macht sich nur genau im Moment der Bewegung bemerkar und verschwindet sofort, während der Muskel auf der gesunden Seite grösstentheils fast die ganze Zeit über im Contractionszustande verharrt.

Dieser Verlust der Dauer der Muskelcontraction, dieser Verlust sozusagen der „statischen Innervation", erreichte nicht bei allen unseren Thieren einen so ausgeprägten Grad, wie in den oben geschilderten Fällen. In einer gewissen Anzahl unserer Fälle (annähernd in der Hälfte) waren die

---

[1] Schleudernde Bewegungen gelang es uns im Ganzen nur ein einziges Mal zu sehen, gerade als ein Kaninchen (am Tage nach der Operation) langsam den Hinterfuss nach vorn streckte, um seine Toilette zu machen. Es ist bemerkenswerth, dass das Kaninchen sich schon nach zwei erfolglosen Versuchen einzurichten verstand: es legte den ausgestreckten Fuss auf den Boden und begann denselben hier zu säubern. In den dem Kaninchen eigenthümlichen Laufbewegungen wird der Extensor cruris zu kurzen Stössen benutzt. Und natürlich bleibt hier für das Auftreten der erwähnten Anomalie, dieser „Dysmetrie" der Bewegungen, wie Luciani (73a, S. 185) sie nennt, wenig Raum übrig.

Störungen weniger ausgeprägt, weniger in die Augen springend. Nichts desto weniger konnte das Vorhandensein dieser Störungen leicht auf folgende Weise zum Vorschein gebracht werden. Mit einer Hand heben wir das Kaninchen an den Ohren in die Luft empor, während wir mit der anderen einen leichten Druck auf den Unterschenkel, nämlich wenn das Knie gestreckt ist, ausüben, um dasselbe zu beugen. Auf der gesunden Seite kann man den Druck beliebig lange fortsetzen, das Knie bleibt gestreckt, auf der operirten währt die Extension nur eine sehr kurze Zeit, ungefähr eine Secunde oder sogar weniger, und der Unterschenkel wird flectirt.[1]

Besonders deutlich treten die Bewegungsstörungen an dem gefühllosen Unterschenkelstrecker hervor, wenn derselbe für sich allein ohne gleichzeitige Bewegung des anderen Fusses functioniren muss. Befreit man einem in Rückenlage festgebundenen Thiere nur die hintere Extremität auf der operirten Seite allein, so erweist sich dieselbe im Gegensatz zu der gesunden als im höchsten Gräde hülflos. Der Strecker des Unterschenkels contrahirt sich nicht activ; er bleibt die ganze Zeit über erschlafft, und der Unterschenkel hängt matt herab, im Knie unter einem Winkel gebeugt.

Die willkürliche Beweglichkeit hat also bei unseren Thieren am allerwenigsten im Falle der für das Kaninchen typischen Laufbewegungen gelitten. Und überhaupt boten die associirten, d. h. gleichzeitig mit der gesunden Extremität ausgeführten Bewegungen, wie es schien, am wenigsten Störungen dar. Dieser sozusagen wohlthätige Einfluss der gesunden Extremität auf die Beweglichkeit der anästhetischen wurde schon von Cl. Bernard (10, S. 248) bemerkt und in der Folge auch von anderen Autoren bestätigt. Der Sinn der beschriebenen Erscheinung erscheint vom Standpunkte der im vorhergehenden Capitel dargelegten Anschauungen vollkommen klar.

Von viel grösserer Bedeutung ist ein anderer Umstand, der schon oben aus-

---

[1] Etwa in zwei Fällen beobachteten wir, dass eine starke, doch nur auf sehr kurze Zeit eintretende Extension von deutlich bemerkbarem Zittern (vgl. die unten beschriebenen Erscheinungen des rhythmisch unterbrochenen Tetanus) begleitet war. In anderen Fällen sahen wir, dass die Muskelspannung, die im Zustande vollkommener Extension schnell schwächer wird, bei weiterer Flexion des Unterschenkels, von einem bestimmten Winkel ab, sich als ebenso standhaft erwies wie die Spannung des Muskels auf der gesunden Seite (siehe weiter unten unsere Beobachtungen, die elektrische Muskelreaction betreffend). Alle beschriebenen Erscheinungen eines theilweisen Verlustes der statischen Innervation sind wir bereit, mit unvollkommener Durchschneidung der den Muskel versorgenden Fasern der hinteren Wurzel zu erklären. Und in der That war gerade in Fällen, wo die Dauer der Contractionen und ebenso der Muskeltonus verringert, aber nicht vollständig verloren gegangen waren, in der Regel gewöhnlich auch der [Sehnenreflex in grösserem oder geringerem Umfange erhalten geblieben.

führlich besprochen wurde. Und zwar ist das die Thatsache, dass der Muskel nach Durchschneidung der entsprechenden hinteren Wurzel in bedeutendem Grade, vielleicht sogar vollständig die Fähigkeit zu dauernder Contraction einbüsst. Dieser Umstand, dass die statische Innervation verloren geht oder geschwächt wird, erlangt ganz besondere Bedeutung, wenn man ihn dem gleichzeitig beobachteten Verluste oder der Verminderung des Muskeltonus an die Seite stellt.

7. Muskeltonus und statische Innervation.

.Der Begriff des Muskeltonus erscheint durchaus unklar.[1] Früher erklärte man den Muskeltonus als einen gewissen Spannungsgrad der Skelettmuskeln, welcher automatisch und ununterbrochen durch das Centralnervensystem unterhalten wird (Joh. Müller, Henle [citirt nach 48a]). Eine derartige Deutung wurde zurückgewiesen, nachdem die Autoren (R. Heidenhain [48a], Auerbach, Schwalbe [citirt nach 30, S. 103], Wundt [114a]) sich davon überzeugt hatten, dass nach Durchschneidung des motorischen Nerven · Verlängerung des Muskels nicht eintritt, oder wenn sie auch erfolgt, so doch nur dank Begleitumständen, nicht aber als Resultat einer directen Unterbrechung der Verbindung mit dem Centralnervensystem. Spätere Autoren (Tschirjew [108b], Anrep [3], Langelaan [66]) schrieben jedoch einer solchen Verlängerung des Muskels entscheidende Bedeutung zu, als einem Beweise für die Existenz des Tonus, und zwar eines reflectorischen Tonus. Eines reflectorischen deshalb, weil, wie Brondgeest (18) (vgl. auch Steinmann [101]) gezeigt hat, die Möglichkeit der tonischen Spannung in den Muskeln von der Unversehrtheit der hinteren Wurzeln abhängt.

Man muss jedoch zugeben, dass eine verschwindend kleine Verlängerung des Muskels (z. B. in den Versuchen Wundt's [114] oder Anrep's [3] — Theile eines Millimeters!) bei einem für den Muskel so schweren Insult, wie die Durchschneidung des motorischen Nerven, schwerlich als genügend überzeugend anerkannt werden kann.[2]

---

[1] „Es gereicht jeder Wissenschaft zum grössten Nachtheile, wenn in dieselbe Ausdrücke sich einschleichen, deren Bedeutung nicht strenge festgestellt ist. Lockere Begriffe haben lockere Schlüsse zur Folge." — So beginnt Heidenhain (48a, S. 11) sein Capitel vom Muskeltonus. Seitdem ist fast ein halbes Jahrhundert dahingegangen, doch der Begriff des Muskeltonus hat, was seine Festlegung anbelangt, nur wenig gewonnen.

[2] Es ist bekannt, dass unmittelbar nach Durchschneidung des Nerven im Muskel eine tonische Spannung auftritt, die erst nach einiger Zeit verschwindet. Wir selbst beobachteten nach Durchschneidung des N. cruralis beim Kaninchen einen Zustand von erhöhtem Tonus im Unterschenkelstrecker (d. h. eine Erhöhung des passiven Widerstandes des Muskels) im Verlaufe eines sehr beträchtlichen Zeitraumes.

Doch wenn man sogar die volle Beweiskraft dieser Versuche zugiebt, so erklären doch weder sie, noch die erwähnten Beobachtungen Brond-geest's (18) und Steinmann's (101) die Frage vom Muskeltonus näher. Denn was zwischen der blutigen Anordnung dieser Versuche und den physiologischen Lebensbedingungen Gemeinsames ist, können wir absolut nicht wissen.[1]

Wenn andererseits die tonische Spannung im Muskel nach der Durch-schneidung der entsprechenden hinteren Wurzeln verschwindet — kann denn dieser Umstand als Beweis für die reflectorische Natur der Er-scheinung gelten, woran die Autoren, scheint es, auch nicht einmal zweifeln? Wir erwähnten schon anlässlich der Sehnenreflexe, wie un-begründet, wie einseitig eine derartige Anschauung ist. Mag dieselbe sogar richtig sein — aber bewiesen muss sie doch werden. Beweise sind aber nicht vorhanden.

Die oben erwähnten Erwägungen können voll und ganz auch auf die über-aus interessanten Beobachtungen Filehne's (35a) angewandt werden. Und zwar bemerkte dieser Autor, dass nach Durchschneidung (intracranieller) des N. trigeminus beim Kaninchen der entsprechende Ohrlöffel auf den Rücken herabfiel und sein gewöhnliches mimisches Spiel verlor. Filehne hat sich viel Mühe gegeben, um die Analogie des hier vorausgesetzten (für die gewöhnliche Spannung der Ohrmuskeln) Reflexes mit Reflexen niederer Ordnung, cerebrospinalen, nachzuweisen. Zweifel an der Reflexnatur des Tonus selbst sind ihm ja überhaupt gar nicht gekommen. Wenn man indessen den Tonus des Ohrlöffels als Reflex betrachtet, so wäre es am allernatürlichsten, in demselben einen Gehörreflex, und nicht einen tactilen zu sehen, d. h. die centripetalen Bahnen dieses Reflexes im N. acusticus und nicht im N. trigeminus zu suchen. Wenn man aber gleichzeitig damit im Tonus des Ohrlöffels auch den Ausdruck der Mimik des Kaninchens sehen will (wie das Filehne annimmt, und was unserer Anschauung nach vom Standpunkte des tactilen Reflexes un-verständlich ist), so erscheint der einseitige Verlust dieses Tonus sonder-bar. Diese letztere Erwägung nötigte denn auch Filehne, den Tonus des Ohrlöffels in directe (reflectorische) Beziehung zu den von der Wangen-haut ausgehenden centripetalen Impulsen zu bringen. Eine derartige Voraus-setzung steht jedoch ihrerseits in Widerspruch mit der Thatsache, auf die S. J. Tschirjew (108b) und Mommsen (79) hinwiesen, und zwar, dass bei den Erscheinungen des Muskeltonus eine wesentliche Rolle nur reine

---

[1] S. J. Tschirjew (108b), ausgehend von der reflectorischen Natur der Sehnen erscheinungen, nahm an, dass der Muskel im Ruhezustande den Tonus verliert; der Tonus entstehe (reflectorisch) nur unter dem Einflusse der mechanischen Dehnung. Gerade diese Theorie des Tonus hat am meisten Anklang gefunden.

Muskelnerven und ganz und gar nicht die Hautnerven spielen. Andererseits aber war der atonische Ohrlöffel des Kaninchens — wie das Filehne (35 a, S. 433) beschreibt — überhaupt gar nicht seiner reflectorischen Beweglichkeit beraubt: er reagirte auf Geräusche und auf Schmerzreize (von Seiten der anderen Wange).

Die oben erwähnten Beobachtungen Filehne's an Thieren, die sich nach der Operation vollkommen wieder erholt hatten, erweisen sich als überaus werthvoll für die Lehre vom Muskeltonus. Wir weisen besonders darauf hin, dass unsere eigenen Untersuchungen vollständig analog sind und wir mit dem erwähnten Autor nur in der Deutung des Sinnes der zur Beobachtung gelangten Erscheinungen auseinandergehen. Und zwar sind wir bereit anzunehmen, dass in den Versuchen Filehne's der N. trigeminus, wie in unseren eigenen die hinteren Wurzeln, im gegebenen Falle nicht eine sensorische, sondern nur eine sozusagen tonisirende (vgl. weiter unten) Rolle spielten, und dass es sich nicht um den Verlust des Reflexes, sondern gerade um den Verlust der Fähigkeit der Muskeln zu dauernder, tonischer Anspannung handelte. Und die Versuche Filehne's, in denen, wie schon oben gesagt, der Ohrlöffel des Kaninchens, der nach der Durchschneidung des N. trigeminus seinen Tonus verloren hatte, nichts desto weniger seine reflectorische Beweglichkeit bewahrt hatte — diese Versuche scheinen uns als die beste Bestätigung unserer eigenen Anschauungen zu dienen.

Wie dem nun auch sei, aus allem, was oben auseinandergesetzt wurde, folgt, dass der Begriff des Muskeltonus, vom physiologischen Standpunkte aus, sich als bei Weitem nicht strenge festgelegt erweist. Und einige Autoren (vgl. Hermann [52, S. 420], Lewandowsky [70b]) sind bereit, den Muskeltonus nicht als etwas Besonderes, sondern einfach nur als eine der Erscheinungsformen der Muskelcoordination anzusehen, einer Coordination, die durch centripetale Impulse bedingt ist. Dass an der Coordination unserer Bewegungen als Bestandteil derselben auch die Coordination des Tonus theilnimmt, das versteht sich von selbst, doch möchten wir auf den Umstand aufmerksam machen, dass sowohl die Coordination der Erscheinungen des Muskeltonus einige besondere Züge trägt, als auch der Mechanismus des Tonus selbst, die tonische Muskelspannung, offenbar eine ganz eigenartige Vorrichtung unserer motorischen Innervation bildet. Wenn man den Muskeltonus beobachtet, wie er bei Menschen und Thieren unter physiologischen Bedingungen zur Erscheinung kommt, so springt dabei folgende charakteristische Eigenthümlichkeit in die Augen. Wie bekannt ist man übereingekommen, unter Muskeltonus bei physiologischen Bedingungen denjenigen Widerstand des Muskels zu verstehen, welchen derselbe bei seiner passiven Dehnung leistet. Hierbei wird natürlich ein möglichst vollständiger Ausschluss der willkürlichen Innervation vorausgesetzt. Doch in dieser letztgenannten Bedingung birgt sich auch der schwache Punkt der Untersuchung und möglicher Weise auch das ganze Räthsel des Phänomens.

Es erweist sich nämlich, dass trotz des Bemühens, den Muskel zu erschlaffen, letzteres sich als überaus schwer, ja als fast unmöglich erweist, um so mehr als die Aufmerksamkeit auf den Muskel gerichtet ist. Am Kaninchen sahen wir wiederholt deutliche Beispiele dafür, wie Erregungszustände oder Aufmerksamkeit des Thieres den Spannungsgrad des Muskels ändern. Es stellt sich folglich heraus, dass die rein psychischen Processe der Erregung und Aufmerksamkeit unmittelbar, unwillkürlich auf den Muskeltonus einwirken. Dieser Umstand hat, wie uns scheint, eine grosse Bedeutung für die Lehre vom Muskeltonus. Und wenn es sich hier in der That um einen Reflex handelt, so doch jedenfalls um einen Reflex höherer Ordnung, denn der Process der Aufmerksamkeit hat umgekehrt, wie bekannt, auf die niederen Reflexe lediglich einen unterdrückenden Einfluss.

Andererseits beweisen die pathologischen Erscheinungen von Störungen des Muskeltonus, die Erscheinungen der Dystonie (Atonie, Hypertonie), wie sie bei einigen Erkankungen am Menschen und ebenso bei einigen Versuchen an Thieren zur Beobachtung gelangen, wie uns scheinen will, am allerbesten, dass wir es hier mit einem besonderen Mechanismus unserer Innervation zu thun haben.[1] Diesen Mechanismus identificiren wir auf Grund unserer eigenen Beobachtungen voll und ganz mit dem Mechanismus der dauernden, statischen Innervation überhaupt. Mit anderen Worten, wir halten die Erscheinungen des Muskeltonus bloss für einen speciellen Fall der statischen, tonischen Innervation, d. h. der Innervation, dank welcher der Muskel im Stande ist, in einer beliebigen Phase seiner Verkürzung zu beharren.

Wie wir schon früher aussprachen, wird nach Durchschneidung der entsprechenden hinteren Wurzel der Verlust sowohl des Tonus als auch der statischen Innervation in mehr oder weniger deutlichem Grade beobachtet. Hierbei stellte sich heraus, dass zwischen den Störungen des Tonus und der dauernden, statischen Innervation bei unseren Versuchen

---

[1] v. Uexküll (109 S. 286) kommt auf Grund seiner Untersuchungen zu dem augenscheinlich analogen Schlusse, dass nämlich der Muskel unabhängig von seiner Fähigkeit, sich zu verkürzen („Verkürzungsapparat"), noch das besondere Vermögen der tonischen Spannung („Sperrapparat") besitzt. Biedermann (wie auch Bethe, citirt nach 13b S. 519) fasst die Erscheinungen der tonischen Spannung nur theilweise als active Contraction, hauptsächlich aber als das Resultat des Fehlens der Erschlaffung (activen) auf. („Tonus ist in Bezug auf den Muskel ein Zustand beharrender Verkürzung." A. a. O. b, S. 520.)

eine strenge und vollständige Parallelität zu bemerken war. So war es
also klar, dass diese beiden Erscheinungen, Tonus und statische Innervation,
in irgend einer sehr engen Beziehüng zu einander stehen. Und da der
Tonus im Wesentlichen nur eine der Erscheinungsformen der dauernden
Muskelcontraction darstellt, so ist es im höchsten Grade natürlich, diese
beiden Erscheinungen als Erscheinungen derselben Ordnung mit einem
und demselben gemeinsamen Mechanismus anzusehen.

Unsere Beobachtungen bezüglich des Verlustes der statischen Innervation
nach Durchschneidung der hinteren Wurzeln stehen nicht vereinzelt da.
Vollkommen analoge Thatsachen sind überall in der Litteratur verstreut,
wenngleich die Autoren dieselben auch nicht in dem von uns dargelegten
Sinne verallgemeinern. Eben solchen Störungen der statischen Innervation
und gleichzeitig damit auch des Muskeltonus begegnet man recht häufig
bei Verletzungen bezw. Erkrankungen der centripetalen Bahnen. Gerade
hierher müssen die Erscheinungen der Astasie und Atonie nach Entfernung des Kleinhirns, wie sie zuerst L u c i a n i (73) in seinen klassi-
schen Untersuchungen beschrieben hat, verwiesen werden.[1] Hierher gehören auch diejenigen Störungen des Tonus und der statischen Innervation,
welche so scharf in dem klinischen Bilde der Tabes hervortreten.

Wie schon gesagt, setzen wir voraus, dass der Tonus nur eine der
Arten der statischen Innervation darstellt, und dass beiden Erscheinungen
ein und derselbe Mechanismus zu Grunde liegt. Gleichzeitig damit sind
wir bereit zuzugeben, dass dieser Mechanismus einer tonischen, statischen
Innervation einen vollkommen gesonderten Mechanismus unserer motorischen Centren ausmacht. Wenn auch andere Autoren die tonische, statische

---

[1] Wir sprechen von statischer Innervation in etwas anderem (wenn auch seiner
Auffassung nahekommendem) Sinne als L u c i a n i (73a, S. 177). L u c i a n i bemerkte
nämlich an Thieren nach Entfernung des Kleinhirnes die Erscheinungen des Zitterns,
Schwankens bei Fixirung irgend welcher Lage, oder bei langsamen Bewegungen. Diese
Erscheinungen nannte er nun „Astasie" und erklärte dieselben durch unzureichende
Summation, durch ungenügende Fusion der elementaren Bewegungsimpulse in Folge
des Fehlens der „statischen" Function des Kleinhirns. Wir belegen mit dem Namen
statische Innervation die Fähigkeit zu dauernder Anspannung überhaupt (was bei
L u c i a n i augenscheinlich zum Theil auch mit in seine Auffassung des Tonus und der
tonischen Innervation einbegriffen ist). In der L u c i a n i'schen Astasie sind wir
geneigt nicht den Ausdruck „elementarer" Impulse (die vollkommen hypothetisch sind,
da der intermittirende Charakter der motorischen Innervation durchaus nicht bewiesen
ist), sondern den Ausdruck der zum Kampfe mit den Antagonisten (oder mit der Schwerkraft), welche bei einer schnelleren Erschlaffung des Muskels (des Agonisten) das
Uebergewicht erhalten, nothwendigen Impulse zu sehen.

Wir machen darauf aufmerksam, dass L u c i a n i (73b, S. 364) bei der Beschreibung
der drei Hauptfunctionen des Kleinhirns: der tonischen, statischen und sthenischen
bereit war, dieselben als verwandte, jedoch nicht identische Functionen anzusehen.

Innervation nicht als eine besondere Art ansehen, so sind sie nichts desto weniger genötigt, dieselbe als eine sozusagen complementäre Vorrichtung, welche eine bestimmte Seite der motorischen Innervation verstärkt, auszuscheiden. Auf die Nothwendigkeit, das Vorhandensein solcher Nebenapparate der tonisirenden, statischen Innervation anzunehmen, wurde, wie es scheint, zuerst durch die Beobachtungen Luciani's (73) hingewiesen. Gerade eine derartige Function musste Luciani auf Grund seiner Versuche für das Kleinhirn annehmen, und ausserdem war er bereit, eine solche Rolle theoretisch auch den Spinalganglien zuzuerkennen. Und da es sich, sowohl in dem einen, als auch in dem anderen Falle um die centripetalen Bahnen handelte, so setzte Luciani (73a S. 287) auch voraus, dass als Ausgangspunkt der tonisirenden, statischen Function des Kleinhirns (und der Spinalganglien) die von den Sinnesorganen gelieferte Reizungswelle diene. Diese Idee eines centripetalen Ursprungs der tonisirenden, statischen Innervation erhielt unter den Händen der späteren Autoren (vgl. Kohnstamm [60a S. 116]) einen noch bestimmteren Ausdruck.

Indessen sprechen durchaus gewichtige Erwägungen gegen die Möglichkeit, die tonisirende, statische Innervation unmittelbar mit den centripetalen Impulsen in Zusammenhang zu bringen. Die Störungen des Tonus, der statischen Innervation weisen nämlich keinerlei Beziehungen zu den Störungen der peripheren Sensibilität und speciell zu den Störungen der Reflexe auf. So beobachtet man z. B., wie aus den Untersuchungen von Luciani (73a, S. 167), Ferrier und Turner (34, S. 723) hervorgeht, an Thieren nach Entfernung des Kleinhirns eine scharf ausgesprochene Atonie und Astasie bei gleichzeitig vollständig unveränderter Sensibilität und vollkommen erhaltenen, sogar erhöhten Sehnenreflexen (vgl. Russel, S. 854).[1] Ein derartiges Fehlen jeglicher Beziehung zwischen statischer Innervation und Sensibilität wird recht häufig bei verschiedenen Erkrankungen am Menschen beobachtet. Als Beispiel weisen wir auf die sogenannte Chorea mollis hin. Gegen eine directe Einwirkung der centripetalen Impulse auf den Mechanismus der statischen Innervation selbst sprechen auch rein theoretische Erwägungen (siehe oben). Und wie kann man denn in der That die statische Innervation als eine Function der centripetalen Impulse ansehen, wenn wir von

---

[1] Lewandowsky (70a, S. 160) besteht in letzter Zeit besonders auf der Existenz von Störungen des Muskelgefühls nach Entfernung des Kleinhirns. Uns scheint jedoch, dass die entgegengesetzten Beobachtungen seiner Vorgänger mehr Beachtung verdienen, denn bei einem so schweren Trauma, wie die Entfernung des Kleinhirns, sind negative Resultate als Beweis unvergleichlich werthvoller. — Wir beeilen uns hinzuzufügen, dass wir der Divergenz der statischen und sensiblen Innervation die Bedeutung eines Beweises nur mit Bezug auf die ganze Masse der entsprechenden pathologischen Fälle verschiedenen Ursprungs zuschreiben.

dieser Innervation willkürlich Gebrauch machen, indem wir bei unveränderten centripetalen Eindrücken die Stärke und Dauer der Muskelspannung variiren. Wir wollen damit durchaus nicht sagen, dass die centripetalen Impulse überhaupt gar keinen Einfluss auf die statische Innervation haben. Wir sind umgekehrt bereit, gerade in Bezug auf diese letztere den reflectorischen Einwirkungen eine ·besondere Bedeutung beizumessen. Doch nur zur Regulirung der statischen Innervation. Wir sind der Meinung, dass möglicher Weise nur Dank den sensiblen Impulsen die Regulirung der statischen Innervation auch unter Umgehung der Aufmerksamkeit (vgl. z. B. die Beobachtungen Bell's [cit. nach 102 b, S. 6] oder Luciani's [73 a, S. 176]) möglich ist. Doch wir bestehen darauf, dass die statische Innervation selbst, unsere Fähigkeit zu dauernden Contractionen selbst, eine rein active Function der motorischen Centren, aber durchaus keine reflectorische ist. Man braucht nur auf die centripetalen Bahnen nicht ausschliesslich vom Standpunkte der Sensibilität zu blicken, sondern die Möglichkeit auch einer centrifugalen Function derselben einzuräumen, und man findet in solchem Falle wenigstens theoretisch keine Einwände gegen diese von uns vertheidigte Ansicht. Man muss umgekehrt zugestehen, dass vom Standpunkte der tonischen, statischen Innervation, als einer activen Function, eine ganze Reihe ·von klinischen Eigenthümlichkeiten verschiedener· Störungen dieser Function (z. B. der Contracturen) uns viel verständlicher wird. Andererseits jedoch wollen wir bemerken, dass es, wenn man die statische Innervation von solch' einem Standpunkte aus ansieht, natürlicher erscheint, in derselben auch einen in gewissem Grade abgesonderten Mechanismus der motorischen Innervation zu erblicken, wovon schon oben die Rede war.

8. Die elektrische Erregbarkeit der Muskeln nach Durchschneidung der hinteren Wurzeln. „Atonische Reaction."

Zur Untersuchung .der elektrischen Erregbarkeit des Unterschenkelstreckers nach Durchschneidung der entsprechenden hinteren Wurzel wurde die monopolare Reizungsmethode, genau wie bei klinischen Untersuchungen am Menschen, angewandt. Die eine Elektrode, flach und breit (indifferente)', wurde auf die rasirte und benetzte .Haut- des Kaninchens, und zwar auf das Epigastrium applicirt, die andere kleine, kugelförmige (differente) Elektrode diente zur Reizung des Nerven und des Muskels, wobei zum Vergleich stets die gesunde Seite benutzt wurde. Und wie schon oben gesagt, bei der sorgfältigsten und wiederholten Untersuchung des Muskels mit dem galvanischen und faradischen Strom, unmittelbar und .durch den Nerven, gelang es nicht, irgend welche wesentliche Veränderungen der Reaction an unseren Versuchsthieren zu bemerken.[1] Und doch gab es Veränderungen und noch dazu überaus stark ausgesprochene, allerdings aber solchen Charakters, welchem, soweit uns bekannt, noch Niemand Aufmerksamkeit geschenkt hat.

Wie bekannt, wirkt der galvanische Strom am stärksten auf einen Nerven bei Schluss der Kathode. Bei minimaler Stromstärke, wenn der Nerv gerade nur zu reagiren beginnt, tragen die Muskelcontractionen einen rein klonischen Charakter. Doch schon bei verhältnissmässig unbedeutender Verstärkung des Stromes contrahirt sich der Muskel nicht nur im Moment der, Stromschliessung allein, sondern bleibt während der ganzen Zeit der Stromdauer zusammengezogen, d. h. er verfällt in den Tetanus, oder richtiger, Galvanotonus. Hierbei verfällt der Muskel entweder mit einem Mal in Tetanus, oder aber in anderen Fällen so zu sagen in zwei Tempis, d. h. er

---

[1] Ausnahmsweise wurden Fälle (3) mit herabgesetzter Erregbarkeit der Nerven beobachtet. Natürlich sind dieselben auch nicht mit in die Summe der hier aufgeführten Beobachtungen (35) eingeschlossen. Unter diesen letzteren kamen auch einige Abweichungen von der Form vor, doch nur minimale. In einigen Fällen kam eine unbedeutende Herabminderung der faradischen Erregbarkeit des Muskels, und zwar nur eines bestimmten Abschnittes desselben allein, und dabei in allen Fällen eines und desselben Abschnittes, zur Beobachtung. Man konnte an irgend einen für unsere Operationsmethode gewöhnlichen Nebeninsult denken. Und wirklich wurde bei einem der Controlversuche, wo wir den oberen Ast der vorderen Wurzel (folglich den Ast, der auch überhaupt mehr Chancen hat, beschädigt zu werden), verletzten, ohne die hintere Wurzel zu durchschneiden, ein vollständiger Verlust der faradischen Erregbarkeit (allerdings ein nur vorübergehender) gerade in demselben Muskelabschnitt, von dem oben die Rede war, beobachtet. Wir erinnern übrigens daran, dass es in allen Fällen von Durchschneidung der hinteren Wurzel nicht gelang, irgend welche Veränderungen in der vorderen Wurzel zu finden. Noch öfter, ungefähr in einem Drittel unserer Fälle, liess sich eine minimale Herabminderung der faradischen Erregbarkeit des Nerven (N. cruralis) beobachten. Wir machen uns keine klare Vorstellung von der Ursache dieser Erscheinung. Es handelte sich jedoch um einen so minimalen Unterschied: 1 bis 2 cm bei einem Rollenabstande von im Mittel etwa 20 cm (I Marie-Davy), dass man denselben leicht auf die unvermeidlichen Versuchsfehler zurückführen könnte. — Andererseits sprach aber die relative Häufigkeit dieser Erscheinung gegen den zufälligen Charakter derselben. Um so mehr, als die umgekehrten Verhältnisse, d. h. erhöhte Erregbarkeit auf der operirten Seite, wenn sie auch vorkamen, so doch unvergleichlich seltener waren. Alle erwähnten Fälle mit unbedeutenden Abweichungen von der normalen elektrischen Reaction aus der allgemeinen Masse unserer Beobachtungen auszuscheiden, hielten wir nicht für nöthig, da sich erstens in allen anderen Beziehungen die Reaction, sowohl des Nerven, als auch des Muskels als vollkommen unverändert erwies, und zweitens ähnliche Erscheinungen sogar in stärker ausgeprägtem Grade auch bei unseren Controlversuchen (wo die Durchschneidung der hinteren Wurzeln nicht vorgenommen wurde) beobachtet wurden, und nichtsdestoweniger in diesen letztgenannten Fällen jene specifische Reaction („atonische"), von der weiter unten die Rede sein wird, gar nicht auftrat.

22*

zeigt Anfangs eine stossartige Zuckung und geht sogleich, jedoch nach einer
mehr oder weniger deutlich ausgeprägten Erschlaffung, in die dauernde
tonische Spannung über. So erscheint also der Tetanus (Galvanotonus)
selbst gleichsam als eigenthümlicher, von der primären Zuckung gesonderter
Erregungszustand des Muskels.[1]

Andererseits kann man den Muskel zu tonischer Anspannung, zum
Tetanus veranlassen, ohne in demselben den Zuckungsact selbst hervorzurufen. Zu diesem Zwecke braucht man nur die Stromschliessung nicht
an dem metallischen Theile der Kette, sondern an der Berührungsstelle
der differenten Elektrode mit der Haut, vorzunehmen, d. h. erst den Strom
zu schliessen, und dann mit der Kathode die dem gegebenen Nerven (Oberschenkelnerven)[2] entsprechende Hautstelle zu berühren.

Dann erfolgt bei genügender Stromstärke eine langsame glatte Muskelcontraction, in unseren Versuchen eine glatte Streckung des Knies. — Und
desto langsamer geht diese Streckung von Statten, je allmählicher wir den
Strom zuführen. Letzteres wird sehr einfach erreicht: mit der Kathode
des schon geschlossenen Stromes muss man eine ein wenig abseits vom
N. cruralis gelegene Hautstelle berühren, und dann die Elektrode mit der
Haut zusammen auf den Nerven zuschieben. Auf diesem Wege kann man
eine bald mehr, bald weniger langsame, doch stets glatte (fliessende) und
gleichmässige Contraction des Muskels erhalten, d. h. eine solche Bewegung
erzielen, die — wie man sich auszudrücken pflegt — vollständig „coordinirt"
erscheint. Die beschriebene Reaction erweist sich als durchaus beständig,
und unter allen in dieser Hinsicht von uns untersuchten Thieren (etwa 100)
haben wir dieselbe nur in einem Falle vermisst.

Wir zweifeln absolut nicht daran, dass viele unter unseren Vorgängern
das oben beschriebene Bild der Muskelreaction gesehen haben — es ist
unmöglich, dass sie es nicht gesehen haben sollten! Uns wundert nur,
warum sie dieser Reaction, soweit uns bekannt, nicht die gehörige Aufmerksamkeit zuwandten. Uns erscheint indessen die beschriebene Erscheinung — wie einfach sie sich auch darstellen mag — überaus be-

---

[1] Wir bemerken, dass, je kräftiger, je jünger das Thier, desto früher der Tetanus
eintritt, und desto glatter, desto unmittelbarer der Uebergang vom primären Stoss zur
tonischen Spannung ist. Umgekehrt lässt sich der Tetanus an alten, geschwächten
Thieren nur mit grosser Mühe hervorrufen, und in einigen wenigen Fällen, auf volle
hundert, gelang er überhaupt nicht.

[2] Die Neuropathologen empfehlen nachdrücklich, gerade diese Methode zu vermeiden, indem sie dabei natürlich vom sogenannten du Bois-Reymond'schen Gesetz
ausgehen. Unsere eigenen weiter unten auseinandergesetzten Beobachtungen führen
uns zu dem Schlusse, dass der erwähnten Untersuchungsmethode vielleicht eine besondere, selbstständige Bedeutung zukommt, die auch für die Klinik nicht ohne Interesse
sein dürfte.

deutungsvoll. In der That weist dieselbe darauf hin, dass die coordinirte glatte, und dazu verschieden schnelle Bewegung durch künstliche Reizung des peripheren Nerven hervorgerufen werken kann. Und gleichzeitig damit beweist diese Erscheinung, dass die Betheiligung der Antagonisten am Mechanismus der Bewegungscoordination durchaus nicht unbedingt nothwendig ist, und macht sogar eine andere Art der Entstehung der fliessenden, gleichmässigen Bewegungen der Thiere wahrscheinlich.

Wir beschrieben die Tetanuserscheinungen und die Erscheinungen der glatten Muskelcontraction, wie sie bei Einwirkung des galvanischen Stromes auf den Nerven zur Beobachtung gelangen. Es muss bemerkt werden, dass bei directer Reizung des Muskels von den erwähnten Erscheinungen der Tetanus im Allgemeinen analoge Züge aufwies, was aber die glatte Muskelcontraction betrifft, so konnte dieselbe auch nur einigermaassen deutlich nicht erhalten werden.

Diese Tetanuserscheinungen und Erscheinungen von glatt ablaufender coordinirter Muskelcontraction gehen nach Durchschneidung der entsprechenden hinteren Wurzel verloren. Wenn man ein Thier, das die Durchschneidung der sechsten hinteren Lendenwurzel durchgemacht, untersucht, so beobachtet man, dass auf der gesunden Seite die galvanische Reaction, sowohl des Oberschenkelnerven, als auch des Unterschenkelstreckers gerade in dem oben erwähnten Sinne erfolgt. Umgekehrt fällt auf der operirten Seite der tonische Charakter der Reaction (besonders der Reaction des Nerven) gänzlich fort. Der Nerv reagirt auf Schliessung des Stromes durch starke, doch immer nur kurze, abgerissene Stösse. Es erweist sich also, dass lediglich die anfängliche klonische Zuckung nachgeblieben, die dauernde Spannung aber vollständig fortgefallen ist. Wie sehr man den Strom auch verstärken mag, es gelingt nicht Tetanus hervorzurufen.[1] Ebenso werden wir, wenn wir den Oberschenkelnerven auf der operirten Seite vorsichtig mit der Kathode bei geschlossenem Strom berühren, die erwähnte glatte Extension jetzt nicht mehr zu Gesicht bekommen: entweder antwortet der Nerv plötzlich mit einer heftigen Zuckung, oder aber der Muskel bleibt bei sehr vorsichtigem allmählichem Einschleichen des Stromes in voller Ruhe, ungeachtet der stärksten Ströme. Man braucht nur die Elektrode fortzunehmen und der Muskel giebt eine heftige Oeffnungscontraction; in einem

---

[1] Wir machen auf eine Eigenthümlichkeit auch der klonischen Zuckungen des Muskels aufmerksam, und zwar auf ihren kurzen, deutlichen Wurfcharakter. Ein derartiger Charakter der Contractionen, der offenbar durch die beschleunigte Erschlaffung des Muskels bedingt wird, fiel schon Harless (S. 619) auf. Dieser Autor vermerkt mit Verwunderung, dass es nach Durchschneidung der hinteren Wurzeln nicht gelingt, schwache Muskelcontractionen hervorzurufen; sie werden „heftiger", „oft schleudernd". — Und Harless vergleicht dieselben mit den willkürlichen Bewegungen bei Tabes.

Falle beobachteten wir sogar Ritter'schen Tetanus. Folglich erweist es
sich, dass der Muskel, nach Durchschneidung der hinteren Wurzel, offenbar, schon vollkommen genau dem du Bois-Reymond'schen „Gesetze"
entspricht; derselbe wird jetzt in der That nur allein durch die Schwankungen
der Stromdichte erregt.[1]

Wir beschrieben diese besondere Veränderung der normalen elektrischen
Muskelreaction — wir wollen dieselbe der Kürze halber „atonische Reaction"
nennen — wie dieselbe von uns in typischen Fällen beobachtet wurde.
Derartige Fälle gab es unter den 35 Kaninchen, die volle Durchschneidung
der sechsten hinteren Lendenwurzel (bezw. des Ganglions) durchgemacht
hatten, im Ganzen 13; an den übrigen 22 Thieren gelangte eine, so zu sagen
„partielle" atonische Reaction zur Beobachtung.[2] Am häufigsten war die
partielle atonische Reaction darin ausgedrückt, dass die oben beschriebene
glatte Contraction des Muskels, d. h. die gleichmässig langsame Streckung
des Knies (bei Einwirkung durch die geschlossene Kathode) nur in verschwindend geringem Grade beobachtet wurde. — Der Unterschenkel hob
sich, aber nur bis zu einem gewissen sehr unbedeutenden Winkel, so dass
der Bogen, den der Unterschenkel dabei beschrieb, 30° nicht überstieg.
Eine solche Reaction erhielt man bei gleicher (oder nur unbedeutend

---

[1] Wie bekannt, wurden genauere Beweise für die Richtigkeit des. du Bois-Reymond'schen „Gesetzes" erst von den späteren Autoren, Fleischl (36) und
v. Kries (63) erbracht. Doch daneben erwies es sich, dass dieses Gesetz alle Erscheinungen nicht zu umfassen vermag (vgl. Biedermann 13a, S. 164, 267, 540, 550;
auch Plavec, citirt nach 13c, S. 106). Unsere Untersuchungen (vgl. auch weiter unten)
lassen uns zu der Annahme kommen, dass das du Bois-Reymond'sche Gesetz vielleicht nur Geltung hat für Nerven, deren Verbindung mit dem Centralnervensystem
unterbrochen ist, oder überhaupt gelitten hat. In der That beziehen sich die erwähnten
Beobachtungen Fleischl's (36, S. 161) und v. Kries' (63, S. 346) entweder auf ein
Nervmuskelpräparat, oder aber auf die Nerven eines Thieres (Frosch) mit zerstörtem
Centralnervensystem. Umgekehrt tragen unter vollkommen physiologischen Bedingungen
die Erregungsgesetze des Nerven offenbar ein ganz eigenartiges Gepräge. In dieser
Hinsicht bieten ein ganz besonderes Interesse die Beobachtungen von Magnus (75),
der beobachtete, dass unter dem Einflusse des dauerenden Stromes die glatte Musculatur
des Darmes (Katze) so lange keinen Tetanus ergiebt, als die Verbindung derselben mit
dem Auerbach'schen Geflecht nicht unterbrochen ist. Was die quergestreifte Muscu-.
latur betrifft, so übt die Verbindung mit den Centren, wie wir gefunden haben, einen
ganz entgegengesetzten Einfluss aus.

[2] Ausserdem fehlte diese Reaction in einem Falle vollkommen (oder richtiger,
fast vollkommen). Sie fehlte sowohl unmittelbar nach der Operation, als auch bei
weiterer Beobachtung. Da sich auch in diesem Falle der Patellarreflex wenig geschwächt erwies, so war es natürlich, anzunehmen, dass hier die hinteren Wurzelfasern
des N. cruralis in ihrer Hauptmasse nicht durch den VI. Lumbalnerven, sondern durch
die benachbarten verliefen. Auch diesen Fall sind wir bereit als äussersten Ausdruck
der weiter unten zu beschreibenden Fälle von partieller atonischer Reaction anzusehen.

grösserer) Stromstärke, wie die zur Extension auf der gesunden Seite erforderliche. Auch eine weitere Stromverstärkung änderte nichts am Bilde. Entsprechend der beschriebenen partiellen Extension wies auch der Tetanus gewöhnlich gewisse Veränderungen auf. Und zwar wurde eine volle Streckung des Knies nicht beobachtet; nach einer heftigen Schleuderbewegung trat nämlich eine nicht vollständige (besonders bei stärkeren Strömen) Erschlaffung des Muskels auf: Der Unterschenkel fiel bloss bis auf einen bestimmten, nicht grossen Winkel zurück und blieb in dieser Lage die ganze Zeit über, so lange der Strom währte.

Eine andere Spielart der partiellen atonischen Reaction bestand in Folgendem. Eine gleichmässige Extension wurde überhaupt nicht beobachtet (oder nur eine partielle), doch dagegen trat Tetanus auf, allerdings nur bei stärkeren Strömen und dazu, ein nicht vollkommener, sondern mehr oder weniger discontinuirlicher Tetanus. Es bestand keine glatte tonische Spannung, sondern der Muskel gab auf der Höhe der Contraction eine Reihe schneller, wechselnder Erschlaffungen, welche bald sehr gering waren, so dass der Tetanus nur einen zitternden Charakter trug, bald tiefgreifender waren, so dass die Contraction das Ansehen eines so zu sagen klonischen Tetanus hatte. Diese letztere Form von Tetanus wies eine Verwandtschaft mit den Fällen auf, wo sich rhythmisch schon eine vollkommene Erschlaffung einstellte, und der Muskel auf die Schliessung der Kathode mit nur drei bis vier rhythmischen Zuckungen reagirte. Bei weiterer Verstärkung des Stromes trat der intermittirende Charakter des Tetanus noch stärker hervor, seltener gestaltete sich der Tetanus, umgekehrt, glatt.[1] Als äusserste Erscheinungsform dieser zweiten Art der partiellen atonischen Reaction beobachteten wir in einem Falle neben rhythmisch discontinuirlichem Tetanus auch die volle Extension, welche jedoch keine glatte, sondern eine discontinuirliche ruckweise war. Und eine derartige Reaction blieb im Laufe von Monaten unverändert.[2]

---

[1] Es muss bemerkt werden, dass in der Mehrzahl unserer 35 Fälle sich doch ein mehr oder weniger glatter Tetanus erreichen liess, allerdings erst bei ungewöhnlich starken Strömen (solchen, die auf der gesunden Seite schon bei unmittelbarer Reizung des Muskels Tetanus ergaben) und dazu gewöhnlich erst in dem Falle, wenn wir mit der Kathode, des geschlossenen Stromes auf den Nerv selbst drückten (denselben betasteten). Augenscheinlich handelte es sich einfach um eine weitere Verstärkung des an sich unerträglich starken Stromes. Und bei dieser Stromstärke wären schon die kleinsten Schwankungen der Stromdichte im Stande, einen Tetanus nach Art des faradischen hervorzurufen. Wir erinnern jedoch daran, dass eine glatte Extension durch keinerlei Stromverstärkung erhalten werden konnte.

[2] Die Erscheinungen von rhythmischer Erregung des Muskels unter dem Einflusse dauernder Reizung bilden bekanntlich eine charakteristische Eigenthümlichkeit der glatten Muskeln und der Herzmusculatur. Doch unter gewissen Bedingungen sind

Alle Fälle von partieller atonischer Reaction sind wir bereit auf die unvollständige Durchschneidung der hinteren ·Wurzelfasern des N. cruralis, d. h. auf den Umstand zurückzuführen, dass beim Kaninchen die sechste hintere Lendenwurzel nicht sämmtliche vom Unterschenkelstrecker kommenden Fasern umfasst (vgl. die Beobachtungen Sherrington's [98 a]). Zu Gunsten einer solchen Deutung spricht auch die Thatsache, dass fast alle Fälle mit erhaltenem (natürlich in abgeschwächtem Grade) Kniereflex — und ihrer gab es nicht wenige (12) — gerade auf die Gruppe mit partieller atonischer Reaction fielen. Eine noch vollständigere Parallele, als mit Bezug auf die Sehnenreflexe, liess die atonische Reaction in unseren Fällen bezüglich des Muskeltonus erkennen. (So dass der Name: „atonische" Reaction sich sowohl auf den Charakter der Reaction selbst, als offenbar auch auf die Bedingungen ihrer Entstehung bezieht.) Dass in der That das Intactbleiben eines bestimmten Theiles der hinteren Wurzelfasern des Muskels stark den Effect der Operation ändert, davon konnten wir uns in den Fällen (8) überzeugen, wo gegen unseren Willen, wie sich später bei der Autopsie herausstellte, nur eine theilweise Durchschneidung der sechsten hinteren Lendenwurzel erfolgt war. An diesen Fällen überzeugten wir uns auch davon, dass zwischen dem Verletzungsgrade der hinteren Wurzel und den Störungen der elektrischen Muskelreaction ein gewisser Zusammenhang besteht. ·

Es liesse sich hier natürlich die Frage stellen, ob nicht etwa die partielle atonische Reaction das Resultat· einer Regeneration der durch-schnittenen hinteren Wurzelfasern wäre. Doch in der Praxis kam eine solche Regeneration, wie wir schon oben erwähnten, nicht zur Beobachtung. Was überhaupt die Möglichkeit einer derartigen Regeneration der hinteren Wurzeln — eine bekanntlich für's Erste noch strittige Frage — selbst an-

---

auch die quergestreiften Skeletmuskeln im ·Stande, durch rhythmische Contractionen auf einen dauernden Reiz zu reagiren, darunter auch auf den Kettenstrom (vgl. die Beobachtungen von Hering, Biedermann, citirt nach 13a, S. 167, Carslaw (22, S. 441), ·Henze (49), Santesson (92), Garten (89), u. A.). Dasselbe lässt sich bisweilen auch bei schwachen tetanisirenden faradischen Strömen beobachten (Richet, citirt nach 13d, Schoenlein [95], Biedermann [13d]). Diese Erscheinungen werden von den Autoren auf verschiedene Weise erklärt: von Grützner (citirt nach 13a, S. 109) durch den Einfluss von zweierlei Arten von Muskelfasern, der rothen und weissen; von Henze (49) und von Santesson (92) durch die Einwirkung zweier verschiedener Contractionsvorrichtungen der Muskelfaser: der Fibrillen und des Sarcoplasmas; Bieder-· mann (13d, S.13) war Anfangs geneigt, an die Wirkung zweier Arten von Nervenfasern zu denken: der motorischen und hemmenden, neigt jedoch in letzter Zeit (13a, S. 112, 169) dazu, in der beschriebenen Erscheinung lediglich eine besondere Eigenschaft des Muskel-gewebes selbst, nur auf periodische Erregungen reagiren zu können, zu sehen (vgl. die Beobachtungen Engelmann's, citirt nach 13e, S. 144, Garten's, citirt nach 13c, S.196).

belangt, so wagen wir es selbstverständlich nicht, die von uns in dieser Hinsicht erhaltenen Resultate zu verallgemeinern. Denn eine wesentliche Bedingung der Regeneration muss natürlich in einer ausreichenden Annäherung der Schnittenden bestehen, was bei unseren Versuchen absolut nicht beabsichtigt wurde. Die mikroskopischen Bilder, die wir zu Gesichte bekamen, lassen uns eher gerade die Möglichkeit einer Regeneration der hinteren Wurzeln in Abrede stellen.

Umgekehrt blieb eine andere Vermutung über das Wesen der partiellen atonischen Reaction für uns unentschieden. Gerade in der allerjüngsten Zeit kam uns die Idee, ob nicht vielleicht bei den von uns beobachteten Erscheinungen, auch das Spinalganglion selbst eine active Rolle spielt. In der That wurden dort, wo wir neben der Durchschneidung der hinteren Wurzel auch einen mehr oder weniger bedeutenden Theil des entsprechenden Ganglions (des sechsten Lendenganglions) entfernt hatten, in der Mehrzahl dieser Fälle (im Ganzen 8) die oben beschriebenen Störungen des Tonus, der statischen Innervation und der elektrischen Reaction in ihrer typischen Form beobachtet. Weiter als bis zu einem blossen Verdacht können wir natürlich nicht gehen. Doch möchten wir auf eine theoretische Erwägung aufmerksam machen, und zwar darauf, dass die Spinalganglien in Bezug auf die Muskeln ausser ihrer Rolle von trophischen Centren für die hinteren Wurzelfasern, doch noch irgend eine andere Function haben müssen.[1]

9. Die hinteren Wurzeln und der dauernde, tonische Charakter der Muskelcontraction.

Das von uns beobachtete Phänomen, die „atonische Reaction" des Muskels nach der Durchschneidung der entsprechenden hinteren Wurzel, erscheint uns überaus bedeutungsvoll. Dass diese atonische Reaction gerade auf die Durchschneidung der hinteren Wurzel und ausschliesslich nur auf diese zurückzuführen ist, zu dieser Ueberzeugung kommen wir auf Grund folgender Thatsachen. Eine Reihe von Controlversuchen (zum Theil beabsichtigter, zum Theil zufälliger) zeigte uns, dass in directer Beziehung zu der atonischen Reaction nur die hinteren Wurzeln stehen. Bei diesen Versuchen wurde die ganze, gewöhnliche typische Anordnung unserer Operationen bis auf die geringsten Einzelheiten beibehalten. Dazu waren wir noch bemüht nach der Trepanation an der entsprechenden Stelle der Wirbelsäule das Rückenmark in viel stärkerem Grade zu insultiren, als das im Falle

---

[1] Vgl. die Beobachtungen Lewandowsky's (70c), Anderson's (2a) u. A., die Wirkung der Exstirpation des oberen sympathischen Halsganglions auf die Pupille betreffend.

einer Durchschneidung der hinteren Wurzel (wo im Grunde genommen die Operation grösstentheils absolut ohne jedes, wenn auch nur leichtes Trauma des Rückenmarkes verlief) der Fall gewesen wäre, bald nur auf stumpfem Wege, bald indem wir sogar die Dura mater und die Substanz des Rückenmarkes selbst anschnitten. In anderen Versuchen bemühten wir uns, indem wir die Ränder des Rückenmarkes leicht aufhoben, zu der vorderen Wurzel vorzudringen und dieselbe möglichst zu beschädigen. Und in zwei Fällen gelang es uns, wie die Section ergab, den oberen Ast der vorderen Wurzel anzuschneiden. In einem derselben entwickelte sich in der Folge eine unbedeutende Muskelatrophie, in einem anderen gelangte ein zeitweiliger, aber vollständiger Verlust der faradischen Erregbarkeit eines bestimmten Muskelabschnittes zur Beobachtung, während Atrophie, wie man dem Gewichte nach urtheilen konnte, nicht vorkam. In allen diesen Control-versuchen gab es durchweg keine atonische Reaction. Zuweilen liess sich eine unbedeutende Herabminderung der galvanischen Erregbarkeit des Nerven und eine etwas mehr bemerkbare Verminderung der faradischen beobachten. Auch wurde zuweilen eine gewisse Verspätung und Schwächung des Tetanus und der glatten Extension (es waren stärkere Ströme erforderlich) be-obachtet, doch nur vorübergehend, und niemals beobachtete man deren vollständiges Fehlen.

So halten wir denn für absolut feststehend, dass die atonische Reaction das directe Resultat der Durchschneidung der hinteren Wurzeln ist. Und wir fanden in der Litteratur eine Reihe von Beobachtungen anderer Autoren, welche darauf hinweisen, dass die hinteren Wurzeln eine wesentliche Rolle bei der tonischen Muskelreaction spielen.

Beginnen wir mit dem bekannten Brondgeest'schen Versuch. Hängt man einen geköpften Frosch an einen Haken, so entwickelt sich in seinen hinteren Extremitäten eine gewisse (schwache) tonische Spannung der Flexoren: die Hinterfüsse werden an den Leib herangezogen und verharren in dieser Lage mehr oder minder lange Zeit. Man braucht nur die hinteren Wurzeln für die gegebene Extremität zu durchschneiden, damit sich an derselben die erwähnte Spannung sofort verliert.

Sherrington (98 f) hat vor verhältnissmässig kurzer Zeit einen be-sonderen Zustand von dauernder tonischer Muskelspannung (hauptsächlich der Extensoren) beschrieben, welcher bei verschiedenen Thieren nach Ent-fernung des Grosshirns („decerebrate rigidity") eintritt. Die Durchschneidung der hinteren Wurzeln beseitigt unmittelbar diese tonische Spannung, und eben nur in den diesen Wurzeln entsprechenden Muskeln (S. 323).

Noch interessanter erscheint der Zusammenhang zwischen dem Strychnin-tetanus und den hinteren Wurzeln. Auf diesen Zusammenhang wurde zu-erst von Stannius (vgl. auch die Beobachtungen Stilling's (102) (negativ), Meyer's (78), Hering's (50d) hingewiesen, und muss derselbe Dank den neuesten Beobachtungen von Baglioni[1] (5) und von Filehne (35b), als thatsächlich festgestellt anerkannt werden. Es erweist sich nämlich, dass die hinteren Wurzeln eine gewisse besondere Beziehung zum Tetanusacte selbst haben, denn nach Durchschneidung der hinteren Wurzeln (unter der Bedingung der gleichzeitigen Abtrennung des Rückenmarkes von den oberen Centren) kann in den entsprechenden Muskelgebieten der Strychnintetanus sogar bei Reizung der centralen Abschnitte der hinteren Wurzeln nicht hervorgerufen werden.[2]

Unter dem Einflusse der Durchschneidung der hinteren Wurzeln leidet nicht nur die tonische Muskelspannung, sondern ändert sich auch die elektrische Reaction der Muskeln selbst, wie aus folgenden Beobachtungen ersichtlich. —

Steinmann (101, S. 131) bemerkte, dass bei Reizung der vorderen Wurzel (Frosch) durch einzelne Inductionsschläge der betreffende Muskel nach seiner Contraction nur langsam, allmählich zur früheren Gleichgewichtslage zurückkehrte. Wenn, umgekehrt, erst die hinteren Wurzeln durchschnitten wurden, so wurde die volle Erschlaffung des Muskels sofort nach seiner Contraction erreicht.[3] S. J. Tschirjew (108b) hat eine analoge Beobachtung an einem peripheren Nerven gemacht.[4] Er verband die Sehne des Unterschenkelstreckers (Kaninchen) mit dem Schreibhebel und theilte dem Oberschenkelnerv einzelne Inductionsschläge mit: zuerst — als derselbe vollkommen unversehrt war (zur Controle diente das Vorhandensein des Sehnenreflexes), und sodann — nach seiner Durchschneidung. Es ergab sich, dass im ersteren Falle die Curve der Muskelzuckung, und zwar deren absteigender Theil sich als ungewöhnlich in die Länge gezogen erwies, so dass S. J. Tschirjew bereit war, dieselbe als tetanische anzusprechen. Umgekehrt fiel nach Durchschneidung des Nerven die Curve steil ab, indem sie über die Gleichgewichtslage hinausging (d. h. sie schnitt

---

[1] Baglioni (5) war offenbar die Arbeit Stannius' nicht bekannt, da er dieselbe gar nicht erwähnt. Indessen kann man bei Stannius (99, S. 231—233) auch die Baglioni'sche Tetanustheorie selbst, so zu sagen in ihrem Keimzustande, finden.

[2] Hier möchten wir bemerken, dass sich nach Entfernung des Kleinhirns vielleicht analoge Störungen beobachten lassen. So beschreibt Risien Russel (89, S. 842), dass bei Absinthepilepsie im Falle der Entfernung des Kleinhirns die tonischen Erscheinungen der Krämpfe vollkommen verschwanden und durch klonische ersetzt wurden.

[3] Den nämlichen Unterschied im Charakter der Muskelcontraction sah Cyon (26a) bei Reizung der vorderen Wurzeln vor und nach deren Durchschneidung, und erklärte diesen Unterschied durch die Fähigkeit der vorderen Wurzeln, den Reiz an die Zellen der Vorderhörner zu befördern und ihn von dort in schon reflectirtem Zustande aufzunehmen.

[4] Diese Beobachtung direct auf die hinteren Wurzelfasern des Nerven zurückzuführen, ist natürlich nicht möglich (siehe unten).

die Abscisse) und gab dabei, worauf eben S. J. Tschirjew (108) be-
sonders aufmerksam machte, eine Reihe elastischer Schwingungen um die
Abscisse. Es erfolgte somit eine schnelle und vollständige Erschlaffung des
Muskels, und unter dem Einflusse eines angehängten Gewichtes bot der-
selbe eine Reihe solcher Schwingungen, welche jedem inerten elastischen
Körper eigen sind.

Hering und Sherrington (51) bemerkten bei Reizung der Hirnrinde von Affen mit dem faradischen Strom, dass, wenn man von hier aus
eine Contraction derjenigen Extremität hervorruft, deren hintere Wurzeln vorher
durchschnitten worden waren, im Moment des Aufhörens des Stromes die
Extremität schnell und heftig fällt und dabei wie ein inerter Körper „schlaff"
schwingt. Umgekehrt sinkt eine Extremität, deren hintere Wurzeln unversehrt sind, nur langsam herab (zu ihrer früheren Gleichgewichtslage) und
lässt keinerlei Schwingungen erkennen. Schon früher hatte Sherrington
(98 g, S. 253) im Falle von Durchschneidung der vorderen Wurzeln bei
Intactheit der hinteren gerade die umgekehrte Erscheinung beobachtet.
Bei Reizung der motorischen Nerven des entsprechenden Muskels gelangte
eine gewisse Nachdauer des Effectes zur Beobachtung, so dass nach Aufhören des Reizes der Muskel erst nach einiger Zeit in seine Gleichgewichtslage zurückkehrte, und das äusserst langsam und allmählich.[1] Ausserdem
verfiel derselbe bei einer so unbedeutenden Häufigkeit der Stromunterbrechungen in Tetanus, die auf der gesunden Seite nur zum Clonus führte.

Die obenerwähnten Beobachtungen der Autoren bieten eine erstaunliche Analogie mit unseren eigenen Untersuchungen. Sowohl diese, als auch
jene scheinen uns deutlich darauf hinzuweisen, dass der dauernde, tonische
Charakter der Muskelcontraction von der Unversehrtheit der hinteren
Wurzeln abhängt. Wir verweisen ganz besonders auf den Umstand, dass
diese Abhängigkeit sich offenbar auch auf die physiologische Innervation
erstreckt. In der That verlieren, wie wir schon sagten, die Bewegungen
der Thiere nach Durchschneidung der hinteren Wurzeln ihren gewöhnlichen
tonischen Charakter und werden schleudernd.[2] Und noch mehr, die Bewegungen der Thiere verlieren dabei, wie aus unseren Beobachtungen hervorgeht (Beispiele hierfür finden sich auch bei anderen Autoren), auch ihren
andauernden Charakter, — die statische Innervation, nach unserer Terminologie, fehlt augenscheinlich vollkommen. Und im Grunde genommen, muss
man in allen den beschriebenen Erscheinungen von Störungen der Muskel-

---

[1] Eine augenscheinlich der sogenannten „Entartungsreaction" analoge Erscheinung.
[2] Der schleudernde Charakter der Bewegungen wird auch am Menschen bei Tabes,
d. h. bei einer Erkrankung der hinteren Wurzelfasern beobachtet. Die nämliche Erscheinung beschrieb Luciani (73a, S. 119, 185) als „Dysmetrie" der Bewegungen
auch nach Entfernung des Kleinhirns bei Thieren.

innervation, sowohl der pathologischen, als der physiologischen, den engsten Zusammenhang mit den von uns und von anderen Autoren beobachteten Veränderungen der elektrischen Erregbarkeit der Muskeln sehen. Offenbar sind das beides, sowohl die eine als die andere, Erscheinungen derselben Ordnung. Offenbar ist die Muskelreaction auf vom Centralnervensystem kommende Impulse bis zu einem gewissen Grade ebenso verändert, wie die Muskelreaction auf elektrische Impulse. Eine derartige Analogie der physiologischen Contraction und der elektrischen Reaction der Muskeln stellt eine durchaus gesetzmässige Erscheinung dar. Man braucht bloss an die Eigenthümlichkeiten zu denken, welche die willkürlichen Bewegungen unter verschiedenen Bedingungen erkennen lassen — unter physiologischen (z. B. bei verschiedenen Thieren), pathologischen: bei einigen Vergiftungen (z. B. bei Veratrinvergiftung), bei einigen Erkrankungen (z. B. Myotonie, Myasthenie), — und dieselben parallel den Besonderheiten der elektrischen Muskelreaction zu vergleichen, — und der Zusammenhang, den wir für die hier der Betrachtung unterzogenen Beziehungen annehmen, erscheint vollkommen natürlich.

Wodurch erklärt sich denn nun dieser Unterschied in der Muskelreaction vor und nach Durchschneidung der betreffenden hinteren Wurzelfasern? Zur Entscheidung dieser Frage wollen wir uns zuerst der Betrachtung eines speciellen Falles, und zwar unserer atonischen Reaction zuwenden.

Nach Durchschneidung der entsprechenden hinteren Wurzel verliert der Muskel, wie wir fanden, seine Fähigkeit unter dem Einflusse des Dauerstromes in einen Zustand dauernder Contraction zu fallen, — verliert er gleichfalls die Fähigkeit zu langsamer coordinirter Contraction bei allmählichem Einleiten des Kettenstromes. Wir haben gezeigt, dass diese Erscheinung, die atonische Reaction, ausschliesslich von der Verletzung der hinteren Wurzeln (bezw. des Ganglions), von dem Verluste ihrer physiologischen Funktion abhängt. Man könnte voraussetzen, dass hier nur der Verlust der trophischen Function der hinteren Wurzeln in Frage kommt, d. h. der Verlust jenes trophischen Einflusses, welchen die centripetalen, reflektorischen Impulse auf die motorischen Centren des Rückenmarkes ausüben. Man könnte folglich annehmen, dass nach Durchschneidung der hinteren Wurzeln die Ernährung des motorischen Neurons selbst leidet, und seine Impulse oder seine elektrische Reaction (wie in unseren Versuchen) natürlicher Weise auch mit hiervon beeinflusst werden müssen. Und in der That haben Warrington (111a, b, c, d), M. N. Lapinsky (69), Bräunig (16a, S. 225; b, S. 483) nach der Durchschneidung der hinteren Wurzeln eine Reihe von Veränderungen in den Vorderhornzellen beobachtet. Es muss jedoch bemerkt werden, dass sich die Bedeutung dieser Veränderungen als noch nicht genügend aufgeklärt erweist (vgl. Anderson

[2b] und Mott [citirt nach 111d, S. 506]). — Andererseits konnten aber diese Veränderungen, die von unserem persönlichen Standpunkt aus (s. u.) überhaupt als durchaus natürlich erscheinen, speciell in Bezug auf die atonische Reaction keine Rolle spielen.

Wir sagten schon oben, dass in zweien unserer Controlversuche die Verletzung gerade die vordere Wurzel betraf (in einem dieser Fälle entwickelten sich auch atrophische Veränderungen des Muskels selbst). Die atonische Reaction gelangte aber dessen ungeachtet nicht zur Beobachtung. Und umgekehrt fanden wir nach Durchschneidung der hinteren Wurzeln, wovon schon früher die Rede war, keinerlei merkliche Veränderungen in den vorderen Wurzeln. Auch sahen wir keine dystrophischen Veränderungen in den Muskeln selbst, was aus dem Gewichte derselben hervorging und in 2 Fällen durch die mikroskopische Untersuchung sichergestellt wurde.

- Gegen die Möglichkeit einer Erklärung der von uns beobachteten atonischen Reaction durch irgend welche trophische Veränderungen des motorischen Neurons spricht gerade auch der Charakter der elektrischen Reaction des Nerven und des Muskels nach Durchschneidung der hinteren Wurzeln. Wie wir schon erwähnten, zeigten Muskel und Nerv gewöhnlich keinerlei Verminderung der elektrischen Erregbarkeit (s. o.). Umgekehrt erschien in der Regel gerade die galvanische (nur selten auch die faradische) Reizbarkeit der Nerven, und in geringerem Grade auch des Muskels erhöht. Die ersten Muskelcontractionen traten früher auf, d. h. schon bei schwächeren Strömen, und bei gleicher Stromstärke erwies sich die Reaction des Muskels gerade auf der operirten Seite als energischer.[1]

Der grössere Umfang und gleichzeitig damit grössere Abgerissenheit der Contractionen auf der operirten Seite trat besonders in dem Falle scharf hervor, wenn wir den Nerven durch nicht sehr schnell anwachsende Ströme reizten. Wir gingen dabei nämlich folgendermassen vor: mit der Kathode des schon geschlossenen Stromes berührten wir schnell und nur für einen Augenblick die dem N. cruralis entsprechende Hautstelle. Hierbei erwies sich der Unterschied zwischen der operirten und gesunden Seite als geradezu

---

[1] Uns schien dieser Unterschied zwischen der operirten und gesunden Seite deutlicher bei den Thieren ausgeprägt, bei denen der Muskeltonus überhaupt und folglich auch der Tonus des gesunden Unterschenkelstreckers genügend hoch war. Wir bemerkten, dass, während auf der gesunden Seite bei gleicher Stromstärke die Contractionen nicht von gleicher Energie erhalten wurden (ein Factum, das schon von anderen Autoren beschrieben wurde), dieselben auf der operirten Seite umgekehrt einander fast mathematisch gleichkamen. Wie man diesen Unterschied erklären soll, durch die schwankende Einwirkung der statischen Innervation (die auf der operirten Seite fehlt), oder vielleicht durch das verschieden schnelle Anwachsen des Stromes (was bei Schliessung des Stromes mit der Hand unvermeidlich) — ein Moment, das offenbar verschieden bei Intactheit und bei Fehlen der Hinterwurzelfasern wirkt — wissen wir nicht.

staunenswerth. Auf der operirten Seite gab jede Berührung mit der
Elektrode einen kurzen, schleudernden Stoss des Unterschenkels immer bis
zur vollständigen Extension des Knies (bei genügender Stromstärke);
auf der gesunden Seite gelangte umgekehrt die volle Extension fast nie
zur Beobachtung, in der Regel erreichte der Umfang der Unterschenkel-
bewegung annähernd $1/3 - 1/2$ des Umfanges auf der operirten Seite (bei
gleicher Stromstärke), d. h. der Unterschenkel hob sich nur bis zu
einem gewissen Winkel. Dabei trugen die Contractionen auf der gesunden Seite einen deutlich mehr tonischen, so zu sagen mehr gehemmten
Charakter, und je mehr diese letztere Erscheinung hervortrat, desto geringer
war auch der Bewegungsumfang. (Es muss bemerkt werden, dass bei gleicher
Stromstärke der Charakter der Muskelreaction auf der gesunden Seite überhaupt ungleich weniger Beständigkeit zeigte, als auf der operirten — vgl. die
Anm.) Es lässt sich schwerlich annehmen, dass man es hier in der That
mit einer vom Centralnervensystem ausgehenden Hemmung — wenigstens
mit einer reflectorischen — zu thun haben sollte, denn die elektrische Erregung war natürlich früher auf directem Wege zu dem Muskel gelangt,
als auf dem Umweg über die Centren. Uns scheint hier eine Erscheinung
derselben Ordnung, wie im Falle der schon oben erwähnten Einwirkung
des langsam anwachsenden Stromes (Reaction der coordinirten, glatten
Muskelcontraction), oder aber wie im Falle der weiter unten besprochenen
Wirkung der momentanen Reize (d. h. des faradischen Stromes) vorzuliegen,
d. h. es handelt sich offenbar um verschiedene Erregbarkeit des Nerven bei
Intactheit, oder bei Ausfall der Hinterwurzelfasern verschiedener Stromdauer gegenüber (s. u.).

10. Der Einfluss der hinteren Wurzeln auf die Erregbarkeit der vorderen.

Dank diesen unseren Beobachtungen erscheint die strittige Frage vom
Einflusse der hinteren Wurzeln auf die Erregbarkeit der vorderen (bezw.
der Nerven) in einem durchaus neuen Lichte. Wie bekannt, beobachteten
Harless (46, S. 617), Cyon (citirt nach 26 b), Steinmann (101), Guttmann (45), Belmondo und Oddi (9) nach Durchschneidung der hinteren
Wurzeln eine herabgesetzte Erregbarkeit der vorderen. Bezold und Uspensky (11), G. Heidenhain (47) sahen keinerlei Unterschied. Marcacci (citirt nach 9) fand, umgekehrt, erhöhte Erregbarkeit. Die Widersprüche zwischen den Autoren erklären sich theilweise durch die Schwierigkeit, richtige, reine Effecte durch acute Versuche zu erhalten, theilweise
aber durch den Umstand, dass die Reaction des Nerven auf den Wechsel-

strom (welcher, wie es scheint[1], eben von allen Autoren, mit Ausnahme
von Harless (46) benutzt wurde) nach Durchschneidung der hinteren
Wurzeln keine wirklichen Abweichungen zeigt, wovon auch wir uns selbst
überzeugen konnten. In der Mehrzahl unserer Fälle wurde eine überaus
unbedeutende Herabminderung der faradischen Erregbarkeit des N. cruralis
unmittelbar nach Durchschneidung der sechsten hinteren Lumbalwurzel beobachtet. Doch daneben gab es Fälle mit erhöhter, und auch wieder unbedeutend erhöhter Erregbarkeit. Eine Zeit lang nach der Operation zeigte
die faradische Erregbarkeit in der Regel keine Abweichungen. So nöthigen
also die von uns erhaltenen Resultate, — wenn sie auch die Frage vielleicht nicht endgültig lösen, — doch zu der Annahme, dass die Durchschneidung der hinteren Wurzeln auf die faradische Erregbarkeit der vorderen
irgendwie wesentlich nicht einwirkt. Umgekehrt, erwies sich in unseren
Versuchen die galvanische Erregbarkeit des Nerven stets erhöht, überaus
deutlich — unmittelbar nach, weniger bedeutend — einige Zeit nach der
Operation.[2] Die soeben mitgetheilten Beobachtungen beweisen noch einmal, dass es durchaus nicht angeht, von der Erregbarkeit eines Nerven im
Allgemeinen zu sprechen, man muss immer auch den Charakter des Erregers selbst dabei im Auge behalten (vgl. die Beobachtungen von Gotch
und Macdonald und von Eickhoff (citirt nach 13 e, S. 149, 154).

Wie wir schon sagten, erschien nach Durchschneidung der hinteren
Wurzel die elektrische Erregbarkeit, sowohl des Nerven, als auch des Muskels
im Allgemeinen eher erhöht. Wir verweisen besonders auf den Umstand,
dass auch gerade die Muskelcontractionen ihrem Charakter nach sich stets
als ebenso deutlich und schnell (blitzähnlich), sogar schneller als auf der
gesunden Seite erwiesen.[3] Auch darf man nicht vergessen, dass, während
es nicht möglich war unter der Einwirkung des galvanischen Stromes
Tetanus (Galvanotonus) hervorzurufen, der Nerv unter dem Einflusse des

---

[1] Uns ist nämlich die Methodik Marcacci's nicht bekannt.

[2] Es muss übrigens bemerkt werden, dass auch in den Controlversuchen, wo die
Durchschneidung der hinteren Wurzel nicht ausgeführt wurde, wir unmittelbar nach
der Operation eine Erhöhung der galvanischen Erregbarkeit des Nerven auf der operirten
Seite sahen. Allerdings erreichte diese Erhöhung nicht einen solchen Grad, wie bei
der Durchschneidung der hinteren Wurzel.

[3] Folglich bestand keine sogenannte „Entartungsreaction". Im Grunde genommen
ist auch unsere atonische Reaction eine Entartungsreaction, doch nur der hinteren
Wurzelfasern, und sind wir bereit anzunehmen, dass in den von den Autoren beschriebenen zahlreichen Abarten der Entartungsreaction (vgl. z. B. Stintzing, 103, S. 64)
und auch in dieser Reaction selbst ein gewisser Theil der Erscheinungen vielleicht
eben gerade der Verletzung bezw. Erkrankung der hinteren Wurzelfasern zugeschrieben
werden muss.

faradischen Stromes einen Tetanus gab, der sich, augenscheinlich, in nichts vom Tetanus des gesunden Muskels unterschied.

Wie oben gesagt, erscheint nach Durchschneidung der hinteren Wurzeln der Act der Muskelerschlaffung beschleunigt, und verläuft folglich auch die Contraction selbst schneller. Aus diesem Grunde war es also natürlich anzunehmen, dass der faradische Tetanus auf der operirten Seite bei unseren Kaninchen nur in Folge der zu grossen Häufigkeit der Stromunterbrechungen keine Abweichungen von der Norm zeigte. Man hätte vermuthen können, dass bei Verminderung der bei unseren Versuchen gewöhnlich benutzten Häufigkeit der Unterbrechungen, der Unterschied zwischen der operirten und gesunden Seite vollkommen deutlich hervortreten würde. In Wirklichkeit war nichts derartiges zu bemerken. Wie stets, so wandten wir auch hier die monopolare Reizungsmethode an, benutzten aber dabei einen Unterbrecher, der einen Wechsel der Unterbrechungshäufigkeit nach Wunsch zuliess. Während der Untersuchung vermerkten wir die betreffende Anzahl der Unterbrechungen jedes Mal unmittelbar auf der rotirenden Trommel (mit Hülfe eines besonderen, in die Kette der primären Spirale eingeschalteten Apparates) und konnten dieselben auf diese Weise genau ablesen.[1] Es stellte sich heraus, dass sowohl auf der operirten, als auf der gesunden Seite die Verhältnisse fast gleich waren. Die Reizung des N. cruralis gab bei einer Häufigkeit der Unterbrechungen von weniger als 15 in der Secunde einen deutlichen Klonus; bei einer Häufigkeit von ca. 20 in der Secunde beginnen die einzelnen Muskelzuckungen schon zusammenzufliessen, und bei 25—30 Unterbrechungen in der Secunde erhält man einen Tetanus, der aber bei Weitem noch nicht glatt ist.[2] So zu

---

[1] Man hatte es also mit doppelten Schlägen zu thun. Leider waren wir während der erwähnten Beobachtungen der Möglichkeit beraubt, die Wirkung der Schliessungs- und Oeffnungsschläge gesondert zu untersuchen.

[2] Bekanntlich ist der Unterschenkelstrecker beim Kaninchen ein blasser Muskel. Nach Ranvier (88) entsteht der glatte Tetanus der blassen Muskeln beim Kaninchen (directe Reizung des Muskels) erst bei sehr grosser Häufigkeit der Unterbrechungen: 55 Unterbrechungen in der Secunde geben noch Klonus (S. 11, F. 4). Umgekehrt fanden Kronecker und Stirling (64, S. 9, F. 6), dass schon bei sechs Unterbrechungen eine vollständige Erschlaffung des Muskels (in den Zwischenpausen) nicht beobachtet wird, während bei 20 bis 30 Unterbrechungen in der Secunde ein vollkommen glatter Tetanus erhalten wird. So nähern sich also unsere Ergebnisse denen Kronecker's und Stirling's (64) nur mit dem Unterschiede, dass wir noch bei 15 Schlägen in der Secunde einen deutlichen Klonus erhielten und bei 25 bis 30 Schlägen in der Secunde der Tetanus nicht ganz vollständig war; dem Augenscheine nach war das ein zitteriger, so zu sagen gezahnter Tetanus. Wir bemerken, dass Ranvier (88) in seinen Versuchen dem Kaninchen das verlängerte Mark durchschnitt, während Kronecker und Stirling (64) den Nerven vor der Reizung oberhalb der Elektroden zerquetschten (vgl. unten).

sagen, auf den Uebergangsstufen vom Clonus zum Tetanus konnte man wirklich bemerken, dass der Clonus deutlicher auf der Seite ausgeprägt war, wo die hintere Wurzel durchschnitten worden war. Doch bestand ein so geringer Unterschied, dass man denselben etwa auf 2—3 überzählige Schläge (Unterbrechungen) in der Secunde mehr schätzen könnte. Hieraus folgt klar, dass die faradische Erregbarkeit des Nerven nach Durchschneidung der hinteren Wurzeln gar nicht, (oder fast gar nicht) leidet. Mit anderen Worten, man muss annehmen, dass bei der physiologischen Réaction des Nerven auf den faradischen Strom das Vorhandensein unbeschädigter hinterer Wurzelfasern gar keine Rolle spielt.[1]

11. Die Rolle der hinteren Wurzeln bei der elektrischen und physiologischen Muskelreaction.

Aus allen von uns angeführten Erwägungen geht klar hervor, dass die von uns nach Durchschneidung der hinteren Wurzeln beobachteten Veränderungen der elektrischen Muskelreaction (atonische Reaction) irgendwelchen in der Folge eintretenden trophischen Störungen des motorischen Neurons nicht zugeschrieben werden können. Es nehmen also offenbar die Hinterwurzelfasern des Muskels unmittelbar an der elektrischen Reaction des Nerven und Muskels auf den galvanischen Strom und vielleicht auch an dem physiologischen Innervationsprocesses des Muskels selbst, d. h. an dem Process der motorischen Innervation theil, wie man das auf Grund der Analogie und auf Grund directer Beobachtungen annehmen muss. Wie hat man denn nun diese Betheiligung der hinteren Wurzeln aufzufassen? — Die Autoren, deren diesbezügliche Beobachtungen schon oben von uns dargelegt wurden — Brondgeest (18), Sherrington (98f), Stannius (99), Baglioni (5), Steinmann (101), Cyon (26), Tschirjew (108) u. a. — sehen alle ohne Ausnahme den von ihnen angegebenen Einfluss der hinteren Wurzeln auf den Act der Muskelcontraction als Einfluss von reflectorischen Impulsen, die in dieser oder jener Form durch die hinteren Wurzeln gehen, an. Eine solche Erklärung erscheint gewiss als durchaus natürlich, doch ist dieselbe, wie bemerkt werden muss, durchaus nicht bewiesen und erscheint absolut nicht als die einzig mögliche.

---

[1] Wir machen darauf aufmerksam, dass die von uns erhaltenen Resultate offenbar denen von Joteyko anzureihen sind. Joteyko kommt nämlich zu dem Schlusse, dass das Sarkoplasma, das zur Erzeugung der tonischen Muskelcontraction dient (Joteyko folgt hier den Ideen Botazzi's, vgl. unten), hauptsächlich durch den galvanischen Strom erregbar ist, während die Fibrillen, die den Act der schnellen Muskelzusammenziehung bedingen, auf den faradischen Strom reagiren. Leider kennen wir aber die Joteyko'sche Arbeit nur im Referate.

Uns schien, dass die Frage von der Rolle der hinteren Wurzeln, und zwar im engen Rahmen unserer atonischen Reaction, unter gewissen Bedingungen überaus einfach und rasch gelöst werden könnte. Sollte sich nun in der That herausstellen, dass die atonische Reaction unmittelbar nach der Durchschneidung der hinteren Wurzeln fehlt, so wäre damit die Frage von der reflectorischen Rolle der hinteren Wurzeln (wenigstens hinsichtlich der atonischen Reaction) in negativem Sinne entschieden. Selbstverständlich würde das entgegengesetzte Resultat noch nichts zu Gunsten der reflectorischen Natur der Erscheinung beweisen. Die auf den ersten Blick hin so überaus einfachen Versuche (acute) boten fast unüberwindliche Schwierigkeiten im Sinne einer Aufklärung der gestellten Frage und führten uns, ungeachtet ihrer grossen Anzahl, zu keinem genügend sicheren Schlusse.

Bevor wir uns an diese Versuche machten, schien es uns unerlässlich, zuerst den Einfluss festzustellen, den die Beschädigung des peripheren Nerven selbst etwa auf das Resultat der Untersuchung der Nervenreaction haben könnte. Wir legten beim Kaninchen (Morphiumnarkose) den N. cruralis frei, nahmen denselben auf die Ludwig'schen Elektroden (die indifferente Elektrode wurde, wie gewöhnlich, auf das Epigastrium applicirt) und gingen, nachdem wir uns von dem Vorhandensein des Sehnenreflexes[1] überzeugt, zur Untersuchung mit dem galvanischen Strom über. Zum Stromwechsel benutzten wir den Pohl'schen Kommutator, und zur Einleitung minimaler Ströme den du Bois-Reymond'schen Rheochord im Nebenschluss. Es erwies sich, dass auch bei dieser Anordnung, wie im Falle der Elektrisation durch die Haut, die Schliessung der Kathode (KS) den stärksten Erreger bildete und bei verhältnissmässig unbedeutender Stromstärke bereits eine dauernde Contraction, den Galvanotonus, ergab. Man brauchte aber nur den Nerven oberhalb der Elektrode zu unterbinden, und der Tetanus liess sich auf KS bei keinerlei Verstärkung des Stromes mehr erhalten. Jetzt konnte der Tetanus nur bei Schliessung der Anode (AS) und dazu bei unverhältnissmässig starken Strömen erhalten werden. Ein vollkommen gleiches Resultat gelangte sogar auch in dem Falle zur Beobachtung, wenn das Trauma des Nerven äusserst unbedeutend war. Es genügte, den Nerven leicht zu dehnen, oder ihn (einerlei, ob oberhalb oder unterhalb der Elektroden) nur so stark zu drücken, dass der Sehnenreflex verschwand, und es konnte schon kein Tetanus mehr bei KS hervorgerufen werden. Es ist bemerkenswerth, dass unter dem Einflusse des Traumas die Reaction des Nerven auf KS im Allgemeinen deutlich schwächer wird, und der Nerv im Gegentheil auf AS viel stärker zu reagiren beginnt (vgl. die

---

[1] Man muss sehr vorsichtig manipuliren, da sonst der Reflex verloren geht (vgl. Westphal [113b]).

Beobachtungen von Cluzet [25, S. 485, 487]) — ob absolut oder nur relativ — haben wir nicht in Betracht gezogen. Uns schien, dass in unseren Versuchen eine gewisse Gesetzmässigkeit eben in dem Sinne zu beobachten war, dass je mehr der Nerv unter dem Trauma gelitten, desto schwächer KS und desto stärker AS wurde.[1] So stellen sich also unter dem Einflusse des Traumas des Nerven neben dem Verlust des Tetanus auch noch solche Erscheinungen ein (Umkehrung der elektrischen Reaction des Nerven, Erhöhung des Muskeltonus), die sich auf keinerlei Weise auf die hinteren Wurzeln zurückführen lassen.

Während die beschriebenen Versuche, welche das Trauma des peripheren Nerven betrafen, alle ohne Ausnahme ein übereinstimmendes Resultat ergaben, zeigten umgekehrt die Versuche mit der Durchschneidung der hinteren Wurzeln, die für uns von grösserer Wichtigkeit waren, nicht die gewünschte Gleichförmigkeit. Von 21 Fällen mit vollständiger Durchschneidung der sechsten hinteren Lendenwurzel (bezw. des Ganglions) konnte man in 18 unmittelbar nach der Operation eine glatte Muskelcontraction (Extension des Unterschenkels) bei langsamer Einleitung des galvanischen Stromes in den Nerven nicht erreichen, und in diesen Fällen stellte sich die Extension auch nicht wieder ein (wenigstens nicht in ihrem vollen Umfange). In den übrigen drei Fällen wurde die Extension erzielt, aber eine bei Weitem nicht so glatte, langsame, wie auf der gesunden Seite, sondern eine schwächere, partielle, zitternde (d. h. stossweise). Bemerkenswerth ist, dass diese Extension nur bei schwachen Strömen zur Beobachtung gelangte, bei stärkeren aber verloren ging und überhaupt keine auch nur in geringem Grade beständige (d. h. mehr oder weniger dauernde) Erscheinung bildete. Doch einige Zeit nach der Operation verschwand die Extension auch in den erwähnten drei Fällen, so dass es nicht möglich war dieselbe mit den hinteren Wurzelfasern des N. cruralis, die gar nicht zum sechsten Lendennerven (vgl. oben) gehören, in Zusammenhang zu bringen.[2]

---

[1] Es wollte uns am natürlichsten scheinen, die beschriebene Einwirkung des Traumas der veränderten, verminderten Reizbarkeit des Nerven selbst zuzuschreiben. Wir hatten es aber nicht nur mit einer Verminderung der Erregbarkeit, sondern auch mit einer Umkehrung der elektrischen Reaction des Nerven zu thun. Folglich scheint man der Wahrheit näher zu kommen, wenn man annimmt, dass man die Ursache der beschriebenen Erscheinung im Muskel selbst zu suchen hat, dessen Tonus, offenbar unter dem Einflusse von Verletzungsströmen, deutlich erhöht war. Und zwar kann man annehmen, dass diese Verletzungsströme (und wenn man die Analogie weiter ausdehnt, auch die physiologische Innervation) KS näher liegen, und dass der verstärkte Effect von AS nach der Verletzung des Nerven vom Gesichtspunkte der Volta'schen Alternativen erklärt werden könnte.

[2] Was die 5 Fälle mit partieller Durchschneidung der hinteren Wurzel anbelangt, so fehlte in 2 von ihnen die glatte Extension unmittelbar nach der Operation, in 3

Noch schwankendere Verhältnisse bot der Tetanus (Galvanotonus) dar. Von den 21 Fällen fehlte er in 15, während er in sechs vorhanden war, und zwar in drei Fällen bedeutend schlechter, als auf der gesunden Seite (weniger anhaltend, zitternd), in drei vollkommen normal. Und einen Fall ausgenommen, wo der Tetanus die ganze Zeit über (Monate lang) zitternd blieb, verschwand er in den fünf übrigen Fällen 2 bis 3 Tage nach der Operation vollständig. Was der Grund für das Fehlen des Tetanus (unmittelbar nach der Operation) in der einen Gruppe von Fällen und sein Vorhandensein in der anderen war, konnten wir nicht feststellen. Ob in dieser Hinsicht die erhöhte galvanische Erregbarkeit, wie wir dieselbe bisweilen in sehr ausgeprägter Form unmittelbar nach der Operation[1] — und augenscheinlich gerade in den Fällen mit erhalten gebliebenem Tetanus (nach 1 bis 2 Tagen ging diese Erhöhung der Reizbarkeit verloren) — beobachteten, eine Rolle spielt, oder ob vielleicht dieser oder jener Zustand des Ganglions selbst einen derartigen Einfluss ausübte, konnten wir nicht entscheiden.

Um die Richtigkeit dieser letzteren Annahme zu prüfen, wurde in elf Fällen (davon acht aus der Zahl der erwähnten 21) eine theilweise Entfernung des Ganglions (sechstes Lendenganglion) vorgenommen. Obgleich diese Fälle ein viel gleichförmigeres Resultat ergaben, fanden wir doch in einem derselben, sowohl Tetanus (zitternden), als auch eine partielle Extension.

Wir können uns folglich nicht dazu entschliessen, auf die Frage, ob die Verletzung der Integrität der hinteren Wurzeln unmittelbar, oder erst nach Ablauf einer bestimmten Zeit, die Erscheinungen der atonischen Reaction hervorruft, eine endgültige Antwort zu geben. Die normale Reaction des Nerven erwies sich ja allerdings, wie aus unseren Versuchen hervorgeht, unmittelbar nach der Durchschneidung der hinteren Wurzeln (bezw. des Ganglions) stets als beeinträchtigt, wenn auch nicht immer in

---

war sie partiell. In allen diesen 5 Fällen wurde dieselbe später als mehr oder weniger erhalten befunden.

[1] Diese Erhöhung bezog sich auf beide Seiten, war aber auf der operirten mehr ausgeprägt. In qualitativer Hinsicht war die galvanische Reaction des Nerven unmittelbar nach der Operation in der Regel nicht verändert, doch konnten wir in einigen Fällen, wie beim Trauma des peripheren Nerven, auch eine stärker ausgeprägte AS, und bei zwei Versuchen sogar eine vollständige Umkehrung der Reaction: AST statt KST beobachten und noch dazu sowohl auf der operirten, als auch auf der gesunden Seite! Aus unseren Beobachtungen geht also klar hervor, dass der Zustand der Centren auf die Erregbarkeit der peripheren Nerven zweifellos einen Einfluss ausübt. Ob sich dabei die Erregbarkeit des Nerven selbst ändert, oder ob — was uns viel wahrscheinlicher erscheint — die Empfänglichkeit des Muskels sich dank den veränderten Innervationsbedingungen ändert, ist eine offene Frage.

ihrem vollen, sozusagen endgültigen Umfange. Deshalb scheint die Annahme, dass die atonische Reaction ihrem Wesen nach ein unmittelbares
Resultat der Durchschneidung der hinteren Wurzelfasern ist, mehr für
sich zu haben.[1]

Giebt aber dieser, übrigens durchaus nicht festgegründete Schluss uns
das Recht eine reflectorische Function der hinteren Wurzeln anzunehmen?
— Durchaus nicht.

Achtet man auf die Bewegungen der Thiere nach der Durchschneidung
der hinteren Wurzeln, auf ihren maasslosen, schleudernden Charakter, so
fragt es sich, wie man den verstärkten motorischen Impuls und · den beschleunigten Act der Muskelerschlaffung mit dem Fehlen der centripetalen
Impulse in Zusammenhang bringen kann? Wenn man auf die Störungen
der statischen Innervation bei diesen Thieren achtet, oder die Beobachtungen
der Autoren (vgl. oben Brondgeest [18], Sherrington [98f], Stannius [99],
Baglioni [5]), die den Verlust· einer gewissen tonischen (pathologischen)
Spannung des Muskels unter dem Einflusse der Durchschneidung der hinteren
Wurzeln betreffen, sich in's Gedächtniss ruft, so fragt sich, wie man die
Dauer welcher Innervation auch immer in directe Abhängigkeit von den
in der Zeit unveränderlichen centripetalen Impulsen bringen kann? Uns
erscheint das ganz unverständlich. Doch ausser theoretischen Erwägungen
giebt es auch noch Thatsachen, die gegen die reflectorische Rolle (für die
hier auseinandergesetzten Beziehungen) der hinteren Wurzeln sprechen.

Wie schon oben erwähnt wurde, stellen die Beobachtungen der Autoren
es offenbar sicher, dass unter gewissen Bedingungen nach Durchschneidung
der hinteren Wurzeln der Strychnintetanus nicht mehr hervorgerufen werden
kann.· Baglioni (5, S. 215) nahm, von dieser Thatsache ausgehend, an,
dass der Strychnintetanus selbst, seine Dauer, durch den Einfluss immer
neuer Impulse bedingt ist, welche an der Peripherie als Resultat immer
neuer Muskelcontractionen entstehen. Und eine eben solche Erklärung
ist Baglioni (5, S. 238) auch bereit auf andere Arten von Tetanus auszudehnen. — Doch dass diese Erklärung vollkommen falsch ist, und dass
die centripetalen Impulse an der Dauer des Strychnintetanus absolut gar
nicht betheiligt sind, das zeigt überaus anschaulich der Versuch von
Burdon-Sanderson und F. Buchanan (21). Diese Autoren vergifteten nämlich mit Curare einen Frosch vollständig, bis auf eine Extremität,
deren hintere Wurzeln am Tage vorher durchschnitten worden waren, und

---

·[1] Wir halten die äusserste Vorsicht in Aufstellen von Schlussfolgerungen für
unerlässlich, da es überaus schwer ist, den Einfluss aller Nebenfactoren auf das Resultat
des acuten Versuches in Rechnung zu ziehen, was uns im gegebenen Falle nicht hat
gelingen wollen.

führten. dann Strychnin ein. Das gewöhnliche Bild des Strychnintetanus (mit dem typischen Photogramm des Kapillarelektrometers) bildete sich nur in der Extremität heraus, wo das Curare nicht hinzugelangen vermochte, folglich gerade in der, die keine centripetalen Impulse senden konnte (da ja die hinteren Wurzeln durchschnitten waren). Und von anderen Körpertheilen konnten diese Impulse (im Sinne Baglioni's) auch nicht ausgehen, denn der Frosch war unter der Einwirkung des Curare vollkommen unbeweglich.

Was unseren speciellen Fall, die atonische Reaction, anbelangt, so wird hier die Frage von der Function der hinteren Wurzeln in einem engeren Rahmen gefasst, der vielleicht einer Analyse leichter zugänglich ist. In der That haben wir es hier nur mit zwei Möglichkeiten zu thun: entweder nimmt der Reflex an der normalen elektrischen Reaction theil oder nicht. Wenn ja, so muss offenbar, der Zusammenhang zwischen sensibler und motorischer Innervation viel enger gestaltet sein, als man das jetzt annimmt, dann müsste man mit Exner (33b) von einer echten „Sensomobilität" reden, und vielleicht sogar zu den Ideen Magendie's (74) zurückkehren. Wenn nicht, so ist man gezwungen, die Fähigkeit der hinteren Wurzelfasern zu directer, d. h. in centrifugaler Richtung gehender Einwirkung auf den Muskel zuzugeben.

Wenn auch die Idee von der Betheiligung des reflectorischen Actes an der normalen elektrischen Reaction des Nerven (wenn seine Verbindung mit dem Centralnervensystem nicht unterbrochen), sich nicht absolut zurückweisen lässt, so scheint uns dieselbe nichts desto weniger äusserst wenig wahrscheinlich.[1] Wenn wir die von uns beobachteten Thatsachen zum Ausgangspunkt nehmen, so könnte man nicht umhin anzunehmen, dass die motorischen Nerven nur durch Schwankungen der Stromdichte erregt werden, die sensiblen dagegen umgekehrt durch den Strom selbst, d. h. man wäre nicht nur gezwungen, die Existenz eines scharf ausgesprochenen functionellen

---

[1] Setschenow (97, S. 9) konnte bei Reizung des sensiblen Nerven (N. ischiad.) mit dem Dauerstrom keinen reflectorischen Tetanus erhalten. Biedermann (13f, S.462) beobachtete Tetanus, allerdings in seiner unvollkommenen Form, bei sogen. „Kaltfröschen". Doch ist bei diesen letzteren die Neigung zur tetanischen Reaction sogar bei momentanen Reizungen deutlich ausgesprochen. Uebrigens muss bemerkt werden, dass, wenn es sich bei unseren Beobachtungen um einen Reflex handeln sollte, so offenbar doch um einen ganz eigenartigen, den man nach Durchschneidung des peripheren Nerven (wie bei Setschenow, oder bei Biedermann) offenbar nicht mehr zu erwarten hätte. Bekanntlich dauern die reflectorischen Zuckungen länger, als die durch directe Reizung hervorgerufenen (vgl. Wundt, 114b, II, S. 23). Dieses Factum erklären die Autoren damit, dass sich die Erregung in der Nervenzelle auf einen grösseren Zeitabschnitt vertheile. Doch ist vom Standpunkte der weiter unten von uns aufgestellten Hypothese auch eine andere Erklärung möglich, nämlich eine

Unterschiedes zwischen centripetalen und centrifugalen Nerven anzunehmen[1], sondern müsste gleichzeitig auch voraussetzen, dass der beständige Reiz, durch die sensiblen Nerven zu den motorischen Centren (d. h. zu den Zellen der Vorderhörner) geleitet, schon dort den Charakter eines unterbrochenen Reizes annimmt, und in dieser Gestalt eine Wirkung auf den motorischen Nerven ausübt. Das alles bildet eine Reihe von Hypothesen, die keinen festen Boden unter sich haben. Und in Bezug auf die Function der reflectorischen Centren selbst ist die vorerwähnte Annahme den Gesetzen der Analogie zuwider aufgebaut.

Und umgekehrt sprechen gegen eine Betheiligung des reflectorischen Actes an der elektrischen Reaction des Nerven gewissermaassen auch folgende von uns gemachte Beobachtungen. Wir beobachteten nämlich in einigen Fällen unmittelbar nach der Operation (unter dem Einfluss von Shock, tiefer Narkose) das Fehlen des Tetanus und in zwei Fällen auch das Fehlen der langsamen Extension auf der gesunden Seite und gleichzeitig volles Erhaltensein des Sehnenreflexes (wir setzen natürlich voraus, dass man es hier mit einem Reflex zu thun hat). Desgleichen sahen wir Fälle, in den unmittelbar nach vollständiger Durchschneidung der hinteren Wurzel (bezw. des Ganglions) nichts desto weniger eine, wenn auch partielle und unvollkommene, so doch immerhin eine Extension beobachtet wurde. Dazu war diese Extension nur bei schwachen Strömen zu bemerken, während dieselbe bei stärkeren Strömen und in der Folge überhaupt unter allen Umständen fehlte.

Andererseits wissen wir sehr gut, dass die Reizung des Nerven mit dem Danerstrom gerade in centrifugaler Richtung Muskeltetanus geben kann. In der That kann der Galvanotonus auch an einem herausgeschnittenen Nervmuskelpräparat (besonders leicht unter bestimmten Bedingungen, z. B. bei Fröschen, die der Einwirkung von Kälte ausgesetzt waren, „Kaltfröschen") erhalten werden. Am herausgeschnittenen Muskel kann man ebenso auch sehr langewährende einzelne Contractionen be-

---

Uebergabe der Erregung von der Zelle aus auch auf die Hemmungsbahnen. Dieser letztere Umstand könnte vielleicht auch die Existenz der sogen. „Reflexzeit" erklären. Und uns scheint, dass zur Lösung dieser Fragen, wie auch überhaupt für die ganze Lehre von den Reflexen, das Studium der Reflexe, wie sie sich nach Durchschneidung der entsprechenden hinteren Wurzeln gestalten, sehr werthvolle Hinweise geben könnte.

[1] Ohne Zweifel wirkt der Dauerstrom erregend auf die centripetalen Nerven. Doch dass in dieser Hinsicht zwischen ihnen und den centrifugalen Nerven irgend ein Unterschied existirt, ist absolut durch nichts bewiesen. Wenn aber der centrifugale Nerv thatsächlich einen solchen Unterschied zeigen kann (vgl. Langendorff und Oldag, 67, S. 206), so nur allein in dem Falle, wenn seine Verbindung mit dem Centrum unterbrochen ist.

obachten, wie z. B. im Falle der sogenannten Tiegel'schen „physiologischen Contractur", oder bei Veratrinvergiftung. Eine solche längere Dauer der Muskelzuckung kann man nach Wunsch hervorrufen und wieder schwinden machen (vgl. Bottazzi [15]).

12. Die centrifugale Function der hinteren Wurzeln und die zwiefache Muskelinnervation.

So gelangten wir zu dem Gedanken von der centrifugalen Function der hinteren Wurzeln. Uns scheint die Annahme am natürlichsten, dass die normale elektrische Reaction, nämlich die coordinirte Antwort des Muskels auf eine langsam anwachsende Erregung, die Erscheinungen des Galvanotonus, vom centrifugalen Einfluss der hinteren Wurzelfasern des Muskels abhängen. Und die unter dem Einflusse der Durchschneidung der hinteren Wurzeln auftretenden Veränderungen der elektrischen Reaction (atonische Reaction), ebenso wie die analogen Störungen der willkürlichen Bewegungen (Fehlen der Andauer, schleudernder Charakter) muss man folglich, als directes Resultat des Fehlens der Hinterwurzelinnervation ansehen, d. h. wir gelangen zu der Annahme, dass die motorische Muskelinnervation nicht nur durch die vorderen, sondern auch durch die hinteren Wurzeln von Statten geht.

Indem wir die Möglichkeit einer centrifugalen Innervation der Skeletmuskeln durch die hinteren Wurzeln zugeben, geraten wir in Conflict (in Wirklichkeit nur in einen scheinbaren) mit feststehenden Ansichten der Physiologie. Von unseren Vorgängern kam, wie es scheint, nur Harless[1] (46) allein zu demselben Schlusse, wie wir. Die Ansicht dieses Autors fand keinerlei Widerhall in der Litteratur und sein Versuch wurde, wie es scheint, von Niemand wiederholt. Und unserer Meinung nach ist das sehr schade, denn das Wesentliche am Harless'schen Versuch erscheint überaus lehrreich. Harless (46, S. 612) durchschnitt nämlich alle vorderen Wurzeln für die gegebene Extremität des Frosches, so dass sich diese Extremität nur durch die hinteren Wurzeln in Verbindung mit dem Centralnervensystem befand, und beobachtete sodann die Erregbarkeit des entsprechenden Nerven (N. ischiad.) unter dem Einflusse von Durchschneidungen

---

[1] Vor verhältnissmässig kurzer Zeit gelangte Steinach zu dem Schlusse, dass die motorische Innervation der Darmmusculatur beim Frosche gerade auf dem Wege der hinteren Wurzeln stattfindet. Die Beobachtungen Steinach's (100) wurden aber weder von Horton-Smith (55), noch von Dale (27) bestätigt, so dass diese Frage für's erste noch offen bleibt.

des Markes, die in verschiedener Höhe auf einander folgten. Es erwies sich, dass die Erregbarkeit des Nerven hierbei nicht beständig bleibt, sondern sich ändert. Hieraus schloss H a r l e s s, dass aus dem Centralnervensystem durch die hinteren Wurzeln in centrifugaler Richtung Einflüsse gehen können. Wie oben aus einander gesetzt wurde, hielt er diese Einflüsse für die Erregbarkeit des Nerven und Muskels verstärkende. Wir sind in dieser Hinsicht zu einem gerade entgegengesetzten Schlusse gelangt.

Und in der That verdient die Frage von der Möglichkeit einer Theilnahme der hinteren Wurzeln an der motorischen Innervation nicht die ihr durch die Physiologen zu Theil gewordene Vernachlässigung. Bekanntlich stellt das Magendie-Bell'sche Gesetz nur die Thatsache fest, dass die Reizung der vorderen Wurzeln von einer motorischen Reaction, die Reizung der hinteren von einer Schmerzreaction begleitet ist. — Doch dieses Gesetz berührt durchaus nicht die Frage von der Function der Wurzeln überhaupt, d. h. dasselbe giebt uns nicht das geringste Recht zu der so oft aufgestellten Behauptung, dass die vorderen Wurzeln centrifugal, die hinteren centripetal seien. In den vorderen Wurzeln verlaufen in der That centrifugale Fasern, in den hinteren aber centripetale; ob sie aber die ganze Masse der Wurzeln bilden, wissen wir ganz und gar nicht. Speciell was die hinteren Wurzeln betrifft, haben wir sogar nicht das Recht zu sagen, dass in ihnen keine rein motorischen Fasern verlaufen.[1] Was aber die Thatsache selbst, dass bei Reizung der hinteren Wurzeln kein directer motorischer Effect erhalten wird, betrifft, so erscheint dieselbe im Grunde genommen überaus wenig beweiskräftig. Sie wäre es nur in dem Falle, wenn die hinteren Wurzelfasern nach ihrem Austritte aus dem Ganglion, d. h. distal, einer Reizung unterzogen würden; wenn aber die Reizung, wie das stets geschieht, noch durch die Zellen des Spinalganglions gehen muss, so kann dieser Umstand in verschiedener Weise und dazu überaus stark die Reaction verändern. Man braucht sich nur daran zu erinnern, Gegenstand welcher Streitigkeiten und Missverständnisse die Frage von der directen Erregbarkeit der motorischen Gebiete des Rückenmarkes und Gehirns beim Frosche war (und noch ist), damit das oben Gesagte vollständig verständlich werde.

Doch darf man, im Grunde genommen, von dem Gesichtspunkte aus, von dem wir die centrifugale Function der hinteren Wurzeln auffassen, einen directen motorischen Effect bei ihrer Reizung auch gar nicht erwarten. — In der That ist es auf Grund von in der Litteratur bekannten

---

[1] Wir bemerken bei dieser Gelegenheit, dass Horton-Smith (55, S. 105) und Dale (27, S. 354) unter dem Einflusse der Reizung der hinteren Wurzeln bisweilen Contractionen der Skeletmuskeln (beim Frosche) beobachteten.

Thatsachen, auf Grund von unseren eigenen Beobachtungen, vollkommen augenfällig, dass nach Durchschneidung der hinteren Wurzeln die motorische Function gar nicht geschwächt erscheint, sondern der Muskel umgekehrt offenbar leichter erregbar, sowohl auf den elektrischen Strom, als auch auf die physiologischen Erreger: Willensimpulse (übermässiger, schleudernder Charakter der Bewegungen) und reflectorische Einwirkungen, wird.[1] Gerade diesen letzteren Umstand bemerkte Hering (50a, S. 271) deutlich, und derselbe setzte ihn in grosses Erstaunen. Ihm erschien die Thatsache, dass die Extremität nach vollkommenem Verluste ihrer peripheren Erregbarkeit gleichzeitig reflectorisch (von anderen Körpertheilen aus) am meisten reizbar ist und die stärksten und lebhaftesten Bewegungen ausführt, im höchsten Grade paradoxal. Hering (50, S. 281) war anfangs bereit zu glauben, dass normaler Weise durch die hinteren Wurzeln in centrifugaler Richtung zum Muskel hemmende Impulse gehen, die nun eben nach Durchschneidung der hinteren Wurzeln fortfallen. Er controlirte seine Voraussetzung auf folgende Weise: er reizte mit dem elektrischen Strome (offenbar dem faradischen) die vordere und hintere Wurzel gleichzeitig in der Hoffnung, durch die letztere eine Hemmung der Bewegung zu erhalten, und erhielt natürlich eine solche nicht. Auf Grund dieses Versuches kam Hering eben zu dem Schlusse, dass die Hinterwurzelfasern nicht in centrifugaler, sondern in centripetaler Richtung hemmend auf die motorische Function einwirken, wie das auch von allen Autoren angenommen wird.

Wenn in der That, durch die hinteren Wurzeln in centrifugaler Richtung Hemmungsimpulse gehen, so kann man sich deren Wirkung ganz und gar nicht in dem Sinne vorstellen, wie gewöhnlich der Terminus (Hemmung) verstanden wird, d. h. im Sinne der Unterdrückung, Sistirung des Contractionsactes des Muskels selbst durch die active Erschlaffung desselben. — Wenn man seine Aufmerksamkeit auf den Charakter der motorischen Störungen, auf den Charakter der elektrischen Reaction nach der Durchschneidung der hinteren Wurzeln richtet, so erweist sich, dass gerade der Act der Muskelerschlaffung übermässig beschleunigt ist. Es müssen also physiologisch durch die hinteren Wurzeln Impulse gehen, welche nicht den Contractionsact selbst unterdrücken, sondern umgekehrt, Impulse, welche den Act der Muskelerschlaffung hemmen, aufhalten. Und wirklich leidet nach Durchschneidung der hinteren Wurzeln der Act der Muskelcontraction selbst durchaus nicht, er entsteht offenbar sogar leichter und wird intensiver, verläuft aber dafür kürzer; der Muskel wird unfähig zu jeglicher andauernden Spannung.

---

[1] Bemerkenswerth ist, dass Russel (89, S. 839) auch nach einseitiger Entfernung des Kleinhirns erhöhte Erregbarkeit der motorischen Rindensphäre auf der entsprechenden (d. h. der entgegengesetzten) Seite beobachtet hat.

In Uebereinstimmung mit unseren Beobachtungen muss man sich die
Sache so vorstellen, dass durch die vorderen Wurzeln rein motorische Impulse
gehen, welche den Act der Muskelcontraction (Zuckung) hervorrufen, durch
die hinteren Wurzeln aber die Impulse, welche den Act der Muskelerschlaffung hemmen und den Contractionszustand des Muskels fixiren.
Diese letzteren Impulse sind folglich im Stande, den Act der Muskel-
verkürung zu verlangsamen und zu mässigen, und sind somit fähig, den
Bewegungen die gehörige Gleichmässigkeit und Glätte zu verleihen. — Es
gehen also, unserer Meinung nach, durch die hinteren Wurzeln in centrifugaler Richtung die Impulse der tonischen oder statischen Innervation.
Man könnte sagen, dass das Impulse sind, die eine volle Entladung des
Schlages, der von den vorderen Wurzeln ausgegangen ist, verhindern.

Es scheint uns also, dass man zur Erklärung der von anderen Autoren
beschriebenen, sowie der von uns beobachteten Thatsachen gezwungen ist,
das Vorhandensein einer zwiefachen Muskelinnervation durch die vorderen
und hinteren Wurzeln anzunehmen.

Die zwiefache Innnervation anderer Organe mit glatter Musculatur:
der Gefässe, des Magendarmcanales, der Bronchien (Brodie und Dixon[17]),
und ebenso des quergestreiften Herzmuskels, unterliegt keinerlei Zweifel. In
dem Innervationsapparat dieser Organe unterscheidet die Physiologie motorische
Nerven, richtiger — Fasern, im eigentlichen Sinne und unterdrückende,
hemmende Fasern, welche in der Regel in einem und demselben peripheren
Nervenstamm untergebracht sind. Die Existenz von Hemmungsnerven ist
auch für die quergestreifte Skeletmusculatur bei niederen Thieren (Biedermann [13d]) nachgewiesen.

Was die quergestreifte Musculatur der höheren Thiere anbelangt, so wurde
eine ähnliche Voraussetzung mehrfach (Gaskell [40a]; Schiff [94b, S. 635];
die Grützner'sche Schüle, Meltzer [76]) ausgesprochen. Und in der That
giebt es in der Litteratur eine ganze Reihe von Beobachtungen (Ritter-
Rollet [91]; Schiff [94a, S. 188]; Wedensky [115]; Kaiser [58];
Zenneck [117]; Eickhof [citirt nach 13e, S. 148]; Hofmann und
Amaya [54]; Hofmann [53] u. A.]), welche man vom Standpunkte der
Hemmungsnerven betrachten könnte.[1] Auch gegen die Annahme von
derartigen Nerven für die quergestreifte Musculatur der Wirbelthiere liegt,

---

[1] Uebrigens sind einige der angeführten Autoren (Wedensky [115], Kaiser [58],
Amaya [1], Hofmann [53]) gar nicht geneigt, in ihren Beobachtungen den Einfluss
von Hemmungsnerven zu sehen, und verhalten sich im Gegentheil zu einer solchen
Annahme direct ablehnend. Und auch unserer Meinung nach können, wie wir uns
hinzuzufügen beeilen, bei weitem nicht alle in der Litteratur existirenden Thatsachen
wirklich zu Gunsten der Hypothese von den Hemmungsnerven sprechen. Diese Frage
hier aber näher zu berühren, halten wir für nicht angebracht.

im Grunde genommen, kein beweiskräftiger Einwand vor.[1] Doch andererseits giebt es auch keine directen Beweise zu Gunsten der Existenz von Hemmungsnerven. — Und da es weder histologisch, noch physiologisch gelang, diese Nerven zu isoliren, so erschien auch eine solche Hypothese an sich stets als unbegründet.

Wir lenken jedoch die Aufmerksamkeit darauf, dass für die von uns vorausgesetzte zwiefache Muskelinnervation der antomische Boden im Uebermaasse zu Gebote steht. Und zwar zeigte Sherrington (98g, S. 229), dass zum Bestande der rein musculären Nervenästchen die hinteren Wurzelfasern in sehr grosser Menge gehören. Nach seiner Rechnung kommen $1/3$ bis $1/2$ aller Nervenfasern des Muskels auf die hinteren Wurzeln. Uns erscheint ebenfalls, im Sinne unserer Annahme, auch die Thatsache äusserst bedeutungsvoll, dass die Hemmungsnerven der Gefässe (Vasodilatoren), wie die Untersuchungen Stricker's (104), Morat's (80), Gärtner's (citirt nach 8, S. 174), Wersilów's (112) und besonders Bayliss' (8) gezeigt haben, von den hinteren Wurzeln herstammen. Vielleicht ist von solcher Art auch die Herkunft der Hemmungsfasern des N. vagus, der wenigstens zum Theil ein Analogon der hinteren Wurzeln bildet (vgl. Grossmann [44], Kreidl [62], v. Gehuchten [41], Köhnstamm [60b], Schaternikoff und Friedenthal [93]).

Die zwiefache Innervation der quergestreiften Musculatur wird durch unsere Untersuchungen nicht endgültig festgestellt. Das wissen wir sehr gut. Unsere Beobachtungen sind zu einseitig und in unsere Argumentation sind einige sehr wahrscheinliche, aber immerhin willkürliche Annahmen mit eingeschlossen. Auf Grund unserer Versuche sind wir nur berechtigt zu behaupten, dass der Innervationsapparat der Thiere besondere, noch von Niemand angegebene Eigenschaften besitzt, und dass diese letzteren sich in unmittelbarer Abhängigkeit von der Unversehrtheit der Hinterwurzelfasern befinden. Ob man aber in der That gezwungen ist, zur Erklärung dieser Eigenschaften die Existenz besonderer centrifugaler Fasern (oder überhaupt centrifugaler Einflüsse) in den hinteren Wurzeln anzunehmen, auf diese Frage kann eine endgültige Antwort von uns zur Zeit nicht gegeben

---

[1] Wenn wir nicht die theoretischen Erwägungen der Autoren über die Zwecklosigkeit einer Existenz der, ihrer Meinung nach, vollkommen unnützen doppelten Anzahl von Nervenfasern, der motorischen und der hemmenden (vgl. Hering, 50e, S. 521), in Betracht ziehen wollen. Verworn (110) bemüht sich übrigens in seiner überaus interessanten Arbeit gerade exacte Beweise für das Nichtvorhandensein der Hemmungsnerven beizubringen. Anlässlich dieser Beweise müssen wir bemerken, dass erstens vom Standpunkte der von uns eruirten Thatsachen die Anordnung der Verworn'schen Versuche uns nicht genügend beweiskräftig erscheint, und zweitens hatte Verworn solche Hemmungsnerven, wie wir sie annehmen, natürlich nicht im Auge, und nicht auf sie beziehen sich die Folgerungen dieses Autors.

werden. Obgleich alle Thatsachen, alle Erwägungen uns nöthigen, diese Frage in positivem Sinne zu entscheiden, erscheint nichts desto weniger eine solche Lösung der Frage für's Erste lediglich als Hypothese und bleibt, wenn sie auch sehr viel Wahrscheinlichkeit für sich hat, doch immer nur Hypothese. Sie ist natürlich leicht einer allseitigen Nach-prüfung zugänglich.[1] Leider sind wir gegenwärtig der Möglichkeit be-raubt, eben in dieser Richtung weiter zu arbeiten.

Doch sind wir, obwohl wir die ganze Schwierigkeit der gestellten Auf-gabe kennen, nichts desto weniger geneigt zu glauben, dass wir den richtigen Weg betreten haben. In dieser Meinung bestärkt uns besonders der Um-stand, dass unsere Hypothese leicht mit allen, wenigstens uns bekannten, Thatsachen der Physiologie und Pathologie in Einklang zu bringen ist; und dazu noch erklärt sie überaus einfach viele Thatsachen, die vom Standpunkte der herrschenden Theorien fast unverständlich sind. Des Beispieles halber wollen wir auf den doppelten Charakter hinweisen, den physiologisch die Muskelcontractionscurve darbietet.

Die längst bekannte Thatsache, dass die Muskelcurve eine Zweitheilung der Spitze zeigen kann (Funke, Fick [citirt nach 116) bildet, wie die Untersuchungen Yeo's und Cash's (116) gezeigt haben, durchaus keine Ausnahmeerscheinung. Im Gegentheil zeigt bei Beseitigung der Fehler, welche den gewöhnlichen Untersuchungmethoden anhaften, die Curve der Muskelzuckung unter gewissen Bedingungen regelmässig eine zweigetheilte (oder flache) Spitze. Die nähere Erforschung der Bedingungen für die secundäre Steigerung der Muskelcurve brachte die erwähnten Autoren zur Schlussfolgerung von einem verschiedenen physiologischen Charakter beider Spitzen, bezw. beider Teile, des aufsteigenden und absteigenden, einer und derselben Zuckungscurve. Yeo und Cash (116) führten die ersteren Theil der Curve auf eine sehr schnelle Contraction, den letzteren auf eine länger dauernde, tonische Spannung zurück. Und so theilten denn diese Autoren

---

[1] Wir haben in dieser Richtung nur einen einzigen Versuch gemacht. Bekannt-lich ist das Atropin ein Gift für die Hemmungsapparate (vgl. Gaskell, 40 b); anderer-seits beeinträchtigt das Atropin, wie die Untersuchungen von Bottazzi (15, S. 401), Schultz (96, S. 6), Langley (68 b, S. 44) zeigen, speciell die tonische Seite der Muskel-contraction. Es war deshalb natürlich, anzunehmen, dass das Atropin die elektrische Muskelreaction verändern könne. In Wirklichkeit bestätigte sich diese Annahme aber nur in äusserst geringem Maasse. Bei Einführung von Atropinum sulf. unter die Haut von Kaninchen sahen wir durchaus unklare und unbeständige Resultate. Ausgeprägtere Veränderungen der elektrischen Reaction (im Sinne unserer atonischen Reaction) be-obachteten wir bei Einführung von grösseren Dosen (100 bis 120 mg) direct in die Blut-bahn des Thieres (man muss recht langsam einspritzen!). Es lässt sich natürlich annehmen, dass die zur Erzielung eines vollständigen Effectes erforderliche Concentration des Atropins am lebenden Thiere nicht in Anwendung gebracht werden kann.

die Curve der Muskelzuckung in zwei wesentlich unterschiedene Theile: den klonischen und tonischen (S. 221).

Diese Erscheinungen einer doppelten Spitze (und ebenso auch die ihr analoge „Nase" der Veratrincurve u. s. w.) erklären einige Autoren (Grützner [citirt nach 90, S. 112]; Biedermann [13a, S. 93]; Overend [83]; Rösner [90]; Basler [7]) durch das Vorhandensein von zweierlei Fasern im Muskel, der blassen und rothen, mit (nach diesen Autoren) verschiedener Contractionsschnelligkeit. Von demselben Gesichtspunkte aus waren die Autoren (vgl. Biedermann [13a, S. 120]) bereit, auch die verschiedene Dauer der willkürlichen Bewegungen zu erklären. Doch wie die Untersuchungen von Carvallo und Weiss (23) gezeigt haben, wird die typische Zweispitzigkeit der Veratrincurve auch an den rein rothen und rein blassen Kaninchenmuskeln beobachtet. Folglich kann die oben erwähnte Erklärung Grützner's nicht als glücklich bezeichnet werden.

Derselbe Gedanke ist, wenn auch in etwas anderer Form, in letzter Zeit von Bottazzi (15) entwickelt worden.

Bei Untersuchung des Einflusses verschiedener Substanzen auf die Muskelzuckungscurve bemerkte dieser Autor, wie schon früher Yeo und Cash (116), dass als der vorzugsweise veränderliche Theil der Curve gerade ihr absteigender Theil erscheint. Man kann denselben nach Wunsch verlängern, z. B. durch Veratrin, kann ihn fast vollständig verkürzen, z. B. durch Kalisalze (vgl. Taf. X, Fig. 8 und 9). Diesen dualistischen Charakter der Muskelcurve, die verschiedene Veränderlichkeit ihrer beiden Abschnitte, schreibt nun Bottazzi (15) der Einwirkung der zweierlei Bestandtheile der Muskelfaser, der Fibrillen und des Sarcoplasmus zu, indem er natürlich eine verschiedene Schnelligkeit ihrer Contraction voraussetzt (diese Idee wurde schon früher von Biedermann [13a, S. 137] ausgesprochen). — Und zwar schreibt Bottazzi die Fähigkeit zu schneller Contraction den Fibrillen zu, während er umgekehrt die Zwischensubstanz, das Sarcoplasma, als den Träger einer langsameren, dauernden Spannung ansieht und bereit ist auch die Functionen des Muskeltonus auf Rechnung dieses Sarcoplasmas zu setzen.

Die Annahme Bottazzi's fand weit und breit Anklang (vgl. Joteyko [57], Santesson [92], Paukul [84], Gregor [43] u. A.).

In Wirklichkeit erscheint dieselbe aber vollkommen aus der Luft gegriffen und, wie uns scheint, vom theoretischen Standpunkt aus überaus wenig wahrscheinlich. Beginnen wir damit, dass sich eine wenn auch nur annähernde Parallele zwischen Reichthum an Sarcoplasma und Dauer der Muskelzuckung in der Thierreihe durchaus nicht constatiren lässt. Aus diesem Grunde nimmt Bottazzi (15) ja auch an, dass das Sarcoplasma verschiedener Thiere eine verschiedene Contractionsschnelligkeit besitzt. Doch erscheint immer noch, z. B. das Factum sonderbar, dass die Muskeln, die überhaupt die grösste Contractionsschnelligkeit besitzen, die Brustmuskeln der Insecten, sich gerade durch besonderen Reichthum an Sarcoplasma (einen grösseren, als die Extremitätenmusculatur derselben Thiere aufweist) auszeichnen. Ferner kann man natürlich vom Standpunkte Bottazzi's den doppelten Charakter der Muskelcurve und deren doppelte Veränderlichkeit erklären; doch vollständig unerklärlich erscheint die so grosse Veränderlichkeit in der Schnelligkeit der willkürlichen Muskelcontractionen, d. h. der Bewegungen der Thiere.

Wenn wir unseren Standpunkt gelten lassen, so lässt sich der erwähnte Dualismus der Muskelzuckung sehr einfach erklären.[1] Ausserdem fallen auch noch die Schwierigkeiten fort, mit denen weder die Grützner'sche noch die Bottazzi'sche Theorie sich vertragen wollen. Und in der That, wenn wir das Vorhandensein der zweifachen Muskelinnervation annehmen und voraussetzen, dass die motorischen Centren lediglich durch Veränderung der Stärke der durch die vorderen Wurzeln gehenden Impulse im Stande sind, die Stärke der Muskelcontraction zu ändern, und durch eine gleiche Veränderung der durch die hinteren Wurzeln gehenden Impulse Schnelligkeit der Muskelcontraction zu regulieren vermögen, so können wir gerade damit auch die ganze unendliche Mannigfaltigkeit unserer willkürlichen Bewegungen erklären.[2]

---

[1] Uns scheint sogar viel einfacher, als durch die oben erwähnten Theorien. Denn im Grunde genommen erweist sich der Mechanismus der Muskelcontraction nach den Vorstellungen von Grützner oder von Bottazzi überaus complicirt und unserer Ansicht nach nicht ganz verständlich. — Was nun eigentlich unsere Theorie von der Theilnahme der Hemmungsnerven anbelangt, so denken wir natürlich nicht daran, damit allein alle möglichen Erscheinungen der Muskelreaction zu erklären. Wir machen darauf aufmerksam, dass als wesentliches Moment einer solchen Reaction der Chemismus der Muskelzelle selbst neben dem nervösen Einfluss erscheint.

[2] Unsere Hypothese lässt sich sehr bequem auch zur Erklärung vieler anderer Erscheinungen anwenden. Wir wollen noch auf den sogen. „phasischen" (richtiger zweiphasischen) Actionsstrom hinweisen. Bekanntlich ist eine Muskelerregung von einer negativen Schwankung des eigenen Stromes (Actionsstrom) begleitet, doch beobachtet man öfters darnach auch noch eine positive Schwankung. Gerade eine solche Erscheinung offenbart sich in der Regel auch am lebenden Menschen (bei Reizung der Muskeln vom Nerv aus). Die Bedeutung einer solchen zweiphasischen Schwankung, die sich sonst nicht leicht erklären lässt, erscheint von unserem Standpunkte, vom Standpunkte der doppelseitigen Innervation, durchaus verständlich. Und dass die zweifache Innervation in der That zwei Actionsströme von entgegengesetzter Richtung geben kann, wird durch die vollkommen einwandsfreien Beobachtungen Gaskell's (40 b und c) am Schildkröten- und Krötenherzen, und Biedermann's (13 d, S. 21—32, vgl. auch 13 a, S. 368) am Schliessmuskel der Krebsscheere bewiesen. Gerade diese Beobachtungen zeigen, dass die Reizung des motorischen Nerven von einer negativen Schwankung, die Reizung des Hemmungsnerven umgekehrt von einer positiven begleitet

13. Hinterwurzelinnervation und Hemmungserscheinungen.

Oben sprachen wir beständig von den hinteren Wurzelfasern, als von Hemmungsfasern und waren bereit in ihnen das Analogon zu anderen, schon genau bekannten Hemmungsnerven zu sehen. Wir machen nochmals darauf aufmerksam, dass wir im gegebenen Falle die Hemmungsfunction der hinteren Wurzeln ganz und gar nicht in dem Sinne verstehen, wie man allgemein die Function der Hemmungsnerven auffasst. D. h. wir glauben durchaus nicht, dass die Erregung der hinteren Wurzelfasern eines Muskels im Stande ist, zu seiner Erschlaffung zu führen, sondern dass umgekehrt gerade das Fehlen dieser Erregung unserer Meinung nach eine Erschlaffung des Muskels nach sich zieht. Und diese von uns für den speciellen Fall der von uns angenommenen Hinterwurzelinnervation ausgearbeitete Ansicht sind wir bereit auch auf die Muskelhemmungsprocesse überhaupt auszudehnen.

Umgekehrt ruft der geläufigen Vorstellung gemäss die Erregung der Hemmungsnerven eine active Erschlaffung des contrahirten Muskels hervor. Doch gegen eine solche Annahme spricht eine ganze Reihe von überaus gewichtigen Bedenken. In der That ist es, damit der contrahirte Muskel erschlaffe, nöthig, dass die Hemmung seine motorischen Nervenendigungen treffe, doch wäre es in diesem Falle einfacher, wenn man den gleichen Effect nur allein durch Unterbrechung der motorischen Impulse (d. h. durch passive und nicht active Hemmung) erreichen wollte.

Andererseits hat man sich, wie das aus einigen Beobachtungen hervorgeht, die motorischen und hemmenden Nerven ihrer Function nach absolut nicht als direct entgegengesetzt zu denken. — v. Frey (37a) hat an den Gefässen der Speicheldrüse gerade gezeigt, dass die gleichzeitig in Kraft tretenden Einflüsse der motorischen und hemmenden Nerven, d. h. der gefässverengernden und gefässerweiternden (Sympaticus und Chorda) sich gegenseitig nicht neutralisiren, dass sich im Gegentheil ein deutlicher

---

ist (vgl. gleichfalls die Erscheinungen der negativen und positiven Schwankung bei Reizung verschiedener Drüsennerven). — Wir sind ebenso bereit zu glauben, dass unsere Hypothese auch zur Erklärung jenes merkwürdigen Phänomens (Philippeaux und Vulpian, citirt nach 48 b) dienen könnte, dass nach Durchschneidung des N. hypoglossus der N. lingualis einen motorischen (nach Heidenhain [48 b] pseudomotorischen) Einfluss auf die Zunge erwirbt; dass die Reizung des N. lingualis im Stande ist, auch unterdrückend die nach Durchschneidung des Hyppoglossus auftretenden fibrillären Contractionen der Muskelfasern der Zunge zu wirken (Schiff, 94b, S. 745).

Es braucht nicht noch besonders erwähnt zu werden, dass zum Verständniss einer ganzen Reihe von pathologischen Thatsachen: der Erscheinungen des Tremors, der Contractur, Myotonie, des Stotterns, der Katalepsie u. s. w. unsere Hypothese neue und dazu klarere Horizonte eröffnet.

motorischer Effect (d. h. eine Verengerung der Gefässe) herausstellt.
Ebenso hindert der Zustand dauernder Hemmung durchaus nicht das Auftreten des motorischen Effectes. Was den letzteren betrifft, so ist er seiner-
seits immer nur ein unmittelbarer, und nie ein nachdauernder. Nachdem
v. Frey, S. 100, Fig. 7) durch Reizung der Chorda eine dauernde Gefässerweiterung erhalten hatte, gab jetzt die Reizung des Sympaticus unmittelbar, eine Gefässverengerung, doch nach dem Aufhören der Reizung erweiterten sich die Gefässe von Neuem (Dauereffect der Chordareizung).
Analoge Beobachtungen sind von I. P. Pawlow (85) am Schliessmuskel
einer Muschelart (Anodonta cygnea) gemacht worden, wo die Einwirkung
der Ganglienzellen (die übrigens auch bei den Gefässen wenig wahrscheinlich ist) vollkommen ausgeschlossen werden konnte. Diese Thatsachen
liessen I. P. Pawlow zu dem Schlusse gelangen, dass die Angriffspunkte
der motorischen und hemmenden Nerven im Muskel verschieden sein
müssen. Doch fragt es sich, wie denn dann eine active Erschlaffung des
Muskels möglich sei? Die Wirkung der Hemmungsnerven erscheint um so
weniger verständlich, als der Process der Nervenerregung selbst, der durch
die motorischen und hemmenden Nerven geht, sich als identisch erweist.
Langley (68a) nämlich zeigte, indem er Nerven von verschiedener Function
verwachsen liess, absolut einwandsfrei, dass die Gefässerweiterer als Gefäss-
verengerer functioniren können, dass die Hemmungsnerven (des Herzens)
zu rein motorischen werden können.

Uns scheint, dass die obenerwähnten Schwierigkeiten sich bei unserer
Annahme, laut welcher die Muskelerschlaffung sich als Resultat nicht der
Reizung, sondern der Paralyse des Hemmungsnerven darstellt, leicht aus
dem Wege räumen lassen.[1] Wie schon gesagt, bezieht sich der Hemmungs-

---

[1] Eine Zeit lang war man auch bereit, so die Hemmungswirkung des N. vagus
auf das Herz zu verstehen. Dieser Standpunkt ist jetzt aber verlassen. Doch die
Thatsache, dass zum Hervorrufen der hemmenden Wirkung des Vagus eine 100 Mal
grössere Stromstärke (des faradischen Stromes) erforderlich ist, als im Falle einer Reizung des motorischen Nerven (Imamura), ist jedenfalls mehr als unverständlich.
Allerdings geht aus unseren schon oben mitgetheilten (vgl. Cap. 10) Beobachtungen
klar hervor, dass den von uns (für die Skeletmusculatur) angenommenen Hemmungsnerven dem Dauerstrome gegenüber eine bedeutende, dem faradischen (d. h. momentanen
Reizen) gegenüber eine sehr geringfügige Sensibilität zukommt. Wir machen ganz
besonders darauf aufmerksam, dass unsere Ergebnisse in dieser Beziehung eine erstaunliche Analogie mit denen Imamura's ergeben. Imamura fand nämlich, dass, während in Bezug auf den galvanischen Strom die Hemmungsnerven des Herzens und die
motorischen Nerven der willkürlichen Musculatur im Allgemeinen gleiche Sensibilität
zeigen, bei Anwendung des faradischen Stromes aber — wie bereits oben gesagt —
ein colossaler Unterschied, nämlich eine erstaunlich geringe Sensibilität des N. vagus,
beobachtet wird. So zeigt also die Erregbarkeit unserer hemmenden Nerven und der
hemmenden Nerven des Herzens dem faradischen und galvanischen Strome gegenüber

process in der Form, wie wir ihn verstehen, nicht auf den Act der Muskelcontraction selbst, sondern nur auf seine Dauer, mit anderen Worten, die
Hemmung betrifft nur den absteigenden Theil der Muskelcontractionscurve
und wirkt durchaus nicht auf den aufsteigenden. So kann unserer Meinung
nach die Hemmung des Muskels (die durch Paralyse der Hemmungsnerven
hervorgerufen ist) der Muskelcontraction auch kein Hinderniss in den Weg
legen. Diese Muskelcontractionen verlieren nur vollkommen ihren dauernden,
tonischen Charakter und werden rein klonisch. Als eine der besten Be-
stätigungen unserer Ansicht vom Hemmungsprocess sehen wir die erwähnte
Arbeit I. P. Pawlow's (85) und dabei bis in ihre feinsten Einzelheiten
hinein, an. Wir erlauben uns auf einen der Versuche desselben (S. 16,
Taf. II, Fig. 17) aufmerksam zu machen. I. P. Pawlow beginnt den
Hemmungsnerv elektrisch zu reizen; als erster und beständiger Effect einer
solchen Reizung gelangt nicht eine Erschlaffung des Schliessmuskels der
Muschel, sondern umgekehrt stets eine Verstärkung seiner Contraction zur
Beobachtung. Und diese Verstärkung geht erst später unter gewissen Bedingungen (bei genügender Stärke und Dauer des Reizes) in Erschlaffung
des Muskels über, d. h. der anfängliche Erregungseffect wird allmählich
durch Hemmung abgelöst (vgl. auch Biedermann [13 d, Taf. 1, Fig. 2 a]).
Doch wenn dieser Hemmungseffect schon eingetreten ist, so hat der Muskel,
wie sich erweist, absolut nicht seine Contractionsfähigkeit eingebüsst, in ihm
treten willkürliche (oder reflectorische) Contractionen auf, doch haben diese
letzteren (bei ausreichender Stärke der Hemmung) schon ihren tonischen
Charakter verloren, der Muskel erschlafft sofort. Nur allmählich kehrt der
verloren gegangene Tonus zurück, und die Anfangs kurzen Contractionen
gehen in den dauernden Spannungszustand über, der eine charakteristische
Eigenthümlichkeit des Schliessmuskels bildet.

Dieser vollständige Verlust des Muskeltonus, der Verlust der Fähigkeit zu dauernder Muskelcontraction, und das gleichzeitige Erhaltenbleiben
des Muskelcontractionsactes selbst, — eben dieses Bild der zwiefachen
Innervation der glatten Muskeln, wie es die angeführten Beobachtungen
v. Frey's und I. P. Pawlow's zeichnen — bildet eine vollkommene und erstaunliche Analogie mit unseren eigenen die Innervation der quergestreiften
Muskeln betreffenden Untersuchungen.

---

vollkommen analoge Züge. — Andererseits darf man natürlich nicht im Voraus annehmen, dass die mannigfaltigen Hemmungserscheinungen, wie sie in der Litteratur
beschrieben sind, durchaus auf einem und demselben Mechanismus aufgebaut sind.

Inhalt.

Litteraturverzeichniss.

1. Amaya, Ueber scheinbare Hemmungen am Nervmuskelpräparate. Pflüger's Archiv. 1902. Bd. XCI. S. 413.

2. a) Anderson, The paralysis of involuntary muscle etc. . . . (paradoxical contraction). Journ. of physiol. 1903. Vol. XXX. p. 290.

b) Derselbe, The nature of the lesions which hinder the development of nerve-cells and their processes. Ebenda. 1902. Vol. XXVIII. p. 499.

3. v. Anrep, Studien über Tonus und Elasticität der Muskeln. Pflüger's Archiv. 1880. Bd. XXI. S. 226.

4. Athanasiu (et Zakharia), Recherches sur le fonctionnement des muscles antagonistes dans les mouvements volontaires. Compt. rend. 1902. T. CXXXIV. p. 311.

5. Baglioni, Physiologische Differenzierung verschiedener Mechanismen des Rückenmarkes. Dies Archiv. 1900. Physiol. Abthlg. Suppl. S. 193.

6. Baldi, L'action trophique, que le système nerveux exerce sur les autres tissus. Arch. ital. de-biol. 1889. T. XII. p. 367.

7. Basler, Ueber den Einfluss der Reizstärke und der Belastung auf die Muskelcurve. Pflüger's Archiv. 1904. Bd. CII. S. 254.

8. Bayliss, On the origin from spinal cord of the vasodilator fibres etc. . . . Journ. of physiol. 1901. Vol. XXVI. p. 173.

9. Belmondo et Oddi, De l'influence des racines spinales postérieures sur l'excitabilité de racines antérieures. Arch. ital. de biol. 1891. T. XV. p. 17.

10. Cl. Bernard, Leçons sur la physiologie et la pathologie du système nerveux. '. I. Paris 1858.

11. Bezold und Uspensky, Zur Frage von dem Einflusse der hinteren Rückenmarkswurzeln auf die Erregbarkeit der vorderen. Centralblatt für die medicinische Wissenschaft. 1867. Bd. V. S. 819.

12. a) Bickel, Beiträge zu der Lehre von den Bewegungen der Wirbelthiere. Pflüger's Archiv. 1896. Bd. LXV. S. 231.

b) Derselbe, Ueber den Einfluss des sensiblen Nerven und der Labyrinthe auf die Bewegungen der Thiere. Ebenda. 1897. Bd. LXVII. S. 299.

c) Derselbe, Untersuchungen über den Mechanismus der nervösen. Bewegungsregulation. Stuttgart 1903.

13. a) Biedermann, Elektrophysiologie. Jena 1895.

b) Derselbe, Die peristaltischen Bewegungen der Würmer und der Tonus glatter Muskeln. Pflüger's Archiv. 1904. Bd. CII. S. 475.

c) Derselbe, Elektrophysiologie. Ergebnisse der Physiologie. 1903. Jahrg. II. Abthlg. 2. S. 103—266.

d) Biedermann, Ueber die Innervation der Krebsscheere. *Sitzungsberichte der Akademie der Wissenschaften.* Wien 1887. Bd. XCV. Abthlg. 3. S. 7.

e) Derselbe, Elektrophysiologie. *Ergebnisse der Physiologie.* 1902. Jahrg. I. Abthlg. 2. S. 120—262.

f) Derselbe, Beiträge zur Kenntniss der Reflexfunction des Rückenmarkes. Pflüger's *Archiv.* 1900. Bd. LXXX. S. 408.

14. R. du Bois-Reymond, Ueber das angebliche Gesetz der reciproken Innervation antagonistischer Muskeln. *Dies Archiv.* 1902. Physiol. Abthlg. Suppl. S. 27.

15. Bottazzi, Ueber die Wirkung des Veratrins und anderer Stoffe auf die quergestreifte, atriale und glatte Musculatur. *Ebenda.* 1901. S. 377.

16. a) Braeunig, Ueber Chromatolyse in den Vorderhornzellen des Rückenmarkes. *Ebenda.* 1903. S. 251.

b) Derselbe, Ueber Degenerationsvorgänge im motorischen Teleneuron nach Durchschneidung der hinteren Rückenmarkswurzeln. *Ebenda.* S. 480.

17. Brodie and Dixon, The bronchial muscles, their innervation and the action of drugs upon them. *Journ. of physiol.* 1903. Vol. XXIX. p. 97.

18. Brondgeest, Untersuchungen über den Tonus der willkürlichen Muskeln. *Dies Archiv.* 1860. Physiol. Abthlg. S. 703·

19. Brücke, Ueber willkürliche und krampfhafte Bewegungen. *Sitzungsberichte der ·Akad. der ·Wissensch.* Wien 1878. Bd. LXXVI.· Abthlg. 3. S. 237.·

20. Buchanan, The electrical response of muscle in different kinds of persistent contraction. *Journ. of physiol.* 1901. Vol. XXVII. p. 95.

21. Burdon-Sanderson und Buchanan, Ist der reflectorische Strychnintetanus durch eine secundäre Erregung peripherer Nervenendigungen bedingt? *Centralblatt für Physiologie.* 1902. Bd. XVI. S. 313.

22. ·Carslaw, Die Beziehungen zwischen der Dichtigkeit und den reizenden Wirkungen der NaCl-Lösungen. *Dies Archiv.* 1887. Physiol. Abthlg. S. 429.

23.· Carvallo et Weiss, De l'action de la vératrine sur les muscles rouges et blancs du lapin. *Journ. de physiol.* 1899. T. I. p. 1.

24. Charcot, *Oeuvres complètes.* T. II. Paris 1886.

25. Cluzet, Étude comparative des manifestations électrotoniques des nerfs et de l'inversion de la loi des secousses. *Journ. de physiol.* 1903. T. V. p. 481.

26. a) Cyon, Sur la secousse musculaire produite par l'excitation des racines ·de la moelle épinière. *C. r. soc. biol.* 1876. T. XXVIII. p. 134.

b) Derselbe, Ueber den Einfluss der hinteren Wurzeln auf die Erregbarkeit der vorderen. *Centralblatt für die medicinische Wissenschaft.* 1867. Bd. V. S. 643.

c) Derselbe, Ueber den Einfluss der hinteren Wurzeln auf die Erregbarkeit der vorderen. Pflüger's *Archiv.* 1874. Bd. VIII. S. 347.

27. Dale, Observations, chiefly by the degeneration method, on possible efferent fibres in the dorsal nerve-roots of the toad and frog. *Journ. of physiol.* 1901. Vol. XXVII. p. 350.

28. Dejerine et Egger, Contribution a l'étude de la physiologie pathologique de l'incoordination motrice. *Rev. neurol.* 1903. T. XI. p. 134.

29. G. B. Duchenne (de Boulogne), *Physiologie des mouvements.* Paris 1867.

30. Eckhard, Physiologie des Rückenmarkes und Gehirns. Hermann's *Handbuch der Physiologie.* Bd. II. Thl. 2. Leipzig 1879.

31. a) Erb, Ueber Sehnenreflexe bei Gesunden und bei Rückenmarkskranken. *Archiv für Psychiatrie.* 1875. Bd. V. S. 792.

31.· b) Derselbe, Krankheiten des Rückenmarkes (Ziemssen's *Handbuch der speciellen Pathol. u. Ther.* Bd. XI). Abthlg. I, 1876. Abthlg. II, 1878. Leipzig.

32. a) Ewald, *Physiol. Unters. über d. Endorgan des N. octavus.* Wiesbaden 1892.

b) Derselbe, Neue Beobachtungen über die Beziehungen zwischen dem inneren Ohr und der Grosshirnrinde. Ref. *Wiener klin. Wochenschrift.* 1896. S. 161.

c) Derselbe, Nachwort. Pflüger's *Archiv.* 1897. Bd. LXVII. S. 345.

33. a) Exner, Ein physiologisches Paradoxon, betreffend die Innervation des Kehlkopfes. *Centralblatt für Physiologie.* 1889. III. S. 115.

b) Derselbe, Ueber Sensomobilität. Pflüger's *Archiv.* 1891. Bd. XLVIII. S. 592.

34. Ferrier and Turner, A record of experiments illustrative of the symptomatology and degenerations following lesions of the cerebellum etc. *Philos. trans.* 1895. Vol. CLXXXV B. p. 719.

35. a) Filehne, Trigeminus und Gesichtsausdruck. *Dies Archiv.* 1886. Physiol. Abthlg. S. 432.

b) Derselbe, Zur Beeinflussung der Rückenmarksreflexe durch Strychnin. Pflüger's *Archiv.* 1902. Bd. LXXXVIII. S. 506.

36. v. Fleischl, Untersuchung über die Gesetze der Nervenerregung. *Sitzungsberichte der Akademie der Wissenschaften.* Wien 1877. Bd. LXXVI. Abthlg. 3. S. 138.

37. a) v. Frey, Ueber die Wirkungsweise der erschlaffenden Gefässnerven. *Arbeiten aus der physiol. Anstalt zu Leipzig.* 1877. Jahrg. XI. S. 89.

b) Derselbe, Ueber die tetanische Erregung von Froschnerven durch den constanten Strom. *Dies Archiv.* 1883. Physiol. Abthlg. S. 43.

38. Friedreich, Ueber Ataxie mit besonderer Berücksichtigung der hereditären Formen. Virchow's *Archiv.* 1876. Bd. LXVIII. S. 145.

39. Garten, Ref. Hermann's *Jahresberichte für Physiologie.* Bd. X. S. 22.

40. a) Gaskell, On the structure, distribution and function of the nerves which innervate the visceral and vascular systems. *Journ. of physiol.* 1886. Vol. VII. p. 1—80.

b) Derselbe, The electrical changes in the quiescent cardiac muscle which accompany stimulation of the vagus nerve. *Ebenda.* p. 451.

c) Derselbe, On the action of muscarin upon the heart, and on the electrical changes in the non-beating cardiac muscle brought about by stimulation of the inhibitory and augmentor nerves. *Ebenda.* 1887. Vol. VIII. p. 404.

41. v. Gehuchten, Les fibres inhibitives du coeur appartiennent au nerf pneumogastrique et pas au nerf spinal. Ref. *Centralbl. f. Physiol.* 1903. Bd. XVII. p. 196.

42. Goldscheider, Ueber den Muskelsinn und die Theorie der Ataxie. *Zeitschrift für klinische Medicin.* 1889. Bd. XV. S. 82.

43. Gregor, Ueber den Einfluss von Veratrin und Glycerin auf die Zuckungscurve functionell verschiedener Muskeln. Pflüger's *Archiv.* 1904. Bd. CI. S. 71.

44. Grossmann, Ueber Ursprung der Hemmungsnerven des Herzens. *Ebenda.* 1894. Bd. LIX. S. 1.

45. Guttmann, Zur Lehre von dem Einfluss der hinteren Rückenmarkswurzeln auf die Erregbarkeit der vorderen. *Centralbl. f. d. med. Wissensch.* 1867. Bd. V, S. 689.

46. Harless, Moleculäre Vorgänge in der Nervensubstanz. *Abhandl. der bayer. Akademie der Wissensch.* (math.-phys. Cl.). 1858. Bd. VIII. Abthlg. 2. S. 531.

47. G. Heidenhain, Ueber den Einfluss der hinteren Rückenmarkswurzeln auf die Erregbarkeit der vorderen. Pflüger's *Archiv.* 1871. Bd. IV. S. 435.

48. a) R. Heidenhain, *Physiologische Studien.* Berlin 1856.

b) Derselbe, Ueber pseudo-motorische Nervenwirkungen. *Dies Archiv.* 1883. Physiol. Abthlg. Suppl. S. 133.

49. Henze, Der chemische Demarcationsstrom in toxikologischer Beziehung. Pflüger's *Archiv.* 1902. Bd. XCII. S. 451.

50. a) Hering, Ueber Bewegungsstörungen nach centripetaler Lähmung. *Archiv für exper. Pathol. und Pharmakol.* 1897. Bd. XXXVIII. S. 266.

b) Derselbe, Beitrag zur Frage der gleichzeitigen Thätigkeit antagonistisch wirkender Muskeln. *Zeitschrift für Heilkunde.* 1895. Bd. XVI. S. 129.

c) Derselbe, Beitrag zur experimentellen Analyse coordinirter Bewegungen. Pflüger's *Archiv.* 1898. Bd. LXX. S. 559.

d) Derselbe, Ueber die nach Durchschneidung der hinteren Wurzeln auftretende Bewegungslosigkeit des Rückenmarkfrosches. *Ebenda.* 1893. Bd. LIV. S. 614.

e) Derselbe, Die intracentralen Hemmungsvorgänge in ihrer Beziehung zur Skeletmusculatur. *Ergebnisse der Physiologie.* 1902. Bd. I. Abthlg. 2. S. 503.

51. Hering u. Sherrington, Ueber Hemmung der Contraction willkürl. Muskeln bei elektr. Reizung der Grosshirnrinde. Pflüger's *Archiv.* 1897. Bd. LXVIII. S. 222.

52. Hermann, *Lehrbuch der Physiologie.* Berlin 1896.

53. Hofmann, Studien über den Tetanus. Pflüger's *Archiv.* 1904. Bd. CIII. S. 291.

54. Hofmann und Amaya, Ueber scheinbare Hemmungen am Nervmuskelpräparate. *Ebenda.* 1902. Bd. XCI. S. 425.

55. Horton-Smith, On efferent fibres in the posterior roots of the frog. *Journ. of physiol.* 1897. Vol. XXI. p. 101.

56. Imamura, Vorstudien über die Erregbarkeitsverhältnisse herzhemmender und motorischer Nerven u. s. w. *Dies Archiv.* 1901. Physiol. Abthlg. S. 187.

57. Joteyko, Ref. Hermann's *Jahresber. f. Physiol.* (über 1902). Bd. XI. S. 30.

58. Kaiser, Eine Hemmungserscheinung am Nervmuskelpräparat. *Zeitschrift für Biologie.* 1891. Bd. XXVIII. S. 417.

59. Kennedy, On the restoration of co-ordinate movements after nerve-crossing, with interchange of function of the cerebral cortical centres. *Proc. Roy. Soc.* 1900. Vol. LXVII. p. 431.

60. a) Kohnstamm, Ueber Coordination, Tonus und Hemmung. *Zeitschrift für diät. und phys. Therapie.* 1901. Bd. IV. S. 112.

b) Derselbe, Zur Anatomie und Physiologie der Vaguskerne. Ref. *Neurolog. Centralblatt.* 1901. S. 767.

c) Derselbe, Zur anatomischen Grundlegung der Kleinhirnphysiologie. Mit Bemerkungen über Ataxie und Bewusstsein. Pflüger's *Archiv.* 1902. Bd. LXXXIX. S. 240.

61. a) v. Kornilow, Ueber cerebrale und spinale Reflexe. *Deutsche Zeitschrift für Nervenheilkunde.* 1902. Bd. XXIII. S. 216.

b) Derselbe, Ueber die Veränderungen der motorischen Functionen bei Störungen der Sensibilität. *Ebenda.* 1898. Bd. XII. S. 199.

62. Kreidl, Experimentelle Untersuchungen über das Wurzelgebiet des Nervus glossopharyngeus, Vagus und Accessorius beim Affen. *Sitzungsberichte der Akademie der Wissenschaften.* 1897. Bd. CVI. Abthlg. 3. S. 197.

63. v. Kries, Ueber die Abhängigkeit der Erregungsvorgänge von dem zeitlichen Verlaufe der zur Reizung dienenden Elektricitäts-Bewegungen. *Dies Archiv.* 1884. Physiol. Abthlg. S. 337.

64. Kronecker und Stirling, Die Genesis des Tetanus. *Ebenda.* 1878. S. 1.

65. Landois, *Lehrbuch der Physiologie.* 8. Aufl. Wien und Leipzig 1893.

66. a) Langelaan, Ueber Muskeltonus. *Dies Archiv.* 1901. Physiol. Abthlg. S. 106.

b) Derselbe, Weitere Untersuchungen über Muskeltonus. *Ebenda.* 1902. S. 243.

67. Langendorff und Oldag, Untersuchungen über das Verhalten der die Athmung beeinflussenden Vagusfasern gegen Kettenströme. Pflüger's *Archiv.* 1894. Bd. LIX. S. 201.

68. a) Langley, On the union of cranial autonomic (visceral) fibres with the nerve cells of the superior cervical ganglion. *Journ. of physiol.* 1898. Vol. XXIII. p. 240.

b) Derselbe, On inhibitory fibres in the vagus for the end of the oesophagus and the stomach. 1899. *Ebenda.* p. 407.

69. Lapinsky, *Zur Frage über die Ursachen der motorischen Störungen bei Schädigung der hinteren Wurzeln.* Kiew 1903 (russisch).

70. a) Lewandowsky, Ueber die Vorrichtungen des Kleinhirns. *Dies Archiv.* 1903. Physiol. Abthlg. S. 129.

b) Derselbe, Ueber den Muskeltonus, insbesondere seine Beziehung zur Grosshirnrinde. Ref. *Centralblatt für Physiologie.* 1902. Bd. XVI. S. 792.

c) Derselbe, Ueber die Automatie des sympathischen Systems nach am Auge angestellten Beobachtungen. *Sitzungsberichte der preuss. Akademie der Wissensch.* 1900. S. 1136.

71. Leyden, Tabes dorsualis. Eulenburg's *Real-Encyclopädie.* 2. Aufl. 1889. Bd. XIX. S. 421.

72. Lovén, Zur Frage der Natur des Strychnintetanus und der willkürlichen Muskelcontraction. *Centralblatt für die med. Wissenschaft.* 1881. S. 113.

73. a) Luciani, *Das Kleinhirn.* Leipzig 1893.

b) Derselbe, Ueber Ferrier's neue Studien zur Physiologie des Kleinhirns. *Biologisches Centralblatt.* 1895. Bd. XV. S. 355.

74. Magendie, *Leçons sur les fonctions et les maladies du système nerveux.* T. II. Paris 1839.

75. Magnus, Versuche am überlebenden Dünndarm von Säugethieren. Pflüger's *Archiv.* 1904. Bd. CIII. S. 525.

76. Meltzer, Ref. *Centralblatt für Physiologie.* 1900. Bd. XIV. S. 285. 1903. Bd. XVII. S. 559.

77. a) Merzbacher, Untersuchungen über die Regulation der Bewegungen der Wirbelthiere. Pflüger's *Archiv.* 1902. Bd. LXXXVIII. S. 453.

b) Derselbe, Die Folgen der Durchschneidung der 'sensibeln Wurzeln im unteren Lumbalmarke, im Sacralmarke und in der Cauda equina des Hundes. *Ebenda.* 1902. Bd. XCII. S. 585.

78. Meyer, Ueber die Natur des durch Strychnin erzeugten Tetanus. *Zeitschrift für rat. Medicin.* 1846. Bd. V. S. 257.

79. Mommsen, Beitrag zur Kenntniss des Muskeltonus. Virchow's *Archiv.* 1885. Bd. CI. S. 23.

80. Morat, Les fonctions vasomotrices des racines postérieures. *Arch. de physiol.* 1892. p. 689.

81. Mott and Sherrington, Experiments upon the influence of sensory nerves upon movement and nutrition of the limbs. *Proc. Roy. Soc. of London.* 1895. Vol. LVII. p. 481.

82. Munk, Ueber die Folgen des Sensibilitätsverlustes der Extremität für deren Motilität. *Sitzungsber. der preuss. Akademie der Wissenschaften.* 1903. S. 1038.

83. Overend, Ueber den Einfluss des Curare und Veratrins auf die quergestreifte Musculatur. *Archiv für exper. Pathologie u. Pharmakologie.* 1890. Bd. XXVI. S. 1.

84. Paukul, Die Zuckungsformen von Kaninchenmuskeln verschiedener Farbe und Structur. *Dies Archiv.* 1904. Physiol. Abthlg. S. 100.

85. Pawlow, Wie die Muschel ihre Schale öffnet. Pflüger's *Archiv.* 1885. Bd. XXXVII. S. 6.

86. Pick, Ataxie. Eulenburg's *Real-Encyclopädie.* 1880. Bd. I. S. 578

87. a) Pineles, Ueber lähmungsartige Erscheinungen nach Durchschneidung sensorischer Nerven. *Centralblatt für Physiologie.* 1891. Bd. IV. S. 741

b) Derselbe, Die Degeneration der Kehlkopfmuskeln beim Pferde nach Durchschneidung des N. laryng. super. und infer. *Pflüger's Archiv.* 1891. Bd. XLVIII. S. 17.

88. Ranvier, De quelques faits relatifs a l'histologie et a la physiologie des muscles striés. *Arch. de physiol.* 1874. T. V. p. 5.

89. Risien Russel, Experimental researches into the functions of the cerebellum. *Philos. Trans.* 1895. Vol. CLXXXV B. p. 819.

90. Rösner, Ueber die Erregbarkeit verschiedenartiger quergestreifter Muskeln. *Pflüger's Archiv.* 1900. Bd. LXXXI. S. 105.

91. Rollett, Ueber die verschiedene Erregbarkeit functionell verschiedener Nerv-muskel-Apparate. *Sitzungsberichte der Akademie der Wissenschaften.* Wien 1875—76. Bd. LXX—LXXII. Abthlg. 3. S. 7, 33, 349.

92. Santesson, Einiges über die Wirkung des Glycerins und des Veratrins auf die quergestreifte Muskelsubstanz (Frosch). *Skandin. Arch. f. Physiol.* 1903. Bd. XIV. S. 1.

93. Schaternikoff und Friedenthal, Ueber den Ursprung und den Verlauf der herzhemmenden Fasern. *Dies Archiv.* 1902. Physiol. Abthlg. S. 53.

94. a) Schiff, *Lehrbuch der Physiologie des Menschen.* Lahr 1858—59.

b) Derselbe, Moritz Schiff's *Gesammelte Beiträge zur Physiologie.* Bd. I. Lausanne 1894.

95. Schoenlein, Ueber rhythmische Contractionen quergestreifter Muskeln auf tetanische Reizung. *Dies Archiv.* 1882. Physiol. Abthlg. S. 369.

96. Schultz, Zur Physiologie der längsgestreiften (glatten) Muskeln der Wirbelthiere. *Ebenda.* 1903. Suppl. S. 1.

97. Setschenow, *Ueber die elektrische und chemische Reizung der sensiblen Rückenmarksnerven des Frosches.* Graz 1868.

98. a) Sherrington, Notes on the arrangement of some motor fibres in the lumbo-sacral plexus. *Journ. of physiol.* 1892. Vol. XIII. p. 621.

b) Derselbe, Note on the knee-jerk and the correlation of action of antagonistic muscles. *Proc. Roy. Soc.* 1893. Vol. LII. p. 556.

c) Derselbe, Further experimental note on the correlation of action of antago-nistic muscles. *Ebenda.* 1893. Vol. LIII. p. 407.

d) Derselbe, On reciprocal innervation of antagonistic muscles. *Ebenda.* 1897. Vol. LX. p. 414.

e) Derselbe, Experiments in examination of the peripheral distribution of the fibres of the posterior roots of some spinal nerves. *Philos. Trans.* 1898. Vol. CXC B. p. 45—186.

f) Derselbe, Decerebrate rigidity, and reflex coordination of movements. *Journ. of physiol.* 1898. Vol. XXII. p. 319.

g) Sherrington, On the anatomical constitution of nerves of sceletal muscles; with remarks on recurrent fibres in the ventral spinal root. *Journ. of physiol.* 1894. Vol. XVII. p. 211.

99. Stannius, Ueber die Einwirkung des Strychnins auf das Nervensystem. *Dies Archiv.* 1837. Physiol. Abthlg. S. 223.

100. a) Steinach, Motorische Functionen hinterer Spinalnervenwurzeln. *Pflüger's Archiv.* 1895. Bd. LX. S. 593.

b) Derselbe, Ueber die viscero-motorischen Functionen der Hinterwurzeln u.s.w. *Ebenda.* 1898. Bd. LXXI. S. 523.

101. Steinmann, Ueber den Tonus der willkürlichen Muskeln. *Bull. de l'acad. des sciences de St. Petersburg.* 1871. T. XVI. p. 118.

102. Stilling, Fragmente zur Lehre von der Verrichtung des Nervensystems. *Archiv für physiol. Heilkunde.* 1842. Bd. I. S. 91.

103. Stinzing, Die Varietäten der Entartungsreaction und ihre diagnostisch-prognostische Bedeutung. *Deutsches Archiv für klin. Medicin.* 1887. Bd. XLI. S. 41.

104. Stricker, Untersuchungen über die Gefässnervenwurzeln des Ischiadicus. *Sitzungsber. der Akad. der Wissensch.* Bd. LXXIV. Abthlg. 3. S. 173. Wien 1877.

105. a) Strümpell, Zur Kenntniss der Haut- und Sehnenreflexe bei Nervenkranken. *Deutsche Zeitschrift für Nervenheilkunde.* 1899. Bd. XV. S. 254.

b) Derselbe, Ueber die Störungen der Bewegung bei fast vollständiger Anästhesie eines Armes durch Stichverletzung des Rückenmarkes. *Ebenda.* 1903. Bd. XXIII. S. 1.

106. Thomas, Ataxie. *Dict. de physiol.* (Ch. Richet). Paris 1895. T. I. p. 805.

107. Tiegel, Muskelcontractur im Gegensatz zu Contraction. Pflüger's *Archiv.* 1876. Bd. XIII. S. 71.

108. a) Tschirjew, Ursprung und Bedeutung des Kniephänomens und verwandter Erscheinungen. *Archiv für Psychiatrie.* 1878. Bd. VIII. S. 689.

b) Derselbe, Tonus quergestreifter Muskeln. *Dies Archiv.* 1879. Physiol. Abthlg. S. 78.

109. v. Uexküll, Studien über den Tonus. *Zeitschrift für Biologie.* 1903. Bd. XLIV. S. 269.

110. Verworn, Zur Physiologie der nervösen Hemmungserscheinungen. *Dies Archiv.* 1900. Physiol. Abthlg. Suppl. S. 105.

111. a) Warrington, On the structural alterations observed in nerve cells. *Journ. of physiol.* 1898. Vol. XXIII. p. 112.

b) Derselbe, Further observations on the structural alterations observed in nerve cells. *Ebenda.* 1899. Vol. XXIV. p. 464.

c) Derselbe, Further observations on the structural alterations in the cells of the spinal cord following various nerve lesions. *Ebenda.* 1900. Vol. XXVII. p. 462.

d) Derselbe, Note on the ultimate fate of ventral cornual cells after section of a number of posterior roots. *Ebenda.* 1904. Vol. XXX. p. 503.

112. Wersiloff, Ueber vasomotorische Function der hinteren Wurzeln. *Physiologiste russe.* 1898—99. Vol. I. p. 48.

113. a) C. Westphal, Ueber einige durch mechanische Einwirkung auf Sehnen und Muskeln hervorgebrachte Bewegungs-Erscheinungen. *Archiv für Psychiatrie.* 1875. Bd. V. S. 803.

b) Derselbe, Unterschenkelphänomen und Nervendehnung. *Ebenda.* 1877. Bd. VII. S. 666.

c) C. Westphal, Ueber eine Fehlerquelle bei Untersuchung des Kniephänomens und über dieses selbst. *Archiv für Psychiatrie.* 1882. Bd. XII. S. 798.

114. a) Wundt, *Die Lehre von der Muskelbewegung.* Braunschweig 1858.

b) Derselbe, *Mechanik der Nerven und Nervencentren.* Stuttgart 1876.

115. a) Wedensky, *Ueber die Beziehungen zwischen Reizung und Erregung im Tetanus.* St. Petersburg. 1886 (russisch).

b) Derselbe, Die fundamentalen Eigenschaften des Nerven unter Einwirkung einiger Gifte. Pflüger's *Archiv.* 1900. Bd. LXXXII. S. 134.

c) Derselbe, Die Erregung, Hemmung und Narkose. *Ebenda.* 1903. Bd. C. S. 1.

116. Yeo and Cash, On the relation between the active phases of contraction and the latent period of sceletal muscle. *Journ. of physiol.* 1883. Vol. IV. p. 198.

117. Zenneck, Ueber die chemische Reizung nervenhaltiger und nervenloser (curarisirter) Skeletmuskeln. Pflüger's *Archiv.* 1899. Bd. LXXVI. S. 21.

Verhandlungen der physiologischen Gesellschaft zu Berlin.

Jahrgang 1904—1905.

V. Sitzung am 13. Januar 1905.

1. Hr. G. Muskat: „Ueber Muskelanpassung bei einem Falle aussergewöhnlicher Muskelbeweglichkeit."

Meine Herren! Ursprünglich hatte ich lediglich die Absicht, den Fall von aussergewöhnlicher Beweglichkeit der Muskulatur in Form einer Demonstration Ihnen zu zeigen. Da nun aber diese Demonstration auf die Tagesordnung gesetzt wurde, möchte ich mir erlauben, einige interessante Punkte über die isolirten Muskelbewegungen hervorzuheben und Schlüsse, wenn auch vorläufig nur hypotetischer Natur, über die Art und Entstehung dieser Bewegung zu ziehen. Die Bedeutung derselben für eine in neuerer Zeit ausserordentlich viel bearbeitetes Gebiet der praktischen Medizin, nämlich dasjenige der Ueberpflanzung von Muskeln und Sehnen soll kurz gestreift werden.

Durch einen von aussen her an sie herantretenden Reiz nehmen bestimmte Gruppen von Zellen im Centralnervensystem die Fähigkeit an, diesen Reiz zu einer Bewegung der betreffenden Muskelgruppe weiter zu geben. Die Fähigkeit bei einer Bewegung, eine isolirte Gruppe von Muskeln für sich allein zu bethätigen, ist vermuthlich nicht von Geburt an gegeben und wird wohl erst durch Uebung allmählich erworben. Mitbewegungen sind anfänglich das Naturgemässe, von denen der Begriff der Associationbewegungen zu trennen ist. Nach den Ausführungen von Joh. Müller in seiner Physiologie des Menschen ist Folgendes zu berücksichtigen:

„Man hat früher häufig die Mitbewegungen und die Association der willkürlichen Bewegungen verwechselt." Das Wesentliche der Mitbewegungen liegt darin, dass die willkürliche Intention auf einen Nerven die unwillkürliche auf einen andern hervorruft. Es ist nicht möglich, das eine Auge willkürlich zu erheben, ohne dass das andere derselben Bewegung folgt; es ist nicht möglich, das Auge nach innen zu stellen, ohne dass die Iris enger wird. Der Ungeübte vermag nicht einen einzelnen Finger allein zu strecken. Diese Erscheinungen sind nicht angeübt, sie sind angeboren. Die Mitbewegung ist bei dem Ungeübten am grössten und der Zweck der Uebung und Erziehung der Muskelbewegungen ist zum Theil, das Nervenprincip auf einzelne Gruppen von Fasern isoliren zu lernen. Das Resultat der Uebung ist daher in Hinsicht der Mitbewegungen Aufhebung der Tendenz zur Mitbewegung.

Bei den Associationen der willkürlichen Bewegungen ist es ganz anders. Hier werden durch Uebung Muskeln zur schnellen Folge oder Gleichzeitigkeit der Bewegung ausgebildet, die an sich noch wenig Neigung zu dieser Association haben. Das Resultat der Uebung bei der Association der Bewegungen ist daher gerade das Umgekehrte als bei den Mitbewegungen. Durch Uebung verlieren die Muskeln die angeborne Tendenz zur Mitbewegung; durch Uebung wird die willkürliche Mitbewegung mehrerer Muskeln erleichtert. In dem vorzustellenden Falle aussergewöhnlicher Muskelthätigkeit geht diese Uebung und Einschränkung der Mitbewegung über dasjenige Maass hinaus, welches in der Norm durch die vom Leben gestellten Anforderungen erreicht werden. Ebenso ist die Fähigkeit der Association der Bewegung eine weitaus grössere und die Wirkung derselben mehr in die Augen fallende als unter normalen Verhältnisse.

Es handelt sich um einen 29jährigen Mann mit ganz gesunden Organen, derselbe ist Soldat gewesen und war später in einer Maschinenfabrik als Werkmeister thätig. Das auffallende Spiel der Muskeln, welches er schon als Kind besass, hat er im Laufe der Jahre zu einer geradezu erstaunlichen Virtuosität herangebildet. Als Vortr. im Jahre 1903 Gelegenheit hatte, diese Erscheinungen auf dem Congresse der deutschen Gesellschaft für Chirurgie vorzustellen, waren diese Fähigkeiten noch lange nicht derartig ausgebildet, wie dieselben jetzt zu sehen sind. Es erscheint auch nicht ausgeschlossen, dass durch weitere Uebungen auch noch die anderen Muskeln sich sowohl losgelöst aus ihren Complexen, als auch in ihren einzelnen Componenten, ja vielleicht in ihre verschiedenen Faserzüge getrennt contrahiren könnten.

Diese letzte Möglichkeit könnte durch die neuerdings von Grützner gemachte Beobachtung gestützt werden, welche im Druck noch nicht vorliegt. Nach seiner diesbezüglichen Untersuchung contrahiren sich im Warmblütermuskel nicht alle Fasern zugleich, sondern die Bewegung, die im Allgemeinen weder eine Tetanus noch eine Einzelzuckung ist, kommt dadurch zu Stande, dass die einzelnen Fasern in beabsichtigter Weise einzeln zucken, bezw. tetanisch sich contrahiren können.

Die Wichtigkeit für die Anwendung auf praktische Verhältnisse würde darin zu suchen und zu finden sein, dass bei der Verwendung gesunder Muskeln bezw. Sehnen zum Ersatze verloren gegangener eine weitaus grössere Zahl von Möglichkeiten bestehen würde.

Dass functionell gleichwirkende Muskeln im Stande sind, für einander die verloren gegangene Function zu übernehmen, erscheint nicht weiter wunderbar, so z. B. wenn der Tibialis anticus mit dem Extensor hallucis longus in Beziehung tritt, da ja bei Erhebung der Fussspitze die grosse Zehe gleichzeitig mitgestreckt wird, oder zum Beispiel beim Daumenstrecker, wo eine Streckung des Nagelgliedes ohne die Grundphalanx ziemlich unmöglich ist. Auch bei etwas ferner stehenden Muskelindividuen lässt sich noch eine Erklärung finden, so lange dieselben eine ähnliche Function ausgeübt haben.

Die Schwierigkeiten in der Erklärung wachsen aber, sobald es sich um Ueberpflanzungen handelt, bei denen ein Muskel die Function seines Antagonisten übernehmen soll oder eine absolut andere Function als früher ausüben soll, so z. B. wenn der Strecker der Finger an Stelle des gelähmten Beugers oder ein ander Mal ein Supinator an Stelle eines Streckers gesetzt werden muss.

Auch die Möglichkeit, aus e i n e m Muskelindividuum zwei getrennte zu machen, welche auf der einen Seite für alle Muskeln zugegeben, auf der andern Seite bestritten, von anderen auf bestimmte Muskeln beschränkt wird (M. tibialis anticus), wird durch diesen Fall möglicher Weise geklärt. Wird beispielsweise der M. tibialis anticus in der Weise gespalten, dass der eine Theil nach wie vor in Verbindung mit seiner alten Insertion bleibt und den inneren Fussrand hebt, der andere Theil auf die gelähmten Mm. peronei überpflanzt, die Pronation und Hebung des äusseren Fussrandes hervorrufen soll, so ist die Bedingung, dass beide Theile lernen, selbständig von einander getrennt zu arbeiten.

Der innere Kliniker Moritz äussert sich über diese Frage folgender-maassen: „Die Erklärung für die physiologische und neurologisch höchst interessante Thatsache, dass ein Mensch mit einem künstlich gespaltenen und mit seiner lateralen Hälfte am lateralen Fussrand inserirten Tib. anticus es unter Umständen lernt, beide Muskelhälften gesondert zu gebrauchen und so trotz Fehlens der Peronei eine Adduction und Abduction des Fusses zu bewerkstelligen, liegt meines Erachtens nicht fern." „Ohne Zweifel ist ein grosser Muskel, wie der Tib. ant., nicht von einer Rindenzelle im Grosshirn allein, sondern von einer ganzen Anzahl von Zellen innervirt. Diese werden normaler Weise in der Regel zusammen functioniren. Jedenfalls könnte bei der einheitlichen Insertion des Muskels eine Function nur einer Gruppe derselben nur den Erfolg haben, dass der Muskel schwächer wirkt, während die Richtung seines Zuges immer dieselbe bleiben müsste. Dies ändert sich in dem Augenblick, wo einer Hälfte des Muskels eine andere Insertion gegeben wird. Tritt jetzt, sagen wir zufällig, einmal die Thätigkeit nur der Gruppe von Zellen ein, welche die abnormal inserirte Muskelhälfte in Fasern versorgt, so entsteht eine ganz neue Be-wegung und damit auch eine neue Bewegungsvorstellung für das Individuum. Wiederholt sich diese neue Bewegungsvorstellung öfter, so kann es auf Grund derselben dem Individuum allmählich gelingen, die Gruppe motorischer Rindenzellen für die betreffende Muskelhälfte auch will-kürlich gesondert in Thätigkeit treten zu lassen. Eine solche Differencirung in der Anwendung des Muskelapparates ist ja, wenn die mechanischen Be-dingungen in der Peripherie einmal gegeben sind, Sache des Gehirns und bekanntlich grosser Uebung fähig. Um die zur Einübung der neuen Combi-nation von motorischen Rindenzellen nöthigen neuen Bewegungsvorstellungen dem Individuum zuzuführen, dürfte es sich im Falle der gespaltenen Tibialis vielleicht empfehlen, zunächst auf elektrischem Wege die gesonderte Wirkung beider Muskelhälften öfter herbeizuführen."

Neben dieser Erklärung sind aber noch andere Erwägungen möglich. In der Praxis zeigt es sich nämlich, dass, nicht erst längere Zeit, wie dieselbe ja zu der von Moritz gewünschten Anpassung des Central-nervensystems an dem veränderten Reiz nothwendig wäre, erforderlich ist, sondern dass schon nach Abnahme des Gipsverbandes eine Bewegungsfähig-keit in der neuen, durch die Operation erzielten Richtung eintritt. Dafür sind diese weiteren Erklärungsversuche nothwendig.

Ohne auf die Lehren und die Streitigkeiten über die Antagonisten-theorie hier näher einzugehen, sei erwähnt, dass nach Duchenne zur Be-wegung eines Gelenkes neben den eigentlich thätigen Muskeln auch die

Antagonisten arbeiten, und zwar in dem Sinne, dass z. B. bei Streckung des Kniegelenkes gleichzeitig die Beuger innervirt werden, um einer zu gewaltsamen Streckung vorzubeugen; Aehnliches findet sich auch in den Arbeiten von Kries und Brücke. Bei apoplektischen Insulten, bei denen beispielsweise, wie es so häufig der Fall ist, die Strecker der Hand gelähmt sind, tritt bei dem Versuche des Patienten, die Hand zu strecken, eine noch stärkere Beugung ein, so dass aus diesem Verhalten eine weitere Bestätigung der Duchenne'schen Theorie hervorgeht.

Dem würde auch das eigenthümliche Verhalten des transplantirten Beuger auf die Streckseite des Kniegelenks entsprechen. Bei totaler Lähmung der Oberschenkelstrecker wurden die gesammten Beugemuskeln auf die Streckweite überpflanzt. Bei dem Versuche, das Knie zu beugen, welche Bewegung im Wesentlichen durch den Musculus gastrocnemius ausgeführt werden musste, contrahirten sich in recht ungewünschter Weise die jetzt als Strecker wirkenden ehemaligen Beugemuskeln. Als Erklärung dafür sind zwei Möglichkeiten angeführt. Die eine: dass bei einer Gelenksbewegung alle Muskeln gleichmässig innervirt werden und so auch die Strecker bei Beugung in Function treten müssen, wobei man annehmen müsste, dass die Centren bereits umgebildet wären und sich schon an die neuen Bahnen angepasst hätten. Die andere: dass die alten Bahnen noch unverändert beständen und bei einer Beugung die Beuger in alter Weise in Thätigkeit treten, obwohl sie künstlich zu Streckern gemacht sind.

Ein Rückschluss auf die Verhältnisse bei der Sehnentransplantation im Allgemeinen würde nun der sein, dass der neue, an Stelle des früheren überpflanzte Muskel mit seiner ganz verschiedenartigen, eventuell ganz entgegengesetzten Function auch schon bei den ursprünglichen Verhältnissen einen Innervationsimpuls empfing, als noch der alte Muskel die betreffende Bewegung auszuführen hatte. Es würde also genau wie früher eine Innervation der verschiedenen Muskelgruppen stattfinden und entsprechend den veränderten mechanischen Verhältnissen die Contraction des Muskels eine andere Bewegung, als er früher es konnte, hervorrufen.

Eine andere Erwägung, welche gerade unter diesen Verhältnissen bei Berücksichtigung der veränderten Arbeitsleistung wesentliche Beachtung verdient, muss die sein, dass eventuell auch ohne Zuthun des Centralnervensystems durch eigene Kräfte des Muskels eine Anpassung zu Stande kommt. Diese Selbstständigkeit des Muskels darf nicht weiter Wunder nehmen, da ja bekannt ist, dass überhaupt dem Muskel die verschiedenartigsten autonomen Kräfte zukommen, und dass der Muskel zu mannigfachen complicirten Functionen befähigt ist.

Bei dem vorzustellenden Falle lassen sich die Arten der möglichen Bewegungen nach den verschiedenen Gesichtspunkten folgendermaassen eintheilen:

1. An sich normale Bewegungen, welche nur durch die Grösse ihres Effectes auffallend sind (Hervorwölben des Bauches).

2. Isolirte Bewegungen eines sonst nur in einem Complexe thätigen Muskels (z. B. M. obliquus).

3. Bewegung nur eines Theils eines Muskels (M. rectus).

4. Bewegungen von Muskeln, welche auszuführen der heutige Mensch für gewöhnlich nicht mehr im Stande ist (Platysma).

Diese vier Arten wären Aufhebungen der Mitbewegungen im Sinne von Johannes Müller.

5. Association von Bewegungen zur Erzielung bestimmter Lageveränderungen des Knochenskeletes und der Eingeweide. Willkürliches Hervorrufen
einer Scoliose, Verlagerung des Herzens, Pulsunterdrückung (Pulsus paradoxus).

1. Der Bauch wird trommelförmig hervorgewölbt, ohne dass es selbst
vereinten Anstrengungen mehrerer Männer gelingt, ihn zurückzudrängen.
Diese enorme Spannung und Kraft der Bauchmuskeln zeigt sich dann auch
beim Heraustretenlassen der Musculatur. Wie bei bewegtem Meere gehen
Wellen von grösserer oder geringerer Länge über den ganzen Leib vom
Brustbein bis zur Symphyse.

2. Besonders interessant ist das isolirte Contrahiren des Musculus obliquus abdominis, den wohl sonst nur der Anatom und der Elektrodiagnostiker
von den übrigen Muskeln der Bauchpresse getrennt zu sehen Gelegenheit hat.

In neuerer Zeit wird auch der Biceps für sich allein bewegt, ohne dass
eine Mitbewegung der Muskeln, besonders des Unterarms erfolgt.

3. Von dem Biventer mandibulae ist es wohl bekannt, dass eine isolirte Contraction jedes seiner Theile hervorgerufen werden kann, vermuthlich durch Theilung der Versorgungsgruppen im Centrum, während andere
Muskeln, wenigstens so weit mir bekannt, eine derartige Theilung nicht zu-
lassen. In dem vorzustellenden Falle ist nun auch diese Möglichkeit gegeben.
Der Musculus rectus abdominis kann willkürlich in einzelne Theile zerlegt
werden, und zwar sowohl in die drei, durch die bekannten beiden inscrip-
tiones tendineae entstandenen Theile, als auch in beliebige andere Theile,
so dass der Leib in der Mitte zwischen Brustbein und Symphyse derartig
contrahirt wird, dass eine Sanduhrform entsteht und die eindringende Hand
leicht auf die Wirbelsäule stösst.

4. Von denjenigen Bewegungen, deren Ausführungen uns heute nicht
mehr gelingen, möchte ich auf die des Platysma hinweisen, welches ohne
weitere Muskelarbeit allein bewegt werden kann.

5. Durch die gesteigerte Fähigkeit der Association der Bewegungen
wird die Ausführung einzelner geradezu verblüffender Erscheinungen möglich.
So entsteht durch Zusammenwirken der Bauchpresse und der Thoraxmuscu-
latur die enorme Erweiterung des Brustkorbes und das Hineinpressen der
Eingeweide in denselben. Ebenso wird durch Mitwirkung verschiedenster
Muskelgruppen der Pulsus paradoxus hervorgerufen. Die Verlagerung des
Herzens in der Weise, dass die Herzspitze nach oben aussen gedreht wird,
ist wohl auf ähnliche Weise zu erklären. Erwähnen möchte ich hierbei,
dass Hr. Geheimrath v. Leyden gelegentlich der Vorstellung dieses Falles
durch Hrn. Borchard im Verein für innere Medicin eines Falles gedachte,
der im Stande war, das Herz von der linken in die rechte Thoraxhälfte zu
verlagern.

Die diesbezüglichen Röntgenbilder werden durch Hrn. Dr. Cowl erläutert und vorgelegt.

Durch Zusammenwirken der Bauch- und Rückenmuskeln ist das Entstehen einer Scoliose möglich.

Damit sind die Arten der Bewegungen erschöpft, welche der vorzu-
stellende Fall im Stande ist auszuführen, und welche durch Nachprüfung sich
als thatsächlich vorhanden erweisen.

2. Hr. A. BICKEL: „Experimentelle Untersuchungen über die Magensaftsecretion bei den Herbivoren."

Aus dem Fundustheil des Labmagens von Ziegen wurde nach der Pawlow'schen Methode ein sog. kleiner Magen gebildet und an diesem die Saftabsonderung studirt. Dieser kleine Labmagen sondert fortwährend Magensaft ab. Die Acidität dieses Saftes ist eine geringe. Unter Umständen gelingt es, wenn man die Ziege fasten lässt, die Absonderung eines alkalischen Saftes aus dem Labmagen zu erzielen. Durch die Aufnahme der frischen Nahrung — nicht durch das Wiederkauen — wird in dem Labmagen reflectorisch die Säureproduction angeregt, ebenso die Bildung des Pepsins und Labs. Nach einer einmaligen Fütterung des Thieres steigt die Acidität an, freie Salzsäure tritt auf, die später mit dem Sinken der Acidität wieder verschwindet und schliesslich kann der Saft wieder alkalisch werden. — Die verschiedenen Saftportionen zeigen bei der Ziege nicht unbeträchtliche Schwankungen im Gefrierpunkt und elektrischen Leitvermögen. — Das letztere ist beim Ziegenmagensaft geringer, als beim Magensaft des Hundes und des Menschen. — (Die ausführliche Publication des Vortrages findet sich in der Berliner klin. Wochenschrift Nr. 6 1905.)

VII. Sitzung am 24. Februar 1905.

1. Hr. C. BENDA: „Bemerkungen zu dem Vortrage Hrn. Feinberg's über die Aetiologie des Carcinoms."

Der Widerspruch, den Hr. Feinberg in der vorigen Sitzung gegen die Protokollirung meiner Discussionsbemerkungen erhob, zwingt mich, dieselben hier in Form einer besonderen Mittheilung zu geben, da ich nicht in den Verdacht bei Fernerstehenden kommen möchte, die Ausführungen Hrn. Feinberg's ohne Widerspruch mit angehört zu haben. Es ist mir das darum wichtig, weil ich mich verschiedentlich öffentlich als Anhänger einer parasitären Theorie des Krebses bekannt habe; ich halte auch jetzt noch, abweichend von den meisten Pathologen, z. B. auch von den neuesten Ausführungen Ribbert's daran fest, dass der Nachweis eines Parasiten, der entsprechende besondere, am eingehendsten einmal von Lubarsch formulirte biologische Forderungen erfüllt, besser als die bisher vorhandenen Carcinomtheorien die Genese des Carcinoms erklären würde. Ich kann sogar darin Hrn. Feinberg zustimmen, dass nach den bisher vorliegenden Erfahrungen, die nb. nicht von Hrn. Feinberg inaugurirt sind, manches dafür spricht, dass ein so beschaffener Parasit nicht in den Abtheilungen des Schizomyceten oder Blastomyceten, sondern am ehesten unter den Protozoen zu vermuthen wäre. Ich entnehme für mich aus dieser günstigen Voreingenommenheit die besondere Verpflichtung, angebliche positive Befunde von Krebsparasiten mit grösster Vorsicht zu prüfen. In solcher Gesinnung trete ich an die Präparate und die Darlegungen Hrn. Feinberg's und betrachte es nicht als meine Schuld, dass meine Kritik für Hrn. Feinberg etwas lästig ausgefallen ist.

Ich gehe zunächst auf den von Hrn. F. versuchten histologischen Nachweis des Parasiten ein. Ich kann mich hier nicht auf die eingehende Besprechung der von Hrn. F. behaupteten tinctoriellen Merkmale der Protozoenkerne einlassen; die Verhältnisse liegen sehr viel verwickelter, als Hr. F. gemeint hat. Es giebt Protozoen mit sehr wohl entwickelten Kernen, in denen Kernmembran, Kerngerüst und Chromatin ganz die Verhältnisse wie bei den Metazoenzellen zeigen, nämlich bei den Infusorien. Es giebt andererseits Metazoenkerne, in denen die Nukleolen aus Chromatin bestehen und sogar zeitweise das gesammte Kernchromatin enthalten, so z. B. in den ruhenden Spermatogonien der urodelen Amphibien. Es ist aber ganz unzweifelhaft, dass bei physiologischer und pathologischer Chromatolyse und Karyorrhexis bei Metazoenzellen Formen und Anordnungen des Chromatins vorkommen, die ganz den von Hrn. F. den Protozoenkernen als charakteristisch zugeschriebenen Verhältnissen entsprechen. Ich erinnere z. B. an die Kernmetamorphosen der Normoblasten im Knochenmark und im anämischen Blut, die nach Hrn. F.'s Kriterien Protozoenkerne sein müssten.

Ich komme nunmehr zu Hrn. F.'s mikroskopischen Präparaten, in denen er uns den Formenkreis des Carcinomparasiten demonstriren wollte. Seine Mikroskope zeigten uns die heterogensten Dinge, für deren morphologischen und genetischen Zusammenhang er nicht den geringsten Beweis erbracht hat. Da lag in einem Präparat ein undefinirbares, annähernd maulbeerförmiges, diffus roth gefärbtes Gebilde in einem von einer organisirten Membran umschlossenen Hohlraum. Es ist kaum zweifelhaft, dass wir es hier mit einem Fibringerinnsel in einem kleinen Blutgefäss zu thun haben. Da waren zwei Präparate als „Parasiten im Bindegewebe" bezeichnet. Jeder Kundige erkannte hier sofort die bekannten schollig verunstalteten Hornzellen, die man fast immer im Centrum einer sogenannten Cankroidperle finden kann. Hr. F. hatte die Querschnitte der abgeplatteten, concentrisch geschichteten Hornzellen für Bindegewebsfibrillen gehalten! Er hatte auch für meinen bezüglichen Hinweis keine weitere Erwiderung, als die, dass sich das Präparat entfärbt haben müsse. obgleich es noch immer gut genug gefärbt war, um rings um die Hornzellen deutlich die Riff- und Stachelzellen zu erkennen.

Die einzigen in den Präparaten sichtbaren Gebilde, die als Parasiten allenfalls discutabel sind, sind, wie schon vor drei Jahren mit Recht von Hrn. Nösske betont wurde, ganz dieselben Dinge, die schon vor Hrn. F. von Sköbring, Sudakewitsch, Foà, Plimmer, v. Leyden als Parasiten, theils als Protozoen, theils als Blastomyceten beschrieben worden sind, und deren Morphologie in der grossen Arbeit von Pianese am erschöpfendsten behandelt und kritisch beleuchtet worden ist. Hinsichtlich dieser Gebilde ist Herr F. nach seinen Präparaten und Beschreibungen zu urtheilen, zu viel dürftigeren Resultaten gelangt, als andere neuere Autoren, von denen ich besonders Borel (Paris) sowie W. Loewenthal und L. Michaelis (Berlin) nenne, deren mir bekannt gewordenen Präparate diejenigen Hrn. F.'s bedeutend an Schönheit und Klarheit übertreffen. Die beiden. letztgenannten Herren hatten die Liebenswürdigkeit, auf meine Bitte einige von ihren im vorigen Sommer im Comité · für · Krebsforschung demonstrirten Präparaten hier zum Beleg meiner Behauptung auszustellen. Auch ich habe einige meiner schon verschiedentlich, so auf dem Chirurgencongress 1903 demonstrirten und einige neuere Präparate aufgestellt. Dieselben lassen aber ebenfalls nur die bekannten Bilder der Carcinomeinschlüsse in sehr prägnanter Contrastfärbung, namentlich mit meiner Eisenalizarin-Toluidinblau-Färbung erkennen. Was ich daran zeigen wollte, ist nur, dass die ängstlichen Kautelen, die Herr F. für ihre Darstellung vorschrieb, überflüssig sind; denn einige der Präparate entstammen gewöhnlichem Leichenmaterial, welches bei einer mehr als 24 St. p. m. vorgenommenen Section gewonnen wurde, und sind mit Formalin-Chromsäure gehärtet. Zweitens wollte ich beweisen, dass man sich über ihre Lagerung innerhalb von Zellen an guten Färbungen der Zellleiber, wie sie meine oben genannte Methode oder die Eisenhämatoxylin-methode nach meiner Vorschrift ermöglicht, leicht unterrichten kann.

Herr F. hat den Fehler begangen, ausschliesslich Kernfärbemittel zu verwenden. Er ist sich in Folge dessen über die allen anderen Autoren wohl bekannten Lagerungsverhältnisse der fraglichen Gebilde im Innern von Zellleibern völlig im Unklaren geblieben. Hieraus resultiren seine phantasie-vollen Beschreibungen von „freien Kernen" der Krebszellen und deren Ein-wanderung in seine Parasiten. Bei geeigneten Methoden würde er sich über-zeugen, dass jene freien Kerne theils in abgeplatteten Zellen, theils in viel-kernigen Zellen liegen. Er würde sich ferner davon überzeugen, dass das von ihm als Kerneinwanderung gedeutete Verhältnis darauf beruht, dass jene fraglichen Gebilde ausschliesslich als Zelleinschlüsse auftreten, deren intra-cellulare Natur nur dann gelegentlich im Präparat verborgen bleibt, wenn der den Kern enthaltende Zellabschnitt durch die Schnittrichtung abgetrennt ist, oder in einer anderen optischen Ebene liegt. Mit geeigneten Methoden kann man sich endlich überzeugen, wie ich das Hrn. F. schon vor einigen Jahren an meinen Präparaten zu zeigen suchte, dass die scheinbaren Kapseln oder Membranen der Parasiten lediglich dem Protoplasma des Zellleibes an-gehören, welches durch jene Gebilde vacuolenartig auseinandergedrängt wird.

Was diese Bildungen nun wirklich bedeuten, darüber vermag ich nichts auszusagen. Hr. Borel hat neuerdings durch sehr schöne Präparate dar-zuthun gesucht, dass sie aus den Centrosomen und der Attractionssphäre durch Degeneration hervorgehen, und sie mit den merkwürdigen Umwand-lungsproducten verglichen, die die Sphäre (Archiplasma, Idiozoma) in den Spermatiden des Meerschweinchens erfährt. Diese zuerst von mir in unserer Gesellschaft beschriebenen und in ihrer Bedeutung gewürdigten, später von v. Lenhossek und Meves genauer erforschten Vorgänge im Archiplasma der Säugethierspermatiden haben, wie ich in einem ausgestellten Präparat zeigen kann, allerdings eine flüchtige Aehnlichkeit mit den Krebszellen-einschlüssen. Borel irrt darin, dass er dem Spermatidenidiozoma in dem bezeichneten Stadium ein Centrosoma zuschreibt, welches es ebenso wenig wie die Carcinomeinschlüsse enthält. Er übersieht, dass der Krebseinschluss kein Umwandlungsproduct der Sphäre sein kann, weil die Epithelzellen keine so abgegrenzten Sphären (Idiozomen) enthalten wie ganz einzig die Spermatiden und allenfalls noch die Eizellen. Er übersieht endlich, dass die Umwand-lung der Spermatidensphäre keine Degeneration, sondern ein ganz specifischer progressiver Vorgang ist, der die Metamorphose eines bestimmten Abschnitts der Sphäre zum Spitzenknopf oder Perforatorium der Spermie einleitet und der in Folge dessen in dieser Art nur an der Spermatide vorkommen kann. Apolant und Emden leiten sie von Kernen oder ausgestossenen Nukleolen ab, eine Deutung, die ich nach meinen Präparaten nicht bestätigen kann.

Viel wichtiger sind die Beobachtungen L. Aschoff's und Spirlas'. Dieselben haben für die bereits mehrfach geäusserte Vermuthung, dass die Krebs-zelleneinschlüsse Auflösungsproducte von Leukocyten seien, die in die Zellen eingeschlossen wurden, experimentelle Beweise erbracht, indem sie zeigten, dass bei Einverleibung verschiedenartiger zelliger Elemente in der Bauchhöhle, durch die eine Leukocytenemigration angeregt wird, in den Endothelzellen ähnliche Einschlüsse auftreten, die man in allen Phasen von den eingewanderten Leukocyten ableiten kann.

Trotz der Bedeutung der Aschoff'schen Beobachtungen und trotz meiner Einwände gegen Hrn. F.'s Darstellungen will ich mich in Hinblick auf meine eigenen und Hrn. Michaelis' Präparate gar nicht gegen das Zugeständnis wehren, dass es sich bei den Einschlüssen um Parasiten handeln könnte, und dass gerade in der Weise, wie in unseren Präparaten das Chromatinkorn mit einer plasmaartigen Umhüllung im Innern von Zellleibsvacuolen dargestellt wird, eine Aehnlickeit mit Protozoen und speciell Plasmodien ganz unverkennbar ist. Mit der Feststellung einer morphologischen Aehnlichkeit ist die Sache zur Zeit aber abgethan, so lange jeder biologische Nachweis der parasitären Natur der Einschlüsse, besonders jede Kenntnis über ihren Entwickelungsgang fehlt. Das würde aber noch angehen, wenn wenigstens ihr Nachweis im Carcinom regelmässig glückte. Der schwerstwiegende Einwand gegen ihre ätiologische Bedeutung liegt aber darin, dass sie, gleichviel ob Parasiten oder nicht, nur in einer Anzahl von Drüsencarcinomen zu finden sind, und in anderen, z. B. in sehr bösartigen Pflasterzellenkrebsen durchaus fehlen.

Nun will Hr. F. die fraglichen Parasiten mit solchen der Flohkrebse in Beziehung bringen. Ich habe ihm das vorige Mal zu seiner Entdeckung der Protozoen in den Cyklops- und Daphne-Arten Glück gewünscht, aber ich bin inzwischen von Hrn. Behla darauf aufmerksam geworden, dass ich in dieser Beziehung voreilig oder richtiger verspätet gewesen bin. Bereits in L. Pfeiffer's „Protozoen als Krankheitserreger" (Jena 1895) finden wir mehrere Glugeaarten in Cyklops- und Daphniaarten und Serosporidien in Daphnia beschrieben (auch citirt bei v. Wasielewsky, Sporozoenkunde). Die unvollständigen Beschreibungen Hrn. F.'s lassen kein Urtheil darüber zu, ob er etwas Anderes, Neues gesehen hat. Aber selbst das letztere zugegeben, welche Berechtigung hat Hr. F. den Sporozoen der Flohkrebse, sei es denen L. Pfeiffer's, sei es den seinen eine Beziehung zum Carcinom zuzuschreiben?

Von seinen drei angeblich positiven Infectionsversuchen scheiden ohne Weiteres zwei aus, der eine, wo nach der Infection in der Rattenlunge „zahlreiche Knoten" entstanden sind, weil diese Knoten sich nach seiner Beschreibung und nach ihrem Augenschein zweifellos als Abscesse kennzeichnen. Für das Magenpapillom ist nicht der geringste Beweis erbracht worden, dass es nicht schon vor der Infection bestand, und dass es ebenfalls „Parasiten" enthielt. Es bleibt also das eine Mammacarcinom des Hundes, welches in Hinsicht auf die dürftige Beschreibung seiner Genese und seines Wachsthums nicht ausreichend erscheint, so weitgehende Schlüsse zu rechtfertigen, und eher den Verdacht zulässt, dass es schon vorher bestand und erst nach der Infection bemerkt worden ist.

Im Uebrigen fehlt für die Beziehung zwischen den Carcinomeinschlüssen und den Cyklopssporozoen nicht mehr als alles zu einem Beweise. Es ist weder morphologisch noch experimentell der Formenkreis klargestellt, der den Begriff des Miethswechsels eines Parasiten begründet. Wenn wir zunächst auf die experimentelle Geschwulstinfection höherer Thiere verzichten wollten, zu deren Zustandekommen vielleicht complicirtere Bedingungen nöthig sind, sollte doch wenigstens der Versuch gemacht worden sein, die Infection der Flohkrebse mit den Carcinomparasiten morphologisch und experimentell zu verfolgen. Hr. B. Friedländer. hat zutreffend darauf aufmerksam gemacht, dass in den bekannten Fällen des Wirthswechsels der Parasiten meist auch zwischen den Wirthsthieren nähere biologische Verbindungen bestehen, wie z. B. zwischen Anopheles und Mensch, wo ersterer vom Blut des letzteren lebt. Aber auch, wo das nicht zutrifft, wie bei den Schnecken, die das Redienstadium für die Distomen der Säuger beherbergen, ist doch. eben das Postulat erfüllt, dass wir die Infection von der Seite des anderen Wirthsthieres herleiten können. Die Schnecken erwerben die Redien nur durch die von den Säugern ausgeschiedenen Distomeneier, der Anopheles kann die Sporozoiten nur aus Plasmodien des Blutes eines Malariakranken entwickeln. Will Hr. F. behaupten, dass die Daphnien nur in den Teichen, in denen ein Krebskranker ertrunken ist, oder seine Dejectionen abgesetzt hat, Sporozoen bergen? Hat er nur einen Versuch darüber angestellt, ob gesunde Cyklopiden, die er mit Krebspräparaten fütterte, Sporozoen entwickeln?

Ich meine, wir erweisen Hrn. F. mehr als Gerechtigkeit, wenn wir seine Mittheilungen über die Sporozoen der Flohkrebse als eine Anregung zu weiteren Untersuchungen betrachten, aber wir müssen dagegen energischen Einspruch erheben, wenn er sich rühmt, die Aetiologie des Carcinoms aufgeklärt zu haben.

2. Hr. OSCAR LIEBREICH: „Ueber Blutkörperchenzählung mit dem Thoma-Zeiss'schen Apparat."

Seit der Einführung des Thoma-Zeiss'schen Blutkörperchenzählapparates sind zahlreiche Versuche mit ihm angestellt worden. Als bemerkenswerthes Resultat wird angenommen, dass sich in einem Blutstropfen von Mensch und Thier beim Aufstieg zu einem hochgelegenen Orte eine sofortige Vermehrung der Blutkörperchen in einem Cubikmillimeter bis um etwa zwei bis drei Millionen je nach der Höhendifferenz vorfindet, und dann bei dem Herabsteigen die ursprüngliche Zahl wieder eintritt und zwar unmittelbar nach der Ankunft. An der Richtigkeit dieser Beobachtung, dass in der Höhe beim schnellen Aufstiege mehr Blutkörperchen in der Volumeneinheit gezählt werden, besteht zur Zeit kein Zweifel, da nur ganz wenige entgegengesetzte Messungen vorliegen.

Die Ergebnisse der Zählungen haben zu der Annahme geführt, dass es sich, der Anschauung Bert's entsprechend, um eine Blutkörperchenvermehrung in dem in der Höhe entnommenen Blute handele, eine Annahme, die zu weitgehenden physiologischen Hypothesen und therapeutischen Maassnahmen geführt hat. Für die Beurtheilung der Richtigkeit der Messung sind eine Reihe von Fehlerquellen bereits vielfach erörtert worden; hier soll in Betracht gezogen werden, welcher bisher nicht berücksichtigte physikalische Factor eine plötzliche Vermehrung der Blutkörperchenzahl im Apparate beim Auf- und Abstiege erklären lässt; die Frage, wie sich die Zahl der Blutkörper bei längerem Aufenthalt von Thieren und Menschen in der Höhe verhält, soll dagegen nicht berührt werden.

Zuerst hat Gottstein Zweifel an der Richtigkeit der Blutkörperchenvermehrung ausgesprochen und der Annahme Raum gegeben, dass der Apparat

vom Luftdruck abhängig sei und keinen Schluss auf eine veränderte Blutkörperchenzahl zulasse. Die von ihm zuerst geäusserte Vermutung, dass es
sich bei der geschlossenen Kammer um einen ähnlichen Vorgang wie beim
Aneroid-Barometer handele, wurde von ihm bald verlassen. Jedoch fest-
haltend an der Idee, dass die Eigenartigkeit des Apparates die Ursache für
die Auffindung einer vermehrten Zahl sei, machte er, zwar nicht mit Blut,
sondern mit Hefezellen erneute Versuche. Er fand beim Aufstieg in der
Höhe eine der Blutkörperchenzählung entsprechende Vermehrung:

			in 700 Quadraten	pro cmm
Berlin	ca.	50 m	980 Hefezellen	5600 Zellen
Hermsdorf und Kynast	„	340 „	1007 „	5760 „
Krummhübel	„	600 „	1093 „	6244 „
Peterbaude	„	1285 „	1275 „	7284 „

An die Gottstein'sche Beobachtung schliessen sich noch andere an,
welche für die nachfolgende Discussion von Bedeutung sind. Die eine rührt von
Bürker[1] her, die andere von Brünings und wird von Bürker (S. 484)
erwähnt:

1. „Selbst wenn nur zehn Secunden zwischen dem Auftragen des Tröpfchens auf die Zählfläche und dem Auflegen des Deckglases verstreichen,
lässt sich schon makroskopisch bei passender Beleuchtung eine Anhäufung
der Blutkörperchen im Centrum der Zählfläche in Gestalt einer Trübung
constatiren, während die Peripherie viel heller erscheint."

Ferner (K. Bürker S. 485):

2. „Man braucht dazu die Kammer nur auf den Objecttisch des Mikro-
skops zu legen und bei weitgeöffneter Blende mit Hülfe des Spiegels von
unten her zu beleuchten, so wird man bei seitlicher Betrachtung stets entsprechend der ursprünglichen Basis des Tröpfchens ein getrübtes Centrum
sehen, das von einem viel helleren, bis zum Rande des Kammerbodens
reichenden Saume umgeben ist. Die Blutkörperchen sind, wie die genauere
mikroskopische Betrachtung ergibt, der makroskopischen Beobachtung entsprechend im Centrum angehäuft, nach der Peripherie zu aber viel dünner gesät."

Es lag wohl nahe, die Zunahme der Blutkörperchen beim Anstiege in Zusammenhang mit der Abnahme des Luftdruckes zu bringen, aber wie auch schon
von anderen Seiten wiederholt ist, hat sich kein Beweis dafür finden lassen.

Die soeben angeführten Beobachtungen veranlassen mich, der Frage
vom theoretischen Gesichtspunkte aus näher zu treten. Ich glaube, dass
jedenfalls meine Anschauungsweise zur Erklärung des Effectes des Thoma-
Zeiss'schen Apparates beitragen kann.

Für diese Annahme sei etwas weiter ausgeholt.

Wir haben es bei dem Blut nicht mit einer einheitlichen Flüssigkeit zu
thun, sondern mit einer Flüssigkeit, in welcher sich halbfeste Substanzen, die
Blutkörperchen bewegen. Ich will hier nicht das Wort „Emulsion" gebrauchen,
um nicht etwa die physikalische Diskussion in andere Bahnen zu lenken.

Diese Körper bewegen sich nicht überall gleichmässig in ihrem Flüssig-
keitsraum, nehmen wir an in einem abgegrenzten Tropfen, sondern sie
werden in ihrer Bewegung von der Oberflächenspannung abhängig sein.

---

[1] Pflüger's *Archiv für die gesammte Physiol.* Bd. X. S. 480.

Die Eigenschaft der Oberfläche als elastischer Membran von oben her ist genügend bekannt. Sie war es nicht, wenn man sie von. der Flüssigkeitsseite her betrachtete. Ich habe gezeigt, dass diese elastische Membran auch von innen her die Eigenschaft besitzt, wie eine solche zu wirken, d. h. es findet unter der Oberfläche Reibung statt. Die Erscheinungen dieser Reibung, welche ich bei chemischen Reactionen mit dem Namen „Todter Raum" bezeichnet habe, machten sich durch das Auftreten von „Reibungsräumen" geltend, in denen ein vermehrter Widerstand sowohl für die Bewegung der Flüssigkeit in sich, als auch für die Bewegung fester Körper in ihr stattfindet.[1]

Sind die specifischen Gewichtsdifferenzen zwischen Hauptflüssigkeit einerseits und aufsteigender Masse oder sich bewegender Flüssigkeit andererseits sehr klein, so halten die letzteren scheinbar in der Nähe der Oberfläche an. Hier interessirt hauptsächlich, dass kleine, von der Flüssigkeit differente Substanzen in ihrer Bewegung schliesslich auf einen inneren Raum reducirt werden, während eine mehr oder weniger grosse Randschicht fast oder vollkommen frei bleibt.

Diese Betrachtung muss zu Hülfe genommen werden, um zu erfahren, ob die Reibungserscheinungen unter einer ebenen Oberfläche dieselben sind, wie bei gekrümmten. Es hat sich hier gezeigt, dass die Krümmung einen bedeutenden Einfluss ausübt und am besten ist dies aus der Figur Nr. 27 der citirten Abhandlung ersichtlich. Unter einer Libellenblase wird die Tiefe des todten oder Reibungsraumes von der Oberfläche der kleinsten Krümmung nach der Stelle der grössten Krümmung zu grösser, und zwar von b nach a' und a''.

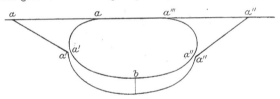

In der Libellenblase $a\ a'\ a''\ a'''$ nimmt, für ein kleines Flächentheilchen betrachtet, die Krümmung von b nach a' und a'' stetig zu.

Bezeichnen wir die Radien der beiden Hauptkrümmungen bei b mit R und R' und die Radien bei a' und a'' mit ϱ und ϱ', so wird die Oberflächenspannung bei b

$$\frac{a^2}{2} \cdot s \left(\frac{1}{R} + \frac{1}{R'} \right). \,[2]$$

bei a' bezw. a'': $\dfrac{a^2}{2} s \left(\dfrac{1}{\varrho} + \dfrac{1}{\varrho'} \right).$

Da nun $\dfrac{1}{R} + \dfrac{1}{R'} < \dfrac{1}{\varrho} + \dfrac{1}{\varrho'}$, so ist $\dfrac{a^2}{2} s \left(\dfrac{1}{R} + \dfrac{1}{R} \right) <$ als $\dfrac{a^2}{2} s \left(\dfrac{1}{\varrho} + \dfrac{1}{\varrho} \right).$

---

[1] Liebreich, Weitere Untersuchungen über den todten Raum bei chemischen Reactionen. *Sitzungsberichte der königl. preuss. Akademie der Wissenschaften.* 1889. S. 169—197 und *Zeitschrift für physik. Chemie.* 1890. Bd. V. 3. S. 529.

[2] Die in den Formeln auftretende Grösse a^2 ist die früher als specifische Cohäsion bezeichnete Capillaritätsconstante.

Die Beobachtung zeigt, dass der Reibungsraum bei b entfernter von der Oberfläche ist als bei a' (wo er scheinbar die Oberfläche berührt). Hieraus folgt, dass mit Zunahme der Oberflächenspannung der Reibungsraum kleiner wird. Betrachten wir zwei Flüssigkeitskugeln, die grössere mit dem Radius R, die kleinere mit dem Radius r, so ist zunächst zu bemerken, dass das Vorzeichen ‚der Oberflächenspannung hier das Entgegengesetzte ist wie bei der Libellenblase, da es sich hier um convexe Oberflächen handelt. Die beiden Oberflächenspannungen haben die Werthe $\dfrac{a^2 s}{R}$ und $\dfrac{a^2 s}{r}$. Vergleichen wir diese Werthe mit dem entsprechenden Werthe bei der Libellenblase, so entspricht der der kleineren Kugel zugehörige Werth $\dfrac{a^2 s}{r}$ nicht etwa, wie man zuerst glauben könnte, dem Werthe an der stark gekrümmten Stelle a' der Libellenblase, sondern einer Stelle, die noch weniger gekrümmt ist, als die tiefste Stelle der Libellenblase. Da nun mit grösserem Oberflächendruck der Reibungsraum grösser wird, wie sich dies auch bei chemischen Reactionen zeigt, so wird in der kleineren Kugel die Reibungsraumgrenze ferner ‚von der Oberfläche liegen als bei der grossen Kugel.

Diese Betrachtungen sind bei der Beurtheilung des Thoma-Zeiss'schen Apparates verwerthbar, wenn man für ‚die Beobachtung der Tropfenbildung einen Factor hinzuzieht, den man bei vielen anderen Untersuchungen nicht in Betracht zu ziehen braucht, der aber in diesem Falle von Bedeutung ist und dazu führt, die Tropfengrösse zu betrachten. Dieser Factor ist die Schwerkraft, welche von der Oberfläche gemessen proportional der Höhe abnimmt. Das Gewicht einer Masse wird in der Höhe ein geringeres sein als im Meeresniveau. ‚Die Gewichtsdifferenzen sind ausserordentlich gering und daher für eine Reihe von Fragen ausser Betracht zu lassen. So wird ein Tropfen Flüssigkeit, der im Meeresniveau 50 ^{mg} wiegt, bei 4000 ^{m} Höhe 49·960 ^{mg} wiegen. —

Denken wir uns nun aus einem capillaren Rohr Tropfen ausfliessen, so wird jedes Mal dann ein Tropfen abfallen, wenn seine Schwere die Oberflächenspannung überwiegt. Ein Tropfen in der Höhe wird deshalb, alles andere gleichartig ‚vorausgesetzt, nach dem oben über die Wirkung der Höhe auf ‚die Schwerkraft Auseinandergesetzten dem Volumen nach grösser ausfallen müssen, als ein Tropfen unter‚ denselben Ausflussbedingungen und von der‚ selben Flüssigkeit in der Ebene.

Bei einem grossen Tropfen wird der Effect der Oberflächenspannung, wie vorher ausgeführt worden ist, geringer sein, als bei einem kleinen Tropfen. Dieser Einfluss würde bei sonstigen Messungen wohl kaum in Betracht kommen, wir haben es aber bei dem Blut und seiner Verdünnung nicht mit einer einheitlichen Flüssigkeit zu thun, sondern mit einer Flüssigkeit, in welcher sich die zu zählenden Körper bewegen. Da nun, wie vorher gezeigt, die Wirkung ‚der Oberflächenspannung bei einem grossen Tropfen kleiner ist, als bei einem kleinen Tropfen und der Reibungsraum bei ‚einer stark gekrümmten Oberfläche grösser sein muss, als‚ bei einem Tropfen mit schwächerer Krümmung, so wird bei dem Ausfluss einer gemischten Flüssigkeit, bei der ‚die festen Körperchen auch nur in kleinem Maasse schwerer sind, als die Flüssigkeit selber, oder ‚auch ‚ein gleiches specifisches

Gewicht wie die Flüssigkeit haben, der Reibungsraum für den festen Körper bei einem grösseren Tropfen näher an die Oberfläche treten, als bei einem kleinen Tropfen. Es kommt nun noch ein weiterer für die Zählung bedeutender Umstand hinzu. Denkt man sich ein Mal den grossen, das andere Mal den kleinen Tropfen die Platte des Thoma-Zeiss'schen Apparates bedeckend und nun das Deckglas aufgelegt, so wird bei dem sehr geringen Volumenüberschuss des grossen Tropfens zwar kein Ueberströmen über die Zählplatte stattfinden, dagegen wird die capillare Oberfläche eine andere Form annehmen müssen. Bei dem grossen Tropfen wird sich die Flüssigkeit weiter auf der Decke ausbreiten. Bei dem kleineren Tropfen wird eine stärker gekrümmte Einschnürung entstehen.

Für diese Oberflächen, als concave, finden nun wieder dieselben Verhältnisse wie bei der Libellenblase statt. Es werden beim kleineren Tropfen hier die Blutkörperchen sich mehr der Flüssigkeitsoberfläche nähern, aber immerhin wird ein an Blutkörperchen ärmerer oder freier Raum sich finden, eine Folgerung, die mit den Beobachtungen Bürker's und Brüning's übereinstimmt. Bei dem grossen Tropfen zeigt sich eine ähnliche Spannung der Flüssigkeit, wie vom Punkte a' bis α' der Libellenblase, indem der Reibungsraum durch die Fläche des Deckglases vergrössert wird.

Dies Moment in Verbindung mit der schwächeren concaven Krümmung bedingt bei dem grösseren Tropfen eine stärkere Zurückdrängung der Blutkörperchen nach dem Centrum zu, als bei dem kleinen Tropfen.

Wenn nun auch bis jetzt keine exacteren Messungen über die Grösse des Reibungsraumes existiren, so ergiebt sich doch aus dem vorher besprochenen Versuche, dass thatsächlich ein solcher existirt, in welchem sich eine geringere Blutkörperchenzahl vorfinden muss, als im Centrum.[1] Ferner muss abhängig von der Oberflächenspannung das Zurücktreten der Blutkörperchen von der Oberfläche verschiedengradig sein; da die Schwere, wie nachgewiesen, die Grösse der Tropfen beeinflusst, so ist der Thoma-Zeiss'sche Apparat nur bei constantem g gültig. Da nun g auch im Bereiche des Meeresniveaus veränderlich ist, so werden auch Vergleiche von Orten gleicher Höhe, aber verschiedenen Breitengrades zu Differenzen führen müssen.

2 a. Hr. OSCAR LIEBREICH: „Schwerkraft und Organismus."

Bei dem Vergleich der Ergebnisse der Blutkörperchenzählung in dem Meeresniveau und in höheren Regionen ergiebt sich eine Differenz der An-

---

[1] Sehr bemerkenswerth für die geringe Zuverlässigkeit mancher Zahlenangaben sind die Worte Brüning's (Pflüger's *Archiv*. Bd. XCIII. S. 44): „Der unvermeidliche ‚wahrscheinliche Fehler' der Thoma-Zeiss'schen Methode beträgt nach Abbe bekanntlich ± 1 Procent für 400 Quadrate. Der ‚mittlere Fehler' einer Zählung berechnet sich darnach auf 1·48 Procent. Nach der Wahrscheinlichkeitsrechnung müsste Abderhalden also fast 100 Mal 400 Quadrate gezählt haben, um den Fehler von 1·48 auf 0·15 Procent einzuschränken. Abderhalden schreibt über die mitgetheilten Zahlen: ‚Die folgende Zusammenstellung enthält einige Resultate aus dem sehr umfangreichen Zahlenmateriale.' Ich sehe nach all meinen Erfahrungen über Blutkörperchenzählen keine andere Möglichkeit, als dass sie die günstigen Ergebnisse aus einem äusserst grossen Zahlenmateriale enthält." Es sei dies angeführt, um zu zeigen, wie wenig zuverlässig leider manche Zählungen gewesen sind.

Ferner muss bemerkt werden, dass Abbe bei seinen Berechnungen von der Vorstellung einer gleichmässigen Vertheilung der Blutkörperchen ausging, was nach dem oben Ausgeführten nicht zutrifft.

zahl der Blutörperchen in der Volumeneinheit, welche nicht als eine biologische Veränderung des in der Höhe entnommenen Blutes zu betrachten ist; ich habe darauf aufmerksam gemacht, dass von allen Autoren der Einfluss der Schwerkraft, welche mit zunehmender Höhe abnimmt, ausser Acht gelassen ist. Die Abnahme der Schwerkraft ist voraussichtlich auch für physiologische Erscheinungen von Bedeutung. Die Abnahme der Schwerkraft mit zunehmender Höhe ist, numerisch betrachtet, zwar nur eine mässige, sie wird nach der Formel $g = g^0_{45} (1 - 0 \cdot 00259 \cdot \cos 2\,\varphi) (1 - 0 \cdot 000000196\,H)$ berechnet, wobei φ die geographische Breite, H die Seehöhe in Metern und g^0_{45} die Schwerkraft in 45^0 Breite und im Meeresniveau bedeutet. Für 45^0 Breite nimmt die Formel die einfache Gestalt an $g = g^0_{45} (1 - 0 \cdot 000000196\,H)$.[1]

Das Gewicht eines Körpers nimmt deshalb mit steigender Höhe nach Art einer arithmetischen Reihe ab, wobei 1^{kg} in je 100^m Höhe um $0 \cdot 0196^{grm}$ abnimmt. Somit ist die Abnahme eines Gewichtes mit steigender Höhe leicht zu berechnen.

Würde eine Masse von 60^{kg} von der Meereshöhe auf 1000^m höher transportiert, so würde hier eine Gewichtsabnahme von 11.76^g eintreten. Also bei 4000^m Höhe von $47 \cdot 04^g$. Ist die Masse eine in sich einheitliche Substanz, so kann der Gewichtsverlust in der Höhe durch Hinzufügung von Substanz derselben Qualität ausgeglichen werden; stellt die Masse ein mechanisches Gemenge verschiedener Substanzen dar, welches irgend einem bestimmten Zwecke dienlich gedacht werden kann, so wird die Ausgleichung nur dadurch geschehen, dass das Gewicht einer gleichartigen Mischung hinzugefügt wird. Es kann also jedenfalls die Gewichtsdifferenz ausgeglichen werden.

Anders verhält es sich mit lebenden Wesen, als Individuen. Bei Menschen oder Thieren, welche beim Aufstiege um 1000^m über dem Meeresniveau einen Gewichtsverlust z. B. bei 60^{kg} Gewicht von $11 \cdot 76^g$ erleiden, kann eine solche Regulirung nicht eintreten. Bei Mensch und Thier liegt ein Durcheinander von verschiedenartigen Dingen, von Zellen vor, und kein Querschnitt der Gesammtmasse ist mit dem anderen identisch. Sei der Gewichtsverlust $11 \cdot 76^g$, so kann durch keine Hinzufügung von $11 \cdot 76^g$ Masse die in dem Körper eingetretene Veränderung compensirt werden. Jedes kleinste Theilchen des lebenden Individuums hat einen Gewichtsverlust erlitten, der durch nichts ersetzt werden kann. Die einzelnen Theile sind allerdings von ausserordentlicher Kleinheit, ein Blutkörperchen, eine Nervenzelle u. s. w. sind Grössen, deren Gewicht durch die Wage nicht bestimmt werden kann, aber jeder dieser Theile hat eine Gewichtsabnahme erfahren entsprechend der Abnahme des Gesammtgewichtes. Es ist dies nicht eine Abnahme des specifischen Gewichtes. Dieses hat die Formel P/P_w, wobei P das absolute Gewicht der Masse und P_w das Gewicht eines gleichen Volumens Wasser bedeutet; da P und P_w in der Höhe in gleichem Verhältnis abnehmen, so bleibt ihr Quotient unverändert, d. h. das specifische Gewicht einer Substanz ist von der Höhe unabhängig. Anders ist es, wenn wir die Kraft betrachten, mit welcher die Körper von der Erde angezogen werden. Wenn wir diese Kraft auf die Volumeneinheit beziehen, so wird in der Höhe thatsächlich eine Aenderung eintreten. Nennen wir das Gesammtgewicht wieder P, das Volumen V, so

[1] Landolt, Börnstein, *phys. chem. Tabellen.* II Auflage. S. 6.

ist das Verhältnis P/V die Anziehung, welche die Volumeneinheit von der Erde- erfährt. In der Höhe wird dies Verhältnis P'/V werden, wobei P' kleiner als P ist, während das Volumen V unverändert bleibt. Diesen Ausdruck P/V könnte man im Gegensatz zum specifischen Gewicht s p e c i fi s c h e S c h w e r e eines Körpers nennen, ein Ausdruck, welchen ich lediglich zum Verständnis der somatischen Veränderung der Individuen beim Erheben in die Höhe einführen will.

Dieser Ausdruck P/V ist ausser von der Höhe auch von der geographischen Breite abhängig. Die die letztere Veränderlichkeit angebenden Zahlen sind sogar erheblich grösser, als die Schwankungen, welche sich aus den auf der Erdoberfläche vorkommenden Höhendifferenzen ergeben.[1] Indess kommen die aus der geographischen Breite herrührenden Differenzen weniger in Betracht, weil sie von vielen anderen Factoren wahrscheinlich in den Hintergrund gedrängt werden.

Die für einen speciellen Fall eingeführte Verminderung um $11 \cdot 76$ g auf 60 kg beim Menschen oder Thier bei 1000 m Erhebung ist an und für sich betrachtet ausserordentlich klein, sie erscheint uns um so unbedeutender, wenn die Kleinheit der einzelnen Zellen in Betracht gezogen wird, aber wir wissen, dass einzelne dieser kleinen Zellen eine für das Gesammtgewicht der Organismen wichtige Function zukommt; es wird die Gesammtmasse von diesen kleinen einzelnen Theilen theilweise oder vollkommen regiert, und wir wissen ferner, dass die geringfügigsten Aenderungen grosse Effecte hervorbringen können; $0 \cdot 0001$ g Hyoscin kann schon grosse Wirkungen erzeugen, indem es lediglich auf die an Gewicht so kleinen Ganglienzellen einwirkt, vielleicht thut dies Arsenwasserstoff in noch geringerer Menge. Allerdings kann man wie bei allen Vergleichen Gegengründe anführen, z. B. dass sich das Gewicht des Giftes zwar auf den Körper vertheilt, aber gewissermaassen in der Zelle concentrirt wird u. s. w. Immerhin wissen wir, dass kleinste Veränderungen in den Zellen, die nicht immer auf einer chemischen Action zu beruhen brauchen, die grössten Störungen hervorrufen. Man könnte sehr wohl einen Zusammenhang zwischen dem durch die geringere specifische Schwere veränderten Zustand des Organismus und einer veränderten Function von dessen einzelnen Theilen oder der Gesammtheit annehmen. Hierfür spricht, dass die in künstlich verdünnter Luft beobachteten Erscheinungen bei lebenden Wesen durchaus nicht mit denen übereinstimmen, welche an hohen Orten beobachtet worden sind, wo in Bezug auf den Luftdruck dieselbe Bedingung vorhanden ist. Man hat dies auf noch nicht erkannte oder hinreichend gewürdigte meteorologische Factoren geschoben, aber der Factor der Schwerkraft von dem soeben entwickelten Gesichtspunkte aus ist bisher noch nicht in Betracht gezogen worden.

Eine grosse Schwierigkeit setzt sich hier den Experimenten natürlich entgegen, da wir wohl luftverdünnte Räume an niedrigen Orten herstellen können, künstlich eine verminderte Schwerkraft hervorzurufen jedoch unmöglich ist.

---

[1] Eine den numerischen Betrag dieser Schwankungen für die einzelnen Breitengrade und verschiedene Höhe registrirende Tabelle habe ich in der „Festschrift zum 50jährigen Doctorjubiläum des Hrn. Geh. Sanitätsrath G. M a y e r" (Berlin, Hirschwald'sche Buchhandlung) niedergelegt.

Man wird daher bei manchen Thierexperimenten und besonders bei Schlussfolgerungen aus ihnen in Zukunft den Factor der verminderten Schwere berücksichtigen müssen. Es liegen allerdings an leblosen Körpern keine physikalische Erfahrungen vor, aber da, wo die Materie unter andere Bedingungen gesetzt wird, sind sehr wohl auch Veränderungen der moleculären Eigenschaften, wie z. B. der inneren Reibung, chemischen Reactionsfähigkeit u. s. w., denkbar.

3. Hr. J. Katzenstein: „Ueber ein neues Hirnrindenfeld und einen neuen Reflex des Kehlkopfes."

Der Kehlkopf dient zwei physiologischen Functionen, der Phonation und der Respiration. Die Thätigkeit beider Kehlkopfhälften ist nach der bisherigen Annahme eine bilateral symmetrische. Ueber die bilateral symmetrische Thätigkeit des Kehlkopfes sagt z. B. Semon: „Wenn es in dem ganzen so heiss umstrittenen Felde der Nerventhätigkeit des Kehlkopfes einen Punkt gäbe, über welchen man meinen sollte, dass Zweifel und Meinungsverschiedenheiten nicht möglich seien, so ist es sicherlich die Thatsache, dass die Thätigkeit der beiden Kehlkopfhälften eine bilateral symmetrische ist." Ferner sagt derselbe Autor: „Wenn die Möglichkeit erwiesen wird, willkürlich eine Thoraxhälfte auszudehnen, mit einer Lunge zu athmen, eine Hälfte des Zwerchfells zu contrahiren, dann wird auch die Möglichkeit, die Muskeln einer Kehlkopfhälfte vorwiegend oder ausschliesslich innerviren zu können, in ernsthafte Erwägung zu ziehen sein." Es können aber viele Personen, ich z. B. auch, vorwiegend einseitige Thorax- und Zwerchfellbewegungen machen. Ferner habe ich beim Sprechen das Gefühl, als wenn ich vorwiegend die rechte Mund- und Kehlkopfhälfte bewege. Der bekannte Muskelkünstler (Mörner?) hat auf meine Veranlassung versucht, sich einseitige Kehlkopbewegungen einzuüben; ich hatte ihn nach einer etwa zehntägigen Uebungszeit einmal zu untersuchen Gelegenheit; dabei zeigte sich, dass der Mann isolirte Bewegungen mit dem rechten Aryknorpel zu machen im Stande war. Schliesslich resumirt sich Treupel in einer Arbeit über die Art der Entstehung hysterischer Motilitätsstörungen im Kehlkopfe dahin, dass er sagt: „Es wird unbedingt die Möglichkeit aufrecht erhalten, dass es bei genügender Uebung gelingen kann, die Kehlkopfmuskeln so zu innerviren, dass das Bild einer vorwiegend einseitigen Lähmung vorgetäuscht wird."

Einseitige Augenbewegungen sind bekannt: so erlernen die meisten Menschen einseitige Lidbewegungen. Ferner lassen sich von der Hirnrinde einseitige Augenbewegungen hervorrufen. Erst kürzlich haben R. du Bois-Reymond und Silex in einer Arbeit über die corticale Reizung der Augenmuskeln gezeigt, dass Reizung der Sehsphäre und der Nackenregion associirte Bewegungen beider Augen zur Folge hat, während von einer Stelle im Facialisgebiete einseitige Augenbewegungen ausgelöst werden.

Im Anschluss an diese Betrachtungen, bekannte klinische Beobachtungen und an einen viel discutirten experimentellen Fund Masini's, auf den ich nachher zurückkomme, habe ich seit Langem erwogen, ob die Anschauung, dass die Thätigkeit des Kehlkopfes eine rein bilateral-symmetrische ist, sich aufrecht erhalten lässt. Ich habe deswegen sowohl Reizungen der entsprechenden Stelle der Hirnrinde als auch solche der Kehlkopfschleimhaut des Hundes vorgenommen.

Bei den Reizungen der entsprechenden Stelle der Hirnrinde wurde in erster Linie festzustellen versucht, ob von dieser Stelle (dem Krause'schen Kehlkopfbewegungscentrum) nur bilateral symmetrische Reizungseffecte im Kehlkopf erzeugt werden oder auch einseitige.

Bevor ich die Versuchsergebnisse schildere, seien folgende historischen Bemerkungen vorausgeschickt:

Der Erste, der Beziehungen des Grosshirns zum Bellen ermittelte, war Bouillaud (1830). Ein Hund, dem er das Grosshirn von rechts nach links „an der Vereinigung der vorderen mit den mittleren Lappen vor dem vorderen Ende der Seitenventrikel durchbohrte, bellte nicht, weder um seine Zuneigung zu beweisen, noch um die Fremden zu entfernen, welche in das Haus kamen."

Ferrier (1876) beobachtete bei Reizung der Vereinigungsstelle der dritten und vierten Windung: „Oeffnung des Mundes und Bewegung der Zunge, die abwechselnd vorgestreckt und zurückgezogen wird — beiderseitige Reaction. Gelegentlich Lautgebung. Diese Region ist daher ein Lautgebungs- und Sprechcentrum."

Duret (1887) hat die von Ferrier beschriebene Stelle bei Hunden exstirpirt: „Die Thiere scheinen die Fähigkeit zu bellen verloren zu haben."

H. Munk (1882) fand bei Reizung der ersten Windung des Gyrus praecruc. Owen Contraction der Nacken- und Halsmuskeln; von der medialen Partie der Region aus erhielt er bei ca. 7 cm Rollenabstand Bewegung der hinteren, von der lateralen Partie aus schon bei 9 bis 8 cm Rollenabstand Bewegung der vorderen Halsmusculatur. Zu dieser vorderen Halsmusculatur musste nach H. Munk auch die Musculatur des Kehlkopfes und des Rachens gehören und auf diesen Hinweis fand H. Krause (1883) bei elektrischer Reizung der steil nach unten abfallenden Fläche des Gyrus praecruc. Owen: Schluckbewegungen, Hebung des Gaumensegels, Contractionen des oberen Rachenschnürers, der hinteren Theile des Zungenrückens, der Arcus palatoglossi, partiellen und totalen Verschluss des Glottis und des Aditus laryngis, Hebung des Kehlkopfes (Fig. I, II, 1).

Die Mittheilung Krause's wurde bestritten von François-Frank, der von keiner Stelle der Hirnrinde durch elektrische Reizung Kehlkopfbewegungen hervorzurufen im Stande war, bestätigt von Semon und Horsley, Mott, Onodi, Risien Russel, F. Klemperer, Broeckaert, Katzenstein u. A. Alle diese Nachuntersucher erhielten bei Reizung eines Krause'schen Kehlkopfbewegungscentrums doppelseitige adductorische Bewegung der Stimmbänder.

Im Gegensatz zu den genannten Nachuntersuchern beobachtete Masini, wenn er eine „area di Krause" mit schwachen Strömen reizte, Bewegung eines und zwar Adduction des gegenüberliegenden Stimmbandes. Diese Beobachtung Masini's war von Bedeutung für die Erklärung unilateraler, von der Hirnrinde erzeugter Larynxparalysen. Mit dem Resultate Masini's stimmten überein Exstirpationsversuche von Krause und Ivanow, die z. B. bei Exstirpation des rechtsseitigen Krause'schen Kehlkopfbewegungscentrums secundäre Degeneration durch die innere Kapsel, lateralen Thalamuskern, Substantia nigra, mediale Schleife, Pyramidenbahn bis zum verlängerten Mark im Gebiete des Vaguskernes der anderen Seite feststellten.

Dagegen konnte von keinem Nachuntersucher experimentell durch Reizung der Krause'schen Stelle der Fund Masini's bestätigt werden.

Auf die nach Ausschaltung von Recurrenstheilen von Risien Russel und .Katzenstein von der Krause'schen Stelle erzielte Abduction der Stimmlippen soll hier nicht .eingegangen werden.

So stand die Frage bis jetzt. Veranlasst durch die Untersuchungen von Sherrington und Grünbaum reizte ich nun, um die Masini'schen Resultate noch einmal nachzuprüfen, die Krause'sche Stelle mit unipolaren Elektroden, sowie mit ganz dünnen Doppelelektroden, die nach dem Vorschlage von Hrn. Geheimrath H. Munk noch einmal mit Asphaltlack isolirt und geflochten waren, so dass ihre Enden ganz nahe bei einander standen.

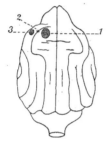 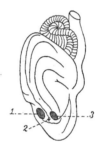

Fig. I.
Ansicht von oben.

Fig. II.
Ansicht von der Seite.

1. Krause'sches Kehlkopfbewegungscentrum.
2 ×. Neues Rindenfeld für die gleichseitige Hälfte der Zunge, den Lippenwinkel, den weichen Gaumen.
3. Neues Kehlkopfbewegungscentrum in der zweiten Windung.

Es mag hier nebenbei bemerkt werden, dass von manchen Seiten der Werth der unipolaren Reizung überschätzt worden ist; man beschreibt sie nach dem Schema der Stromvertheilung· in einem homogenen Leiter. Danach vertheilen sich die Stromzweige von der Reizstelle aus gleichmässig so schnell, dass nur unmittelbar an der Elektrode die zur Reizung erforderliche Stromdichte besteht. In Wirklichkeit· ist offenbar das Leitungsvermögen der· Gewebe erheblich verschieden. Folglich ist die Stromvertheilung unbestimmt, so dass Reizerfolge auch an Stellen auftreten können, .die von der Elektrode entfernt liegen.

Reizung des Krause'schen Kehlkopfbewegungscentrums ergab· nun genau, wie Masini gefunden hatte, bei unipolarer Reizung Adduction des gegenüberliegenden Stimmbandes, in anderen Fällen Adduction des gleichseitigen Stimmbandes; bei bipolarer Reizung der Krause'schen Stelle traten dagegen beide Stimmbänder zur Mittellinie. Führte man während der bipolaren Reizung und während beide Stimmbänder adducirt waren, den Finger· in den Kehlkopf ein, so hatte man den Eindruck, als ob bloss ein Stimmband sich contrahirte, während das andere sich schlaff anfühlte. Reizte man unipolar bei Inspirationsstellung der Stimmbänder, so erhielt man oft eine Adduction· des gegenüberliegenden Stimmbandes, reizte man bei völliger Adductionsstellung der Stimmbänder, so trat oft Abduction des gegenüberliegenden Stimmbandes ein. Dieses letzte Resultat stimmt mit den Ergebnissen Talbert's überein, der in seiner Arbeit über Rindenreizung am freilaufenden Hunde fand, dass der thätige Zustand der Körpertheile, auf die die Erregung wirkt, ein Hindernis für die Erregung bildet.

Wurden nun die Reizungen von der Krause'schen Stelle aus, d. h. von der ersten Windung bis in die Gegend zwischen erster und zweiter Windung ausgedehnt, so traten von dieser Stelle, wenn z. B. links gereizt wurde, Contraction der linken Zungenhälfte, die sich gleichzeitig an der Spitze nach links umbiegt, sowie Contraction der Lippenwinkel. besonders des linken und des ganzen weichen Gaumens auf (Fig. I+, II+).

Wurde weiterhin die vorderste Partie der zweiten Windung gereizt, so erhielt man von dieser Stelle, deren Zusammenhang mit dem Kehlkopf bisher unbekannt war, sowohl bei unipolarer Reizung, als auch bei Reizung mit den sehr nahe aneinanderstehenden Doppelelektroden Contractionen im Kehlkopf. Diese Contractionen im Kehlkopf waren nicht gleichartig. So traten z. B. während eines Versuches bei Reizung der vorderen Spitze der zweiten linken Windung der Reihe nach bei den einzelnen Reizungen auf: Contraction des gegenüberliegenden rechten Stimmbandes, darauf folgend, aber nach einer merklichen Pause, Contraction des linken Stimmbandes; wird noch etwas mehr lateralwärts gereizt, so erfolgt Adduction des gleichseitigen linken Stimmbandes. Wird bei Adductionsstellung der Stimmbänder gereizt, so erhält man oft Abduction, wird bei Abductionsstellung der Stimmbänder gereizt, so erhält man oft Adduction des gegenüberliegenden rechten Stimmbandes.

Es ergiebt sich hieraus, dass ausser dem Krause'schen Kehlkopfbewegungscentrum in der ersten Windung ein zweites bisher unbekanntes Kehlkopfbewegungscentrum in der zweiten Windung des Hundehirns liegt (Fig. I, II, 2).

Auch die bisher bekannten Kehlkopfreflexe sind nach der herrschenden Ansicht stets bilateral. Trifft ein Reiz die Endausbreitungen des sensiblen inneren Astes des N. laryng. sup., so pflanzt er sich auf den medullaren Centralapparat für die Verengerung des Kehlkopfes fort und beide Stimmlippen schliessen sich krampfhaft. Hält der Reiz trotzdem an, so wird die durch ihn hervorgerufene Erregung auf das Hustencentrum übertragen und durch den Hustenstoss der Reiz zu beseitigen gesucht. Neben diesen bisher für bilateral gehaltenen Kehlkopfreflexen beschrieben R. du Bois-Reymond und J. Katzenstein[1] analog dem bekannten Kratschmer'schen Versuch in einer Arbeit: Beobachtungen über die Coordination der Athembewegungen einen exspiratorischen Trigeminusreflex, der durch Reizung der Nasenschleimhaut erzeugt wird. Es genügte die leichteste Berührung der Nasenöffnung mit dem Fingerballen oder die Entfernung des vorher leicht aufgesetzten Fingers, um eine deutliche Bewegung der Stimmlippen auszulösen. Ebenso wirkte Anblasen. Mitunter war der Reflex ein rein einseitiger.

Ich fand nun, wenn man die Kehlkopfschleimhaut einer Seite mit einer Sonde berührte, dass das gleichseitige Stimmband sich zur Mittellinie bewegte. Am besten tritt dieser einseitige Kehlkopfreflex in die Erscheinung, wenn man die Schleimhaut in der Gegend des Aryknorpels berührt. Nur wenn man die Schleimhaut des Kehlkopfes genau in der Mitte der Epiglottis

---

[1] *Dies Archiv.* 1901. Physiol. Abthlg. S. 521.

oder der vorderen Commissur berührt, gelingt es manchmal, den Reflex auf beiden Seiten hervorzurufen. Exstirpation des Krause'schen Kehlkopf-bewegungscentrums und des von mir in der zweiten Windung gefundenen Kehlkopfbewegungscentrums hebt den Reflex nicht auf; dagegen ist der Reflex nicht mehr hervorzurufen, sobald der innere Ast des N. laryng. sup. durchschnitten ist. Es handelt sich also hier um einen Medullarreflex.

Sondirt man beim Menschen den Kehlkopf, so schliessen sich die Stimmbänder sofort krampfhaft. Dagegen gelingt es manchmal, den ein-seitigen Reflex hervorzurufen, wenn man eine geringe Menge von Cocain auf die Kehlkopfschleimhaut träufelt und dieselbe dann berührt.

In Analogie mit diesen einseitigen Kehlkopfreflexen haben François-Frank und Hallon[1] kürzlich Folgendes nachgewiesen: Wenn man in dem Augenblick, in dem der N. recurrens einer Seite gereizt wird, den Finger in den Kehlkopf einführt, so fühlt man, dass das gleichseitige Stimmband sich contrahirt und kürzer wird, während das Stimmband der entgegen-gesetzten Seite sich verkürzt, aber schlaff bleibt. Diesen Vorgang haben François-Frank und Hallon auch graphisch dargestellt.

Ob sich nach diesen Feststellungen die Lehre von der ausschliesslich bilateral symmetrischen Thätigkeit des Kehlkopfes aufrecht erhalten lässt, erscheint zweifelhaft. Wie O. Fischer wiederholt ausgeführt hat, entfalten die Muskeln an beiden Enden gleiche Wirkung, das eine Ende zieht in der einen Richtung so stark wie das andere in der anderen Richtung. Wirkt demnach der rechte N. recurrens auf die rechte Seite des M. transversus und den rechten Arytänoidknorpel, so muss die linke Seite des Muskels und der linke Arytänoidknorpel ebenso stark angezogen werden wie die genannten Theile der rechten Seite. Eine Verschiedenheit der Bewegung kann nur durch Verschiedenheit der Wiederstände entstehen. Demnach muss, wenn durch Zug des M. transversus das rechte Stimmband adducirt wird, auch das linke adducirt werden, wenn es nicht durch andere Kräfte fixirt ist. Durch diese Wirkung des M. transversus findet auch der Versuch von François-Frank und Hallon seine Erklärung.

Die Versuche zu der vorstehenden Untersuchung wurden im Labora-torium von Hrn. Geheimrath H. Munk ausgeführt.

VIII. Sitzung am 10. März 1905.

1. Hr. Dr. C. HAMBURGER (a. G.): „Bemerkungen zu den Theorieen des Aufrechtsehens."

Vortr. schickt voraus, dass seine Ausführungen in keiner Weise be-anspruchen als etwas Bedeutendes zu gelten, sie seien jedoch legitimirt durch die Thatsache, dass das Problem, so einfach es im Grunde sei, in einer Reihe der gelesensten physiologischen und physikalischen Lehrbücher un-

---

[1] *C. R. Soc. de Biol.* 1904. 25.

richtig dargestellt werde; nämlich auf Grund der von Kepler herrührenden (ad Vitellionem Paralipomena, quibus Astronomiae pars optica traditur, 1604, Capitel V, de modo visionis) sog. Projectionstheorie. Den Ausgangspunkt für die Prüfung dieser Theorie bildete eine für den ersten Moment überraschende Beobachtung, nämlich: dass das Nachbild eines aufrecht stehenden spitzen gleichschenkligen Dreieckes sich umkehrt, wenn der Beobachter sich auf den Kopf stellt, bezw. bei weit geöffneten Augen den Kopf soweit senkt, dass es möglich wird zwischen den gespreizten Beinen hindurchzusehen; die Umgebung steht aufrecht, das Dreieck verkehrt. Mit der Projectionstheorie ist dies jedoch durchaus vereinbar, denn für die Entstehung des Nachbildes ist ja lediglich das Optogramm von Bedeutung, und da dies bei Uebergang in Kopfstellung sich mit umkehre, so müsse ganz natürlich auch das Nachbild verkehrt stehen. Es liege also lediglich ein Specialfall der Lageveränderungen vor, denen die Nachbilder vielfach unterworfen sind, so z. B. bei den Raddrehungen des Auges.

Hingegen sei unvereinbar mit der Projectionstheorie das sog. Aubertsche Phänomen. Man dürfe die scheinbare Schrägstellung, welche die vertikale Lichtlinie im Dunkelzimmer bei Seitwärtsneigung des Kopfes erfahre, keinesfalls mit der Drehung der Nachbilder verwechseln: denn bei letzteren drehe sich mit dem Netzhautmeridian auch das auf ihm befindliche Optogramm; beim Aubert'schen Phänomen aber stelle sich eine notorisch senkrecht stehendes Object vor unsern Augen schräg, obwohl wir ganz genau wissen, daß es senkrecht steht. Hier versagt also die Projectionstheorie vollkommen, denn ihr zufolge müsse — Vortr. erläutert dies durch schematische Zeichnungen — in jeder beliebigen Körperstellung aufrecht gesehen werden; denn sie legt dem Aufrechtsehen einfach geometrische Constructionen zu Grunde, ohne irgendwelche Rücksicht auf feinere psychologische Momente. H. führt dies des Näheren aus mit Hilfe von Beobachtungen am Reck u. s. w. und führt zum Schlusse als Curiosum an, dass wir in „Kopfstellung" (d. h. beim Hindurchblicken zwischen den gespreizten Beinen) ausser Stande sind ein aufrechtstehendes Zeitungsblatt zu entziffern, obwohl wir den deutlichen, durch nichts zu beseitigenden Eindruck haben, dass die Schrift aufrecht steht; hingegen lesen wir sofort, sowie die Zeitung um 180⁰ gedreht wird.

Immerhin wäre es eine dankenswerthe Ergänzung, wenn der Nachweis gelänge, dass zum Zustandekommen des Aufrechtsehens die Umkehrung, d. h. die Verkehrstellung der Netzhautbilder gar nicht nothwendig ist, denn die Projectionstheorie sähe hierin eine unerläßliche Vorbedingung für das Aufrechtsehen. Die betr. Stelle bei Kepler laute: „Nec metus est, ut in plaga erret visus. ... Errasset potius erecta existente pictura."

Der Beweis, dass auch bei aufrechtstehenden Netzhautbildern aufrecht gesehen werden kann, sei nun in der That erbracht durch eine mühsame, viel zu wenig gewürdigte Beobachtung von Stratton (Psychol. Review 1896). Sein Experiment bestand darin, dass er nach Verschluss des einen Auges durch Verband das andere mit einem dioptrischen System versah, dergestalt, dass die Netzhautbilder aufrecht standen. Dieser Apparat wurde das erste Mal 3, das zweite Mal 8 Tage getragen, nur zum Schlafengehen abgenommen. Das Resultat war folgendes.

In den ersten Tagen war die Orientirung ganz unmöglich, die Welt

erschien wie ein Phantasiegemälde, rechts und links, oben und unten ver-
tauscht. Dem widersprach nun aber jede Erfahrung, und so entstand ein
Zustand ähnlich der Seekrankheit[1] mit Angstgefühl in der Abdominalgegend.
Es war unmöglich, irgend eine Bewegung unter Controlle des Auges richtig
auszuführen, etwa eine Thürklinke zu ergreifen oder sich hinzusetzen u. s. w.
u. s. w. Aber schon vom 3. Tage an wird dieser Gesamteindruck ein total
anderer, die Objecte gruppiren sich in richtiger Anordnung, selbst die eigenen
Arme und Beine. Am 5. Tage konnte Stratton schon mit offenen Augen
mühelos frühstücken und bei offenen Thüren, ohne die Hände vorzuhalten,
durch seine Wohnung gehen. Die grössten Schwierigkeiten aber bereitete
ihm dauernd das Lagegefühl des Kopfes, des Halses und der Schultern. In
jeder andern Beziehung jedoch trat die ältere Vorstellung von der Welt der
neuen gegenüber zurück, ganz besonders wenn Stratton sich in einer
activen, ihn mehr oder minder absorbirten Thätigkeit befand; alsdann stand
jeder Gegenstand aufrecht („every thing was right side up").

So vollständig war Stratton an die neue „Weltanschauung" gewöhnt,
dass er nach definitiver Beendigung des Versuches die reale Welt für
einige Stunden kopfstehen sah. Der Versuch zeigt mit Bestimmtheit, dass
zum Aufrechtsehen die Umkehrung des Netzhautbildes nicht notwendig, die
Projectionstheorie mithin wiederum nicht stichhaltig ist.

Von den anderen Theorien erwähnt H. nur diejenige — von Buffon
(1752) herrührende —, wonach das Aufrechtsehen zu Stande komme durch
gegenseitiges Erziehen der Sinnesorgane; dieselbe nimmt an, der Säugling
sehe im Anfang wirklich verkehrt, lerne aber allmählich den Gesichtssinn
durch den Tastsinn reguliren bezw. corrigiren. Gegen diese Auffassung
habe sich zwar schon Albrecht von Haller gewandt, doch habe sie solche
Verbreitung gefunden, dass selbst ein vor wenigen Jahren verstorbener Physio-
loge ersten Ranges sie im Colleg als die richtige vortragen konnte. Entscheidend gegen diese Erklärung seien u. a. Beobachtungen aus der Thierwelt, wie
Vortr. sie an Meerschweinchen — welche optisch hochentwickelt zur Welt
kommen — hat anstellen können, desgl. nach dem Vorgange von Douglas
an Hühnchen, welche er im Zuntz'schen Laboratorium hatte ausbrüten
lassen und zwar im Dunkeln, letzteres um den Einwand auszuschliessen, die
Thiere hätten schon in der Eischale, die ja keineswegs lichtdicht ist,
optische Erfahrungen sammeln können. Bemerkenswerth waren vor Allem
die Leistungen der jungen Hühner, welche nicht nur mit grosser Präcision
pickten, sondern namentlich auch Abgründe und dergl. richtig zu taxiren
wussten. Von alledem könnte keine Rede sein, wenn die Fähigkeit, die
Netzhautbilder erst umzudrehen, erlernt werden müsse.

Vortr. schliesst mit dem Hinweise, dass diese Versuche, so interessant
sie wären, eigentlich für das vorliegende Thema nicht nöthig seien, das
ganze Problem finde seine Erledigung durch die lichtvollen, aber vielfach
vergessenen Worte Johannes Müller's: Da wir alles verkehrt sähen,
darunter auch uns selbst, wie könne da überhaupt der Begriff der Umkehrung zu Stande kommen? Immerhin sei hervorzuheben, dass es un-

---

[1] Bemerkenswerth ist, dass W. A. Nagel (*Zeitschrift für Psychol. u. s. w.* 1898.
S. 378, Note) bei Beobachtungen im Dunkelzimmer in Rückenlage die entstehenden
Sensationen ganz ähnlich beschreibt.

zutreffend sei, wenn Ophthalmologen — und es fänden sich die besten Namen darunter — den Versuch gemacht hätten aus den Beobachtungen an blindgeborenen, sehend gewordenen Menschen irgendwelche Schlüsse für die empiristische Theorie des Sehens zu ziehen; jedes Organ, welches jahrelang unbenutzt bleibe, verliere an Werth, und das gelte doch wohl auch für die Netzhaut, die ausserdem nach der Operation doch nur von aphakischen Bildern getroffen werde. Dass Individuen mit schlechten Bildern auf ungeübtem Augengrunde nichts anzufangen wüssten und sich statt dessen fürs Erste lieber des ihnen geläufigen Tastsinnes bedienten, sei in keiner Weise verwunderlich. Wer hierin eine Stütze des Empirismus sehe, halte sich vor Allem obige Thierversuche vor Augen.

2. Hr. W. Connstein: „Fermentative Fettspaltung."

Durch die von dem Vortr. gemeinsam mit den Herren Dr. Hoyer, Wartenberg, Dr. Wiedermann und Dr. Czerny vorgenommenen Untersuchungen ist einwandsfrei festgestellt worden, dass das fettspaltende Ferment der Samen der Euphorbiaceen, speciell der Ricinusarten, nur in saurer Reaction wirksam ist. Es ist jedoch nicht erforderlich, dass man die benöthigte Säure dem Fett-Ferment-Gemenge hinzufügt, man kann die Säure vielmehr auch innerhalb des Fett-Ferment-Gemenges sich entwickeln lassen. — Letzteres geht dann mit besonderer Leichtigkeit vor sich, wenn der gemahlene Ricinussamen einige Zeit hindurch mit Wasser in Berührung bleibt. Durch einen enzymatischen Process, welcher wahrscheinlich die Eiweisssubstanzen des Ricinussamens angreift, werden saure Producte, möglicher Weise Amidosäuren in Freiheit gesetzt, welche das lipolytische Ferment ebenso activiren können, wie eine künstlich hinzugefügte Säure. — Diese, dem lypolytischen Ferment gleichsam „adäquate" Samensäure hat vor allen anderen Säuren den bemerkenswerthen Vorzug, völlig ungiftig dem Ferment gegenüber zu sein, so dass also auch ein Ueberschuss derselben das Ferment nicht schädigt. — Die innerhalb des Samen-Wasser-Gemenges einsetzende saure Gährung ist die Ursache für den früher beschriebenen sogenannten „lipolytischen Sprung" und ist vermutlich auch im keimenden Samen dasjenige Agens, welches das fettspaltende Enzym in Thätigkeit versetzt.

Die saure Gährung kann durch Zusatz von Salzen, z. B. von Mangansalzen gefördert werden, so dass z. B. bei Anwesenheit von Mangansulfat, -nitrat, -acetat u. s. w. die Säurebildung rascher und intensiver einsetzt. — So sind diese Salze auch indirect Activatoren für die fermentative Lipolyse.

Eine Isolierung des fettspaltenden Ferments durch Lösung scheint nicht möglich zu sein, dagegen gelingt es, z. B. durch Auspressen des mit Wasser zerriebenen Ricinussamens einen wirksamen Presssaft und einen mehr oder minder unwirksamen Rückstand zu gewinnen. Statt der Presse können hierfür auch andere ähnlich wirkende Trennungsapparate verwandt werden.

3. Hr. N. Zuntz: „Zur Bedeutung des Blinddarms für die Verdauung beim Kaninchen, nach Versuchen des Hrn. W. Ustjanzew, Nowo Alexandrowo."

Die Herren P. Bergman und E. O. Hultgren veröffentlichten im Skand. Arch. f. Physiologie XIV S. 188 (1903) einen Beitrag zur Physiologie des Blinddarmes bei den Nagern. Sie bestimmten die Ausnutzung der Nahrung bei einem Kaninchen, dessen Blinddarm dadurch ausser Function gesetzt war, dass man ihn dicht oberhalb der Einmündung des Ileum durch-schnitt, die letzterem zugewendete Wunde vernähte und das nun isolirte blinde Ende nach aussen münden liess und an die Haut fixirte. Das Thier erschien nach Heilung der Wunde vollkommen gesund, holte nicht nur den anfänglichen Gewichtsverlust wieder ein, sondern nahm sogar im Laufe von 11 Monaten um 240 ^{grm} an Gewicht zu.

Es wurden an dem Thiere zwei Ausnützungsversuche bei ausschliess-licher Haferfütterung gemacht und damit zwei ebensolche Versuche an zwei unverletzten Kaninchen verglichen. Das überraschende Ergebniss der Ver-suche lautet, dass die Ausnutzung des Eiweisses beim operirten Thier er-heblich besser war, als bei den Controlthieren, die der übrigen Nährstoffe ebenso gut. Der riesige Blinddarm der Nager erscheint hiernach als ein überflüssiges, wenn nicht gar schädliches Organ.

Das Unwahrscheinliche dieses Resultats veranlasste mich, Herrn Ust-janzew zu einer Nachprüfung der Frage aufzufordern.

Es mussten dabei in erster Linie einige offensichtige Fehler der schwedischen Forscher vermieden werden. Da wir nur wenig Erfahrungen über die Verdauung des Kaninchens besitzen, war es bedenklich, verschiedene Thiere ohne Weiteres mit einander zu vergleichen. Herr Ustjanzew hat deshalb an den Versuchsthieren vor der Operation die Verdauung der Nahrung festgestellt und dann die Ausnutzungsversuche mit demselben Futter nach Heilung der Wunde wiederholt.

Ich halte es ferner für bedenklich, die Cellulose, für deren Verdauung doch der Blinddarm an erster Stelle wichtig sein dürfte mit den übrigen Kohlenhydraten einfach als Resttrockensubstanz nach Abzug von Eiweiss + Fett + Asche im Kothe zu bestimmen. — Ebenso unzulässig erscheint die Einsetzung von willkürlichen Durchschnittszahlen für den verfütterten Hafer, wenn man sieht, dass in Koenig's Tabellen für die Stickstoffsubstanz des Hafers sich Werthe zwischen 6,0 und 18,84 Procent, für das Fett zwischen 2,11 und 10,65 Procent, für die Rohfaser, auf die es hier besonders an-käme, gar zwischen 4,45 und 20,08 Procent finden. Ferner schien es mir angesichts der grossen, dem Futter mehrerer Tage entsprechenden Inhalts-massen des Magens und Blinddarms der Kaninchen wichtig, jeden Versuch bei möglichst leerem Verdauungstractus beginnen zu lassen. Das wurde durch dreitägige ausschliessliche Milchdiät vor und nach jedem Versuche erreicht. Die der Versuchskost (Hafer bezw. Weizen + Heu) entsprechenden Fäces liessen sich leicht von den spärlichen Resten der Milch sondern, die letzten Antheile derselben erschienen meist erst am dritten Milchfütterungs-tage. Nach der Operation wurden die Thiere einige Tage mit Milch, dann unter Zugabe von Mehlbrei ernährt. Vom 8. Tage ab erhielten sie wieder kleine Mengen Heu.

Das Folgende ist eine wörtliche Wiedergabe der von Hrn. W. Ustjanzew geführten Versuchsprotokolle.

Im ersten Versuch bekamen die Kaninchen 50 ^{grm} Hafer und 15 ^{grm} Heu, im zweiten 20 ^{grm} Weizen und 30 ^{grm} Heu pro Tag. Die gesammelten Reste des Futters wurden für jede Periode auf einmal trocken gewogen und ana-lysirt. Der Koth ward in frischem Zustande täglich, im trockenen (70° C.)

wieder auf einmal für die ganze Periode gewogen und analysirt. Im Harn wurde nur Stickstoff bestimmt. Alle analytischen Bestimmungen habe ich zur Controlle doppelt ausgeführt.

Erster Versuch.

Kaninchen A. Körpergewicht vor der Operation 2210 grm, nach der Operation 1520 grm.

Versuchsprotokolle.
Periode I (vor der Operation).

	Futter	Rest	Tränkwasser ccm	Koth frisch grm	Koth trocken grm	Harn Menge ccm	aufgefüllt auf ccm	Stickstoff grm in 100 ccm	Stickstoff grm in der Tagesportion	Körpergewicht grm
Juni 8.	Milch 200 ccm pro Tag			4·0						
„ 9.				8·5 } 12·0						
„ 10.				2·8						
„ 11.	50 grm Hafer 15 „ Heu		200	20·5		60	450	0·0189	0·851	2210
„ 12.	„		165	18·5		60	350	0·0174	0·609	2170
„ 13.	„		130	37·5		45	350	0·0138	0·483	2200
„ 14.	„	35·7 grm Heu	115	26·0 }176·0		25	350	0·0138	0·483	2220
„ 15.	„		100	25·3		30	350	0·0222	0·777	—
„ 16.	„		95	27·5		wenig	250	0·0228	0·570	2150
„ 17.	„		80	28·5		„	250	0·0201	0·502	
„ 18.	„		95	16·0		„	250	0·0174	0·435	2100
„ 19.	Milch 200 ccm pro Tag			8·2						
„ 20.				16·0 } 25·6						
„ 21.				5·0						
	Summa	35·7 grm		201·6					4·71	
	Pro Tag	4·5 „ Heu	122	25·2					0·59	

Periode II (nach der Operation).

	Futter	Rest	Tränkwasser ccm	Koth frisch grm	Koth trocken grm	Harn Menge ccm	aufgefüllt auf ccm	Stickstoff grm in 100 ccm	Stickstoff grm in der Tagesportion	Körpergewicht grm
Juli 3.	Milch 200 ccm pro Tag			13·5						
„ 4.										
„ 5.	50 grm Hafer 15 „ Heu		180	17·0		50	250	0·0234	0·585	1520
„ 6.	„	35·1 grm Heu	170	27·5		60	250	0·0396	0·990	1560
„ 7.	„		130	23·0		40	250	0·0297	0·742	—
„ 8.	„	und 38·1 grm Hafer	120	28·5 }152·6		55	250	0·0168	0·420	1530
„ 9.	„		120	18·1		—	}300	0·0129	0·387	}1530
„ 10.	„		100	12·5		70				
„ 11.	„		140	24·0			}250	0·025	0·637	—
„ 12.	„		110	17·8		95				1550
„ 13.	Milch 200 ccm pro Tag			8·0						
„ 14.				12·0 } 16·6						
	Summa	4·4 grm Heu		169·2					3·76	
	Pro Tag	4·8 „ Hafer	139	21·2					0·47	

Die chemische Untersuchung der Futtermittel, der Reste und des Kothes ergab nachstehenden, auf Trockensubstanz berechneten Gehalt:

	Roh-proteïn	Rohfaser	Rohfett	Asche	Stickstoff-fr.Extract-stoff	Pento-sane
	Proc.	Proc.	Proc.	Proc.	Proc.	Proc.
Hafer	10·12	10·07	5·51	3·68	70·62	12·80
Wiesenheu	9·25	36·07	3·02	6·00	45·66	21·30
Rest von Heu. I. Periode	11·75	36·60	3·15	6·23	42·27	22·60
„ „ „ II. „	10·50	35·40	3·20	6·00	44·90	22·40
„ „ Hafer. II. „	5·50	41·75	2·77	5·10	44·88	29·38
Koth. I. „	13·06	30·80	3·20	7·04	45·90	27·10
„ II. „	14·12	29·00	3·14	7·38	46·36	27·30
Koth(Kaninchen B. Periode I. [s. S. 7])	10·62	32·40	2·94	6·90	47·14	26·50

Tabelle I.   Berechnung der Futterausnützung.
Periode I (vor der Operation).

	Trocken-substanz	Rohprotein	Rohfaser	Rohfett	Asche	Stickstofffreier Extractstoff	Pentosane
	grm	grm	grm	grm	grm	grm	grm
Verzehrt f. ganze Periode (8 Tage)							
Heu 120 grm	108·58	10·06	39·10	3·29	6·51	49·58	23·13
Hafer 400 grm	348·24	35·24	35·07	19·19	12·79	245·90	44·57
Rest von Heu 35·7 grm	33·90	3·98	12·41	1·06	2·11	14·33	7·66
Gesammtverzehr	422·92	41·32	61·76	21·42	17·19	281·15	60·04
Pro Tag	52·86	5·16	7·72	2·68	2·15	35·14	7·50
Im Koth f. ganze Periode 201·6 grm	183·0	23·90	56·36	5·85	12·88	84·00	49·59
Pro Tag	22·9	2·99	7·04	0·73	1·61	10·50	6·19
Verdaut für ganze Periode	239·92	17·42	5·40	15·57	4·31	197·15	10·45
Pro Tag	29·96	2·17	0·68	1·95	0·54	24·64	1·30
Procent		42·5	8·8	72·8	25·0	70·1	17·3

Periode II (nach der Operation).

	Trocken-substanz	Rohprotein	Rohfaser	Rohfett	Asche	Stickstofffreier Extractstoff	Pentosane
Verzehrt f. ganze Periode (8 Tage)							
Heu 120 grm	108·58	10·06	39·10	3·29	6·51	49·58	23·13
Hafer 400 grm	348·24	35·24	35·07	19·19	12·79	245·90	44·57
Rest von Heu 35·1 grm	33·30	3·49	11·78	1·07	2·00	14·95	7·46
„ „ Hafer 38·1 grm . . .	36·20	1·99	15·12	1·00	1·84	16·25	11·19
Gesammtverzehr	387·32	39·82	47·27	20·41	15·46	264·28	49·05
Pro Tag	48·41	4·98	5·91	2·55	1·93	33·03	6·13
Im Koth f. ganze Periode 160·2 grm	155·4	21·94	45·04	4·78	11·47	72·04	42·52
Pro Tag	19·4	2·74	5·63	0·61	1·43	9·00	5·31
Verdaut für ganze Periode	231·9	17·88	2·23	15·53	3·99	192·24	6·53
Pro Tag		2·23	0·28	1·94	0·49	24·03	0·81
Procent		44·6	4·2	76·1	25·4	72·8	13·2

Kaninchen B. Körpergewicht vor der Operation 2240 grm. Das Kaninchen starb nach der Operation. Vorfütterung gab folgende Resultate:

Versuchsprotokolle. Periode I (vor der Operation).

	Futter	Rest	Tränkwasser ccm	Koth frisch grm	Koth trocken grm	Harn Menge grm	Harn aufgefüllt auf ccm	Stickstoff grm in 100 ccm	Stickstoff grm in der Tagesportion	Körpergewicht grm
Juni 7.				viel						
„ 8.	Milch 200 ccm pro Tag			12·2	34·5					
„ 9.				19·2						
„ 10.				7·5						
„ 11.	50 grm Hafer 15 „ Heu		80	15·4		20	250	0·0177	0·44	2240
„ 12.	„		95	24·4		50	250	0·0315	0·79	2255
„ 13.	„	11·6 grm Heu	95	31·4		35	250	0·0204	0·51	2270
„ 14.	„		75	29·1	192·3	20	350	0·0234	0·82	2265
„ 15.	„		100	31·1		wenig	250	0·0165	0·41	—
„ 16.	„		90	37·4		„	250	0·0303	0·76	2275
„ 17.	„		70	33·5		„	250	0·0270	0·67	—
„ 18.	„		90	35·8		„	250	0·025	0·64	2280
„ 19.	Milch 200 ccm pro Tag			8·8						
„ 20.				10·0	22·5					
„ 21.				10·0						
	Summa	11·6 grm Heu		214·8					5·04	
	Pro Tag	1·4 „ „		26·8					0·63	

Tabelle II. Berechnung der Futterausnützung.

	Trockensubstanz grm	Rohprotein grm	Rohfaser grm	Rohfett grm	Asche grm	Stickstofffreier Extractstoff grm	Pentosane grm
Verzehrt f. ganze Periode (8 Tage) Heu 108 grm	97·72	9·04	35·25	2·95	5·86	44·62	20·81
Hafer 400 grm	348·24	35·24	35·07	19·19	12·79	245·90	44·57
Gesammtverzehr	445·96	44·28	70·32	22·14	18·65	290·52	65·38
Pro Tag	55·74	5·53	8·79	2·77	2·33	36·31	8·17
Im Koth f. ganze Periode 214·8 grm	197·40	20·96	63·95	5·80	13·62	93·05	52·31
Pro Tag	24·7	2·62	7·99	0·72	1·70	11·63	6·59
Verdaut für ganze Periode	248·56	23·32	6·37	16·34	5·03	197·47	13·07
Pro Tag	31·07	2·91	0·8	2·04	0·6	24·68	1·63
Procent		52·6	9·0	73·8	27·0	68·0	20·0

Die Betrachtung der Tabellen I und II zeigt uns, dass beide Versuchs-thiere sehr schwache Verdauungsfähigkeit für Rohfaser besassen, was wohl von der groben Beschaffenheit derselben abhängen dürfte. Die Haferschalen sind wohl nahezu unverdaulich. Doch sehen wir, dass nach der Entfernung des Blinddarms bei Kaninchen A die Rohfaser und Pentosane weniger verdaut wurden; die Verdauung der anderen Bestandtheile des Futters aber mit unveränderter Intensität sich vollzog.

Im zweiten Versuche wurde, um eine leichter verdauliche Rohfaser zu haben, die Menge des Heus verdoppelt und statt des Hafers Weizen ver-füttert. Jetzt war in der That die Verdauung der Rohfaser sehr viel grösser und entsprechend zeigt sich auch ihre Schädigung durch die Entfernung des Blinddarms in grösserem Maasse.

Zweiter Versuch.

Kaninchen C. Körpergewicht vor der Operation 1950 grm, nach der Operation 1450 grm. Man muss hier noch bemerken, dass die Excremente des operirten Kaninchens nach der Entfernung des Blinddarms ausnahms-weise hell und ungeformt waren und bei Kaninchen C erst nach ungefähr 40 Tagen ihre normale Beschaffenheit wieder erwarben.

Versuchsprotokolle. Periode I (vor der Operation).

	Futter	Rest	Tränkwasser ccm	Koth frisch grm	Koth trocken grm	Harn Menge grm	Harn mit Spülwasser ccm	Stickstoff in 10 ccm grm	Stickstoff im Ganzen grm	Körpergewicht grm
Oct.13—16.	Milch 200 ccm pro Tag			0·8						
„ 17.	{20 grm Weizen / 30 „ Heu}		100	—		—				1950
„ 18.	„			7·0						1920
„ 19.	„	56·5 grm Heu	50	20·5	81·5	110	300	0·0929	2·78	
„ 20.	„		110	14·0		—				
„ 21.	„			11·0		75	300	0·064	1·92	
„ 22.	„		75	21·5		—				
„ 23.	„		150	23·0		70	300	0·050	1·50	1890
„ 24.	„			4·8		—				
„ 25.				5·0		85	300	0·057	1·71	1840
„ 26.	Milch 200 ccm pro Tag			7·0	12·0					
„ 27.				1·5						
„ 28.				2·0						
	Summa	56·5 grm			93·5				7·91	
	Pro Tag	7·1 „			11·7				0·88	

Periode II (nach der Operation).

	Futter	Rest	Tränkwasser ccm	Koth frisch grm	Koth trocken grm	Harn Menge grm	Harn mit Spülwasser ccm	Stickstoff in 10 ccm grm	Stickstoff im Ganzen grm	Körpergewicht grm
Novbr. 12.	Milch 200 ccm pro Tag			1·8						
„ 13.				0·5 } 2·0						
„ 14.	20 grm Weizen 30 „ Heu		120	3·5		—				1450
„ 15.	„			20·0		140	300	0·051	1·59	1440
„ 16.	„		160	15·0		—				
„ 17.	„	68·8 grm Heu		18·5 } 104·5		—	300	0·0535	1·60	1500
„ 18.	„		80	21·0		80				
„ 19.	„		100	22·0		—				
„ 20.	„		120	20·0		190	500	0·034	1·70	1470
„ 21.	„		70	21·5		70	300	0·039	1·17	1440
„ 22.	Milch 200 ccm pro Tag			15·0						1420
„ 23.				— } 10·0						
„ 24.				0·5						
Summa		68·8 grm			114·5				6·01	
Pro Tag		8·6 „			14·3				0·75	

Periode III (nach der Operation).

	Futter	Rest	Tränkwasser ccm	Koth frisch grm	Koth trocken grm	Harn Menge grm	Harn mit Spülwasser ccm	Stickstoff in 10 ccm grm	Stickstoff im Ganzen grm	Körpergewicht grm
Decbr. 4.	Milch 200 ccm pro Tag			12·0						
„ 5.				— } 12·5						
„ 6.				1·5						
„ 7.	täglich 20 grm Weizen 30 „ Heu		70	5·0		—				1450
„ 8.			70	15·0		—				
„ 9.			60	22·0						
„ 10.		50·5 grm Heu	160	17·5 } 117·0		140	400	0·055	2·20	1450
„ 11.				21·0		—				
„ 12.			80	26·0		120	300	0·042	1·26	
„ 13.			100	22·0		—				1435
„ 14.				19·0		90	300	0·037	1·11	1450
„ 15.	Milch 200 ccm pro Tag			10·5						
„ 16.				1·5 } 12·0						
„ 17.				0·1						
Summa		50·5 grm			129·0				4·57	
Pro Tag		6·3 „			16·0				0·56	

Der chemischen Untersuchung zufolge hatte die Trockensubstanz der Futtermittel, der Reste und des Kothes folgende procentische Zusammensetzung:

	Roh-proteïn	Rohfaser	Rohfett	Asche	Stickstoff-fr.Extract-stoff	Pento-sane
	Proc.	Proc.	Proc.	Proc.	Proc.	Proc.
Weizen	10·81	2·49	2·94	1·76	82·00	7·18
Wiesenheu	10·12	24·75	3·68	10·40	51·05	15·10
Rest von Heu. I. Periode	8·87	27·76	3·47	10·02	48·92	18·50
„ „ „ II. „	8·87	27·27	3·47	11·06	49·33	18·70
„ „ „ III. „	9·12	28·20	3·70	11·50	47·48	16·70
Koth I. „	13·87	27·01	3·95	16·67	38·50	18·60
„ II. „	10·12	28·15	3·86	13·35	44·52	17·13
III. „	8·37	29·50	3·30	12·20	46·63	20·60

Tabelle III. Berechnung der Futterausnützung.

Periode I (vor der Operation).

	Trocken-substanz	Rohproteïn	Rohfaser	Rohfett	Asche	Stickstofffreier Extractstoff	Pentosane
	grm	grm	grm	grm	grm	grm	grm
Verzehrt f. ganze Periode (8 Tage)							
Heu 240 grm	211·4	21·39	52·32	7·78	21·98	107·92	31·92
Weizen 160 grm	140·3	15·17	3·49	4·12	2·47	115·06	10·07
Rest von Heu 56·5 grm	52·7	6·67	14·63	1·81	5·81	25·78	9·74
Gesammtverzehr	299·0	31·89	41·18	10·09	18·84	197·20	32·25
Pro Tag	37·4	3·98	5·14	1·26	2·33	24·65	4·03
Im Koth f. ganze Periode 93·5 grm	86·8	12·03	23·43	3·42	14·46	33·41	16·14
(8 Tage) Pro Tag	10·8	1·50	2·93	0·43	1·81	4·17	2·02
Verdaut für ganze Periode	212·2	19·86	17·65	6·67	4·18	163·79	16·11
Pro Tag	26·5	2·48	2·21	0·83	0·52	20·48	2·01
Procent		62·2	42·8	66·0	22·4	83·0	50·0

Periode II (nach der Operation).

	Trocken-substanz	Rohproteïn	Rohfaser	Rohfett	Asche	Stickstofffreier Extractstoff	Pentosane
Verzehrt f. ganze Periode (8 Tage)							
Heu 240 grm	215·5	21·80	53·33	7·93	22·40	110·00	32·53
Weizen 160 grm	140·3	15·17	3·49	4·12	2·47	115·06	10·07
Rest von Heu 68·8 grm	63·8	5·69	17·41	2·21	7·06	31·50	11·94
Gesammtverzehr	292·0	31·28	39·41	9·84	17·81	193·56	30·66
Pro Tag	36·5	3·91	4·92	1·23	2·22	24·19	3·83
Im Koth f. ganze Periode 114·5 grm	107·2	10·84	30·18	4·14	14·31	47·72	18·36
(8 Tage) Pro Tag	13·4	1·35	3·77	0·52	1·79	5·96	2·29
Verdaut für ganze Periode	184·8	20·44	9·23	5·70	3·50	145·84	12·30
Pro Tag	23·1	2·56	1·15	0·70	0·43	18·23	1·54
Procent		65·3	23·4	57·7	19·6	75·3	40·0

Periode III (nach der Operation).

	Trocken-substanz	Rohprotein	Rohfaser	Rohfett	Asche	Stickstofffreier Extractstoff	Pentosane
	grm	grm	grm	grm	grm	grm	grm
Verzehrt f. ganze Periode (8 Tage)							
Heu 240 grm	215·5	21·80	53·33	7·93	22·40	110·00	32·53
Weizen 160 grm , ...	140·3	15·17	3·49	4·12	2·47	115·06	10·07
Rest von Heu 50·5 grm	47·3	4·29	13·28	1·74	5·42	22·36	7·96
Gesammtverzehr	308·7	32·68	43·54	10·31	19·45	202·70	34·64
Pro Tag	38·6	4·08	5·47	1·29	2·43	25·33	4·33
Im Koth f. ganze Periode 129·0 grm	120·0	10·04	35·40	3·96	14·64	56·00	24·72
(8 Tage) Pro Tag	15·0	1·25	4·42	0·49	1·83	7·00	3·09
Verdaut für ganze Periode	188·7	22·64	8·14	6·35	4·81	146·70	9·92
Pro Tag	23·6	2·83	1·02	0·79	0·60	18·33	1·24
Procent		69·2	18·7	61·6	39·5	72·4	28·7

Wir sehen aus dem mitgetheilten Zahlenmateriale, dass nach der Entfernung des Blinddarms nur die Verdauungscoefficienten für Rohfaser und Pentosane stark fielen und zwar für Rohfaser von 42·8 Procent[1] auf 23·4 bis 18·7, für Pentosane von 50·0 Procent auf 40·0 bis 28·7 Procent, d. h. für Rohfaser auf die Hälfte.

Um die Verdaulichkeit der Rohfaser bei anderen Zusammensetzungen des Futters zu erforschen, habe ich noch einen Vergleichsversuch mit diesem Kaninchen und Kaninchen E. angestellt.

Beiden Kaninchen wurden 20 grm Weizen und 50 grm Heu pro Tag gegeben. Der Versuch dauerte 9 Tage, abgesehen von der dreitägigen Milchfütterung vor und nach dem Versuch.

Die chemische Analyse des Kothes und der Reste ergab nachstehende Zahlen für die procentische Zusammensetzung der wasserfreien Substanz.

	Rohprotein	Rohfaser	Rohfett	Asche	Stickstofffr. Extractstoff	Pentosane
	Proc.	Proc.	Proc.	Proc.	Proc.	Proc.
Die Heureste (Versuch I, Kaninchen C)	9·68	27·10	3·42	11·00	48·80	17·80
” ” (” II, ” E)	10·44	25·25	3·61	11·00	49·70	18·00
Koth ” (” I, ” C)	9·44	31·50	3·74	14·25	42·07	20·88
” ” (” II, ” E)	11·12	30·10	4·16	12·50	42·12	18·20

Die Berechnungen der Einnahmen und Ausgaben an einzelnen Nährstoffgruppen in den vorliegenden Versuchen und auch die Verdauungscoefficienten sind in folgender Tabelle IV dargestellt.

---

[1] Dieselben hohen Verdauungscoefficienten für Rohfaser und Pentosane habe ich auch bei anderen Controlkaninchen beobachtet, welche dieselbe Futtermischung bekamen, und zwar für Rohfaser von 36 bis 43 Procent.

Tabelle IV. Berechnung der Futterausnützung.
Versuch I mit Kaninchen C (nach der Operation).

	Trocken-substanz	Rohprotein	Rohfaser	Rohfett	Asche	Stickstoff-freier Extractstoff	Pentosane
Verzehrt f. ganze Periode (9 Tage)	grm	grm	grm	grm	grm	grm	grm
Heu 450 grm	404·0	40·88	99·99	14·77	42·02	206·24	61·00
Weizen 180 grm	157·9	17·07	3·93	4·64	2·78	129·48	11·34
In Heuresten 129 grm	120·7	11·68	32·71	4·13	13·27	58·90	21·55
Gesammtverzehr	441·2	46·27	71·21	15·38	31·53	276·72	50·79
Pro Tag	49·0	5·14	7·91	1·71	3·50	30·75	5·64
Im Koth f.ganzen Versuch (9 Tage) 207 grm	192·30	18·15	60·57	7·19	27·40	80·90	40·15
Pro Tag	21·37	2·01	6·73	0·80	3·04	8·99	4·41
Verdaut für ganzen Versuch	248·9	28·12	10·64	8·19	4·13	195·92	10·64
Pro Tag	27·6	3·13	1·18	0·91	0·46	21·77	1·18
Procent		60·7	14·9	53·3	13·1	70·5	20·9.

Versuch II mit Kaninchen E (Normalversuch).

Verzehrt f. ganze Periode (9 Tage)							
Heu 450 grm	404·0	40·88	99·99	14·87	42·02	206·24	61·00
Weizen 180 grm	157·9	17·07	3·93	4·64	2·78	129·48	11·34
In Heuresten 108 grm	101·3	10·57	25·59	3·66	11·14	50·35	18·23
Gesammtverzehr	460·6	47·38	78·33	15·85	33·66	285·37	54·11
Pro Tag	51·2	5·26	8·70	1·76	3·74	31·71	6·01
Im Koth f. ganzen Versuch (9 Tage) 200·5 grm	185·5	20·63	55·83	7·72	23·19	78·13	33·76
Pro Tag	20·6	2·29	6·20	0·87	2·57	8·68	3·75
Verdaut für ganzen Versuch	275·1	26·75	22·50	8·13	10·47	207·24	20·35
Pro Tag	30·6	2·97	2·50	0·9	1·16	23·03	2·26
Procent		56·0	28·7	51·3	31·1	72·6	37·6

Wie aus der Tabelle ersichtlich ist, war die Rohfaser und Pentosane
dieser Futtermischung bei Kaninchen E und auch bei allen anderen von
mir untersuchten Kaninchen etwas weniger verdaut worden, als die der
ersten Mischung. Der Unterschied zwischen dem normalen und dem operirten
Thiere ist aber auch in dieser Versuchsreihe in den Verdauungscoefficienten
der Rohfaser und der Pentosane sehr erheblich.

Als Ergebniss dieser Versuche darf man wohl den Satz aufstellen, dass
der Blinddarm der Nager nur bei der Verdauung der Rohfaser
und der Pentosane eine Rolle spielt, hier aber von grosser Bedeutung ist.

In Uebereinstimmung mit Bergmann und Hultgren fand Ustjanzew
die Ausnutzung des Stickstoffs bei den operirten Thieren etwas besser als bei
den normalen. Das dürfte sich aus dem Antheil stickstoffhaltiger Secrete
des Blinddarms vielleicht auch der in demselben gebildeten Bacterienmassen
an den Ausscheidungen erklären.

Das

ARCHIV

für

ANATOMIE UND PHYSIOLOGIE,

Fortsetzung des von Reil, Reil und Autenrieth, J. F. Meckel, Joh. Müller, Reichert und du Bois-Reymond herausgegebenen Archives,

erscheint jährlich in 12 Heften (bezw. in Doppelheften) mit Abbildungen im Text und zahlreichen Tafeln.

6 Hefte entfallen auf die anatomische Abtheilung und 6 auf die physiologische Abtheilung.

Der Preis des Jahrganges beträgt 54 ℳ.

Auf die **anatomische** Abtheilung (Archiv für Anatomie und Entwickelungsgeschichte, herausgegeben von W. Waldeyer), sowie auf die **physiologische** Abtheilung (Archiv für Physiologie, herausgegeben von Th. W. Engelmann) kann **besonders** abonnirt werden, und es beträgt bei Einzelbezug der Preis der anatomischen Abtheilung 40 ℳ, der Preis der physiologischen Abtheilung 26 ℳ.

Bestellungen auf das vollständige Archiv, wie auf die einzelnen Abtheilungen nehmen alle Buchhandlungen des In- und Auslandes entgegen.

Die Verlagsbuchhandlung:

Veit & Comp. in Leipzig.

Druck von Metzger & Wittig in Leipzig.

ARCHIV

FÜR

ANATOMIE UND PHYSIOLOGIE.

FORTSETZUNG DES VON REIL, REIL u. AUTENRIETH, J. F. MECKEL, JOH. MÜLLER,
REICHERT u. DU BOIS-REYMOND HERAUSGEGEBENEN ARCHIVES.

HERAUSGEGEBEN

VON

Dr. WILHELM WALDEYER,

PROFESSOR DER ANATOMIE AN DER UNIVERSITÄT BERLIN,

UND

Dr. TH. W. ENGELMANN,

PROFESSOR DER PHYSIOLOGIE AN DER UNIVERSITÄT BERLIN.

JAHRGANG 1905.

=== PHYSIOLOGISCHE ABTHEILUNG. ===

FÜNFTES UND SECHSTES HEFT.

MIT DREIUNDZWANZIG ABBILDUNGEN IM TEXT UND ZWEI TAFELN.

LEIPZIG,
VERLAG VON VEIT & COMP.
1905

Zu beziehen durch alle Buchhandlungen des In- und Auslandes.
(Ausgegeben am 10. November 1905.)

Inhalt.

Die Herren Mitarbeiter erhalten *vierzig* Separat-Abzüge ihrer B
träge gratis.

Beiträge für die **anatomische Abtheilung** sind an

Professor Dr. **Wilhelm Waldeyer** in Berlin. N.W., Luisenstr. 56,

Beiträge für die **physiologische Abtheilung** an

Professor Dr. **Th. W. Engelmann** in Berlin N.W., Dorotheenstr. 3

portofrei einzusenden. — **Zeichnungen** zu Tafeln oder zu Holzschnitten s'
auf vom **Manuscript getrennten** Blättern beizulegen. Bestehen die Zei
nungen zu Tafeln aus einzelnen Abschnitten, so ist, **unter Berücksichtig**
der Formatverhältnisse des Archives, eine **Zusammenstellung**, die de
Lithographen als Vorlage dienen kann, beizufügen.

Litterarischer Anzeiger.

Beilage zu

Archiv für Anatomie u. Physiologie
Zeitschrift für Hygiene und Infectionskrankheiten
Skandinavisches Archiv für Physiologie.

1905. *Verlag von Veit & Comp. in Leipzig.* **Nr. 2.**

STUDIEN

ÜBER DIE

NATUR DES MENSCHEN.

EINE OPTIMISTISCHE PHILOSOPHIE

von

Elias Metschnikoff,

Professor am Institut Pasteur.

Mit Abbildungen.

Autorisierte Ausgabe. Eingeführt durch Wilhelm Ostwald.

8. 1904. geh. 5 ℳ, geb. in Ganzleinen 6 ℳ.

Die Quelle der vielen Leiden, unter denen die Menschheit seufzt, findet der berühmte Forscher in den entwickelungsgeschichtlich bedingten Disharmonien der Natur des Menschen. Von der Bekämpfung der Unvollkommenheiten der Organisation mit den neuen Methoden der Wissenschaft hofft er, daß es gelingen wird, das menschliche Dasein glücklicher zu machen und zu verlängern — ein ideales Greisenalter herbeizuführen.

Verlag von August Hirschwald in Berlin.

Soeben erschien:

Bakteriologische Untersuchungen

über Hände-Desinfektion

und ihre Endergebnisse für die Praxis

von

Prof. Dr. O. Sarwey.

1905. 8. Mit 4 Lichtdrucktafeln. 2 ℳ 40 ₰.

Lehrbuch der inneren Medizin.

Für Aerzte und Studierende

von

Prof. Dr. G. Klemperer.

Erster Band. gr. 8. 1905. 15 *M*.

Verlag von VEIT & COMP. in Leipzig.

ABHANDLUNGEN UND VORTRÄGE
ALLGEMEINEN INHALTES
(1887—1903).
Von Wilhelm Ostwald.

gr. 8. 1904. geh. 8 *M*, geb. in Ganzleinen 9 *M*.

Inhalt.

Allgemeine und physikalische Chemie. 1. Die Aufgaben der physikalischen Chemie. (1887.) 2. Altes und neues in der Chemie. (1890.) 3. Fortschritte der physikalischen Chemie in den letzten Jahren. (1891.) 4. Die physikalische Chemie auf den deutschen Universitäten. (1895.) 5. Chemische Betrachtungen. (1895.) 6. Über Katalyse. (1901.) **Elektrochemie.** 1. Betrachtungen zur Geschichte der Wissenschaft. (1896.) 2. Bilder aus der Geschichte der Elektrik. (1897.) 3. Die wissenschaftliche Elektrochemie der Gegenwart und die technische der Zukunft. (1894.) 4. Fortschritte der wissenschaftlichen Elektrochemie. (1894.) 5. Über den Ort der elektromotorischen Kraft in der Voltaschen Kette. (1895.) **Energetik und Philosophie.** 1. Die Energie und ihre Wandlungen. (1887.) 2. Über chemische Energie. (1893.) 3. Die Überwindung des wissenschaftlichen Materialismus. (1895.) 4. Das Problem der Zeit. (1898.) 5. Die philosophische Bedeutung der Energetik. (1903.) 6. Biologie und Chemie. (1903.) **Technik und Volkswirtschaft.** 1. Über wissenschaftliche und technische Bildung. (1897.) 2. Stickstoff, eine Lebensfrage. (1903.) 3. Ingenieurwissenschaft und Chemie. (1903.) **Biographie.** 1. Johann Wilhelm Ritter. (1894.) 2. Eilhard Mitscherlich. (1894.) 3. Friedrich Stohmann. (1897.) 4. Gustav Wiedemann. (1899.) 5. Jacobus Henricus van't Hoff. (1899.) 6. Robert Bunsen. (1901.) 7. Johannes Wislicenus. (1903.)

Verlag von **August Hirschwald** in Berlin.

Soeben erschien:

Handbuch der gerichtlichen Medizin.

Herausgegeben von

Geh. Ober-Med.-Rat Prof. Dr. A. Schmidtmann,

unter Mitwirkung von Prof. Dr. A. Haberda, Prof. Dr. Kockel, Prof. Dr. Wachholz, Prof. Dr. Puppe, Prof. Dr. Ziemke, Geh. Med.-Rat Prof. Dr. Ungar und Geh. Med.-Rat Prof. Dr. Siemerling.

Neunte Auflage des Casper-Liman'schen Handbuches.

I. Bd. gr. 8. Mit 40 Textabbildungen. 1905. 24 *M*.

Experimentelle Untersuchungen zur Physiologie der Bewegungsvorgänge in der Netzhaut.[1]

Von

Dr. H. Herzog,
Docent der Augenheilkunde zu Berlin.

(Aus dem physiologischen Institut der Universität und der I. Königl. Universitäts-Augenklinik zu Berlin.)

(Hierzu Taf. V.)

Im Allgemeinen dürfte wohl schon aus der fundamentalen Thatsache, die das Wesen der Entdeckung von van Genderen Stort (1) ausmacht, dass nämlich im Dunkelauge die Zapfen lang ausgestreckt sind, der Schluss zu ziehen sein, dass verschiedenen Helligkeitsgraden auch differente Längen der Zapfeninnenglieder entsprechen werden. Allein diese auf der Kenntniss der Wirkung gemischten Lichtes fussende Voraussetzung enthebt uns nicht der Nothwendigkeit einer specielleren, genaueren Erforschung des Effectes verschiedener Intensitäten der einzelnen Componenten desselben. — Versuche mit mehr weniger homogenen Lichtern sind deshalb im Anschluss an van Genderen Stort's Entdeckung bereits zahlreich von anderer Seite, namentlich auch von Engelmann (4) angestellt.

Besonders ausgedehnte Versuche rühren von Pergens (5) an Fischen (Lenciscus ratilus) her, die sich auf den Einfluss des Lichtes auf Pigment-

---

[1] Auszug aus meiner Habilitationsschrift: *Experimentelle Untersuchungen zur Physiologie der Bewegungsvorgänge in der Netzhaut mit Berücksichtigung der elektromagnetischen Theorie des Lichtes.* Eingereicht der medicinischen Facultät zu Berlin am 18. Juli 1903.

Wanderung, Zapfenbewegung und Veränderungen des Chromatingehaltes (Lodato) der äusseren Körner erstreckten. Im Allgemeinen gelangte Pergens zu dem Resultat, dass die Unterschiede zu ungleichmässig, bezw. für verschiedene Farben gleichartig ausfallen, als dass man der Einwirkung bestimmter objectiver Lichter, bezw. deren Intensitäten bestimmte Veränderungen in den untersuchten Netzhautschichten congruent setzen dürfte, und dass man mit Sicherheit nur soviel behaupten könne, dass Pigmentwanderung, Nucleïnverbrauch und Contraction der Zapfen zunehmen, wenn die Intensität einer Farbe gesteigert wird.

Die Versuche von Pergens wurden bei Fischen in der Weise angestellt, dass dieselben nach der Belichtung decapitirt, die Köpfe in ein Glasgefäss mit absolutem Alkohol versenkt, und die Augen in dieser Position dann noch längere Zeit mit derselben farbigen Lichtsorte beleuchtet wurden. — Bei aller Anerkennung der auf die umfangreichen Versuche angewendeten Mühe kann ich nicht umhin, diese Methode nicht als einwandfrei zu bezeichnen. — Es ist völlig unbestimmbar, welche Vorgänge sich in der Netzhaut bis zum Eindringen des Alkohols durch die Schädelkapsel u. s. w. in dieselbe vollziehen. Die Vitalität der Versuchsfische ist bekanntlich eine sehr geringe (Kühne). Wenn nun auch während und bis zu der beabsichtigten Fixation die Lichteinwirkung fortgesetzt wurde, so ist und bleibt es doch absolut zweifelhaft, ob und in welchem Grade die Vorgänge, die sich beim Absterben der Netzhaut vollziehen, noch durch die geringen Energiemengen, wie sie die angewandten Lichter (bis zu $1/_{100}$ Hefnerkerze) darstellen, beeinflussbar, bezw. redressirbar sind. — Sodann ist es überhaupt sehr fraglich, ob die Fischnetzhaut (zu Orientirungszwecken wurden von mir selbst zahlreiche Augen von Barschen, Schleien und Plötzen untersucht) das geeignete Object abgeben kann. Speziell zeigt die Netzhaut des Plötzen schon auf kleinem Terrain so viele der Grösse nach verschiedene Zapfenelemente, dass es ausserordentlich schwierig erscheint, die relativen Längenverhältnisse bei Belichtung mit verschiedenen Lichtsorten zu ermitteln.

1. Mit Rücksicht auf die relative Einfachheit des Baues der Froschnetzhaut, 2. auf die relative Grösse der Elemente der Sehepithelschicht, 3. auf den Umstand, dass bezüglich der Physiologie der Froschretina bereits zahlreiche Beobachtungen und Erfahrungen vorliegen, an welche bei meinen Versuchen anzuknüpfen war, habe ich mich entschlossen, mich ausschliesslich der Froschnetzhaut als Untersuchungsobject zuzuwenden. Ich kann Kühne's Behauptung, dass die Froschnetzhaut ein geradezu ideales Object darstellt, nur bestätigen. — Im Anfang dienten mir für meine Versuche Exemplare von Rana temporaria, weiterhin sehr grosse und kräftige Exemplare von R. esculenta ungarischer Herkunft, von denen weit mehr als 300 Stück verbraucht wurden.

Zunächst handelte es sich um die Ermittelung einer Methode, die es gestattete, genügend feine· Netzhautschnitte mit tadelloser Conservirung der Neuroepithelschicht zu gewinnen. Zu diesem Zwecke wurden die Bulbi zunächst unaufgeschnitten mit den verschiedensten Fixationsmitteln (Flem. ming's Chromosmiumessigsäuregemisch, 1 Proc. Os O₃, Carnoy's Gemisch, Sublimatlösung nach Zürn (7), Salpetersäure [von 2, 3¹/₂, 5, 7 und 10 Proc.]) behandelt und dann nach Abtragung des vorderen Augapfelschnittes und Entfernung der Linse in toto (mit Sclera und Aderhaut) in Paraffin eingebettet; hierbei bediente ich mich, um ein leichteres Mitschneiden der Sclera bei Anfertigung dünner Schnitte zu ermöglichen, der Anilinöl-Schwefelkohlenstoffmethode nach Martin Heidenhain. Das Resultat war in allen Fällen höchst unbefriedigend — ungleiche Schrumpfung der verschiedenen Augapfelhäute, in Folge dessen Verschiebung der beiden inneren Häute (Aderhaut und Netzhaut) gegen einander und hierdurch bedingte Verziehung, Schräglagerung und Auseinanderzerrung der Stäbchenzapfenschicht, die das Präparat quoad Sehepithel mehr oder weniger unbrauchbar machen, während die Gehirnschicht der Netzhaut wegen ihres festeren Gefüges und unmittelbaren, filzartigen Zusammenhanges der einzelnen Elemente hiervon weniger tangirt wird. Es wurde deshalb nach zahlreichen Versuchen die Paraffinmethode vorläufig verlassen und — unter Verzicht auf die Methode der Celloidineinbettung und unter Verwerfung der Macerations-(mit Os O₃) und Isolationsmethode — zur Anwendung der von Max Schultze angegebenen und von Engelmann und van Genderen Stort mit so hervorragendem Erfolge verwertheten Methode der Salpetersäurefixation mit nachfolgendem Hacken übergegangen, wobei ich in folgender Weise verfuhr:

1. Fixation in 7 Proc. H NO₃-Lösung. 2. Beschränkung der Fixation auf eine Dauer von zwei Stunden. 3· Durchtrennung des Bulbus im Aequator, Entfernung von Linse und Glaskörper. 4. Kein Abspülen in Na Cl, um Diffusionsströme zu vermeiden; sondern directe Zertheilung in Salpetersäure in ·der Weise, dass zunächst vier Netzhautstücke aus je einem Quadranten unmittelbar neben der Sehnervenaustrittsstelle mittels eines kreisrunden Locheisens von 2 ᵐᵐ lichter Weite ausgestanzt und dann einzeln zerhackt wurden. — Es gelang nun bald, von den dermaassen gewonnenen, von der Aderhaut befreiten, dagegen mit dem Epithelüberzug in Zusammenhang gelassenen Präparaten vollkommen correcte, insbesondere die Netzhautschichten genau senkrecht durchsetzende Schnitte zu gewinnen, und war damit die erste Grundlage gewonnen.

Es kam nunmehr darauf an, die Verhältnisse zu ermitteln, unter denen Pigment und Zapfen sich in absoluter Dunkelstellung befinden, um einen stets gleichartigen Ausgangspunkt für· die Belichtungsversuche zu haben.

Hierbei zeigte sich nun das wunderbare Ergebniss, dass Frösche, am Morgen
aus ihrer Aufbewahrungsstelle auf die Abtheilung gebracht und dunkel
gesetzt, 4 bis 6 Stunden später in ihrer Netzhaut entweder direct Hell-
stellung oder nur höchst unvollkommene Dunkelstellung zeigten. Alle erdenklichen Cautelen änderten hieran gar nichts. — Im Hinblick auf die Versuchs-
resultate früherer Untersucher, besonders von Engelmann (4), s. auch (8),
betreffend die Bedeutung reflectorischer Einflüsse auf das Verhalten von
Pigment- und Sehepihtel wurde deshalb zunächst vermuthet, dass vielleicht
bei der Enucleation nicht rasch und geschickt genug vorgegangen sei, dass
sich derartige reflectorische Einflüsse bei der mehr oder weniger unvermeidlichen Zerrung und Quetschung der nervösen Anhänge des Bulbus geltend
machten; oder dass der Bulbus an der Hinterfläche nicht genügend frei
präparirt sei, so dass in Folge verspäteten Eindringens der Salpetersäure eine
der Todtenstarre der Muskeln entsprechende Zapfencontraction zu Stande gekommen sei; aber auch die flinkeste und glatteste Ausschälung des Bulbus
änderte nichts an dem unerfreulichen Resultat. — Auch die Narkose mit
Aether und mit Chloroform, sowie die Curaresirung führten keinen
Unterschied herbei, und blieb es sich vollständig gleich, ob man unmittelbar nach dem Eintritt der Narkose oder der Curarelähmung enu-
cleïrte, oder ob man noch einige Zeit (bei der Narkotisirung ¹/₂ Stunde, bei
der Curaresirung einige Stunden) zuwartete, um den durch diese Maass-
nahmen eventuell bewirkten Shock, oder reflectorisch vor Eintritt der Narkose
wirksam gewesene Hautreize — bei der Einwirkung von Chloroform- und
Aetherdämpfen stellt sich bekanntlich profuse Schleimabsonderung ein —
abklingen zu lassen. — Es half auch nichts, wenn anstatt der immer als
unschuldig angesehenen Natronflamme nur ein mit nichtleuchtender Flamme
brennender sog. Mikrobrenner bei der Enucleation benutzt wurde, schliesslich
selbst in absoluter Dunkelheit enucleïrt wurde.

Es wurde nun zur Zerstörung von Gehirn- und Rückenmark
mittels einer von einem unbedeutenden Hautstich aus in den Gehirn- und
Rückenmarkscanal eingeführten, dünnen Ahle geschritten, und wurden die
Augen der Dunkelfrösche hiernach entweder sofort oder 24 Stunden später
untersucht. Hiermit gelang es nun allerdings maximal ausgestreckte
Zapfen zu erhalten und zwar von einer solchen Länge, wie ich
sie später bei keiner anderen Versuchsanordnung jemals wieder
angetroffen habe — Länge des ganzen Zapfens von der Limitans externa an 0·050 ᵐᵐ, vgl. Taf. V, Fig. 1.

Ich bin deshalb auf Grund dieser Resultate zu der bestimmten Ansicht gelangt, dass das Zapfenmyoid einen vom
Centralnervensystem ausgehenden, bezw. durch dieses ver-
mittelten Tonus besitzt, eine centrale oder central vermittelte

tonische Erregung, welche unter normalen Verhältnissen schon in der Dunkelheit einen gewissen Contractionsgrad unterhält. Ob es sich um einen rein centralen, automatischen, oder einen reflectorisch bedingten, von der Haut ausgehenden Tonus handelt, bin ich noch nicht in der Lage gewesen, näher zu untersuchen.

So interessant diese Erscheinung war, so ergab sich jedoch daraus, dass durch den Eingriff schwere Innervationsstörungen geschaffen waren, und dass man nach Zerstörung des Centralnervensystems eine der normalen absolut gleichkommende Reactionsweise bei der Belichtung nicht mehr erwarten durfte. — Das ergab sich auch aus einer zweiten höchst sonderbaren Erscheinung, dass nämlich in diesen Fällen (Dunkelfrösche mit zerstörtem Gehirn und Rückenmark) der im Allgemeinen — weitere Details s. w. u. — congrediente Charakter der Pigment- und Zapfenbewegung aufgehoben ist. Wie aus Taf. V, Fig. 1 ersichtlich, befindet sich das Pigment in maximaler Lichtstellung, während die Zapfen maximal, d. h. einer höchstgradigen Dunkelstellung entsprechend elongirt sind. Ob es sich um eine etwa von Demarcationsströmen im Opticusstumpf ausgehende Erregung oder eine andere Ursache handelt, die für eine Erregung des Zapfenmyoids nicht mehr ausreicht, möchte ich nicht erörtern. Ein ähnliches Verhalten ist gelegentlich auch von Engelmann (4, S. 501, Taf. II, Fig. 4) beobachtet. Jedenfalls folgte aber hieraus so viel, dass durch den Eingriff Complicationen geschaffen waren, welche die Augen derart vorbehandelter Thiere für Belichtungsversuche nur unter gewissen Einschränkungen als verwendbar erscheinen liessen.

Nachdem sich so sämmtliche bis dahin als Fehlerquellen angesehenen Momente als belanglos herausgestellt hatten, und auch die Verwendung einer anderen Froschart (R. esculenta) keine besseren Resultate geliefert hatte, blieb nur die Annahme, dass gewisse Temperatureinflüsse auf die Ausbildung der Dunkelstellung von Pigment und Zapfen hindernd einwirkten, übrig, und wurde jetzt deshalb zuerst zu einer Feststellung der Wirkung differenter Temperaturen durch eingehende Versuche geschritten.

Auf den Einfluss der Temperatur ist bereits von Angelucci (9) hingewiesen. Kühne's (10) diesbezügliche Versuche richteten sich in dem Bemühen, jedes Mal leicht das Verhalten des Sehpurpurs feststellen zu können, besonders auf die Ermittelung, unter welchen Verhältnissen (Erwärmung oder Abkühlung) ein Haften des Pigmentepithels an der Stäbchenschicht, welches die Beurtheilung der Stäbchenfarbe erschwerte, bezw. zur Bildung von Pseudoptogrammen führte, zu verhüten sei. — Ein klarer Einblick in die Verhältnisse der Temperaturwirkung ist durch diese Versuche, zumal da zur Lockerung des Pigmentepithels häufig auch noch das Curareödem

zu Hülfe genommen wurde, nicht gewonnen. — Die Mittheilungen Grade-
nigos (11) über seine Versuche betreffend den Einfluss der Wärme sind
mir. erst nachträglich bekannt und zugänglich geworden.

Meine. eigenen Versuche zur Ermittelung des Einflusses der Wärme
(i. e. S.) wurden in der Weise angestellt, dass die Frösche nach 24stündigem
Dunkelaufenthalt sorgfältig abgetrocknet innerhalb ihres Behälters auf ein
Drahtnetz und alsdann in den Brütschrank gebracht wurden, so dass sie
in ihrem Behälter dem Contact mit den von ihnen gelieferten Ausscheidungs-
producten entzogen waren. Bezweckt war damit, etwaige Hautreize durch
die erwärmten Se- und Excrete nach Möglichkeit auszuschliessen und auf
den ganzen Organismus möglichst gleichmässig einwirkende Temperatureinflüsse zu erhalten. Der Brütapparat wurde zunächst auf eine Temperatur
von etwa 20⁰ C. gebracht. Das Einbringen des Frosches bewirkte ein Sinken
der Temperatur, und wurde deshalb davon Abstand genommen, gleichzeitig
mehrere Frösche einzusetzen, da die niedriger temperirte Körpermasse derselben alsdann ein anhaltenderes Sinken der Brutschrankwärme zur Folge
hatte. Zur Controle wurden daher mehrere Einzelversuche bevorzugt.
Nach dem Einbringen fiel die Temperatur rasch bis auf 17 bis 18⁰ C., und
wurden die Versuche bei weiterbrennender Heizflamme auf eine Zeit a) von
einer Viertelstunde (Temperatur bis 24⁰ C. ansteigend), b) von einer
halben Stunde (Temperatur bis zu + 32⁰ C.), c) von dreiviertel
Stunde (Temperatur bis zu + 37⁰ C.), d) von einer ganzen Stunde
(Temperatur bis + 39 bis 40⁰ C.) ausgedehnt. Für jedes der vier Tempe-
raturintervalle wurden je drei Einzelversuche mit je einem Frosch angestellt.
Wurde der Versuch bis zu einer Stunde ausgedehnt (d), so stellten sich
allgemeine klonische Krämpfe ein, denen sehr bald darauf bei 39 bis 40⁰ C.
der Exitus folgte. Die Heizflamme (Mikrobrenner) wurde durch einen
herübergesetzten Chamottecylinder verdeckt. Der Brütschrank schloss lichtdicht, so dass ein Einfluss der kurzdauernden Belichtungen, die zur Beobachtung der zwei Thermometerscalen erforderlich waren, ausgeschlossen
war. Von diesen Momentanbeleuchtungen abgesehen, wurden sämtliche
Manipulationen, sowie auch die Enucleationen bei absoluter Dunkelheit
ausgeführt; nach. der Enucleation wurden die Gläser mit den Präparaten
(je 50 ccm 7 Proc. HNO_3 pro Bulbus) für zwei Stunden in lichtdicht
schliessende Kästen eingesetzt.

Das Ergebniss war folgendes:

a) Temperatur von 18⁰ im Laufe einer Viertelstunde bis + 24⁰
ansteigend: Ein wesentlicher Einfluss ist nicht zu erkennen. Das Pigment
findet sich — auf dem Schnitte — kollierartig in der Epithelzelle unterhalb des Kernes angeordnet, der Hauptsache nach in unmittelbarer Nähe der
Epithelzellenbasis. Bei einer Gesammtbreite der Schicht von der Limitans

externa bis zu der von den Deckeln der Kuhnt'schen Hüte gebildeten
Grenzlinie von 0·062 ᵐᵐ sind die feinsten Ausläufer der Pigmentfransen
bis zu einem Abstand von 0·026 ᵐᵐ von der Limitans externa zu verfolgen. — Die Zapfenlänge (von der Limitans externa bis zur Oelkugel
im Ellipsoid exclusive) beträgt im Durchschnitt maximal 0·034 ᵐᵐ,
im Minimum 0·0169 ᵐᵐ (vgl. unten).

b) Aufenthalt im Brütschrank ½ Stunde lang, Temperatur
von 21 bis 32⁰ C. ansteigend: Die Veränderung gegenüber dem
vorigen Befund ist eine sehr auffallende. Das Pigment ist nach
zwei Richtungen hin vorgeschoben. a) In der Richtung nach der Limit.
ext. zu, und zwar bis zu der Gegend des Ellipsoids; auf der ganzen Strecke
von der Basis der Pigmentzelle bis zu dem Ellipsoid besteht eine annähernd gleichmässige Vertheilung; doch ist bereits jetzt eine etwas stärkere
Anhäufung in der zuletzt genannten Gegend unverkennbar. b) Nach der
Kuppe der Epithelzelle zu. Die Behauptung, dass die Kuppe derselben in
jedem Fall fuscinfrei bleibt, kann ich im Allgemeinen nicht bestätigen.
Ich habe vielmehr den Eindruck, dass, sobald eine Verschiebung der Fuscin-
nadeln überhaupt stattfindet, dieses auch um den Kern herum, ihn
kranzförmig umgreifend, nach der Epithelzellkuppe vorrückt. Ein Unterschied zwischen mehr oder weniger amorphem Fuscin in der Zellbasis und
solchem von mehr krystallinischem Habitus an den übrigen Stellen ist
nicht zu constatiren. Das den Kern ringförmig umgebende Fuscin zeigt
dieselben länglichen krystalloiden Formen, wie in den Fortsätzen. Das
Verhalten des Pigmentes demonstrirt Taf. V, Fig. 2; dieselbe zeigt auch, dass
die Zapfen maximal contrahiert sind. Die Länge der Zapfen beträgt
mit ganz vereinzelten Ausnahmen 0·0091 ᵐᵐ (v. d. Lim. extern. — Oelkugel excl.).

c) Warmbehandlung ¾ Stunden lang, Temperatur von 20 bis
37⁰ C. steigend; die Anhäufung des Fuscins um den Kern herum ist bestehen geblieben — auf Taf. V, Fig. 3 nicht deutlich, bezw. gar nicht wiedergegeben —; dagegen ist die Strecke entsprechend den Aussengliedern der
Stäbchen nahezu fuscinfrei geworden; die Hauptmasse des Fuscins ist in
der Höhe der Ellipsoide angesammelt, um die daselbst befindlichen Gebilde
einen dichten Mantel bildend. Die Anhäufung ist eine so starke, dass auf
mitteldicken Schnitten (6 bis 7 μ) auch bei genauestem Zusehen weder
Ellipsoid noch Oelkugel, noch Aussenglied der maximal verkürzten
Zapfen zu erkennen sind. Dieser Grad des Pigmentvorrückens ist als der
maximale (s. u.) anzusehen. Von ganz vereinzelt über diese Grenze nach
einwärts hinaus vorgerückten, zwischen die Innenglieder der Stäbchen und
Zapfen eingeklemmten Pigmentkörnchen abgesehen, bildet das Fuscin in
toto eine gerade mit der Innengrenze des Ellipsoids scharf ab-

schliessende Front, ein Verhalten, wie es auch bereits von Engelmann festgestellt und bildlich dargestellt ist, vgl. (4), Tafel II, Fig. 3 und 4. Das Vorrücken des Pigmentes bis zur Limitans externa ist also eine Fabel! Hierzu Taf. V, Fig. 3.

d) Die gleichen Verhältnisse zeigen die Netzhäute der eine Stunde lang bis zu 39 bis 40° C. erwärmten und hierbei abgestorbenen Frösche.

An der Hand obiger Resultate ergeben sich zunächst folgende Schlussfolgerungen:

1. Zapfen und Pigment verhalten sich der Erwärmung gegenüber synergisch.

2. Die Erwärmung führt genau zu denselben Resultaten, wie die Belichtung.

Natürlich konnte es mit einer naiven Feststellung und Betrachtung dieser Verhältnisse nicht sein Bewenden haben, es drängten sich vielmehr angesichts obiger Thatsachen folgende Erwägungen auf:

Dass bei der Einwirkung von Licht, ebenso wie auf jeder anderen auffangenden Fläche (Czerny: mit Hühnereiweiss überschichtete, schwarze Platten), so auch auf der Netzhaut ev. bis zur Coagulation der albuminösen Bestandtheile führende Wärmewirkungen entstehen — und zwar ändert sich selbstverständlicher Weise hierin wenig oder gar nichts, wenn man die dunklen Wärmestrahlen etwa durch Alaunwasserschichten abfiltrirt —, ist ja durch die Versuche von Czerny und Deutschmann bereits bekannt (12). Ich selbst habe im Jahre 1898 im Laboratorium von Geheimrath Leber, sowie gleichzeitig im physiolog. Institut in Heidelberg unter Leitung von Geheimrath W. Kühne sehr umfangreiche diesbezügliche Versuche, allerdings mehr nach der klinisch-pathologischen Seite hin, an Kaninchen und Fröschen angestellt (13)[1] und hierbei gefunden, dass Sonnenlicht, annähernd in dem vorderen Brennpunkt des Auges concentrirt, schon bei einer Einwirkungsdauer von $^3/_5$ Secunden genügt, um Coagulation in der Netzhaut herbeizuführen. — Es fragt sich nun, ob und in wie weit das Pigment (Fuscin) der Absorption der strahlenden Energie dient. — Wir wissen nun allerdings aus den Versuchen mit dem Leslie'schen Würfel, aus den Gesetzen der schwarzen Strahlung (Clausius, Kirchhoff, Lummer und Pringsheim (14, 15) u. A.), dass schwarze Körper zwar am meisten strahlende Energie absorbiren, aber auch — emittiren, so dass Manche versucht gewesen sind, den absolut schwarzen Körper als den „absolut weissen" zu bezeichnen. In Folge dessen würde, wenn das Pigment sich ebenso verhielte,

---

[1] Anmerkung bei der Correctur: Vgl. auch Herzog, *Bericht der XXXI. Versammlung der ophthalmologischen Gesellschaft zu Heidelberg.* 1903. S. 164—168.

wie ein geschwärztes Metallblech, oder der von Lummer realisirte absolut schwarze Körper von einer Vernichtung der strahlenden Energie als solcher durch die Absorption von Seiten des Fuscins nicht die Rede sein können. Indessen haben wir es doch speciell bei dem Fuscin des Auges, bezw. der Substanz, welcher der Farbstoff anhaftet, nicht mit einer relativ unveränderlichen Substanz, wie mit einem Platinblech zu thun. — Das Fuscin selbst ist vielmehr in hohem Grade zersetzlich: Kühne fand bezüglich des Fuscins von Abramis brama: „diese leichte Zersetzlichkeit oder Löslichkeit des Fuscins dürfte auch der Grund sein der Schwierigkeit, das retinale Guanin ganz farblos zu gewinnen". Von den verschiedenen Reagentien führte besonders heisse Kalilauge das Fuscin in gelöster Form in das Filtrat über (17, S. 237).

Die Möglichkeit steht daher ausser Zweifel, dass die Seitens des Fuscins absorbirte strahlende Energie nicht in derselben Form wieder emittirt wird, sondern dass djeselbe, Zersetzungsprocesse einleitend und in chemische Energie umgewandelt, oder auch — was bisher überhaupt nicht discutirt ist — wenigstens zum Theil oder zeitweise[1] in Bewegung (der Fuscinkörnchen; nach Art der sog. Körnchenströmung, vgl. das Princip des sog. Radiometers) umgesetzt, in einer anderen, in Bezug auf die Wärmeproduction am Ort der Lichteinwirkung indifferenten Form wieder zum Vorschein kommt.

Es würde in diesem Falle das Pigment die Rolle eines Schutzorganes spielen und eine übermässige Erwärmung speziell derjenigen Elemente, bezw. Theile verhüten, an denen sich die Lichtwirkungen in erster Linie geltend machen.

Dass mit dieser Rolle die Aufgabe, auch als optisches Isolirmittel der einzelnen Elemente zu functioniren, in keiner Weise kollidirt, sondern als eine mit der ersteren durchaus gleichlaufende anzusehen ist, dürfte ohne Weiteres klar sein.

Von ganz besonderem Interesse ist im Hinblick auf eine derartige Auffassung die bei meinen Versuchen mit aller Sicherheit nachgewiesene Thatsache, dass das Fuscin bei seinem Vorrücken in der Richtung nach der Limitans externa zu an einer ganz bestimmten Stelle Halt macht.

Während andere Untersucher mit wenigen Ausnahmen (4) nur ganz allgemein von einem Vorrücken des Pigmentes bis zur Limitans externa sprechen — nach Angelucci „erscheint die ganze Stäbchen- und Zapfenschicht bis zur Limitans externa von Pigmentkörnern

---

[1] Gegen eine andauernde Bewegung spricht der Umstand, dass nach Eintritt maximaler Lichtwirkung das Fuscin fast ausschliesslich in der Umgebung der Ellipsoide angehäuft ist, während die peripherwärts davon befindlichen Abschnitte der Neuroepithelschicht entsprechend den Stäbchenaussengliedern nahezu fuscinfrei sind.

durchsetzt (9)" — und ich nur bei van Genderen Stort (1) die Angabe
finde: „Le pigment ... s'est condensé surtout au niveau de la moitié in-
ferieure des bâtonnets, jusque près de la membrane limitante externe . . .
A la lumière diffuse ordinaire du jour le pigment n'atteint
presque jamais la limitante externe, mais je l'y ai vu on arriver sous
l'influence des rayons verts. Ordinairement il depasse les corps lenticulaires
fortement réfringents des segments internes des bâtonnets, et reste alors
accumulé a environ 5—10 μ de distance de la membrane limitante" —
habe ich gefunden, dass, mag es sich um intensivste Bestrahlung, oder
extreme Wärmewirkung, oder, wie ich vorausschicken will, um längere
Kälteeinwirkung, oder Strahlen von verschiedener Wellenlänge
handeln[1], das Fuscin, von einzelnen, versprengten Körnern abgesehen, im
Ganzen und Allgemeinen niemals über die — innere — Ellipsoidgrenze
hinausrückt. — Es ist nun in der That sehr auffallend, dass im Falle
extremster Pigmentverschiebung das Pigment das Zapfenellipsoid und die
entsprechenden Theile der rothen Stäbchen in dem Maasse innig umfliesst,
dass diese Theile dem Anblick — bei mitteldicken Schnitten von ca. 7 μ —
auch bei genauester Betrachtung entzogen sind. Bezüglich der sich hieraus
ergebenden Consequenzen s. w. u.

Aus den Wärmeversuchen war nun also eventuell der Schluss zu
ziehen, dass die Wärme, gleichviel ob als gesteigerte Körperwärme oder
local durch Lichteinwirkung producirte Wärme das die Pigmentkörnchen
in Bewegung setzende Agens darstellt, und zwar im Sinne eines Zweckmässigkeitsvorganges, einer Schutzmaassregel.

War dieser Schluss richtig, dann musste anscheinend, wenn bei der
Bestrahlung eine Erwärmung der Netzhautelemente durch eine gleichzeitige
intensive Abkühlung der Versuchsthiere fern gehalten bezw. verhindert
wurde, der Fall eintreten, dass trotz der Belichtung die Pigmentwanderung
ausblieb.

Diesem Raisonnement entsprach nunmehr folgende Anordnung der
von vornherein geplanten Kälteversuche:

Dunkelfrösche (mit abgetragener Nickhaut) wurden um 11 Uhr Vor-
mittags — nachdem sie vorher 24 Stunden im Dunkeln zugebracht hatten —
in eine mit Eisstücken gefüllte Schale gesetzt, hierin noch 3 Stunden ohne
Belichtung belassen und dann auf dem Söller des Institutes mässig hellem
Tageslicht (trüber Wintertag) exponirt, und zwar in demselben Wasser,
dessen Temperatur durch allmähliches Hinzufügen von Eisstücken dauernd

---

[1] Auch die Bestrahlung mit grünem Licht (¹/₂ Stunde lang, Details s. w. u.)
ergab dasselbe Resultat.

auf dem Schmelzpunkt des Eises unterhalten wurde. — Eine zweite Serie
von Fröschen wurde unter denselben Verhältnissen, also versenkt in Eiswasser von 0⁰, je eine Viertelstunde lang mit Auerlicht, welches mittels
zweier Sammellinsen auf das Auge des Frosches concentrirt wurde, belichtet.
Das Ergebniss war in beiden Fällen genau dasselbe, nämlich maximales
Vorgerücktsein des Pigmentes! Es war dies einigermaassen auffällig.
Denn auch nach Ausschaltung der gefrorenen Frösche mit grau bis kreidig-
weiss getrübten Linsen (vgl. von Michel 18]) zeigten die übrigen, mit
retrahierten Bulbi auf den Eisblöcken sitzend, absolute Theilnahmlosigkeit
gegenüber ihrer Umgebung; nur mit Mühe waren dieselben zu einigen
trägen, schleppenden Bewegungen beim Anstoss zu veranlassen. Es war
also einigermaassen verwunderlich, dass bei diesen Thieren mit ihrer so
offensichtlich stark herabgesetzten Erregbarkeit das schwache Tageslicht so
energische Wirkungen hervorgebracht haben sollte. Immerhin war die
Möglichkeit einer zu langen Exposition nicht ausgeschlossen (unter normalen
Verhältnissen ist bekanntlich eine Zeit von 10 bis 15 Minuten zum vollständigen Herabwandern des Pigmentes erforderlich); die Expositionszeit
wurde daher am nächsten Tage an zwei Serien von Fröschen auf je eine
halbe und eine Viertelstunde abgekürzt. Auch hier zeigte sich maximale
Einwärtswanderung des Pigmentes!

Aus den Versuchen von Engelmann (4) war nun bekannt (s. oben),
dass Lichtreize, welche die Haut treffen, Zapfencontraction und Pigmentwanderung induciren. Es war daher denkbar, dass auch Reize anderer
Art von der Haut aus in dem gleichen Sinne wirkten, dass speciell hier
die im Wasser schwimmenden Eisstücke die Haut mechanisch reizten.

In dieser Erwägung wurden die Kälteversuche in der Weise modi-
fizirt, dass die Dunkelfrösche wohl abgetrocknet in den Hohlcylinder einer
mit einer Gefriermischung beschickten Eismaschine eingebracht, hierin
drei Stunden lang bis auf 0⁰ abgekühlt, hierauf in ein trockenes, auf dieselbe Temperatur abgekühltes Tuch gewickelt eine Viertelstunde lang um
die Mittagszeit mit diffusem Tageslicht beleuchtet wurden. — Die Untersuchung der Netzhaut ergab auch bei dieser Versuchsanordnung maximale
Lichtstellung der Zapfen und des Pigmentes. — Es hätte hiernach
scheinen können, als sei die Idee, dass eine allgemeine, hochgradige Abkühlung den Einfluss des Lichtes zu kompensiren im Stande sei, durch das
Versuchsergebniss widerlegt. — Dem gegenüber ergab eine eingehendere Erwägung, dass die Versuchsanordnung doch nicht als eine zur Beantwortung
der in Rede stehenden Frage geeignete angesehen werden konnte, insofern,
als auch bei Verwendung der Eismaschine der Einfluss directer Hautreize
nicht auszuschliessen war. Die Berührung mit den kalten Metallwänden
des Cylinders, mit Eiskrusten, die sich auch trotz sorgfältigster Abtrocknung

aus dem Condenswasser der Luft und den nachträglich gebildeten Se- und Excreten in dem Cylinder bilden, ist nicht zu umgehen, und konnte somit, da auch bei dieser Versuchseinrichtung äussere Reizmomente nicht zu eliminiren waren, ein Urtheil darüber gar nicht abgegeben werden, ob sich überhaupt der Einfluss des Lichtes unter diesen Umständen an dem Zustandekommen der nachgewiesenen Bewegungsvorgänge in der Netzhaut betheiligte, geschweige denn, ob derselbe durch eine gleichzeitige Abkühlung modificirt sei.

Es wurde deshalb von einer weiteren Verfolgung des Experimentum crucis Abstand genommen, und die Untersuchung auf die Feststellung des Einflusses der Kälte mit Ausschluss des Lichtes gerichtet. Dieselbe musste alsdann in gleichem Sinne, wie die vorigen Versuche, ergeben, ob die Wärme das ausschliesslich retinomotorisch (Engelmann) wirksame Agens darstellt.

Zu diesem Zweck wurden Dunkelfrösche (nach vorhergehendem 24stündigem Lichtabschluss) 2, 3 und 6 Stunden lang in der Eismaschine untergebracht und durch geeignete Wahl der Gefriermischung, bezw. zeitwelliges Heraussetzen des verdeckten Cylinders dafür Sorge getragen, dass die Temperatur nicht viel unter 0^0 sank; ein in den Innenraum des Cylinders zusammen mit den Fröschen versenktes Thermometer controlirte die Innentemperatur desselben. Ein Gefrieren der Frösche wurde stets vermieden, und wurden nur solche Thiere der weiteren Untersuchung unterworfen, die nach der Eismaschinenbehandlung auf Anstoss, bezw. Ergreifen sich noch deutlich, wenn auch träge zu bewegen vermochten. Für jede Abkühlungsdauer wurden stets mehrere Frösche verwandt, jedoch nie mehr als zwei Frösche auf einmal in den Cylinder gesetzt, um einer Beeinträchtigung der Kältewirkung durch Zusammenlagern grösserer Massen entgegenzuwirken. Die Resultate zeigen die Figg. 4, 5 und 6.

a) Wir sehen auf Fig. 4 nach 2stündiger Abkühlung das Pigment fast ebenso weit vorgerückt, wie nach einer halbstündigen Erwärmung (vgl. Taf. V, Fig. 2); es sind jedoch etwa erst $^3/_4$ des Weges zurückgelegt. Die Anhäufung an der Ellipsoidgrenze ist entschieden etwas geringer, als etwas mehr nach aussen hin. Die Vertheilung ist überhaupt noch ungleichmässig, mehr als eine „Abschichtung" zu bezeichnen. Dagegen sind die Zapfen bereits nahezu höchstgradig verkürzt. Ihre Länge beträgt fast durchweg $0 \cdot 0078$ bis $0 \cdot 0091$ ^{mm} (Entfernung von der Limitans externa bis zu dem nach einwärts gekehrten Pol der Oelkugel). Auch in diesem Falle ist das Vorrücken des Pigmentes nach der Epithelzellenkuppe nachzuweisen.

b) Nach 3stündiger Abkühlung hat sich in dem bisherigen Verhalten bezüglich der Zapfen nichts geändert; dagegen zeigt das Pigment eine wesentlich stärkere Abwanderung. Wenn man im Allgemeinen auch von einer annähernd gleichmässigen Vertheilung noch sprechen kann, so ist doch die Neigung zu einer stärkeren Anhäufung an der Ellipsoidgrenze bereits deutlich bemerkbar. Taf. V, Fig. 5; *m* kontrahirte Zapfen.

c) Das Verhalten nach 6 stündigem Aufenthalt in der Eismaschine illustrirt Taf. V, Fig. 6.

Eine weitere Serie von Versuchen hatte zum Zweck die Ermittelung, wie lange die Kältewirkung auch nach Beendigung der Abkühlungsprocedur noch anhält.

Es wurde hier einfach in der Weise vorgegangen, dass der dünne Metallcylinder mit den darin befindlichen Fröschen verdeckt wieder aus der Eismaschine herausgehoben und der Einwirkung der Zimmerwärme (zwischen 15 bis 18° C. wechselnd) ausgesetzt wurde. Aus dem Behälter wurden die Thiere dann nach je $1/_2$, nach 1, nach $2^1/_2$ und nach $5^1/_2$ Stunden herausgenommen; in demselben war die Temperatur bis zu der Herausnahme auf + 5·0°; + 8·5°; + 10°; + 14° C. gestiegen.

Hierbei zeigte sich das sehr interessante Verhalten, dass der Einfluss der Kälte nicht nur noch längere Zeit nachwirkt, sondern auch nach dem Aufhören der Refrigerationsprocedur noch zunimmt. Vgl. den durch A. E. Fick (20) festgestellten nachwirkenden, bezw. auch nach dem Aufhören sich noch steigernden Einfluss der Belichtung. Die Figg. 7, 8, 9, 10, Taf. V, dürften hiervon in einigermaassen continuirlicher Serie eine deutliche Veranschaulichung gewähren.

a) 6 stündige Abkühlung in der Eismaschine, darauf $1/_2$ Stunde Aufenthalt ausserhalb derselben (Temperatur im Behälter bis auf + 5° C. gestiegen): Man sieht das Pigment nahezu in demselben Zustand des Vorgerücktseins, wie nach 6 stündiger Abkühlung allein. Es sind nur die äusseren Theile der Stäbchenzapfenschicht noch fuscinärmer geworden.

b) Annähernd dasselbe Verhalten zeigt Taf. V, Fig. 7; hier befand sich das Versuchsthier bereits 1 Stunde lang ausserhalb der Eismaschine und war die Temperatur in seinem Behälter auf + 8·5° C. gestiegen.

c) Sehr deutlich ist auf der folgenden Fig. 8 die allmähliche Rückkehr zur normalen Dunkelstellung zu erkennen. Die betreffenden Frösche hatten 3 Stunden lang im Refrigeratorium gesessen und befanden sich bei der Enucleation der Bulbi bereits $2^1/_2$ Stunden ausserhalb desselben (Temperatur im Behälter + 10° C.); das Pigment befindet sich deutlich auf dem Rückzuge. Das interessante Moment liegt nun darin, dass die Zapfen noch nicht in dem gleichen Verhältniss zu der dem Lichtabschluss normaler Weise entsprechenden Dunkelstellung zurückgekehrt sind und sich noch im Zustande maximaler Verkürzung befinden. — Es dürfte das um so bemerkenswerther sein, als bei der initialen Einwirkung der Kälte, sowohl wie der Wärme eine schnellere Reaction der Zapfen gegenüber dem Pigment zu konstatiren war (vgl. Taf. V, Fig. 4 und Fig. 2). — Dass es sich hierbei um keinen Zufall handelt, beweist

d) das Verhalten der nächsten Versuchskategorie: Hier handelte es sich um Frösche, die 3 Stunden lang kalt gesetzt gewesen waren und dann 5½ Stunden ausserhalb der Eismaschine zugebracht hatten. Die Temperatur in ihrem Gewahrsam war bereis auf + 14·0⁰ gestiegen. Hier ist das Pigment zur absoluten Dunkelstellung zurückgekehrt, die Zapfen dagegen weisen auch jetzt noch den höchsten Grad der Verkürzung auf (Taf. V, Fig. 9). Wenn somit im Allgemeinen ein annähernd congredientes Verhalten von Zapfencontraction und Pigmentwanderung zu statuiren war, so lässt doch im Einzelnen ein genauer Vergleich eine in nicht unbedeutendem Umfange hiervon abweichende Unabhängigkeit der Reactionsweise erkennen.

Betrachten wir nun die mit den Kälteversuchen erzielten Resultate — welche es zur Genüge erklären, weshalb die anfänglichen Versuche an den aus den kalten Kellerräumen des Instituts zur Arbeitsstätte gebrachten Fröschen bezüglich der Herbeiführung einer als Versuchsbasis dienenden Dunkelstellung trotz aller erdenklichen Versuchsabänderungen absolut unbefriedigend ausfallen mussten — so ergiebt sich als wichtigstes, dass niedrige Temperaturen, in der Weise, wie es durch die zu Grunde liegende Versuchsanordnung bedingt war, auf den Organismus des Frosches wirkend, genau dieselbe retinomotorische Wirkung ausüben, wie diejenigen, welche im Verhältniss zu gewissen indifferenten Temperaturen gesteigert sind. — Ob das Intervall indifferenter Temperaturen labil ist, müssen weitere Versuche lehren.

Wir lernen somit in der Kälte ein neues retinomotorisches Agens kennen.

Kühne, dem wir auf diesem Gebiet wohl die eingehendsten Untersuchungen und bis nun im Allgemeinen als gültig anerkannten Feststellungen verdanken, war eine derartige Bedeutung der Kälte unbekannt. In seiner Darstellung der chemischen Vorgänge in der Netzhaut in Hermann's Handh. d. Physiol. (Bd. III, S. 335) bildet derselbe auf Fig. 10 die Netzhaut von einem im Eiswasser gehaltenen Dunkelfrosch ab; dieselbe zeigt nach Kühne's Beschreibung: „das Pigment spärlich zwischen den Stäbchen verbreitet und kein Fuscin zwischen den Aussengliedern. Hier ist also das Haften unabhängig von der Pigmentvertheilung". Weiterhin:[1] „Falls die Abkühlung die Vertheilung des Fuscins im Zellenleibe nicht ändert, so muss man ... schliessen". — Wir können

---

[1] A. a. O. S. 336.

dem gegenüber auf Grund obiger Versuchsergebnisse heute sagen, dass die Kühne'sche Voraussetzung nicht zutrifft. Die Kälte ist vielmehr, ebenso wie Wärme und Licht, ein die Bewegungsvorgänge in der Netzhaut be- stimmender Factor. Erst 2 bis 3 Stunden nach dem Aufhören der Ab- kühlungsprocedur fangen die Wirkungen derselben an, allmählich ahzu- klingen und erst fast nach 6 Stunden ist das Pigment zu der dem Licht- abschluss normaler Weise entsprechenden Dunkelstellung zurückgekehrt. Wie- viel Zeit die auch den Temperatureinflüssen gegenüber offenbar weit empfind- licheren Zapfen hierfür noch mehr brauchen, ist noch nicht festgestellt. — Dass sich hieraus wichtige Directiven für die Anstellung von Belichtungs- versuchen ergeben, bedarf keiner weiteren Erläuterung.

Die neue Thatsache hat indessen, und zwar von rein physio- logischen Gesichtspunkten aus betrachtet, ein noch weit er- heblicheres Interesse. Erst dadurch, dass wir an der Hand der- selben die Wirkung der Kälte derjenigen der Wärme ver- gleichend gegenüber stellen können, gelangen wir zu einem besseren Verständniss des auch bei der letzteren, wie bei der Belichtung wirksamen Momentes:

Wie haben wir uns die Wirkung der Abkühlung und der Erwärmung des Thierkörpers auf die Netzhaut vorzustellen?

Von besonderer Bedeutung war es nun für diese Frage, dass bei den Versuchen der Organismus eines poikilothermen Thieres verwendet worden war. Indem ein solcher bekanntlich die Temperatur der Umgebung mehr oder weniger unmittelbar annimmt, die selbstständige Wärmesteuerung des- selben mehr oder minder beschränkt ist, kann derselbe einmal als lebender Organismus mit der dem lebenden Protoplasma eigenthümlichen vital-physiologischen Reactionsweise, auf der anderen Seite da- gegen als etwa ein mit einer beliebigen Flüssigkeit angefülltes Gefäss angesehen werden, deren Temperatur, rein physikalischen Gesetzen folgend, lediglich von der Umgebung abhängt. — Es stellt also der Froschkörper das geeignete Object dar, um bezüglich der beiden Möglichkeiten, ob bei den Netzhautbewegungen physikalische Momente oder physiologische Reize als die wirksamen Factoren zu betrachten sind, die Entscheidung zu treffen.

Das Criterium selbst liefern die Resultate obiger Versuche. Hätten wir es nämlich mit Kälte und Wärme nur als mit physikalischen Kräften zu thun, dann müssten offenbar der Einwirkung beider genau diametral entgegengesetzte Resultate entsprechen. — Natürlich ist das nicht etwa in der groben Weise aufzufassen, dass physikalisch der Erwärmung eine Aus- dehnung und der Abkühlung eine Zusammenziehung entsprechen müsste. — Wir würden uns vielmehr vorstellen müssen, dass allgemeinen physikalischen

Gesetzen zufolge die Wärme die chemischen Processe beschleunigt, die Kälte sie verlangsamt (bei Fröschen ist der Gaswechsel bei 1° nahezu Null — Hermann [23]); je nach dem Stoffumsatz würde die Wärme also die Energie der Bewegungen, hier speciell der Zapfencontraction und der Pigment-verschiebung steigern, die Kälte sie herabsetzen, bezw. aufheben.

Wenn nun aber, wie die Versuche lehren, Abkühlung und Erwärmung durchaus gleichartig wirken, so folgt daraus, dass Wärme und Kälte hier ohne jede Rücksicht auf die Poikilothermie des Frosches hinsichtlich des Zustandekommens der Pigmentverschiebung und der Zapfenverkürzung im Sinne physiologischer Reize gewirkt haben: Betrachten wir es als die „specifische Energie"[1] des Zapfenmyoids, auf Reizung stets nur mit Contraction, als diejenige der Pigmentzellen, auf gewisse Einwirkungen mit Vorrücken bezw. Verschiebung des Fuscins zu reagiren, so ist es klar, dass, solange Kälte und Wärme als „Reize" im physiologischen Sinne wirken, der Effect sowohl bei der Kälte- wie bei der Wärmereizung stets der gleiche sein wird. Wirken Kälte und Wärme dagegen im Sinne physikalischer Factoren, so wird sich die Wirkung verschieden verhalten müssen (vgl. oben).

Aus dieser Folgerung ergeben sich consequenter Weise folgende weiteren Schlüsse:

1. Es ist möglich, dass eine allgemeine, bis zum Ort der Netzhaut fortschreitende Erwärmung oder Durchkühlung diejenigen Factoren abgegeben haben, welche die Bewegungsvorgänge verursacht haben.

2. Da es sich jedoch hierbei nicht um eine Wirkung physikalischer Kräfte, sondern um eine physiologische Reizung handelt, so ist, da die Wirkung derartiger Reize nicht an den Ort der Reizstelle gebunden oder beschränkt ist, eine derartige allgemeine Durchwärmung oder Durchkühlung zum Zustandekommen der Zapfencontraction und der Pigmentwanderung nicht unbedingt erforderlich gewesen; — vgl. die Feststellung von A. E. Fick (21), dass auch bei vollkommen entbluteten Fröschen durch Belichtung der Haut Pigmentwanderung zu erzielen ist. — Gleichlaufend ergiebt sich hieraus die Möglichkeit einer reflectorischen Beeinflussung der Bewegungsvorgänge in der Netzhaut.

In analoger Weise, wie es von Engelmann bezüglich seiner Versuchsergebnisse bei Belichtung der Haut geschehen ist, würden deshalb auch die Resultate meiner Versuche dahin zu

---

[1] Es ist nicht einzusehen, weshalb dieser Ausdruck ausschliesslich zur Bezeichnung des functionellen Verhaltens gewisser Sinnesnerven reservirt und nicht im Sinne von E. Hering, Hertwig u. A. ganz allgemein für die specifische Function jedes beliebigen Organs, sobald es eine solche erkennen lässt, gebraucht werden soll.

deuten sein, dass Kälte und Wärme nur auf dem Wege der Hautreizung Reflexvorrichtungen in Thätigkeit gesetzt haben, die in dem Vorrücken des Pigmentes und der Contraction der Zapfen zum Ausdruck gekommen ist.

Gegen die Auffassung, dass auch die durch den Einfluss der Kälte bewirkten Bewegungen in der Netzhaut als im Anschluss an eine Hautreizung auftretende Reflexvorgänge anzusehen seien, ist vielleicht der Einwand zu berücksichtigen, dass es doch auffällig ist, dass hierbei, im Gegensatz zu der Wärmewirkung, eine so lange Zeit bis zum Zustandekommen der Reflexbewegung erforderlich ist. Diesbezüglich möchte ich mir nun vorstellen 1. dass es bei der thermischen Reizung überhaupt nicht so sehr auf die Dauer, als auf den Unterschied zwischen der Versuchstemperatur und der Temperatur vor Anstellung des Versuches ankommt; 2. dass es dann immer noch längere Zeit dauert, bis der definitive Effect der thermischen Reizung eingetreten ist, und 3. dass diese „Reactionszeit" bei dem Eisfrosch, wie es ja auch den sonst zu konstatirenden Verhältnissen thatsächlich entspricht (vgl. oben), erheblich verlängert ist. Auf die Zulässigkeit einer solchen Vorstellung weisen auch gewisse Beobachtungen von A. E. Fick (21) hin, nach denen eine maximale Pigmentverschiebung im Verlaufe von etwa 20 Minuten auch in der Dunkelheit sich vollzieht, wenn vorher eine kurzdauernde (directe Netzhaut-) Belichtung stattgefunden hat.

Es könnte nun auf Grund der Versuchsergebnisse und obiger Ausführungen scheinen, als ob die Annahme, welche der Ausführung der Kälteversuche in ihrer anfänglichen Form (s. oben) zu Grunde lag, dass nämlich in dem Vorrücken des Pigmentes eine Schutzmaassregel gegeben, gegen eine bei der Belichtung entstehende übermässige Erwärmung an den der Einwirkung der Lichtenergie hauptsächlich exponirten Stellen, widerlegt sei. Denn, wie wir oben gesehen, hat die Abkühlung das gleiche Resultat, wie die Erwärmung zur Folge.

Eine genauere Ueberlegung führt indessen zu einer anderen Auffassung, denn 1. sind die Bewegungsvorgänge, wie wir gesehen, überhaupt nicht ausschliesslich abhängig von einer Erwärmung oder Abkühlung am Ort und an der Stelle des Sehepithels; 2. wissen wir, dass mit „specifischer Energie" ausgestattete Organe auf jede Reizung ganz unabhängig von der verschiedenen, physikalischen Beschaffenheit der Reize in der ihnen eigenthümlichen, gesetzmässigen Weise absolut gleichartig reagiren, gleichviel bezw. ganz unbeirrt davon, ob die Reaction dem jeweiligen, gerade vorliegenden Reizmoment gegenüber irgend welchen Zweckmässigkeits- oder Abwehrinteressen entspricht. Eine Motte fliegt, dem auf ihre Muskelbewegungen richtend einwirkenden Einfluss des Lichtes gehorchend, in die Flamme, gleichgültig, ob sie dabei zu Grunde geht oder nicht. — Damit ist jedoch natürlich nicht ausgeschlossen, dass in einem oder mehreren **besonderen** Fällen — hier gegenüber der bei der Lichtreizung auftretenden Erwärmung[1] — die specifische Reactionsweise eine gewissen Interessen des betreffenden Organismus adäquate ist, **d. h. die Reaction hier thatsächlich** den Werth und die Bedeutung eines relativen Zweckmässigkeitsvorganges gewinnt. Wenn also bei der Einwirkung verschiedenartiger Reize in einigen Fällen das Vorrücken des Pigmentes im teleologischen Sinne unnöthig, oder vielleicht sogar nachtheilig ist — etwa wie das Reiben und Scheuern eines Auges auch nach Entfernung eines Fremdkörpers — so steht doch der Annahme nichts im Wege, dass in dem speciellen Falle der Belichtung und der hierbei auftretenden Erwärmung die Bewegung des Pigmentvorrückens effectiv der Erfüllung wichtigster Functions- und Integritäts-Interessen dient; und zwar in der Weise, dass dadurch an die Stelle der intensivsten Lichtwirkung (s. w. u.) eine diese Stelle in gleichmässiger Vertheilung umgebende Substanz gebracht wird, welche nach ihrer physikalischen Beschaffenheit als schwarzer Körper am besten dazu befähigt ist, strahlende Energie zu absorbiren, letztere jedoch nicht wie andere schwarze Körper von relativer Unveränderlichkeit wieder mehr oder weniger vollständig als solche zu emittiren braucht, sondern dieselbe auf Grund ihrer nachgewiesenen Zersetzlichkeit (Kühne) in chemische Energie — eventuell zum Theil auch in Bewegung — umzuwandeln im Stande ist. — Umgekehrt wird eine innerhalb gewisser Grenzen bestehende, mehr oder weniger vollkommene Unveränderlichkeit des Fuscins — bezw. das Fehlen einer Möglichkeit, die auf das Fuscin einwirkende strahlende Energie in eine andere Energieform umzusetzen —, so dass — quoad Fuscin — das Verhältniss von Absorption zu Emission gleich 1 wird, zur Folge haben, dass — innerhalb dieser Grenzen — in dem Vorrücken des Pigmentes ein Vorgang zu erblicken ist, dessen Effect darin besteht, strahlende Energie **aufzuspeichern;**

---

[1] Dass diesem Zwecke des Fuscins bezw. seiner Bewegungen derjenige, als optisches Isolirungsmittel der einzelnen Elemente der Stäbchenzapfenschicht zu functioniren, nicht nur nicht zuwiderläuft, sondern vielmehr die Nothwendigkeit einer Bindung der strahlenden Energie bezw. deren Umwandlung in eine andere Energieform durch das Pigment gerade um so mehr in Betracht kommt, je mehr es die Aufgabe einer Abblendungsvorrichtung erfüllt, ist oben bereits erörtert.

allerdings ist dann dieselbe als solche nur in der Form **dunkler Strahlung** wieder nutzbar zu machen, in dem Sinne, dass höhere Temperatur die Umsetzungsprocesse in den Photoreceptoren befördert.

Dass es sich in keinem Falle nur um eine optische Isolirung der einzelnen Neuroepithelelemente handelt, dürfte einfach daraus hervorgehen, dass eine solche auch durch dazwischen eingeschaltete corpusculäre undurchsichtige Elemente von weisser Farbe bewirkt werden kann, wie man sie in der That in dem sogenannten Tapetum retinale der Fische in der Form der Guaninkrystalle antrifft.

Von diesen Gesichtspunkten aus dürfte es zu verstehen sein, weshalb es nicht als blosser Zufall angesehen zu werden braucht, dass das Fuscin im Falle intensivster Belichtung auf seiner Wanderung in der Richtung nach der Lamina cribrosa zu nicht bis zu dieser Siebmembran vorrückt, sondern gerade auf der Höhe der Ellipsoide (der rothen Stäbchen und der contrahirten Zapfen) Halt macht: Denn wir haben positiv allen Grund zu der Annahme, dass sich in der That das Maximum der Lichtwirkung in der Gegend der Ellipsoide und in den darauf nach aussen, bezw. peripherwärts folgenden Abschnitten (Oelkugel + Zapfenaussenglied) der Zapfenelemente geltend macht: 1. ist durch Birnbacher's Versuche (24) die Aenderung des tinctoriellen Verhaltens der Substanz der Ellipsoide bei der Belichtung erwiesen. Natürlich ist die Bedeutung der Birnbacher'schen Versuche nicht nach der Richtung zu suchen, dass man — wie es sehr oft geschieht — aus denselben den Schluss ziehen zu können gemeint hat, dass sich durch den Einfluss des Lichtes die bis dahin alkalische Reaction der Substanz der Ellipsoide in eine weniger alkalische, oder sogar saure verwandelt. Oxyphilie bezw. Basophilie im mikroskopisch-technischen Sinne und alkalische bezw. saure Reaction im chemischen Sinne sind vielmehr durchaus verschiedene Dinge; wenn wir von „sauren" Farbstoffen sprechen, so geschieht das bekanntlich nicht, weil es sich in Wirklichkeit um eine chemisch sauer reagirende, sich direct d. h. ohne Umsetzung mit einem Alkali zu einem neutralen Salz verbindende Substanz handelt, sondern um damit auszudrücken, dass die in der letzteren vorhandene Farbsäure — die meist an Kalium oder Natrium gebunden ist — das färbende Princip darstellt. In der Oxyphilie bezw. Basophilie gelangt die specifische Wahlverwandtschaft der Eiweisskörper zu Farbstoffen unterschiedlicher Art zum Ausdruck, welche von verschiedenen, theils physikalischen, theils chemischen Factoren abhängt, vgl. M. Heidenhain (25). — Es kann deshalb auch die vielfach unternommene Untersuchung der Netzhaut mit Lackmus, Phenolphthaleïn und dgl. vor und nach der Belichtung nicht als eine Nachprüfung der Birnbacher'schen Versuchs-

ergebnisse angesehen werden. Der Schwerpunkt der letzteren liegt meiner
Auffassung nach dementsprechend nicht darin, dass man mit dem Ehrlich-
Biondi'schen Gemisch eine mikrochemische, qualitative Analyse angestellt
zu haben glaubt, sondern darin, dass dadurch der Nachweis erbracht ist
1. dass überhaupt durch Belichtung .eine Veränderung des tinctoriellen Verhaltens zu erzielen ist, 2. dass die Veränderung
an dieser Stelle, in der Gegend der Ellipsoide stattfindet; 3. ist
auch Engelmann (4) zu der Auffassung, dass nämlich „der Ort der primären Reizung jedenfalls nach innen von der Grenze zwischen Aussen- und
Innenglied gelegen ist“ auf Grund seiner Versuche an der Vogelnetzhaut
gelangt; 4. weist darauf auch der Umstand hin, dass im Falle ausreichend intensiver Belichtung sich die Ellipsoide sämmtlicher Zapfen genau
in die Front der Stäbchenellipsoide eingliedern (s. w. u.).[1]

Stellen wir uns demnach auf den Boden letztgenannter Annahme, so
ist es ohne Weiteres verständlich, dass in der Gegend der Ellipsoide (der
rothen Stäbchen und der contrahirten Zapfen) und von hier ab bis zu der
Kuppe der Aussenglieder der contrahirten Zapfen auch das Bedürfniss
nach einer Absorption strahlender Energie, sei es behufs maximaler Ausnutzung oder zum Zweck der Umsetzung überschüssiger Strahlungsenergie
in eine andere Energieform, am grössten ist, und dass sich das Fuscin
dementsprechend an dieser Stelle zu concentriren hat, während
die peripherwärts davon (nach der Aderhaut zu) gelegenen Abschnitte der
Stäbchenzapfenschicht, die auf Grund derselben Annahme weder einer
optischen Isolirung der einzelnen Elemente, noch einer Aufspeicherung der
Energie, noch eines Schutzes gegen stärkere Erwärmung bedürfen, bei
ausreichend intensiver und andauernder Belichtung nahezu
vollständig **fuscinfrei werden müssen,** wie es auch — jederzeit leicht
nachweisbar — **thatsächlich** geschieht.

Auf die praktisch überaus wichtigen Directiven, die sich hieraus besonders in Bezug auf die ökonomische Verwendung der künstlichen Licht-

---

[1] Ungefähre Berechnung der Brennweite der Oelkugel: Der Durchmesser beträgt
$2\,\mu$. In Luft würde eine Glaskugel ($n = {}^3/_2$) von $1\,\mu$ Radius eine Hauptbrennweite
von $1 \cdot 5\,\mu$ haben, und der Brennpunktsabstand von der brechenden Oberfläche, da die
beiden Hauptebenen bei einer Linse von Kugelform im Centrum der Kugel zusammenfallen, nur $0 \cdot 5\,\mu$ betragen. Diese Verhältnisse kommen jedoch hier nicht in Betracht.
Setzen wir den Brechungsindex der Substanz des Myoids etwa gleich dem Totalindex
der Linsensubstanz, also ungefähr $= 1 \cdot 4$, denjenigen der Substanz der Oelkugel gleich
demjenigen des Kassiaöls ($n_d = 1 \cdot 6$), so erhält man $F_1 = - F_2 = 4 \cdot 1\,\mu$, demnach für
den Brennpunktsabstand von der Oberfläche der Oelkugel den Werth von $3 \cdot 1\,\mu$. —
Die wahre Vereinigungsweite hängt natürlich ausserdem noch von dem Strahlengang
des auf die Front eines Zapfenelementes auffallenden Lichtbündels ab.

quellen ergeben, kann bei dem heutigen Standpunkt unserer positiven Kenntnisse bezüglich des physiologischen und pathologischen Verhaltens des Pigmentepithels leider nur andeutend hingewiesen werden.

———

Nachdem durch die im Vorhergehenden beschriebenen Versuche der Einfluss differenter Temperaturen auf die Bewegungsvorgänge in der Netzhaut ermittelt und es hierdurch ermöglicht war, diese Factoren bei der Anstellung der **Belichtungsversuche** zu eliminiren, wurde zu den letzteren selbst übergegangen.

Zunächst handelt es sich jedoch noch um eine Verbesserung der Technik. Zwar war es bisher mit der Hackmethode stets leicht gelungen, über das Verhalten des Pigmentes in's Klare zu kommen. Dagegen bereitete es, wie den früheren Untersuchern, so auch mir grosse Schwierigkeiten, das jedesmalige Verhalten der Zapfen festzustellen. Ging dies auch noch leidlich bei den extremen Graden der Verkürzung und der Elongation, so erschien die Methode des Hâchements doch absolut nicht dafür ausreichend, um zu einer exacten Beobachtung und Messung der Zapfenlängen bei verchiedenen Lichtqualitäten und -Intensitäten zu gelangen. — Es wurde deshalb auch, um über das Verhalten der Zapfen bei Kälte- und Wärmewirkung ein absolut sicheres Urtheil abgeben zu können, nachdem die neue Technik ausgebildet war, ein Theil der Kälte- und Wärmeversuche wiederholt und entstammen den hierbei gewonnenen Präparaten die Abbildungen auf Taf. V, Fig. 2, 3, 4, 8.

Von einer brauchbaren Methode war zu verlangen: 1. Gleichmässigkeit der Schnittdicke (bei der Hackmethode nicht zu erzielen), 2. tadellose Erhaltung der Stäbchenzapfenschicht in anatomischer und physiologischer — d. h. bezüglich der durch die physiologische Function gegebenen Dimensionen — Hinsicht, 3. Färbbarkeit der Schnitte, 4. Einlegbarkeit in feste Einschlussmittel, 5. genau gleichmässige Provenienz der Schnitte von derselben Netzhautstelle.

Nach vielen umständlichen Versuchen gelang es mit folgender Methode zum Ziel zu kommen.

a) Herrichtung des anatomischen Präparates.

Fixation in 7proc. HNO_3-Lösung, 2 Stunden lang (zur Fixation eines Froschbulbus in Sublimat [nach Zürn] genügt eine Zeit von $^3/_4$ Stunden, doch erscheint selbst nach dieser kurzen Einwirkung des Sublimatgemisches die Schrumpfung der Netzhaut erheblicher, als bei der HNO_3-Fixation); Aufschneiden des Bulbus im Aequator; die hintere Hälfte wird im Fixations-

medium abgespült, von dem Rest des Glaskörpers befreit und mit der Innenfläche nach oben gekehrt auf einen Objectträger gelegt. Man sieht dann
auf dem blaugrau gefärbten Grunde zunächst die Papille als feinen, verticalen,
gradlinigen Streif. Die Ränder derselben sind bald leicht aufgeworfen und
erscheinen dann mehr in einem weisslichen, helleren Tone, oder dieselben
liegen flach im Niveau der Netzhaut; in manchen Fällen ist eine ganz
stattliche Excavation unverkennbar. Oberhalb der Papille sieht man nun
einen sichelförmigen, helleren, weissgrauen Streifen (bei Sublimatfixation
nicht sichtbar!) hinziehen und sich nach vorne zu in der Gegend der Ora
serrata verlieren. Nach dem Centrum zu verliert sich die hellere Färbung
des Streifens ganz allmählich, während die Begrenzung nach oben zu, bezw.
peripherwärts eine wesentlich schärfere ist (vgl. Taf. V, Fig. 10). — Worauf,
bezw. ob auf einer Verdickung der Nervenfaserschicht an dieser Stelle, die
Bildung dieses ophthalmoskopisch nicht sichtbaren, helleren Streifens (vgl.
A. E. Fick [20]) beruht, habe ich bisher aus Mangel an Zeit nicht feststellen können.

Die etwa bei der Enucleation angebrachte Unterscheidungsmarke
zwischen rechtem und linkem Bulbus, die Papille und der beschriebene,
hellere Streif repräsentiren nun die Anhaltsmomente bezüglich der Beurtheilung der verschiedenen Richtungen. Mit einer geraden Scheere werden
nun temporal von der Papille und senkrecht zu der Längsrichtung derselben
— also horizontal — etwas oberhalb und etwas unterhalb derselben zwei
die Bulbushäute durchsetzende Schnitte angelegt (auf Taf. V, Fig. 10 nicht
dargestellt). Das derart isolirte, nur in der Gegend der Papille mit der
hinteren Augapfelhälfte noch zusammenhängende Stück breitet sich flach
auf dem Objectträger aus. Es handelt sich nun darum, aus diesem Streifen
ein Netzhautstück mit anhaftendem Pigmentepithel zu gewinnen. Da ein
kreisförmiges Stück keine Orientirung bezüglich der verschiedenen Richtungen
gestattet, wurde die bisher benutzte kreisrunde Kühne'sche Lochstanze
verworfen und construirte ich mir eine neue, mit einem passenden Mandrin
versehene Stanze von rechteckigem Querschnitt (vgl. Taf. V, Fig. 10b).
Die Stanze wird nun hart an der Papille auf dem temporalwärts von ihr
befindlichen und durch die beiden erwähnten Scheerenschläge zu flacher
Ausbreitung gebrachten Streifen aufgesetzt, und auf diese Weise, indem
Sclera und Aderhaut als elastisches Polster wirken, ein stets genau derselben
Stelle entstammendes, rechteckiges Stück, dessen Seiten bekannt sind, aus
der Netzhaut ausgestanzt (vgl. Taf. V, Fig. 10a). — Das ausgestanzte Stück
zeigt nun eine Einrollung verschiedenen Grades. Eine mässige Einrollung, von der Art, dass das Stück etwa annähernd die Concavität wie
in situ im Auge annimmt, ist der möglichst in jedem Fall zu erstrebende
Idealzustand. Einer stärkeren Einrollung, wobei besonders solche mit

schraubenartiger Windung zu fürchten sind, ist in der Weise zu begegnen,
dass man die Stücke nach dem Einbringen in Alkohol 5 bis höchstens
10 Minuten lang mit einem kleinen und dünnen Deckglasstück belastet
(dehnt man die Belastung länger aus, so erhält zwar eine anscheinend sehr
schöne, dauernde Gradstreckung, die mikroskopische Untersuchung zeigt
jedoch, dass die Stäbchen entweder geknickt, oder schräg umgelegt, oder in
ihrer Längenausdehnung durch Druck verkürzt sind. Dass die Güte des
Präparates ganz davon abhängt, mit welcher Subtilität und Accuratesse bei
seiner Zurichtung vorgegangen ist, und dass insbesondere jedes Zufassen
mit der Pincette, jedes Zerren, Quetschen oder Knicken, wodurch sofort
irreparable Veränderungen gesetzt werden, absolut zu unterlassen ist, ist
nach Obigem selbstverständlich.

b) Einbettung und Schneiden.

Die Alkoholbehandlung vollzog sich in der Weise, dass die Präparate direct
aus der Salpetersäure immer auf je 10 bis 15 Minuten in Alkohol von 35,
50, 70, 85, 99, 75 Proc. übertragen wurden.

Als Vorharz wurde, nachdem mehrfache Versuche mit Chloroform
und Anilinöl-Schwefelkohlenstoff als unnöthig zeitraubend aufgegeben waren,
wegen seiner hervorragenden Fähigkeit, schnell und gründlich aufzuhellen,
ausschliesslich Xylol gewählt. Aus dem Alk. absol. wurden die Präparate
zuerst auf 10 Minuten, dann noch einmal auf 5 Minuten in gewechseltes
Xylol übertragen.

Zum Zweck der Paraffineinbettung wurden die Präparate einzeln
in kleine, flache Paraffinschälchen verbracht, diese stets in derselben Stellung
in den Ofen eingesetzt und herausgenommen, die Einbettung in einem
rechteckigen Metallrahmen vorgenommen, so dass die Lage des Präparates
je nach den vier verschiedenen Richtungen im Bulbus in dem fertigen
Paraffinblock in jedem Fall stets genau bekannt war.

Schnittrichtung: Für den vorliegenden Zweck kam natürlich nur
die Anfertigung von Schnitten parallel dem horizontalen Netzhautmeridian
in Betracht. Eine besondere Versuchsreihe richtete sich nun auf die Ermittelung derjenigen Schnittrichtung, bei welcher die bei Paraffinpräparaten
bis zu einem gewissen Grade unvermeidliche, während des Schneidens erfolgende Zusammenschiebung der Schichten, welche sich auch bei
der Schnittstreckung im Aufklebeofen nicht wieder vollständig ausgleicht,
auf ein Minimum reducirte, bezw. ihr Einfluss bei der Messung der Zapfenlänge überhaupt unberücksichtigt bleiben konnte. Diesbezüglich ergab sich
nun ein wesentlicher Unterschied, je nach der Richtung, in welcher das
Mikrotommesser auf das Netzhautpräparat auftrifft: Bei der senkrecht auf

die Netzhautfläche gerichteten Schnittführung ist selbst auf tadellos ge-
lungenen Schnitten die Zusammendrängung der Schichten, gleichgültig ob
das Messer zuerst auf die Innenfläche oder die Aussenfläche auftrifft, eine
ganz erhebliche; die Präparate waren deshalb für den Zweck genauer
Messungen unbrauchbar. Bei der entgegengesetzten, d. h. mehr oder weniger
im Zuge der Netzhautebene erfolgenden Schnittrichtung ist dagegen
eine Zusammendrängung der Schichten nur in selteneren Fällen und dann
stets nur auf vereinzelte, in regelmässigen Abständen auf einander folgende
Stellen beschränkt anzutreffen; man findet dann wenigstens in den Zwischenräumen der Lagerung und den Dimensionen nach unveränderte Zapfen und
Stäbchen.

Besonders wurde noch darauf geachtet, ob das Xylol beim Ent-
paraffiniren der Schnitte irgendwie deformirend oder die Dimensionen ver-
ändernd einwirkt. Für aufgeklebte Schnitte ergab sich kein Unterschied
in der Wirkung von Xylol, Ol. Origani und Chloroform.

c) Färbung; anatomische Details.

Zur Färbung wurde im Interesse schnellen Vorwärtskommens von der
Verwendung komplicirter Methoden — insbesondere mit Rücksicht auf die
Salpetersäurefixirung von der Färbung nach Biondi-Heidenhain — Abstand genommen, und erwiesen sich Doppelfärbungen mit Hämatoxylin-
Säurefuchsin (mit zweifacher Differenzirung) als die zweckmässigsten. Gerade
das Säurefuchsin lieferte auf Grund der exquisit oxyphilen Beschaffenheit
der Ellipsoide ausserordentlich distincte Farbeneffecte. — Dagegen gelang
es auf keine Weise den eigenthümlichen Körper im Innern des
Innengliedes des unbeweglichen Antheils (des Nebenzapfens) der
Doppelzapfen (vgl. Taf. V, Fig. 11 bei a) zu färben. Nur vereinzelt gelang
eine ganz schwache, kaum sichtbare Färbung mit Hämatoxylin; ich finde
diesen Körper auch in der neuesten Darstellung der Histologie der Netzhaut
wohl zum Theil abgebildet, jedoch nicht beschrieben (27); bei der gründlichen und erschöpfenden Behandlung aller Details in dieser Arbeit ist
deshalb wohl anzunehmen, dass dieser Körper überhaupt noch nicht genügend bekannt ist, obwohl derselbe wegen seiner kernähnlichen Beschaffenheit zweifellos ein sehr interessantes Gebilde darstellt. Am ehesten möchte
ich mich bezüglich seiner Natur für ein verlagertes und — vielleicht dieserhalb — eigenthümlich metamorphosirtes (hydropisch degenerirtes, vacuoli-
sirtes) Kerngebilde aussprechen, ohne jedoch hierfür sichere Beweise bei-
bringen zu können und obwohl l. z. B. in der Netzhaut zahlreicher Fische
die Verlagerung sogenannter äusserer Körner nach aussen vor die Limitans
externa zu dem normalen Befunde gehört, ohne dass an diesen verlagerten

Kornern Degenerationserscheinungen nachzuweisen sind, und 2. an den hier in Rede stehenden Gebilden niemals Zerfall bezw. Zeichen von Fragmentierung zu erkennen sind.

Hören wir zunächst, wie sich van Genderen Stort (28) über die Gebilde des Nebenzapfens ausspricht: „Le segment externe est conique, long et étroit. Le segment interne est un peu plus large que celui du cône principal; il ne contient ni ellipsoide optique, ni boule de graisse, mais bien un corps ayant à peu près la forme d'une lentille planconvexe". Stort bezeichnet den Körper als „corps lenticulaire".

Diese Beschreibung ist, wie ich einem so ausgezeichneten Beobachter gegenüber mit Bedauern erklären muss, unrichtig. — In Wirklichkeit liegen die Verhältnisse, wie folgt (Taf. V, Fig. 11): Der Hauptzapfen der „cônes jumeaux" zeigt nichts Besonderes (h = Innenglied, g = Ellipsoid, l = Oelkugel, f' = sogenannte Zwischenscheibe, e = Aussenglied, k = Limitans externa, b = vorgeschobenes Aussenkorn). — Der Nebenzapfen ist völlig abweichend gebaut: Das Aussenglied (d) ist ein kurzer, dünner, fast cylindrischer Faden, der von dem Ellipsoid (c) des Nebenzapfens — welches hier in Folge der Auftreibung des Innengliedes des Nebenzapfens durch den mit a bezeichneten Körper im Verhältniss zu der normalen Form des Ellipsoids (g) stark deformirt bezw. nach innen zu abgeplattet ist — deutlich durch einen feinen Spalt (f) (Analogon zu f', s. weiter unten) abgesetzt ist. Deutlich abgebildet ist das Ellipsoid des Nebenzapfens auch bei Engelmann (4, Taf. II, Fig. 1, 23, 4) zu finden. Das Innenglied des Nebenzapfens sitzt mit kurzem breitem Fuss der Limitans externa auf. Der Haupttheil des Innengliedes ist nun von dem von Stort als linsenförmig bezeichneten Körper (a) in dem Grade erfüllt, dass das Innenglied kuglig aufgetrieben erscheint, und abgesehen von dem Ellipsoid (c) von dem ganzen Innenglied nur ein kleiner Rest (i) frei bleibt. An der Grenze zwischen Ellipsoid (c) und dem zur Discussion stehenden Körper (a) findet eine gegenseitige Abplattung bezw. selbst Einbuchtung des Ellipsoids statt, und sind, wie bemerkt, durch die Auftreibung des ganzen Innengliedes auch sonst die Formen des Ellipsoids vollkommen abweichend von derjenigen des Hauptzapfenellipsoids gestaltet. — Während sich nun das Ellipsoid, bei Haupt- und Nebenzapfen, intensiv mit Säurefuchsin färbt und sich dadurch scharf von dem sich nur schwach rosa färbenden Aussenglied, wie von dem mit a bezeichneten Körper absetzt, ist der letztere nahezu unfärbbar; mit Kernfarbstoffen gelingt bisweilen die Darstellung eines ausserordentlich feinen Gerüstes, so dass das Gebilde eine entfernte Aehnlichkeit mit blasig aufgetriebenen Kernen mit stark rareficirtem Chromatingerüst aufweist. Dasselbe als linsenförmigen Körper zu bezeichnen, sehe ich keine Veranlassung, da die Form bald ovoid, bald ganz kuglig ist, und die Abplattung nur eine

passiv bedingte ist, und weil sich für ein am Sehorgan befindliches Gebilde
mit einer derartigen Benennung immer gewisse Voraussetzungen verbinden,
über deren Berechtigung wir hier nichts aussagen können. Jedenfalls scheint
mir dieses Gebilde besonders in Bezug auf die Frage des Schwundes und
der Neubildung von Zapfenelementen ein ganz besonderes Interesse zu
verdienen.

Es besitzt also auch der Nebenzapfen ein wohlausgebildetes „Ellipsoid“,
während das Aussenglied kein langes, konisches Gebilde, sondern ein
kurzer nahezu cylindrischer Faden ist, und sind die diesbezüglichen abweichenden Angaben von van Genderen Stort wohl so zu erklären, dass er
bei dem ungefärbten Zustande seiner Präparate die einzelnen Bestandtheile
der Zapfen nicht ausreichend von einander differenziren konnte, so dass er
das kurze Aussenglied d zusammen mit dem Ellipsoid (c) als konisches
Aussenglied des Nebenzapfens bezeichnete. Dagegen kann ich das Fehlen
der Oelkugel — deren Lage im Ellipsoid des Hauptzapfens auf vielen
Zeichnungen der Lehrbücher nicht erkennbar, bezw. unrichtig dargestellt
ist — im Ellipsoid des Nebenzapfens — den Angaben van Genderen
Stort's entsprechend — mit absoluter Bestimmtheit bestätigen.

Die neuerdings beschriebene, sogenannte „Zwischenscheibe“ bin ich
nicht in der Lage, als ein intra vitam vorhandenes Gebilde anzuerkennen.
Dieselbe findet sich nicht nur an der Grenze zwischen Aussen- und Innenglied der Stäbchen, sondern auch an derselben Stelle der Zapfen, sowohl
an einfachen, wie an Doppelzapfen, an letzteren im Hauptzapfen, wie im
Nebenzapfen (vgl. Taf. V, Fig. 11 bei f und f'). Es handelt sich daselbst
nicht um eine Flüssigkeitsansammlung oder um die Einschaltung eines
besonderen Gewebselementes, sondern um eine Lücke, die bei jeder beliebigen Färbung ungefärbt bleibt. Eine genaue Untersuchung ergiebt, dass
diese Lücke durchaus keinen konstanten Charakter hat, sondern hinsichtlich
ihrer Dimensionen grosse Differenzen aufweist. — Es hat den Anschein,
dass sämmtliche Fixationsmittel, eine Coagulation des innerhalb der Neurokeratinhülle des Aussengliedes befindlichen Inhaltes herbeiführend, eine mehr
oder weniger hochgradige Schrumpfung dieses Inhaltes und damit eine
Zurückziehung desselben von dem Innenglied innerhalb der Neurokeratinhülle zur Folge haben. Vergleicht man das Stäbchen mit einer Cigarette,
so würde die Neurokeratinhülle, die sich bekanntlich auch auf das Innenglied fortsetzt, dem das Mundstück und den Tabakinhalt überziehenden
Seidenpapier entsprechen. Wird nun der Tabakinhalt an der Ansatzstelle
des Mundstückes vermindert, so findet sich daselbst eine Lücke, über welche
das Seidenpapier schlottert. Dasselbe Schlottern, die Faltung der Neurokeratinhülle finden wir an der als „Zwischenscheibe“ bezeichneten Lücke,
die offenbar durch Zurückziehung des albuminösen Inhaltes des Aussengliedes

in Folge von Schrumpfung entstanden ist. Ob es sich um Osmium-, Sublimat-, Pikrinsublimatessigsäure-, oder Salpetersäurepräparate handelt, in jedem Fall finden wir an der Grenze von Aussen- und Innenglied und zwar der Stäbchen sowohl, wie der Zapfen dasselbe Verhalten. — Die Coagulation der von der Neurokeratinhülle umschlossenen albuminösen, bezw. „myeloiden" Substanz des Aussengliedes erfolgt daher anscheinend immer unter gleichzeitiger Verminderung ihres Volumens. Interessant ist hierbei, dass die Verbindung mit der Neurokeratinhülle an der Stäbchenkuppe fester ist, als an dem an das Innenglied grenzenden Theil (festere, sclerosirte Beschaffenheit an der Kuppe, flüssigere, weichere an der Grenze zum Ellipsoid).

Belichtungs-Methode.

Es kam darauf an, eine Einrichtung zu treffen, bei welcher 1. der Frosch aus seinem bisherigen Medium nicht herausgenommen zu werden brauchte, 2. eine besondere Einstellung des Auges gegenüber dem auffallenden Licht unnöthig war, 3. jedes Anfassen, jede Aenderung der Haltung des Versuchsthieres bis zu dem Augenblick der Vornahme der Enucleation unterbleiben konnte. Zu diesem Zweck wurde — nach zahlreichen, fruchtlosen Versuchen mit abweichender Anordnung — zunächst in folgender Weise vorgegangen (hierzu Textfigur 1 und 2):

a) Der Innenraum eines Kastens von 88 ^{cm} Höhe, 40 ^{cm} Breite und 37 ^{cm} Tiefe wurde mit 5 Glühlampen (f. 110 Volt) versehen. Die erste in der Mitte der Decke, die übrigen 4 gleichmässig in den Ecken der Wände vertheilt. In die Leitung wurden als Ballastwiderstand ein Kurbelrheostat, sowie ein Lampenwiderstand von 8 Glühlampen, ferner zur Messung der Klemmenspannung ein Voltmeter eingeschaltet.

b) Der für den Versuch bestimmte Frosch wurde am Tage vorher auf einer entsprechend eingerichteten Glasplatte aufgebunden. Je drei mit je einem Frosch beschickte Platten wurden in ein sogenanntes Einmachglas aufrecht, bezw. schräg eingestellt, und letzteres bis zur Kopfhöhe der Thiere mit Wasser aufgefüllt. Mehrere solcher Einmachgläser mit den Fröschen wurden dann zunächst noch für 24 Stunden dunkel gestellt.

c) Als Strahlenfilterapparat diente eine grosse, doppelwandige Glasflasche, wie sie von Botanikern zu Culturversuchen unter verschiedenfarbigem Licht benutzt wird.

Da es sich zunächst darum handelt, einen allgemeinen Ueberblick über die ungefähre Versuchsanordnung zu geben, erfolgt die detaillirte Angabe der Constanten des Apparates weiter unten.

Der Hohlraum zwischen den Wänden der Glasflasche erhielt zur Rothbelichtung eine Füllung mit einer Lithioncarminlösung (vgl. Nagel [32]), für Grünlicht eine solche mit einer Mischung von doppeltchromsaurem Kali und angesäuerter Kupferacetatlösung, für Blaulicht mit einer Mischung von Victoriablau mit Kupferacetatlösung. Am Boden des Kastens diente eine weisse Porcellanplatte zur Aufstellung der Glasflasche mit dem in ihren Innenraum eingebrachten Froschbehälter. — Die Einrichtungen des Apparates gestatteten eine Abstufung der Spannungsdifferenz in 5 Graden. 1. 25 bis 27 Volt, 2. 32 Volt, 3. 55 Volt, 4. 91 Volt,

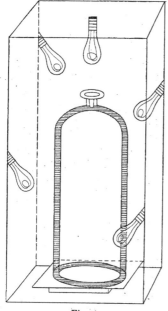

Fig. 1.

5. 110 Volt. Diesen durch Variirung des Widerstandes erzeugten Abstufungen entsprachen 5 Grade der Erleuchtungsstärke (s. unten).

Zu einer ersten Orientirung über die zur Erzielung differenter Zapfenlängen erforderlichen Beleuchtungsintensitäten und -zeiten wurde nun sogleich eine Serie von 27 gleich grossen, kräftigen, ungarischen Fröschen der Bestrahlung unter den durch die Versuchsanordnung gegebenen Verhältnissen exponirt. Für eine jede der drei Farben wurden 3 Grade der Erleuchtungsstärke, für jeden Grad der letzteren immer je 3 Frösche verwandt. Die jedesmalige Belichtungsdauer betrug eine Viertelstunde. Die Bulbi der noch auf den Glasplatten aufgebundenen Frösche wurden hierauf mit grösster Geschwindigkeit enucleirt und alsdann in der oben eingehend beschriebenen, als zweckmässig befundenen Weise weiter behandelt. Das Resultat der Belichtung der 54 Froschaugen, deren gleichmässige Präparation und Weiterbehandlung bis zur Färbung und Conservirung der Schnitte eine immerhin nicht unbedeutende Mühe verursacht hatte, war nicht eben erfreulich: Sämmtliche 54 Netzhäute zeigten die Zapfen von unwesentlichen Längendifferenzen abgesehen durchweg im Zustande **maximaler** Contraction. Auch das Pigment zeigte sich bei allen Farben und selbst bei der niedrigsten Helligkeitsstufe (25 Volt) bis zur **maximalen** (vgl. oben) Grenzlinie abgewandert, theils in gleichmässiger Vertheilung, theils unter Concentration in der Gegend der Ellipsoide.

Die ganze Serie war somit, abgesehen davon, dass sie in der Hand dieses gewiss nicht beschränkt zu nennenden Materials erkennen liess, mit welcher unfehlbaren Genauigkeit die Netzhaut auf gewisse Einflüsse (s. unten) reagirt, werthlos!

Der Umstand, dass es schon bei so geringen Helligkeitsgraden (bei 25 Volt Spannung war im Kasten mit helladaptirtem Auge noch nicht einmal der Ort des Zifferblattes einer Taschenuhr erkennbar) zu so starken Effekten gekommen war, legte nun sofort den Gedanken nahe, dass auch hier wiederum ein reflectorisch wirkender Einfluss im Spiel gewesen war. — Als solcher erwies sich, wie die sofort angestellten Controlversuche ergaben, das Aufbinden der Frösche:

Drei Frösche wurden aufgebunden, 24 Stunden dunkel gesetzt, ihre Bulbi alsdann ohne jede vorherige Belichtung enucleirt und untersucht; das

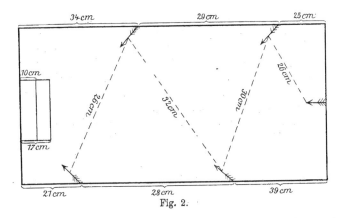

Fig. 2.

Resultat zeigt Taf. V, Fig. 12: maximale Zapfencontraction, Vorgerücktsein des Pigmentes bis zur Ellipsoidgrenze in gleichmässiger Vertheilung. Welche Momente beim Aufbinden wirksam sind, ist schwer zu sagen; ob es Reize sind, welche von der wunden, durchgescheuerten, oder zum mindesten eingeschnürten Haut an den Gelenken ausgehen, oder ob es die während der 24 Stunden erzwungene, ausgestreckte Haltung ist, ist vorläufig noch nicht ermittelt, und muss es dahingestellt bleiben, ob man dieses neu gefundene Reizmoment als ein mechanisches classificiren will. Jedenfalls wäre noch zu eruiren, in wie weit der Gaswechsel, die Blut- und Lymphcirculation durch ein protrahirtes Aufbinden alterirt werden. — Aus dem Resultat der letzten Versuche ergab sich somit, dass der Frosch frei beweglich, weder eingeklemmt, noch eingeschnürt oder mechanisch lädirt sein darf. Auf dieser Erkenntniss basirte folgende Abänderung der Versuchsmethode:

Die Frösche werden wie gewöhnlich am Vormittag des der Belichtung vorausgehenden Tages in einem gewöhnlichen Froschbehälter dunkel gesetzt; am nächsten Morgen kommen sie hieraus — im Dunkeln — in ein cylindrisches Becherglas (Färbecuvette), welches mit demselben Wasser gefüllt ist, in dem die Frösche während ihres bisherigen Dunkelaufenthaltes gesessen haben; über das Becherglas wird ein Gasglühlichtcylinder, der knapp anschliesst und oben zum Theil durch einen Glasdeckel verschlossen ist, gestülpt. In diesem Behälter ist der Frosch frei beweglich und verbleibt er hierin nach einigen, anfänglichen Fluchtversuchen auf den Hinterbeinen hockend auf dem Boden des Gefässes. Hebt man den Cylinder ab, so hat man das Thier sofort zur Vornahme der Enucleation in der Hand, was insofern von Werth ist, als hierbei ein Verschütten von Flüssigkeit und ein Herausstürzenmüssen des Frosches, wie es bei der Verwendung eines aus einem Stück bestehenden Gefässes von der Höhe des Cylinders unumgänglich ist, vermieden wird. — Nach dem Umsetzen aus dem ursprünglichen allgemeinen Behälter in das beschriebene zweitheilige Einzelgewahrsam wird der Frosch nun noch für weitere ca. 3 Stunden dunkel gesetzt, um die etwa beim Umsetzen entstandene Reizung bezw. Erregung abklingen zu lassen. Die Netzhäute derart behandelter Frösche zeigen unbelichtet vollkommene Erhaltung der normalen Dunkelstellung der Zapfen, wie des Pigmentes (vgl. Taf. V, Fig. 13).

Der Mittheilung der weiteren Versuche und ihrer Ergebnisse sind nunmehr genaue Daten über die Constanten des Belichtungsapparates vorauszuschicken.

Zweifellos würde die beschriebene Belichtungsvorrichtung (Textfigur 1 und 2) als eine noch vollkommenere zu bezeichnen sein, wenn die Abänderung der Erleuchtungsstärke an derselben durch Einschaltung von Blenden, Milchgläsern, oder Aenderung des Objectabstandes bewirkt würde, anstatt wie hier durch Veränderung der Spannungsdifferenzen und den hierdurch bewirkten Wechsel der Intensität des Glühens des Kohlefadens. Schon der blosse Anblick eines schwach glühenden Drahtes oder Kohlefadens lehrt, ohne dass man hierzu eines Spektroskops bedarf, dass es sich bei der Abschwächung der Temperaturstrahlung nicht um eine Verminderung der Intensität allein, sondern auch um eine Verschiebung der Mengenverhältnisse der emittirten Strahlen zu Gunsten eines Ueberwiegens der langwelligen Strahlen handelt, eine Thatsache, welcher bekanntlich Draper (27) auf Grund näherer Feststellungen in der Gestalt des nach ihm benannten Gesetzes, dass nämlich alle festen Körper gleichzeitig bei 525° C. zu leuchten beginnen und zuerst rothes Licht aussenden, Ausdruck gegeben hat. — Es ist Piper (28) daher völlig Recht zu geben, wenn er sich in diesem Sinne gegen eine von Aubert (29) getroffene, ähnliche Versuchsanordnung wendet. — Indessen ganz abgesehen davon, dass nach Lage der Verhältnisse kaum eine andere Einrichtung zu treffen ist, ohne die objective Ermittelung der retinomotorischen Vorgänge zu gefährden, und ferner ganz abgesehen davon, dass ein ausschlaggebender Vorzug meines Instrumentariums darin besteht, dass er eine diffuse Beleuchtung der ganzen pars optica der Netzhaut ermöglicht, während bei Verwendung von Spiegel- und Linsencombinationen — wenn man den Focus nicht immer genau zur Coincidenz mit dem vorderen Brennpunkt des Auges bringen kann — es stets zweifelhaft bleibt, ob hernach das untersuchte Stück auch wirklich der belichteten Netzhautstelle entspricht, sind die Unvollkommenheiten des von mir gewählten Belichtungsmodus, soweit sie die Veränderung des Strahlengemisches je nach der Temperatur des Glühkörpers betreffen, überhaupt nur scheinbare mit Rücksicht auf den Zweck bezw. den Gegenstand der Untersuchung, wie schliesslich hinsichtlich der erzielten Resultate:

Gewiss wird das vorwiegend rothe Licht des schwach glühenden Fadens bei dem Durchgang durch einen blauen Strahlenfilter erheblich mehr geschwächt, wie bei dem Passieren durch einen rothen Lichtfilter. Wenn also die gleiche, schwache Intensität einmal für Roth-, das andere Mal für Blaubelichtung angewendet wird, so sind die Resultate im Allgemeinen, selbst gleiche objective Helligkeit der Farbflüssigkeiten vorausgesetzt, nicht vergleichbar. — Bei meinen Versuchen handelte es sich jedoch überhaupt nicht darum, die Wirkungen qualitativ verschiedener Lichter zu vergleichen und dieserhalb stets gleiche Intensitäten derselben zu verwenden; dieselben hatten vielmehr den Zweck, die Wirkung verschiedener Intensitäten ein und derselben farbigen Lichtsorte zu ermitteln (vgl. oben).

Wenn nun hierbei gewissermaassen als Nebenproduct (s. weiter unten) doch noch ausserdem eine stärkere Wirksamkeit der brechbareren Strahlen im Verhältniss zu den weniger brechbaren gefunden wurde, so wird die Richtigkeit dieser Beobachtung durch die unter anderen Umständen wohl mit Recht geltend zu machende Unzulänglichkeit der Belichtungsmethode in diesem Fall gleichwohl nicht erschüttert; es ist nämlich in diesem speciellen Fall eine vergleichende Beurtheilung deshalb möglich, weil der Effekt des blauen Lichtes ein stärkerer ist, als der des rothen, d. h. weil die Wirkung der kurzwelligen Strahlen sich bei meinen Versuchen als so gross erwies, dass sie den Einfluss der Schwächung, wie sie das von einem schwach leuchtenden Faden emittirte, vorwiegend aus rothen Strahlen bestehende Lichtgemisch beim Durchgang durch den Blaulichtfilter erfährt, noch überkompensirte.

Im entgegengesetzten Falle würde man dagegen natürlich nichts darüber auszusagen vermocht haben, ob die geringere Wirkung auf eine schwächere Wirksamkeit der betreffenden kurzwelligen Lichtqualität an sich, oder auf die bedeutendere Intensitätsschwächung durch den Filter (vgl. oben) zurückzuführen sei.

In welcher Weise die Glühbirnen in dem Kasten, dessen Dimensionen angegeben sind, vertheilt sind, ist aus den Skizzen (Textfigur 1 und 2) ersichtlich. Die Zahlen auf Textfigur 2, welche 1. die Grösse des Abstandes von der Grundfläche, 2. den gegenseitigen Abstand im Innenraum des Kastens angeben, beziehen sich auf den Abstand der Lampenmitten. Es ergiebt sich 1. dass der Abstand der einzelnen Lampen der Höhe nach zwischen 13 bis 16 ^{cm} variirt, 2. der Abstand, auf den Innenraum bezogen, von 26 bis 32 ^{cm} schwankt, im Durchschnitt sich also auf 28·5 ^{cm} bemisst. Aus der einfachen Betrachtung der Skizzen, wie aus dem Vergleich der Abstandszahlen erhellt somit die verhältnissmässige Regelmässigkeit der Anordnung.

Es handelt sich nun darum: 1. die Intensität der einzelnen Flamme bei den verschiedenen Spannungsgraden, 2. die Erleuchtungsstärke zu messen, welche alle Flammen zusammen an dem Ort, an dem sich bei den Versuchen der Kopf des Frosches befand, hervorbringen.

Die Messungen wurden mit Leonh. Weber's Photometer vorgenommen, dessen Princip unter Verwerthung des Lummer-Brodhun'schen Würfels bekanntlich auf der Vergleichung der Erleuchtungsstärken zweier Lichtquellen basirt. — Da sich sowohl bei der Messung der Intensitäten, wie der Erleuchtungsstärken besonders bei geringer Spannungsdifferenz stets grosse Differenzen in der Farbe des elektrischen Glühlichtes gegenüber demjenigen der Benzinkerze herausstellten, wurde jedes Mal auch noch der dem Quotienten $\frac{G}{R}$ entsprechende Werth von K ermittelt und entsprechend in Rechnung gezogen.

Messung der Intensität und der Erleuchtungsstärke.

1. 25 Volt Spannung.

a) Intensität mittels des Photometers nicht messbar; auch bei $R = 14^{cm}$ und $r = 31$ ^{cm} bleibt der Ring heller wie der Kreis.

b) Erleuchtungsstärke (in der Höhe — des Kopfes bei der Bestrahlung — von 17 ^{cm} über dem Boden des Kastens an einer horizontalen, matten Milchglasplatte geprüft; Neigung des Tubus B gegen die Normale = 30°; im Kasten g keine Platte) ebenfalls nicht zu bestimmen.

Um annähernd eine Vorstellung von der Helligkeit zu geben, sei dieselbe in der Weise definirt, dass der Ort des Porzellanzifferblattes einer Taschenuhr 17 cm über dem Boden mit hell adaptirtem Auge nicht zu erkennen ist. Der Kohlefaden befindet sich im Uebergangsstadium von Graugluth zu Rothgluth.

2. 32 Volt.

a) Intensitätsmessung: $R = 8$ cm; in g Milchglasplatte 3. Wegen starker Farbendifferenz Helligkeit der rothen und der grünen Componente gesondert geprüft.

α) Rothglas eingeschoben: $r = 29 \cdot 9$.

β) Grünglas eingeschoben: r nicht zu messen, da auch bei $r = 31$ cm Kreis heller wie Ring.

Intensität der einzelnen Glühlampe also annähernd $= 0 \cdot 032$ Hefnerkerze.

b) Erleuchtungsstärke nicht messbar; auf dem Zifferblatt ist mit helladaptirtem Auge die Zeit erst nach längerem Zusehen eben ablesbar.

3. 51 Volt.

a) Intensität: $R = 8$ cm, in g Milchglas 3.

α) mit Rothglas $r = 10 \cdot 5$.

β) mit Grünglas $r = 13 \cdot 7$.

Intensität der einzelnen Lampe $= 0 \cdot 18$, rund $= 0 \cdot 2$ Hefnerkerze.

b) Erleuchtungsstärke (wie bei 1 b geprüft) $= 7 \cdot 056$ Meterkerzen.

4. 92 Volt.

a) $R = 65$ cm; in g Milchglas 3.

α) mit Rothglas $r = 13 \cdot 3$.

β) mit Grünglas $r = 12 \cdot 8$.

$J = 10 \cdot 6$ Hefnerkerzen.

b) Prüfung wie bei 1 b; in g Milchglas 2.

α) mit Rothglas $r = 18$.

β) mit Grünglas $r = 22$.

Erleuchtungsstärke $= 214 \cdot 8$ Meterkerzen.

5. 110 Volt.

a) $R = 65$ cm; in g Milchglas 3.

$J = 31 \cdot 3$ Hefnerkerzen.

b) Prüfung wie bei 4 b.

α) mit Rothglas $r = 8 \cdot 8$.

β) mit Grünglas $r = 8 \cdot 7$.

Erleuchtungsstärke $= 1437 \cdot 2$ Meterkerzen.

Ermittelung der spectralen Zusammensetzung der zur Belichtung benutzten farbigen Lichter.

a) Justirung des Spectroskopes:

Die Lage der Linien entspricht folgenden Scalentheilen des benutzten Spectroskopes:

$Li = 5 \cdot 2$; $Na = 6 \cdot 45$; nach Cauchy's Formel:

$$n_\lambda = a_1 + \frac{a_2}{\lambda^2} + \frac{a_3}{\lambda^4} + \ldots \quad \text{ergiebt sich}$$

$$\left.\begin{array}{l} n_{\lambda_1} = a_1 + \frac{a_2}{\lambda_1^{\,2}} \quad (1) \\[2mm] n_{\lambda_2} = a_1 + \frac{a_2}{\lambda_2^{\,2}} \quad (2) \end{array}\right\} \text{hieraus } a_1 = \frac{n\,\lambda_1\,\lambda_1^{\,2} - n\,\lambda_2 - \lambda_2^{\,2}}{\lambda_1^{\,2} - \lambda_2^{\,2}}$$

$$a_2 = \frac{\lambda_1^{\,2} - \lambda_2^{\,2}\,(n\,\lambda_1 - n\,\lambda_2)}{\lambda_2^{\,2} - \lambda_1^{\,2}};$$

setzt man $n_{\lambda_1} = 5 \cdot 2$, $n_{\lambda_2} = 6 \cdot 45$, $\lambda_1 = 671$, $\lambda_2 = 589$, so ist

$$a_1 = 1 \cdot 002; \quad a_2 = 1827528 \cdot 219.$$

Eine weitere Berechnung von a_1 und a_2 mit Hülfe anderer Linien wurde unterlassen, da die Cauchy'sche Formel bekanntlich die anomale Dispersion überhaupt nicht berücksichtigt.

Von den zur Bestrahlung mit farbigem Licht verwandten Farblösungen absorbirte nun

1. das aus einer Lithioncarminlösung hergestellte und in einer Schichtdicke von 10 ^{mm} untersuchte Roth so viel, dass nur Licht vom Scalentheil $4 \cdot 8$ bis $6 \cdot 2$ hindurchgelassen wurde;

2. das aus Kaliumbichromat und Cuproacetat hergestellte Grüngemisch liess in gleicher Schichtdicke Licht von $6 \cdot 5$ bis $10 \cdot 5$ hindurch;

3. das aus Victoriablau und Cuproacetat zusammengesetzte Grünblau von $8 \cdot 4$ bis $13 \cdot 0$.

An der Hand der oben gefundenen Werthe von a_1 und a_2 ergiebt sich, dass

1. der von 1 (Roth) durchgelassene Wellenlängenbezirk entspricht einem Intervall von $693 \cdot 6$ bis $592 \cdot 9$ $\mu\mu$.

$$n_\lambda = a_1 + \frac{a_2}{\lambda^2}; \quad n_\lambda = 4 \cdot 8; \quad \lambda = 693 \cdot 6; \quad n_\lambda = 6 \cdot 2; \quad \lambda = 592 \cdot 9.$$

2. der von Grün durchgelassene einem solchen von $575 \cdot 9$ bis $443 \cdot 7$ $\mu\mu$.

$$n_\lambda = 6 \cdot 5$$

$$^{1}/_{2} \log \lambda = {}^{1}/_{2}\,(\log \cdot 1827528 \cdot 217 - \log (6 \cdot 5 - 1 \cdot 002))$$

$$\lambda = 575 \cdot 9 \ \mu\mu.$$

$$n_\lambda = 10 \cdot 5; \quad \lambda = 443 \cdot 7 \ \mu\mu.$$

3. der von dem dritten Farbgemisch durchgelassene einem Intervall von **499·5** bis **391·1** µµ.

Die Schichtdicke in der Glasflasche betrug 2 ^{cm}. Es kamen somit niemals monochromatische Lichter, sondern solche, die einem grösseren, continuirlichen Spectralbezirk entstammten, zur Verwendung, und zwar: bei der ersten Farblösung von Roth bis Gelborange; bei der zweiten von Gelbgrün bis etwa Cyanblau; bei der dritten von Grünblau bis zum äussersten Violett.

Die Helligkeit farbiger Lichter ist bekanntlich nur schätzungsweise zu vergleichen. — Um jedoch wenigstens annähernd einen Maassstab für das Helligkeitsverhältniss des verwandten Roth und des Blau zu erhalten, wurde — einem von Werner v. Siemens (11) vorgeschlagenen Verfahren entsprechend — in der Weise vorgegangen, dass die bei dem Durchsehen durch zwei parallelwandige Cuvetten von 6 ^{cm} Durchmesser, welche mit den betreffenden Farblösungen gefüllt waren, in 4 ^m Entfernung zu erhaltende Sehschärfe geprüft wurde. — Die Rothcuvette ergab eine c. Sehschärfe von $^4/_6$ der normalen, die Blaucuvette eine solche von $^4/_8$. Ist das Vergleichungsprincip richtig, so verhielten sich demnach die Helligkeiten der rothen und der blauen Lösung wie 4:3.

Als Maassstab der Zapfenlänge ist im Folgenden immer die jeweilige Entfernung zwischen der Limitans-externa und dem inneren — nach der Augapfelmitte zu gelegenen — Rande der Oelkugel — als den jeder Zeit am sichersten festzustellenden Marken — zu Grunde gelegt. Die Messungen wurden, wenn irgend möglich, auf Einzelzapfen beschränkt. Bei der Messung kam es nun nicht nur darauf an, die Höchst- und Mindestlänge festzustellen, sondern auch zu ermitteln, in welchem Verhältnisse die verschiedenen Längengrade vertreten sind. Eine Vereinfachung des Verfahrens ist nach dieser Richtung hin darin gegeben, dass sich in jedem Falle die vorhandenen Zapfen annähernd in drei bis vier Gruppen, die allerdings von Fall zu Fall verschieden sind, unterbringen lassen. — Es konnte deshalb in folgender Weise vorgegangen werden: 1. Ermittelung der Gesammtzahl der Zapfen in einem Gesichtsfeld bei unveränderter Einstellung; 2. Feststellung der Zahl und der Art der Contractionsstufen in demselben; 3. Messung der Länge je eines Repräsentanten einer jeden Contractionsstufe; 4. Bestimmung der Zahl der Vertreter jeder einzelnen Gruppe. In gleicher Weise wurden dann in der Regel noch fünf (je drei von einer Netzhaut) durchgezählt und dann die durchschnittliche Gesammtzahl der Zapfen eines Gesichtsfeldes, sowie im Verhältniss dazu die durchschnittliche Zahl der Vertreter jeder einzelnen Gruppe ausfindig gemacht. Wenn es daher im Folgenden z. B. heisst $5/28 = 0 \cdot 028$ ^{mm}, so soll das bedeuten: Auf je ein durchgezähltes Gesichtsfeld kommen im Durchschnitt 28 Zapfen; hiervon sind 5 Zapfen 28 μ lang.

Belichtungsversuche.

Die ersten Versuche richteten sich auf die Ermittelung der Zeitdauer, die bis zum Eintritt maximaler Zapfencontraction unter der Einwirkung gemischten Lichtes erforderlich ist. Immer je drei Frösche wurden — einzeln — 1 Viertelstunde, 5 Minuten, $2^{1}/_{2}$ Minuten lang (und zwar bei diesen drei Versuchsserien mit Licht bei einer Spannung von 51 Volt), alsdann 1 Minute, $^{1}/_{2}$ Minute lang und schliesslich momentan direct (ohne Lichtfilter) belichtet; bei den drei letzten Versuchsreihen betrug die Spannung 110 Volt. — Die Zeiten beziehen sich auf die Zeitdauer vom Schliessen bis zum Oeffnen des Leitungsschlüssels, decken sich also nicht genau mit der wirklichen Dauer der Bestrahlung, insofern als immer eine gewisse Zeit bis zum Erglühen, wie bis zum völligen Erlöschen des Glühens vergeht.

Die Resultate sind aus nachstehender Zusammenstellung ersichtlich.

I. Versuche mit nach der Intensität gleichbleibender, nach der Zeit veränderter Belichtung (gemischtes Licht).

A. Die Versuche mit viertelstündiger, 5 und $2^{1}/_{2}$ Minuten langer Bestrahlung ergaben, trotzdem nur eine mittlere Lichtintensität (51 Volt) zur Einwirkung gelangt war, keine Unterschiede in dem Grade der Zapfencontraction; indem die Zapfen ad maximum verkürzt waren (vgl. Taf. V, Fig. 14). Zapfenlänge von $0 \cdot 0091$ bis $0 \cdot 0130$ ^{mm} schwankend.

B. 1. Ein wesentlich anderes Verhalten zeigte trotz grösserer Intensität (110 Volt) die nur eine Minute lang belichtete Netzhaut. Nur sehr vereinzelte Zapfen sind in dem Grade contrahirt, dass die Oelkugel sich in dem Niveau des Stäbchenellipsoids befindet. Eine grössere Zahl (1/4) zeigt einen mittleren Grad der Contraction ($0 \cdot 013$ bis $0 \cdot 015$ ^{mm}). Der grösste Theil besteht aus nur in geringem Grade contrahirten Zapfen (maximale Länge $= 0 \cdot 02$ ^{mm}).

2. $^{1}/_{2}$ Minute lang, 110 Volt (Taf. V, Fig. 15):

a) $10/25 = 0 \cdot 0279$ ^{mm}
b) $9/25 = 0 \cdot 0208$ „
c) $3/25 = 0 \cdot 0156$ „
d) $3/25 = 0 \cdot 009$ bis $0 \cdot 0104$ ^{mm}.

Wir sehen hier also 1. eine Steigerung der absoluten Zapfenlänge, 2. eine Vermehrung der submaximal elongirten Zapfen zu Ungunsten der in mittlerem Grade contrahirten Zapfen (bei 1 Minute 1/4, bei $^1/_2$ Minute 3/25). 3. Momentane Belichtung (110 Volt, Taf. V, Fig. 13):

$$a) \quad 3/28 \;=\; 0 \cdot 0312 \;^{mm}$$
$$b) \quad 6/28 \;=\; 0 \cdot 026 \;\;,,$$
$$c) \quad 10/28 \;=\; 0 \cdot 022 \;\;,,$$
$$d) \quad 9/28 \;=\; 0 \cdot 013 \;\;,,$$

Das Ergebniss dieser Versuchsreihe lautet also: 1. Noch weitere Steigerung der absoluten Zapfenlänge (bis zu 31 µ); 2. $^7/_{10}$ der vorhandenen Zapfen bestehen aus langen Zapfen; 3. der Rest aus Zapfen mittlerer Länge; 4. kurze Zapfen fehlen gänzlich; auch bei den kürzesten Zapfen befindet sich der innere Rand der Oelkugel noch 0·005 ^{mm} über dem Niveau der Aussengrenze des Stäbchenellipsoids.

Aus diesen Versuchsresultaten ergiebt sich die wichtige Folgerung, dass der Grad der Zapfencontraction eine Function der Zeit ist (vgl. auch Engelmann [4]); bis zum Eintritt maximaler Contraction sämmtlicher Zapfen des Froschauges gehört bei mittlerer Intensität eine Belichtungszeit von mindestens zwei und einer halben Minute.

In practischer Beziehung ergab sich aus obigen Resultaten der Schluss, dass eine Zeit von etwa zwei Minuten annähernd diejenige sein musste, bei welcher verschiedene Intensitäten qualitativ verschiedener Lichter — wenn überhaupt — Differenzen in den Belichtungseffecten ergeben mussten.

II. Versuche mit nach der Zeit constanter, nach der Intensität variirter Belichtung (farbige, homogene Lichter).

A. Rothlichtversuche.

1. 27 Volt, 2 Minuten lang; vgl. Taf. V, Fig. 15:

$$a) \quad 6/24 \;=\; 0 \cdot 0286 \;^{mm}$$
$$b) \quad 15/24 \;=\; 0 \cdot 0221 \;\;,,$$
$$c) \quad 5/24 \;=\; 0 \cdot 0143 \;\;,,$$

2. 32 Volt, 2 Minuten lang, Taf. V, Fig. 16:

$$a) \quad 2/28 \;=\; 0 \cdot 0247 \;^{mm}$$
$$b) \quad 10/28 \;=\; 0 \cdot 0195 \;\;,,$$
$$c) \quad 12/28 \;=\; 0 \cdot 0169 \;\;,,$$
$$d) \quad 4/28 \;=\; 0 \cdot 008 \text{ bis } 0 \cdot 009 \;^{mm}.$$

3. 55 Volt, 2 Minuten lang, Taf. V, Fig. 17:

$$a) \quad 6/30 \;=\; 0 \cdot 0208 \;^{mm}$$
$$b) \quad 8/30 \;=\; 0 \cdot 0143 \;\;,,$$
$$c) \quad 12/30 \;=\; 0 \cdot 0130 \;\;,,$$
$$d) \quad 4/30 \;=\; 0 \cdot 008 \text{ bis } 0 \cdot 0104 \;^{mm}.$$

4. 110 Volt, 2 Minuten lang, Taf. V, Fig. 18 (Pigmentepithel abgelöst):

$$a) \quad 5/22 = 0 \cdot 0195 \text{ mm}$$
$$b) \quad 5/22 = 0 \cdot 0104 \text{ „}$$
$$c) \quad 9/22 = 0 \cdot 0091 \text{ „}$$
$$d) \quad 3/22 = 0 \cdot 0078 \text{ „}$$

Als besonders bemerkenswerth ergiebt sich aus obiger Zusammenstellung, dass mehr oder weniger maximale Verkürzung erst bei Einwirkung der stärksten Intensität zu constatiren ist.

B. Grün.

1. 25 Volt, 2 Minuten lang, vgl. Taf. V, Fig. 15:

$$a) \quad 4/25 = 0 \cdot 0260 \text{ mm}$$
$$b) \quad 16/25 = 0 \cdot 0208 \text{ „}$$
$$c) \quad 5/25 = 0 \cdot 0130 \text{ „}$$

2. 32 Volt, 2 Minuten lang, Taf. V, Fig. 19:

$$a) \quad 3/23 = 0 \cdot 0221 \text{ mm}$$
$$b) \quad 11/23 = 0 \cdot 0143 \text{ „}$$
$$c) \quad 7/23 = 0 \cdot 0104 \text{ „}$$
$$d) \quad 2/23 = 0 \cdot 00708 \text{ „}$$

3. 35 Volt, 2 Minuten lang. Von den drei untersuchten Fröschen zeigten sich bei zweien folgende Zapfenlängen:

$$a_1) \quad 3/24 = 0 \cdot 0195 \text{ mm}$$
$$b_1) \quad 13/24 = 0 \cdot 0104 \text{ „}$$
$$c_1) \quad 8/24 = 0 \cdot 0078 \text{ bis } 0 \cdot 0091 \text{ mm},$$

bei dem dritten dagegen:

$$a_2) \quad 12/22 = 0 \cdot 0312 \text{ mm}$$
$$b_2) \quad 6/22 = 0 \cdot 0234 \text{ „}$$
$$c_2) \quad 4/22 = 0 \cdot 0208 \text{ „}$$

Die letzteren Längen entsprechen gewöhnlicher Dunkelstellung der Zapfen; welche Umstände hier den Eintritt der Reaction verändert haben, bin ich nicht im Stande, anzugeben. Da es in diesem Falle offenbar zu einer Einwirkung des Lichtes gar nicht gekommen, ist derselbe bei der Beurtheilung auszuscheiden.

4. 110 Volt, 2 Minuten lang, vgl. Taf. V, Fig. 18.

$$a) \quad 10/26 = 0 \cdot 0195 \text{ mm}$$
$$b) \quad 4/26 = 0 \cdot 0130 \text{ „}$$
$$c) \quad 6/26 = 0 \cdot 0104 \text{ „}$$
$$d) \quad 6/26 = 0 \cdot 0091 \text{ „}$$

C. Blau.

1. 25 Volt, 2 Minuten lang, vgl. Taf. V, Fig. 15:
   a) 5/28 = 0·0286 mm
   b) 15/28 = 0·0169 „
   c) 8/28 = 0·0143 „
2. 32 Volt, Taf. V, Fig. 20:
   a) 4/30 = 0·0143 mm
   b) 15/30 = 0.0117 „
   c) 11/30 = 0·0091 „
3. 55 Volt:
   a) 6/24 = 0·0156 mm
   b) 9/24 = 0·0117 „
   c) 9/24 = 0·0078 bis 0·0104 mm.
4. 91 Volt, 2 Minuten:
   a) 4/30 = 0·0156 mm
   b) 10/30 = 0.0117 „
   c) 16/30 = 0·0078 bis 0·0091 mm.

Man sieht somit 1. als einheitliche Erscheinung bei der Einwirkung aller drei Farben, dass die Grösse der Contraction mit der Intensität zunimmt. Je nach der letzteren kann jede beliebige Farbe zur Annahme einer Zapfenlänge von bestimmter Grösse führen.

2. Dagegen ergiebt sich, auch wenn man — wegen einer Inconstanz — auf die mit der Grünbelichtung erzielten Resultate kein Gewicht legt, ein Unterschied in der specifischen Wirksamkeit farbiger Lichter darin, dass die brechbareren Strahlen in derselben Zeit zu einem stärkeren Contractionsgrad führen, wie die weniger brechbaren. Dieses Ergebniss erscheint um so bemerkenswerther, als einmal die verwendete blaue Farblösung deutlich dunkler war, als die rothe (vgl. S. 447), sodann die Intensität des bei geringer Spannungsdifferenz zur Einwirkung gelangenden blauen Lichtes durch Filter verhältnissmässig reducirt war (vgl. S. 442).

Der Unterschied tritt am deutlichsten zu Tage, wenn man die bei den gleichen Intensitäten des elektrischen Glühlichtes z. B. bei 32 Volt erhaltenen Resultate direct gegenüberstellt. Rechnet man die Rothwerthe um, so ergiebt sich:

Roth (32 Volt)	Blau (32 Volt)
2·14/30 = 25 μ	4/30 = 14 μ
10·56/30 = 19 μ	15/30 = 12 μ
13/30 = 17 μ	11/30 = 9 μ
4·3/30 = 9 μ	

29*

Addirt man in beiden Fällen die Länge der je 30 Zapfen, so erhält man für Rothbelichtung den Werth von 513·8, für Blaulicht von 335 μ. Die Wirkung des Blau würde sich hiernach zu derjenigen des Roth wie 3:2 verhalten. Zieht man nun noch für jeden Zapfen ein Stück von 6 μ, welches einer weiteren Contraction nicht fähig ist, ab, so ist von den beiden Werthen noch die Länge von 180 μ zu subtrahiren. Der Werth des Quotienten steigt dann auf 2·1:1.

Prüfen wir nun, zu welchen Schlussfolgerungen die bei den Belichtungs-versuchen erhaltenen Resultate berechtigen, so ist zunächst ja wohl das einschränkende Bekenntniss vorauszuschicken, dass sich auf Grund der am Froschauge gewonnenen Versuchsergebnisse eine Entscheidung darüber, ob der Vorgang der Zapfencontraction zu dem Zustandekommen einer der Farbe nach differenzirten Lichtempfindung in directe ursächliche Beziehung zu setzen ist, schon deshalb nicht zu treffen ist, weil wir über das Farben-empfindungsvermögen eines Frosches nichts wissen.

Wenn Kühne das „Grün" als die Lieblingsfarbe desselben be-zeichnet, so ist das, wenngleich die auf Grund von Behälterproben ge-wonnenen Resultate immer ihr Missliches haben, gewiss ein werthvoller Fingerzeig. Aus der Bevorzugung einer bestimmten Lichtgattung dürfte indessen noch nicht nothwendig das Vorhandensein eines Farbensinnes zu folgern sein.

Immerhin erscheint auf Grund der meines Erachtens stringenten Be-weise, die von J. von Kries (31) und seinen Mitarbeitern beigebracht sind — Fehlen des Purkinje'schen Phänomens im Netzhautcentrum, Unter-schied zwischen den „Hell"- und den „Dämmerungswerthen" farbiger Lichter —, ein Zweifel — mag man auch im Einzelnen einige Er-weiterungen, die eine Vermittelung zu der Hering'schen Vorstellungs-weise (33) anbahnen, noch für durchaus wünschenswerth halten — darüber eigentlich gar nicht mehr erlaubt, dass wir in den Zapfen einen besonderen, der Farbenwahrnehmung dienenden Apparat anzuerkennen haben. Nicht nur zahlreiche physiologische, sondern auch eine ganze Anzahl physikalischer Erscheinungen (besonders die von E. F. Weber beobachtete und irrthümlich gedeutete Erscheinung der sogenannten „Grauglüth") ist erst durch die von J. von Kries streng durchgeführte Scheidung zwischen dem der Farben-wahrnehmung dienenden Hellapparat der Zapfen und dem farblose Hellig-keit vermittelnden sogenannten Dunkelapparat der Stäbchen verständlich geworden (vgl. 16).

Es ist deshalb von vornherein nicht einzusehen, weshalb die gleiche Funktion nicht auch den Zapfen der Froschnetzhaut zuerkannt werden soll. — Auf die Frage jedoch, ob und in wie weit der Vorgang der Zapfen-bewegung als das physiologische Substrat qualificirter Photoreception an-gesehen werden kann, ist nun an der Hand der bei den oben mitgetheilten Belichtungsversuchen gewonnenen Resultate in Uebereinstimmung mit der bereits von Engelmann (4) entwickelten Anschauung zu sagen, dass der Vorgang der Zapfencontraction direct für das Zustandekommen einer Gesichtswahrnehmung in keiner Weise zu verwerthen ist, weil, wie die Versuche ergeben haben, eine absolute Incongruenz zwischen dem zeitlichen Ablauf der Zapfencontraction (2 bis $2^1/_2$ Minuten) und derjenigen Zeit, welche bei dem Menschen zum Maximum der Empfindungserregung erforderlich ist ($^1/_3$ Secunde, vgl. v. Helmholtz, Physiol. Optik, II. Aufl., S. 503), besteht, und über diese nicht hinwegzukommen ist.

Diese Feststellung mehr negativer Natur führt naturgemäss auf die Frage, welche Vorstellung man sich denn überhaupt über den Zweck der Zapfencontraction bilden kann. Zunächst die physiologische Stellung des Contractionsvorganges anlangend, so dürfte es klar sein, dass die Zapfen-bewegungen weit davon entfernt sind, lediglich local am Ort der Reizung erfolgende Reactionen darzustellen.

Wir kennen eine ganze Anzahl phototroper Reactionen Seitens des pflanzlichen, wie des thierischen Protoplasma, und sei diesbezüglich an die umfangreichen Ermittelungen von Sachs (34), Stahl (35), Strasburger (36), Verworn (37), Engelmann (38), Loeb (42), Rawitz (34), Nagel (44) u.A. erinnert. Diese Reactionen sind jedoch nicht als gleichwerthig anzusehen (Engelmann); insbesondere fragt es sich, ob es sich hierbei nur um locale Reactionen handelt, oder ob und in welchem Grade hieran auch das Central-nervensystem — sofern ein solches vorhanden — betheiligt ist.

Nagel (44) sagt betreffend die localen Reactionen der gereizten Haut-partien der Mollusken „das Vorkommen von localen Reactionen der gereizten Hautpartien **neben** einer durch das Centralnervensystem ver-mittelten weiteren Reactionen ist bei den Mollusken ein sehr häufiges. Ich habe schon früher darauf hingewiesen und die Vermuthung aus-gesprochen, dass es sich hierbei um eine ohne Betheiligung des Central-nervensystems ablaufende Reizübertragung handelt".

Schon die phylogenetische Entwickelung des Sehorgans weist nun darauf hin, dass auch die Pigment- und Zapfenzellen der Netzhaut entsprechend der Vorstellungsweise Nagel's mit den Hautsinneszellen der niedrig organi-sirten Lebewesen hinsichtlich ihrer Reactionsbedingungen auf eine Stufe zu stellen sind. — Es war deshalb von besonderer Bedeutung, dass Engel-mann experimentell den Nachweis erbrachte, dass Pigment sowohl, wie Zapfen durch Belichtung der allgemeinen Körperdecke in Bewegung zu setzen sind, und hieraus die Möglichkeit einer reflectorischen, durch das

Centralnervensystem vermittelten Beeinflussung des Neuro- und Pigmentepithels der Netzhaut folgerte, eine Behauptung, welche in den Feststellungen
Nahmachers (8) weitere Stützen erhielt. Dem gegenüber hat A. E. Fick (21)
von der Grundanschauung ausgehend, dass durch eine Annahme im Sinne
Engelmann's das Gesetz der specifischen Energie der Sehnerven erschüttert
werde, auf Grund zahlreicher Versuche bis zur Gegenwart noch daran festgehalten, dass zum Mindesten durch den Sehnerven eine in diesem centrifugal verlaufende und zur Pigmentverschiebung führende Reizübertragung
nicht stattfindet.

Den Resultaten von A. E. Fick stehen die Versuchsergebnisse von
Lodato und Pirrone (46) gegenüber, welche die Angaben Engelmann's
bestätigt haben.

Ausserdem ist Fick in theoretischer Beziehung entgegenzuhalten, dass
von einer Erschütterung des Müller'schen Grundgesetzes durch die Annahme, dass im Sehnerven centrifugale, wie centripetale Fasern verlaufen,
nicht wohl die Rede sein kann. Ganz abgesehen davon, dass die Gültigkeit
des Müller'schen Gesetzes sich je länger, desto mehr als eine beschränkte
erweist, würde ein Widerspruch gegen dasselbe doch nur dann vorhanden
sein, wenn behauptet würde, bezw. etwa der Nachweis gelänge, dass die
centripetal leitenden Opticusfasern nicht lediglich Lichtreize leiten, bezw.
inadäquate Reize nicht ausschliesslich mit der Auslösung einer Lichtempfindung beantworten.

Meine eigenen Versuche haben nun die Zahl der extraocular auf
Zapfen- und Pigmentstellung wirksamen Reize um eine ganze Anzahl
weiterer (Wärme-, Kälte-, mechanische [?]) Reize vermehrt. — Auch ohne
dass nach Art der meinen Versuchen zu Grunde liegenden Fragestellung
der Frage nach dem „Wie" der Reizübertragung näher getreten werden
könnte, können wir somit auf Grund der genannten Feststellungen jedenfalls die Behauptung aufstellen, dass der Zapfenapparat kein Syncytium
ausschliesslich local reagirender Amoeben, sondern ein äusserst complicirt
gebautes, mit den weitreichendsten Verbindungen ausgestattetes, ausserordentlich empfindliches nervöses Organ darstellt; vgl. auch Biedermann (45).

Bezüglich des eigentlichen Zweckes der Zapfenbewegung kann ich
mich nur der Vorstellung zuneigen, dass dieselbe darauf hinaus ausgeht,
das Zapfenellipsoid nebst Oelkugel und Zapfenaussenglied in
den Bereich der stärksten Lichtwirkung zu bringen. Dass sich
in diesem Bezirk die stärksten Lichtwirkungen geltend machen, ist bereits
an anderer Stelle (S. 421) eingehend erörtert und, wie mir scheint, begründet. Den Hauptnachdruck lege ich in meiner Beweisführung, um es
noch einmal hervorzuheben, auf den gegenüber zahlreichen — mit wenigen

Ausnahmen (Engelmann, vgl. oben) — mehr.oder weniger unbestimmten, oder — theils in Folge ungeeigneter, den natürlichen Zusammenhang der Theile mehr oder weniger aufhebender Präparationsmethoden; theils in Folge unzureichender Kenntniss der anatomischen Verhältnisse — direct abweichenden Angaben von mir erbrachten Nachweis, dass das Fuscin sich unter keinen Umständen bis zur Limitans externa vorschiebt, dass es vielmehr bei maximaler Licht-, Wärme- oder Kältewirkung stets in der Höhe der Ellipsoide (der rothen Stäbchen und der contrahirten Zapfen) Halt macht, und dass sich umgekehrt die Ellipsoide niemals, auch bei maximaler Contraction des Innengliedes nicht, aus dem Bereich der Pigmenthülle hinausbegeben.

Wenn wir es nun bei der Einwirkung des Lichtes auf ein einzelnes Zapfenelement nur mit einem einzigen Lichtstrahl, etwa nach Art eines Axenstrahles zu thun hätten, dann wäre es ja wohl einigermaassen gleichgültig, in welcher Stellung sich der Zapfen befindet. Nehmen wir aber an, dass auf jedes Zapfenelement stets ein wenn noch so winziges Bündel von Strahlen einwirkt, so werden die letzteren naturgemäss nur an einer ganz bestimmten Stelle des Zapfens ihren Vereinigungspunkt haben können, der sowohl nach der Einstellung des dioptrischen Apparates, wie nach der Strahlengattung ein verschiedener sein wird.

Es wird sich also darum handeln, den durch den Refractionszustand und die Lichtqualität gegebenen Vereinigungspunkt mit der Stelle maximaler Empfindlichkeit des Zapfenelementes zur Deckung zu bringen.

Wir sehen nun, dass bei gewissen Thierspecies, speziell bei den Fröschen (der annähernd gleiche anatomische Bau der Netzhaut bei Triton und Salamandra lässt das gleiche physiologische Verhalten vermuthen) den im Falle der Dunkel- bezw. Ruhestellung verhältnissmässig langen Zapfen ganz besonders ausgiebige Bewegungen entsprechen, während wir es bei anderen Lebewesen (im Besonderen bei dem Menschen), mag es sich um die ausserordentlich schlanken und langen Zapfen der Macula lutea oder um die mit kurzen und plumpen Innengliedern versehenen Zapfen der extramacularen Netzhautabschnitte handeln (vgl. Greeff [27, S. 114]), mit Contractionsverhältnissen zu thun haben, deren Dimensionen kaum festzustellen sind.

Im Sinne der von Max Schultze aufgestellten, und von J. von Kries entwickelten Theorie, der strengen Scheidung zwischen Dunkel- und Hellapparat, möchte ich nun annehmen, dass es sich in allen Fällen, in denen wir es mit besonders langen Zapfen und gleichzeitig entsprechend extensiven Bewegungen zu thun haben, sich um Einrichtungen handelt, die je nach dem Bedürfniss bezw. nach der objectiven Helligkeit eine **Einschaltung** oder eine **Ausschaltung**

des Zapfenapparates, im letzteren Falle behufs nahezu ausschliess-
lichen Inanspruchnahme des Dunkelapparates und der hierdurch
gegebenen vortheilhafteren Ausnutzung der Dämmerungswerthe der
brechbareren Spectralabschnitte zum Zweck haben.[1]

Soweit mir bekannt, treffen wir gerade bei den Amphibien zahlreiche
Species an, deren Angehörige vorwiegend zur Nachtzeit, bezw. im Dunkeln
auf Raub ausgehen und sich auch sonst viel in der Tiefe der Gewässer, in
dunklen Schlupflöchern aufhalten. Dass für Wesen mit einer derartigen
Lebensführung die mehr oder weniger vollkommene Ausschaltung des Hell-
(Zapfen-)Apparates mit seiner für die Dunkelheit vollkommen ungeeigneten,
bezw. mit derjenigen der Dämmerungswerthe des Stäbchenapparates dis-
harmonirenden Vertheilung der Helligkeitswerthe von der wesentlichsten
Bedeutung ist, dürfte nicht schwer sein, anzuerkennen.

Im Einklang hiermit steht die Thatsache, dass bei zahlreichen anderen
Lebewesen — insbesonders bei dem Menschen —, deren Bethätigung sich
vorzugsweise im Tageslicht, bezw. in einer demselben mehr oder weniger
gleichkommenden künstlichen Beleuchtung abspielt, deren Zapfenapparat fast
dauernd im Gebrauch ist und dementsprechend andauernd nahezu gleichmässig eingestellt sein muss, die Zapfenbewegungen zurücktreten und nahezu
unmerklich werden, d. h. — in physiologischem Sinne — eine Involution
erfahren haben. Bei der geringen Distanz, die in den letztgenannten
Fällen von der maximalen Ausstreckung bis zur maximalen Verkürzung
zurückzulegen ist, kann hier von einer nennenswerthen Verzögerung des
Eintrittes der Photoreception Seitens des Zapfenapparates, bedingt durch die
relative Langsamkeit des die Aufnahmeeinstellung, bezw. Einschaltung des
Zapfenapparates bewirkenden Contractionsvorganges nicht die Rede sein.

Aber auch in den Fällen mit ausgiebiger Zapfenbewegung kann
man in der geringen Geschwindigkeit der letzteren ein wesentliches Wider-
spruchsmoment gegen die hier vorgetragene Vorstellungsweise, wie mir
scheint, nicht erblicken:

---

[1] Neben der Veränderung der optischen Einstellung kommt bei der Ausschaltung
als weiteres Moment der letzteren noch der Umstand hinzu, dass — worauf Hr. Geh.-Rath
Engelmann die Freundlichkeit hatte, mich noch besonders aufmerksam zu machen —
bei der Elongation der Querschnitt des Zapfeninnengliedes und damit correspondirend
auch der Querschnitt des durchzulassenden Lichtbündels eine ganz ausserordentliche,
ohne Weiteres ersichtliche Reduction erfährt. — Mit Rücksicht hierauf möchte es mir
auch nicht sonderlich annehmbar erscheinen, dass mit der Veränderlichkeit der Einstellung der Ellipsoide der amphibischen Lebensweise lediglich in dem Sinne Rechnung
getragen ist, dass die Elongation dem Wegfall der Hornhautbrechung unter Wasser
entspricht, eine Annahme, auf welche vielleicht der Umstand hinweisen könnte, dass
man auch unter den Stäbchenelementen in der Gestalt der grünen Stäbchen solche mit
weit nach aussen verlagertem Ellipsoid antrifft.

Denn da eben wegen der experimentell nachgewiesenen Trägheit der Bewegungen diese an sich bezw. direct mit der spezifischen Function des Hellapparates der Zapfen nicht in Zusammenhang gebracht werden können, der Zweck der Zapfenbewegung — der von mir entwickelten Anschauung zu Folge — vielmehr damit erschöpft ist, dass durch dieselbe das Zapfenelement die dem Erregbarkeitsmaximum entsprechende Einstellung annimmt, d. h. sich mit seinem Ellipsoid in die Front der übrigen Ellipsoide (die rothen Stäbchen) eingliedert, und nun dementsprechend, sobald diese Einstellung einmal erreicht ist, die specifische photoreceptorische Function des Zapfenapparates sich vollkommen unabhängig von weiteren Bewegungen bezw. deren Geschwindigkeit vollzieht, so kann höchstens die einmalige, initiale Verzögerung des Perceptionsvorganges in Betracht kommen, der Zeitdauer gleichkommend, die zum Uebergang aus der Dunkelstellung in die Lichtstellung erforderlich ist. — Mit dem Augenblick, in dem die Einschaltung des Zapfenapparates — etwa bei dem Uebergang in das Licht des Tages — perfect geworden ist, ist dagegen das Moment der geringen Geschwindigkeit der Zapfencontraction für den zeitlichen Eintritt der Gesichtswahrnehmungen gegenstandslos geworden.

Der Deutung des Contractionsmechanismus der Zapfen als einer Ein- und Ausschaltvorrichtung des Hellapparates, mit deren Hülfe bei ausreichender Helligkeit eine nicht nur der Form, sondern auch der Farbe nach differenzirte Empfindung ermöglicht wird, entspricht es vollkommen, dass derselbe auch einer von den sensiblen Endorganen der Haut ausgehenden reflectorischen Beeinflussung untersteht.

Zusammenfassung der hier mitgetheilten Versuchsergebnisse und Schlussfolgerungen:

1. Während unter normalen Verhältnissen die Bewegungen der Zapfen und die Verschiebungen stets gleichsinnig — wenn auch mit bedeutendem, je nach Art, Hinzutritt oder Wegfall des Reizes wechselndem Gangunterschied — vor sich gehen, wird durch die Zerstörung des Centralnervensystems die Conjugation der Stellung in dem Sinne aufgehoben, dass mit maximaler Abwanderung des Pigmentes gleichzeitig excessive Elongation (Tonusaufhebung?) der Zapfen zu konstatiren ist.

2. Die Pigmentabwanderung im Froschauge geht, von einer Versprengung einzelner Körnchen abgesehen, niemals — auch bei der Belichtung mit grünem Licht nicht — bis zur Limitans externa, sondern im höchsten Fall nur bis zu einer Stelle, die der Grenze zwischen Ellipsoid und Myoid des Innengliedes der

— contrahirten — Zapfen, bezw. der entsprechenden Theile der rothen Stäbchen entspricht.

3. Wärmeeinflüsse:

a) eine halbstündige Wärmeeinwirkung, während welcher die Temperatur in der Umgebung des Frosches von 21 bis 32° C. ansteigt, bewirkt gleichmässige Ausbreitung des Pigmentes innerhalb der Stäbchenzapfenschicht und maximale Zapfen-contraction;

b) bei dreiviertelstündiger Einwirkung ist das Pigment, abgesehen von der Ansammlung um den Kern herum, fast ausschliesslich an der Ellipsoidgrenze angehäuft;

c) durch den Eintritt des Todes (bei + 39° C.) wird unmittelbar im Zustande des Neuro- und Pigmentepithels — wie bei 3b — nichts geändert;

d) bei der Einnahme der der Wärmewirkung entsprechenden Stellung eilt die Zapfencontraction — ebenso wie bei der Belichtung und der Abkühlung — dem Vorrücken des Pigmentes voraus.

4. Einfluss der Abkühlung:

a) nach zweistündiger Einwirkung einer Temperatur von 0° sind die Zapfen contrahirt, das Pigment im Abwandern begriffen;

b) nach dreistündigem Aufenthalt in der Eismaschine ist das Pigment in der Stäbchenzapfenschicht gleichmässig vertheilt;

c) nach sechsstündiger Abkühlung ist das Pigment nahezu maximal abgewandert;

d) die Bewegung nimmt auch nach der Beendigung des Abkühlungsverfahrens noch zu und erreicht etwa 1 Stunde später ihr Maximum;

e) erst $2^{1}/_{2}$ Stunden nach der Sistirung der Abkühlung (bei + 10° C.) zeigt sich das Pigment auf der Rückwanderung; die Zapfen sind noch contrahirt;

f) $5^{1}/_{2}$ Stunden nach Beendigung der Abkühlungsprocedur (bei + 14° C.) ist das Pigment zur normalen Dunkelstellung zurückgekehrt; die Zapfen sind auch jetzt noch contrahirt.

5. Das „Aufbinden" eines Frosches hat — auf eine Zeit von 24 Stunden ausgedehnt — auf Zapfen- und Pigmentbewegung denselben Einfluss wie Kälte, Wärme und Licht.

6. Der von anderer Seite (van Genderen Stort) im Innenglied des Nebenzapfens beschriebene linsenförmige Körper ist nicht

identisch mit dem für gewöhnlich (27) als linsenförmiger Körper oder Ellipsoïd bezeichneten Gebilde. Es befindet sich ferner der Nebenzapfen thatsächlich auch im Besitz eines Ellipsoïds; das **Aussenglied** des Nebenzapfens ist ein **kurzes, nahezu cylindrisches** Gebilde.

7. Die Präexistenz einer sogenannten Zwischenscheibe intra vitam ist **nicht** anzunehmen.

8. Zum Eintritt maximaler Zapfencontraction ist bei mittlerer Intensität eine Belichtungsdauer von etwa $2^1/_2$ Minuten erforderlich. Eine Belichtung von 1 Minute Dauer lässt auch bei grösserer Intensität während dieser Zeit nur eine höchst unvollkommene Verkürzung der Zapfen zu Stande kommen. Wird die Belichtungszeit noch weiter (bis auf eine halbe Minute und Momentanbeleuchtung) verkürzt, so ist eine während der Bestrahlung eingetretene Wirkung auch trotz hoher Intensität des Reizlichtes überhaupt nicht zu erkennen. Ob es auch bei nur kurzer Belichtung zu einer noch nachträglich langsam fortschreitenden und sich bis zur maximalen steigernden Contraction der Zapfen kommt, ist hier nicht untersucht.

9. Für sämmtliche drei zur Belichtung benutzten homogenen Lichter (Roth $= 693 \cdot 6 — 592 \cdot 9$ μμ, Grün $= 575 \cdot 9 — 443 \cdot 7$ μμ, Blauviolett $= 499 \cdot 5 — 391$ μμ) hat sich das gleiche Resultat ergeben, dass mit zunehmender Intensität auch die Grösse der Zapfencontraction zunimmt. Dagegen führt Belichtung mit Blauviolett in derselben Zeit und in derselben — bezw. sogar schwächeren — Intensität zu einem **höheren** Grad der Contraction wie Roth. — D. h. die Grösse der Zapfencontraction ist, unabhängig von der Lichtqualität, proportional dem Product aus Intensität und Dauer der Belichtung; bei gleichbleibender Intensität ist dagegen die Contractionsgrösse proportional der Schwingungszahl des Reizlichtes.

10. Die bei den mitgetheilten Versuchen gefundenen Thatsachen führen zu der Anschauung, dass die Gegend des Ellipsoïds und die sich daran nach aussen zu anschliessenden Abschnitte der Zapfenelemente als die Stelle des Erregbarkeitsmaximums der Zapfen anzusehen sind.

11. Da der Nachweis erbracht ist, dass die Dimensionen des Zapfeninnengliedes (des Myoids) sich mit der Intensität ändern, bezw. dass jedes beliebige objective farbige Licht je nach seiner Intensität eine bestimmte Zapfenlänge herbeizuführen im Stande ist, so ist, auch abgesehen von der Trägheit der Zapfenbewegung,

die Annahme, dass einem bestimmten Contractionsgrade das Zustandekommen bezw. die Erregung einer bestimmten, der Lichtqualität nach differenzirten Empfindung entspricht, auszuschliessen.

12. Dem Contractionsmechanismus kann ausschliesslich die Bedeutung einer Aus- und Einschaltevorrichtung des Hellapparates im Sinne der Duplicitätstheorie von Max Schultze und J. von Kries zuerkannt werden.

Die Gelegenheit der ersten umfangreicheren Publication meiner Versuche und ihrer Ergebnisse möchte ich nicht vorübergehen lassen, ohne hierbei Herrn Geheimrath Th. W. Engelmann, sowie Herrn Prof. W. A. Nagel, welche Herren in ihrem Institut, bezw. in der Abtheilung für Sinnesphysiologie mir Arbeitsgelegenheit, sowie das fast im Uebermaass in Anspruch genommene Untersuchungsmaterial gewährten und mit dem Reichthum ihrer umfassenden Erfahrung in liebenswürdigster Weise unterstützten, ferner auch in gleichem Maasse meinem hochverehrten Chef, Herrn Geheimrath J. von Michel für die im Laboratorium der Klinik mir ermöglichte Gelegenheit zur histologischen Durcharbeitung des Materials und das dem Fortschritt der Arbeit stetig zugewandte Interesse meinen verbindlichsten, aufrichtigen Dank zum Ausdruck zu bringen.

Litteraturverzeichniss.

1. van Genderen Stort, A. G. H., Mouvements des éléments de la retine sous l'influence de la lumière. *Archiv Neérlandaises.* 1886. Tome XXI.

.2. Derselbe, De anatomie de teleneuronen (staafjes en kegelneuronen) in verband mit de pigmentzellenlaag in het netolies van visschen en de· door het licht daarin te vorschijn geroepen veranderingen. *Nederl. Tydschr. voor Geneeskunde.* 1899. I. p. 696.

· 3. Derselbe, Teleneuronen in het netolies van leuciscus rutilus. *Ebenda.* II. p. 270.

4. Th. W. Engelmann, Ueber Bewegungen der Zapfen und der Pigmentzellen der Netzhaut unter dem Einfluss des Lichtes und des Nervensystems. Pflüger's *Archiv.* 1884. Bd. XXXV. S. 498—508.

5. Ed. Pergens, Ueber die Vorgänge in der Netzhaut bei farbiger Beleuchtung gleicher Intensität. *Zeitschrift für Augenheilkunde* von v. Michel und Kuhnt. Bd. II. August 1899.

6. Derselbe, Action de la lumière colorée sur la retine. *Trav. de Laborat. de l'Institut Solvay.* Tome I. Fascicul. 2.

7. Zürn, Ueber die Area centralis. Pflüger's *Archiv.* 1902.

8. Nahmacher, Ueber den Einfluss reflectorischer und centraler Opticusreizung. Pflüger's *Archiv.* 1893. Bd. LIX.

9. Angelucci, Histologische Untersuchungen über das retinale Pigmentepithel. *Dies Archiv.* 1878. Physiol. Abthlg.

10. W. Kühne und Ewald u. Kühne, Zur Photochemie der Netzhaut; Ueber den Sehpurpur; Ueber die Darstellung von Optogrammen im Froschauge. . *Untersuchungen aus dem physiologischen Institut der Universität Heidelberg.* 1880. Bd. I.

11. Gradenigo, Ueber den Einfluss des Lichtes und der Wärme auf die Netzhaut des Frosches. *Allgemeine Wiener medicinische Zeitung.* 1885. Bd. XXX.

12. V. Czerny, Ueber die Blendung der Netzhaut durch Sonnenlicht. *Wiener akademische Sitzungsberichte,* math.-naturw. Classe, 2. Abthlg. 1867. Bd. LVI.

13. H. Herzog, Sehorgan. *Encyclopädie der mikroskopischen Technik* von Ehrlich, Krause u. A. 1903. S. 1228.

14. O. Lummer, Ueber die Strahlung des schwarzen Körpers und seine Verwirklichung. *Naturwissenschaftliche Rundschau.* 1895. Bd. XI.

15. Lummer und Pringsheim, Ueber die Vertheilung der Energie im Spectrum des schwarzen Körpers. *Verhandlungen der Deutschen physikalischen Gesellschaft.* 1899. Bd. I.

16. O. Lummer, Die Ziele der Leuchttechnik. *Elektrotechnische Zeitschrift.* 1902. Bd. XXIII.

17. W. Kühne und H. Sewall, Zur Physiologie des Sehepithels. *Untersuchungen aus dem physiol. Institut der Universität Heidelberg.* 1830. Bd. III. S. 221—277.

18. J. von Michel, Ueber den Einfluss der Kälte auf die brechenden Medien des Auges. *Festschrift für* A. Fick zum 70. Geburtstag. Braunschweig 1899.

19. Derselbe, *Lehrbuch der Augenheilkunde.* II. Aufl. S. 286. 1890.

20. A. E. Fick, Ueber die Ursachen der Pigmentwanderung in der Netzhaut. von Graefe's *Archiv.* 1891. Bd. XXXVII. S. 2.

21. Derselbe, Ueber die Frage, ob zwischen den Netzhäuten eines Augenpaares ein sympathischer Zusammenhang besteht. *Vierteljahresschrift der Naturforschenden Gesellschaft in Zürich.* 1895. Jahrgang XL.

22. W. Kühne, Chemie der Netzhaut. Hermann's *Handbuch der Physiologie.* 1879. Bd. III.

23. L. Hermann, *Lehrbuch der Physiol.* 8. Aufl.

24. Birnbacher, Ueber eine Farbenreaction der belichteten und der unbelichteten Netzhaut. von Graefe's *Archiv.* 1894. Bd. XL.

25. M. Heidenhain, *Encyclopädie der mikroskopischen Technik* von Ehrlich, Weigert, Krause u. A. S. 335—348.

26. S. Exner, Durch Licht bedingte Verschiebungen des Pigmentes im Insectenauge und deren Bedeutung. *Sitzungsberichte der Wiener Akademie der Wissensch.* Math.-naturw. Cl. Bd. XCVIII. III. Heft. S. 143—150.

27. R. Greeff, Mikroskopische Anatomie des Sehnerven und der Netzhaut, in Graefe-Saemisch's *Handbuch der ges. Augenheilkunde.* II. Aufl. Bd. I. Cap. V.

27a. Draper, *Americ. Journ. of Scienc.* (2.) 1847. Bd. IV.

28. H. Piper, Ueber Dunkeladaptation. *Zeitschrift für Psychologie und Physiologie der Sinnesorgane.* 1903. Bd. XXXI.

29. Aubert, *Physiologie der Netzhaut.* Breslau 1895.

30. Müller-Pouillet, *Lehrbuch der Physik.* 9. Aufl. Bd. II. Abthlg. I. Bearbeitet von O. Lummer, Braunschweig 1897.

31. J. von Kries, *Abhandlungen zur Physiologie der Gesichtsempfindungen.* I. Heft (1897) und II. Heft (1902).

32. W. A. Nagel, Ueber flüssige Strahlenfilter. *Biologisches Centralblatt.* 1898. Bd. XVIII.

33. A. von Hippel, Ueber totale, angeborene Farbenblindheit. *Festschrift* der medicin. Facultät zur 200jährigen Jubelfeier der Universität Halle.

34. H. von Helmholtz, *Physiologische Optik.* II. Aufl. 1896.

34a. O. Hertwig, *Die Zelle und die Gewebe.* I. Jena 1893.

35. Stahl, Ueber den Einfluss der Belichtung und Stärke der Beleuchtung auf einige Bewegungserscheinungen im Pflanzenreich. *Botanische Zeitung.* 1880.

36. Strasburger, *Wirkung des Lichtes und der Wärme auf Schwärmsporen.* Jena 1878.

37. Verworn, *Psycho-physiologische Protisten-Studien.* Jena 1889.

38. Th. W. Engelmann, Ueber Licht- und Farbenperception niederster Organismen. Pflüger's *Archiv.* 1882. Bd. XXIX.

39. Derselbe, Ueber Bacterium photometricum. *Ebenda.* 1883. Bd. XXX.

40. Derselbe, Prüfung der Diathermanität einiger Medien mittels Bacterium photometricum. *Ebenda.*

41. Derselbe, Ueber Reizung des contractilen Protoplasma durch plötzliche Beleuchtung. *Ebenda.* Bd. XIX.

42. J. Loeb, *Der Heliotropismus der Thiere und seine Uebereinstimmung mit dem Heliotropismus der Pflanzen.* Würzburg 1890.

43. Derselbe, Weitere Untersuchungen über den Heliotropismus der Thiere. Pflüger's *Archiv.* 1890. Bd. XLVII.

44. W. A. Nagel, *Lichtsinn augenloser Thiere.* Jena 1896.

45. Biedermann, Ueber den Farbenwechsel der Frösche. Pflüger's *Archiv.* 1892. Bd. LI.

46. Lodato und Pirrone, *Archiv d'Ophtalmol.* 1901. Bd. VIII.

47. J. Gad, Der Energieumsatz in der Retina. *Dies Archiv.* 1894. Physiol. Abthlg.

48. Weinlandt, *Ueber die Function der Netzhaut.* Tübingen 1895.

49. G. E. Müller, Zur Psychophysik der Gesichtsempfindungen. *Zeitschrift für Psychologie und Physiologie der Sinnesorgane.* 1897. Bd. XIV. S. 1, 161.

Erklärung der Abbildungen.

(Taf. V.)

Figg. 1, 5, 6, 7, 9: nach Hackpräparaten der in Salpetersäure fixirten Netzhäute.
Figg. 2, 4, 8, 11, 12—20: nach mit Hämatoxylin-Säurefuchsin gefärbten Präparaten.

Fig. 1. Dunkelfrosch. Verhalten des Fuscins (Lichtstellung) und der Zapfen (Dunkelstellung) nach Zerstörung des Centralnervensystems. *a.* äussere Körnerschicht (schematisirt). *b.* unbewegliche Nebenzapfen (vgl. Fig. 11). *c.* Myoid des Zapfeninnengliedes. *d.* Zapfenellipsoid. *e.* Oelkugel, noch innerhalb der Substanz des Zapfenellipsoids (siehe Fig. 11) befindlich. *f.* Zapfenaussenglied.

Fig. 2. Dunkelfrosch. + 21 bis + 32° C. ¹/₂ Stunde; Pigment gleichmässig vertheilt. Zapfen contrahirt. *g.* Ellipsoid der rothen Stäbchen. *h.* grüne Stäbchen. *i.* Ellipsoid der grünen Stäbchen. *k.* Kerne der Pigmentepithelzellen. *l.* Aussenglieder der rothen Stäbchen; die übrigen Bezeichnungen gleichbedeutend wie bei Fig. 1.

Fig. 3. Dunkelfrosch; + 22 bis + 37° C.; ³/₄ Stunde. Pigment maximal abgewandert, die Gegend der Ellipsoide der contrahirten Zapfen und der rothen Stäbchen mit Mänteln von Fuscinkörnchen umgebend, während die nach aussen bezw. peripherwärts gelegenen Abschnitte der Neuroepithelschicht nahezu fuscinfrei geworden sind. Zapfen contrahirt. Bezeichnungen wie bei Figg. 1 und 2.

Fig. 4. Dunkelfrosch; 2 Stunden in Eismaschine; Pigment im Abwandern begriffen; Zapfen contrahirt. Bezeichnung wie bei Figg. 1 und 2.

Fig. 5. Dunkelfrosch; 3 Stunden im Refrigeratorium.

Fig. 6. Dunkelfrosch; 6 Stunden im Refrigeratorium.

Fig. 7. Dunkelfrosch; 3 Stunden in der Eismaschine; 1 Stunde heraus; T. +8·5°C. Fuscin maximal abgewandert; Zapfen (*c*) contrahirt.

Fig. 8. Dunkelfrosch; 3 Stunden in der Eismaschine; 2¹/₂ Stunden heraus; T. + 10° C.; Fuscin auf der Rückwanderung; Zapfen noch contrahirt.

Fig. 9. Dunkelfrosch; 3 Stunden in der Eismaschine; 5¹/₂ Stunden heraus; T. + 14° C.; Fuscin wieder in vollkommener Dunkelstellung; Zapfen noch contrahirt.

Fig. 10. Beschreibung siehe Text.

Fig. 11. Doppelzapfen, aus contractilem Hauptzapfen und unbeweglichem Nebenzapfen bestehend. *a.* unbekannter, mit Hämatoxylin-Säurefuchsin unfärbbarer Körper im Innenglied des Nebenzapfens. *b.* vorgelagertes Zapfenkorn. *c.* Ellipsoid des Nebenzapfens. *d.* Aussenglied des Nebenzapfens. *e.* Oelkugel *f.* sogen. Zwischenscheibe des Nebenzapfens. *f'.* Zwischenscheibe des Hauptzapfens. *g.* Ellipsoid des Hauptzapfens. *h.* Myoid des Hauptzapfens. *i.* Rest des Innengliedes des Nebenzapfens.

Fig. 12. Dunkelfrosch; 24 Stunden lang aufgebunden; Pigment in gleichmässiger Vertheilung abgewandert; Zapfen contrahirt.

Fig. 13. Dunkelfrosch; einfach im Glasgefäss aufgesetzt (siehe Text).

Fig. 14. Dunkelfrosch; Bestrahlung mit gemischtem Licht (55 Volt), 2¹/₂ Min. lang.

Fig. 15. Dunkelfrosch; Belichtung mit gemischtem Licht (110 Volt), ¹/₂ Min. lang.

Fig. 16. Dunkelfrosch; Roth, 2 Minuten; 32 Volt.

Fig. 17. Dunkelfrosch; Roth, 2 Minuten; 55 Volt.

Fig. 18. Dunkelfrosch; Roth, 2 Minuten; 110 Volt.

Fig. 19. Dunkelfrosch; Grün, 2 Minuten; 32 Volt.

Fig. 20. Dunkelfrosch; Blauviolett, 2 Minuten; 32 Volt.

Zur Lehre von der centralen Atheminnervation.[1]

Von

Prof. R. Nikolaides.

(Aus dem physiologischen Institut der Universität zu Athen.)

(Hierzu Taf. VI.)

I. Einleitung.

Diese Arbeit macht die Voraussetzung, dass in der Medulla oblongata zwei Athemcentren existiren, das coordinirende Athemcentrum für die normale Athmung, d. h. den rhythmischen Wechsel von Spannung (Inspiration) und Erschlaffung (passive Exspiration) derselben Muskelgruppe, der sogenannten Inspiratoren und ein Centrum der activen Exspiration. Die active Exspiration, welche durch die Thätigkeit besonderer und den Inspiratoren entgegengesetzt wirkenden Muskel, der Exspiratoren, vor sich geht, setzt auch ein besonderes Centrum voraus, denn es ist nicht denkbar, dass zwei Muskelgruppen, die ungleichzeitig und entgegengesetzt wirken, von einem Centrum aus beeinflusst werden könnten. Das Centrum aber der activen Exspiration ist, wie weiter unten gezeigt wird, bei der normalen (ruhigen) Athmung in seiner Thätigkeit gehemmt, denn es ist sicher, dass, wenn auch bei der Exspiration, wie einige Autoren[2] annehmen, eine Muskelwirkung stattfindet, dieselbe sehr klein ist.

Beide Centren werden automatisch (durch den Blutreiz) und reflectorisch beeinflusst.

Oberhalb der Medulla oblongata sind nun verschiedene Theile angegeben worden, welche die Athmung in inspiratorischem und exspiratorischem Sinne

---

[1] Nach einem am 31. August 1904 auf dem internationalen Physiologencongresse zu Brüssel gehaltenen Vortrag.

[2] Treves, Observations sur le mécanisme de la respiration. *Arch. ital. de Biologie.* T. XXXI. p. 130. — Knoll, *Archiv für experim. Pathologie.* 1897. S. 32.

beeinflussen können. Diese Theile sind hauptsächlich die Corpora quadrigemina und die um den dritten Ventrikel liegenden Theile. Auf diese Hirntheile und besonders auf die Corpora quadrigemina beziehen sich meine
Untersuchungen.

II. Die hinteren Vierhügel.

Bedeutung derselben bei den vagotomirten Thieren.

Auf das coordinirende Athemcentrum der normalen Athmung, welches
ein Inspirationscentrum ist, wirken die hinteren Vierhügel, wie die Vagi,
hemmend, d. h. sie leiten in den automatisch thätigen Zellen des betreffenden
Centrums einen uns unbekannten Vorgang ein, durch welchen die inspiratorische Energie gestört wird. Dem zu Folge ruft die Durchschneidung der
hinteren Vierhügel dieselben Veränderungen der Athembewegungen hervor,
wie die doppelte Vagotomie. Es existirt aber darüber eine Meinungs-
verschiedenheit. Nach Marckwald,[1] Loevy[2] und Langendorff[3] treten
die Veränderungen ein, wenn auch die Vagi durchschnitten sind, nach
Lewandowsky[4] aber auch bei Integrität der Vagi. Nach meinen diesbezüglichen Untersuchungen bei Kaninchen und Hunden hat die Abtrennung
der hinteren Vierhügel von der Medulla oblongata auch bei intacten Vagis
einen Einfluss auf die Athmung.

Bei Kaninchen ruft die Isolirung der Medulla oblongata nach oben
fast dieselben Veränderungen der Inspiration hervor, wie bei einem intacten Thiere die doppelte Vagotomie (Taf. VI, Fig. 1). Bei Hunden treten
nach Durchschneidung der hinteren Vierhügel ohne gleichzeitige Durchschneidung der Vagi merkwürdige Veränderungen der Athembewegungen auf
(Taf. VI, Fig. 2). Je nach zwei Athemzügen folgt eine lange Pause, welche
im Laufe der Zeit grösser wird; dabei sieht man, dass die Inspiration länger
dauert. Der aufsteigende Schenkel der Athemcurve, welcher sie darstellt,
zeigt anfangs eine langsamere Steigung und darauf einen sehr steilen An-
stieg und öfters eine kurze inspiratorische Pause. Die Exspiration ist activ
und anfangs geht sie schneller und darauf langsamer vor sich. Dieser Zustand der Athmung kann stundenlang dauern.

---

[1] Marckwald, *Zeitschrift für Biologie.* Bd. XXIV. S. 260.

[2] Loevy, Experimentelle Studien über das Athemcentrum in der Medulla oblongata. Pflüger's *Archiv.* Bd. XLII. S. 249.

[3] Langendorff, Studien über Innervation der Athembewegungen. II. Mitthlg.
Dies Archiv. 1888. Physiol. Abthlg.

[4] Lewandowsky, Die Regulirung der Athmung. *Ebenda.* 1896. S. 492.

Nächst den Vagi beeinflussen also in demselben Sinne (wenigstens beim Kaninchen) das coordinirende Athemcentrum (Inspirationscentrum) auch die hinteren Vierhügel. Beide Bahnen können wahrscheinlich unter gewissen Bedingungen einander compensiren. Es spricht dafür die Thatsache, dass nach Durchschneidung beider Bahnen die Veränderungen der Athmung nicht nur verdoppelt, sondern vervielfacht werden (Taf. VI, Fig. 1); es treten nämlich jene ausserordentlich vertieften und verlängerten (viele Secunden lang dauernden) Inspirationsanstrengungen auf, während sowohl nach blosser Abtrennung der hinteren Vierhügel, wie nach blosser Vagusausschaltung, der Rhythmus der Athembewegungen nicht stark alterirt wird. Eine solche Compensation spielt vermuthlich eine Rolle bei den Thieren, bei welchen die Vagi nicht gleichzeitig, sondern nach einer Zwischenpause durchschnitten sind. Bei solchen Thieren nämlich sinkt die Athemfrequenz nach der Excision des zweiten Vagus sehr stark ab; in der dritten oder vierten Woche aber geht die Athemfrequenz in die Höhe, sogar bis zur Norm, wie folgende Tabelle zeigt, welche dem Protocolle von drei Hunden entstammt, denen ich im letzten Jahre die Vagi ungleichzeitig excidirt habe.

| | | Respirationsfrequenz | | |
		Hund I	Hund II	Hund III
Durchschneidung des einen Vagus	vor der Durchschneidung	30	23	23
	nach „ „	15	14	13
Durchschneidung des zweiten Vagus	vor der Durchschneidung	23	19	23
	nach „ „	6	7	11
	nach 25 bis 35 Tagen	17	18	25

Die zwei ersten Hunde sind an Verdauungsbeschwerden zu Grunde gegangen, der eine am 33. und der andere am 55. Tage nach der Excision des zweiten Vagus. Der dritte Hund litt auch in den ersten Monaten an starken Verdauungsstörungen. Diese aber hatten allmählich abgenommen, so dass das Thier acht Monate lang nach der Durchschneidung des zweiten Vagus am Leben erhalten werden konnte ohne besondere Kunstgriffe (Magen- und Oesophagusfistel, nach Pawlow und seinen Schülern). Im achten Monate sank die Temperatur der Atmosphäre stark herab und das Thier ist an einer Pneumonia duplex zu Grunde gegangen. Bei diesen drei Hunden ist die Athemfrequenz allmählich fast zur Norm gestiegen und normal bis kurz vor dem Tode geblieben.

In solchen Fällen ist es möglich, dass die hinteren Vierhügel für die Vagi eintreten und die Athemfrequenz zur normalen machen, wie

Bickel[1] hinsichtlich der Locomotionsregulirung gezeigt hat, dass für eine Orientirungssphäre eine andere vikariirend eintreten kann; z. B. die senso-motorische Zone für den Labyrinth nach Ausschaltung desselben. Es ist aber möglich, ja sehr wahrscheinlich, dass die sensiblen Nerven der Athemmuskeln an der normalen Athemregulirung betheiligt sind; hat ja doch Sherrington gezeigt, welche Rolle die Muskelsensibilität bei der Regulirung der Loco-motion spielt, Mislawsky[2] Athemhemmung durch centripetale Phrenicus-reizung beobachtet und Baglioni[3] nach doppelter Vagotomïe durch Reizung der Zwerchfellmusculatur active Exspirationsbewegungen beim Kaninchen erzielt.

III. Die vorderen Vierhügel.

Auch die vorderen Vierhügel beeinflussen die Athmung, aber in ver-schiedener Weise. Nach meinen Untersuchungen an Kaninchen in den vorderen Vierhügeln, in welchen Christiani das Centrum der activen Ex-spiration gefunden zu haben glaubte, oder in den unter den letzteren gelegenen Theilen existirt ein Centrum, welches hemmend auf das in der Medulla oblongata liegende Centrum der activen Exspiration wirkt. Dass dem so ist, beweisen die Ergebnisse der Durchschneidung der vorderen Vierhügel. Bei dieser Operation verfahre ich auf folgende Weise. Ich mache auf beiden Seiten der Sutura sagittalis und dicht oberhalb der Crista occipitalis je ein Loch mit einem Trepan und schneide zwischen ihnen die Knochenbrücke ab. Sodann spalte ich die Dura mater und führe ein feines Messerchen quer durch den Schlitz bis nahe zur Basis Cranii. Wenn das Messer nicht senkrecht, sondern etwas nach hinten geneigt geführt wird, so trifft es das Mittelhirn in der Mitte der vorderen Vierhügel oder sehr nahe an der Grenze von vorderen und hinteren Vierhügeln. Bei diesem Verfahren kommt keine bedeutende Blutung vor. Nach ähnlichem Verfahren dicht hinter der Crista occipitalis kann man ohne bedeutende Blutung die Medulla oblongata von den hinteren Vierhügeln trennen. Nach dem Versuche wurde in allen Fällen der Erfolg der Operation durch die Section controlirt.

Die Ergebnisse nun der Durchschneidung der vorderen Vierhügel sind kurz folgende. Die Exspiration, welche vor der Operation passiv ist, wird nach derselben plötzlich activ und von einer Contraction der Bauchmuskeln unterstützt; sie dauert etwas länger und es treten oft exspiratorische Pausen gleich nach der Durchschneidung auf (Taf. VI, Fig. 3).

---

[1] Bickel, *Untersuchungen über den Mechanismus der nervösen Bewegungs-regulation.* 1903.

[2] Mislawsky, *Centralblatt für Physiologie.* 1901. Bd. XV. S. 481.

[3] Baglioni, *Ebenda.* 1903. Bd. XVI. S. 649.

Die Trennung oberhalb der vorderen Vierhügel ruft keine solche Athemveränderung hervor.

An eine Anämie des Gehirnes als Ursache der activen Exspiration kann man nicht denken, denn, wie gesagt, bei dém erwähnten Verfahren der Durchschneidung der vorderen Vierhügel wird keine bedeutende Blutung hervorgerufen.

Auch die nach Durchschneidung der vorderen Vierhügel auftretenden exspiratorischen Pausen kann man nicht als eine Ermüdungserscheinung auffassen, wie die exspiratorischen Pausen, welche in den späteren Stadien der bilateralen Vagotomie sich einzustellen pflegen, welche Lewandowsky[1] als „Spätfolgen" der Vagotomie bezeichnet und durch die zunehmende Erregbarkeitsabnahme des Athemcentrums, welches durch die andauernd verstärkte Inspirationsinnervation ermüdet wird, erklärt. Die Pausen, von welchen hier die Rede ist, treten gleich nach der Durchschneidung der vorderen Vierhügel auf und sind sehr wahrscheinlich Ausfallserscheinungen, wie die nach Abtrennung der hinteren Vierhügel auftretenden inspiratorischen Pausen.

Die exspiratorischen Pausen nach Durchschneidung der vorderen Vierhügel werden viel grösser, wenn auch die Vagi nachträglich durchschnitten werden (Taf. VI, Fig. 3). Daraus glaube ich schliessen zu müssen, dass der Vagus auch exspirationshemmende Fasern enthält, was auch Treves[2] in einer bei Rosenthal ausgeführten Untersuchung aus den als Spätfolgen der Vagotomie öfters auftretenden activen Exspirationen geschlossen hat. Wenn dem so ist, besteht zwischen den vorderen Vierhügeln und den Vagi hinsichtlich des Exspirationscentrums dasselbe Verhältniss, wie zwischen den hinteren Vierhügeln und den Vagi hinsichtlich des Inspirationscentrums; wie diese können auch jene einander compensiren. Für eine solche Compensation spricht folgende Thatsache. Manchmal nämlich kommt es vor, dass nach Durchschneidung der vorderen Vierhügel keine nennenswerthe Veränderung der Athmung stattfindet; wenn man aber die Vagi nachträglich durchschneidet, kommen sofort die exspiratorischen Pausen zum Vorschein und der Typus der Athmung ist nicht mehr ganz ähnlich dem gewöhnlichen nach blosser Vagotomie (ohne Durchschneidung der vorderen Vierhügel [Taf. VI, Fig. 4]); die Inspiration ist allerdings verlangsamt, die Exspiration aber ist activ und die exspiratorischen Pausen länger, als sie nach blosser Vagotomie sich einzustellen pflegen. Lewandowsky[3] meint,

---

[1] Lewandowsky, Die Regulirung der Athmung. *Dies Archiv.* 1896. Physiol. Abthlg. S. 233.

[2] Treves, Sur la fonction respiratione du nerf vague. *Archives ital. de Biol.* T. XXVII. p. 169.

[3] Lewandowsky, Kritisches zur Lehre von der Athmungsinnervation. *Centralblatt für Physiologie.* 1899. Bd. XIII, S. 427.

die Existenz von inspirationshemmenden und also exspiratorischen Fasern im Vagus „schliesst schon von vornherein eine Function aus, welche von Treves dem Vagus zugeschrieben ist, nämlich eine Hemmung der activen Exspiration zu bewirken". Im Gegentheil glaube ich, dass neben den inspirationshemmenden, also exspiratorischen Fasern, auch hemmende Fasern der activen Exspiration im Vagus existiren und von grossem Nutzen sein können, denn sie würden eine unnöthige Wirkung der Exspiratoren bei der normalen Athmung verhindern, welche durch die blosse Spannung und Erschlaffung einer und derselben Muskelgruppe, der sogenannten Inspiratoren, ganz gut vor sich gehen kann.

Aus dem Auftreten activer Exspirationen nach Durchschneidung der vorderen Vierhügel glaube ich schliessen zu müssen, dass in denselben ein automatisch thätiges Hemmungscentrum der activen Exspiration existirt.

Mit demselben Rechte, mit welchem man aus den Veränderungen der Inspiration nach Durchschneidung der hinteren Vierhügel oder der Vagi geschlossen hat, dass beide hemmend auf die Inspiration wirken, schliesse ich aus den erwähnten Veränderungen der Exspiration nach Durchschneidung der vorderen Vierhügel, dass dieselben hemmend auf das in der Medulla oblongata liegende Centrum der activen Exspiration wirken, d. h. sie leiten in den Zellen desselben einen Vorgang ein, durch welchen die exspiratorische Energie und deren Uebertragung auf die centrifugalen Nervenfasern und die Exspiratoren gestört ist.

Man könnte einwenden, dass die Veränderung der Exspiration nach Durchschneidung der vorderen Vierhügel aus irgend einer Reizung herrührt, und, da Christiani glaubte, in den vorderen Vierhügeln das Centrum der activen Exspiration gefunden zu haben, eben aus Reizung dieses Centrums. Dass dieses aber nicht der Fall ist, beweist die Thatsache, dass die genannten Athemveränderungen nach Durchschneidung der vorderen Vierhügel fortdauern, auch bei Thieren (Kaninchen), welche einige Tage nach der Operation am Leben erhalten wurden. Sodann ist sicher, dass das Centrum der activen Exspiration nicht in den vorderen Vierhügeln, sondern in der Medulla oblongata liegt, denn die active Exspiration, welche, wie gesagt, nach Abtrennung der vorderen Vierhügel von der Medulla oblongata zu Stande kommt, dauert nach derselben fort.

Aus der Annahme eines automatisch thätigen Hemmungscentrums der activen Exspiration oberhalb der Medulla oblongata erklärt sich, dass jeder unterhalb der vorderen Vierhügel gemachte Schnitt, welcher die Verbindung zwischen den vorderen Vierhügeln und dem in der Medulla oblongata liegenden Centrum der activen Exspiration trennt, die Exspiration activ macht. So wird nach Durchschneidung der hinteren Vierhügel nicht nur die Inspiration geändert, sondern auch die Exspiration; sie tritt nämlich plötzlich ein und wird nicht selten von einer Contraction der Bauchmuskeln unterstützt. So erklärt sich auch die oben erwähnte Veränderung der Exspiration beim Hunde nach Durchschneidung der hinteren Vierhügel.

IV. Die oberhalb der Medulla im Hirnstamme beschriebenen inspiratorischen Centren.

Ausser dem in der Medulla oblongata liegenden Inspirationscentrum existiren nach einigen Autoren inspiratorische Centra in verschiedenen anderen Theilen des Gehirnes, so zwischen Streifen- und Sehhügel, in dem Boden des dritten Ventrikels, an der Grenze von vorderen und hinteren Vierhügeln oder der unter den letzteren gelegenen Theile u. s. w. Es ist richtig, dass durch Reizung in den genannten Hirntheilen kräftige inspiratorische Wirkungen (Beschleunigung der Athmung und selbst Stillstand in der Inspiration) erzielt werden. Aber diese Wirkungen erklären sich auch aus der Annahme von Bahnen in den genannten Hirntheilen, deren Centrum in der Grosshirnrinde liegen könnte. In der That existirt eine Stelle in der Grosshirnrinde, deren Reizung genau dieselben Erscheinungen hervorruft, wie die Reizung der genannten Hirntheile. Ich halte daher die von verschiedenen Autoren beschriebenen Inspirationscentra oberhalb der Medulla oblongata im Hirnstamme für inspiratorische Bahnen, deren Centrum in der Grosshirnrinde liegt. Darüber handelt eine Arbeit von Mavrakis und Dontas,[1] welche auf meine Veranlassung und unter meiner Leitung entstanden ist.

Zusammengefasst ergiebt sich folgendes über die centrale Atheminnervation.

Erstens. In der Medulla oblongata liegt ein Centrum, von welchem die normale Athmung, d. h. der rhythmische Wechsel von Spannung (Inspiration) und Entspannung (passive Exspiration) derselben Muskelgruppe, der Inspiratoren, geleitet wird.

Zweitens. Ebenfalls in der Medulla oblongata muss ein Centrum der activen Exspiration angenommen werden.

Drittens. Das Centrum der normalen Athmung wird beeinflusst von einem Inspirationshemmungscentrum, welches in den hinteren Vierhügeln liegt und dessen Fortnahme Veränderungen der Inspiration zur Folge hat, auch bei Integrität der Vagi.

---

[1] C. Mavrakis und S. Dontas, Ueber ein Athemcentrum in der Grosshirnrinde des Hundes und den Verlauf der von demselben entspringenden centrifugalen Fasern. Dies Archiv. 1905. Physiol. Abthlg. S. 473.

Viertens. Das Centrum der activen Exspiration wird bei der normalen Athmung in seiner Thätigkeit gehemmt von einem Exspirationshemmungscentrum, welches in den vorderen Vierhügeln oder in den unter denselben gelegenen Theilen existirt.

Fünftens. Die in verschiedenen Theilen des Hirnstammes oberhalb der Medulla oblongata beschriebenen inspiratorischen Centra sind wahrscheinlich inspiratorische Bahnen, deren Centra in der Grosshirnrinde liegen.

Erklärung der Abbildungen.

(Taf. VI.)

Die Curven (mit Ausnahme derjenigen der Fig. 2) sind mit einem Apparat, aus Vorlage und Schreibkapsel bestehend, gezeichnet. Sie sind von links nach rechts zu lesen. Die Inspiration geht nach unten, die Exspiration nach oben.

Fig. 1. Mittelgrosses Kaninchen. *c. p.* Durchschneidung der Corpora quadrigemina posteriora. *l. v.* Durchschneidung des linken Vagus. *r. v.* Durchschneidung des rechten Vagus.

Fig. 2. Mittelgrosser Hund. Die Curve, welche um die Hälfte verkleinert ist, ist mit einem Pneumographen gezeichnet. Von links nach rechts zu lesen; die Inspiration geht nach oben, die Exspiration nach unten. *c. p.* Durchschneidung der Corpora quadrigemina posteriora.

Fig. 3. Mittelgrosses Kaninchen. *c. a.* Durchschneidung der Corpora quadrigemina anteriora. *v. z.* Durchschneidung des rechten Vagus. *v. l.* Durchschneidung des linken Vagus.

Fig. 4. Mittelgrosses Kaninchen. *c. a. l.* Durchschneidung der Corpora quadrigemina anteriora links. *c. a. r.* Durchschneidung der Corpora quadrigemina anteriora rechts. *v. l.* Durchschneidung des linken Vagus.

Der rechte Vagus war vor 8 Tagen durchschnitten.

Ueber
ein Athemcentrum in der Grosshirnrinde des Hundes und den Verlauf der von demselben entspringenden centrifugalen Fasern.[1]

Von

Dr. C. Mavrakis und S. Dontas.

(Aus dem physiologischen Institut der Universität zu Athen.)

Es ist gewiss, dass die willkürliche Beeinflussung der Athembewegungen sehr gross ist und die Rindenfelder für solche Beeinflussungen localisirt sind. Ueber diese Localisation sind einige werthvolle Arbeiten von Spencer[2] und anderen Autoren[3] veröffentlicht worden, es herrschen aber viele Widersprüche, besonders was das Rindenfeld der sensomotorischen Sphäre, welches auf die Athembewegungen wirkt, und die Effecte selbst anbelangt. Dazu kommt, dass wir nichts wissen über den Verlauf der Bahnen, auf welchen die Grosshirnrinde auf die Athembewegungen wirkt, besonders ob sie, wie die

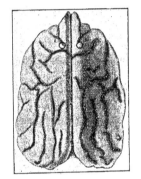

Fig. 1.

○ corticales Athemcentrum.
× Rindenfeld d. Nackenmuskeln.

[1] Vorgetragen am 1. September 1904 auf dem internationalen Physiologencongresse zu Brüssel.

[2] Spencer, The effect produced upon respiration by faradic excitation of the cerebrum. *Philosophical Transactions*. 1894. Vol. CLXXXII B. p. 21.

[3] Joukowsky, Influence de l'écorce cérébrale et des noyaux gris sous-corticaux sur la respiration (en russe). Referat im *Journal de physiologie et de pathologie générale*. 1899. Vol. I. p. 575. — H. D. Beyermann, On the influence upon respiration of the faradic stimulation of nerve tracts passing through the internal capsules. *Koninklijke Akademie van Wetenschappen te Amsterdam*. 1901.

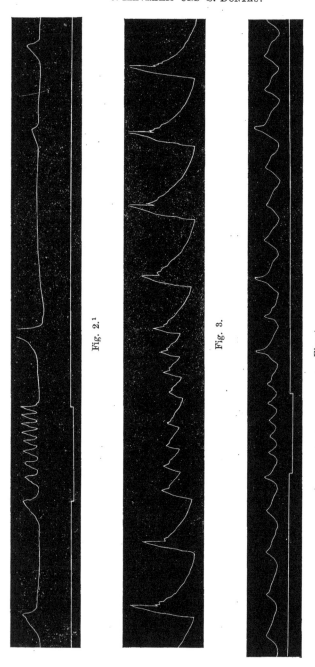

Fig. 2.[1]

Fig. 3.

Fig. 4.

[1] In dieser wie in den folgenden Figuren ist die Athemcurve gezeichnet mit einem Pneumonographen. Von links nach rechts zu lesen. Die Inspiration geht nach oben, die Exspiration nach unten.

anderen aus der Grosshirnrinde entspringenden centrifugalen Bahnen, sich kreuzen oder nicht.

Wir haben uns daher auf Veranlassung von Prof. R. Nikolaides zur Aufgabe gestellt, erstens genau das Rindenfeld in der motorischen

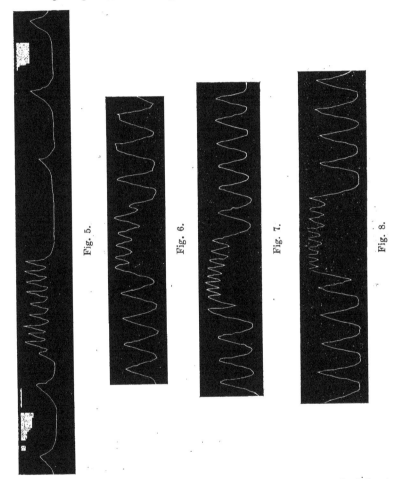

Fig. 5.   Fig. 6.   Fig. 7.   Fig. 8.

Sphäre zu bestimmen, von welchem aus die Athembewegungen beeinflusst werden, und zweitens festzustellen, ob die von ihm entspringenden centrifugalen Faser in gleichseitigen oder gekreuzten Bahnen verlaufen.

Wir haben unsere Experimente an 16 Hunden ausgeführt und eine Stelle in der motorischen Zone gefunden, welche bei Reizung mit Inductionsströmen wachsender Stärke ganz bestimmte Veränderungen der Athmung hervorruft. Diese Stelle liegt im oberen Theile der vorderen centralen Windung oberhalb des Centrums der Nackenmuskeln (Fig. 1).

Wenn man an nicht narkotisirten Thieren die Reizung dieser Stelle mit Inductionsströmen, welche auf der Zungenspitze eben gefühlt werden, beginnt, und dann allmählich den Strom durch Näherung der secundären Spirale zu der primären verstärkt, so bekommt man folgende Veränderungen der Athmung zu Gesicht.

Wenn der Strom schwach ist, werden die Athemzüge häufiger (Fig. 2), bei wachsender Stärke des Stromes werden sie ausserdem kleiner (Fig. 3, 4), und schliesslich kommt Stillstand der Athmung in Inspirationslage des Thorax oder Erweiterung des Thorax mit sehr kleinen Athemzügen (Fig. 5, 6, 7, 8).

Beyermann[1] meint, dass sowohl die forcirte inspiratorische Lage des Thorax „forced inspiratory position of the Thorax", wie er den Athmungsstillstand in Inspirationslage des Thorax nennt, wie die Beschleunigung der Athmung, jede derselben von einem besonderen Centrum hervorgebracht wird; das Centrum für die forcirte inspiratorische Lage des Thorax soll nach Beyermann im hinteren (11, 12, Fig. 1, seiner Tafel) und das für die Beschleunigung im vorderen Theile (15, 16, Fig. 1 seiner Tafel) der vorderen centralen Windung liegen. Wir haben uns nicht von solchen besonderen Centren überzeugen können, sondern stets gefunden, dass beide Athemveränderungen, d. h. die Acceleration der Athmung und der Athmungsstillstand in Inspirationslage des Thorax von einem und demselben Rindenfelde aus bei wechselnder Stärke des Stromes hervorgerufen werden können.

Sehr oft nach Aufhören der Reizung erscheint eine grosse exspiratorische Pause, welche viele Secunden lang dauern kann. Dieser folgen dann anfangs seltene und darauf häufigere Athemzüge, wie vor der Reizung (Fig. 2, 9).

Die beschriebenen Athemveränderungen bei Reizung des erwähnten Rindenfeldes werden von keiner anderen Bewegung des Thieres begleitet. Wenn aber der Strom noch stärker gemacht wird, so beobachtet man Bewegungen des Kopfes, weil der Reiz auf das daneben liegende Centrum der Nackenmuskeln ausgebreitet wird.

Bei narkotisirten Thieren werden bei Reizung des corticalen Athemcentrums die Athemzüge ebenfalls häufiger, aber die Excursionen der einzelnen Athemzüge sind nicht, wie bei den unnarkotisirten Thieren, kleiner, sondern öfters etwas grösser (Fig. 10).

---

[1] A. a. O.

Alle die genannten Beeinflussungen der Athmung vom corticalen Athemcentrum werden gewiss hervorgebracht durch Wirkung der von demselben ausgehenden Fasern auf die in der Medulla oblongata liegenden Athemcentren. Es wäre nun sehr interessant zu wissen, wie es mit dem Verlauf dieser Fasern steht, und besonders, ob dieser bis zu ihrer Endigung in der Medulla in gleichseitigen oder gekreuzten Bahnen stattfindet.

Wie schon Spencer[1] und Beyermann[2] gezeigt haben, kann man an frontalen und horizontalen Schnitten des Gehirnes die betreffenden Fasern durch die Capsula interna und Schenkelfuss bis zu der grauen Substanz des dritten Ventrikels, wo Christiani ein inspiratorisches Centrum entdeckt zu haben glaubte, verfolgen, denn die Reizung in den genannten Hirntheilen ruft genau dieselben Athemveränderungen hervor, welche die Reizung des corticalen Athemcentrums bewirkt.

Um zu erfahren, ob die in Rede stehenden Fasern bei ihrem weiteren Verlaufe sich kreuzen oder nicht, haben wir Hemisectionen des Mittelhirnes gemacht.

Wenn man an einem Hunde eine Hemisection im Mittelhirne gemacht hat, so ruft die Reizung des der durchschnittenen Seite entsprechenden Centrums in der Grosshirnrinde keine Athemveränderungen hervor, bei Reizung aber des Centrums der anderen Seite kommen die oben beschriebenen Athemveränderungen zum Vorschein. Wenn der Schnitt etwas die Mittellinie überschreitet und die andere Seite auch ergreift, so ruft die Reizung beider corticalen Athemcentren keine Athemveränderungen hervor. Wenn

[1] A. a. O.
[2] A. a. O.

Fig. 9.

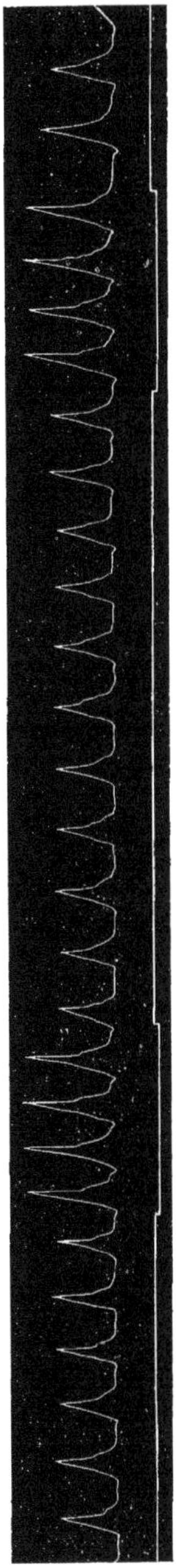

Fig. 10.

aber der Schnitt nicht die Mittellinie erreicht, sondern mehr seitlich gemacht wird, so entstehen bei Reizung des corticalen Athemcentrums der
entsprechenden Seite dieselben Athemveränderungen, wie vor der Durchschneidung.

Alle diese Erscheinungen erklären sich aus der Annahme, dass die
centrifugalen Athemfasern sich nicht kreuzen, sondern auf derselben Seite
und nahe an der Mittellinie verlaufen.

Zur Illustration des Gesagten, sowie für manche Variationen der Erscheinungen, theilen wir im Folgenden die entsprechenden Versuchsprotocolle
mit, welche die Controle der Section enthalten.

Versuch V. 19. Mai 1904.

Mittelgrosser Hund.

Das Schädeldach in möglichst grosser Ausdehnung auf der rechten Seite
entfernt, die Dura mater gespalten. Die Reizung des corticalen Athemcentrums mit Inductionsstrom (1 Daniell, Rollenabstand 10 ^{cm}) hat zur Folge
häufigere Athemzüge. Bei Reizung mit stärkerem Inductionsstrom (Rollenabstand 8 ^{cm}) nimmt der Thorax Inspirationslage an, dabei werden kleine
Athemzüge gemacht.

Fig. 11.   Fig. 12.   Fig. 13.

Entfernung des Schädeldaches und Spaltung der Dura mater auf der
linken Seite.

Die Reizung des linken Athemcentrums bewirkt dieselben Athemveränderungen, wie die des rechten.

Es wird nachher eine Hemisection im Mittelhirn links gemacht. Nach
derselben Reizung des rechten Athemcentrums ruft Acceleration der Athmung,
wie vor der Durchschneidung, die des linken aber (wenn auch der Strom sehr
stark ist), keine Veränderung der Athmung hervor.

Die Section ergab, dass der Schnitt die hinteren Vierhügel links getroffen hatte und bis zur Mittellinie reichte (Fig. 11).

Versuch VI. 22. Mai 1904.

Mittelgrosser Hund.

Entfernung des Schädeldaches und Spaltung der Dura mater auf der
rechten Seite.

Die Reizung des rechten Athemcentrums mit Inductionsstrom (1 Daniell, Rollenabstand 10 cm) bewirkt Beschleunigung der Athmung und mit stärkerem Strom (Rollenabstand 9 bis 8 cm) Athmungsstillstand in Inspiration. Beim Aufhören der Reizung findet eine lange exspiratorische Pause statt.

Die Hemisection wurde im Mittelhirn rechts gemacht. Die Athembewegungen wurden gleich nach der Durchschneidung seltener.

Die Reizung desselben Athemcentrums bleibt jetzt resultatlos auch bei Anwendung sehr starken Stromes.

Es wurde dann das Gehirn links freigelegt, die Dura mater gespalten und das linke Athemcentrum anfangs mit schwachem und darauf mit stärkerem Strom gereizt. Keine Athemveränderungen. Die Reizung der hinteren centralen Windung ruft Contractionen der Körpermusculatur und epileptische Krämpfe hervor.

Die Section ergab, dass der Schnitt die hinteren Vierhügel getroffen hatte, aber nicht nur auf der rechten, sondern auch etwas auf der linken Seite nahe an der Mittellinie (Fig. 12).

Versuch XI.   9. Juli 1904.

Mittelgrosser Hund.

Entfernung des Schädeldaches und Spaltung der Dura mater rechts.

Die Reizung des Athemcentrums mit Inductionsstrom (1 Daniell, Rollenabstand 9 cm) bewirkt Beschleunigung der Athembewegungen, mit stärkerem Strom (7 cm Rollenabstand) Athmungsstillstand in Inspiration. Nach der Reizung Exspiration und exspiratorische Pause. Das Thier schreit bei der Reizung des Athemcentrums.

Es wurde dann auch links das Gehirn freigelegt. Die Reizung des Athemcentrums hat dieselben Athemveränderungen zur Folge, wie die des rechten.

Die Hemisection wurde im Mittelhirn links gemacht. Nach derselben bewirkt die Reizung sowohl des rechten wie des linken Athemcentrums Beschleunigung der Athembewegungen, welche sogar häufiger als vor der Durchschneidung sind.

Die Section ergab, dass Schnitt nur den linken äusseren Theil der hinteren Vierhügel getroffen hatte (Fig. 13).

Versuch XII.   10. Juni 1904.

Kleiner Hund, nicht sehr jung.

Entfernung des Schädeldaches auf beiden Seiten, Spaltung der Dura mater rechts.

Reizung des rechten Athemcentrums mit Inductionsstrom (1 Daniell, Rollenabstand 9 cm). Die Athembewegungen werden kleiner und häufiger. Das Thier schreit bei jeder Reizung des Centrums mit stärkerem Strom, die Athembewegungen werden viel häufiger und viel kleiner. Das Thier macht keine Bewegung während der Reizung des Centrums.

Spaltung der Dura mater auf der linken Seite. Das Athemcentrum dieser Seite wird gereizt. Dieselben Athemveränderungen wie bei der Reizung des rechten Centrums.

Es wurde dann die Hemisection im Mittelhirn rechts gemacht.

Nach derselben bewirkt die Reizung des rechten Athemcentrums keine Athemveränderung, die des linken aber genau dieselben, wie vor der Durchschneidung.

Die Section ergab, dass der Schnitt die rechte Hälfte der vorderen Vierhügel getroffen hatte und genau bis zur Mittellinie reichte.

Versuch XIII. 21. Juni 1904.

Mittelgrosser Hund, jung.

Entfernung des Schädeldaches und Spaltung der Dura mater auf der linken Seite. Cheynes-Stokes'sche Athmung, welche $^1/_2$ Stunde dauert. Die Reizung des linken Athemcentrums, nachdem die Athmung normal wurde, mit Inductionsstrom (1 Daniell, Rollenabstand 11 cm), bewirkt Beschleunigung der Athembewegungen. Keine Bewegung der Körpermusculatur wird bei der Reizung beobachtet. Bei jeder Reizung schreit das Thier.

Hemisection im Mittelhirn links. Nach derselben ruft die Reizung des linken Athemcentrums keine Athemveränderungen hervor.

Es wurden dann das Schädeldach und die Dura mater auch auf der rechten Seite entfernt. Die Reizung des rechten Athemcentrums (Rollenabstand 10 cm) bewirkt Acceleration der Athembewegungen und mit stärkerem Strome sehr starke Erweiterung des Thorax, welche während der Reizung besteht. Nach der Reizung grosse exspiratorische Pause.

Die Section ergab, dass der Schnitt die Corpora quadrigemina an der Grenze zwischen den vorderen und hinteren Theilen derselben, aber nur auf der linken Seite getroffen hatte.

Versuch XV. 25. Juni 1904.

Mittelgrosser Hund. Narkose durch Chloroform.

Entfernung des Schädeldaches und Spaltung der Dura mater auf beiden Seiten. Die Reizung des rechten Athemcentrums mit schwachem Strome (Rollenabstand 9 cm) bringt keine Veränderung der Athembewegungen hervor; mit stärkerem Strome (Rollenabstand 6 cm) wird Acceleration der Athembewegungen hervorgerufen, dabei sind die Excursionen der einzelnen Athemzüge grösser.

Nachdem die Narkose vorüber war, bewirkte die Reizung mit schwachem Strome (Rollenabstand 9 cm) Acceleration der Athmung, dabei sind die Excursionen der einzelnen Athemzüge kleiner, wie es der Fall ist ohne Narkose.

Die Hemisection wurde im Mittelhirn links gemacht. Nach derselben ruft die Reizung des rechten Athemcentrums dieselben Athemveränderungen hervor, wie vor der Durchschneidung; die des linken aber keine Veränderung der Athmung auch mit dem stärkeren Strome.

Die Section ergab, dass der Schnitt nur links die vorderen Vierhügel getroffen hatte und genau bis zur Mittellinie reichte.

Aus den mitgetheilten Experimenten geht hervor:

Erstens: Es existirt eine Stelle im oberen Theile der vorderen Central-windung, deren Reizung bestimmte und reine (d. h. von keiner anderen Bewegung begleitende) Athembewegungen hervorruft.

Zweitens: Die von dieser Stelle ausgehenden centrifugalen Fasern gehen durch die Capsula interna, den Schenkelfuss und die basalen Ganglien zum Mittelhirn, in welchem sie ganz nahe an der Mittellinie auf der entsprechenden Seite bis zu ihrer Endigung in die Medulla oblongata zu den in derselben liegenden Athemcentren verlaufen. Diese Fasern gehen also wenigstens bis zum Mittelhirn in gleichseitigen und nicht in gekreuzten Bahnen.

Ueber die Wirkung des Ammoniaks auf den Nerven.

Von

Dr. Gustav Emanuel,
Volontärassistenten am Institut.

(Aus der speciell-physiologischen Abtheilung des physiologischen Instituts der Universität
Berlin.)

Das Ammoniak nimmt als Nervengift eine eigene Stellung ein. Es wird ihm die Fähigkeit zugeschrieben, nach directer Application auf den Nerven als Flüssigkeit oder in Gasform die Nervenleitung so zu unterbrechen, dass eine selbstständige Erregung nicht eintritt.

Diese Eigenschaften machten das Ammoniak zu einem werthvollen physiologischen Hilfsmittel; es wurde daher auch in einer Anzahl von Arbeiten zum Zweck reizloser Nervenausschaltung verwandt. Dennoch sind, so weit ich sehen kann, in neuerer Zeit genauere Untersuchungen über seine Wirkungsweise nicht angestellt worden. Insbesondere blieb bisher ganz ununtersucht das Verhältniss von Erregbarkeit und Leitfähigkeit unter seiner Einwirkung, worüber in Bezug auf andere chemische Reagentien schon eine Reihe bewerkenswerther Arbeiten vorliegt. Auf Veranlassung von Herrn Prof. P. Schultz stellte ich daher die folgenden Untersuchungen an.

Bei Gelegenheit von Untersuchungen über die selbstständige Reizbarkeit der Muskelfaser hat Kühne (1) auch die Wirkung des Ammoniaks auf den Nerven geprüft. Er wählte den Sartorius des Frosches als Versuchsobject, da er an diesem Präparat die Vertheilung des motorischen Nerven im Muskel genauer übersehen konnte. Bringt man nach Kühne NH_3-Dämpfe in die Nähe eines Muskels, so geräth er in Zuckungen, die sich bis zum Tetanus steigern. Lässt man dem Muskel Zeit, so erholt er sich bald wieder. Die Empfindlichkeit des Muskels für NH_3-Dämpfe ist so gross, dass selbst wässrige Lösungen, die kaum noch nach NH_3 riechen, Zuckungen hervorrufen.

Uebereinstimmend mit Eckhard (2) giebt nun Kühne weiter an, dass es selbst mit concentrirtesten NH_3-Lösungen nicht gelingt, auf den Nerven erregend zu wirken.

Funke (3) behauptet demgegenüber in seinem Lehrbuch, dass jedes Mal beim Eintauchen des Nerven in NH_3 Zuckungen entständen. Ist die Schnittfläche des Nerven frisch und nicht vorher schon dem NH_3 ausgesetzt, so entsteht im Moment des Eintauchens eine Zuckung und dann regelmässig einige Zeit darauf ein mässiger Tetanus, der fehlt, wenn man den Nerven nicht eintaucht und die Oberfläche des Wadenmuskels mit NH_3 bestreicht. Bei Betupfung des Sartorius giebt Funke Contractionen zu, die aber seiner Ansicht nach auf Reizung der intramusculären Nerven beruhen.

Diese widersprechenden Angaben erklärt Kühne aus der Thatsache, dass Funke den Muskel nicht gehörig vor dem flüchtigen NH_3 geschützt hat. Diese Gefahren kann man umgehen, wenn man sich

1. des nach du Bois hergerichteten Unterschenkels bedient,

2. wenn man den Nerven durch das enge Loch einer Glasscheibe zieht, dasselbe gut abdichtet und so den Muskel vor den NH_3-Dämpfen schützt.

Auch Schelske (4) leugnet, dass NH_3 nur auf die Muskeln, nicht aber auf die Nerven erregend wirke; desgleichen leugnet er aber auch, dass NH_3, direct auf den Muskel gebracht, Zuckungen erzeuge; er giebt an, dass nur die NH_3-Dämpfe, wenn der Nerv zu vertrocknen beginne, vom Nerven aus Zuckungen mache: nach Befeuchten hörten diese Contractionen wieder auf.

Zunächst habe ich die Angaben von Kühne nachgeprüft, sofern sie die Frage betreffen, ob die Befeuchtung eines Nerven mit NH_3 ohne jede Wirkung auf den zugehörigen Muskel bleibt.

Der Unterschenkel eines Frosches wurde so präparirt, dass die Sehne des Gastrocnemius nach einem möglichst kleinen Hautschnitt von seiner Ansatzstelle frei präparirt wurde. Die Haut des Oberschenkels wurde nach ausgeführtem Circulärschnitt zurückgeklappt. Auf diese Weise erhielt die Muskelsubstanz des Gastrocnemius einen doppelten Schutz gegen etwaige Einwirkung von NH_3-Dämpfen.

Nachdem der N. ischiadicus durch das Loch einer Verworn'schen Gaskammer gezogen und diese mit chemisch reinem Vaselin gut abgedichtet war, wurde der Muskel am Femur in ein Muskelstativ gehängt, die Achillessehne mit einem Schreibhebel verbunden und dieser der berussten Trommel eines Kymographions angelegt. Schliesslich wurde der Muskel noch mit einer gut schliessenden feuchten Kammer umgeben, so dass einmal der Muskel und das ausserhalb der Gaskammer befindliche Nervenstück hinreichend feucht blieb, dann aber auch NH_3-Dämpfe die Muskelsubstanz nur schwer erreichen konnten. Wurde nun durch eine seitliche Oeffnung der Gaskammer der Nerv mit Ammoniak befeuchtet, so zeigte sich nichts, was auf eine erregende Wirkung des Ammoniaks vom Nerven auf den

Muskel schliessen liess. Wurde ein neuer Querschnitt angelegt und dann der Nerv in die NH_3-Flüssigkeit eingetaucht, so entstand wohl im Augenblick des durch die Durchschneidung gesetzten mechanischen Reizes eine Zuckung, aber das Eintauchen des Querschnittes in die Flüssigkeit zu verschiedenen Zeitpunkten rief niemals eine Contraction hervor. Der gleiche negative Erfolg war zu constatiren, wenn anstatt der Flüssigkeit NH_3-Dämpfe durch die Gaskammer geleitet wurden.

Es wäre nun auch denkbar, dass die Application von NH_3 in dem Nerven einen Vorgang hervorriefe, der sich anzeigte durch eine negative Schwankung, der aber nicht zur Erregung des Muskels führte, also nicht mit einer Contraction verbunden wäre (5. 6. 7).

Zur Entscheidung dieser Frage wurde der herausgeschnittene Ischiadicus eines Frosches mittels unpolarisirbarer Elektroden zu einem Galvanometer abgeleitet, so dass sich der vorhandene Demarcationsstrom erkennen liess. Wurde nun dem frei herabhängenden Nervenende vorsichtig NH_3-Flüssigkeit genähert, so zeigte das Galvanometer niemals eine wirkliche negative Schwankung an. Es waren zwar Ausschläge am Galvanometer zu beobachten; diese verschwanden aber auch dann nicht, wenn der Nerv in der intrapolaren Strecke unterbunden wurde. Einen Lebensvorgang zeigte also das Galvanometer nicht an. Abgekochte Nerven und NaCl-Baumwollfäden verursachten bei NH_3 Application dieselben Galvanometerausschläge.

Das Resultat dieses Versuches ist also durchaus negativ und spricht weder für noch gegen die Frage, ob eine Erregung im Nerven entsteht. Denn wenn wir auch eine wirkliche negative Schwankung nicht auftreten sahen, so ist damit doch nicht gesagt, ob sie nicht doch vorhanden war, aber durch nicht einfach übersehbare rein physikalische Diffusionsvorgänge verdeckt wurde, wie sie doch jedenfalls zu den oben erwähnten Galvanometerausschlägen auch am toten Material Veranlassung gaben.

Somit kann nur gesagt werden, dass die Application von NH_3 als Flüssigkeit oder in Gasform auf den motorischen Nerven keinen Reiz setzt, der eine Muskelcontraction zur Folge hat.

Es interessirt uns weiterhin die Frage, ob nicht im Anfange der Application von NH_3 eine Erregbarkeitssteigerung des Nerven auftritt. Solche Erregbarkeitssteigerungen, die dem endgültigen Stadium der Lähmung bei der Narkose mit verschiedenen Agentien oder bei der Erstickung vorausgehen sollen, sind von vielen Untersuchern angegeben worden. Speziell für das Ammoniak fand ich sie nicht beschrieben.[1]

---

[1] A. D. Waller (22) sah bei seinen Galvanometerversuchen am Froschnerven nach starken Ammoniakdämpfen die Erregbarkeit unmittelbar ohne vorherige Steigerung verschwinden. War der Nerv vorher mit Chloroform behandelt worden, so trat nach schwachen Ammoniakdämpfen eine Erregbarkeitsteigerung ein.

Schon im Anschluss an die ersten Versuche über narkotisch wirkende Substanzen auf den peripherischen Nerven, in denen eine der eigentlichen Lähmung vorausgehende Erregbarkeitssteigerung gefunden wurde, hat man darauf hingewiesen, dass die Erregung durch die voraufgegangene Präparation bedingt sein könne. Efron (8) und auch Mommsen (9) glaubten diese Möglichkeit dadurch auszuschalten, dass sie den Nerven vor dem endgültigen Versuch in 0·6proc. NaCl-Lösung einlegten. Sie konnten aber trotzdem eine Erregbarkeitserhöhung feststellen.

Gad hat nach Versuchen von Sawyer (10) und Piotrowski (11) auch die Erregbarkeitssteigerung angegeben.

Auch Fröhlich (12) hat bei seinen Narkoseversuchen mit Aether, Chloroform u. s. w. und Erstickungsversuchen mit Stickstoff am Nerven dieses Stadium der Erregbarkeitssteigerung beobachten können. Doch ist dieses Verhalten bei den verschiedenen Versuchen ein äusserst wechselndes gewesen. Bei starker Narkose trat die Lähmung ein, ehe sich eine Erregbarkeitssteigerung einstellte, bei schwächerer Narkose wurde entweder nur die Leitfähigkeit gesteigert, bei gleichzeitigem Absinken der Erregbarkeit der narkotisirten Nervenstelle oder Erregbarkeit und Leitfähigkeit steigerten sich gleichzeitig, aber so, dass die Steigerung der Leitfähigkeit noch anhielt, wenn die Erregbarkeit schon wieder zu sinken begann.

Bei seinen obengenannten Erstickungsversuchen mit Stickstoff fiel Fröhlich auf, dass nach der Erholung des erstickten Nerven durch Sauerstoff die Erregbarkeit innerhalb und ausserhalb der Kammer wieder gerade so gross wurde, wie auf der Höhe des Stadiums der Erregbarkeitssteigerung. Bei den Narkoseversuchen hätte man das als Nachwirkung der Narkose betrachten können: bei der Erstickung war diese Erklärung nicht wahrscheinlich. Es musste daher an einen anderen Grund für die Erregbarkeitssteigerung gedacht werden.

Da bekannt ist (13), dass mechanische Reize eine Erregbarkeitssteigerung hervorrufen, glaubte Fröhlich, dass in diesem Sinne die Präparation gewirkt habe, und dass dies auch der Grund zu verschleierten Resultaten über die Wirkung der Narkose gewesen sei. Er wartete daher nach der Präparation 1 bis $1\frac{1}{2}$ Stunden. Stellte sich dann keine Erregbarkeitserhöhung mehr heraus, so begann er mit der Narkose. Ein anderer Nerv in atmosphärischer Luft diente als Controlpräparat. Fröhlich schliesst auf Grund einer grossen Zahl gleicher Resultate, dass bei der Narkose und bei der Erstickung des Nerven der Lähmung kein Stadium der gesteigerten Erregbarkeit vorausgeht.

Was nun meine eigenen Versuche betrifft, so habe ich sie zuerst am herausgeschnittenen Nervmuskelpräparat angestellt. Ein solches wurde in der bereits oben beschriebenen Weise angefertigt und befestigt. Der Nerv

wurde diesmal durch zwei gegenüber liegende Löcher der Gaskammer gezogen. Ein Paar Electroden lagen innerhalb der Gaskammer, je eines aussen,
in der Nähe des Muskels und am centralen freien Ende des Nerven. Zur
Prüfung des Erregbarkeitsgrades wurden einzelne Oeffnungsinductionsschläge
verwandt, die durch einen Pflüger'schen Fallhammer ausgelöst wurden.
Das NH_3-Gas wurde in einem Glaskolben durch Erwärmung von NH_3-
Flüssigkeit entwickelt und das entstehende Gas in einer zwischen Kolben
und Kammer eingeschalteten grossen, mit Manometer versehenen Gasflasche
aufgefangen; durch einen Quetschhahn liess sich eine Regulation des die
Kammer durchziehenden Gasstroms ermöglichen. Sollte NH_3 als Flüssigkeit
applicirt werden, so wurde der Nerv durch eine seitliche Oeffnung der
Kammer mit NH_3 mittels Pinsels betupft.

Da bei meinen Versuchen nach eingetretener Leitungsunfähigkeit, im
Gegensatz zu dem Verhalten bei anderen Agentien, niemals wieder, selbst
nicht nach Stunden, eine Restitution des Nerven auftrat, war ich der
Meinung, dass es sich hier vielleicht hauptsächlich um Absterbeerscheinungen,
bedingt durch das Herausschneiden des Präparates, handeln könnte, nicht
etwa um specifische Wirkung des Ammoniaks. Um möglichst normale
Bedingungen zu schaffen, wählte ich den lebenden Frosch als Versuchsobject. Der Frosch wurde auf ein geeignetes Brett in Bauchlage auf-
gespannt, seine Oberschenkelhaut gespalten, und der Nerv im Zusammenhang mit dem Blutgefäss bis zum Knie frei präparirt. Die Sehne des
Gastrocnemius wurde in geeigneter Weise mit einem Schreibhebel verbunden,
der seine Excursionen auf einer Kymographiontrommel verzeichnete. Durch
das Kniegelenk wird unter Schonung des Nerven eine Nadel gestossen, die
das Knie mit der hölzernen Unterlage unbeweglich verbindet. So erreichte
ich es, dass bei Reizung des Ischiadicus nur die Contractionen des Gastrocnemius auf der Trommel verzeichnet werden konnten. Wurde der Versuch
mit NH_3-Gas angestellt, so würde eine kleine schmale Glasplatte, die von
isolirten Platinelectroden durchbohrt war, vorsichtig unter den vom Blutgefäss begleiteten Nerven geschoben. Auf diese Glasplatte wurde der untere
geschliffene Rand einer Y-förmigen Röhre gesetzt, welche an zwei gegenüber liegenden Stellen Rinnen für den Nerven trug. Mittels Vaselin wurde
die Berührungsfläche der Gläser abgedichtet. So lag ein Theil des Nerven
in einer geschlossenen Kammer, wenn noch die beiden anderen Oeffnungen der Y-Röhre mit einem gaszuführenden und einem gasabführenden
Schlauch verbunden waren. Jetzt brauchten nur noch ausserhalb der
Kammer, central und peripherisch, Electroden angelegt zu werden, und alles
war zum Versuch bereit. Die Anordnung wurde etwas modificirt, wenn
NH_3 als Flüssigkeit zur Anwendung kam. Es wurde dann das Y-Rohr
fortgelassen; um die mittlere, auf dem Glasplättchen befindliche Electrode

wurde ein kleiner Vaselinwall gelegt. Brachte ich nun NH_3-Flüssigkeit auf die umwallte Stelle, so war nur diese Stelle des Nerven ihrer Wirkung ausgesetzt. Mit der Mittelelectrode konnte jetzt die Erregbarkeit der vergifteten Nervenstrecke untersucht werden, während mit Hilfe der central gelegenen Electrode die Leitfähigkeit geprüft werden konnte.

Es soll gleich vorweg genommen werden, dass ein grundsätzlicher Unterschied in der Wirkungsweise des Gases und der concentrirten Flüssigkeit, wie ich sie bei allen Versuchen verwandte, nicht besteht; nur das muss gesagt werden, dass die Application der Flüssigkeit die Leitungsunterbrechung in viel kürzerer Zeit herbeiführt, als die des Gases.

Im Anfang des Versuches zeigte sich oft Folgendes: das Thier wurde plötzlich unruhig und suchte sich zu befreien, während es vorher ganz still lag. Eine Erregbarkeitssteigerung lässt sich zu dieser Zeit nicht feststellen. Ob es sich hier um eine centrale Wirkung des resorbirten NH_3 handelt oder um Erregung sensibler Endigungen, sei es der Haut, sei es der Muskeln, soll hier nicht entschieden werden.

Dass es sich auf alle Fälle bei diesen Bewegungen nicht um directe Reizung sensibler Fasern im Nervus ischiadicus handelt, werden wir später noch zeigen.

Was nun die Resultate meiner Versuche am motorischen Nerven betrifft, die sich auf die Wirkung des NH_3 auf Erregbarkeit und Leitfähigkeit beziehen, so brauche ich um so weniger lange Zahlenreihen anzuführen, als auch ich die Verschiedenheit der narkotischen Wirkung auf die Erregbarkeit und die Leitfähigkeit feststellen konnte, wie sie bei anderen Agentien beschrieben wurde. So ist die Frage, inwieweit Erregbarkeit und Leitfähigkeit von einander abhängig sind, von Schiff (14), Grützner (15), Spilzmann und Luchsinger (16), H. Beyer (17) und Anderen ausführlich studirt worden.

Die Resultate sind im Grunde überall die gleichen, nur in der Deutung bestehen tiefgreifende Differenzen.

Aus meiner Untersuchung sollen nur die positiven Thatsachen erwähnt werden, ohne Discussion der Frage der Abhängigkeit von Erregbarkeit und Leitfähigkeit. In Uebereinstimmung mit den Resultaten Fröhlich's bei seinen Narkose- und Erstickungsversuchen fand ich für das Ammoniak:

Ohne vorhergehende Erregbarkeitssteigerung sinkt bei eintretender Narkose Erregbarkeit und Leitfähigkeit ziemlich plötzlich. Erst wenn die Erregbarkeit der narkotisirten Strecke auf ein bestimmtes Niveau gesunken ist, verschwindet die Leitfähigkeit plötzlich. Eine Erregbarkeit der narkotisirten Stelle ist dann immer noch vorhanden; diese nimmt erst ganz allmählich ab.

Also das wesentliche praktische Resultat ist, dass

1. eine Erregbarkeitssteigerung nicht stattfindet und dass

2. volle Leitungsunfähigkeit bei noch erhaltener Erregbarkeit der narkotisirten Strecke eintritt.

Wenn Fröhlich Recht damit hat, dass bei der Narkose kein Stadium der erhöhten Erregbarkeit auftritt, so wäre der Unterschied in der Wirkungsweise des Ammoniaks, das, soweit ich feststellen kann, bei Fröhlich's Narkose- und Erstickungsversuchen nicht zur Verwendung kam, von der der übrigen chemischen Reagentien kein so grosser, nur müsste man sich vorstellen, dass das Ammoniak selbst in geringen Spuren stets wirkt wie eine starke Narkose, und zwar ist die Narkose dann so stark, dass die durch Präparation bedingte, sonst beobachtete Erregbarkeitssteigerung nicht zum Ausdruck kommt.

Dass auch der sensible Kaltblüternerv nicht durch NH_3 erregt wird, musste, wie oben bereits angedeutet, noch bewiesen werden. Zu diesem Zwecke wurde folgender Versuch angestellt:

Ein Frosch wird schwach strychninisirt, um die Reflexerregbarkeit zu steigern, so dass minimalste sensible Reize sich durch Tetanus anzeigen. Vorher war der Ischiadicus freigelegt und möglichst tief peripherisch durchschnitten; das centrale Ende des Nerven wurde angeschlungen. Begann die Wirkung des Strychnins nur eben sich bemerkbar zu machen, so wurde mit äusserster Vorsicht der Nerv durch das Loch einer dünnen Gummimembran gezogen, die dann schützend die freigelegte Musculatur bedeckte. Es wurde nun vorsichtig der auf der Gummimembran liegende Nerv mit NH_3 beträufelt. Es zeigte sich aber nicht das geringste Anzeichen in Gestalt von reflectorischen Krämpfen dafür, dass eine Erregung sensibler Nerven stattgefunden hätte.

Was nun meine Versuche anlangt, eine Restitution der Nervenleitung nach eingetretener Leitungsunfähigkeit durch NH_3 herbeizuführen, so fielen sie durchweg negativ aus. Ich habe bereits erwähnt, dass die Versuche deshalb am lebenden Präparat angestellt wurden, weil ich die Misserfolge bei Restitutionsversuchen auf ein zu rasches Absterben des herausgeschnittenen Präparates bezog. Aber auch am lebenden Präparat gelang es selbst nach 3 Tagen nicht, eine Restitution herbeizuführen, wenn einmal Leitungsunfähigkeit eingetreten war.

Dieses Resultat stimmt mit den Angaben von Bethe (19) überein; er fand, dass bei NH_3, wenn es bis zur Leitungsunfähigkeit eingewirkt hat, keine Erholung eintritt, während sich mit Chloroform, Aether oder Alkohol vergiftete Nerven bei Luftzutritt leicht wieder erholen, wenn die Narkose nicht zu lange gedauert hat.

Es soll hier noch eine Beobachtung angegliedert werden, für die aber eine endgültige Erklärung nicht gegeben werden soll. Ist die Erregbarkeit so weit gesunken, dass baldige Leitungsunfähigkeit zu erwarten ist, so geben oft Oeffnungsinductionsschläge central keine Zuckung, während Schliessungsinductionsschläge wirksam sind. Auch bei Reizung der narkotisirten Strecke habe ich dieses Verhalten einige Male gesehen. Möglicherweise ist das ein ähnlicher Vorgang, wie ihn Wedensky (20) als paradoxale Modification der Nervenleitung beschrieben hat, die auch Fröhlich (12) bei seinen Erstickungs- und Narkoseversuchen mit anderen chemischen Reagentien gelegentlich sah. Dieselbe besteht darin, dass in einem dem Verschwinden der Leitfähigkeit vorausgehenden Stadium der Narkose starke tetanisirende Reize nur eine Anfangszuckung machen, während schwächere einen regulären Tetanus zur Folge haben.

Bei meinen Versuchen mit tetanisirenden Reizen habe ich ein typisches paradoxes Stadium nicht beobachten können.

Alles das waren bis jetzt Verhältnisse, wie sie der centrifugale und centripetale Kaltblüternerv aufwies. Die Resultate der Untersuchungen am Warmblüternerven stimmen nun, wie gleich näher geschildert werden soll, mit denen am Kaltblüternerven überein.

Zunächst wurde das Verhalten eines centrifugalen Nerven nach NH$_3$-Vergiftung beobachtet. Einem Kaninchen wurde in Chloroform-Aether-Narkose der Nervus ischiadicus freigelegt. Der Nerv wurde dann sorgfältig wieder bedeckt und ich wartete ab, bis die Nachwirkungen der Gesammtnarkose vollkommen verschwunden waren. Darauf wurde der Nerv möglichst weit oben, d. h. in der Nähe des Rückenmarks, durchschnitten; dabei traten heftige Muskelzuckungen ein. Das peripherische Stück wurde nun angeschlungen und vorsichtig durch das Loch einer Gummimembran gezogen, die die freiliegenden Gewebstheile zu schützen hatte. Hatte sich das Thier beruhigt und war die Erregbarkeit des Nerven, wie das die elektrische Untersuchung feststellte, normal, so wurde ein Stück des Nerven in der Nähe des Endes vorsichtig in ein Schälchen mit NH$_3$ getaucht. Es wurde dabei nicht die Spur einer Erregung beobachtet. Wurde das vergiftete oder das jenseits der vergifteten Stelle gelegene Stück elektrisch gereizt, so kam es nicht mehr zu Muskelcontractionen, dagegen konnten von dem peripherischen unvergifteten Nervenende aus prompt die üblichen Reactionen ausgelöst werden.

Die Frage nach dem Verhalten centripetaler Warmblüternerven dem NH$_3$ gegenüber konnte auf verschiedene Weise untersucht werden.

Zunächst wurde die Einwirkung auf sensible Nerven geprüft, einmal durch Beobachtung von Schmerzäusserungen am nicht narkotisirten Thier bei Aufbringen von NH$_3$ auf einen gemischten Nerven. Bei meinen Ver-

suchen war das der Nervus ischiadicus; Schmerzäusserungen habe ich dabei
nicht beobachtet.

Sodann wurde die Wirkung auf den Blutdruck geprüft. Es ist bekannt, dass ein sehr
feines Reagens auf Reizung sensibler Nerven
unter gewöhnlichen Bedingungen eine Aenderung
des Blutdrucks ist. Dabei muss das Thier, um
etwaige, durch Körperbewegung bedingte Steigerung des Blutdruckes auszuschliessen, curarisirt
werden.

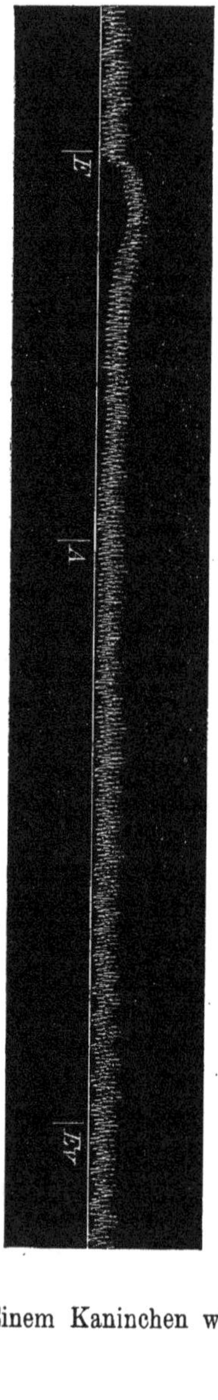

An einem curarisirten Kaninchen wurde
nach Tracheotomie und Einleitung künstlicher
Athmung die eine Carotis mit einem Gad-Cowl'-
schen Blutwellenschreiber in Verbindung gebracht.
Anfangs wurde der Nervus cruralis, später immer
der Nervus ischiadicus freigelegt.

Es wurde der Nerv möglichst in der Nähe
der Peripherie durchschnitten und das centrale
Ende angeschlungen. War die blutdrucksteigernde
Wirkung der Durchschneidung bezw. der Durchbindung vorüber, so wurde der Versuch begonnen.
Der Nerv wurde auf eine Gummimembran
gelegt, die das Gewebe vor einer Wirkung des
NH_3 schützen sollte. Hatte man sich überzeugt,
dass sehr schwache elektrische Reize in der gewöhnlichen Weise Blutdrucksteigerung machten, so
wurde in der Nähe des Endes der Nerv mit NH_3
befeuchtet. Es zeigte sich, dass die Application
des Ammoniaks niemals eine blutdrucksteigernde
Wirkung hatte (Fig. 1). Das Verhalten des vergifteten Nervenstückes und des centralwärts davon gelegenen gegenüber elektrischer Reizung
war dasselbe, wie ich es unten beim Vagus beschreiben werde.

Ferner wurde der Einfluss des NH_3 auf die
im Vagus verlaufenden Athemfasern untersucht.
Reizt man nämlich am durchschnittenen Vagus
des Kaninchens das centrale Ende, so kann man
in einer von der Reizstärke abhängigen gesetzmässigen Weise die Athemfrequenz beeinflussen.

Einem Kaninchen wurde der Vagus frei präparirt; es wurde tracheo-

Fig. 1.

E = elektr. Reizung. A = Ammoniakapplication. Ev = elektr. Reiz der vergift. Stelle mit derselben Stromstärke wie bei E.

tomirt und seine Athmung mittels des Gad'schen Athemvolumenschreibers in bekannter Weise auf die Trommel eines Kymographions registrirt.

Ein Vagus wurde möglichst tief cardialwärts durchschnitten und das centrale Ende angeschlungen. War die Wirkung der Durchbindung resp. der Durchschneidung vorüber und war die Athembewegung normal, so wurde, um zu prüfen, dass der Nerv voll erregbar, das centrale Ende mit schwächsten bis mittelstarken Strömen gereizt, die die bekannten typischen Wirkungen ergaben (21). Daraufhin wurde ein Stück des Nerven in der Nähe seines freien Endes vorsichtig in ein Schälchen mit NH_3 getaucht. Der Erfolg war der, dass keine Beeinflussung der Athemfrequenz in irgend

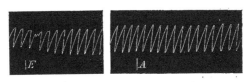

Fig. 2.
E = schwache elektrische Reizung. A = Ammoniakapplication.

einer Richtung stattfand (Fig. 2). Wurde das vergiftete oder peripherisch gelegene Stück elektrisch gereizt, so war keine Wirkung wahrzunehmen, reizte man dagegen den Nerv centralwärts an einer intacten Stelle, so erfolgte prompte Reaction. Wurde das vergiftete Stück abgeschnitten, so liess sich der Versuch an demselben Vagus öfters wiederholen. Auf den Widerspruch, in den ich hierdurch mit den Angaben Gad's (23) gerathe, wird Herr Prof. P. Schultz zurückkommen.

Der übereinstimmende Erfolg sämmtlicher Versuche berechtigt also wohl zu der Schlussfolgerung, dass das Ammoniak auf den Stamm peripherischer, centrifugaler und centripetaler Kaltblüter- und Warmblüternerven nicht erregend wirkt und dass es geeignet ist, in kürzester Zeit die Reizleitung aller dieser Nerven reizlos zu unterbrechen.

Litteraturverzeichniss.

1. Kühne, *Dies Archiv.* 1860. Physiol. Abthlg. S. 315.
2. Eckhard, *Zeitschrift für rationelle Medicin.* N. F. Bd. I.
3. Funke, *Lehrbuch der Physiologie.* 1860. S. 677.
4. Schelske, *Dies Archiv.* 1860. Physiol. Abthlg. S. 263.
5. Herzen und Radzikowski, *Centralblatt für Physiologie.* Bd. XV. S. 386.
6. Waller, *Brain.* P. I. 1900. p. 31.
7. Boruttau, *Archiv für die gesammte Physiologie.* Bd. LV. S. 427.
8. Efron, *Ebenda.* 1885. Bd. XXXVI.
9. Mommsen, Virchow's *Archiv.* Bd. XXXIII. S. 254.
10. Gad und Sawyer, *Dies Archiv.* 1888. Physiol. Abthlg. S. 395.
11. Gad und Piotrowski, *Ebenda.* 1888. Physiol. Abthlg. S. 350.
12. Fröhlich, *Zeitschrift für allgemeine Physiologie.* Bd. III. S. 172.
13. Heidenhain, *Studien des physiologischen Instituts zu Breslau.* Heft 1.
14. Schiff, *Lehrbuch der Nervenphysiologie.* 1895. S. 75.
15. Grützner, *Archiv für die gesammte Physiologie.* Bd. XVII. S. 215.
16. Spilzmann und Luchsinger, *Ebenda.* Bd. XXIV.
17. Hermann Beyer, *Dies Archiv.* 1902. Physiol. Abthlg. Suppl. S. 203.
18. Hallsten, *Ebenda.* Physiol. Abthlg. 1876. S. 242.
19. Bethe, *Allgemeine Anatomie und Physiologie des Nervensystems.* Leipzig 1903.
20. Wedensky, *Archiv für die gesammte Physiologie.* 1900. Bd. LXXXII.
21. Lewandowsky, *Dies Archiv.* 1896. Physiol. Abthlg. S. 195.
22. A. D. Waller, *Brain.* 1896. Vol. XIX. p. 59.
23. I. Gad, *Dies Archiv.* 1880. Physiol. Abthlg. S. 12.

Der Einfluss der Spannung
auf die einzelnen Componenten der Erregbarkeit des Skeletmuskels.

I. Der bathmotrope Einfluss.

Von

Dr. **Georg Fr. Nicolai,**
Assistent am Institut.

(Aus der speciell-physiologischen Abtheilung des physiologischen Instituts zu Berlin.)

Man nimmt auf Grund neuerer Untersuchungen, vor allem der Arbeiten Engelmann's, jetzt allgemein an, dass eine Erregbarkeitsänderung am Herzen in einer Aenderung der verschiedenartigsten Fähigkeiten bestehen kann und daher scheint der Begriff „Erregbarkeit des Herzens" schlechthin augenblicklich ein zu weiter und zu wenig bestimmter zu sein.

Es wäre nun sicher nicht richtig, ohne weiteres die am Herzen auf Grund thatsächlicher Befunde gewonnenen Vorstellungen einfach auf alle andern irritablen Substanzen, in Sonderheit auf Nerv und Muskel übertragen zu wollen, und man muss im Einzelnen prüfen, ob die von Engelmann (96, S. 555) für das Herz aufgestellte Eintheilung und Nomenclatur auch für andere Organe Gültigkeit hat. Immerhin erscheint auch hier der Begriff der Erregbarkeit häufig merklich zu unpräcise, und es mehren sich die Angaben, wonach auch bei andern Substanzen als beim Herzen verschiedenartige Fähigkeiten vorhanden sind, die durch bestimmte Eingriffe einzeln verändert werden können. Dass bei den Nerven Erregungsfähigkeit und Leitungsfähigkeit unterschieden werden müssen, ist bekannt.

Ermüdung und Veratrin wirken nur auf ganz bestimmte Fähigkeiten des
Muskels und — wie jüngst Garten (03) gezeigt — des Nerven. Ich
selbst (04) habe gezeigt, dass der durch Ermüdung eines Nerven kleiner
werdende und endlich fast verschwindende Aktionsstrom eines Nerven
seine Leitungsgeschwindigkeit im Wesentlichen nicht ändert, und werde
in der ausführlichen Publikation dieses Befundes nachweisen, dass dies
Verhalten auf eine einheitliche Fähigkeit nicht zurückgeführt werden kann.
Dass die Wärmeentwickelung und die Leistung äusserer Arbeit zwei
von einander unabhängige Fähigkeiten des gereizten Muskels sind, und in
ihrem Verhältniss z. B. von der Reizfrequenz verändert werden, haben
die Arbeiten Chauveau's (05) neuerdings bestätigt. Kurz, wir dürfen
sicher auch hier nicht von einer einfachen Herauf- und Herabsetzung
der Erregbarkeit reden und darunter eine gleichzeitige Steigerung oder Verminderung aller Fähigkeiten der betreffenden Substanz verstehen. Auch
hier müssen wir uns jedes Mal im Einzelnen fragen, welche besonderen
Fähigkeiten es denn sind, die geändert erscheinen, und es kann einem
Fortschritt in der Erkenntniss von dem Wesen der Erregung nur förderlich sein, wenn wir grundsätzlich die Erregung als eine Mannigfaltigkeit
verschiedener einzeln wirksamer Faktoren betrachten, und es als das vorläufige Ziel der experimentellen Forschung ansehen, diese einzelnen Faktoren
zu isoliren und sie als Funktionen bestimmter Einwirkungen darzustellen.
Es wäre eine spätere, vielleicht reizvollere Aufgabe, diese einzelnen Faktoren
wiederum unter einem gemeinsamen Gesichtspunkt zu betrachten und damit
den Begriff der Irritabilität, der sicher ein physiologisch werthvoller Begriff
ist, neu zu begründen.

Der Anlass zu der folgenden Untersuchung, in der ich einen Beitrag
zu der oben angedeuteten Frage zu geben mich bemühe, und über deren
Resultat ich in der Physiologischen Gesellschaft am 24. März 1905 bereits
berichtet habe, bot mir eine Anregung von Prof. P. Schultz im Anschluss
an Arbeiten, welche Dr. Rehfisch in unserer Abtheilung über den Einfluss
der Spannung beim Herzen ausführte, diese Verhältnisse auch am Skeletmuskel zu untersuchen. An dem ersten Versuche hat sich auch Dr. Rehfisch in dankenswerter Weise betheiligt.

Ich möchte also in Folgendem zeigen, dass die vermehrte Spannung
des Skeletmuskels nicht seine Erregbarkeit schlechthin vergrössert, wie die
Autoren vielfach angeben, und dass auch die sicher constatirte Erhöhung
der Leistungsfähigkeit des gespannten Muskels nicht im geringsten auf
einer abgeänderten Wirkung des Reizes zu beruhen scheint, sondern im
Wesentlichen darauf, dass der Muskel bei den gewöhnlichen Versuchen mit
steigender Belastung sich auch im Moment der Contraction, also nach der
Latenz noch in gespanntem Zustand befindet.

P. Weiss (99) sagt zwar, es sei eine bekannte Thatsache, dass der gespannte Muskel erregbarer sei als der ungespannte. Auch Biedermann in seiner Elektrophysiologie sieht den Unterschied in einer „Erregbarkeitssteigerung" durch die Spannung. Sieht man aber genauer zu, so scheint diese, auch sonst erwähnte „bekannte Thatsache" durchaus nicht so sicher gestellt.

Schon Hermann (61) hat gezeigt, dass der Schwellenwerth bei Reizung mit dem constanten Strom von der Dehnung unabhängig sei. Diese klare und einfache Thatsache wurde dann über den späteren Befunden, welche die grössere Leistungsfähigkeit des gedehnten Muskels erwiesen, soweit vergessen, dass dieser Hermann'sche Befund in Biedermann's Elektrophysiologie gar nicht erwähnt ist.

Dass Fick (63, S. 56) in seiner ersten Publication sagen konnte, „die Erscheinung mache ihm den Eindruck, als ob der Schliessmuskel von Anodonta durch Dehnung dem Reize zugänglicher gemacht würde", darf nicht überraschen, wenn man bedenkt, dass damals noch kein Anlass vorlag, die Erregbarkeit als eine complexe Grösse zu betrachten. Heidenhain (64) hat dann ganz ausdrücklich constatirt, „dass der Muskel bei Hebung desselben Gewichtes um so mehr lebendige Kräfte entwickelt, je stärker die Spannung war, in der er sich vor der Erregung zur Thätigkeit befand". Diese Versuche sind darum nicht beweisend, weil sie mit Hilfe der Helmholtz'schen Ueberlastungsmethode angestellt sind und dabei arbeit jeder Muskel, wenn man die anfängliche Spannung variirt, im Anfange seiner Contraction, bis er das eigentliche Gewicht hebt, noch unter ganz variablen Bedingungen. Seitdem aber sind zahlreiche Beobachtungen veröffentlicht, die den genannten Ansichten zu widersprechen scheinen. Schon Fick selber (67, S. 56) berichtet über Versuche, die mit seinem obigen Ausspruch nur schwer in Uebereinstimmung zu bringen sind. Seitdem haben die mehrfachen Arbeiten, vor Allem von v. Kries (80—95) und Schenck (96 u. s. w.)[1], reiches Material ergeben. Da diese Autoren aber sich im Wesentlichen mit der Form und Gestalt der Kurve, also der Arbeitsleistungsfähigkeit, beschäftigen, und die Reizbarkeit sensu strictori (die Schwellenbestimmung), auf welche es mir ankommt, gar nicht berücksichtigen, möchte ich mir die Besprechung dieser Arbeiten für eine spätere Gelegenheit aufsparen, und nur so viel sagen, dass diese Arbeiten gar keinen Anlass bieten und bieten wollen, zu der Annahme, dass die Spannung den Skeletmuskel reizbarer mache. Zu sehr einwandsfreien Resultaten ist dann später Tschermak (02) gekommen. Er zeigte, dass

---

[1] In Bezug auf Schenck's Arbeiten wenigstens in den letzten Publicationen.

bei Belastung an einer Stelle die Schwelle an einer anderen Stelle sich nicht ändere. Aber diese sowie die Hermann'schen Resultate sind bei dauernder Belastung gewonnen und daher, wie weiter unten auseinandergesetzt werden soll, nur bedingt zu verwerthen; umsomehr als die diesbezüglichen Untersuchungen am Herzen in der That für eine wirkliche Steigerung der Reizbarkeit zu sprechen scheinen und diese Resultate vielfach — wohl im Hinblick auf die älteren Resultate und Anschauungen der 60. Jahre — auch auf den Skeletmuskel übertragen worden sind.

Dass eine erhöhte Spannung am Herzen die Erregbarkeit steigert und entweder rhythmische Pulsationen hervorruft oder vorhandene beschleunigt, fanden unter Anderem Ludwig und Luchsinger (81) an der Herzspitze, Engelmann (82) am Bulbus aortae, Biedermann (84) am Schneckenherzen und Schönlein (94) am Aplysienherzen. Hierbei wurde die Spannungssteigerung meist durch Drucksteigerung von innen heraus durch Einpumpen von Flüssigkeiten bewirkt, nur Schönlein an der Aplysia wandte Gewichte an.

Streng genommen ist allerdings auch am Herzen keine Erregbarkeitssteigerung unzweideutig nachgewiesen. Man müsste dazu Methoden anwenden, wie sie von Engelmann (02, S. 5 ff.) ausgearbeitet sind. Denn es wäre z. B. immer noch möglich, dass die Spannung auch am Herzen nicht erregbarkeitssteigernd, sondern selbst direkt als Reiz wirkt. Nur wenn man mit Biedermann annimmt, dass jede Einwirkung, die, in geringem Grade ausgeübt, erregbarkeitssteigernd wirkt, in stärkerem Grade ausgeübt als Reiz wirke, dass also erregbarkeitssteigernde Einflüsse und Reize qualitativ dasselbe sind, kommt man über diese Schwierigkeit hinweg. Doch möchte ich diese ganze Frage dahingestellt sein lassen, da wir uns hier nur mit dem Skeletmuskel beschäftigen und auf ihn so wie so die am Herzen gewonnenen Resultate durchaus nicht ohne Weiteres übertragen werden dürfen.

Wenn man nun Versuche anstellen will, die den Zweck haben, zu untersuchen, ob die Spannung einen Einfluss auf die Reizbarkeit ausübt oder nicht, so darf man die Spannung nicht einfach durch Hinzufügen oder Wegnehmen von Gewichten variiren, denn dann wird der Muskel ja nicht nur unter veränderten Bedingungen gereizt, sondern diese sind auch noch während seiner Contraction wirksam und der Muskel leistet in Folge dessen auch unter anderen Bedingungen Arbeit. Wenn wir also bei wechselnder Belastung einen wechselnden Erfolg sehen, so ist an sich nicht zu sagen, ob dies auf einer Aenderung der Anspruchsfähigkeit, der Leistungsfähigkeit oder eventuell auf irgend welchen anderen Einflüssen beruht. Wir müssen also versuchen, die Bedingungen, unter denen der Muskel gereizt wird und unter denen er arbeitet, zu trennen und womöglich einzeln zu variiren.

An derartigen Versuchen hat es nicht gefehlt. Fick (67), Place (67·) und Tigerstedt (85) haben dies durch angebrachte, möglichst grosse Schwungmassen zu erreichen gesucht, die einmal in Bewegung gesetzt, selbstständig weiter fliegen und dadurch den Muskel entspannen. Aber erstens kommt diese entspannende Wirkung der Schwungmassen erst dann zur Geltung, wenn die Muskelcontraction bereits das Maximum ihrer Geschwindigkeit überschritten hat, während es doch für uns darauf ankommen muss, die Entspannung zwischen Reiz und Arbeitsleistung einzuschieben, dann aber werden durch die Schwungmassen schwer zu controllirende Bewegungscomponenten eingeführt, so dass die Zuckungscurve überhaupt nur mit Vorsicht, jedenfalls nur nach sorgfältigster Analyse, verwerthet werden kann. Für unsere Zwecke kommt diese Methode also nicht in Betracht. Noch mehr gilt dies in Bezug auf die Methode von Mendelsohn (79), der unter Marey zu einem ähnlichen Zwecke Gummifäden zwischen Muskel und Hebel anbrachte; auch hierbei wird die Spannung des Muskels während der Contraction beträchtlich, aber unübersichtlich, geändert. Fick (67) benutzte einen Elektromagneten, mit dem er den Muskel festhielt, bis der Tetanus voll entwickelt war. Auch v. Kries (80) hat zum selben Zweck einen Elektromagneten angewandt, der aber im gegebenen Moment eine Last an den Muskeln an- oder abhängte.

Die Einfügung einer bestimmten Last, die ein complicirtes Aufhängesystem von Schnüren nöthig macht, erscheint überflüssig; man kann die leicht zu variirende magnetische Anziehungskraft direct als spannende Kraft benutzen und auf diese Weise grosse Spannungen (Belastungen) erzielen, ohne doch dabei jemals grössere Massen in Bewegung zu setzen.

Die Masse besteht immer nur aus Hebel und Anker (bezw. dem angehängten isotonisch wirkenden Zusatzgewicht). Dadurch werden natürlich die Schwungwirkungen der Massen in wünschenswerther Weise beträchtlich reducirt. Dazu kommt, dass der Hebel in der Anfangsstellung immer dem Anker (mit wechselnder Spannung) aufliegt; man kann also alle Curven direct auf eine Abscisse schreiben und hat nicht nöthig, die Curven, wie v. Kries es thut, nachträglich zur Vergleichung über einander zu pausen.

Da sowohl Fick als auch v. Kries die An- oder Abhängung der Last immer erst während der Contraction des Muskels vornahmen, so besagen ihre Versuche, die zu ganz anderem Zweck angestellt sind, über eine veränderte Reizbarkeit nichts.

Die von mir gewählte Versuchsanordnung war folgende (s. Fig. 1). Der Muskel griff an einem möglichst für isotonische Versuche bestimmten Hebel an. Ganz war isotonisches Regime nicht durchzuführen, weil direkt unterhalb der Angriffsstelle des Muskels der, wenn auch möglichst leicht ge-

machte (schraffirt gezeichnete) Anker befestigt war; durch diesen konnte
der Hebel in horizontaler Lage fixirt werden, und es war nun leicht, den
Muskel durch Herauf- und Herunterschieben des Armes A (in Wirklichkeit
geschah dies durch eine Mikrometerschraube) jede gewünschte Spannung zu
geben, bis zu dem Maximalbetrage, bei dem die elastische Kraft des Muskels
die magnetische Anziehungskraft überwand und der Anker abriss. In
meiner Versuchsanordnung war dies bei Verwendung von zwei Accumulator-
zellen bei einer Spannung der Fall, die etwa eine Belastung von 900 ^{grm}
betrug, also eine Spannung, die an der Grenze der Belastung steht, bei

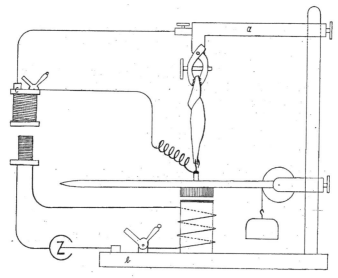

Fig. 1.

Schema der Versuchsanordnung.

der ein Gastrocnemius überhaupt noch äussere Arbeit leistet. Verzeichnet
wurde die Curve auf einem Engelmann'schen Schleuderkymographion, das
während seiner Umdrehung jedes Mal im selben Moment den Contact b
öffnete. Dadurch wurde der Stromkreis geöffnet, in welchem sich sowohl
der Elektromagnet als auch die primäre Spule eines Inductoriums befanden.
Die secundäre Spule wurde durch den Muskel geschlossen und konnte
durch den Vorreibeschlüssel c kurz geschlossen werden. Im Moment der
Contactöffnung wurde also der Muskel gereizt, während er noch völlig
gespannt war, aber gleichzeitig begann er sich sofort von selbst zu entspannen.

Mit Hilfe dieses Apparates wurden nun die Curven in folgender Weise aufgenommen.

Der Stativarm A wurde so eingestellt, dass auch, wenn kein Strom durch den Elektromagneten floss, der Anker doch auflag; im Allgemeinen wurde allerdings meist ein Bruchtheil eines Millimeters Zwischenraum gelassen, damit nicht etwa der Muskel dauernd unterstützt wurde, und in Folge dessen minimale Zuckungen sich nicht auf den Hebel übertragen hätten. Nun wurde bei kurzgeschlossenem secundären Kreis der primäre Strom geschlossen, der Anker wurde festgehalten. Jetzt wurde, ohne den Vorreibeschlüssel zu öffnen, die Kymographiontrommel einmal herumgeworfen und dabei der primäre Kreis geöffnet. In diesem Moment wird also der Anker losgelassen, der Muskel wird aber nicht gereizt, und der Schreiber verzeichnet einfach die Entspannungscurve, die natürlich entsprechend der minimalen Spannung äusserst flach ist, etwa wie die Curve a_0 in der schematischen Fig. 2. Ich hatte vorher geprüft, wo die Reizschwelle etwa liegt,

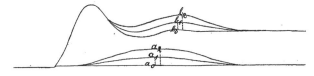

Fig. 2.

und ich reizte den Muskel nunmehr mit wachsender Stromstärke, indem ich mit einem sicher unterminimalen Werth beginne und die Rollen einander jedes Mal um 5 ^{mm} nähere. Dieses sprungweise Aufsuchen der Reizschwelle war hier geboten, da, besonders bei stark gespanntem Muskel, die Curven niemals, wenigstens nicht im Anfang, genau über einander geschrieben werden konnten, und durch zu häufige Reizung das Curvenbild unübersichtlich geworden wäre. Ausserdem aber scheint mir diese Methode der Schwellenbestimmung zu besseren Resultaten zu führen, vor allem aber eine Entscheidung darüber zu ermöglichen, wie weit in jedem einzelnen Falle die Genauigkeit geht, und ob die Schwellenbestimmung überhaupt einen Werth hat (s. unten). Sobald sich eine Curve über die übrigen erhob (etwa Curve a_1 in Fig. 2), machte ich bei unverändertem Rollenabstand und in zeitlicher Aufeinanderfolge von je 20 Secunden zwei weitere Aufnahmen. Darauf liess ich bei einem um weitere 5 resp. 10 ^{mm} verkürzten Rollenabstand noch ein oder zwei Gruppen von je 3 Myogrammen schreiben (Curve a_2 in der schematischen Figur).

32*

Versuch I   II

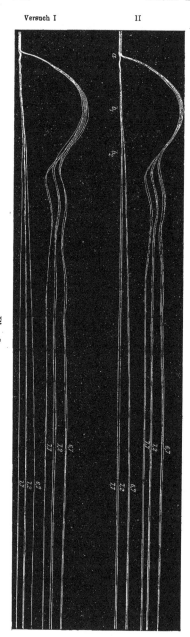

Fig. 3.

Fielen je drei zusammengehörige Curven nicht annähernd über einander, so· brach ich die Versuchsreihe ab und wartete, ob der Muskel diese störende Variabilität seiner Irritabilität verlieren würde, was manchmal geschah. Wenn nicht, so benutzte ich den Muskel nicht weiter für die Untersuchung. · Im Ganzen mussten in Folge dessen von 20 Fröschen 4 verworfen werden. Somit habe ich ein Mittel der Controlle. Bestimme ich aber durch Ausprobiren die Reizschwelle direct, so will ich ja gerade den Punkt suchen, an dem gerade etwas zu geschehen beginnt; wenn also der Muskel nicht ruht, weiss ich nicht, wie weit ich noch von der Reizschwelle entfernt bin, jedenfalls kann ich es nicht graphisch controliren. Die auch vorgeschlagene Methode, eine bestimmte Zuckungshöhe als Standard zu wählen und so lange zu probiren, bis diese Höhe jedes Mal gerade erreicht ist, kann zwar graphisch controlirt werden, ist aber hier ebenfalls nicht anwendbar, weil bei der Zuckungshöhe die Leistungsfähigkeit sicherlich eine Rolle spielt, und die sollte ja gerade ausgeschaltet werden.

Nunmehr wurde der Arm A mehr oder weniger gehoben und dadurch bei angezogenem Anker ein bestimmter Werth ertheilt.

Dieser Werth war natürlich nicht ein absolut bestimmter und fester. Wenn ein Muskel eine bestimmte Weile in einer bestimmten Lage festgehalten wird, so verringert sich seine Spannung entsprechend der Nachdehnung. Doch kommt für die vorliegende Untersuchung diese Spannungsänderung durchaus nicht in Betracht; ausserdem ist sie gering, und ich habe noch dadurch sie zu verringern gesucht, dass ich vor dem

Versuch mit gespanntem Muskel denselben einige Zeit gespannt liess und dann ein Mal entspannte. Während des Versuches wurde dann der Muskel jedes Mal eine möglichst gleich lange Zeit (etwa 5 Secunden) gespannt gehalten. Doch habe ich diese Vorsichtsmaassregel nicht etwa angewandt, weil ihr Unterlassen die Resultate hätte ändern können, sondern nur, weil ich dadurch übersichtlichere und leichter lesbare Curven erhielt.

Nun schrieb ich wieder die Entspannungscurve b_0 und bestimmte dann die Reizschwelle in derselben Weise wie vorher, wobei sich die Zuckungscurven b_1 und b_2 in ausserordentlich übersichtlicher Weise zu der Entspannungscurve addiren.

Wie die Curvenfacsimilia, die ich in Fig. 3 als Beleg und Beispiel abbilde, erkennen lassen, hebt sich beim gespannten Muskel die Zuckungscurve erst nach etwa der doppelten Zeit ($a\,b_2$) von der Entspannungscurve ab, wie beim ungespannten Muskel ($a\,b_1$). Doch ist dies nicht etwa ein Zeichen dafür, dass die Latenz in Wirklichkeit vergrössert worden sei, es rührt nur daher, dass in Folge der Schwungmassen des Hebels, besonders des Ankers, beim gespannten Muskel der Hebel bis zum Moment b_2 der Einwirkung des Hebels entzogen ist. Der Beginn der Contraction, der in dieses Stadium fällt, kann sich also nicht auf den Hebel übertragen. Der Muskel arbeitet also in diesem Falle unter den Bedingungen der Ueberlastung: dem zu Folge setzt die Curve auch, wie in der Figur ersichtlich, von vornherein steiler ein.

Unter der wohl allgemein angenommenen und im Wesentlichen auch richtigen Voraussetzung, dass die kleinen Zuckungshöhen in der Nähe der Reizschwelle der Reizstärke proportional sind, kann man nun den wirklichen Schwellenwert durch Interpolation in einfachster Weise finden.[1] Bezeichne ich den in Millimeter gemessenen Rollenabstand[2], bei dem die erste Zuckung erfolgte, mit r_1 und nenne ich die Zuckungshöhen

---

[1] Selbst wenn die Funktion keine durchaus gradlinige ist, würden die Fehler doch immer im selben Sinne gemacht und bei der relativen Vergleichung, die allein in Betracht kommt, wenig in's Gewicht fallen. Dazu kommt, dass es sich doch immer nur um eine Innterpolation innerhalb einer Strecke von 5 ^{mm} handelt; da nun aber plötzliche viel grössere Schwankungen der Erregbarkeit des Präparates vorkommen, ist die Genauigkeit der Messung in Beziehung auf die Versuchsbedingungen sicherlich eine durchaus genügende. Eine wirkliche Genauigkeit kann man doch nur, wie fast überall in der Physiologie, durch Mittelwerthe aus langen Zahlenreihen erhalten.

[2] Da es sich nur um relative Werthe handelt, genügt die Angabe des Rollenabstandes und die Messung der Stromintensität oder anderer absoluter Grössen ist überflüssig.

der kleineren und grösseren Zuckung (in willkürlichem Maasse gemessen) z_k bezw. z_g, so ist leicht ersichtlich, dass der Rollenabstand der Reizschwelle

$$r_0 = r_1 + \frac{5\,z_k}{z_g - z_k} \text{ Millimeter}$$

beträgt.

Uebersichtlicher als die Rechnung, aber auch unbequemer auszuführen, ist die graphische Interpolation. Für die in Fig. 3 abgebildeten Curven

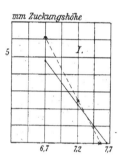 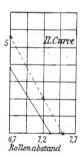

Fig. 4.

——— ohne Spannung.
×—× mit   „

ist die graphische Interpolation in Fig. 4 ausgeführt, und ich setze beispielshalber für diese beiden Curven die vollständige Berechnung hierher.

In dem Versuch I (Fig. 3) betragen die gemessenen Höhen:

a) ohne Spannung (einzeln gemessen) 2·0, 2·2, 2·4 bezw.   4·8[1]   mm
   im Mittel   2·2   „   4·8   „

b) mit Spannnng (einzeln gemessen) 2·3, 2·7, 2·9   „   5·9, 6·1, 6·3 „
   im Mittel   2·6   „   6·1   „

In dem Versuch II (Fig. 3) betragen die gemessenen Höhen:

a) ohne Spannung (einzeln gemessen)   0·6[1]   bezw. 3·5, 3·6, 3·9 mm
   im Mittel   0·6   „   3·7   „

b) mit Spannung (einzeln gemessen) 1·9, 2·0, 2·4   „   5·2, 5·5, 5·9 „
   im Mittel   2·1   „.   5·5   „

---

[1] Die Curven sind zu einer etwas verdickten Linie verschmolzen, also nicht mehr einzeln messbar.

Sowohl graphisch (Fig. 4), als auch durch Rechnung erhält man:

$$\text{Schwellenwerth aus} \quad \text{I a.} = 72 + \frac{5 \times 22}{48 - 22} = 72 + 4 \cdot 2 = 76 \cdot 2$$

$$\text{„} \quad \text{I b.} = 72 + \frac{5 \times 26}{61 - 26} = 72 + 3 \cdot 6 = 75 \cdot 6$$

$$\text{„} \quad \text{II a.} = 72 + \frac{5 \times 6}{37 - 6} = 72 + 1 \cdot 0 = 73 \cdot 0$$

$$\text{„} \quad \text{„} \quad \text{II b.} = 72 + \frac{5 \times 21}{55 - 21} = 72 + 3 \cdot 1 = 75 \cdot 1$$

Ehe ich die auf diese Weise gewonnenen Resultate zusammenstelle, möchte ich kurz die in Betracht kommenden constanten

Fehlerquellen

schildern.

1. Die Spannung des Muskels resp. seine Gestaltsänderung bedingt eine Aenderung des elektrischen Widerstandes, so dass der gleichbleibende Rollenabstand kein Maass für die unbedingte Gleichheit der Reize ist. Da, wie leicht ersichtlich — falls es sich nur um physikalische Dinge handelte —, der Muskelwiderstand bei der Dehnung, die ja das Volum kaum merklich ändert, direkt proportional dem Quadrat der Länge des Muskels sein müsste, und da ich Dehnungen bis zu 12 Proc. vorgenommen habe, so wäre dieser Einfluss, der also den Widerstand um ein Viertel seines Betrages geändert hätte, durchaus nicht zu vernachlässigen gewesen. Aber einmal sind die Widerstandsänderungen kleiner als man sie nach der Gestaltsänderung berechnen würde (mit anderen Worten: der gespannte Muskel hat ein besseres elektrisches Leitvermögen als der ungespannte), dann aber habe ich auch noch durch Einschaltung eines lose geschraubten Engelmann'schen Kohlerheostaten in den secundären Kreis, dessen Widerstand so gross gemacht, dass daneben die Aenderungen des Widerstandes im Muskel nicht wesentlich in Betracht kamen.

2. Ist zu bedenken, dass, wenn der gespannte Muskel bei Unterbrechung des Magnetstroms sich entspannt, im Moment des Zuckungsbeginns der Anker etwa $0 \cdot 5$ cm vom Elektromagneten entfernt ist, während der ungespannte Muskel den Anker nicht merklich abhebt. Es wäre also nicht ausgeschlossen, dass in diesem Falle ein etwaiger remanenter Magnetismus solche minimalen Zuckungen noch verhinderte, die sich bei einer Entfernung des Ankers um $0 \cdot 5$ cm deutlich ausprägen würden. Doch kommt ein solcher Einfluss nicht in Betracht; ich versuchte dies Anfangs auf dem Wege nachzuweisen, dass ich vermittelst einer Pohl'schen Wippe ohne Kreuz den Strom bald durch den Elektromagneten, bald durch einen gleichgrossen Rheostaten Widerstand schickte. Hierbei wurde die Reizschwelle merklich verändert; doch liess sich zeigen, dass dies nur daran lag, dass statt der

elektromagnetischen Spule ein induktionsfrei gewickelter Widerstand eingeführt wurde, was offenbar den Ablauf der Curve in einer physiologisch differenten Weise modifizirte. Liess ich den Elektromagneten im Kreise und entfernte ihn nur aus der Nähe des Hebels, so änderte sich die Reizschwelle nicht: der remanente Magnetismus verschwand also offenbar während der Latenz der Zuckung praktisch so gut wie vollständig.

Die erste Fehlerquelle würde, wenn wirksam, dahin zu interpretiren sein, dass der gespannte Muskel in Wirklichkeit erregbarer, die zweite, dass er weniger erregbar sei, als es nach meinen Versuchen der Fall ist. Praktisch dürften beide Momente das Resultat in keiner Weise modifiziren.

3. Eine dritte, in ihrer Wirkung sehr unübersichtliche, mögliche Fehlerquelle beruht darin, dass der gespannte Muskel (wie oben S. 501 gezeigt) doch nicht — wenigstens während der ersten 10 bis 15 σ nicht — unter genau denselben Bedingungen arbeitet als der ungespannte Muskel. Doch da die dauernde Belastung von vornherein so klein als möglich gewählt war (12 ^{grm}), macht ihr eventueller Wegfall gegenüber den grossen Unterschieden der Anfangsbelastung (bis zu 900 ^{grm}) keinen wesentlichen Unterschied.

Resultate.

Die auf diese Weise gewonnenen Schwellenwerthe von 116 Versuchen an 16 Fröschen, in Centimeter Rollenabstand ausgedrückt, sind in der Columne 2 der folgenden Tabelle zusammengestellt.

Tabelle.

Nerv Nummer und Datum	Die einzelnen Schwellenbestimmungen in ihrer Reihenfolge	Mittelwerthe		
		ohne Spannung	mit Spannung	
I. 25. I. 1905	13·3 ohne Spannung 12·7 mit „ 13·5 „ „ 12·7 ohne „ 12·5 mit „	13·00	12·80	+ 0·20
II. 26. I. 1905	16·0 ohne „ 15·8 mit „ 16·0 „ „ 16·2 ohne „ 16·2 mit „ 15·3 „ „ 14·0 ohne „ 13·5 mit „ 12·5 „ „ 12·5 ohne „.	14·88	14·68	+ 0·20

Tabelle (Fortsetzung).

Nerv Nummer und Datum	Die einzelnen Schwellenbestimmungen in ihrer Reihenfolge	Mittelwerthe		
		ohne Spannung	mit Spannung	
III. 12. III. 1905	12·0 ohne Spannung			
	11·5 mit ,,			
	10·5 ,, ,,			
	9·5 ohne ,,			
	9·5 mit ,,			
	10·5 ohne ,,			
	10·8 mit ,,			
	11·3 ohne ,,			
	11·3 mit ,,			
	11·5 ,, ,,	9·91	9·83	+ 0·08
	10·3 ohne ,,			
	11·4 mit ,,			
	11·4 ,, ,,			
	11·5 ohne ,,			
	10·5 ,, ,,			
	10·5 mit ,,			
	8·0 ohne ,,			
	7·8 mit ,,			
	6·7 ohne ,,			
	6·2 mit ,,			
IV. 14. III. 1905	13·4 mit ,,			
	12·5 ohne ,,			
	12·4 mit ,,			
	12·2 ,, ,,			
	11·5 ohne ,,	12·21	11·60	+ 0·61
	11·8 mit ,,			
	10·8 ohne ,,			
	11·4 mit ,,			
	11·3 ,, ,,			
V. 16. III. 1905	13·1 ohne ,,			
	12·9 mit ,,			
	13·4 ,, ,,	11·83	11·65	+ 0·18
	11·1 ohne ,,			
	11·2 mit ,,			
	11·3 ohne ,,			
VI. 17. III. 1905	10·2 ohne ,,	10·20	10·50	− 0·30
	10·5 mit ,,			
VII. 17. III. 1905	12·0 ohne ,,			
	11·5 mit ,,			
	11·2 ohne ,,	11·46	11·25	+ 0·21
	11·0 mit ,,			
	11·2 ohne ,,			

Tabelle (Fortsetzung).

Nerv Nummer und Datum	Die einzelnen Schwellen-bestimmungen in ihrer Reihenfolge	Mittelwerthe		
		ohne Spannung	mit Spannung	
VIII. 18. III. 1905	15·7 ohne Spannung 15·3 mit „ 14·7 „ „ 15·0 „ „ 16·5 ohne „ 15·0 mit „ 14·3 ohne „ 14·3 „ „ 15·0 mit „ 14·8 ohne „ 14·5 mit „ 13·0 „ „ 13·0 ohne „	14·86	14·94	− 0·08
IX. 18. III. 1905	15·4 „ „ 15·3 mit „	15·60	15·10	+ 0·50
X. 19. III. 1905	13·3 ohne „ 12·9 „ „ 13·4 mit „ 12·9 „ „ 12·4 „ „ 11·1 ohne „ 10·9 mit „ 11·6 ohne „	11·93	11·90	+ 0·03
XI. 20. III. 1905	14·5 mit „ 15·5 „ „ 14·6 ohne „ 14·3 mit „ 14·8 „ „ 14·7 ohne „	14·65	14·78	− 0·13
XII. 20. III. 1905	13·2 „ „ 13·6 mit „	13·00	13·80	− 0·80
XIII. 21. III. 1905	14·9 ohne „ 13·9 mit „ 14·2 ohne „ 14·5 mit „ 14·2 ohne „ 13·1 mit „ 14·1 ohne „ 12·9 mit „ 13·3 „ „	14·14	13·85	+ 0·29

Tabelle (Schluss).

Nerv Nummer und Datum	Die einzelnen Schwellen-bestimmungen in ihrer Reihenfolge	Mittelwerthe		
		ohne Spannung	mit Spannung	
XIV. 22. III. 1905	7·9 ohne Spannung			
	7·8 mit „			
	7·6 ohne „			
	7·5 mit „	7·60	7·60	± 0
	7·6 ohne „			
	7·6 mit „			
	7·3 ohne „			
	7·5 mit „			
XV. 24. III. 1905	9·6 ohne „			
	9·9 mit „			
	9·6 ohne „			
	9·8 „ „	9·63	9·86	− 0·23
	10·0 mit „			
	9·6 ohne „			
	9·7 mit „			
XVI. 24. III. 1905	12·9 ohne „			
	12·9 mit „	12·75	12·80	− 0·05
	12·6 ohne „			
	12·7 mit „			
	Summa	197·65	196·94	+ 0·71
	Durchschnitt	12·36	12·31	0·24
	Verhältniss	1004	: 1000	

Man sieht, dass die Anspruchsfähigkeit ein- und desselben Muskel-präparates meist nicht unbedeutende Schwankungen aufweist (in Versuch III z. B. eine Schwankung von fast 50 Proc.). Schon eine oberflächliche Be-trachtung der Zahlenreihen zeigt, dass es sich dabei im Wesentlichen um ein dauerndes Sinken der bathmotropen Fähigkeit handelt, was nicht weiter wunderbar erscheinen darf, da ich keine besonderen Vorsichtsmaassregeln getroffen hatte, um den Muskel vor Schädigungen zu schützen. Deutlicher werden diese Verhältnisse, wenn wir die Versuche in Curvenform zusammen-stellen, wie ich es für die 8 Versuchsreihen, welche die zahlreichsten Einzel-bestimmungen enthalten, auf der folgenden Seite gethan habe.

Je eine Linie bezieht sich auf eine Versuchsreihe, deren Nummer mit der Nummer der Tabelle übereinstimmt. Die einzelnen Versuche sind je einen Centimeter von einander abgetragen. Da manchmal zwischen zwei Versuchen nur wenige Minuten, manchmal Stunden verflossen sind, so ist die Abscisse nicht etwa der Ausdruck zeitlicher Verhältnisse. Doch glaubte

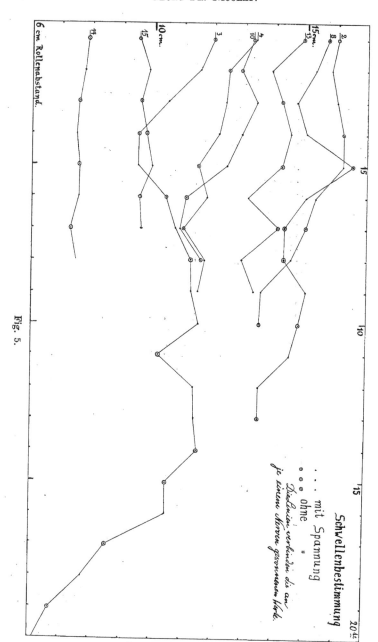

Fig. 5.

ich von der Berücksichtigung der Zeit vorläufig absehen zu können, da es fraglich ist, ob die Zeit oder die häufigere Thätigkeit den wesentlichen Antheil an dem Sinken der Anspruchsfähigkeit hat. Die Werthe, welche sich auf den gespannten Muskel beziehen, sind durch einfache Punkte ·, die, welche sich auf den ungespannten Muskel beziehen, durch eingekreiste Punkte ⊙ bezeichnet. Das allmähliche Absinken der Curven ist sehr deutlich (nur Curve XIV und XV sinken in nicht erheblichem Maasse, doch ist hier die Anspruchsfähigkeit ja von vornherein eine verhältnissmässig sehr geringe, die Versuche sind an 2 Fröschen gemacht, die am Tage vorher schon curarisirt waren). Der Abfall erfolgt nicht continuirlich; doch ist offensichtlich auf die Schwankungen nach oben oder unten der gespannte oder ungespannte Zustand des Muskels ohne Einfluss. Die Schwankungen sind durch andere unbekannte und daher als zufällig zu betrachtende Einflüsse bestimmt. Wir sehen also, dass wir vergleichbare Zahlenwerthe nur bekommen können, wenn wir den Muskel in mehrfacher Folge abwechselnd in gespanntem und ungespanntem Zustande untersuchen und dann die Durchschnittszahlen für die einzelnen Versuchsreihen berechnen.[1] Diese Durchschnittszahlen sind in den Columnen 3 und 4 für den ungespannten und den gespannten Muskel zusammengestellt. Die Differenzen der 4. gegen die 3. Colonne sind dann in Colonne 5 verzeichnet und man sieht, dass die besonders aus den längeren Reihen berechneten Werthe bis auf wenige Millimeter bereits unter einander übereinstimmen.

Noch grösser wird die Uebereinstimmung, wenn man die Durchschnittszahlen aller Versuche in Betracht zieht. Diese Durchschnittszahlen ergeben, dass die Reizschwelle des

gespannten Muskels bei 12·31 cm
des ungespannten „ „ **12·36** cm

Rollenabstand liegt. Die Werthe verhalten sich, wie

100·0 : 100·4,

der wahrscheinliche Fehler beträgt ± 0·43 Proc. Es liegt also der gefundene Unterschied ganz sicherlich innerhalb der möglichen Fehlergrenze, und wir sind wohl berechtigt, aus diesen Resultaten mit Sicherheit zu schliessen, dass die Spannung des Froschmuskels keinen nachweisbaren Einfluss auf seine Anspruchsfähigkeit ausübt, dass sie also hier nicht als bathmotroper Reiz wirksam ist.

---

[1] Ich möchte bemerken, dass, falls, wie häufig geschehen, mehrere Versuche in gespanntem bezw. ungespanntem Zustande hinter einander angestellt sind, diese für sich in einer Mittelzahl zusammengezogen werden müssen, die dann für die Berechnung als nur eine Bestimmung zu gelten hat.

Nun ist es aber eine von allen Untersuchern mit Sicherheit constatirte und leicht nachzuprüfende Thatsache, dass der gespannte Muskel mehr Arbeit leistet als der ungespannte. Der Mechanismus dieses Vorganges könnte in zwiefacher Weise zu Stande kommen.

1. Wäre es möglich, dass der gleiche Reiz im gespannten Muskel eine grössere Menge potentieller Energie auslöst als im ungespannten Muskel. Dann müsste natürlich diese erhöhte Leistungsfähigkeit auch dann zum Ausdruck kommen, wenn, wie bei unserer Versuchsanordnung der Muskel zwar bei der Reizung gespannt, bei der Arbeitsleistung aber bereits entspannt ist.

2. Wäre es möglich, dass zwar der gleiche Reiz in allen Fällen die gleichen Processe auslöste, dass aber die gespannte Muskelsubstanz — bei der Contraction — an sich leistungsfähiger ist als die ungespannte. In diesem Falle würde es für die Arbeit des Muskels völlig gleichgültig sein, in welchem Zustande sich der Muskel während des Reizes befindet, entscheidend wäre nur der Zustand während der Contraction. Bei unserer Versuchsanordnung dürfte die Leistungsfähigkeit also nicht steigen.

Die Frage lässt sich also experimentell entscheiden, falls wir ein Mittel hätten bei Anwendung einer sehr kleinen, dauernden Belastung und ohne Aenderung derselben — denn die wollen wir ja gerade constant erhalten — uns ein Urtheil über die Leistungsfähigkeit zu bilden. Diese Möglichkeit besteht, wenn wir wiederum berücksichtigen, dass die kleinen Zuckungen in der Nähe der Reizstelle, nahezu proportional der Reizstärke sind, denn dann ist es leicht ersichtlich, dass bei dem leistungsfähigeren, kräftiger arbeitenden Muskel, die Zuckungshöhen schneller wachsen müssen als bei einem weniger leistungsfähigen, mit andern Worten, dass eine Erhöhung der Leistungsfähigkeit sich in unseren Curven dadurch documentiren würde, dass in Fig. 3 die punktirt gezeichneten Linien, welche die Zuckungshöhe des gespannten Muskels verbinden, einen steileren Verlauf nehmen müsste, als die Linie, welche die Zuckungshöhe des ungespannten Muskels mit einander verbindet.[1] Dies ist in der Figur zufällig beide Male der Fall. Im Durchschnitt verhält sich der Winkel, den die Linie für den gespannten Muskel mit der Abscisse bildet, zu dem Winkel, den die Linie für den ungespannten Winkel mit der Abscisse bildet, wie 108 : 100, mit einem wahrscheinlichen Fehler

---

[1] Unter der Voraussetzung, dass die Reizschwelle von der Belastung unabhängig ist, würde es naturgemäss auch genügen, einfach die Zuckungshöhe eines Muskels bei starker und schwacher Spannung während des Reizes zu vergleichen. In diesem Sinne wäre der Versuch zu deuten, den Fick (67) auf Seite 61 beschreibt und in Fig. 9 (erste Zuckung linker Hand) abbildet. Warum Fick diese interessanten Versuche nicht fortgesetzt und präcisirt hat, sagt er auf Seite 64. Meiner Kenntniss nach sind gerade diese übersichtlichen und einfachen Versuche nicht wiederholt worden.

von 6 Proc. Ein Resultat, das dafür zu sprechen scheint, dass in Wirklichkeit die Leistungsfähigkeit nicht erhöht ist, dass also die oben unter 2 erwähnte Möglichkeit statt hat. Dieser Befund wäre ein Hinweis darauf, dass Reizung und Leistung in räumlich getrennten Organen stattfänden, und wäre auch eine weitere Stütze für die von Bernstein u. A. vertretene Ansicht, dass zwischen der Muskelreizung und dem Beginn der Contraction sich wesentliche Vorgänge abspielen müssen. Allerdings haben gerade Bernstein und Tschermak (02) gezeigt, dass — wenigstens bei Dauerbelastung — die Spannung von Einfluss auch auf den Anfangstheil des Actionsstromes ist. Dann könnten die Verhältnisse doch nicht so einfach liegen, wie oben angedeutet; zum Mindesten müsste man annehmen, dass die Form der Schwankungscurve von keinem bestimmenden Einfluss auf die mechanische Leistung des Muskels ist.

Doch begnüge ich mich mit diesem Hinweise und gehe auf eine nähere Begründung und eine Würdigung der Fehlerquellen nicht ein, da ich nach weiteren Versuchen — mit leichteren Hebeln und genauerer Bestimmung der jedes Mal vorhandenen Stromstärke — gerade auf diese Seite der Frage nochmals zurückkommen möchte.

Litteraturverzeichniss.

Bernstein und Tschermak (02), Ueber die Beziehung der negativen Schwankung des Muskelstromes zur Arbeitsleistung des Muskels. Pflüger's *Archiv.* Bd. LXXXIX. S. 289.

Biedermann (84), Ueber das Herz von Helix pomatica. *Sitzungsberichte der Wiener Akad. der Wissensch.* Math.-naturw. Classe. 3. Abthlg. Bd. LXXXIX. S. 19.

Derselbe (95), *Elektrophysiologie.* Jena.

Chauveau (05), Le travail musculaire et sa dépense energetique etc. *Compt. rend.* Vol. CXXXIX (in verschiedenen Arbeiten).

Engelmann (82), Der Bulbus aortae physiologisch untersucht. Pflüger's *Archiv.* Bd. XXIX. S. 425.

Derselbe (96), Ueber den Einfluss der Systole auf die motorische Leitung in der Herzkammer u. s. w. *Ebenda.* Bd. LXII. S. 543.

Derselbe (02), Ueber die bathmotropen Wirkungen der Herznerven. *Dies Archiv.* Physiol. Abthlg. Suppl. S. 1.

Fick (63), *Beiträge zur vergleichenden Anatomie der irritablen Substanzen.* Braunschweig.

Derselbe (67), *Untersuchungen über Muskelarbeit.* Basel.

Garten (03), *Beiträge zur Physiologie der marklosen Nerven.* Jena.

Heidenhain (64), *Mechanische Leistung der Wärmeentwickelung u. s. w.* Leipzig.

Hermann (61), Ueber das Verhältniss der Muskelleistungen zu der Stärke der Reize. *Dies Archiv.* Physiol. Abthlg. S. 369.

v. Kries (80—95), Untersuchungen zur Mechanik des quergestreiften Muskels. I—V. *Ebenda.* Phys. Abthlg. 80. S. 348 bis 95. S. 192.

Ludwig und Luchsinger (81), Zur Physiologie des Herzens. Pflüger's *Archiv.* Bd. XXV. S. 211.

Mendelsohn (79), sur le temps perdu des muscles. *Travaux du laboratoire de Marey.* 1878—79. p. 99—153.

Nicolai (04), Ueber die Leitungsgeschwindigkeit im Riechnerven des Hechtes. *Verhandlungen der physiol. Gesellschaft.* 10. Juni 1904.

Place (67), citirt nach Biedermann, *Elektrophysiologie.*

Schenck (96), Zur Frage, ob der physiologische Contractionsact von der Spannung beeinflusst wird (Pflüger's *Archiv.* Bd. LXII. S. 499) und mehrere folgende Arbeiten.

Schönlein (94), Ueber das Herz von Aplysia limacina. *Zeitschrift für Biologie.* Bd. XXX. N. F. 12. S. 187.

Tigerstedt (85), Untersuchungen über die Latenz der Muskelzuckung u. s. w. *Dies Archiv.* Physiol. Abthlg. Suppl. S. 113.

Tschermak (02), Ueber den Einfluss localer Belastung auf die Leistungsfähigkeit des Skeletmuskels. Pflüger's *Archiv.* Bd. XCI. 3/6. S. 217.

Weiss (99), Influence de la tension sur l'excitabilité du nerf. *Compt. rend. de la Soc. de Biolog.* Sér. 10. T. VI. Nr. 5. p. 105.

Beobachtungen über eine subjective Lichtempfindung im variablen magnetischen Felde.

Von

Prof. B. Danilewsky

in Charkow.

Bis vor kurzer Zeit war in unserer Wissenschaft die Ansicht vorherrschend, dass das magnetische Feld an sich in Bezug auf das Muskel- und Nervengebilde sich indifferent verhält, dass weder sensible, noch motorische Nerven auf die Einwirkung sogar kräftiger Electromagneten mit irgend einer Erregung reagiren.[1] Selbstverständlich kommen hier bloss solche Beobachtungsbedingungen in Betracht, in denen die Mitwirkung der Suggestion, was bei therapeutischer Anwendung der Magnetisation, bei hypnotisirten, hysterischen Personen u. s. w. leicht der Fall sein kann, vollkommen ausgeschlossen werden kann.

Im Jahre 1902 erschien eine kurze Mittheilung von Dr. Berth. Beer „Ueber das Auftreten einer subjectiven Lichtempfindung im magnetischen Felde“,[2] in der er die Beobachtung von Eugen Konrad Müller (Electro-Ingenieur in Zürich) über das Auftreten einer subjectiven Lichtempfindung in der Nähe eines starken Electromagneten anführt. Diese von Beer selbst, P. Rodari u. A. bestätigte Erscheinung besteht in Folgendem: Nähert man den Kopf — und zwar den Schläfentheil desselben — einem Ende des E. K. Müller'schen electromagnetischen Apparates, „des Radiators“, der

---

[1] Siehe mein Werk *Die physiologischen Fernwirkungen der Elektricität.* Leipzig, Verlag von Veit & Co. 1902· S. 47 u. f., sowie auch den 2. Theil desselben Werkes (russisch). S. 6 u. f.

[2] *Wiener klinische Wochenschrift.* Nr. 4.

ein sehr starkes variables magnetisches Feld erzeugt, so tritt im gleichnamigen offenen Auge eine Lichtempfindung auf in Form „eines Flimmerns"...
, am Rande des scharf sichtbaren Gesichtsfeldes waren flimmernde Wellen-
züge zu beobachten, die sich bei Augenbewegungen verschärften." Lässt
man durch die Windungen des Electromagneten einen starken variablen
Strom (bis 30 Ampères) fliessen und bringt man den Kopf noch näher zur
Steinplatte, die den Pol des „Radiators" bedeckt, so wird die subjective
Empfindung viel schärfer, die flimmernden Streifen treten in grösserer Zahl
auf und nähern sich mehr der Stelle des deutlichen Sehens. „Im Dunkeln
und bei geschlossenen Augen wurde ein Flimmern für mich dann zuweilen
bemerkbar, wenn ich matte Nachbilder oder Druckphosphene in grösserer
Ausdehnung sah" (B. Beer). [1]

Die angeführte Beobachtung bietet also den ersten mehrfach bestätigten Beweis für die physiologische Activität des variablen magnetischen
Feldes von ausreichender Spannung. Leider blieb sie als vereinzelte Thatsache ohne weitere Untersuchung; und doch können immer — der Anstellung ähnlicher Versuche gemäss — verschiedenerlei Zweifel entstehen in
Bezug auf die mögliche Mitwirkung anderweitiger Einflüsse, und zwar des
elektrischen Feldes, der mechanischen Erschütterung, der schwankenden
Elektrisation des ganzen Körpers des Beobachters u. dgl. Solche Zweifel
wurden in der That von mehreren Physiologen erhoben. Zweifellos bedurfte die von E. K. Müller entdeckte Thatsache einer ausführlicheren
Nachprüfung. Ich benutzte deshalb den Sommeraufenthalt in Zürich (im
Jahre 1902) zur Anstellung solcher Versuche im electrotherapeutischen
Institute „Salus" von E. K. Müller unter dessen liebenswürdiger Mitwirkung in der electrotechnischen Anstellung. Leider gestattete mir die
kurze Dauer meines Aufenthaltes nicht, die Frage im wünschenswerthen
Umfange zu bearbeiten; die unten anzuführenden Ergebnisse können jedoch,
wie ich glaube, als ausreichend gelten, um die oben angeführte Thatsache
als genügend begründet für die weiteren Untersuchungen anzuerkennen.

Zunächst überzeugte ich mich von der Richtigkeit der Thatsache selbst,
und zwar, dass in einem starken variablen magnetischen Felde
im offenen Auge, welches in genügende Nähe des Radiators [2] gebracht wird, an der Peripherie des Gesichtsfeldes ein Flimmern auftritt in Form von concentrischen, wellenartigen Licht-
bewegungen; im Centrum des Gesichtsfeldes bleibt die Beleuchtung mehr minder constant. Wird das Auge geschlossen, so

---

[1] Siehe auch P. Rodari, *Correspondenzblatt für Schweizer Aerzte.* 1903. Nr. 4.

[2] Dieser besteht aus einem Eisendrahtkerne, welcher von einem isolierten Draht
mehrfach umwickelt ist; durch den letzteren wird ein starker Wechselstrom geleitet
(bis 30 Ampères und noch mehr!).

verschwindet die Erscheinung. Ich verdunkelte das Auge vor dem Versuche während einiger Minuten, konnte aber keine entoptische Erscheinungen im geschlossenen Auge wahrnehmen. Es ist wohl möglich, dass eine länger dauernde und vollkommenere Adaptation — bei der hohen Erregbarkeit der nervösen Sehapparate — ein anderes Resultat ergeben würde.

Der Zustand des anderen Auges — bleibt es offen oder geschlossen — übt fast keinen merklichen Einfluss aus.

Was das „Tempo" des Flimmerns anbetrifft, so ist dasselbe von mir nicht genau bestimmt worden, jedenfalls war es viel geringer als die Wechselzahl des Stromes, welcher durch die Windungen des „Radiators" floss, und zwar kann dieses Tempo etwa auf 5 bis 8 in 1″ und sogar noch weniger geschätzt werden. Bei der ferneren Untersuchung dieser Erscheinung machte ich die Bemerkung, von der Anstellung meiner bereits veröffentlichten[1] electrokinetischen Versuche am motorischen Nerven ausgehend, dass die Orientirung des Auges, resp. des Kopfes in Bezug auf den Radiator — ebenso wie die Entfernung von demselben — von nicht unwichtiger Bedeutung ist. Ist die Schläfe dem Pole zugewendet, so ist die Empfindung des Flimmerns schärfer, wird aber — womöglich ceteris paribus — der Kopf mit dem Gesichte en face gegen den Pol des Radiators eingestellt, so wird der Effekt bedeutend schwächer.

Zur Beseitigung der oben erwähnten Nebenwirkungen, so z. B. Electrisation des Kopfes, mechanischer Erschütterung u. s. w. wurden entsprechende Maassnahmen getroffen. Es stellte sich dabei heraus, dass weder Ableitung zur Erde, noch Isolation, noch Bedeckung des Radiators mit einer mit der Wasserleitung verbundenen Metallhülse die in Frage stehende Erscheinung in irgend welcher Weise beeinflusste. Eine grössere Bedeutung hatte offenbar die Einstellung grosser Metallplatten, besonders eiserner, zwischen dem Kopfe und dem Radiator; und zwar wurde bei dieser Bedingung das Flimmern schwächer. Leider waren meine Beobachtungen in dieser letzten Richtung in nicht genügend vollkommener Weise angestellt.

Machten die eben beschriebenen Versuche die Annahme sehr wahrscheinlich, dass die Ursache der Lichtempfindung in der magnetischen Energie liegt und nicht in irgend welchen nebensächlichen Bedingungen des Versuches, so wird diese Annahme durch die folgende Versuchsanordnung in genügender Weise bestätigt. Analog meinem Versuche am motorischen Nerven mit electrokinetischer Interferenz[2] führte ich das nämliche im gegebenen Falle aus. Der Kopf des Beobachters befindet sich zwischen zwei horizontal eingestellten electro-

---

[1] A. a. O.
[2] A. a. O. S. 157 u. f.

magnetischen „Radiatoren" von E. K. Müller, deren innere Pole beiden
Schläfen zugewendet sind; die Radiatorenaxen liegen also in einer Frontal-
ebene. Leitet man durch die Windungen der beiden Radiatoren einen
Strom, der so gerichtet ist, dass die Polaritäten dieser inneren Pole
ungleichnamig sind, so kommt in beiden Augen ein ziemlich starkes
Flimmern zu Stande. Sind dagegen die Pole beider Electromagneten
gleichnamig, so erlischt die Erscheinung vollkommen. Eine
Controlbeobachtung kann auch in folgender Weise angestellt werden: indem
wir die Radiatoren in verschiedener Richtung verschieben, vergrössern wir
den Abstand zwischen denselben; der Kopf wird nun dazwischen gebracht;
befindet sich nun dieser in der Mitte, so kommt kein Flimmern zu Stande,
mögen die Pole gleich- oder ungleichnamig sein; das Flimmern tritt jedoch
wieder auf, sobald der Kopf einem der Apparate näher gebracht wird, und
zwar kommt die Empfindung im gleichnamigen Auge zu Stande, d. h. in
demjenigen, welches dem Radiator näher liegt.[1]

Um die physikalische Seite dieser Versuchsanordnung aufzuklären, ist
noch zu erwähnen, dass, wenn man in den interpolaren Raum, anstatt des
Kopfes einen mehrfach gewundenen Spiraldraht hineinbringt, der mit einem
Telephon oder mit einer kleinen Glühlampe verbunden ist, man sich von
der Anwesenheit einer mittleren Indifferenzzone überzeugen kann,
welche in der Drahtspirale bei der Bedingung einer gleichnamigen
Polarität der inneren Pole keine Induction hervorruft; nähert man aber
diese Spirale einem der Radiatoren, so tritt ein Tönen, resp. Aufleuchten
sofort auf. Dieser letztere Effect wird deutlicher ausgesprochen im ganzen
Interpolarraume, wenn die Polarität ungleichnamig ist. Ein ganz
analoges Resultat erhält man auch an einer dicken Aluminiumplatte, welche
vibrirt, stark erwärmt wird und von jedem Pole für sich in deutlicher Weise
abgestossen wird; wird sie aber in die erwähnte Indifferenzzone gebracht,
so bleibt sie in Ruhe. Die Anwesenheit dieser Zone, in welcher die inducirenden, resp. magnetischen Wirkungen der beiden Radiatoren gegenseitig
aufgehoben werden, kann auch mittels eines Stahlcylinders demonstrirt
werden, welches von jedem Pole für sich stark angezogen wird; dieser bleibt
aber in Ruhe im Bereiche der Indifferenzzone, d. h. im Gebiete der Interferenz der variablen magnetischen Felder.

Wegen der Uebereinstimmung der physiologischen und physikalischen
Resultate bei gewissen Bedingungen der beiderseitigen Einwirkung der Electromagneten, ist also anzunehmen, dass die subjective Lichtempfindung
in der That durch eine inductive Wirkung im variablen magnetischen Felde bedingt wird.

---

[1] Es ist noch hervorzuheben, dass in diesen Versuchen durch die Windungen der
Radiatoren ein Wechselstrom von 35 Ampères bei 220 Volt hindurchgeleitet wurde.

Bevor wir zur Frage vom Orte der „inducirten Erregung" übergehen, müssen wir bemerken, dass, wenn wir das Ohr, die Nase, die Zunge, die Hände und verschiedene Theile des Kopfes dem Radiator näherten, so konnten wir keine Spur von irgend welcher Erregung wahrnehmen trotz verschiedenerlei Variationen der Versuchsbedingungen und trotz der grossen Stärke des inducirenden Stromes, welcher durch die Windungen des Electromagneten geleitet wurde. Durch weitere Steigerung der Voltage wäre es vielleicht gelungen eine physiologische Activität hervorzurufen. Es muss aber jedenfalls beachtet werden, dass die Processe der Magnetisirung und Entmagnetisirung verhältnissmässig langsam vor sich gehen; der magnetische Reiz gehört also zum Typus der „Zeitreize". Es sind deshalb zur Entdeckung seiner reizenden Eigenschaften specielle günstige Bedingungen Seitens des Versuchsobjectes nothwendig (so z. B. glatte Musculatur, Abkühlung, irritable Gebilde von Kröten und Schildkröten, ein gewisser Grad von Absterben oder Degeneration, Einwirkung mancher Gifte und dgl.). Ausserdem sind wohl zu beachten die Häufigkeit und Stärke der Potentialschwankungen des magnetischen Feldes, die Anordnung und die Dichte der Kraftlinien, die Grösse und die Energie des Feldes, die möglichen Combinationen mit elektrischen Eigenschaften und Kräften u. s. w. Die Wahrscheinlichkeit der physiologischen Activität des Magnetismus ist a priori nicht in Abrede zu stellen, wenn man solche Wirkungen desselben beachtet, wie die Wanderung der Electrolyten im magnetischen Felde (O. Urbasch), das Sinken und sogar Verschwinden der elektrischen Ladung eines geschlossenen verdünnten Gazes (Gassiot, Phillips, Lebedinsky), die Veränderung des elektrischen Leitungsvermögens unter dem Einflusse des magnetischen Feldes (für Bismut, Lénard), die Veränderung der chemischen Reactionen, welche durch Elektricität hervorgebracht werden, unter der Einwirkung des Magnetismus, der theoretisch annehmbare Einfluss desselben auf das chemische Gleichgewicht (A. de Hemptine) u. s. w. Selbstverständlich kann die überhaupt schwache Energie des magnetischen Feldes ungenügend sein, um in den irritablen animalischen Gebilden einen sichtbaren Erregungsprocess hervorzurufen, es wäre aber voreilig, daraus zu schliessen, dass da keine physiologische Activität überhaupt anwesend ist.[1] Die oben angeführten Beobachtungen deuten, meines Erachtens, im Gegentheil auf eine positive Entscheidung dieser Frage hin.

Was die von Manchen geäusserte Meinung betrifft, wonach die Ursache der subjectiven Empfindung des Flimmerns im oben beschriebenen Versuche in einer directen Erregung der Sehnerven durch Induction zu suchen ist, so scheint sie mir ungenügend begründet zu sein. Als Widerlegung

---

[1] Siehe *Die physiologischen Fernwirkungen.* S. 49 u. f.

dieser Meinung kann das Fehlen des Flimmerns im geschlossenen Auge
angeführt werden; unerklärbar wäre auch der Umstand, dass diese Wirkung
an der Peripherie des Gesichtsfeldes in Form von concentrischen Ringen
von abwechselnder Helligkeit zum Vorschein kommt. Nimmt man dagegen
an, dass die inducirte Reizung eine clonische Contraction des Ciliarmuskels
und deshalb auch eine intermittirende mechanische Zerrung der peripherischen
Zone der Retina hervorruft, so wird die beschriebene Erscheinung, und zwar
das wellenförmige Flimmern am Rande des Gesichtsfeldes verständlicher.
Es ist übrigens zuzugeben, dass zur Begründung dieser Annahme weitere
Beobachtungen erforderlich sind.

Jedenfalls sind wir berechtigt, eine Thatsache zu constatiren, welche
auf eine Reizungserscheinung im variablen magnetischen Felde
hinweist, welch letzteres sich also bei gewissen Bedingungen als physiologisch
nicht indifferent erweist.[1]

---

[1] Als directen Hinweis auf die physiologische Activität des variablen magne-
tischen Feldes können auch die Versuche über die hemmende Wirkung desselben auf die
Beweglichkeit der Infusorien dienen (siehe z. B. die Mittheilung von H. Grenet in
Société de biologie 11. juillet 1903), wenn in denselben solche Nebeneinflüsse wie
Elektrisation, Erwärmung und dergl. ausgeschlossen sind.

Ueber die chemotropische Bewegung des Quecksilbers.

Von

Prof. B. Danilewsky
in Charkow.

Im Jahre 1858 veröffentlichte Paalzow[1] seine Beobachtungen über die Bewegung eines mit stark verdünnter Schwefelsäure übergossenen Quecksilbertropfens unter dem Einflusse eines nahe gelegenen Krystalls von Kaliumbichromat. Unter dem Einflusse des beständigen Wechsels der Oberflächenspannung des Quecksilbers — diese wird bald geringer wegen Bildung eines Oxydbelages, bald wird sie vermehrt, wenn sich das Oxyd in der Säure löst — wird der Quecksilbertropfen in eine ziemlich rasche zitternde Bewegung versetzt, indem er bald ans Bichromatkrystall angezogen, bald von demselben abgestossen wird. Neulich gab Jul. Bernstein[2] diesem Versuche eine solche Anordnung, bei welcher der Quecksilbertropfen nach dem Bichromat hin wandert. Ein Glasröhrchen von etwa 8 cm Länge und 3 mm Lumendurchmesser wird mit verdünnter Schwefelsäure gefüllt und in die Mitte des Röhrchens wird ein kleiner Quecksilbertropfen hineingebracht, der das Lumen nicht ganz einnehmen darf. Führt man nun in das eine Ende des horizontal liegenden Röhrchens einen Bichromatkrystall hinein, so beginnt der Quecksilbertropfen nach einigen Secunden, sobald die gelbe Färbung ihn erreicht, sich stossweise nach der Richtung des Bichromats hin zu bewegen und, indem der Tropfen Wirbelbewegungen ausführt, erreicht er bald den Krystall. Der vordere Theil des sich bewegenden Tropfens

---

[1] Poggendorff's *Annalen*. 1858. Bd. CIV. S. 419.

[2] Pflüger's *Archiv für Physiologie*. 1900. Bd. LXXX. S. 628. — Vgl. auch die Zusammenstellung der Bewegungserscheinungen in Folge des Wechsels der Oberflächenspannung in Wiedemann's *Elektricitätslehre*. 1894. Bd. II. S. 785 u. f.

zeigt gewöhnlich eine reine metallische Oberfläche, der hintere Theil aber ist belegt. Eine ähnliche fortschreitende Bewegung des Quecksilbertropfens beobachtete Bernstein auch am Boden einer horizontal stehenden flachen Schale auf einer Strecke von mehreren Centimetern, bis das Quecksilber den Bichromatkrystall erreichte. Nimmt man anstatt Schwefelsäure verdünnte (20 Volumprocente) Salpetersäure, so gelingt der Versuch noch besser, ein Umstand, den ich vollkommen bestätigen kann. Der Quecksilbertropfen verändert seine Form, sendet Ausläufer aus, zieht dieselben wieder ein, stösst den Bichromatkrystall ab, nähert sich demselben wieder an, umfasst ihn zuweilen, entfernt sich dann von demselben u. s. w.

J. Bernstein hebt mit vollem Rechte die ausserordentliche Aehnlichkeit solcher Bewegungen des flüssigen Metalls mit den Erscheinungen der Locomotion und Contraction der einfachsten Organismen hervor. Diese Analogie beschränkt sich nicht bloss auf eine äussere Aehnlichkeit, sondern wird bekanntlich hypothetisch auch weiter durchgeführt, und zwar in Bezug auf den Mechanismus dieser Bewegungen und auf die Quelle der Energie derselben im lebenden Protoplasma.

L. Errera[1] bringt etwas Quecksilber in eine Petri'sche Schale zwischen Kaliumbichromatkrystallen, welche am Boden der Schale angeklebt sind; fügt man nun verdünnte Salpetersäure hinzu, so beginnt das Quecksilber ziemlich intensive amöboide Bewegungen auszuführen ("Amibe mercurielle" de Paalzow).

Wegen des hohen Interesses des Chemotropismus des Quecksilbers auch für Biologen glaube ich manche Modificationen des oben beschriebenen Versuches anführen zu sollen.

Auf den Boden einer horizontal stehenden flachen Glas- oder Porzellanschale wird eine verdünnte wässerige Lösung von Chromsäure gebracht; man lässt dann von einiger Höhe Quecksilber fallen, welches in kleine Tropfen zersplittert, die rasch mit einer dünnen Oxydschicht bedeckt werden und wegen der Verminderung der Oberflächenspannung die verschiedensten Formen annehmen, ohne zusammen zu fliessen. Lässt man nun an verschiedenen Stellen der Schale etwas verdünnte Salpetersäure tropfenweise zufliessen, so gerathen die Quecksilbertröpfchen in Bewegung und nehmen nachträglich die abenteuerlichsten Formen an; am häufigsten werden sie in die Länge gezogen, werden bald keulenförmig, bald sichel- oder spindelförmig; biegen sich bald nach der einen, bald nach der anderen Seite hin; werden bald S-förmig, bald wurmförmig oder sie zeigen die Form einer Kugel mit Ausläufern u. dgl.; indem sich die Tröpfchen fortwährend be-

---

[1] VI. Congrès international de physiologie. *Archivio di Fiziologia dal G. Fano.* Vol. II. fasc. 1. p. 95. 1904 Novembre.

wegen und ihre Form wechseln, zeigen sie nicht selten in der Mitte eine Einziehung, die zuweilen reisst, so dass sich vor unseren Augen ein Theilungs-, resp. Knospenbildungsprocess vollzieht. Zu gleicher Zeit werden auch rotatorische und fortschreitende Bewegungen beobachtet. In günstigen Fällen erinnern die sich bewegenden Quecksilbertröpfchen an einen Haufen wimmelnder Würmer. Nimmt man die Säure etwas stärker, so werden die Bewegungen lebhafter, die Oberfläche der Tröpfchen ist metallisch glänzend, in der Nähe derselben beobachtet man die Bildung eines reichlichen Niederschlages von chromsaurem Quecksilber, der wirbelnde Bewegungen zeigt.

Diese Bewegungen können während einer Stunde und länger andauern, wenn die Schale gross und die Säure nicht zu stark genommen wird. Durch Hinzufügen von Alkohol kann man in manchen Fällen die Bildung des reichlichen Niederschlags von Quecksilberchromat verhindern, der sonst das Spiel der Quecksilbertheilchen verdeckt.

In diesem Versuche sieht man die ausserordentliche Mannigfaltigkeit der Formen der sich bewegenden Tröpfchen und den raschen Wechsel derselben unter dem Einflusse der gegenseitigen Wirkung mit der umgebenden Flüssigkeit; ein und dasselbe Tröpfchen wechselt während einiger Secunden mehrmals seine Conturen. Selbstverständlich verlaufen die Formveränderungen der Quecksilbertröpfchen und deren Bewegungen um so langsamer, je schwächer die Oxydationsprocesse und daher auch die Veränderungen der Oberflächenspannung vor sich gehen.

Die oben beschriebenen Versuche zeigen, dass die Quecksilbertheilchen bei gewissen physikalisch-chemischen Bedingungen das lebende Protoplasma — in Bezug auf amöboide Bewegungen und Chemotropismus — sozusagen nachahmen. Es entsteht nun die Frage: wie gross ist die mechanische Kraft, welche da aus chemischer Energie durch Vermittlung von Oberflächenspannung entwickelt wird? Um uns davon eine gewisse Vorstellung zu bilden, wollen wir folgenden Versuch anstellen.

Auf den Boden einer flachen Schale giesst man ziemlich viel Quecksilber, etwa 50 bis 100 ^{grm} oder sogar noch mehr, aber so, dass nicht der ganze Boden damit bedeckt sei; man giesst dann verdünnte Salpetersäure, der zum oben erwähnten Zwecke ein wenig Alkohol eventuell hinzugesetzt werden kann, hinein. Das Kaliumbichromat wird in Form eines etwa erbsengrossen Krystalls in der Nähe des freien Randes der Quecksilbermasse auf den Boden gelegt. Nach einiger Zeit, sobald ein kleiner Strahl der Chromlösung das Quecksilber erreicht, geräth das letztere in Bewegung, es werden schwankende und zitternde Ortsveränderungen beobachtet, es bildet sich ein langer breiter Fortsatz, ein zungenförmiges „Pseudopodium", das sich nach der Richtung des Krystalls hin bewegt und denselben verschiebt, worauf die Quecksilbermasse rasch zurücktritt, um sich dann wieder dem

Bichromate zu nähern u. s. w. In manchen Fällen lassen sich zitternde und rotatorische Bewegungen deutlich beobachten. Steht die Schale nicht ganz horizontal, so kann sich der zungenförmige Fortsatz der Quecksilbermasse nach oben bewegen, in der Richtung nach dem Bichromatkrystalle hin emporsteigend, d. h. der Schwerkraft entgegengesetzt; die dadurch geleistete mechanische Arbeit ist durchaus nicht gering, sogar wenn man die grosse Trägheit der sich bewegenden Quecksilbermasse berücksichtigt. Der Versuch imponirt noch mehr, wenn man ein kleines Bichromatkryställchen wählt und sich durch wiederholte Wägungen desselben vor und nach dem Versuche vom geringen „Verbrauche" desselben überzeugt.

Die Beobachtung wird noch lehrreicher, wenn man mehrere Kaliumbichromatkryställchen nimmt und sie an verschiedenen Stellen in der Nähe des Quecksilbers anbringt, sowie auch an der Oberfläche desselben. Bei dieser Anordnung werden sogar bei sehr grossen Quecksilbermassen von 300 bis 400 ^{grm} und mehr Bewegungen beobachtet.

Der angeführte Versuch beweist, dass bei gewissen Bedingungen aus der allgemeinen Quecksilbermasse sich lange Fortsätze oder Zungen bilden können. Die folgende Versuchsanordnung beweist, dass diese Sonderung noch weiter gehen kann und dass unter dem Einflusse der veränderlichen Oberflächenspannung sogar eine Zersplitterung der Quecksilbermasse erfolgen kann. Zu diesem Zwecke wird letztere (in einem horizontal flachen Gefässe) mit einer fertigen Mischung von Chrom- und Salpetersäure begossen; die compacte Quecksilbermasse zersplittert dann von selbst in eine Menge sich bewegender Theilchen von verschiedenartigsten Formen (rundlicher, wurm- und sichelförmige u. a.).

Es wäre nun irrig, wenn man glauben würde, dass der beständige Wechsel der Oberflächenspannung des Quecksilbers nur als Quelle für die mechanische Energie ausschliesslich des Quecksilbers, d. h. nur für die Bewegung des letzteren dienen kann. In dieser Richtung ist der folgende Versuch demonstrativ. Auf den Boden einer flachen Schale wird so viel Quecksilber gebracht, dass es denselben ganz oder grösstentheils einnimmt; wir schütten dann ein wenig verdünnte Salpetersäure, der etwas Alkohol zugesetzt ist, hinzu und werfen ein oder mehrere kleinere Kaliumbichromatkryställchen hinein; letztere geraten sofort in rasche fortschreitende und rotatorische Bewegungen an der Quecksilberoberfläche, die ihren metallischen Glanz fast beibehält, einen kaum merklichen Oxydbelag bildend. In günstigen Fällen ist die Schnelligkeit der Bewegung so gross, dass man dem sich herumdrehenden Krystall kaum folgen kann.

Das sind die interessanten Variationen des Paalzow'schen Versuches, welche freilich noch vielfach modificirt werden können.

Das Interesse dieser Versuche über den Chemotropismus des Quecksilbers besteht für den Biologen darin, dass diese als übersichtliche, lehrreiche Illustration zu derjenigen Hypothese dienen, die der Oberflächenspannung des lebenden Protoplasmas eine wesentliche Bedeutung beimisst in Bezug auf die Entwickelung von mechanischer Energie, welche sich in den contractilen Eigenschaften des Protoplasmas äussert (G. Quincke, J. Bernstein u. A.).[1] Die veränderliche Grösse dieser Spannung an den verschiedenen Partien der protoplasmatischen Masse, welche Spannung vom eigenen Chemismus des Protoplasma, von den Reizungsbedingungen und von den Wechselbeziehungen des Protoplasma zum umgebenden Medium abhängig ist, bildet eine der wichtigsten Bedingungen für die Entstehung der sogenannten „contractilen Kräfte" des lebenden Organismus.

---

[1] Vgl. z. B. G. Berthold, *Studien über Protoplasmamechanik.* Leipzig 1886, besonders aber L. Rhumbler, Allgemeine Zellmechanik. *Ergebnisse der Anatomie.* Bd. VIII. S. 543, sowie auch M. Verworn, *Allgemeine Physiologie.*

Der Einfluss der Gehirnrinde auf die Geschlechtsorgane, die Prostata und die Milchdrüsen.

Von

Prof. **W. v. Bechterew.**

Trotz der ungeheuren Bedeutung des psychischen Momentes für die Geschlechtsthätigkeit hat die physiologische Litteratur über den Einfluss der Gehirnrinde auf den Zustand der Geschlechtsorgane sich immer durch auffallende Dürftigkeit ausgezeichnet.

So viel ich weiss, wurde zuerst von mir im Vereine mit Dr. N. A. Mislawski im Jahre 1890 bis 1891 eine Reihe von Versuchen an Kaninchen und Hunden ausgeführt, um den Einfluss der Grosshirnrinde auf die Bewegungen der Vagina zu prüfen.[1] Wir befolgten bei allen unseren damaligen Versuchen die graphische Methode. Es wurde entweder durch die Schamspalte oder durch eines der Uterushörner ein feiner Ballon in die Scheide gebracht, der nun mit Wasser gefüllt und mit einem Wassermanometer verbunden wurde, dessen Schwankungen mit Hilfe des Marey'-schen Apparates sich einer Registrirtrommel aufzeichneten.

Wir überzeugten uns bei diesen Versuchen, dass es möglich ist, von der Hemisphärenrinde aus durch entsprechende Reize Scheidenbewegungen auszulösen oder zu hemmen.

Beim Kaninchen entspricht die Gegend der Gehirnrinde, deren Reizung bestimmte Veränderungen des Zustandes der Vagina zur Folge hat, dem gleichen Felde, welches auch die motorischen Centra beherbergt. Die Erregung der Vaginalbewegungen äussert sich bei diesem Thier durch mehr oder weniger beträchtliche Beschleunigung und Steigerung der normalen Contractionen, die Hemmungswirkung als Verlangsamung dieser Contractionen und selbst als mehr oder weniger andauernder Stillstand derselben.

---

[1] W. v. Bechterew und N. Mislawski, Ueber die Hirncentren der Scheidenbewegungen bei Thieren. *Dies Archiv.* 1891. Physiol. Abthlg. S. 380 ff.

Beim Hunde trat ein bemerkbar schwächerer Einfluss auf die Scheide gleichfalls hauptsächlich von Seiten des Gyrus sigmoideus auf. Nur in wenigen Versuchen gelang es mit verstärkten Strömen auch von Nachbarspunkten lateral und distolateral vom Gyrus sigmoideus einen Effect auf die Scheide zu erhalten. Wie beim Kaninchen, so lassen sich auch beim Hunde sowohl Reizwirkungen, wie Hemmungswirkungen vom Gyrus sigmoideus auslösen. Im ersten Falle handelt es sich um mehr oder weniger auffallende Beschleunigung und Verstärkung der normalen Scheidenbewegungen, im zweiten Fall bedingt die Rindenreizung eine Verlangsamung und Herabsetzung bezw. selbst zeitweiliges Aufhören der Scheidenbewegungen.

Die durch Reizung der Gehirnrinde hervorgerufene Steigerung der Scheidencontractionen äussert sich gewöhnlich in Gestalt einer recht hohen und langen Contractionswelle, hin und wieder sogar mit mehreren Gipfeln von ungleicher Höhe. Später, nach dem Aussetzen der Reizung, tritt gewöhnlich Verlangsamung und Abschwächung der Scheidencontractionen auf, manchmal sogar völliger Stillstand derselben.

Werden Hemmungswirkungen hervorgerufen, dann waren die Erscheinungen von ganz anderer Art. Anfangs wurden bei Reizapplication die Scheidencontractionen schwächer und langsamer, hörten wohl auch ganz auf und zwar meist für die ganze Dauer des Reizes; darauf aber trat gewöhnlich eine äusserst lebhafte Steigerung der Contractionen auf, die sich entweder in Gestalt einer mehrgipfeligen Welle oder in Gestalt mehrerer Wellen von verschiedener Höhe und Dauer äusserte.

Bei einigen von unseren Versuchen folgte auf vorübergehenden Stillstand der Scheidencontractionen ein wahrer Scheidentetanus in Gestalt einer starken andauernden Contraction.

Fiel die Hemmungswirkung zeitlich mit einer Scheidencontraction von nennenswerther Stärke zusammen, dann liess letztere sogleich schnell nach und hörte schliesslich bis auf weiteres ganz auf. Beim Aussetzen des Reizes stellten sich dann, wie gewöhnlich, gesteigerte Scheidencontractionen ein.

Kurz, die Gesammtheit der Erscheinungen, die wir bei Rindenreizung hier beobachteten, deutet unzweifelhaft darauf hin, dass der Einfluss der Gehirnrinde auf die Bewegungen der Scheide unter Vermittelung eines localen Nervenmechanismus vor sich geht, der einen bestimmten Muskeltonus der Scheide unterhält und ihre selbstständigen periodischen Contractionen bedingt. Stärkere Erregung dieses Mechanismus führt, falls die erregende Reizauslösung länger anhält, in Folge von Ermüdung schliesslich zu einem Uebergewicht des Hemmungseinflusses; Stillstand der Contractionen unter Einfluss corticaler Impulse bedingt consecutives Ueberwiegen der erregenden Kräfte, die zu Steigerung und Beschleunigung der Scheidencontractionen führen.

Was die Lage der Felder betrifft, die hier erregend oder hemmend wirken, so geht aus unseren Versuchen hervor, dass eine Erregung der Scheidenbewegungen, mit darauf folgender Hemmung derselben, am constantesten auftritt bei Reizung des hinteren Abschnitts des Gyrus sigmoideus — seinen lateralen Abschnitt ausgenommen — und nicht so beständig bei Reizung des allermedialsten Stückes des vorderen Theiles der Windung. Dagegen bedingte Reizung des lateralen Theiles vom hinteren Abschnitt des Gyrus sigmoideus, des Uebergangsgebietes vom hinteren zum vorderen Abschnitt und des äusseren-vorderen Theiles des Gyrus sigmoideus in unseren Versuchen meistentheils eine Hemmung der Vaginalbewegungen mit darauffolgender Steigerung dieser Bewegungen.

Es bestehen übrigens hinsichtlich der topographischen Anordnung der wirksamen Rindenfelder anscheinend nicht unbeträchtliche individuelle Schwankungen. Von grösster Bedeutung für den Effekt ist ausserdem der Zustand der Rindenerregbarkeit: manchmal bekommt man von einem bestimmten Rindenfelde einen entsprechenden Effect, z. B. eine Hemmung, ein anderes Mal nicht; ja bisweilen tritt auch eine der erwarteten entgegengesetzte Wirkung auf, was offenbar darauf hindeutet, dass wir in der Rinde eigentlich keine streng differenzirten Erregungs- und Hemmungsfelder haben. Es ist gut anzunehmen, dass wir nur ein actives Gebiet für die Vaginalbewegungen haben, von dem aus beiderlei Wirkungen auslösbar sind, wobei jedoch unter normalen Verhältnissen und bei gewisser Stärke der Reizung an bestimmten Punkten erregende, an anderen hemmende Wirkungen überwiegen. Bei Veränderung der Erregbarkeit eines Feldes oder bei Veränderung der Stromstärke tritt statt der einen Wirkung die entgegengesetzte auf und umgekehrt.

Zum Unterschiede von den Vaginalcontractionen nach Reizung des Rückenmarkes, der Medulla oblongata und des Thalamus opticus bedingt Erregung von der Hirnrinde aus keine einmalige langdauernde Contraction, sondern zumeist entweder eine mehrgipfelige Contractionswelle von bedeutender Höhe und Länge oder mehrere schnell aufeinander folgende stärkere Contractionen. Dabei giebt es meist auch eine ansehnliche Latenzperiode, was ebenfalls zu der Annahme stimmt, dass sowohl Erregungs- wie Hemmungseinflüsse von einer und derselben Stelle auslösbar sind und dass die auftretende Wirkung eigentlich nur das Ueberwiegen eines bestimmten Einflusses über den anderen zum Ausdruck bringt.

Es handelt sich also während einer gewissen Zeit, die der Dauer der Latenzperiode entspricht, sozusagen um einen Kampf zwischen Erregungs- und Hemmungseinfluss. Erhält einer von ihnen das Uebergewicht, dann kommt es schliesslich zu einem mehr oder weniger hochgradigen, aber in seiner Intensität gewissermaassen schwankenden Ansteigen der Curve.

Mit der Frage nach dem Einflusse der Gehirnrinde auf die Motilität der Scheide ist auch die Frage nach dem Einflusse der Gehirnrinde auf die Bewegungen des Uterus in Zusammenhang zu bringen.

Hierüber gab es bis in die letzte Zeit hinein nur ganz unbestimmte Erfahrungen. Manche Autoren äusserten sich sogar in verneinendem Sinn hinsichtlich der Frage eines Gehirneinflusses auf die Uterusbewegungen.

Obwohl schon Haedeus im Jahre 1852 in einem Versuche bei Rinden-reizung Contractionen des Uterus beobachtete, wurde diese Beobachtung in der Litteratur nicht weiter bemerkt und die späteren Autoren stellten sogar einen Einfluss der Gehirnrinde auf die Uterusbewegungen strikt in Abrede.

Nach Hauch[1] z. B. bekommt man Uterusbewegungen vom Kleinhirn und vom verlängerten Mark und vom ganzen Rückenmark, insbesondere vom Lenden- und Sacralmark, während Reizung der Hemisphärenrinde in seinen Versuchen keine Bewegungen der Gebärmutter ergab. Dagegen hatte Reizung der tiefen Hemisphärentheile gewöhnlich wohl Uterusbewegungen zur Folge. Doch wurde dies durch Fortleitung des Reizes auf das Klein-hirn erklärt.

Dann gab es in der Litteratur gelegentliche Bemerkungen von Boche-fontaine, dem es in einem seiner Versuche gelungen war, durch Reizung des Gyrus sigmoideus Uteruscontractionen hervorzurufen; aber Boche-fontaine selbst hielt diese Wirkung in seinem Fall für eine reflectorische.

Ein Einfluss der Gehirnrinde auf die Uterusbewegungen ist aber schon mit Rücksicht auf die klinischen Erfahrungen als vorhanden anzunehmen.

Es ist bekannt, dass stärkere psychische Affecte, wie Schreck, Freude u. s. w. die Wehenthätigkeit hochgradig steigern und selbst Abort oder Frühgeburt hervorrufen können.

Andererseits ist auch der hemmende Einfluss physischer Momente auf den Geburtsact allgemein bekannt. Die Erscheinung eines Fremden im Kreisszimmer führt manchmal zum sofortigen Nachlassen oder völligem Auf-hören der Wehen. Man kann dies nicht anders erklären als durch Hem-mungen von Seiten der Rindencentra auf die Uterusbewegungen.

Um den Einfluss der Gehirnrinde auf die Bewegungen des Uterus zu verfolgen, wurden nun auf meinen Vorschlag in unserem Laboratorium specielle Versuche von Dr. Plochinski[2] an Kaninchen unter Anwendung der graphischen Methode angestellt.

[1] Hauch, Ueber den Einfluss des Rückenmarkes und Gehirns auf die Bewegungen des Uterus. *Inaug.-Dissert.* Halle 1879.
[2] Plochinski, *Revue de psychiatrie de St. Petersburg* (russisch). 1902.

Nach Eröffnung der Bauchhöhle und Hervorziehung der Uterushörner nach aussen wurde in eines der Hörner ein kleiner Ballon gebracht. Dazu bedurfte es eines kleinen Einschnittes am ovarialen Ende des Horns, durch den ein feiner Katheter mit dem an seinem Ende befestigten Ballon eingeführt und durch Horn und Cervicalcanal in die Vagina geschoben und von hier durch die Schamspalte oder durch einen Einstich im unteren Theil der Vagina so weit nach aussen geführt wurde, bis der Ballon im Uterus festsass. Der in den Uterus gebrachte Ballon wurde mit warmem Wasser gefüllt und der Katheter darauf mit einem Manometer verbunden, wobei die Schwankungen des Manometers bezw. des Ballonvolums sich einer Registrirtrommel mittheilten. Contractionen des Uterus verkleinerten natürlich den Umfang des Ballons und bedingten Erhöhungen der Curve, Erschlaffungen des Uterus liessen den Ballon sich erweitern unter Abfall der Curve. Im ganzen wurde hier also in analoger Weise vorgegangen, wie bei den vorhin angeführten Versuchen über die Bewegungen der Scheide.

Zu den Versuchen dienten gewöhnlich schwangere Thiere oder solche, die schon geboren hatten. In ersterem Falle wurde der Ballon direct in das Horn gebracht ohne Einführung des Katheters in den Uterus.

Sämmtliche Versuche wurden ohne Narkose unter Anwendung von $2^0/_0$ Cocaïn ausgeführt.

Es stellte sich bei diesen Versuchen heraus, dass der mediale Theil des hinteren Abschnittes des Gyrus sigmoideus bezw. des motorischen Rindenfeldes jenes wirksame Gebiet ist, von dem aus Contractionen des Uterus erhalten werden können. Manchmal fand sich diese Stelle im hinteren Theil der motorischen Zone am inneren Hemisphärenrande, manchmal lag es mehr nach aussen.

Wenn schon spontane Uterusbewegungen vorhanden waren, bedingte Reizung jener Stelle eine Steigerung der Contractionen.

Waren beim Versuche keine spontanen Contractionen vorhanden, dann löste Reizung der erwähnten Rindenstelle nicht selten wiederholte rhythmische Contractionen aus. Seltener gab es in solchen Fällen eine einmalige Contraction, doch auch dann stellten sich nach wiederholter Reizapplication rhythmische Bewegungen ein.

In einigen Fällen bedingte mehrfache Reizung der Gehirnrinde immer stärkere Uteruscontractionen. Mit Aussetzen des Reizes wurden die Uteruscontractionen gewöhnlich schwächer und hörten schliesslich ganz auf. Wurde die Rinde nun von neuem gereizt, dann könnten in einigen Fällen neue rhythmische Uterusbewegungen erzielt werden, nur geht die Erregbarkeit der Centra während des Versuches immer mehr herab.

Zu erwähnen ist auch, dass die Wirkung des Uteruscentrums eine zweiseitige ist. Denn man bekommt von jeder Hemisphäre den gleichen Reizeffect.

Die Latenzperiode ist auch hier, wie bei corticaler Auslösung von Vaginalbewegungen, eine äusserst lange; sie hat eine Dauer von 10 bis 16 bis 30, ja bis zu 45 Secunden.

Aus den einzelnen Versuchen geht ferner hervor, dass von der Rinde auch Hemmungswirkungen auf die Uterusrhythmik erzielt werden können.

Wir können also auch hier erregende und hemmende Wirkungen unterscheiden. Jene bestehen im Auftreten neuer oder Steigerung schon vorhandener Uteruscontractionen, diese in Schwächung oder völliger Unterdrückung der rhythmischen Bewegungen.

Die Uterusrhythmik, die ja von der Thätigkeit der automatischen Eigenganglien des Uterus abhängt, steht auch unter bestimmten Einfluss seitens der Rindencentra. Schon unter gewöhnlichen Verhältnissen erfährt sie durch Erregungen, die von den Centralorganen ausgehen, bald Steigerungen und Beschleunigungen, bald Herabsetzungen und Verlangsamungen. So erklärt es sich, dass nach Reizung der Rindencentra, sowie der Centra im Thalamus opticus, deren Einfluss ebenfalls durch die erwähnten Untersuchungen nachgewiesen werden konnte, die Rhythmik zunimmt bezw. neu hervortritt, während sie in anderen Fällen mehr oder weniger unterdrückt wird oder auch ganz zum Stillstand kommt.

Was die Länge der Latenzperiode der Uteruscontractionen bei Rindenreizung betrifft, so findet sie wahrscheinlich darin ihre Erklärung, dass bei Rindenreizung sowohl erregende, wie hemmende Einflüsse ausgelöst werden, wobei aber schliesslich die erregende Wirkung Uebergewicht bekommt.

An Hunden lässt sich ebenfalls ein Einfluss der Gehirnrinde auf die Contractionen des Uterus nachweisen, aber im Ganzen sind die Erscheinungen hier sehr viel weniger ausgesprochen, als bei den Nagern.

Zu beachten ist, dass während eines epileptischen Anfalles bei Hunden constant eine Steigerung bezw. ein Einsetzen von Uteruscontractionen beobachtet werden kann. Ein ununterbrochener Contractionstetanus ist jedoch während des epileptischen Anfalles nicht vorhanden, sondern die Contractionen erfolgen periodisch und haben ihre gewöhnliche Dauer.

Da die Lebhaftigkeit der Uteruscontractionen, wie aus den entsprechenden Untersuchungen hervorgeht, abgesehen von der Thätigkeit der glatten Muskelfasern auch der Lebhaftigkeit des Blutzustromes zum Uterus entspricht, so müssen die auf die Contractionen des Uterus einwirkenden Rindencentra auch auf die physiologischen Vorgänge, die man Menstruation nennt, Einfluss üben. Es liegen in dieser Beziehung zwar keine Specialversuche vor, aber die klinische Erfahrung deutet mit Bestimmtheit auf einen solchen Zusammenhang.

Die Menstruation kann durch psychische Einflüsse, Schreck u. s. w. plötzlich zum Stillstand kommen in Folge von Hemmungen, die vom Gehirn ausgehen. Wir wissen andererseits, dass psychische Momente sich auch in umgekehrter Weise äussern können durch vorzeitige Anregung der Menstruation, was offenbar mit menstruationserregenden Impulsen des Gehirnes im Zusammenhang steht.

Die Untersuchungen im Gebiete des Hypnotismus und der Suggestion haben dargethan, dass selbst reichliche Uterusblutungen durch hypnotische Suggestion zum Stillstand gebracht werden können, wie ich mehrfach beobachtet habe.[1]

Es versteht sich von selbst, dass in der Gehirnrinde auch Centra vorhanden sein müssen, die auf den männlichen Geschlechtsapparat Einfluss üben. Man darf daran schon deshalb nicht zweifeln, weil das psychische Moment überhaupt von enormem Einfluss auf die Sexualsphäre ist. Zudem ist der sogenannte Geschlechtstrieb seinem Wesen nach ein psychoreflectorischer Vorgang.

Schon aus den Versuchen von Goltz geht hervor, dass Entfernung der Gehirnhemishpären beim Froschmännchen von Schwund der geschlechtlichen Neigung zu den Weibchen begleitet ist. Selbst in Gegenwart des Weibchens bleibt das operirte Männchen vollkommen gleichgültig. Es folgt daraus, dass der Geschlechtstrieb an die Gehirnhemisphären gebunden ist, wo er sich unter dem Einfluss äusserer Reize auf den Genitalapparat entwickelt. Die tieferen Centra sind offenbar den höheren Geschlechtstriebcentren des Gehirns mehr oder weniger untergeordnet.

Von den Sinnesorganen spielt in der Thierwelt vor allem der Geruchssinn eine hervorragende Rolle als Erreger des Geschlechtstriebes. —

Der Geruchssinn ist bei den meisten Säugethieren anscheinend von sehr viel grösserer Bedeutung für die Erregung der Geschlechtsfunctionen als der Gesichtssinn.

Was im besonderen den Einfluss der Gehirnrinde auf die Peniserectionen beim Männchen betrifft, so ist das Vorhandensein eines solchen schon deshalb sehr wahrscheinlich, weil die Muskeln, die beim Copulationsact eine Rolle spielen, bis zu einem gewissen Grade dem Willen untergeordnet sind. Andererseits gelangt der N. erigens nicht ausschliesslich nur reflectorisch zur Erregung, sondern thut dies auch unter dem Einflusse gewisser Vorstellungen.

Die speciellen Untersuchungen beseitigen jeden Zweifel an dem Vorhandensein besonderer corticaler Centra für die Erection des männlichen Gliedes.

Ich selbst konnte mich bei Versuchen an Hunden davon überzeugen, dass Reizung des hinteren Theiles des Gyrus sigmoideus an einer Stelle,

---

[1] W. v. Bechterew, „Ueber Compression des Lendenmarkes u. s. w." und „Die Bedeutung der Hypnose als Heilmittel". *Nervenkrankheiten in Einzelbeobachtungen.* Kasan 1884. Vgl. auch W. v. Bechterew, *Die therapeutische Bedeutung der Suggestion.* St. Petersburg.

die der Lage des Vaginalcentrums bei der Hündin entspricht, beim Hunde deutliche Spannung und Grössenzunahme des Gliedes hervorruft.

Eine ausführliche Untersuchung der corticalen Erectionscentra beim Hunde wurde unter Anwendung der graphischen Methode auf meinen Vorschlag von Dr. Pussep in unserem Laboratorium angestellt.[1]

Der Registrirung der Spannung 'des Penis geschah bei diesen Untersuchungen mit Hülfe eines den Penis umarmenden, besonders eingerichteten, mit Wasser gefüllten Gefässes, das durch einen Gummischlauch mit einem Manometer in Verbindung stand und durch dieses mit einer Marey'schen Trommel zusammenhing.

Es ergab sich aus diesen Untersuchungen, dass Reizung des erwähnten Feldes im hinteren Abschnitte des Gyrus sigmoideus zunächst ein gewisses Sinken der Curve herbeiführt, was einer Volumabnahme des Gliedes entspricht, und dass sich daran ein mehr oder weniger hochgradiges Ansteigen der Curve schliesst entsprechend der eingetretenen Spannung und Grössenzunahme des Gliedes.

Was das anfängliche Abfallen der Curve betrifft, so konnte sie natürlich von Contraction der zum Penis ziehenden Muskeln abhängig sein oder von einer Contraction der Gefässe des Penis.

Zur Entscheidung dieser Frage lag es nahe, eine Prüfung mit Curare, das die willkürlichen Muskeln lähmt, vorzunehmen. Die damit angeführten Versuche ergaben, dass die Curve in diesen Fällen ein viel geringeres Abfallen zeigte, dass aber auch das darauffolgende Ansteigen der Curve geringer war, als ohne Curareanwendung. Mit anderen Worten: das Curare schwächte die Peniserection in mehr oder weniger auffallendem Grade. Da nun auch die directe Beobachtung nicht für eine Abhängigkeit der Curvensenkung von dem Zustand der Penismusculatur sprach, musste das anfängliche Abfallen der Curve offenbar mit einer Verengerung der Gefässe in Zusammenhang gebracht werden. Diese Thatsache führt zu der Annahme, dass von der Rinde ausser Reizwirkungen auf das Glied auch Hemmungswirkungen ausgeübt werden.

Die eingehendere Untersuchung zeigte nun, dass Reizung des Rindencentrums mit schwachen oder mittelstarken Strömen von 10 bis 13 R.-A. das anfängliche Abfallen der Curve viel unbedeutender und von geringerer Dauer ist, als im Falle der Reizung mit stärkeren Strömen (von 6 bis 8 R.-A.). Es erwies sich zugleich, dass in dem erwähnten Rindengebiet eigentlich zwei Felder vorhanden sind, von denen das obere oder innere bei mässiger Reizung stets länger anhaltendes Abfallen der Curve ergab, während Reizung des unteren bezw. äusseren Feldes ein relativ stärkeres Ansteigen der Curve

---

[1] Pussep, *Inaugural-Dissertation*. St. Petersburg 1902.

34*

zur Folge hatte. In dem ersten Felde sind also mehr die gefässverengenden Elemente, im zweiten vorwiegend gefässerweiternde Elemente concentrirt. Aber beide Felder lieferten schliesslich den gleichen Spannungseffect des Gliedes bei deutlicher Abweichung der Intensität und Dauer des ersten, also gefässverengenden Effectes.

Hier, wie bei dem Einfluss der Gehirnrinde auf die Scheidenbewegungen, stellt sich also heraus, dass die Erregungs- und Hemmungswirkung nicht in reiner Form, sondern mehr oder weniger gemischt auftreten.

Eine Prüfung des Zustandes der Penisgefässe nach einem der Hürthle'-schen Gehirnblutdruckmethode analogen Verfahren ergab sodann, dass Reizung des unteren Feldes eine geringe Gefässverengung im Beginne und eine anhaltende stärkere Gefässerweiterung zur Folge hat, während Reizung des oberen Feldes Gefässverengung bedingte.

Noch instructiver war der Befund bei gleichzeitiger Untersuchung des Druckes in der Vena dorsalis penis und in der Arteria cruralis, wobei es sich herausstellte, dass bei Reizung des unteren Feldes der Druck in der Vene sehr hoch stieg, der Gesammtdruck in der Schenkelarterie sich aber nur wenig veränderte, während Reizung des oberen Feldes ein unbedeutendes Ansteigen des Druckes in der Vene zur Folge hatte.

Es sei bemerkt, dass beide Hemisphären annähernd den gleichen Effect hinsichtlich des Penis liefern, woraus hervorgeht, dass das Centrum der Gliederection zweiseitig ist.

Werden beim Hunde die Erectionscentra an beiden Hemisphären abgetragen, dann zeigt er nach Ablauf des Operationschoks keine Neigung sich der Hündin zu nähern, nicht einmal während der Brunstzeit, obwohl die mechanische Erregbarkeit des Penis bei solchen Hunden sogar gesteigert ist. Hunde mit der gleichen Beschädigung des Kopfes und Gehirns, aber in anderen Rindengebieten, zeigten Geschlechtstrieb so gut wie in gesunden Tagen. Bei stärkerer Reizung des Erectionscentrums, und zwar seines unteren Abschnittes, trat manchmal neben Gliedspannung auch Samenejaculation auf und es konnten selbst dem Coitus entsprechende Bewegungen der hinteren Extremitäten beobachtet werden.

Da ein besonderes Centrum der Samenejaculation in der Rinde nicht aufgefunden werden könnte, so ist anzunehmen, dass das Erectionscentrum gleichzeitig auch der Samenejaculation vorsteht.

Bei den vorhin erwähnten Untersuchungen stellte sich auch heraus, dass wenn das Glied durch Reizung des spinalen Centrums erregt wurde, Reizung des Rindencentrums die Erregung des Gliedes noch mehr steigert. Offenbar werden reflectorische Erregungen des Gliedes durch corticale bezw. psychische Impulse nicht nur unterhalten, sondern auch verstärkt.

Reizung der Riechlappen hat, wie aus den gleichen Versuchen hervorgeht, keinen Einfluss auf die Gliederection. Auch stört zweiseitige Abtragung der Riechlappen nicht die Geschlechtsfunctionen beim Hunde. Die so operirten Thiere verriethen die gleiche Libido wie gesunde, mit dem einzigen Unterschied, dass sie bei ihrer Unfähigkeit, den Geruchsinn zu gebrauchen, ihren Geschlechtstrieb nicht nur an brünstigen, sondern auch an nicht brünstigen Hündinnen befriedigten.

Die Behauptung mancher Autoren, dass der 'Geruchsinn die Hauptrolle beim Geschlechtstrieb spielt, ist offenbar nicht ohne weiteres annehmbar.

Man kann annehmen, dass der Geruch bei der Erregung des Geschlechtstriebes die Rolle eines wichtigen Hilfsmomentes spielt bei einigen Thieren, aber auch nicht mehr, denn auch bei Mangel des Geruchs ist bei den gleichen Thieren eine Befriedigung des Geschlechtstriebes möglich.

Ausser Geruchseindrücken sind für die Erregung des Geschlechtstriebes von gewisser Bedeutung auch optische, tactile und selbst akustische Eindrücke (Gesang, Musik), bei Thieren (und bei perversen Menschen) anscheinend auch Geschmacksempfindungen. Aber in allen diesen Fällen handelt es sich offenbar um Erregungen, die den Geschlechtstrieb auslösen und unterstützen, aber in seinen wesentlichen Aeusserungen ist der Geschlechtstrieb augenscheinlich den erwähnten Centren der Gehirnrinde unmittelbar unterstellt.

Es unterliegt ferner keinem Zweifel, dass auch die Secretionen der Geschlechtsorgane unter Einfluss der Grosshirnrinde stehen. Die Bedeutung der Psyche für die Spermaabsonderung ist so allgemein bekannt, dass man darüber keine Worte zu verlieren braucht. Dennoch gab es bis in die allerletzte Zeit, so viel ich weiss, keine Untersuchungen über die Abhängigkeit der Spermasecretion von der Gehirnrinde. In diesem Sinn werden in meinem Laboratorium neuerdings eine Reihe von Untersuchungen unternommen, und auf meinen Vorschlag von Dr. Pussep verwirklicht.

Es handelte sich dabei methodisch um Einführung feinster Canülen in die Samenausführungsgänge mit Blosslegung der Hoden.

Die Versuche ergaben, dass Reizung eines Rindenfeldes, das dem Erregungscentrum der Erection benachbart liegt und mit ihm theilweise sogar identisch ist, gesteigerte Samenausscheidung zur Folge hat, gleichzeitig damit tritt eine schon dem blossen Auge erkennbare Erweiterung der Hodengefässe auf. Die Wirkung ist immer auf der Seite des Reizes vorhanden.

Ganz andere Erscheinungen gelangen von der Nachbarschaft des Erectionshemmungscentrums aus zur Beobachtung. Hier erfahren die Hodengefässe der gleichen Seite eine deutliche Contraction. Die Vermuthung, dass diese Wirkung mit Herabsetzung der Spermasecretion zusammenfallen möchte, ist natürlich möglich, aber verfolgen lässt sich dies nicht genauer, da die Samensecretion überhaupt eine sehr unbedeutende ist.

Um festzustellen, ob die gesteigerte Samenausscheidung bei Reizung
der Umgebung des erectionserregenden Centrums nicht eine Folge irgendwelcher mechanischer Ursachen ist, z. B. Expression in Folge von Contraction der Samencanälchen, wurde versuchsweise Atropin eingespritzt, und
es stellte sich dabei heraus, dass der Effect zwar schwächer wurde, dass
aber demungeachtet auch nachher bei Reizung des Rindencentrums eine
Steigerung der Spermasecretion auftrat. Von einem Einfluss der Hoden-
musculatur auf die Reizwirkung kann in diesem Fall nicht die Rede sein,
da ja bei den Versuchen die Hoden lospräparirt und freigelegt wurden.

Der Rindeneffect ist also im vorliegenden Fall wenigstens zu einem
Theil auf Steigerung der Samensecretion, nicht auf einfache Expression zu
beziehen. Was die Frage betrifft, ob man es hier mit einem secretorischen
Effect im eigentlichen Sinn oder mit einem vasomotorischen Effect zu thun
hat, der gleichzeitig auch zu Steigerung der Spermasecretion führt, so lässt
sich dies einstweilen nicht in völlig befriedigender Weise entscheiden.

Jedenfalls geht aus den angeführten Thatsachen so viel mit Sicherheit
hervor, dass in der Gehirnrinde im Bereiche der motorischen Zone ein wirkliches spermasecretorisches Centrum vorhanden ist, das die Thätigkeit der
Spermadrüsen anregt.

Als dem spermasecretorischen Centrum benachbart wurde durch Untersuchung in meinem Laboratorium ein corticales Centrum für die Secretion
der Prostatadrüse entdeckt.

Die Untersuchungen hinsichtlich der Localisation dieses Centrums gehören ebenfalls Dr. Pussep an. Alle Versuche wurden an Hunden im
Alter von 2 bis 4 Jahren angestellt, wo die Prostata sich als besonders
activ erwies, die meisten Versuche unter Curare ausgeführt. Es galt, die
bei der früheren Methode als störend erkannte Einführung einer Canüle in
die Urethra zu beseitigen, da hierbei der Drüsensaft sich mit dem Secret
der Harnröhre vermischen konnte. Zu diesem Zwecke bekam das Versuchsthier einen Schnitt in der Mittellinie unterhalb der Symphyse, worauf nach
Ablösung des perivesicalen Zellgewebes der Blasenhals und die Prostata
blossgelegt wurden. Darauf wurde die Harnröhre unterhalb der Prostata
unterbunden, ebenso die Samenleiter; die Harnblase wurde durchschnitten,
durch den Schnitt eine Canüle eingeführt und diese durch eine Naht, die
zur Vermeidung von Nervenbeschädigung zwischen den Schichten der Blase
angelegt wurde, in der Cervix vesicae befestigt. Sodann wurde die Canüle
mit einem feinen Rohr verbunden, worauf die Secretmenge durch Zählung
der hervorquellenden Safttropfen bestimmt werden konnte. Durch einen
zweiten Schnitt würde eine mit einem Gummischlauch verbundene Canüle
eingeführt.

Die solchergestalt eingerichteten Versuche führten nun zu dem Resultat, dass Reizung eines kleinen Feldes, das fast $1/2$ cm hinter dem Sulcus cruciatus und ungefähr 1 cm vom grossen Längsspalt des Gehirns seine Lage hat, jedesmal zu gesteigerter Absonderung von Prostatasaft führte. Im allgemeinen findet sich dieses Feld nach hinten und etwas nach unten von jener Stelle, die auf die Samensecretion von Einfluss ist.

Es ergab sich zugleich, dass auch hier, wie in anderen Fällen, die Rindenreizung von einer viel längeren Latenzperiode begleitet war, als Reizung der spinalen und subcorticalen Gebiete, die auf die Secretion der Prostata wirksam sind. Bei Anwendung starker Ströme, von 4 bis 5 cm R.-A. hörte die Saftausscheidung sogar vollständig auf, offenbar in Folge von Hemmungswirkungen. In einigen der Versuche hatte es den Anschein, dass die Rinde unterhalb und nach hinten von der vorgenannten Stelle gewissermaassen hemmend auf die Prostatasecretion einwirkte, doch bedarf es in dieser Beziehung noch der Controlle durch neue Versuche.

Eng verbunden mit dem Geschlechtsapparat ist die der Ernährung dienende Thätigkeit der Brustdrüsen.

Die glatte Musculatur der Brustwarze, die die Milchausscheidung befördert, steht ebenfalls unter ersichtlichem Einfluss von Rindenimpulsen, wofür schon der Zusammenhang mit psychischen Momenten zu sprechen scheint. Es kommt vor, dass die Milch bei gewissen psychischen Zuständen sich in Strömen aus den Warzen ergiesst. Ob es sich hier um eine Beeinflussung der Musculatur oder des eigentlichen Secretionsvorganges handelt, ist natürlich schwer zu sagen. Es wird wohl beides der Fall sein. Immerhin ist es klar, dass die Gehirnrinde besondere Centra für die Brustdrüse enthalten muss. Dass die eigentliche Milchabsonderung wenigstens bis zu einem bestimmten Grade unter Rindeneinfluss steht, wird wohl Niemand bezweifeln, da es bekannt ist, dass psychische Zustände, die von angenehmem Selbstgefühl begleitet sind, die Anschoppung der Milchdrüsen befördern und reichliche Milchabsonderung hervorrufen, während entgegengesetzte Affecte zu einer Verringerung der Milchsecretion führen. Plötzliche psychische Insulte, wie Schreck und dgl. bringen die Milchsecretion zum Stillstand.

Beim Anblick eines weinenden hungrigen Kindes sollen sich die Brüste mancher Frauen deutlich härten. Auch ist bekannt, dass Kühe mehr Milch geben, wenn sie das Kalb stillen, während Unruhe des Thieres oder Melken durch fremde Hände die Milch verringert.

Bouchut erwähnt einen Fall, wo bei einer Stillenden plötzlich die Milch ausblieb, als sie ihr Kind fallen sah; die Milch stellte sich erst ein, als das Kind nach der Brust verlangte.

Es giebt in der Litteratur Beobachtungen, aus denen hervorgeht, dass nicht nur die Quantität, sondern auch die Qualität der Milch Veränderungen erleiden kann durch psychische Momente, besonders bei gedrückter Gemüthsstimmung. Bordeaux erzählt, dass die Milch bei einer Amme dick wurde. Andererseits sind Fälle bekannt, wo die Milch bei trüber Gemüthsstimmung sauer wurde, wobei sogar epileptische Anfälle bei dem Kinde auftraten (Meslie). Berlin sah eklamptische Krämpfe bei einem Säugling, dem eine gereizte Frau die Brust gereicht hatte. Levret beobachtete solche Krämpfe sogar bei einem jungen Hunde, nachdem das Thier die Brust einer in zorniger Aufregung befindlichen Frau ausgesogen hatte.

Leider ist in den hier angeführten Fällen, die grösstentheils aus älterer Zeit herrühren, eine chemische Untersuchung der Milch nicht ausgeführt worden. Dennoch bleibt nach dem Angeführten kein Zweifel, dass psychische Momente die Quantität und wahrscheinlich auch Qualität der Milch in hohem Grade beeinflussen können. Fogel war zum Theil im Recht, als er die Milchsecretion in ihrer Beziehung zu seelischen Affectzuständen mit der Thränensecretion verglich.

Leider lagen noch keine Specialversuche über diejenigen Rindenfelder vor, die auf die Milchsecretion Einfluss üben.

Da jedoch die Function der Brustdrüse, wie die aller anderen Drüsen, unter vasomotorischem Einfluss seitens des Nervensystems stehen muss, und da wir wissen, dass die vasomotorischen Centra für die verschiedenen Körpertheile in dem grossen sensiblen Felde der Gehirnrinde zu suchen sind, so darf man annehmen, dass in dem sensitiv-motorischen Gebiet sich auch jene Centra finden möchten, die einer gesteigerten Milchabsonderung förderlich sind. Endgültig war diese Frage nur durch besondere experimentelle Untersuchungen zu lösen.

Solche Untersuchungen sind nun auf meine Veranlassung unlängst durch Dr. Nikitin[1] in unserem Laboratorium durchgeführt worden.

Es dienten dazu Schafe in der Lactationsperiode. Es wurden ihnen Glascanülen in die Milchdrüsen eingeführt und die Menge der secernirten Milch entweder einfach durch Zählen der aus der Canüle fliessenden Tropfen bestimmt oder mit Hilfe einer besonderen Registrirvorrichtung, die jeden fallenden Tropfen auf einer rotirenden Trommel aufzeichnete. Nach Einführung der Canüle wurde so lange gewartet, bis die spontane Milchausscheidung aufhörte. Im Ganzen wurden zusammen mit den Vorversuchen 28 Rindenreizungsversuche vorgenommen.

---

[1] Nikitin, Ueber den Einfluss des Gehirns auf die Milchsecretion. *Mittheilung in den wissenschaftlichen Versammlungen der Psychiatrischen und Nervenklinik zu St. Petersburg.* März 1905.

Es stellte sich dabei heraus, dass Milchsecretion, wenn auch nicht mit sehr grosser Constanz (in 5 von 28 Versuchen), hervorrufbar war durch Reizung der motorischen Zone der Gehirnrinde in der Nachbarschaft des Facialiscentrums (Lippengebiet).

Gewöhnlich tritt die Secretion nach einer längeren Latenzperiode auf und ist meist aus der entgegengesetzten Drüse stärker, als aus der gleichseitigen, die jedoch auf den Rindenreiz hin ebenfalls ihre Thätigkeit steigert. Zuweilen konnte auch consecutive Milchabsonderung beobachtet werden.

Bemerkenswerth ist, dass die späteren Lactationsperioden für den Rindeneffect auf die Milchsecretion nicht günstig sind.

Auch die Zusammensetzung der Milch wurde bei den Versuchen geprüft, [aber die dabei gewonnenen Resultate haben noch nicht endgültig gesichtet werden können. Auch sind noch Versuche mit gleichzeitiger Prüfung des Blutdruckes zu machen. Reizung der Hinterhaupt- und Schläfenlappen hatte negatives Resultat in den Versuchen.

An Schafen konnte auch die Einwirkung psychischer und anderer Reize auf die Milchabsonderung verfolgt werden. Magnesiumblitze bedingten Herabsetzung und selbst Stillstand der Milchabscheidung, Pistolenschüsse und Schmerzreize brachten sie ebenfalls zum Schwinden.

Es ist nach den soeben angeführten Versuchen nicht zu bezweifeln, dass in der sensitiv-motorischen Zone der Gehirnrinde Centra vorliegen, deren Reizung deutliche Veränderungen der Milchsecretion zur Folge hat. Diese Centra kommen offenbar in Betracht bei jenen vorhin erwähnten Beobachtungen, die für die Möglichkeit einer psychischen Beeinflussung der Milchsecretion zu sprechen scheinen.

Untersuchungen über die sogenannten Venenherzen der Fledermaus.

Von

Dr. Karfunkel
in Kudowa in Schlesien.

(Aus dem physiologischen Institut der Universität Berlin.)

Bringt man die Flughaut einer Fledermaus unter das Mikroskop bei schwacher Vergrösserung (Obj. 2, Leitz), so erblickt man in dem Winkel der Vereinigung des vierten und fünften Fingers, von der dünnen Flughaut bedeckt, welche nur ganz locker zu fixiren ist, nicht straff angespannt werden darf, die Gefässgabelung einer mittelgrossen Arterie. Dieser ist je eine Vene benachbart, die sich beide zu einem breiten Bulbus, einem Sammelbecken, herzwärts vereinigen. Man sieht an diesem kleinen Thier, welches im Wachzustand einen Herzschlag von weit über 100 in der Minute hat, bei langsamem Tempo in jeder der beiden Venen eine stossweise und plötzlich stark auftretende, sich peristaltisch, centripetal fortpflanzende Contraction, die bis über die Vereinigungsstelle mit der benachbarten Vene zu verfolgen ist. Nach jeder Entleerung folgt eine Ruhezeit, darauf eine deutliche, active Erweiterung u. s. f. Beim möglichst unbeeinflussten Thiere und einer mittleren Aussentemperatur erfolgt die Bewegung ungefähr acht bis zehn Mal in der Minute. Fast in allen Bildern lassen sich dünne Klappenventile erblicken, besonders regelmässig an der peripheren Begrenzung des Venenbulbus, aber auch häufig im Verlauf des Gefässes selbst. Uebrigens sind im Patagium eine Anzahl derartiger Venenpulsationen vorhanden, auch im Vereinigungswinkel anderer Finger. Am zugänglichsten und constantesten findet sich jedoch das Bild an der bezeichneten Stelle.

Die Zweckmässigkeit der eigenartigen Gefässeinrichtung, die von Wharton Jones 1852 entdeckt und von Schiff[1] und von Luchsinger[2] schon untersucht worden ist, ist ohne Weiteres klar: In der im Verhältniss zur Kleinheit des Thieres sehr grossen Oberfläche der Flügel ist durch eigene Schaltapparate für eine ausgiebige Durchblutung der entfernt gelegenen und sehr dünnen Gewebstheile mit Sicherheit so hinreichend gesorgt, dass der hohe Grad der Arterialisation gegenüber der starken Venosität des Blutes meistens auf den ersten Blick sehr augenfällig wirkt. Für die Gewebsathmung ist also selbst in den peripherischesten Theilen bestens gesorgt.

Im Vergleich mit der Anzahl der Herzschläge deutet schon die geringe Zahl der Pulsationen auf einen gewissen Grad der Unabhängigkeit der Bewegung von der Herzthätigkeit hin. Die Selbstständigkeit der Venenactionen wird noch überzeugender durch die Wahrnehmung, dass nicht nur die beiden benachbarten Venen in ihrer eigenen, von einander verschiedenen Aufeinanderfolge schlagen, sondern dass sogar die erweiterte Vereinigungsstelle neben denjenigen von den Venen her fortgeleiteten eigene Pulsationen aufweist, welche unter Umständen an Zahl beträchtlich zunehmen. Während aller dieser Bewegungen sieht man in den benachbarten Arterien den Blutstrom ruhig und stetig dahinfliessen. Sucht man sich nun die zeitlichen Abstände der einzelnen Bewegungsphasen zu fixiren, z. B. indem man die Zahl der auf eine Secunde eingestellten Schläge eines Metronoms vom ersten Beginn einer Zusammenziehung bis zum gleichen Momente der nächsten Contraction bestimmt, so fällt die Thatsache auf, dass die Pulsationen arythmisch vor sich gehen, und zwar in unter einander so differenten Intervallen, dass ab und zu sogar eine gleichzeitige Contraction in beiden Venen zu Stande kommt. Bei den nächsten Actionen verschiebt sich jedoch bereits das gegenseitige Zeitmaass deutlich.

Sehen wir nun, wie sich diese Bewegungen der Venen unter verschiedenen Versuchsbedingungen verhalten. Schiff (siehe oben) und nach ihm neuerdings L. Merzbacher[3] haben bereits auf den Einfluss des Winterschlafes auf die Thiere hingewiesen. Ich selbst zählte im Schlafzustand des Thieres nur 6 bis 8 Athemzüge pro Minute, aber schon während des Erwachens 11 bis 20. Durch Aufenthalt in der Kälte lassen sich die Schlafzustände mit Leichtigkeit künstlich wieder herstellen und den Erscheinungen des ebenso ohne Weiteres bei warmer Temperatur zu erzielenden Wach-

---

[1] *Untersuchungen zur Physiologie des Nervensystems.* 1885. Bd. I. S. 181; Pflüger's *Archiv.* 1881. Bd. XXVI. S. 456.

[2] Pflüger's *Archiv.* 1881. Bd. XXVI. S. 445.

[3] Untersuchungen an winterschlafenden Fledermäusen. Pflüger's *Archiv.* 1903. Bd. C. S. 568.

zustandes vergleichend gegenüber stellen. Spannt man die Flughaut eines kühlen Thieres aus absoluter Ruhe bei gewöhnlicher Zimmertemperatur nicht zu stark auf, so nimmt man zunächst kaum irgend welche Bewegungen innerhalb der Venen wahr. Erst nach längerer Zeit wird eine deutliche Contraction sichtbar, es vergehen oft noch 50, 60, 75, ja über 100″, ehe Pulsationen in Gang kommen. Erst ganz allmählich wächst die Zahl mit dem Erwachen des Thieres und der Erwärmung des Körpers an, bis nach circa 6 bis 8 Metronom-Secundenschlägen Zusammenziehungen auf einander folgen. Aber eine Durchschnittszahl lässt sich selbst dann nur annähernd schwer angeben, denn die Schwankungen sind gänzlich unregelmässig und recht beträchtlich, so dass neben Zahlen von 6 und 8″ sehr oft solche von 11 und 15″ an zeitlichen Abständen ohne nachweisliche Aenderung der Versuchsbedingungen gezählt werden.

Eine gewöhnliche Schlagfolge ist z. B.: 10, 10, 12, 11, 9, 9, 9, 8, 8, 9, 9, 14, 11, 10, 8, 12, 8, 8, 7. Legt man Eisstückchen auf den Thierkörper bis zur Achsel, dann verzögern sich die Actionen sehr wesentlich von 9 und 14″ unter normalen Verhältnissen bis auf 30, 40 und selbst gegen 60″. Charakteristisch ist, dass sich bei der Verlangsamung der Aufeinanderfolge der Schläge sowohl der Vorgang der Venenerweiterung in die Länge zieht, als auch das absolute Maass der Ruhezeit ausserordentlich wächst. Am gewaltigsten verschiebt sich aber das relative Verhältniss der Dauer der Contraction, welche sonst stossweise und plötzlich auftritt, auf der Höhe der Abkühlung jedoch ganz allmählich verläuft, so dass allein die Austreibungszeit bis zu 6″ anhält.

Noch weit augenfälliger und contrastreicher sind die durch Kälte verzögerten Zustände, wenn das Eis unmittelbar in die nächste Umgebung der Venen aufgelegt wird. 50, 60 bis gegen 80″ vergehen zwischen den einzelnen Zusammenziehungen, allein die Austreibungszeit des venösen Blutes kann über 7 bis 15″ währen. Dabei erscheint der Blutstrom in den stark contrahirten Arterien unverändert. Entfernt man das Eis und steigt die Temperatur langsam wieder auf die des Zimmers, so erhöht sich im gleichen Maasse die Schlagfolge bis zu normalen Zahlen von 6 bis 11″. Die Austreibungszeit sinkt allmählich, dauert noch 3″ und wird schliesslich wiederum eine ganz kurze, plötzliche.

Aehnlich, nur unmittelbarer und flüchtiger, wirkt die locale Application von Aether. Die Excursionen selbst werden kleiner, die Austreibungszeit wächst zu 18 bis 20″ an. Die Schlagfolge, zuerst 5 bis 7″ Zeitabstand, steigt auf 34″, auch 40″ und darüber.

Die Wirkungen der Aethernarkose auf den Verlauf der Bewegungen in den Venen richten sich nach dem Grade der Betäubung. Ist diese eine leichte oder mittlere, so werden die Contractionen mit der beschleunigten

Athmung und frequenten Herzthätigkeit rascher, sie treten ziemlich constant Anfangs nach 4 bis 5″ auf. Schon vor Eintritt tieferer Narkose und schwererer Intoxicationen verzögern sich die Actionen in den Venen bis zu langen Zwischenräumen und fast völligem Aufhören bei grosser Gefässweite. Es kommt hier, wie übrigens auch unter anderen Versuchsbedingungen, häufig zu frustranen Contractionen, die Blutbewegung schaukelt hin und her; d. h. es finden Ansätze von Zusammenziehungen statt, welche keine ordentlichen Propulsionen zur Folge haben, sondern für die Blutbewegung in den Venen so gut wie resultatlos verlaufen, weil sie ziemlich local beschränkt bleiben, und nur mit geringer Kraft vor sich gehen.

Im Gegensatz zu den Erscheinungen bei der Abkühlung stehen die Wirkungen der Erwärmung, welche, wie auch schon Luchsinger fand, die Venenpulsationen stark beschleunigt. 2 bis 3″ können zwischen den einzelnen Momenten der Zusammenziehungen nur verlaufen, so dass die Bewegungen auf das Heftigste erregt erscheinen und dann auch völlig in rhythmischem Tempo verlaufen. Dies wird z. B. erreicht, wenn der Flughaut eine elektrische Glühbirne genähert wird, wobei die Wärmestrahlen nach dem Körper des Thieres zu möglichst abgehalten werden. Die Contractionen verlaufen dann sehr schnell und beschleunigt; ganz besondere Verkürzung erleidet aber die Zeit der Ruhe vor der ebenfalls verkürzten activen Erweiterung.

In gleichem Sinne treten die Veränderungen in der Schlagfolge auf, wenn die Erwärmung ganz localisirt und vorsichtig in der Nähe der Gefässe mittels eines Thermokauters vorgenommen wird.

Ist durch intensive Erwärmung längere Zeit hindurch eine besonders lebhafte Action veranlasst worden, dann sieht man, was ebenfalls bereits Luchsinger beobachtete, oft nachher einen ausgedehnteren Stillstand in den Pulsationen, eine Ermüdung, bei besonders stark erweiterten Gefässen eintreten.

Die locale Beeinflussung durch Kälte und Wärme, die Application von Giften, wie Aether u. a. m. ist bei der bedeutenden Dünne der zarten Hautfalte der Flughaut leicht einwandsfrei zu erwirken, besonders da das dorsale Blatt meistens ohne jede Verletzung der dichter dem ventralen Blatte des Patagiums anliegenden Gefässe in ausgiebigem Bereiche abgezogen werden kann, und dann sich das reizvolle Bild klar und bloss zu Tage liegender und pulsirender Gefässe präsentirt. Beiläufig bemerkt, vertragen die Thiere alle diese, selbst energischere Eingriffe überraschend gut.

Als sehr interessant erscheint die Wirkung des Amylnitrits, auf dessen starke Beschleunigung und Pulsverstärkung Luchsinger ebenfalls hingewiesen hat. Mir selbst wurde die schnellere Blutcirculation in den Arterien dabei deutlicher, als in den Venen. Dieselben schlugen nur anfangs merklich rascher, von vornherein aber weniger ausgiebig; sehr bald verzögerten sich mit der starken Erweiterung aller Gefässe die Actionen bis zur vollkommenen Lähmung. Im Uebergange war zeitweise im Centrum der dilatirten Vene Bewegung zu erblicken, besonders aber frustrane Contractionen zu constatiren.

Von Wichtigkeit ist endlich die Frage der Einwirkung des Adrenalins, welches sowohl in $0 \cdot 01^{0}/_{0}$-Lösung auf die Gefässe aufgepinselt worden ist, als auch in $0 \cdot 001^{0}/_{0}$-Lösung zwischen die Hautblätter in die Nähe der Gefässe injicirt wurde. Letzterer Weg ist der weitaus sicherere; an Menge würde $0 \cdot 1$ bis $0 \cdot 3$ dieser Lösung gebraucht. Auch hier ist die Anfangswirkung von der späteren zu unterscheiden. Man sieht sehr bald, wie die Adrenalinwirkung sich langsam immer weiter ausbreitet. Dicht unterhalb der betroffenen Stellen zählt man zuerst noch 3 bis 5″ Venenpulsationen. In diesem Anfangsstadium der Beschleunigung ziehen sich die Venen sehr energisch zusammen, collabiren gänzlich, ebenso ist das Stadium der activen Blutaufsaugung lang und ausgiebig. Es findet also zunächst eine Vermehrung der Contractionen statt, welcher nach kurzer Zeit eine deutliche Verzögerung folgt, und eine besonders grosse Unregelmässigkeit (von 7 bis 9″ auf 4 bis 5″ und darauf auf 23″). Während die Schlagfolge sich (z. B. 3 bis 6″ auf 8 bis 14″) im Bereich der nächsten Gefässe merklich verzögert, zieht sich wiederum der Vorgang der Contraction am deutlichsten in die Länge. In der grösseren Mehrzahl der Versuche waren die Venen gleich weit geblieben, wie vor der Adrenalin-Application, die Arterien dagegen, auch diejenigen mittlerer Grösse, auf ein Drittel ihres ursprünglichen Volumens und noch mehr verengt. Jedenfalls wirkt das Adrenalin auf die Muscularis der Arterien stark contrahirend ein, jedoch durchaus nicht in gleichem Maasse zusammenziehend auf die Wand der Venen. Die Verzögerung der Venenbewegungen erstreckt sich immer weiter peripherwärts, bis die letzten Gefässgebiete nur noch local frustrane Contractionen ohne centripetale Action des Blutstromes aufweisen.

Luchsinger und Schiff haben Untersuchungen über die Selbstständigkeit der Venenpulsationen angestellt. Ersterer amputirte den Flügel und sah die Pulsationen weiter bestehen, und zwar länger, wenn die Gefässe unterhalb des Schnittes unterbunden waren, also keine Blutleere eintreten konnte. Tetanische Reizung des N. ulnaris ergab Beschleunigung (von 12 auf 16 pro Minute), im Ganzen gelangte er zu dem Schluss, dass den Gefässcontractionen peripherische, locale Ursachen zu Grunde liegen, und dass die Gefässwand den Sitz der rhythmischen Zusammenziehungen darstellt. Die durch die Blutanfüllung bewirkte mechanische Dehnung der Gefässwand sollte einen mächtigen Reiz für die Erregung der Rhythmik abgeben. Schiff durchschnitt hinter dem Schulterblatt den Plexus brachialis und beobachtete 7 bis 15 Minuten lang Stillstand der Bewegungen, kurze Zeit unregelmässige Actionen an verschiedenen Stellen, darauf die normalen Contractionen. Die Tetanisirung der peripherisch durchschnittenen Nerven bewirkte kurze tetanische Venencontractionen, Arterien und Venenunterbindung liess die Pulsationen noch über eine Stunde fortbestehen. Schnitt Schiff nach wiederholter Bewegung ein △-Stück des Patagiums bei möglichst erhaltener Gefässfüllung aus, so dauerte die Gefässbewegung noch fort.

Ich selbst habe weit länger als eine Stunde nach der Unterbindung der grossen Gefässe Venenpulsationen beobachten können. Zunächst bleibt der Rhythmus ganz derselbe, und auch die Erwärmung bedingt sehr erhöhte Frequenz und ausgiebigere Contractionsgrössen, sowie Erweiterung. Erst nach einiger Zeit nimmt man Verzögerungen in der Schlagfolge wahr.

An Flughäuten, welche zur Vermeidung stärkerer Blutungen mit der glühenden Scheere abgeschnitten wurden, erkennt man zwar eine sofortige Beeinflussung der Pulsationen, nämlich eine nach Zeit und Intensität unregelmässig verlaufende Abnahme der Frequenz, immerhin kann man aber noch bis zu 50 Minuten, besonders unter Erwärmung, Bewegungen verfolgen, welche an Umfang bei wechselndem Lumen sehr beträchtlich abgenommen haben und frustrane Contractionen reichlichst zeigten.

Dagegen ist es mir in mehreren Versuchen nicht gelungen, die Venencontractionen mit Durchspülung erwärmter Ringer'scher Lösung unter leichtem Druck in die Aorta peripherwärts gerichtet auch über längere Zeit hinaus zu unterhalten. Luchsinger glückte es, noch 20 Stunden nach dem Tode des Thieres durch Einleiten von defibrinirtem Ochsenblut in die Aorta aus einer Höhe von 40 bis 50 cm die Venen wieder zu rhythmischen Pulsationen zu bringen.

Hinsichtlich der Beziehungen der Nerven zu den Venenbewegungen bringt allein schon der Eingriff der Freilegung der gesunden (5 bis 8″) Nerven deutlich eine Verlangsamung zu Stande (8 bis 13″), welche unmittelbar nach der Durchschneidung für längere Zeit bis zur fast vollständigen Ruhe zunimmt, und erst in den nächsten Tagen darauf wieder allmählich bis zu einer regulären Action anwächst. Kurze Zeit nach der Durchschneidung aller Nerven wird eine allgemeine Gefässerweiterung auffällig. Am Tage nach der Durchschneidung sieht man bereits neben äusserst seltenen Pulsationen frustrane Contractionen auftreten.

Reizt man nach der Durchschneidung die peripheren Nervenstümpfe tetanisch, so werden die vorher verlangsamten Bewegungen beschleunigt. (Beispiel: ungereizt: 36, 40, 24, 21, 22, 20, 21″; gereizt: 13, 8, 10, 12, 13, 10, 10, 8, 7, 10″.) Die tiefe Aethernarkose verhindert auch jetzt noch die frequenteren Actionen. Die beschleunigende Wirkung hört fast unmittelbar nach erfolgter Reizung auf. Hält die Reizung der Nerven längere

Zeit an, so beobachtet man neben den Beschleunigungen der Contractionen reichliche frustrane Bewegungen. Darauf treten grössere Ruhepausen ein (11 bis 30"), und der vorherige, verlangsamte Rhythmus tritt von Neuem bald wieder hervor, wenn es durch die Tetanisirung nicht zu einer besonderen Ermüdung gekommen ist.

Sucht man nach der sicheren Durchschneidung sämmtlicher den Flügel versorgender Nerven die Thiere möglichst lange Zeit noch am Leben zu erhalten, so sieht man am 1. bis 3. Tage nach dem operativen Eingriff zum Theil partielle Arterien- und Venencontractionen, zum Theil vollständige, aber langsame Venenpulsationen (nach 35 bis 40"); nach dem Ablauf von 8 Tagen sind die Pulsationen nicht mehr so selten, aber immer noch gegen den früheren Zustand deutlich verlangsamt. Die Zahlen der gesunden, nicht operirten Seite entsprechen im Ganzen den Zeitabständen des anderen Flügels vor dem Eingriff. Ein Beispiel möge die Unterschiede veranschaulichen:

Unter gewöhnlichen Verhältnissen war die Schlagfolge: 14, 12, 6, 6, 12, 10, 13, 6, 6, 6, 6, 7, 6, 8.

Nach 8 Tagen konnte man an der operirten Flughaut zählen: 26, 25, 26, 31, 32, 32, 25, 28, 33, 24, 47, 29, 50, 58, 38, 51, 35, 47, 55, 34, 25, 44, 47, 36, 28 u. s. f.

Dabei verfugt der Bulbus ausser den durch die Fortleitung veranlassten Zusammenziehungen über eigene, durchaus selbstständige Contractionen. Die Schlagfolge ist demnach verzögert, die Venenpulsationen sind jedenfalls aber im Gange. Nach diesen 8 Tagen sind, wie man annehmen darf, die Nervenendigungen degenerirt. Es ist dies der untrüglichste Beweis für die Selbstständigkeit der Actionen, deren Vorgänge zwar von den Nerven in weitem Maasse regulirt werden, aber nicht gänzlich von ihnen abhängen können. Vielmehr kommt den Zellen der Gefässwand selbst zweifellos ein gewisser Grad von Automatie zu. Deutete schon eine Reihe der anderen, oben erwähnten Momente untrüglich darauf hin, so ist durch die letztere Thatsache der Beweis definitiv erbracht.

Histologisch zeigt sich die Wand der Venengefässe aus einer besonders starken, circulär angeordneten Schicht glatter Muskelfasern bestehend; ausserdem sieht man dichte Züge elastischer Fasern. Dass die zarte Flughaut äusserst nervenreich ist, ist bekannt. Ich war auch bemüht, die letzten etwaigen Nervenendigungen in den Gefässwänden nach den Methoden von Bielschowsky und Ramón y Cajal darzustellen. Ein Netzwerk von Nerven tritt an die Gefässwände unmittelbar heran; in diesem glaube ich auch Ganglienzellen gefunden zu haben; aber Gebilde, welche mit voller Sicherheit als letzte Nervenendigungen in der Gefässwand anzusprechen sind, habe ich bisher nicht auffinden können. Trotz der Vortrefflichkeit der

Fibrillen-Methoden für das centrale Nervensystem begegnet man den grössten Schwierigkeiten in dem Nachweis peripherer Endapparate, allein schon differentialdiagnostisch gegenüber den elastischen und Bindegewebsfasern.

Wenn ich im Vorstehenden die Venenpulsationen und ihr eigenartiges Verhalten unter verschiedenen Versuchsbedingungen so eingehend beschrieben habe, so geschah es in der Hoffnung, dass sich für mannigfache Fragen und Erscheinungen der Circulationsvorgänge in unserem Körper manche nicht unwichtige Analogien ergeben dürften. Allerdings halte ich mich für befugt, an dieser Stelle sowohl die nach Knoll[1], Türk[2] u. A. als physiologisch bei gesunden Menschen beschriebenen Venenpulsationen, z. B. in der Netzhaut, zu übergehen, als auch auf die an pathologischen Fällen von Holz[3], Senator[4], Eppler[5], H. Schlesinger[6], Quincke[7] beobachteten centripetalen Venenbewegungen hier nicht näher einzugehen, weil alle diese Vorgänge ja der unmittelbaren Abhängigkeit von den Herzcontractionen sowie den differenten und zum Ausgleich veranlassten Gefässwiderständen in Arterien und Venen ihre Entstehung verdanken. Erwähnenswerth erscheinen mir nur die experimentell erzeugten Aenderungen der Gefässweite von Biedl[8] und die angeblichen Contractionen in den Venen beim Hunde und der Katze von Ducceschi[9] nach Reizung des N. cruralis, bezw. ischiadicus, allerdings Befunde, welche Fuchs[10] nicht bestätigen konnte.

Unvergleichlich wichtiger erscheinen mir die Vergleichungspunkte, auf welche die Beziehungen der Nerven zu den Venenbewegungen einerseits, andererseits der unzweideutige Grad automatischer Selbstständigkeit in den Actionen hinweisen. Die Frage der myogenen Automatie des Herzens ist auch heute noch Gegenstand der Discussion. Wenn auch neuere physiologische Arbeiten, so die Untersuchungsergebnisse von Bethe, die interessanten experimentellen Forschungen von Magnus, die pharmakologischen Resultate von Straub manche Bedenken wider die Erzeugung des Contractionsreizes innerhalb der Herzmuskelzelle selbst und seiner unmittelbaren Erregungsleitung von Zelle zu Zelle in den Vordergrund treten liessen, so möge dem gegenüber neben anderen die Theorien Engelmann's stützenden

---

[1] Knoll, *Archiv für Physiologie.* 1898. Bd. LXXII. S. 317 und 621.
[2] Türk, *Archiv für Augenheilkunde.* 1899. Bd. XLVIII. S. 513.
[3] Holz, *Berliner klinische Wochenschrift.* 1889.
[4] Senator, *Ebenda.* 1890.
[5] Eppler, *Schmidt's Jahrbücher.* 1884. Bd. CCIV. S. 223.
[6] H. Schlesinger, *Wiener klinische Wochenschrift.* 1896.
[7] Quincke, *Berliner klinische Wochenschrift.* 1890.
[8] Biedl, *Fragen der experimentellen Pathologie* von S. Stricker. 1884. I. Heft.
[9] Ducceschi, *Arch. ital. de Biol.* 1902. p. 139.
[10] Fuchs, *Zeitschrift für allgemeine Physiologie.* 1902. Bd. II. S. 15.

Arbeiten auch das vorliegende Beispiel an weit weniger complicirt aufgebauten Organen beweisen, dass die Ursachen rhythmischer Contractionen, wenn das Nervensystem durch Degeneration ausgeschaltet wird, allein in den Muskelzellen des Gefässrohres liegen können. Der Vergleich Engelmann's vom trabenden Pferde und dem dirigirenden Leiter findet für unsere Venenpulsationen besonders anschauliche Geltung.

Ferner kommt hier ein Beispiel reiner activer Gefässerweiterung unmittelbar zur Beobachtung.

Ich habe bisher immer von den eigenthümlichen Gefässvorgängen in den Venen der Fledermäuse gesprochen. Ich will zum Schluss nicht unerwähnt lassen, dass auch in den Arterien zeitweise Auffälliges zur Beobachtung gelangt. Fast stets fliesst in den Arterien während aller Schwankungen der Venenpulsation der Blutstrom ruhig und stetig dahin. Unter Umständen aber, deren ursächlichen Zusammenhang ich nicht zu ermitteln vermochte, bleibt der Blutstrom plötzlich stehen, geht sogar deutlich und eine Zeit lang, wie in der Vene, aber nicht stossweise, sondern continuirlich rückwärts nach dem Herzen und darauf wieder in alter normaler Weise. Diese Eigenthümlichkeit findet man bei ganz gesunden und völlig unbeeinflussten Thieren. Mangels anderer Erklärungen habe ich an local beschränkte Contractionen in Folge localer Druckschwankungen in den Geweben gedacht.

Zum Schlusse will ich nicht verabsäumen, Hrn. Prof. Schultz für die Anregung zu dieser Arbeit und ihm und Hrn. Geheimen Medicinalrath Engelmann für das freundliche dem Gegenstande entgegengebrachte Interesse wärmstens zu danken.

Verhandlungen der physiologischen Gesellschaft zu Berlin.

Jahrgang 1904—1905.

IX. Sitzung am 24. März 1905.

1. Hr. M. Lewandowsky: „Ueber posthemiplegische Bewegungs-störungen."

Vortragender berichtet über Beobachtungen, die er im Hospice von Bicêtre (Paris) an einer grossen Anzahl von hemiplegischen Menschen gemacht hat. Er betont das Interesse der Krankenbeobachtung auch für die Physiologie, da diejenigen Störungen, welche sich beim Thier durch Abtragung der Rinde oder durch Unterbrechung der corticofugalen Bahnen erreichen lassen, nur sehr entfernt mit der menschlichen Hemiplegie zu vergleichen sind, welch letztere durch zwei Eigenschaften charakterisirt wird: 1. durch die Schwere der Lähmung, 2. durch die Contractur.

Vortragender geht aus von den von Wernicke und Mann ermittelten Thatsachen, durch welche alle früheren Theorien, die über die Contractur aufgestellt waren, widerlegt oder doch mindestens sehr revisionsbedürftig geworden sind. Zwei Sätze lassen sich in Uebereinstimmung mit Mann formuliren: 1. dass, wenn von zwei Antagonisten der eine contracturirt ist, dieser · auch ·willkürlich innervationsfähig und· kräftiger ist, als der nicht contracturirte antagonistische Muskel; 2. dass, wenn zwei Antagonisten ge-lähmt sind, sie beide schlaff, nicht contracturirt sind. Eine totale Lähmung ist also immer eine schlaffe, eine Thatsache, die mit den Folgen totaler Querschnittslaesion des Rückenmarks durchaus übereinstimmt. Dabei bleibt die Frage nach dem Verhalten der Sehnenreflexe als nicht in essentiellem Zusammenhang mit der Contractur ausser Betracht, ebenso die Frage nach der Bedeutung der Pyramidenbahnen. Nur soviel muss man sagen, dass, wenn eine Contractur überhaupt zu Stande kommen soll, eine willkürliche Beeinflussung der contracturirten Muskulatur, also eine Verbindung des Rückenmarks mit der Grosshirnrinde (durch die innere Kapsel) erhalten sein muss. Von vornherein wird die Aufstellung von Rothmann zurückgewiesen, dass subcorticale Centren für die Grosshirnrinde eintreten könnten. Die Latenzzeit zwischen Apoplexie und Restitution ist für jede Theorie gleich gut und gleich ·schlecht zu erklären. Thierversuche, welche die Bedeutung subcorticaler Centren für die Restutition der posthemiplegischen Störung auch

nur wahrscheinlich machen können, liegen nicht vor. Der grosshirnlose Hund
von Goltz konnte laufen, aber er machte schon keine Einzelbewegungen
mehr, wie der hemiplegische Mensch; will man also letztere den subcorticalen
Centren zutrauen, so würde man diesen beim Menschen Functionen zuschreiben, die sie schon beim Hund nicht haben. Für den Affen schon liegt
gar kein Versuch·vor, welcher dem Goltz'schen Versuch am Hund analog
wäre. Beim Menschen giebt es einige Fälle von totaler Lähmung, die auch
nach anatomischer Untersuchung sehr wahrscheinlich nur auf den Ausfall
von Rindenimpulsen zurückzuführen. sind. Für andere Fälle, insbesondere
beim Kind, muss die Möglichkeit des Eintretens der gleichseitigen Gross-
hirnhälfte betont werden, die auch beim Affen nach einseitigen Verletzungen
besteht und experimentell niemals widerlegt worden ist, auch nicht durch
die Versuche von Sherrington und Grünbaum. Wir müssen dabei stehen
bleiben, dass der Antrieb zu einer willkürlichen Bewegung — und ohne
eine solche giebt es keine Contractur — beim Menschen nur von der
Rinde ausgehen kann. Nur, durch einen irgendwie gearteten Zusammenhang
der Rinde mit den contracturirten Gliedern ist auch die Thatsache der Mitbewegungen in den gelähmten Gliedern zu verstehen; die Hitzig'sche
Theorie von der Contractur als Mitbewegung ist in der That mit den von
Wernicke und Mann aufgedeckten Thatsachen durchaus nicht unvereinbar,
wenngleich sie nur eine Seite der Frage beleuchtet. Denn wenn wir auch
annehmen, dass die Erregung, welche die Contractur auslöst, von der Grosshirnrinde ihren Ausgang nimmt, muss sie doch irgendwo auf ein Centralorgan treffen, dessen Eigenschaften verändert sind in der Weise, dass die
ihm mitgeteilte Erregung abnorm lange ·dauert, sehr oft abnorm stark ist,
weshalb auch der Muskel passiver Dehnung einen abnorm grossen Widerstand entgegensetzt. Dieses Centralorgan könnte theoretisch entweder noch
in der Rinde selbst oder unterhalb der Rinde (etwa im Rückenmark oder
sonst einem subcorticalen Organ) liegen. Ehe hierauf eingegangen werden
kann, müssen wir einen Blick auf die Vertheilung der Contractur werfen,
wie sie von Wernicke und Mann festgestellt ist. Diese Vertheilung ist in
dreierlei Richtung eigenthümlich: sie .ist zuerst in fast allen Fällen von
Hemiplegie die gleiche, typische, indem die Hemiplegie gewisse Muskeln
ergreift, andere mehr oder weniger freilässt; indem sich zweitens ein gegen-
sätzliches Verhalten zwischen Agonisten und Antagonisten nachweisen
lässt, wie bereits erwähnt, und indem sich drittens die hemiplegischen. wie
— was nach dem vorigen dann selbstverständlich — auch die functionstüch-
tigen Muskeln· nach gewissen functionellen Gruppen geordnet zeigen. So
z. B. ist der ganze Mechanismus der Einwärtsrollung des Armes gewöhnlich
erhalten, die Auswärtsrollung vernichtet. Um den ersten Punkt der typischen Verteilung zu erklären, muss man wahrscheinlich functionelle Umstände heranziehen. In diesem Sinne hat man behauptet (Brissaud); dass
die Form der Contractur bedingt sei durch die Wirkung aller vorhandenen
Muskeln nach dem Maasse ihrer rohen Kraft. Davon kann jedoch keine Rede
sein. Rothmann misst der aufrechten Körperhaltung für die Bevorzugung
der Streckmusculatur der Beine eine besondere Bedeutung bei, eine Annahme,
die schon darum nicht einleuchten will, weil die aufrechte Körperhaltung
wohl eine Bevorzugung der hinteren Extremitäten vor den vorderen in gewisser Richtung zur Folge haben mag, aber keine Bevorzugung der Strecker

vor den Beugern, die auch thatsächlich noch nicht festgestellt ist. Die Mann'sche Theorie berücksichtigt ausdrücklich nur den zweiten Punkt, das gegensätzliche Verhalten der Antagonisten. Sie nimmt an, dass die erregenden Fasern für einen Muskel identisch sind mit den hemmenden für seinen Antagonisten und erklärt die Contractur durch einen Fortfall dieser Hemmung. Diese Theorie erscheint in sich selbst unhaltbar. Hemmung ist — eine andere physiologische Definition giebt es nicht — Vernichtung oder Verminderung einer Erregung durch einen Reiz. Wenn nun also eine solche Hemmung, die nach Mann durch die Pyramidenbahnen verlaufen soll, für ein Antagonistenpaar fortfällt, so müsste nothwendigerweise in solchem Fall eine vollständige Lähmung mit Contractur der beiden Antagonisten verbunden sein. Das Gegentheil ist nach Mann's eigenen Beobachtungen der Fall.

Allerdings muss man einer Hemmung eine Bedeutung für das gegensätzliche Verhalten der Antagonisten bei der Contractur beimessen, aber in ganz anderer Weise als Mann es will. Aus den Versuchen von Sherrington und Hering folgt die Regel der reciproken Innervation der Antagonisten. Es ist unzweifelhaft, dass in der grossen Mehrzahl der Fälle in dem Maasse als ein Agonist sich contrahirt, sein Antagonist erschlafft. Das kann nur durch den centralen Vorgang einer Hemmung erklärt werden, ein Vorgang, der an und für sich mit den Versuchen von Bubnoff und Heidenhain auch physiologisch experimentell bewiesen ist. Nur bedingt diese nothwendige Annahme nicht die weitere, dass solche Hemmungen durch die Pyramidenbahnen oder überhaupt durch cerebrofugale Bahnen verlaufen. Einer solchen Annahme stehen vielmehr die Thatsachen entgegen. Vielmehr ist anzunehmen, dass diese Hemmung in der Rinde selber stattfindet, derart, dass die Erregung etwa des Centrums für die Beuger die Hemmung desjenigen für die Strecker (in der Rinde) zur Folge hat, und umgekehrt. Das gegensätzliche Verhalten der Antagonisten macht demnach der Deutung gar keine Schwierigkeiten mehr. Wenn man einmal annimmt — was ja nichts weiter als der Ausdruck der Thatsache ist — dass das Centrum eines Muskels in übermässiger Erregung oder Erregbarkeit ist, so folgt ohne weiteres, dass in demselben Maasse das Rindencentrum des Antagonisten gehemmt ist. Es ist also anzunehmen, dass für gewöhnlich bei der Hemiplegie sowohl Strecker- als Beugerbahnen der inneren Kapsel erhalten sind, aber auf die Centren der einen durch die dauernde Erregung der anderen eine Hemmung ausgeübt wird.

Warum nun allerdings überhaupt eine abnorme Erregbarkeit irgendwelcher Muskelgruppen sich herstellt, das wissen wir nicht. Der Spasmus oder die Contractur ist jedenfalls ein Symptom für sich, das nicht nur durch die Vertheilung der Hemiplegie bedingt ist. Denn es giebt auch Hemiplegien, besonders infantile, mit zwischen zwei Antagonisten wechselndem Spasmus. Nur auf einen Umstand muss hingewiesen werden, ohne den die Contractur nicht zu Stande kommt: die periphere Sensibilität; das folgt unmittelbar aus dem bekannten und regelmässigen Fehlen der Contracturen bei Hemiplegien Tabischer. Wenn die Tabes im Wesentlichen auf einem Fortfall der Muskelsensibilität beruht, so folgt aus dieser Thatsache unmittelbar, dass auch die Muskelsensibilität zur Erzeugung der Contractur unentbehrlich ist. Die Muskelsensibilität hat bei Hemiplegischen die Wirkung, die Dauer einer willkürlichen Muskelcontraction ausserordentlich zu verlängern, den Muskel in einem gewissen Contractionszustand festzuhalten. Vielleicht ist das nur eine Uebertreibung einer auch normal schon bestehenden Function. Denn Sherrington und Hering berichten, dass ein durch Durchschneidung der hinteren Wurzeln asensibel gemachtes Glied nach Rindenreizung schneller erschlaffe, als ein normales. Die Thatsache, dass Contracturen auch bei Hemiplegie mit sehr erheblichen Störungen der bewussten Sensibilität einhergehen, hat mit der Wirkung der Sensibilität als solcher natürlich gar nichts zu thun. Denn erstens ist die Anästhesie der Hemiplegie niemals eine vollständige, zweitens braucht nicht jede Empfindung, die bis zur Rinde vordringt, auch in das Bewusstsein einzutreten, und drittens könnte der Angriffspunkt der Sensibilität auch subcortical, etwa im Rückenmark, gelegen sein. Die Vertheilung der hemiplegischen Contractur und Lähmung endlich nach functionell zusammengehörigen Gruppen spricht nicht nur für einen corticalen Antrieb der nach einer Hemiplegie noch bleibenden Bewegungsfähigkeit, sondern auch gegen eine wesentliche Betheiligung subcorticaler Mechanismen bei deren Ausführung. Es ist möglich, dass das ganze — wenn man sich so ausdrücken darf — nervöse Parallelbild der Contractur in der Rinde schon fertiggestellt und durch die noch erhaltenen Fasern der inneren Kapsel erst dem Rückenmark und von da der Peripherie mitgetheilt wird.

Es scheint sich bei diesem Erhaltenbleiben gewisser functioneller Einheiten nicht einmal ganz um anatomisch präformirte Mechanismen, sondern bis zu einem gewissen Grade um die Wiederaufnahme erlernter Bewegungstypen zu handeln.

Dafür spricht wenigstens die Thatsache, dass die Motilitätsprüfung infantiler — in frühem Kindesalter entstandener — Hemiplegien gewöhnlich einen anderen Typus ergiebt, als den der Wernicke'schen Dissociation. Wenn man von der organischen Contractur, die bei der infantilen Hemiplegie gewöhnlich ist, absieht, so ergiebt sich in einer grossen Gruppe von Fällen, dass die Differenz zwischen den Antagonisten nicht besteht. In den möglichen Grenzen, soweit es eben die organische Contractur erlaubt, ist die willkürliche Innervation und die Kraft zweier paarigen Antagonisten, z. B. der Beuger und Strecker des Arms gleich, während andere Antagonisten wiederum paarweise gelähmt sind, so ganz gewöhnlich die Rotatoren, sowohl die Innen- als die Aussenrotatoren. Man darf sich daher auch nicht begnügen von einer bessern Restitutionskraft des kindlichen Gehirns schlechthin zu sprechen. Die Restitution geht bei der infantilen Hemiplegie eben auch anders vor sich. Eine Gruppe von Antagonistenpaaren wird besser restituirt, die andere schlechter als beim Erwachsenen. An und für sich erscheint der infantile Typus zweckmässiger. Der Erwachsene scheint sich aber von seinen einmal erworbenen Bewegungstypen nicht ohne weiteres wieder emancipiren zu können. Uebergänge zum Wernicke'schen Typus kommen im übrigen bei der infantilen Hemiplegie vor.

Aber auch die typische spastische Contractur der Erwachsenen sehen wir kaum jemals bei der infantilen Hemiplegie. Was an ihre Stelle tritt, ist der Spasmus mobilis der englischen Autoren und die Athetose. Man muss annehmen, dass diese beiden Bewegungsstörungen, insbesondere auch die posthemiplegische Athetose, die allerdings scharf von der posthemiplegischen Chorea zu trennen ist, bedingt sind nicht durch eine specifische Localisation, sondern durch eine physiologisch verschiedene Reaction des kindlichen Gehirns gegenüber Herden, die beim Erwachsenen eine Hemiplegie mit Contractur machen würden.

Was die Spasmen der infantilen Hemiplegie anbetrifft, so ist darauf aufmerksam zu machen, dass hier der Einfluss der Sensibilität sehr deutlich hervortritt (vgl. oben), und dass ferner hier nicht selten der Fall vorkommt, dass der Kranke einen Spasmus der Antagonisten durch Anspannung der Agonisten dehnt. Also auch die Sherrington'sche Reciprocität ist bei der infantilen Hemiplegie unsicher, ein Grund mehr, um anzunehmen, dass sie bei der Gestaltung der typischen Contractur des Erwachsenen eine Rolle spielt.

(Eine ausführlichere Publication erfolgt in der Deutschen Zeitschrift für Nervenheilkunde.)

2. Hr. KATZENSTEIN und Hr. R. DU BOIS-REYMOND: „Ueber stimmphysiologische Versuche am Hunde."

Die Vortragenden haben den bekannten Versuch von Johannes Müller, mittelst eines Gebläses am ausgeschnittenen Kehlkopfe Töne zu erzeugen, auf das lebende Thier (Hund) übertragen. Zu diesem Zwecke wurde die Trachea unter Schonung der Nn. recurrentes durchtrennt, in das obere zum Kehlkopf führende Ende der Trachea ein T-Rohr eingeführt, dessen zweiter Schenkel mit einem Wassermanometer in Verbindung stand, so dass, wenn der Kehlkopf angeblasen wurde, gleichzeitig der dabei aufgewendete Druck gemessen werden konnte. Es wurde davon abgesehen, den Kehlkopf mit einem Gebläse anzublasen, das bei beliebigem Drucke einen gleichmässigen Luftstrom liefern könnte, da die Construction dieses Apparates zu grosse Schwierigkeiten gemacht hätte. Während des Anblasens wurden die die Nn. recurrentes oder die Nn. recurrentes und Nn. laryng. supp. oder schliesslich die Nn. laryng. supp. gereizt und so die Verhältnisse der Lautgebung nachgeahmt. Zu den Versuchen eigneten sich am besten Thiere mit nicht zu grossem Kehlkopf, doch auch solche nicht immer. In günstigen Fällen ergab sich folgendes:

Wurde der Kehlkopf, ohne dass die Nerven gereizt wurden, unter mässigem Druck (20 cm Wasser) angeblasen, so hörte man ein Schwirren ohne Tonbildung. Es fand also, trotzdem das Thier wach war, durch Anblasen keine reflectorische Innervation des Kehlkopfes statt. Wurde dagegen genau während des Exspiriums des Thieres der Kehlkopf angeblasen, so kam öfters ein Ton zustande.

Wurden während des Anblasens (30 bis 40 cm Wasser) beide Nn. recurrentes gereizt, so wurden schöne tiefe Singtöne producirt, die beinahe wie ein gesungenes a klangen. Bei Druckerhöhung trat eine Steigerung des Tones, oft um eine Quint, ein, genau wie dies Johannes Müller bei seinen Versuchen am ausgeschnittenen Kehlkopfe angiebt; auch bei Erhöhung der Stromstärke, z. B. von 29 auf 100 cm Rollenabstand, wurde der Ton um fast eine Quint höher. Wurde während des Blasens nur ein N. recurrens gereizt, so trat manchmal ein tiefes Schwirren auf.

Wurden während des Blasens beide Nn. recurrentes und im Anschlusse daran beide Nn. laryng. supp. gereizt, so schloss sich an den oben beschriebenen Recurrenston ein um etwa eine Quart höherer Ton an.

Wichtig für die Art der Tonbildung ist folgendes: Bei Blasen und gleichzeitiger Reizung der Nn. recurrentes treten die Arytaenoidknorpel übereinander, die Stimmbänder schliessen nicht ganz; während des unvollkommenen Schlusses tritt die Tonbildung ein. In anderen Fällen treten die Stimmbänder aneinander, der Ton tritt merkbar später auf. Werden ausser den Nn. recurrentes die Nn. laryng. supp. gereizt, so spannen sich die Stimmbänder etwas in dorso-ventraler Richtung.

Werden während des Blasens die Nn. laryng. supp. allein gereizt, so wird ein ganz hoher pfeifender Ton erzeugt, wie der, den man als „Miefen" der Hunde zu bezeichnen pflegt. Dies Geräusch dürfte auch beim lebenden Hunde auf dieselbe Weise hervorgebracht werden. Möglicher Weise liegt eine Analogie zum Falsett des Menschen vor.

Die so erhaltenen Resultate wurden am ausgeschnittenen Kehlkopf controllirt. Der Kehlkopf wurde an einem Stativ aufgehängt und angeblasen.

Bei einfachem Anblasen wurde kein Ton erzeugt; bei einem Drucke von 15 bis 20 cm trat oft ein Schwirren auf, das aber von den falschen Stimmbändern erzeugt war.

Wurde während des Blasens der Kehlkopf durch Zug mit einem Häkchen längsgespannt, so trat ein sehr hoher, wie ein Pfeifton klingender Ton auf: Miefen (entsprechend dem Tone bei Reizung beider Nn. laryng. supp.).

Wurde während des Blasens der Kehlkopf gleichzeitig von rechts und links zusammengedrückt. so kam ein Ton zustande wie bei beiderseitiger Reizung der Nn. recurrentes.

Wurde während des Blasens der Kehlkopf längsgespannt und gleichzeitig von rechts und links zusammengedrückt, so trat ein Ton auf, auch bei gleichzeitiger Reizung der Nn. recurrentes und der Nn. laryng. supp.: Bei dieser Art der Tonerzeugung blähte sich jedesmal der Ventriculus Morgagni auf, und zwar trat diese Aufblähung schon bei einem Drucke von 15 bis 20 cm auf. Bei starker Spannung des Kehlkopfs und bei hohem Druck (bis 50 cm) beobachtete man regelmässig eine Einziehung der lateralen Theile, eine Aufblähung der medialen Theile der falschen Stimmbänder. Der Ventriculus Morgagni ist nach diesen Versuchen ein Resonanzorgan. Dieses Versuchsergebniss steht im Einklang mit einer Aeusserung Johannes Müllers: „Die unteren Stimmbänder geben bei enger Stimmritze volle und reine Töne beim Anspruch durch Blasen von der Luftröhre aus. Diese Töne unterscheiden sich von denjenigen, welche man erhält, wenn die Ventriculi Morgagni, die oberen Stimmbänder und die Kehldeckel noch vorhanden sind, dass sie weniger stark sind, indem diese Theile sonst beim Anspruch, sowie die hintere Wand der Luftröhre stark mitschwingen und resoniren."

3. Hr. G. Fr. Nicolai: „Ueber den Einfluss der Spannung auf die Reizbarkeit des Skeletmuskels" und zeigt, dass die Spannung des Muskels, wenn sie nur während der Reizung, aber nicht während der Contraction einwirkt, von gar keinem Einfluss auf die Reizschwelle, und wahrscheinlich auch von keinem Einfluss auf den Contractionsablauf überhaupt ist.

Genauere Angaben und Belege werden im Arch. f. Anat. und Physiol. Physiol. Abthlg. veröffentlicht werden.

Skandinavisches Archiv für Physiologie.

Herausgegeben von

Dr. Robert Tigerstedt,

o. ö. Professor der Physiologie an der Universität Helsingfors.

Das „*Skandinavische Archiv für Physiologie*" erscheint in Heften von 5 bis 6 Bogen mit Abbildungen im Text und Tafeln. 6 Hefte bilden einen Band. Der Preis des Bandes beträgt 22 *M*.

Centralblatt
für praktische
AUGENHEILKUNDE.

Herausgegeben von

Prof. Dr. J. Hirschberg in Berlin.

Preis des Jahrganges (12 Hefte) 12 *M*; bei Zusendung unter Streifband direkt von der Verlagsbuchhandlung 12 *M* 80 *Pf*.

Das „*Centralblatt für praktische Augenheilkunde*" vertritt auf das Nachdrücklichste alle Interessen des Augenarztes in Wissenschaft, Lehre und Praxis, vermittelt den Zusammenhang mit der allgemeinen Medizin und deren Hilfswissenschaften und giebt jedem praktischen Arzte Gelegenheit, stets auf der Höhe der rüstig fortschreitenden Disziplin sich zu erhalten.

DERMATOLOGISCHES CENTRALBLATT.
INTERNATIONALE RUNDSCHAU
AUF DEM GEBIETE DER HAUT- UND GESCHLECHTSKRANKHEITEN.

Herausgegeben von

Dr. Max Joseph in Berlin.

Monatlich erscheint eine Nummer. Preis des Jahrganges, der vom October des einen bis zum September des folgenden Jahres läuft, 12 *M*. Zu beziehen durch alle Buchhandlungen des In- und Auslandes, sowie direct von der Verlagsbuchhandlung.

Neurologisches Centralblatt.

Übersicht der Leistungen auf dem Gebiete der Anatomie, Physiologie, Pathologie und Therapie des Nervensystems einschliesslich der Geisteskrankheiten.

Herausgegeben von

Professor Dr. E. Mendel
in Berlin.

Monatlich erscheinen zwei Hefte. Preis des Jahrganges 24 *M*. Gegen Einsendung des Abonnementspreises von 24 *M* direkt an die Verlagsbuchhandlung erfolgt regelmäßige Zusendung unter Streifband nach dem In- und Auslande.

Zeitschrift
für
Hygiene und Infectionskrankheiten.

Herausgegeben von

Prof. Dr. Robert Koch,
Geh. Medicinalrath,

Prof. Dr. C. Flügge, und Prof. Dr. G. Gaffky,
Geh. Medicinalrath und Director des Hygienischen Instituts der Universität Breslau,
Geh. Medicinalrath und Director des Instituts für Infectionskrankheiten zu Berlin.

Die „*Zeitschrift für Hygiene und Infectionskrankheiten*" erscheint in zwanglosen Heften. Die Verpflichtung zur Abnahme erstreckt sich auf einen Band im durchschnittlichen Umfang von 30—35 Druckbogen mit Tafeln; einzelne Hefte sind nicht käuflich.

Das

ARCHIV

für

ANATOMIE UND PHYSIOLOGIE,

Fortsetzung des von **Reil**, **Reil** und **Autenrieth**, **J. F. Meckel**, **Joh. Müller**, **Reichert** und **du Bois-Reymond** herausgegebenen Archives,

erscheint jährlich in 12 Heften (bezw. in Doppelheften) mit Abbildungen im Text und zahlreichen Tafeln.

6 Hefte entfallen auf die anatomische Abtheilung und 6 auf die physiologische Abtheilung.

Der Preis des Jahrganges beträgt 54 *M*.

Auf die **anatomische** Abtheilung (Archiv für Anatomie und Entwickelungsgeschichte, herausgegeben von W. Waldeyer), sowie auf die **physiologische** Abtheilung (Archiv für Physiologie, herausgegeben von Th. W. Engelmann) kann **besonders** abonnirt werden, und es beträgt bei Einzelbezug der Preis der anatomischen Abtheilung 40 *M*, der Preis der physiologischen Abtheilung 26 *M*.

Bestellungen auf das vollständige Archiv, wie auf die einzelnen Abtheilungen nehmen alle Buchhandlungen des In- und Auslandes entgegen.

Die Verlagsbuchhandlung:

Veit & Comp. in Leipzig.

Druck von Metzger & Wittig in Leipzig.

CPSIA information can be obtained
at www.ICGtesting.com
Printed in the USA
BVHW060839140119
537774BV00021B/880/P